"十二五"普通高等教育本科国家级规划教材

水产养殖及相关专业用

水产经济动物增养殖学

李明云　主编

修订版

中国农业出版社

北　京

内 容 简 介

　　"水产经济动物增养殖学"是根据"宽口径、厚基础、强能力、高素质"本科人才培养理念,对鱼类、虾蟹类、贝类和其他水产动物增养殖理论与技术进行整合,开设的一门综合性的专业课程,以适应现代教学改革的课程体系。本教材在着重介绍通用理论和共性技术的同时,又注意对各大类常规种类和名特优种类的养殖原理和应用技术的介绍,力求全面反映当今国内外水产经济动物增养殖产业的发展水平以及研究领域的新成果与新技术。本教材主要供高等院校水产养殖专业教学使用,也可供与渔业相关的其他专业、水产机构和科研单位的科技人员和管理人员以及水产养殖生产者参考。

前　言

　　《水产经济动物增养殖学》2011年由海洋出版社出版后，在本校先后作为教育部特色专业和卓越农林拔尖人才培养计划的配套教材使用，且在出版当年就被相关院校水产养殖专业和相关专业选为教材。由于教学效果较好，2014年由教育部高等教育司评审推荐为"十二五"普通高等教育本科国家级规划教材。教材历经10年使用，对于拓宽学生从事水产事业的适应范围、掌握课程的共性知识、优化水产养殖及其他生物相关专业的课程设置、深化教学改革、培养创新理论和应用型人才，具有重要的作用。随着水产养殖业的发展以及现代科学技术的日新月异，教材的内容需要进行修订调整和补充完善，以适应水产经济动物生产发展需要，为此在"十二五"普通高等教育本科国家级规划教材的基础上修订出版本教材。

　　本教材仍保持原有的基本框架，对水产增养殖的通用原理与技术、主要经济鱼类增养殖、主要经济虾蟹类增养殖、主要经济贝类增养殖、其他水产经济动物养殖等篇章，根据生态、环保、安全、高产和高效等现代水产养殖理念，分别进行了修订和补充新内容，尤其是补充了近10年来取得的新成果与新技术。修编人员由多年从事水产经济动物增养殖的科研、生产实践和教学的教师组成。李明云修编前言、绪论、第二章第二节、第三章第一节、第四章第二节、第八章第二节至第四节、第十一章；邵力修编第一章第一节至第三节、第二章第四节、第四章第三节和第四节、第五章、第十八章；竺俊全修编第二章第一节和第三节虾蟹类养殖场的规划与建造部分、第三章第二节、第八章第一节；徐如卫修编第一章第四节、第二章第三节鱼类养殖池塘的设计与建造部分、第三章第一节主要养殖鱼类的土池育苗（鱼苗及1龄鱼种培育）部分、第四章第一节和第五节、第六章、第七章、第九章第一节、第十章第二节；王春琳修编第三章第三节、第九章第二节和第三节、第十章第一节和第三节、第十七章；王一农修编第三章第四节、第十二章、第十三章、第十四章、第十五章、第十六章；苗亮编写第四章第二节中的封闭循环水养鱼运行和调控系统部分以及修编第八章第五节。

　　本教材在修订过程中引用了文献、网页、书刊中的相关素材，在此向各位专家、学者致以诚挚的谢忱！同时限于编者水平，书中难免有不妥或疏漏之处，敬请读者批评、指正，至为感谢！

编　者

2022 年 2 月

目 录

第一篇　水产增养殖的通用原理与技术

第二篇　主要经济鱼类增养殖

第四篇　主要经济贝类增养殖

第五篇　其他水产经济动物养殖

绪　　论

一、水产经济动物增养殖学的含义及研究内容

栖息于水中生长、发育、繁殖的动物，总称为水生动物。其种类繁多，包括鱼类、虾蟹类、贝类及其他种类，其中可被人们利用的动物称为水产经济动物。长期以来，人类驯化了部分水生动物种类进行养殖与增殖，积累了丰富的养殖理论和增养殖技术，形成了鱼类增养殖学、虾蟹类增养殖学、贝类增养殖学与名特水产动物养殖学等学科门类。水产动物增养殖学整合了鱼类、虾蟹类、贝类和其他种类的增养殖的理论和技术，是研究增养殖对象的生物学原理与增养殖技术的一门应用性学科。

水产动物增养殖学主要教授水产经济动物的养殖理论与技术。养殖指在较小的范围内把水产经济动物养到商品规格以供应国内外市场的行为，主要研究内容包括水产经济动物的蓄养、繁殖、育苗和养成等几个方面。养殖又可分精养、半精养和粗养。

（1）精养（集约化养殖）　在单位水体中投入的人力、物力、财力较大，是单产较高、风险较大的全人工投饲和施肥等强化管理的养殖方式。网箱养殖和工厂化养殖属高度精养（也称高度集约化养殖），有的地方称设施养殖（陆基养殖）。自动化控制程度较高的工厂化高密度精养也称智慧养殖或称数字化渔业。

（2）半精养（半集约化养殖）　管理强度与投入的人力、物力、财力介于精养与粗养之间，一般指小型湖泊、水库、港湾等中的只施肥不投饵的养殖方式。随着社会的发展和科学技术的进步，水产养殖业逐渐向高度精养技术发展。

（3）粗养　在单位水体中投入较少的人力、物力、财力，是单产较低的养殖方式，一般指不投饵、不施肥，只进行放养或放流、一般养护和捕捞等的养殖方式，如水库、湖泊、滩涂、围堰、港湾养殖等。

水产动物增养殖学其次讲述增殖的理论与技术。增殖指在大面积港湾或浅海中，开展水生动物资源的补充和繁殖保护。主要研究内容有水生动物的蓄养、繁殖、育苗、暂养、标记、放流、管理和回捕等。按增殖方式不同可分为繁殖保护、放流与移植。繁殖保护就是通过休渔、定额捕捞等措施对渔业资源进行保护；放流就是把水生动物种苗培养到一定大小，使它们可以独立生活，具有抵抗敌害的能力，然后放到自然水域中索饵、生长、发育；移植的目的是改善和充分利用某一特定天然水域的鱼类区系和生产潜力，通过人工移植发展其种群，从而形成新的渔业对象。

从水产经济动物增养殖学的研究内容来看，它是一门综合性很强的学科，要学好本门课程，必须先学好有关的基础理论课，并能加以综合运用。如要学好鱼类学、甲壳动物学、贝类学、组织与胚胎学、生理学、微生物学、海洋学、湖沼学、饵料生物学和水化学等各个学科的基础知识、基本理论与技术，同时在某些内容上又与鱼病学、遗传育种学、养殖工程、电子计算机、经济管理等专业学科存在横向联系。

水产动物增养殖学源于实践、应用于实践，是在生产实践中创立的，也必然随着生产实践的发展而发展。因此，要学好本门课程，就必须在认真学好教材的基础上，广泛阅读各种最新资料，以充实、丰富所学的理论知识和技术。与此同时，要重视生产实践，把理论与实践有机地结合起来，善于总结与提高，在实践中不断提高分析问题、解决问题的能力，进一步掌握和应用所学的理论知识和技术。

二、发展水产动物增养殖业的意义

民以食为天，水产品在国民膳食结构中占有重要的位置，它可为人类提供优质的蛋白质，因此发展水产动物增养殖业，对于改善国民的食物结构与人民的生活质量，提高全民族的营养与健康水平起到积极作用。过去的水产食品组成中，淡水产品以传统的鲢、鳙、草鱼、青鱼为主，海产品以捕捞产品为主，但由于生态环境恶化和滥捕酷捞等原因，海洋渔业资源衰竭，人均水产品拥有量不足 4.5 kg，吃鱼难的问题持续了几十年。改革开放后，由于水产动物增养殖业的不断发展，水产品总产量迅速增加，人民群众吃鱼难的问题得到了有效缓解，2020 年我国年人均海鲜消耗量达到 36 kg。特别是近些年来，随着人民生活水平的提高，人们对水产品消费由"数量型"向"质量型"转变，从要求有水产品吃，发展到追求优质水产品，既要求鲜活高档和品种多样化，又希望肉质细嫩、味美可口、营养丰富、蛋白质含量更高。因此，满足消费者对水产品新的需求，进一步发展水产动物增养殖产业势在必行。

渔业是农业中的一个大产业，1988 年，中国水产养殖产量首次超过了捕捞产量。2020年，养殖产量占水产品总产量的 78%。水产养殖是水中立体生产，而农业属地表平面生产，相比之下，土地效率及经济效益提高数倍乃至数十倍。当前我国海洋渔业的绝大多数主要传统经济种类资源处于衰退期，这就给我国近海和沿岸渔业带来了现实的困难。因而，近几年我国将休渔、减船、定产等保护海洋渔业资源的措施作为国策，已得到实施。随着农业现代化的进程以及捕捞渔业从业者的转产转业，中国将有数以亿计的劳动力离开传统的捕捞业，而发展水产增养殖业将会造就一支水产养殖产业大军。因此发展水产动物增养殖业，对于优化农村产业结构，解决农村剩余劳动力，促进渔业增效、渔民增收，实现渔业持续、快速、健康发展具有十分重要的现实意义。

水产品是我国重要的出口商品，具有商品率和换汇率高的特点。日本、韩国、美国及西欧市场，需求量大，供不应求。出口的种类几乎涵盖了鱼类、虾蟹类、贝类及其他水产经济动物等所有种类，有些品种在国际市场上成为紧俏高价的产品，出口潜力很大。因此，大力发展水产动物养殖，对我国参与国际市场竞争与出口创汇，促进对外贸易事业的发展具有重要作用。

三、世界水产动物增养殖概况

(一)世界各地养殖情况简介

20 世纪 50 年代，世界水产养殖总产量仅逾 60 万 t，到 80 年代初，全世界鱼、贝、虾、蟹类等水产品养殖的总产量约为 600 万 t，是 50 年代的 10 倍，其中 66% 为淡水养殖产量。至 2020 年世界水产养殖总产量达 11 600 万 t，在 20 世纪 80 年代的基础上又增加了 18 倍多，可见世界各国水产养殖业发展之迅速（表 0-1），其中以亚洲一些国家发展最快，主要有中国、印度及东南亚诸国。2020 年，中国的水产养殖产量高达 6 850 万 t，占世界水产养殖总产量的 60% 以上，相当于 2006 年全世界的养殖产量。

表 0-1　养殖产量（t）历年保持世界前列的国家及其产量变化

国家	1950 年	1960 年	1970 年	1980 年	1990 年	2000 年	2010 年	2020 年
中国	75 961	873 453	1 751 704	3 044 656	9 190 203	30 429 702	48 996 639	68 500 000
日本	72 407	320 900	612 092	1 078 344	1 365 314	1 299 208	1 060 617	917 362
印度尼西亚	41 866	82 436	110 001	234 961	603 076	1 024 604	6 895 404	20 600 000
菲律宾	25 649	61 031	102 619	336 849	680 126	1 145 365	2 569 098	1 611 939
孟加拉国	37 855	49 670	65 521	92 274	200 382	677 189	1 388 622	2 776 138
印度	17 910	46 309	125 766	374 148	1 105 240	2 008 769	3 748 176	7 363 002
越南	10 600	38 524	66 070	100 166	164 628	546 843	2 760 742	4 371 855
泰国	24 078	34 757	82 911	103 136	317 802	766 408	1 254 612	1 098 303
韩国	2 400	182 370	130 715	579 704	788 316	667 935	1 422 675	2 590 160
挪威			204	3 476	49 392	498 551	1 065 985	1 107 520
埃及	2 000					3 411 247	944 508	2 153 976

1. 东南亚地区

东南亚地区以印度尼西亚、菲律宾和泰国的水产养殖最为发达。印度尼西亚以养殖对虾为主，产量最高，主要养虾地区在南苏拉威西的 Ukungpandang，其次为爪哇岛。遮目鱼为印度尼西亚传统的养殖鱼类，早在 14 世纪时已在爪哇岛开始养殖，此外还养殖有石斑鱼、鲶、非洲鲫、青鱼、草鱼、鲢、鳙，以及罗氏沼虾、对虾、拟穴青蟹、贻贝、珍珠、蛤蜊等，稻田养鱼也有较久的历史。菲律宾以养殖具有"国鱼"之称的遮目鱼为主，采用网箱和网围在半咸水或淡水中饲养，产量较高；同时也养其他鱼类、虾类和贝类，并有少数珍珠养殖。泰国以养殖罗氏沼虾和对虾等著称，并以鱼、虾混养获得高产；稻田养鱼和贝类养殖也较普遍。

2. 南亚地区

主要是印度，印度在这一地区的水产养殖发展最快，2020 年养殖产量达 736 万 t，居世界第三位。过去仅利用废弃盐田养鱼，现在运河两岸都用池塘混养印度产的四种鲤科鱼类，并获得高产。此外也引进中国的青鱼、草鱼、鲢、鳙和非鲫等，还大量养虾，贻贝、遮目鱼、尖吻鲈、珍珠也有养殖。

3. 东亚地区

除中国外，日本是这一地区水产养殖最发达的国家之一，也是整个亚洲的重点养殖地区，海水网箱养殖鱼类规模较大，养殖种类较多。日本的陆上水产养殖采用封闭循环温流水高密度养殖系统，在湖泊和近海以网箱和围栏大面积精养鱼类，并在贝类养殖方面采用浮筏式垂挂养殖法等先进技术，产量大幅度上升。主要养殖对象为鰤、鲷、河鲀、金枪鱼、鳗、鲤、虹鳟、对虾、牡蛎、紫菜及珍珠、扇贝、鲍等海珍品，其中海水珍珠产量居世界首位。此外，日本是人工增殖放流最有效的国家，大规模放流的种类有鲑鳟、真鲷、黑角鲷、香鱼、日本囊对虾、三疣梭子蟹、鲍、扇贝及蚶等。

4. 美洲地区

美国增养殖业最为发达，也是世界增养殖业发达国家之一，基础理论研究较为深入，技术先进。美国的增殖业历史比较悠久，向海洋放流鲑已有 120 多年历史，其他主要增殖品种有鳟、牡蛎、美洲龙虾和巨藻等。美国的养鱼业以养殖花点叉尾鲴、鲑、鳟、鲤等为主，其他主要养殖种类有牡蛎、蛤仔和虾类。

5. 欧洲地区

水产增养殖以挪威最为发达，是欧洲主要鲑养殖国，产量世界第一。挪威除网箱养殖大西洋鲑和虹鳟外，还养殖北极红点鲑、银鲑和细鳞鲑。其次是俄罗斯，产量主要由内陆海与水库提供，尤以养鲟著称，产量占世界的 90% 以上；同时鲑、鳟和鲤的养殖也较发达，还引进养殖草鱼、鲢、鳙及斑点叉尾鲴等。丹麦水产养殖业也较发达，以养鳟为主。英国与荷兰主要养殖鲆、鲽类。

（二）前景展望

从全世界养殖概况看，全世界淡水、海水养殖都还有巨大的发展潜力，这是因为：①全世界适于发展水产养殖的非洲、拉丁美洲等热带和亚热带地区尚有大片条件优越的水域未开发利用，而这些水域的生产力可高于其他地区。②养殖种类与技术的迅速传播和交流，可促使养殖种类单一的地区提高产量。如适应性广的非鲫和对虾等已成为世界性的优良养殖种类，对提高产量作用很大。③先进的养殖技术和有关基础理论如遗传育种和遗传工程等的研究和应用，将极大地提高产量和增加养殖种类。④人工繁殖和阶段发育理论的应用可为养殖业稳定供应大量苗种。⑤对水生经济动植物生理、生态学的深入研究可为养殖对象提供具全价营养的配合饵料和最适生长环境，连同高密度流水养鱼、混养、综合养鱼等综合性先进技术的运用，将为养殖业的大幅度发展提供巨大的可能性。

四、我国水产动物增养殖业发展历史及展望

（一）增养殖业发展历史悠久

水产养殖在我国源远流长，具有悠久的历史。约在公元前 1200 年，我国就有对天然河川中的名特鱼卵加以保护使其孵化并进行饲养的记载。到公元前 460 年左右的春秋战国时期，出现了世界上最早的养鱼专著——《范蠡养鱼经》。当时范蠡住在陶，自号陶朱公，故该书又称《陶朱公养鱼经》。该书记载了我国古代养鱼的丰富经验，对于鲤的生活习性和综合饲养的原理、池塘结构、繁殖方法、种苗成长等均有叙述。到了汉代已有大水体养鱼的记载，如《史记》中提到了养鱼千石的大池塘，《西京杂记》记载了汉武帝在长安周围的昆明池中养鱼。稻田养鱼的记载见于三国时期，如《魏武四时食制》记有："郫县子鱼黄鳞赤尾，出稻田，可以为酱。"宋代观赏鱼养殖已很流行。

在 618—907 年的唐代，由于皇帝姓李，"李"与"鲤"同音，就要避讳，禁止百姓捉、卖、吃、养鲤。"王法"的限制以及当时养鱼技术的发展，促进了其他鱼类的养殖。青鱼、草鱼、鲢、鳙等目前我国主要养殖的鱼类就是从那时开始的，从单一养殖转到多种鱼类混养，使我国淡水鱼类养殖业跨进了一个新的发展阶段。唐末文献《岭表录异》中亦有广东一带养草鱼的记载。

960—1279 年的宋代文献《癸辛杂记》《绍兴府志 嘉泰志》等描述了九江一带的鱼苗养殖业和浙江的池塘养殖。这些记载表明，当时鱼类的养殖业已相当发达，养鱼的知识包括

各种鱼的食性、饲喂方法和混养技术等已相当丰富。到了明代（1368—1644 年），我国的养鱼业更发达，生产经验更丰富、更系统，为理论总结和概括提供了实践基础。高水平的总结养鱼经验的著作，如黄省曾的《养鱼经》和徐光启的《农政全书》，总结了养鱼的整个过程，从建池、放养、混养、分塘、投饵、施肥，到池塘防护和鱼病防治，都有系统论述，这种理论总结反过来又促进了养鱼业的发展。

在宋代、明代，我国劳动人民不仅养殖淡水鱼类，还开始探索海水和半咸水鱼类的养殖技术。宋人所著《京口寻》记载："鲻鱼头扁而骨软，惟喜食泥，色鲻黑故名。"明代彭大翼在《山堂肆考》中记有："凡海鱼，多以大噬小，惟鲻鱼不食其类。"这些描述对海水养殖至今仍有参考价值。同一时代的胡世亦还在《异鱼赞闰集》中记载了人工捕鲻鱼苗放在池塘中养殖的经验。我国海水鱼类养殖较早且较发达的地区当属台湾。300 多年前，明末郑成功收复台湾时，就在安平开始养殖遮目鱼，所以台湾人称遮目鱼为国姓鱼。

虽然我国水产动物增养殖业历史悠久，但新中国成立前，由于外国侵略者的掠夺、国民党反动派的统治，民不聊生，国家千疮百孔，极度贫困，致使新中国成立初期水产养殖业极度落后。

（二）增养殖业超常发展

新中国成立之后，水产增养殖业得到了超常发展，1960 年就达到了近百万吨的水平，至 1990 年达到了近千万吨，2010 年有近 5 000 万 t。1988 年，我国水产养殖产量首次超过了捕捞产量，迄今养殖产量占比达到 78%。这些成绩的取得虽与制度优越、方针政策的引领等有关，但水产科技的进步起到了重要的促进作用。

"一五"期间，养殖用的鱼苗靠从长江、珠江等江河采捕天然苗种。天然鱼苗丰歉不一，且运输和养殖成活率极低，因此养殖苗种成为扩大养殖生产和增加养殖产量的主要瓶颈。以养鱼专家钟麟教授为首的研究人员于 1958 年 5 月首先在世界上突破了鲢人工繁殖产卵技术难关，孵化出了鱼苗。以学部委员朱洗教授为首的科学家对家鱼人工繁殖的理论和方法进行了大量的调查研究工作，进一步丰富了家鱼人工繁殖的理论和技术，有力地推动了家鱼人工繁殖研究的深入开展及其技术的迅速推广应用。鲢、鳙、草鱼、青鱼四大家鱼人工繁殖技术的突破使我国的淡水养殖业取得了划时代的进步。而后，我国水产科学家又用相同的原理和方法解决了鲮、团头鲂、鳊、胡子鲇、斑鳢、中华鲟、香鱼、光唇鱼等 20 多种养殖鱼类和珍稀鱼类的人工繁殖难题，使多种鱼类的混养、套养和生产的大发展成为可能。当时人工繁殖用的催产剂主要为鲤脑垂体，数量有限，而且不一定适合每一种鱼，所以催产剂成为当时人工繁殖规模推广的制约因子。

接着，科学家对催产剂的作用机制和鱼类的繁殖生理等进行了较深入的研究。催产剂在鱼类生产上大规模应用，以及促黄体素释放激素类似物 LRH-A 的合成，提高了对鱼类的催产效果和鱼类人工繁殖的生产效率。

20 世纪 90 年代，随着人们生活水平和生活质量的提高，对水产品提出了新的要求，名特优水产品的需求大大增加。科技人员为了满足消费者需求，通过引种驯化、遗传育种、核移植和杂交等路径，开发了不少新的养殖对象，如尼罗非鲫、香鱼、福寿鱼、白鲫、虹鳟、露斯塔野鲮、革胡子鲇、丰鲤、荷元鲤、芙蓉鲤、岳鲤、三杂交鲤、中华绒螯蟹、罗氏沼虾、异育银鲫等，这些种类或品种是池塘养殖获得高产和高经济效益的物质保证之一。

此外，我国在传统的综合养鱼基础上，通过总结群众经验，对池塘养鱼高产理论、方法和养殖制度进行了较深入的研究，总结出了指导生产发展的"水、种、饵、密、混、轮、防、管"八字养鱼经，探索出池塘高产的系统技术，制订了各类不同指标的产量模式和具体措施，为实行养鱼大面积高产、优质、低耗、高效益闯出了一条新路。在较短的时间内，我国各地涌现出一大批大面积高产的典型。同时，把池塘养殖技术和精养高产方法引入利用大、中型水面进行的围栏养殖，获得了较高的单产。由于围栏养殖区的饵料和废弃物在大水面中得到充分利用，因而带动了大水面的增产。淡水渔业的科技进步，促进了我国淡水养殖业的大发展。

海水养殖业方面，五次大的科技突破，促进了五次大的划时代的发展。

1958年，以科学家曾呈奎为首的科研人员，突破了海带全人工育苗、全人工养殖技术，而后又取得了海带施肥、筏式养殖的相继成功，海带养殖业在黄渤海区得到了迅速发展，进而自黄海、渤海向中国南方海域扩展，使我国一跃成为世界第一海带大国，海带干品年产量超过80万t，连续十几年居世界第一。60年代后半期，曾呈奎、张德瑞等准确阐述紫菜生活史，随后有关科研人员取得了紫菜人工育苗和养殖成功，紫菜养殖以福建省沿海为中心，逐步向南、北沿海地区扩展，使我国一跃成为紫菜养殖先进国家。

70年代贻贝人工养殖技术的突破，使得该种类在黄海北部沿海进入企业化的生产阶段，并迅速向山东、浙江及福建等沿海省份扩展；80年代滩涂贝类的苗种培育技术也有较大的进展，以缢蛏、蛤仔土池育苗技术取得的成就为标志，开拓了贝类苗种生产技术的新领域；接下来就是扇贝（其肉柱称干贝）和泥蚶人工育苗的突破。贝类养殖浪潮的兴起，使全国的贝类产值超过300亿元。

进入80年代，中国的海水养殖业以对虾养殖的发展为主要标志。由于对虾工厂化育苗技术及养殖技术工艺的研究取得成功，改善了浅海滩涂增养殖生产的结构，开辟了滩涂利用的新途径。对虾养殖业一跃成为中国海水养殖业的重要组成部分，成为全国沿海新兴的产业，单种的养殖面积、产量及人工育苗技术水平达到世界先进水平。对虾养殖普及的广度及速度在海水养殖的发展史上也属少见。

海水鱼类网箱养殖从80年代后期开始，当时主要集中在广东省珠海市的万山、桂山、东澳，宝安县的南澳，惠阳县澳头及福建省厦门等地。至1984年网箱数达3 000余个，主要养殖鱼类有赤点石斑鱼、青石斑鱼、尖吻鲈、黄鳍鲷、黑鲷、真鲷等，采用自然采捕的大规格鱼种或只进行短期蓄养。随着花鲈、大黄鱼、鲷科鱼类和鲆鲽等海水养殖鱼类工厂化人工育苗技术和养殖技术的突破，海水鱼类养殖规模迅速扩大，南方以海水网箱养殖为主，北方以鲆鲽类室内工厂化养殖为主，使一些濒临绝迹的高档鱼类进入宾馆、饭店甚至老百姓的餐桌上，满足了消费者的需求，也满足了出口创汇的需求。

第五次浪潮即近几年海参、鲍等海珍品养殖的兴起，此次浪潮的规模化发展，基于海参、鲍等海珍品人工繁育、人工养殖的理论和技术研究成果的取得及应用。

据报道，科技进步在水产业增长中的贡献率，"七五"期间为43%、"八五"期间为46%，1996年达48%，充分证明了"科学技术是第一生产力"的科学论断。"五次浪潮"彰显了"科技惠及人民群众"这一根本命题。发展高科技，实现产业化，努力攀登科学技术高峰，目的是让全国人民的餐桌更加丰盛，改善人民的膳食结构，提高人们的物质生活条件。

（三）21世纪水产增养殖业的健康可持续发展

21世纪的水产养殖已突破传统水产养殖业的概念，成为高科技武装的一个产业。但从现今的发展形势看，出现的新问题不少，若不能很好地加以解决将严重影响我国水产养殖的可持续发展。

目前出现的三大问题是：育苗和养殖技术支撑不稳定、病害防治和加工技术滞后、市场开拓不足等带来的经济问题；药物残留、水产品安全和食源性疾病等引发的社会问题；与人类生存和社会发展争水、争地、争饵以及自身污染等的生态问题。这些问题直接影响水产养殖业的可持续发展，今后应该从以下几个方面进行研究突破。

第一是苗种。苗种是发展水产增养殖的基础，一个理想的优良品种不仅要产量高、品质好，而且要抗病虫、抗逆性强。养殖品种要突出"名""优""特""专"来发展，即用基因转移、细胞克隆、多倍体诱导、人工性别控制等来改造这些品种，以增加其附加值，获得更大的经济效益。"名"即名贵品种；"优"就是肉要好吃，产量高，长得快；"特"指具备抗病的特点，一般的病害能抵抗住；而"专"是指每一个品种都有它专门的用途，比如海带，有的海带是用来提取生物燃料的，有的海带是用来提取甘露醇的。今后不但要采用高新技术尽快选育出良种，而且要尽快实现养殖良种化。

第二是新型养殖技术。新型的工业化养殖是今后的发展方向，这种工业化养殖，乃是采用全封闭过滤净化系统，运用生物及物理技术，可进行多品种、多档次养殖的环保、节能、高产的新型养殖方式。但要将天然的各种滩涂、海湾和浅海养殖转为工厂化养殖或二者兼用，必须对养殖设施现代化、投饵自动化、养殖环境监测信息化、饲料配方品种化、饲料安全性检测及水产活体安全检测快速化等问题进行深入的研究，解决与人类生存和社会发展的"三争"问题。

第三是健康可持续。渔业环境污染日益严重，增养殖种类赖以生存的环境空间受到严重的威胁，要恢复大自然的本来面目，必须进行深入的渔业环境保护和病害防治，开展港湾、浅海、滩涂和江河水库等综合养殖的研究。运用生态学原理有效防止病害的发生，是防止养殖自身污染、保证食品安全的重要课题。应用不同疾病、不同品种核酸探针和单抗快速诊断疾病，以及使用第三代免疫药物，是根本解决养殖病害问题的关键。

第四是要发展保健营养品和海洋药物原料的新的养殖产业。海洋中有不少生物含有增强人体免疫、强心、降脂、降压、抗癌、抗艾滋病的活性物质，经过一定的工艺可制成各种保健营养品和海洋药物。发现和提取海洋药物是当今研究的热点，为保健营养品和海洋药物提供原料的养殖业也在逐渐兴起，相关企业今后要多了解这方面的信息，与有关科研院所合作发展这一产业。

第五是要大力发展加工业，积极开拓市场，参与国际竞争，建立供销体系，统筹水产养殖业的发展。市场是生产活动的起点和终点，只有吃透市场的变化规律，依靠营销手段，才能在国内外市场上立于不败之地。仅靠内销，只会限制水产养殖业的发展，因此要组建自己的销售网络与体系，发展订单高效渔业。

第六是增殖放流是今后的发展方向。由于我国增殖放流理论与技术研究薄弱，科技的支撑力不足，与发达国家相比远远落在后面，今后需加强对增殖放流品种的筛选、大规格放流苗种的暂养技术、放流海区港底生态环境调查、放流标志技术、回捕技术、人工鱼礁营造技术和增殖放流效果的评估等技术和相关基础理论的研究。

民以食为天，水产养殖永远是一个朝阳产业，21世纪的水产养殖产业在高科技支撑下必将以前所未有的速度蓬勃发展，它必将为14亿中国人的食品工程作出更大的贡献。

思考题

1. 名词解释：①养殖；②精养；③半精养；④粗养；⑤增殖。
2. 如何学好本门课程？
3. 发展水产动物增养殖有哪些意义？
4. 简述世界水产动物养殖的发展现状及前景。
5. 简述我国水产科技事业的发展及发展方向。

第一篇
水产增养殖的通用原理与技术

第一章　增养殖水域的环境与调控

第一节　增养殖水域的类型及特点

一、河流

（一）河流的概念

河流是指陆地表面成线形的自动流动的水体。较大的河流称江、河、川、水，较小的称溪、涧、沟、曲等。流入海洋的河流称为外流河，流入内陆湖泊或消失于沙漠之中的河流称为内流河。由河流及其附属水体构成的水网称为水系。

河流的源头称河源，河流的终点称河口，并可根据流经地的水文和河谷地形特征，分为上游、中游、下游三段。河源的形态可以是泉水、湖泊、沼泽或是冰川等。河口的形态有汇入海洋、湖泊、沼泽、其他河流（例如支流汇入干流）或是在干旱的沙漠区消失在沙漠中（这种河流称为"瞎尾河"）等。河流上游比降大，流速大，冲刷占优势，河槽多为基岩或砾石；中游比降和流速减小，流量加大，冲刷、淤积都不严重，但河流侧蚀有所发展，河槽多为粗沙；下游比降平缓，流速较小，但流量大，淤积占优势，多浅滩或沙洲，河槽多细沙或淤泥，通常大江大河在入海处都会分多条入海，形成河口三角洲。

（二）河流水环境的特点

1. 受流经地环境影响大

河流流经地域广泛，其水文、理化和生物特性受不同地区的地质地貌、气候及人类活动的影响较大，故呈"纵向成带"现象。

2. 是开放式的生态系统

河流岸线长、水陆相交换大，如大气氧气的溶入与逸出、陆地植被和有机物的能量输入与昆虫羽化和人类捕食的能量输出，使河流生态系统呈现开放式，其生物群落趋于异养型（图 1-1）。

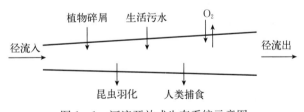

图 1-1　河流开放式生态系统示意图

3. 是典型的流水生态系统

河水常年流动，水体更新快，水矿化度较低，生物、理化等性状垂直分布不明显。一旦遭受污染，比湖泊、水库易于恢复。

（三）我国的河流及其特点

1. 我国的河流

中国是世界上河流最多的国家之一，其中流域面积超过 $1\ 000\ \text{km}^2$ 的河流有 $1\ 500$ 多条。中国外流区域与内流区域的界线大致是：北段大体沿着大兴安岭-阴山-贺兰山-祁连山（东部）一线，南段比较接近 $200\ \text{mm}$ 年等降水量线（巴颜喀拉山-冈底斯山）。外流区域位于界线的东南部，约占全国河流总面积的 2/3，河流水量占全国河流总水量的 95％以上；西北部是内流区域，约占全国河流总面积的 1/3，河流水量还不到全国河流总水量的 5％。

我国的外流河主要流入太平洋，大型水系有黑龙江、辽河、海河、黄河、长江、珠江等，其他还有钱塘江、闽江等。其中长江乃至其整个流域是我国渔业资源最丰富的水域。

我国内流河（又称内陆河）主要分布在西北地区的新疆、青海和内蒙古。据不完全统计，我国有独立出口和长流水的内流河有 600 余条，此外还有数以千计的小内流河。

另外，我国有 80 余条河流是流经多个国家或地区的国际河。如雅鲁藏布江是西藏最大的河流，也是世界上海拔最高的大河，雅鲁藏布江向南流入印度，是印度最大河流——恒河的最大支流；还有发源于青藏高原的澜沧江和怒江，澜沧江出境后被称作湄公河，怒江出云南进入缅甸、泰国后称萨尔温江。新疆维吾尔自治区的国际河流主要有伊犁河、额尔齐斯河和阿克苏河。额尔齐斯河出境后在俄罗斯汇入鄂毕河，最终注入北冰洋，是我国唯一进入北冰洋的河流。

2. 我国河流的特点

（1）水补给特点　多数河流，特别是东部季风区的河流，补给水源主要是雨水，降水呈现由东南向西北递减的规律。西部干旱地区内流河的补给水源主要是冰雪融水，气温高低直接影响径流量的大小。北方河流的补给水源中有季节性冰雪融水，河流一般有春汛，由于气温的变化，还会出现凌汛（冰排）。

（2）地形特点　我国地势西高东低，青藏高原是我国地势最高的地区，向东、南、北方向地势降低，并有明显的三个阶梯，阶梯上及分界线处往往成为河流发源地带。如发源于第一阶梯青藏高原的有长江、黄河、澜沧江、怒江等；发源于第二阶梯东缘的有黑龙江、辽河、海河、滦河、西江等；发源于第三阶梯的长白山地、山东丘陵、闽浙丘陵等地的有鸭绿江、图们江、钱塘江、闽江等。当河流流经阶梯分界线时，形成落差，水力资源丰富。

二、湖泊

（一）湖泊的概念

湖泊是指陆地表面洼地积水形成的宽广水体，由湖盆和湖水组成。湖泊有各种地方别称，如陂、泽、池、海、泡、荡、淀、泊、错和诺尔等。

湖盆通常可分为：沿岸带，指光线能透射到的盆底部分，充满有根植物；亚沿岸带，有微弱的光线，但其光合能力小于呼吸能力，是沿岸带和深底带的过渡区域，有部分苔藓植物和贝壳分布；深底带，此带无光、缺氧，主要分布着生活在有机物积累的水-泥中间相的细菌、真菌和昆虫幼虫。

湖水部分通常可分为：沿岸区，指沿岸带以上的水体部分，是湖泊的"动物之家"；湖沼区，指有效光线能透射到的离岸敞水水体，此带主要生长自由浮游生物、自游生物和漂浮生物；深水区，指有效光线透射深度之下的底部和深水区。沿岸区和湖沼区组成透光区（图 1-2）。

（二）湖泊水环境的特点

与河流相比，湖泊单位水体水陆相交换面小，其水文、理化和生物特性主要受湖盆的三维空间影响，使湖泊具有明显的"水平成带"和垂直分层现象。湖泊的能量基本来源于自身的光合作用，故其生态系统相对封闭，生物群落偏向自养型。湖泊是一个典型的静水生态系

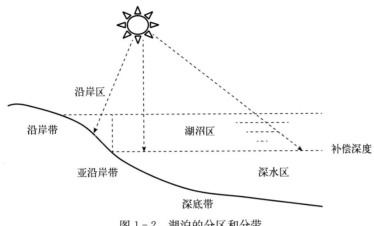

图 1-2 湖泊的分区和分带

统，水流迟缓，水体矿化度较高，生物繁多，理化系统稳定协调，在一定范围内，水体自净能力强。

沼泽化是湖泊变迁的主要规律。湖泊一旦形成，就因受到外部自然因素和内部各种过程的持续作用而不断演变，入湖河流携带的大量泥沙和生物残骸年复一年地在湖内沉积，湖盆逐渐淤浅，植物遍生成为沼泽。

（三）我国的湖泊及其特点

1. 我国的湖泊

我国湖泊众多，有 2 万多个，总面积为 8.1 万 km^2。绝大部分湖泊属中、小型，其中面积在 1 km^2 以上的天然湖泊有 2 800 多个，面积大于 1 000 km^2 的 11 个。外流湖泊总面积为 3.6 万 km^2，约占 45%，绝大多数为淡水湖泊，多分布在东部季风区，以分布于长江中、下游的鄱阳湖、洞庭湖、太湖、洪泽湖和巢湖为代表；内流湖泊总面积为 4.5 万 km^2，约占 55%，多为咸水湖，以青藏高原分布较为集中，最大的咸水湖是青海湖，最大的盐湖是察尔汗盐湖。

按湖泊的地理位置，可将中国湖泊分为东部平原、青藏高原、蒙新高原、云贵高原和东北平原与山地 5 大湖区（表 1-1）。

表 1-1 中国湖泊分区

项目	东部平原湖区	青藏高原湖区	蒙新高原湖区	云贵高原湖区	东北平原与山地湖区
面积（km^2）	22 177	37 580	15 887	1 291	3 710
面积占比（%）	27.5	46.6	19.7	1.6	4.6
主要湖泊	洞庭湖、洪湖、鄱阳湖、巢湖、太湖、淀山湖、南四湖、白洋淀	纳木错、奇林错、青海湖、察尔汗盐湖、鄂陵湖、扎陵湖	呼伦湖、达赉湖、乌伦古湖、罗布泊、博斯腾湖、艾丁湖	滇池、洱海、抚仙海、草海、邛海	镜泊湖、五大连池、白头山天池

（续）

项目	东部平原 湖区	青藏高原 湖区	蒙新高原 湖区	云贵高原 湖区	东北平原与 山地湖区
主要特点	多为浅水淡水湖，降水充沛，气候湿润	多属深水咸水湖和盐湖，冰期长	湖泊盐咸化明显	多为深水淡水湖	多为淡水湖，冬季长而寒冷

2. 我国湖泊的特点

（1）分布特点　分布范围广而不均匀。东部平原和青藏高原形成两大稠密湖群，内蒙古高原、云贵高原、柴达木盆地和准噶尔盆地湖泊分布亦有一定数量，但长江上游、珠江流域和浙闽丘陵等地区湖泊寥寥无几。

（2）形态构造特点　东部平原属地壳下沉地区，湖盆多呈碟状，湖泊平均水深约 3 m，为典型的浅水吞吐型湖泊；西部青藏高原为强烈的地壳隆起区，海拔多在 4 000 m 以上，区内湖泊类型多样，以沿构造断裂带形成的构造湖为主，并有冰川湖、岩熔湖及堰塞湖等，湖泊水深多在数十米，呈封闭性或半封闭性孤立分布，主要靠冰雪融化和降水补给；东北平原与山地湖区则多火山堰塞湖；蒙新高原湖区多风蚀洼地湖。

（3）生产力特点　按湖泊营养性能、水域形态和初级生产力，可将湖泊区分为以下三种营养类型：

① 贫营养型。湖水较深，温跃层以下的深水层体积较表层水体积大，一般透明度大于 5 m，水色为蓝色至绿色，全层溶解氧接近饱和，沿岸植物稀少，营养盐类贫乏。湖水含氮量一般小于 0.15 mg/L，含磷量小于 0.02 mg/L，pH 为 6.5～7.5。

② 富营养型。湖水较浅，深水层体积小于表层水体积，透明度一般小于 5 m，水色为绿色至褐色，溶解氧表层饱和或过饱和，中层以下溶解氧量少，并向湖底剧烈减少。沿岸植物繁茂。湖水含氮量一般大于 0.3 mg/L，含磷量大于 0.02 mg/L，pH 为 6.5～9.0。

③ 腐殖质营养型。一般分布在沼泽化地带，湖水深浅不一，透明度小，水色呈黄色至浓褐色，湖水矿化度低，腐殖质多，含氧量低，沿岸带浮叶植物多，pH 为 5.0～6.3。

三、水库

（一）水库的概念

水库又称人工湖，是出于防洪、发电、灌溉、航运和供水等经济目的而建造的人工水体。水库最主要的人工建筑物是大坝，大坝的基本结构由坝体、溢洪道和防水涵洞等组成，溢洪道和防水涵洞之间的水体为水库的有效库容，防水涵洞之下的水体为水库的死库容（图 1-3）。

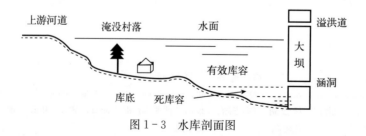

图 1-3　水库剖面图

（二）水库的类型

1. 根据水库所在地区的地貌、淹没后库床及水面的形态分类

（1）山谷河流型水库　建造在山谷河流上的水库。拦河坝常横卧于峡谷之间，库周群山环抱，岸坡陡峻，水库洄水延伸距离大，长度明显大于宽度；库床比降大，水位落差大；一般水深为20～30 m，最大水深可达30～90 m。如三峡水库、新安江水库（浙江）、梅山水库（安徽）、刘家峡水库（甘肃）等。

（2）丘陵湖泊型水库　建造在丘陵地区河流上的水库。水库周围山丘起伏，但坡度不大，岸线较曲折，多库湾，洄水延伸距离不大，新敞水区往往集中在大坝前一块或数块地区；最大水深15～40 m，淹没农田较多，水质一般较肥沃。如南湾水库（河南）、沙河水库（江苏）、青山水库（浙江）等。

（3）平原湖泊型水库　在平原或高原台地河流上或低洼地上围堤筑坝而形成的水库。库周围为浅丘或平原，水面开阔，敞水区大，岸线较平直，少湾汊；与山谷水库相比，单位面积库容较小，水位波动所引起的水库面积变化较大，常有较大的消落区；库底平坦，多淤泥，最大水深在10 m左右。如洪泽湖水库（江苏）、宿鸭湖水库（河南）、蜀山湖水库（安徽）等。

（4）山塘型水库　为农田灌溉而在小溪或洼地上修建的微型水库，其性状与池塘相似。

2. 按库容或面积大小分类

水库按库容或面积大小可分为巨型、大型、中型、小型和山塘5种类型（表1-2）。

表1-2　水库按库容或面积分类

	巨型	大型	中型	小型	山塘
面积（km²）	>66.67	6.67～66.67	0.67～6.67	0.067～0.67	<0.067
库容（m³）	>10亿	1亿～10亿	0.1亿～1亿	10万～1 000万	<10万

（三）我国的水库

至2019年，全国已建成水库9.8万多座，总库容为8 983亿 m³。其中库容量在1亿 m³以上的大型和巨型水库744座，总库容7 150亿 m³，占全国水库总库容的79.6%；库容量在0.1亿～1亿 m³ 的中型水库3 978座，总库容1 127亿 m³，占全国水库总库容的12.5%；库容量在1 000万 m³ 以下的小型水库和山塘近93 390座，总库容706亿 m³，占全国水库总库容的7.9%。

（四）水库水环境的特点

大部分水库是由拦河筑坝而成，故水库的水文、理化和生物特性既受原河道环境的影响，也随着水体的水流减缓、敞水区的形成，逐步产生了类似湖泊的特点。水库在汛期水位高涨，在枯水期需大量放水灌溉，这就使得水库水位变化剧烈，并引起水库面积的大幅变化。在库岸形态上，会出现一个时淹时露地带，这个地带称为水库的"消落区"。消落区是水库水相与陆相物质交换的重要区域，也是水库生态系统能量的重要来源。

水库的湖泊化是可以预期的，当水库的死库容由于淤积被填满，失去了放水功能的水库也就基本上成了湖泊。

四、池塘

池塘一般是指面积不超过 5 hm^2（大多数在 0.05～2 hm^2）的小型水体，往往是出于水产养殖目的而修建的人工小水体，包括土质池塘和水泥池等。据不完全统计，全国池塘总面积约 2 万 hm^2。

池塘的形状以矩形居多，水深一般在 1～2 m，基本设施包括进水和排水系统等。

从生态系统的角度看，池塘类似湖泊的沿岸带，具有较高的生物生产力。

五、近海

中国大陆东部和南部濒临渤海、黄海、东海、南海，海洋总面积 354.7 万 km^2，其中水深小于 200 m 的大陆架面积为 14 万 km^2。大陆海岸线北起辽宁省的鸭绿江口，南至广西壮族自治区的北仑河口，长达 1.8 万 km（表 1-3）。15 m 等深线的浅海面积 1 200 万 hm^2，10 m 等深线的浅海面积为 733 万 hm^2，沿海潮间带滩涂面积为 186 万 hm^2。

表 1-3　中国海洋水域资源状况

（中国自然资源丛书编撰委员会，1995）

项目	渤海	黄海	东海	南海	合计
海域面积（万 km^2）	8.2	43.6	86.5	216.3	354.7
海域面积占全国海域比例（%）	2.3	12.3	24.4	61.0	100
渔场面积（km^2）	8.2	35.37	55	182.3	280.87
渔场面积占全国渔场比例（%）	2.9	12.6	19.6	64.9	100
海岸线长（km）	2 937	3 927	5 745	5 792	18 401
滩涂面积（万 hm^2）	51	55	49	37	192
滩涂面积占全国滩涂比例（%）	26.6	28.6	25.5	19.3	100
浅海面积（万 hm^2）	10.8	13.4	14.2	10.6	49
浅海面积占全国浅海比例（%）	22.0	27.3	29.0	21.6	100
平均每千米海岸线拥有滩涂面积（hm^2）	227	140	93	76	536
平均每千米海岸线拥有浅海面积（hm^2）	733	507	393	330	1 963

第二节　增养殖水域的非生物环境

一、水体的光照特性

太阳能是维持地球生态圈物质循环和能量流动的基本动力源。对海洋和内陆水域来说，主要表现为维持水温，推动气水循环，促进水体溶解物质转化和水生生物生长、发育及繁衍等。太阳光照是太阳能的光效应，光照变化特性是太阳能在地球运动规律的基本反应。了解光照对水体的影响特性是增养殖水域生产经营的首要理论基础。

1. 光的透射、吸收和反射

太阳光到达水面，一部分透射到水中，其中大部分被水体吸收，一部分被水面反射回空气中。水对可见光的吸收随波长增大而增强。大部分的长波光（红光和黄光）为水体的表层所吸收，光能转化为热能使水温升高；而蓝绿光等短波光透射能力强且易被反射，故悬浮物质较少的水体多呈蓝绿色。

2. 水色

水体的颜色首先与水对光线的选择吸收和选择散射有关，在自然水体中，水色还与水中的溶解物质、悬浮颗粒、浮游生物，天空、水底以及周围环境等因素有关。如富含钙、铁、镁盐的水呈黄绿色，富含腐殖质的水呈褐色，泥沙多的水呈土黄色；在浮游生物大量繁殖的水体中，由于浮游生物的种类和数量不同，养殖水体会呈现不同的颜色。

通常采用 Forel-Ule 水色计来区分水的颜色，从浅蓝色到棕色，共分为 21 个等级。一般来说，水体的富营养化程度越高，水色标号越高。如太湖 15～17 号，鄱阳湖 10～15 号，云贵高原贫营养型湖泊（平均水深在 15 m 以上）的水色多在 5～8 号。

我国渔民在长期实践过程中，积累了"根据水色来判断水质优劣"的丰富经验。一般地，优良水质的水色有月变化和日变化。有运动胞器且能主动行动的趋光性藻类在水中大量繁殖，而这些藻类大多容易被滤食性鱼类消化，因此这些藻类群体的"寿命"比不易被消化的藻类短得多，其数量变化快而大，反映在水色上就出现月变化和日变化，也表示该水体是"活水"。

3. 补偿点与补偿深度

由于光照强度随水深的增加而迅速递减，水中浮游植物的光合作用及其产氧量也随之减弱，至某一深度，浮游植物光合作用的产氧量恰好等于浮游生物（包括细菌）呼吸作用的耗氧量，此深度的辐照度即为补偿点，此深度即为补偿深度。在补偿深度以上的水层称为增氧水层，在补偿深度以下的水层称为耗氧水层。水体的补偿深度与水体中有机物等悬浮物质的含量成反比。海洋和内陆大型水域的补偿深度可达数米到数十米，而像精养鱼池这样有机物含量较高的小水体，其最大补偿深度一般不超过 1.2 m。

补偿深度为养鱼池塘的最适深度设计提供了理论依据。日本养鳗池的设计水深均在补偿深度以内，通常不超过 1 m。中国的精养鱼池水深以 2～2.5 m 为多，目的是实现高密度混养，提高产量。对于补偿深度，常通过增氧和换水等方式来改善。

4. 透明度

透明度是指光透入水的深浅程度，用塞氏盘（黑白间隔的圆板）的可见深度间接表示，其大小取决于水的混浊度和色度。混浊度是指水中混有的各种浮游生物和悬浮物所造成的混浊程度；色度是指水中由不同浮游生物种类、溶解有机物和无机盐形成的颜色。

一般来说，养殖水体中的泥沙含量少，其透明度的高低主要与水中浮游生物、溶解有机物和无机盐等悬浮物的多少有关。透明度与水中悬浮物数量成反比。

精养鱼池水的透明度通常为 0.2～0.4 m；粗养鱼池水的透明度为 1.0～1.5 m。藻型湖泊比草型湖泊透明度低。

二、水温

温度是增养殖水域重要的环境条件之一。它直接或间接影响水生生物的生存、生长、繁殖、发育、行为和数量分布及水域的理化环境。

基于太阳光照时间和强弱变化、水体对光辐射吸收差异和温度在水中的固有特性等，温度在自然水体中的变化特征主要有以下几方面：

1. 水体的温度有季节和昼夜差异

与气温变化一样，水体的温度也呈现出季节和昼夜变化规律。但水的比热容（即单位质量的水，水温升高 1 ℃所需要的热量）比空气大，吸收太阳能和释放热能比空气慢，故水温的变化幅度比空气小得多。

水温的变化与水体大小有关。水体越大，水温越不容易产生急剧变化，大型水体的水温变化幅度比小型水体小。

从全年看，自然水体的平均温度最低在 1—2 月，最高在 7—9 月；从昼夜看，一般14:00—15:00 水温最高，早上日出前水温最低。

2. 水体的温度有水平和垂直差异

水温的水平差异主要与水体的位置、深度及水的运动等因素有关。一般来说，白天向阳水体温度高于背阳水体；浅水水体水温高于深水水体；在有风的夜晚，下风口表面水温高于上风口。

水温的垂直差异主要由水体对光辐射的吸收随深度的加深而减弱等因素决定。水是热的不良导体，传热性非常小。白天太阳光能大部分在水的表层被吸收，水的上层受热，而对底层影响较小。基于水的密度在 4 ℃时最大，4 ℃以上随水温升高而降低，4 ℃以下随水温降低而降低，深水水体的水温常维持在 4 ℃左右。因此上层水往往因密度小而无法进入底层，底层水因密度大而无法进入上层，从而形成了由水温的垂直变化导致的密度分层。

一般如无外力（如风力、洪径等）催动水体上下混合，夏季大型水域水体温度呈现随水体深度增加而下降的垂直变化现象，这种现象称为夏季正分层，夏季正分层水体常有温跃层（水温随深度增加而迅速降低）形成。在北方冬季，水面温度可降至 0 ℃，水体温度呈现随水体深度增加而上升的垂直变化现象，从而形成冬季逆分层。在春季和秋季的某个时段，水体上下水层温度趋于接近，才可能引起上下水层对流。池塘小水体由于水浅，到夜间因温度下降，可造成池水上下对流。

三、溶解氧

（一）水中氧气的主要来源

1. 大气的溶入

水面与大气接触，大气中氧气的溶入，是水中氧气的重要来源。氧气溶解速率与水中溶解氧饱和程度成反比，另外还与水面扰动状况及单位体积水体的表面积有关。一般河流的溶解氧主要来自大气的溶入，作为自然流水水体，由于径流流出，很少会发生氧气过饱和现象。

2. 光合作用

水生植物光合作用释放氧气是静水水体如湖泊、池塘等水域溶解氧的主要来源。一般湖泊表层水夏季光合作用产氧速率为 $0.5\sim10\,g/(m^2\cdot d)$，在光合作用强烈时，往往会出现氧气过饱和现象。

3. 水补给

补水带入氧气是水体溶解氧的重要来源之一，但只有在径流的溶解氧高于径流流入水域的溶解氧时才有效。在自然水域中，河流径流补给高于湖泊和海洋。流水养殖池的溶解氧主要来自补水。

（二）水中氧气的消耗

1. 鱼、虾等养殖动物呼吸

鱼、虾呼吸耗氧率随鱼虾种类、个体大小、发育阶段、水温等因素而变化。鱼、虾的耗氧量（以每尾鱼每小时消耗氧气的毫克数计）随个体的增大而增加；而耗氧率（以单位时间内消耗氧气的毫克数计）随个体的增大而减小；活动性强的鱼耗氧率较大；水温升高，鱼、虾耗氧率增加。

2. 水中微型生物耗氧

水中微型生物耗氧主要包括浮游动物、浮游植物、细菌呼吸耗氧，以及有机物在细菌参与下的分解耗氧，在养殖上统称为"水呼吸"。

氧气的消耗与耗氧生物种类、个体大小、水温和水中有机物的数量有关。在 $20.5\sim25.5$ ℃时，浮游动物的耗氧速率为 $721\sim932$ mL/（kg·h）；原生动物的耗氧速率为 $0.17\times10^3\sim11\times10^3$ mL/（kg·h）（据日本对养鳗池的调查）；浮游植物也呼吸耗氧，只是白天其光合作用产氧量远大于本身的呼吸耗氧量，而在夜间则纯耗氧，一般处于迅速生长期的浮游植物，每天的呼吸耗氧量占其产氧量的 $10\%\sim20\%$。有机物耗氧主要取决于有机物的数量和种类。

3. 底质耗氧

底质耗氧比较复杂，主要包括底栖生物呼吸耗氧、有机物分解耗氧、呈还原态的无机物化学氧化耗氧等。

4. 逸出

水中氧气逸出主要发生在表层水溶解氧过饱和时。水面的扰动（如风）可加速逸出速率。

（三）溶解氧在水生生态系统中的作用

溶解氧在养殖生产中的重要性，除了表现为对养殖动物有直接影响外，还对饵料生物的生长、水中化学物质存在形态有重要影响。

1. 溶解氧动态对养殖动物的影响

养殖动物为维持正常的生命活动，必须不断呼吸。其呼吸耗氧速率与各种内因（如种类、年龄、体重、体表面积、性别、食物及活动强度等）、外因（溶解氧、二氧化碳、pH、水温等）有关。水中溶解氧含量偏低，虽未达到窒息点，不会引起养殖动物的急性反应，但会引起慢性危害，主要表现为鱼、虾等游向水面，呼吸表层溶解氧，严重时吞咽空气，这一现象称为"浮头"。

溶解氧量低还会影响养殖动物的摄饵量及饵料系数。养殖鱼、虾如果长期生活在溶解氧不足的水中，摄饵量就会下降。例如，当溶解氧从 $7\sim9$ mg/L 降到 $3\sim4$ mg/L 时，鲤的摄饵量约减少一半；水中溶解氧低于 3 mg/L 时，对虾的摄食会受到抑制。在低氧条件下，鱼、虾的生长速度减慢，饵料系数增加。根据草鱼饲养试验，溶解氧为 $2.7\sim2.8$ mg/L 条件下的草鱼的生长速率降为溶解氧为 5.6 mg/L 条件下的 $1/10$，而饵料系数提高 4 倍。

溶解氧量低也会增加养殖动物的发病率。如鱼、虾长期生活在溶解氧不足的水中，体质将下降，对疾病抵抗力降低，故发病率升高；在低氧环境下寄生虫病也易于蔓延；溶解氧量低将导致胚胎发育异常，在鱼、虾孵化期，胚胎对溶解氧要求高，溶解氧不足易出现畸形，甚至引起胚胎死亡；溶解氧低还会增加毒物的毒性。

2. 溶解氧对水化学成分的影响

溶解氧对水化学成分的影响主要表现在有机物的氧化分解上。在氧气丰富的水环境中，水的氧化还原电位较高（一般在 400 mV 以上），有机物氧化较完全，最终产物为 CO_2、H_2O、NO_3^-、SO_4^{2-} 等无毒物质在水中氧气耗尽而缺氧时，水的氧化还原电位降低为负值，NO_3^-、Fe^{3+}、SO_4^{2-}、MnO_2 等离子（分子）被还原为 NH_4^+、Fe^{2+}、S^{2-}、Mn^{2+} 及有机酸和胺类等有害物质。

四、溶解盐类

（一）水体的盐分与盐度

1. 海水的盐分与盐度

海洋水是含有多种溶解固体和气体的水溶液，目前已测定或估计出含量的溶解在海水中的化学元素约有 80 种，平均占 96.5%，其他物质平均占 3.5%。其主要成分（指海水中浓度大于 $1×10^{-6}$ mg/kg 的成分）中阳离子有 Na^+、K^+、Ca^{2+}、Mg^{2+} 和 Sr^{2+} 五种，阴离子有 Cl^-、SO_4^{2-}、Br^-、HCO_3^-（CO_3^{2-}）和 F^- 五种，即为海水大量或常量元素，由于这些成分在海水中的浓度近似恒定，所以又称为保守元素，其总和占海水盐分的 99.9%，其中 Cl^- 和 Na^+ 约占 86%（表 1-4）。

表 1-4 海水的主要溶解盐类

成分	含量（g/kg）	成分	含量（g/kg）
Cl^-	19.35	K^+	0.39
Na^+	10.76	HCO_3^-	0.14
SO_4^{2-}	2.71	Br^-	0.067
Mg^{2+}	1.29	Sr^{2+}	0.008
Ca^{2+}	0.41	F^-	0.001

海水中盐类组成比较恒定，一般测定氯离子的含量即可换算总量。因此在海洋学上对海水盐度有特殊定义，即在 1 000 g 海水中，当所有碳酸盐全部转化为氯化物，溴和碘已被氯取代，一切有机物均被完全氧化时，所含全部固体物质的克数。世界海洋的平均盐度约为 35。全球海洋表面盐度一般是近海向大洋逐渐增大；以副热带海区最大，向赤道和高纬度海区逐渐减小；最高盐度和最低盐度多出现在大洋边缘的海域中，如红海北部高达 42.8，波罗的海只有 15，其北部的波的尼亚湾更低至 3 左右，故称为淡化海。

2. 淡水的盐分与盐度

淡水和内陆咸水盐类组成多样化，盐度的测定主要有湖沼学和水文学方法。

湖沼学上通常按 1 L 水所含阴离子和阳离子的总量来计算含盐量或盐度。一般情况下，Na^+、K^+、Ca^{2+}、Mg^{2+}、HCO_3^-、CO_3^{2-}、SO_4^{2-} 和 Cl^- 8 种主要离子含量可代表淡水的总含盐量或盐度。按国际湖沼学会的方案，淡水盐度的上限为 0.5，但习惯上盐度在 1 以内的水均称为淡水，我国大部分湖泊均为淡水湖；微咸水的盐度在 1.0～24.7，我国内陆有不少湖泊属此类型，如青海湖、达赉湖、岱海等；咸水水域的盐度≥24.7，在我国内陆型湖泊中，有奇林湖、艾比湖、吉兰太盐池等。微咸水湖和咸水湖又可按所含主要盐类分为：①盐湖（以 NaCl 为主），如吉兰太盐池、柯柯盐池等；②碱湖（以 Na_2CO_3 和 Na_2SO_4 为主），如内蒙古呼伦贝尔附近的大小碱湖，含 Na_2CO_3 29%～39%，Na_2SO_4 6%～12%，冬季结冰时，碱会呈粉末状析出于冰上，称作冰碱，年产碱可达 25 万 t；③硼砂湖（含有硼砂），如柴达木盆地内的某些湖泊。

水文部门常用矿化度来表示水的含盐量。矿化度是按溶解总固体的方法测定后的度量值。该法在烘干（加热至 $105\sim110\,℃$）过程中水中的 HCO_3^- 有 50.8% 变成气体而损失，且过滤水样中除了溶解盐类之外，还含有某些不溶解的固体细粒和微生物，此外，还包含溶解有机物，所以实际上测定的含盐量是水中可滤过而不易挥发物质的总和。矿化度一般用于有机物含量较少的天然水体，对于含有大量溶解有机物的精养鱼池和育苗池，用矿化度表示总含盐量，误差较大。按矿化度的大小，可将天然水域划分为四级（表 $1-5$）。

表 $1-5$　天然水域按矿化度分级

级别	矿化度（mg/L）	矿化程度
一级	<200	弱矿化度
二级	$200\sim500$	中矿化度
三级	$500\sim1\,000$	较高矿化度
四级	>1\,000	高矿化度

（二）氮

氮是构成生物体蛋白质的主要元素之一。水中的氮包括有机氮和无机氮两大类。有机氮主要是氨基酸、蛋白质、核酸和腐殖酸等物质中所含的氮。某些藻类和微生物可直接利用有机氮。在工厂化育苗池、温室养鳖池、精养鱼池中，有机氮占有较大的比例。无机氮主要有溶解氮气（N_2）、铵态氮（NH_4^+）、亚硝态氮（NO_2^-）和硝态氮（NO_3^-），溶解于水的分子态氮只有被水中的固氮菌和固氮蓝藻通过固氮作用才能转化为可被植物利用的 NH_4^+（或 NO_3^-）。一般浮游植物最先利用的是铵态氮，其次是硝态氮，最后是亚硝态氮。因此，上述三种形式的氮通常被称为有效氮，或称为三态氮。

亚硝态氮是不稳定的中间产物，对鱼类和其他水生动物有较大的毒性。在鱼类主要生长季节的池塘中，若总氨超过 0.5 mg/L、亚硝态氮超过 0.1 mg/L，则表示水受大量有机物污染。而精养鱼池在夏秋季节往往超过此值，通常总氨为 $0.5\sim4$ mg/L，亚硝态氮为 $0.1\sim0.4$ mg/L，硝态氮为 $0.1\sim2$ mg/L。一般海洋、湖泊、水库等水域，当总氮超过 0.2 mg/L，总磷超过 0.02 mg/L 时，该水体已富营养化。

（三）磷酸盐

磷是有机物不可缺少的重要元素。生物体内的核酸、核蛋白、磷脂、磷酸腺苷和很多酶中，都含有磷，它们对生物的生长发育与新陈代谢都起着十分重要的作用。

养殖水体中的磷包括：①溶解的无机磷，主要以 $H_2PO_4^-$ 和 HPO_4^{2-} 形式存在。②溶解的有机磷，经水解后可转变为无机磷。如卵磷脂水解为磷酸甘油，进而再水解为磷酸。③颗粒磷，指以颗粒状悬浮于水中的各种磷酸盐。如多聚磷酸盐、羟基磷酸钙、浮游生物体内的有机磷以及被泥沙颗粒所吸附的磷酸盐。以上三部分磷的总和称总磷。植物能利用的是溶解的无机磷酸盐（部分藻类能利用多聚磷酸盐），故这部分磷称为有效磷或活性磷。

水体有效磷除了被藻类利用外，部分与水中的 Ca^{2+} 结合形成 $Ca_3(PO_4)_2$ 而难溶，部分被金属离子、胶体和水底淤泥吸附和固定，因此水中溶解的有效磷只能保持在较低的水平。

水体有效磷的含量变动范围为 $3\sim50\mu g/L$，水体富营养化的有效磷指标为 $10\sim20\ \mu g/L$。湖泊、水库、河流一般为 $3\sim20\mu g/L$；精养鱼池一般为 $10\sim30\mu g/L$（晴天白昼上层水），而大部分藻类的有效磷的最低需要量均高于此值，如衣藻对有效磷的最低需要量为 $35\mu g/L$。

（四）碳酸盐类

在淡水中溶解最多的是碳酸盐类，包括碳酸氢盐和碳酸盐。由于碳酸盐在水中溶解度低，因此水中主要是碳酸氢盐。所谓碱度是指水中碳酸氢根等弱酸离子的含量。所谓硬度是指水中钙、镁离子的含量。淡水中钙比镁多，盐度小于 0.5 的淡水中，Ca^{2+}：$Mg^{2+}=(2\sim4)$：1。钙镁比随着含盐量增大而减小，一般标准海水的钙镁比为 1：3。碱度和硬度的度量单位均以钙的形式来表示，如 1 德国度相当于 1 L 水中含有 10 mg CaO。

钙和镁是生物不可缺少的营养元素。钙是动物骨骼和植物细胞壁的重要组成成分，而且对于蛋白质的合成、碳水化合物的转化以及氮、磷的吸收和转化都有很大影响。因此，缺钙会引起植物发育、生长不良。镁是叶绿素的主要组成成分。镁不足则核糖核酸的净合成停止，氮代谢混乱；缺镁还会影响对钙的吸收。钙还能降低重金属离子和一价金属离子的毒性，增加水中钙离子的含量，就可以减少生物对重金属离子和一价金属离子的吸收量。因此，同样浓度的重金属离子，在硬水中的毒性比在软水中小得多。

水中碳酸盐和碳酸氢盐处在 CO_2 平衡系统中，可调节池水的 pH 和保持水中 CO_2 数量的均衡。白天，藻类光合作用将水中游离 CO_2 用尽后，水中游离 CO_2 不足，碳酸氢盐即进行分解，释放出 CO_2 供藻类利用，此时 pH 会适当升高；夜间，所有生物均进行呼吸作用，水中游离 CO_2 大量积累，水中碳酸盐则吸收 CO_2 而变为碳酸氢盐，pH 下降。

第三节　增养殖水域的生物环境

不同类型的水域中生物的种类和数量具有明显差异，总的趋势是水体越大，生物的多样性越显著；水体越小，受人为影响越大，生物的种类明显减少，而单位水体的种群生物量则明显增加。本节仅以池塘、湖泊和水库为例，简要说明水域的生物特点。

一、池塘的生物

（一）池塘生物的特点

池塘生物组成简单。自然土塘的生物除养殖动物外，主要是浮游生物，此外还有附生藻类和微生物，高等水生植物和底栖生物很少。标准的水泥精养池塘由于养殖前清淤等工作，已基本无高等水生植物，底栖生物和附生藻类只在养殖过程中有少量繁殖。

浮游生物的多少与养殖种类和养殖模式有关。在滤食性动物养殖池，主要通过施肥培育浮游生物作为养殖动物的饵料，浮游生物种类多、数量大。浮游生物中一般以浮游植物为主，普通精养池每升水中浮游植物量为 0.5 亿～1 亿个细胞，高产池达 4 亿个细胞/L。在投饵养殖吃食性鱼类的池塘，由于换水频率高，浮游生物则很少，相对而言，细菌尤其是异养菌数量比例有所提高（不同养殖技术水平，差异较大）。

（二）池塘生物的变化规律

池塘是人类生产活动最频繁的水体，故池塘的生物变化受人为影响较大。一般来说，池塘生物的最大变化出现在一个养殖周期开始的前后，此时，由于池塘的消毒清理工作，池塘的细菌等有害生物连同浮游生物和底栖生物的生物量骤减；在养殖过程中，出于不同的养殖目的，人为管理会导致池塘的生物量的增长和衰减速度很快，如浮游生物，其种类和数量在2～3 d中就有很大的变动。

从自然的角度看，池塘生物的变化以浮游生物的变化最为显著。浮游生物有季节、昼夜、垂直和水平变化规律。

1. 季节变化

早春浮游植物中的硅藻、衣藻大量出现，浮游动物中的轮虫及桡足类随之开始大量繁殖，到晚春逐渐减少，此时，浮游动物中的枝角类才始达到最高数量。夏季浮游生物量达到最高峰，浮游植物优势种明显，主要是绿藻和蓝藻，往往大量繁殖形成水华；浮游动物以轮虫和原生动物为主，枝角类和桡足类很少。秋季浮游植物中的蓝藻、绿藻数量下降，硅藻和甲藻类数量上升，但总量仍明显少于春夏季。冬季浮游生物种类和数量均大大减少。

2. 昼夜变化

浮游生物的昼夜变化与昼夜光照强度有关，主要表现为生物量的变化和分布水层的变化。生物量的变化：白天光合作用强烈，浮游植物大量繁殖，繁殖数量大于死亡数量，生物量上升，随之带动浮游动物生物量上升；夜间光合作用停滞，浮游生物的死亡数量大于繁殖数量，生物量下降。从分布水层看，日出后上层浮游生物生物量逐渐升高，日落后上层浮游生物生物量逐渐降低，而下层则有所增加。

3. 垂直变化

浮游生物垂直分布的原因复杂多样，一般与光合作用所需的光强度不同和生物的趋光性不同有关。总体上，浮游植物趋强光，浮游动物趋弱光，浮游植物的分布水层高于浮游动物；另外，由于不同种类代谢需求不同，在水层分布上亦各有不同，如光合作用对光强度要求高的浮游植物种类往往在最上层，接下来是光强度要求低的浮游植物种类。对于有运动能力的浮游生物还存在昼夜垂直移动现象。

4. 水平变化

浮游生物的水平变化主要与光照和水流有关。就光照来看，阳面水域浮游生物量高于阴面水域；由风力等因素引起的水流动也会导致浮游生物水平分布不均匀，一般浮游生物量均是下风高于上风，渔谚"上风清、下风浓"的说法，正反映了这种规律。

二、内陆水域的生物

(一) 湖泊的生物特点

湖泊的生物组成主要包括浮游生物、水生维管束植物、自游和底栖动物等。从资源量上看，浮游生物量最大；从分布上看，沿岸区生物最丰富，囊括了各类生物，在湖沼区，主要是浮游生物和自游动物（主要是鱼类）。

湖泊中的浮游生物主要分布在距水面10 m以内的水层，且不同种类分布的深度也有差异。它们各自的分布深度随日光、温度、溶解气体、溶解物质和食物等的变化而改变，如蓝藻分布于水的最上层，硅藻多分布于较深的水层。其水平分布则受进水水流、水深、岸线弯曲程度、湖底物质的影响，一般湖泊近岸部分的浮游生物种类和数量要比湖中心多，浅水部分比深水部分多，无水草部分比有水草部分多。

水生维管束植物主要分布在沿岸带和部分亚沿岸带。一般的分布规律为：自湖岸起依次为挺水植物、浮叶植物和沉水植物。我国东部和中南部的养殖湖泊水都很浅，属老年湖类型，这类湖泊已没有深水区，往往整个湖面丛生水生维管束植物。沿岸带的水生植物主要有芦苇、蒲草、菰等挺水植物和菱、芡实等浮叶植物，其间也生长部分沉水植物；亚沿岸带的水生植物主要为沉水植物，如菹草、小茨藻、聚草和苦草等。

生态条件未被破坏的湖泊中滋生着大量水生维管束植物，这种湖泊被称为草型湖泊。其水域生产力高，水质良好，水产养殖业可在这种环境内可持续发展。由于人为破坏，湖泊中水生维管束植物被大量破坏，水质过肥，湖泊中浮游藻类大量繁殖，致使水域富营养化，这种类型的湖泊称藻型湖泊。

底栖动物种类和数量通常在老年湖中较丰富。在浅水区，以摇蚊幼虫、螺、蚌等较多，较深处则以寡毛类中的水蚯蚓、颤蚓等为主。

在内陆盐碱性湖泊，水生生物的组成随盐碱度的增加而趋于简单化。浮游生物多属于广盐和好盐种类，如桡足类、介形类、端足类较多。摇蚊幼虫是底栖动物的主要种类，而寡毛类则适应性较差。随着湖水盐碱度的增加，钙离子浓度不断降低，软体动物也不能生存，如青海湖中无贝类。

（二）水库的生物特点

水库中的生物主要包括：①某些原来的河道及原来为淹没区的湖泊和沼泽中的生物。②形成敞水水域后，发展的新生物种类。水库建成后，敞水水域形成，流速变小，静水型种类得以发展，浮游生物成为最先发展的生物；同时由于水文的变化，保留了部分淹没区的生物种类。由于我国水库的库龄均较短，水库生物区系的演化还在不断进行中。

由于水库深度太大，加上水位变动大以及洪水期的淤积等因素的影响，水生维管束植物在水库中丧失了生存的机会，仅在水库上游某些浅水区才能找到少量水草。但在某些浅水型水库，由于河道内原有的水生植物生长较好，其可能大量发展甚至长满整个水库区。

浮游生物在流速降低、营养盐类浓度增大后，就有了较适宜的繁殖条件，在种类和数量上都比在河流中丰富。浮游生物在水库中的水平分布有一定的规律性：上游河道注水口处最少，中上游最多，下游较少。如南沙河水库的浮游植物数量在中上游的浅水区为 709 万个细胞/L，而在下游深水区仅为 98.9 万个细胞/L。

水库的浮游植物也有季节变化。夏秋季生物量较高，春季较少，而冬季则更少。如清河水库夏秋季的平均生物量为 9.65 mg/L，春季为 3.0 mg/L，冬季仅 1.8 mg/L。就浮游植物的种类而言，一般绿藻占优势，硅藻和蓝藻次之。必须强调的是，浮游植物数量的这种季节变化不仅与汛期带入的营养物质有关，而且还与水库类型、不同地区的光热条件和是否有温跃层有密切关系。在东北、华北地区，河流的汛期主要在夏季，故浮游植物量的高峰值在夏秋季；在南方有些地区，春汛早，浮游植物的生物量高峰也有相应变化。

浮游动物的水平分布与浮游植物相似，其种类组成往往以桡足类占相当大数量。据山东省大多数水库调查，桡足类（湿重）占浮游动物总量的 40% 以上，枝角类占 20% 以上，原生动物接近 20%，轮虫类占 10% 以上。其中，枝角类以夏季最多，轮虫和原生动物以春、秋季较多，桡足类往往一年四季都有相当的数量。

水库中底栖生物种类和数量比湖泊少得多，这是因为水库的深度大大超过湖泊，而且其水位变动大。水库中的底栖动物，一般是以寡毛类的水丝蚓、颤蚓为主，其次是摇蚊幼虫，软体动物和甲壳动物则很少。水库底质对底栖动物的种类和数量变化有很大的影响：凡库底为淤泥者，底栖动物数量相对较多；细沙者较少；沙砾处则更少。

水库中的微生物分外源性和内源性两部分。外源性微生物是从各种水流带入的，内源性微生物则是在水库内物质循环中产生的。水库中的微生物含量不高，差异较大，一般占浮游生物量的10%～50%。水库中的微生物一方面可作为某些鱼类和无脊椎动物的饵料（微生物在絮凝作用下形成食物团可作为滤食性鱼类的饵料），另一方面还能将有机物分解为无机盐类供水生植物利用，它们在水库的物质循环中起着重要作用。

第四节　增养殖水域的环境调控

一、增养殖水域的水质调控

（一）大水面水质保护

对于湖泊、水库、江河和浅海等大水面的水质调控，一般采用预防措施。

1. 控制污水流入量，防止水体富营养化

严格控制未经处理或处理后没有达到排放标准的工业废水和生活污水直接向湖泊、水库、江河和浅海等大水面排放。按照相关标准和《环境保护法》的要求，对排放入的工业废水和生活污水进行严格处理。

2. 加强对大水面环境的监测

开展水质变化的预报服务，便于更好地提出预防对策和措施。

3. 科学合理地开发利用大水面

做到积极保护，科学管理，全面规划，综合开发。另外，大水面增养殖业应积极推广科学养殖技术，加强养殖业的科学管理，控制养殖尾水的排放，保持养殖水质处于良好状态。

（二）池塘水质调控

池塘相对于大水面而言是一个小水体，其生态系统的平衡可以采用人工调节方法。池塘生产中一般采取的水质调控措施包括注排水、增氧和施肥等。

1. 池塘的注排水

改善池塘水质的首选技术措施是及时换水，即排掉有机质和有毒气体浓度高的部分池水，注入新水。新水的注入，不但冲淡了池水的有机质和有毒气体的浓度，而且给水体带进氧气和补充水中缺乏的某些营养元素，消除或减弱老水的危害，促进浮游生物繁殖，使池塘水环境适合鱼虾等快速健康生长。

具体注排水的间隔、换水量、一天中的换水时间等，要根据养殖模式、种类、密度、池塘条件、水质状况（观察水色和透明度判断）、鱼虾类活动和水位高低等具体情况，因地制宜，灵活掌握。高温季节傍晚池塘应禁止注水，以免提早造成水体流转，消耗水中的溶解氧。

2. 泼洒微生态制剂

（1）微生态制剂的种类　微生态制剂根据菌种的多少分为单菌种制剂和复合菌种制剂。单一菌群微生物制剂主要有光合细菌、硝化细菌、芽孢杆菌、放线菌、乳酸菌等。复合微生态制剂主要有EM菌、三色生态菌、益水宝、益生素等。微生态制剂因无毒副作用、无耐药性、无残留污染、效果显著等特点逐渐得到广大水产养殖业者的认可。

（2）微生态制剂净化水质的作用　微生态制剂中的菌是养殖水体的有益菌群，不危害养殖动物、微藻和其他生物，其作用是抑制病原菌。在长期的水产养殖过程中，养殖水体内会残留有大量的残饵、粪便、动植物尸体等，这些有机污染物在嫌气细菌的作用下会分解产生大量对水产养殖动物有毒有害的氨气、硫化氢等，危害养殖动物的生存和生长。微生态制剂中的光合细菌、芽孢杆菌具有多种不同的生理功能，如固氮、固碳、氧化硫化物等，能将嫌气细菌分解出的有毒物质如氨态氮、亚硝酸、二氧化碳及硫化氢等吸收利用，减少水体有毒污染，达到净化水质的目的。

光合细菌在进行光合作用时不消耗氧气，也不释放氧气，而是通过吸收水体中的耗氧因子，如有机质和硫化氢等物质，使好氧微生物因缺乏营养而转为弱势，降低氧气的消耗，进而起到间接增氧作用。

微生态制剂中的光合细菌、硝化细菌、芽孢杆菌、枯草杆菌等能有效分解有机物，它们发挥氧化、氨化、亚硝化、硝化、硫化、固氮等作用，将动物的排泄物、残存饲料、动植物残骸等，分解为二氧化碳、硝酸盐、硫酸盐等无毒物质，鱼虾粪便不会变成淤泥状而成散沙状，消除水体发黑、发白、发黄等现象，防止水体恶化。有机物分解后的盐类为单细胞藻类的生长繁殖提供营养，单细胞藻类的光合作用又可补充提高水体的溶解氧，净化水质。微生态制剂通过分解有机质降低化学需氧量（COD）和生物耗氧量（BOD），间接增加水体中的溶解氧含量，改善水体质量，维持良好的生态水环境。

（3）微生态制剂使用方法及注意问题　使用方法一般为泼洒法，即将活菌制剂直接泼洒到整个池塘水体中，也可拌在饲料中。

微生态制剂为活菌制剂，使用时要注意：①不可能在使用 3～5 d 即看到明显效果，必须按操作规程坚持使用。不要半途而废，或者不放心而盲目使用消毒剂或大量换水。微生态制剂的预防效果好于治疗，作用发挥较慢，应长时间连续施用，才能达到预期效果。②严格按操作规程使用，不宜与抗生素、消毒剂和杀虫剂混用，以免影响微生态制剂中有益菌群的增殖，在应用之前应尽可能换干净水，连续使用，使之形成优势菌群，确立优势地位并达到新的平衡状态，这时才会显现出早期效果。若在使用后 3～5 d 就开始使用杀虫药等，会使前功尽弃。③应用时间要早，根据先入为主的理论，通过先入菌的占居性控制、减少或阻碍病原菌的定居。④要注意活力和数量。微生态制剂必须含有一定量的活菌（20 亿个细胞左右），且活力要强。⑤要注意制剂的保存期。随着时间延长，活菌数量减少且作用减弱。

3. 人工增氧

（1）生物增氧法　指通过合理施肥维持健康有益的浮游植物种群，以达到生物造氧、池水高溶解氧的目的。通常，在静水池塘，由浮游植物光合作用产生的氧气约占池水总溶解氧的 90% 左右。因此，在生产实践中，根据天气、季节、水质以及鱼类活动情况（"四看"），尽力做到合理施肥，是确保光合生物种群适度、池水溶解氧来源充裕的重要措施，其中，生物增氧的经验标志是：池水透明度 ≥30 cm；水色呈黄褐或油绿。此外，合理搭配放养种类也是十分有效的配套措施，无论主养什么种类，均应适量搭养滤食性鱼类，如鲢、鳙或罗非鱼，以利于调节水质，预防水体富营养化。

（2）机械增氧法　增氧机已成为池塘食用鱼精养中最为常用的重要养殖机械，其作用包括：增加溶解氧、改善水质、防止浮头、提高产量。目前生产上可供选用的增氧机类型有喷水式、水车式、管叶式、涌喷式、射流式、叶轮式等。从综合效果及实际使用看，养鱼池塘常选用叶轮式增氧机，而养虾池塘多选用水车式增氧机。

① 增氧机的基本功能及作用效果。各类增氧机的基本功能相似，均具有增氧、搅水和曝气等功能。在机械运行时，此三大功能虽然同时完成，但在不同时段、不同条件下，其所发挥的主要作用不同（有时以增氧为主，有时以搅水曝气为主）。增氧机的作用效果与功率呈正相关，与水中溶解氧饱和度以及负载面积呈负相关。

② 增氧机的合理使用。增氧机如果使用得当，可以收到增氧、增产、增收的理想效果；若使用不当，反而会加速全池耗氧，结果适得其反。所谓"使用不当"，常指使用者对增氧机的作用原理缺乏全面认识，仅把增氧机当"救鱼机"使用（不见浮头不开机）；或使用时间不当，反向加速耗氧，使其成为"耗氧机""浮头机"；或未能充分发挥既有功能（忽视搅水、曝气功能）。由此可见，增氧机必须根据其工作原理合理使用，以充分发挥其既有功能，关键是应根据水中溶解氧状况、缺氧原因以及增氧机的作用原理，确定合理的开机时间和运行时间（因时、因塘制宜，依据天气、水温、水况、机械功率等因素而定）。通常，在鱼类的主要生长季节应坚持晴天午后开机 2 h；同时做到根据预测情况，力求在池鱼浮头前开机；切忌傍晚（阴天午后）开机；并应注意把握夜间开机时间，夜间开机越早，运行时间应越长，并应持续至日出后方可停机；在水面大或负荷面积大的情况下，运行时间应随之延长。总之，生产上可按溶解氧量 2 mg/L 作为开机的警戒线，并可以罗非鱼或野杂鱼浮头作为开机的生物指标。

③ 使用增氧机的注意事项。使用叶轮式增氧机时，应注意了解其下列特性：

叶轮式增氧机一般能向水中增氧 $1.0 \sim 1.5$ kg/(kW·h)，并随其负荷水面大小而减增（呈负相关）。因此，对于食用鱼池塘而言，实际增氧效果在短时间内并不显著，只能在增氧机水跃圈周围保持一个溶解氧相对较高的区域，使鱼群集中在这一范围，达到救鱼的目的。

叶轮式增氧机的搅水性能良好，液面更新快，可使池水的水温和溶解氧在短时间内均匀分布（具体用时与负荷水面大小呈正相关）。在晴天中午用功率为 3 kW 的叶轮式增氧机对不同面积的鱼池进行开机试验（王武，1977）表明，负荷面积越小，整个鱼池上下水层溶解氧基本达到均匀分布所需的时间越短，反之越长（表 1-6）。

表 1-6　3 kW 增氧机负荷面积与全池上下水层溶解氧混合所需时间

负荷面积（hm²）	0.22	0.33	0.47	0.6
混合所需时间（min）	15～20	20～30	50	60

叶轮式增氧机运转时，通过水跃和液面更新，会促使水中的溶解气体逸出水面。其逸出的速度与该气体在水中的浓度成正比。开机后下层水积累的有害气体（如硫化氢、氨等）会加快逸出，虽然开机也会加快上层水中溶解氧的逸出速度，但由于其搅水作用强，溶解氧逸出量并不高［据测定约为 0.77 kg/(kW·h)］，大部分溶解氧仍通过增氧机输送至下层。

（3）综合增氧法　即生物增氧与物理增氧相结合，主要是指人工控制池水对流，即利用相关机械的搅水功能，在适宜时段运转机械，克服水层热阻力（较冷的下层水被较热的上层水替换需做的功，与上下层水的密度差及水温差呈正比），使生物造氧与机械输氧人为地结合，及时将上层过饱和的溶解氧送往下层，提高整个水体的溶解氧水平。

① 池水运动（对流）的形成。与江河、湖泊、水库等大水体相比，池水运动相对不很明显，但客观存在，也包括波浪、混合和对流等基本形式，主要由风力作用和上下水层密度

差引发。白天上层水温度较高、水分子较轻，而下层情况则相反，这样上下水层间的热阻力较大，池水不易发生对流。到了夜间，当气温低于表层水温时，表层水温随之下降，分子密度变大、变重下沉；而相对温度较高、密度较小、变得较轻的下层水开始上浮。对流即由此形成，并随着全池密度及温度趋于一致而结束对流。

② 池水对流的利弊。池水对流虽然微弱，但其作用不可小觑，它可以使池水上下流转，促进水中氧气的溶解和传递；加速池塘的物质循环；并能清除水中的有毒物质（底层积累的硫化氢、氨等），改善下层水质。另据测定，池水运动可使氧气溶入速度较静水快100倍。但在自然状态下池水对流常表现为弊大于利。由于白天池水不易发生对流，上层过饱和的溶解氧无法及时输往下层造成浪费；至夜间对流发生时，水中溶解氧本身已不充裕，补充下层的能力有限，对流结果只会加速全池耗氧，导致整个水体缺氧。晚上池水会否形成对流及其强弱程度取决于当地当日气温昼夜变化（即昼夜温差）；对流形成越早，鱼类浮头的可能性越大。

③ 人工控制池水对流。在晴天中午或午后开增氧机或搅水机，使池水在密度差造成对流之前，提前克服水的热阻力而引发对流，将上层水中饱和或过饱和的溶解氧及时送往下层，使下层溶解氧状况提前得到改善（偿还氧债）；与此同时，上层水在下午仍可通过光合作用继续增氧。这样，在人工控制下上下层水提前对流，生物造氧与机械输氧有机结合，就可使全池溶解氧大大增加，有效地预防鱼类浮头，以利于鱼类生长和产量提高（图1-4）。

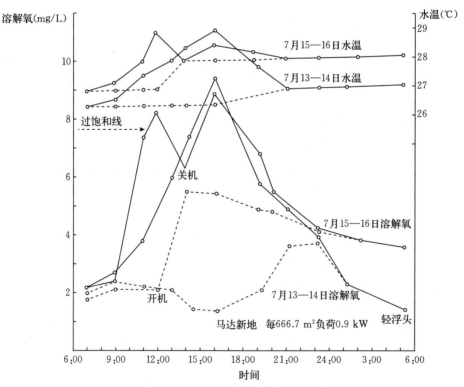

图1-4 晴天自然条件下（实线）与中午开增氧机（虚线）池塘溶解氧和水温的昼夜变化

（4）化学增氧法 即向池中投放化学物质，通过其与水产生化学反应释放出氧气，使水中溶解氧快速增加。常用的化学物质主要有：H_2O_2、$(NH_4)_2S_2O_3$、CaO_2 等过氧化物，鱼浮灵、沸石粉以及复合增氧剂等。但由于池塘水体较大，若要快速改善整体溶解氧状况，则增氧剂用量较大，成本较高，因此，该法只偶用于应急，如解救严重浮头及泛池（可局部泼洒）。

4. 人工施肥

池塘施肥的目的在于补充水中的营养盐类及有机物质，有机物质可作为滤食性鱼类、杂食性鱼类及草食性鱼类的饵料，增加腐屑食物链和牧食链的数量。施肥作用的大小，与饲养的鱼类种类有关，对滤食性鱼类作用最大，杂食性鱼类次之。因此，池塘施肥可作为饲养鲢、鳙等鱼类的主要措施。

（1）施肥类型

① 施基肥。在鱼种放养前一次性大量施肥，所用肥料大多为有机肥料，江苏、浙江以施腐熟粪肥为主，两广地区多用大草（绿肥），其他地区用有机肥料或大草，其目的在于培育水质或改善底质。基肥使用量总体较大（每 $667m^2$ 需数百千克不等），具体用量可视池塘条件酌情增减。对于瘦水池塘、新开池塘，施基肥为必须措施，有利于快速"熟化"池塘，用量应大；而对于肥水池塘、淤泥较多的经养池塘，基肥用量可少，甚至不施。

② 施追肥。在鱼种放养后分次少量施肥，所用肥料可视来源或为有机肥，或为无机肥，并以两类肥料同时或交替使用、互为补充为好。施追肥的目的在于不断向水体补充营养盐类，以确保水中饵料生物不断繁殖，使生物量始终保持在较高水平。施追肥的基本原则是"及时均匀、量少次多"，即要根据食用鱼池的水质状况确定追肥与否及用量多少，做到及时追肥、每次少量、均匀泼洒。

（2）施肥方法　应根据各类肥料的特性确定其用法及搭配，并应根据肥料来源确定其主次及用量，还应根据气候、季节、水质及池鱼活动等具体情况确定施肥与否及间隔长短。

① 以有机肥料为主、无机肥料为辅，"抓两头、带中间"。有机肥料含有多种营养元素，除了能培育大量微生物和浮游生物，间接为饲养鱼类提供天然饵料外，还能直接供鱼类摄食，而且鱼类易消化的浮游植物也喜欢在溶解有机物丰富的水中生长繁殖。因此，有机肥料是培育优良水质的基础。但有机肥料需先经腐熟分解，其间耗氧量大，在高温季节容易恶化水质。所以，在精养食用鱼池中，有机肥料主要用作基肥，仅在水温较低的早春和晚秋才用作追肥。这就是所谓的以有机肥料为主和"抓两头"。

无机肥料在水中溶化后即可被浮游植物直接吸收利用，起效快，虽然效果不如有机肥料全面，但其不耗氧，适合在高温时段用作追肥。一般地，在高温季节（即鱼类的主要生长期），食用鱼池水中的有效氮会随着投饲量的增加而逐渐增多，而此时水中的有效磷却极度缺乏，氮磷比严重失衡。因此，无须施用含氮量高的无机氮肥或耗氧量大的有机氮肥，而非常需要施用无机磷肥，通过增加水中有效磷的含量，调整氮磷比，以使池内丰富的有效氮得以充分利用，促进浮游植物生长，提高池塘生产力。这就是所谓的以无机肥料为辅和"带中间"。表1-7是长江流域食用鱼池全年施肥分配情况。

表 1-7　长江三角洲（上海郊区）以草鱼为主体鱼池塘月施肥百分比（%）

肥料种类	施肥时间									全年
	1—3 月	4 月	5 月	6 月	7 月	8 月	9 月	10 月	11 月	
有机肥料	70	15	2	0	0	0	0	8	5	100
无机肥料	0	0	10	15	25	25	20	5	0	100

② 有机肥料施用前须先经发酵腐熟。为预防有机肥入水后大量耗氧，施用前必须让其先行发酵腐熟。这样，不仅能杀灭部分致病因子，有利于卫生和防病，而且还可使大部分有机物通过发酵分解成大量的中间产物（分解时具有暴发性耗氧的特点），它们耗的氧以氧债形式存在。因此，只要选择晴天中午前后采用全池泼洒的方法施用，就可以充分利用池水上层处于饱和甚至超饱和的氧气，及时偿还氧债，既可加速有机肥料的氧化分解，又能降低其在夜间的耗氧量，从而减小因施肥对鱼类的不利影响。

③ 巧施磷肥，以磷促氮。根据食用鱼池高温季节水中富氮缺磷的特点，适时适量施用磷肥可以收到以磷促氮的效果。生产上常用的磷肥主要有过磷酸钙和鱼特灵（含有效磷20%）等，追肥用量分别为 10 mg/L 和 5 mg/L，施肥时间宜选在晴天中午，先将磷肥用水溶化，然后全池均匀泼洒（或喷洒）。一般 5—9 月可根据水质状况每隔半个月追肥一次。为延长水溶性磷肥在水中的悬浮时间以降低塘泥对磷的吸附和固定，施肥当天不宜搅动池水，如禁止拉网、加水及中午开增氧机等。通常施用磷肥 3～5 d 后，池内浮游植物即可出现高峰，生物量明显增加，氨氮下降。

二、池底的环境调控

（一）进行池塘清整改善池底环境

池塘经过一年的饲养，由于生物体的死亡，鱼虾的排泄物、残饵和有机物质等沉积，再加上池中泥沙混合，池底形成一层较厚的淤泥。淤泥过多，特别是天气闷热、水温升高、水质肥时易造成池水缺氧。此外，细菌、病原体及寄生虫大量繁殖潜伏，易造成鱼虾生病。所以，鱼类放养之前均要进行清整，包括整塘和清塘。

1. 整塘

整塘即池塘修整，其目的在于保养维护池塘，并改善环境条件。该项工作通常应在放养前 1 个月左右进行，方法是：将池水排干，清除过多的淤泥并推平池底，用清出的塘泥修补池堤和进排水口，并清除杂草杂物；然后暴晒池底。可使底土疏松，改善土层通气条件，加速腐殖质的分解，把沉积于塘泥中的有机物转化为营养盐类，增加水质肥度，促进饵料生物繁殖。

2. 清塘

清塘即池塘消毒，其目的在于用药物杀灭池内各种敌害生物及病原体。该项工作通常在整塘完成并暴晒池底数日后进行，常用的药物有生石灰、茶粕、漂白粉、氨水等。方法是：先根据面积、水深计算出用药量，而后将药物用适量的水稀释（或浸泡），然后对干塘（池底积水 6～10 cm）或带水池塘进行全池均匀泼洒。其中，带水清塘仅可用于换水不便的池塘，其效果不如干法清塘，不仅用药量大、成本高，而且也不利于底质改良。因此，在可能的情况下，最好采取干法清塘。清塘后，各种药物的毒性消失时间与温度相关，温度越高，毒性消失越快，反之则慢，一般为 7～10 d，漂白粉为 3～5 d。

几种常用清塘药物的作用机理、常规用量及使用注意事项如下：

（1）生石灰（CaO）　生石灰遇水即生成强碱性的氢氧化钙 $[Ca(OH)_2]$，能在短时间内使池水的 pH 升至 11 以上，并释放出大量的热，因而可有效杀灭野杂鱼类、蛙卵、蝌蚪、水生昆虫、虾蟹、蚂蟥、丝状藻类、寄生虫、致病菌以及一些根浅茎嫩的水生植物。

使用生石灰清塘时，先将生石灰按预定用量加水溶化成乳液，不待冷却立即进行全池均匀泼洒，包括堤面。于泼洒后的次日用铁耙或硬扫把耙扫池底，使石灰浆与淤泥充分混合。干法清塘的用量为每 $667m^2$ 池塘用生石灰 60～75 kg，并可视池底淤泥多少适当减增。而带水清塘时，每 $667m^2$ 池塘平均水深 1 m 用量为 125～150 kg。

在众多的清塘药物中，以生石灰干法清塘的效果最全面，除了能彻底清除敌害生物及致病因子外，还可以保持池水 pH 的稳定，使池水保持鱼苗所需的微碱性；并可以改良池塘土质，释放出被淤泥吸附的氮、磷、钾等营养元素，增加池水肥度。但生石灰清塘的效果往往同所用生石灰的质量有关，一般应选用未受潮风化且杂质含量少的块灰。粉灰（即熟石灰）是生石灰受潮后与空气中的二氧化碳结合形成的碳酸钙（$CaCO_3$），不能用作清塘药物。

（2）茶粕　茶粕即茶籽饼，是油茶的种子在榨油后剩下的渣滓，通常被压成圆饼状，其中含有 7%～8% 的皂角苷（为溶血性毒素），可使动物的红细胞分解，对鱼类及水生动物的致死浓度为 1 mg/L；并可杀灭蛙卵、蝌蚪、螺、蚂蟥及部分水生昆虫，但对细菌无效，常规清塘时也不能清除血液含蓝细胞的虾、蟹类。此外，茶粕也是一种有机肥，兼有施肥作用，能促进池中浮游生物繁殖。清塘时，需先将茶粕捣碎成小块，放在水缸中加水浸泡，水温 25 ℃ 左右浸泡一昼夜后，即可加水连渣带汁全池均匀泼洒。每 $667m^2$ 池塘水深 20 cm 用量为 26 kg，水深 1 m 用量为 35～45 kg，并可随池塘野杂鱼的种类而适当增减，如果清除对象为不钻泥的鱼类，用量可稍减，反之则应略增。如果在茶粕清塘后，加施少量生石灰，则有利于改善水质，提高鱼苗成活率。

（3）漂白粉（$CaOCl_2$）　一般含有效氯 30% 左右，经潮湿分解会放出次氯酸和碱性氯化钙；而次氯酸会立刻放出新生态氧，有强烈杀菌和杀灭敌害生物的作用。就清塘效果看，漂白粉与生石灰相同，且毒性消失较快，故对急用的池塘可采取漂白粉清塘。此外，对于不适合用生石灰的盐碱性池塘，也可用漂白粉替代，因为使用漂白粉不会增加池塘的碱性。漂白粉清塘时，一般用量为每立方米水体 20 g，即每 $667m^2$ 池塘 1 m 水深用量 13.5 kg。若采取干法清塘则其用量可减至 5～10 kg。由于漂白粉易挥发、易受潮或受光而分解，故漂白粉须盛放在密闭的塑料袋内或陶器内，并应存放于冷暗干燥处，以防止分解失效影响清塘效果。在使用漂白粉时，操作人员应戴口罩，并应顺风向由上风处泼洒药液，以防人员中毒或衣物受蚀。由于漂白粉放出的新生态氧易与金属作用，故盛放及泼洒时不宜采用金属容器。目前市场上与漂白粉同类的产品有漂白精、三氯异氰脲酸等，并已有替代漂白粉的趋势。漂白精清塘浓度为 10 mg/L，三氯异氰脲酸为 7 mg/L。漂白粉的清塘效果同池水的肥度相关，池水愈肥，效果愈差。

（4）氨水（NH_4OH）　氨水呈强碱性，为易挥发的液态氮肥。用高浓度的氨水清塘不仅对鱼类及水生昆虫等具有毒杀作用，而且还兼有肥水效果。一般清塘用量为：每 $667m^2$ 池塘（水深 10 cm）用氨水 50 kg。为减少氨水挥发，全池泼洒前需先用几倍于氨水的干塘泥均匀拌和。此外，使用氨水清塘后应特别注意：由于其肥水作用，很容易促使池水中的浮游植物生长过旺，进而因大量消耗水中游离的二氧化碳而使池水 pH 上升，并使水中分子氨的浓度增高，导致鱼苗中毒死亡。因此，在氨水清塘后应及时加施适量的有机肥料，通过培养浮游动物来抑制浮游植物的过度繁殖，避免死苗事故的发生。

（二）养殖期间带水改善底质环境

1. 搅动底泥和喷洒淤泥

养鱼期间，可用机械吸出部分淤泥以减少水中的耗氧，或在晴天将淤泥喷至水的表层，充分利用上层的氧盈，加快淤泥中氧债的分解，以降低夜间下层水的耗氧量，防止鱼类浮头。搅动底泥可以选择在晴朗和有风的天气进行，每1～2周1次。

2. 经常性施用生石灰

施放生石灰的数量和次数视淤泥多少而定，一般为每 667 m² 施 30～50 kg，溶化成石灰浆全池泼洒。施用生石灰的作用表现在以下几方面：首先是对于酸性底泥，可使 pH 升高，有利于分解有机质的细菌繁殖，从而促进营养物质的再生循环，增加水体肥力。其次是可以增加水体的硬度和碱度，较高的碱度、硬度可以增强水体的缓冲容量，抑制 pH 的强烈变化，提高光合作用对二氧化碳的利用率。再次，可杀灭淤泥中的鱼类寄生虫、病原菌和对鱼类有害的昆虫及其幼虫等。最后，施用生石灰还可以促进水体中的腐殖质聚沉，从而增加水体的透明度，有利于浮游植物的光合作用。

养殖期间必要时还可以使用过氧化钙微粒制剂增加水中的溶解氧量，加速底部有机质的分解，改善池底淤泥的酸性环境，抑制硫化氢的产生。

（三）养殖与种植轮作

利用冬季养殖池塘的空闲时间，可考虑把养鱼虾和种植农作物联合起来，进行轮作。池底种作物时淤泥可更充分地干透，靠陆生作物的根部使土壤充以空气，有利于有机物的矿化分解，更好地改良底质。作物本身有经济价值。生长的青绿作物还可作为池塘的优良绿肥，放水沤肥，培育丰富的浮游生物，为鱼类种苗提供饵料，降低成本，增加效益；也可以作为青饲料饲喂家禽家畜。

 思考题

1. 简述河流、湖泊、水库、池塘和近海水环境的特点。
2. 简述增养殖水域的主要生态特性。
3. 掌握池塘的增氧方法、增氧机的基本功能和合理使用。
4. 简述人工调控水质的施肥类型和施肥方法。
5. 简述常用的清塘药物的种类，以及以生石灰清塘为首选的依据。

第二章　育苗厂及养殖池塘的设计与建造

第一节　育苗厂的设计与建造

一、育苗厂址条件

育苗厂选址是否合理，关系到施工难易、投资多少以及今后能否稳定高效地进行苗种生产。首先应对初选地点的有关条件进行充分调查，然后认真分析、权衡利弊、作出抉择。调查包括现场勘察或测量，内容主要有水环境条件、地形和地质、交通、电力等；既要考虑育苗对象所要求的条件，也要考虑育苗厂的综合利用，建造多功能育苗厂，以提高育苗厂的利用率和经济效益。

（一）水源水质

水质的优劣是育苗厂选址的最关键要素，不管育苗厂培育何种品种，首先必须考虑场址周围的水源水质条件。作为育苗厂水源地的近海、湖泊、江河等应远离工业、农业及生活污染源，要求水质清新、无污染。育苗厂不宜建在养殖场过于密集的内湾以及水源水质不符合要求的地方。

（二）盐度及 pH

不同育苗对象对水的盐度及 pH 有不同的要求。如对虾类、三疣梭子蟹育苗，盐度一般应在 25～32；中华绒螯蟹、罗氏沼虾等在半咸水中育苗，盐度 10～20 为宜。pH 是水质状况的一个综合指标，一般海产动物苗种培育要求 pH 在 7.8～8.6。

（三）水中浮游生物组成

水中浮游生物组成与育苗有密切关系。如裸甲藻、原甲藻、蓝藻及夜光虫占优势的海区，育苗效果不理想；而以角毛藻、骨条藻、菱形藻及金藻等为优势种的海区，育苗效果较佳。因此，有必要调查清楚厂址周围水源地浮游生物的组成及季节变化情况，为确定育苗用水处理方法及植物饵料的供应方式提供参考。

（四）地形和地质

作为育苗厂的建设场地要求地质稳定、地基坚固。沿海地区由于受台风的侵袭较频繁，选址时要尽量考虑大风潮的影响，从地形上避开迎浪的位置。平地或坡地建场各有利弊，可因地制宜地采用不同的建筑型式。具有一定坡度的岩石海岸是建造育苗厂的理想地基，可减少造价，有利于饵料及育苗用水的输送。背山面海的向阳区水温较高，热量不易散发，可减少能量的损耗。具有天然热源和工业余热的地方是理想的地点。

（五）供电

育苗厂供电要方便，提水及增氧设备、锅炉及电加热设备、照明等均需要用电，要配备变配电室及变压器等设备。育苗生产期间，用电量较大，要求电力充足、满足供应并不得中断，为防止因供电不足而断电或停电，育苗厂应自备发电机组，以便应急使用。要注意用电安全，确保安全生产。

(六）交通

育苗厂应尽可能建在交通方便的地方，有公路直达，以便于育苗用物资、各种亲体及苗种的运输。有的育苗厂也可利用水上交通线进行运输。

以上几方面是育苗厂址选择要考虑的，在实践中有的方面可能不能满足，但可以人为地创造或改造条件去满足育苗生产的需要。其中，水源水质条件是关键，是首要条件。

二、育苗厂的规划设计与建造

(一）育苗厂的规模及主要设施组成

育苗厂选好建厂地址后，要做一个规划或方案设计。首先要确定生产规模，也就是要确定育苗水体。以对虾育苗厂为例，一般每立方米水体可培育 1 cm 以上虾苗 5 万～10 万尾，依此标准并根据计划育苗量计算虾苗培育池总水体，再根据拟定的育苗池水深计算出池子的面积，按照对虾育苗室建筑面积利用率 80% 左右的比例，可以计算出育苗室总建筑面积。至于饵料室的水体、面积，可以根据育苗池的情况相应地按比例进行匹配，育苗池、动物性饵料池、植物性饵料池水体比以 1∶0.1∶0.2 为宜。一般育苗厂的设计规模分大、中、小三类，育苗水体在 2 000 m³ 以上的为大型，1 000～2 000 m³ 为中型，500～1 000 m³ 为小型。因育苗的地区、育苗的品种、育苗企业的经济实力的不同，育苗厂设施及布局也有差异，应尽可能结合当地的具体情况，设计出效率高、造价低的育苗厂。

育苗厂的生产设施主要包括育苗室（池）、亲体培育室（池），动物饵料及植物饵料培养室（池）、饵料加工室、水质分析及生物监测室，供排水、供气、供电系统等。

(二）育苗厂区布置

厂区各建筑物、构筑物的平面布局应符合生产工艺要求，主要原则为：①育苗室与动、植物饵料培育室相邻布置；水质分析及生物监测室应与育苗室设在一起，并应设在当地育苗季节最大频率风向的上风侧。②锅炉房及鼓风机房适当远离育苗室，并处于最大频率风向的下风侧。③变配电室应单独布置，并尽量靠近用电负荷最大的设备。④水泵房、蓄水池和沉淀池相邻布置在取水口附近，海水取水口应设在涨潮潮流的上方。⑤需要设预热池时，应靠近锅炉房及育苗室。⑥各建筑物、构筑物之间的间距应符合防火间距要求，即根据建筑物的耐火等级，按照《建筑防火通用规范》的有关规定执行。⑦场区交通间距应符合规定，即各建筑物之间的间距应大于 6 m，分开建设的育苗室和饵料培育室的间距应大于 8 m，育苗室四周应留出 5 t 卡车的通行空间。⑧育苗厂应利用地形高差，从高到低按沉淀池、饵料培育室、育苗室的顺序布置，以形成自流式的供水系统，育苗室最低排污口的标高应高于当地育苗期间最高潮位 0.5 m 以上。

(三）育苗厂设计及建造要求

1. 有效建筑系数的计算

育苗厂有效建筑系数是以育苗池有效水体总容积数作为计算标准，这可以直接反映出育苗厂的设计规模。

育苗室及动、植物饵料培育室的有效建筑系数可分别按下列公式计算：

$$i_1 = V_z / S_1$$
$$i_2 = V_d / S_2$$
$$i_3 = V_{zh} / S_3$$

式中　i_1——育苗室有效建筑系数；

i_2——动物饵料培育室有效建筑系数；

i_3——植物饵料培育室有效建筑系数；

V_z——育苗池有效水体总容积（m^3）；

V_d——动物饵料培养池有效水体总容积（m^3）；

V_{zh}——植物饵料培养池有效水体总容积（m^3）；

S_1——育苗室建筑面积（m^2）；

S_2——动物饵料培育室建筑面积（m^2）；

S_3——植物饵料培育室建筑面积（m^2）。

一般情况下，三个系数的控制值为：i_1＝1.0～1.2；i_2＝1.0～1.2；i_3＝0.6～0.8。

2. 主要厂房室内照度标准及测量方法

育苗室及动物饵料培育室的室内最低照度值为 5 000 lx，植物饵料培育室为 8 000 lx。此照度值是指育苗季节晴天中午 12：00，室内长轴方向各池中心线处水面照度值的平均数。

3. 设计及建造要求

（1）育苗室（池）　育苗生产过程需要控温与控光，因此要建造育苗室。育苗室的结构既要有利于透光和调光保温，又要通风和抗风，经久耐用。育苗室多采用温室型，为了减少气温对水温的影响，要求尽量减少室内空间，但必须满足生产操作的要求。育苗室屋架一般采用小坡度轻型拱形屋架，其具有造价低、建筑空间比较宽敞的特点，屋架用料常用自重轻的角钢、槽钢、钢管等，屋面倾斜坡度 30°左右为宜，檐头高度 2.8～3.3 m。用透明玻璃钢波形瓦或玻璃等覆盖屋顶，透明玻璃钢瓦的透光率要求不低于 70%；四周外墙安设高大玻璃窗，外墙的采光面积不小于育苗室建筑面积（S_1）的 1/10；育苗室内应设调光装置调节室内光照强度，调光装置设在屋面下和窗内侧，可用遮光帘或遮光布调节光照。

育苗池一般为水泥池，每个池容纳 20～100 m^3 水体为宜，以 30～50 m^3 水体的育苗池操作管理较为方便，若太大则不利操作，水交换也不好，若太小则降低了利用面积。池形以长方形为好，以利于吸污、投饵等操作，池深 1.5～1.8 m。池壁及池底可用钢筋混凝土结构，池壁也可用水泥沙浆砖砌结构，在高度 0.8 m 处加一道圈梁。池底要求在地基上填土夯实，以 30 cm 三七灰土或 15 cm 地瓜石灌浆作为基础。池壁及池底均以 5 层防水抹面，要求平整光滑。池转角处为弧形；池底倾斜坡度为 2%～3%，以利于清池排污。在池底最低处设排水（排污）孔，便于排水（排污）和出苗。与排水口相连的管道埋于基础中，伸向育苗池外的出苗井，管端以阀门控制。一个育苗池或两个育苗池配一个出苗井，规格为 1.2 m×1 m×0.8 m。出苗井底应低于育苗池底排水孔 0.4 m 以上，以便于出苗网箱的放置和出苗操作。出苗井要有排水设施，设闸板控制水位。

育苗池以半埋式为好，即室内走道平面离池沿 0.7～0.8 m，这样做一是便于操作，二是流到池外的污水不会流回育苗池；走道下可放置管路，管路之上放置预制钢筋混凝土盖板作为走道地面。育苗池还应设有进水、加温、充气管道，必要时加设淡水管道。各种管道安装要稳固、安全、操作与维修方便。对虾育苗厂育苗池可兼作越冬池或亲体培育池。

育苗室内操作走道及排水沟的建造要经济合理，要能满足操作方便、排水通畅的要求；育苗室中间操作走道净宽不宜小于 1.2 m，走道下的排水沟净宽不宜小于 1.0 m；墙边操作走道净宽不宜小于 0.8 m，走道下的排水沟净宽不宜小于 0.8 m。沟底标高应低于池底排水

（污）管底 0.3～0.4 m（图 2-1）。

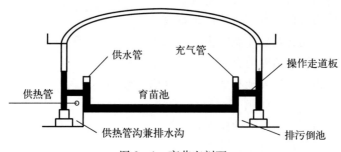

图 2-1 育苗室剖面

（2）亲体培育室（池） 亲体培育室（池）结构上同育苗室（池），要求具有加温、遮光设施。亲虾培育要求暗光照，一般保持 500 lx 左右，因此必须用黑布或黑塑料布作为遮光帘遮住房顶和窗射入的强光，可将挂帘横杆固定在屋架下面，以手动或电动开关控制遮光帘的遮与开。为避免亲虾有时因跳跃或急游碰到池壁而受伤，在距池壁 10 cm 左右的地方可挂一圈小网目网衣，使亲虾碰不到池壁。在设计培育池时应在池沿上预埋好挂网的钩。为了设计合理和节约费用，兼作越冬用的池子最好安排一个独立单元，将加温、遮光、防碰的设计一并加上。我国南方亲虾越冬措施根据气候不同而采用了不同的型式。浙南可在保温条件较好的室内越冬；福建、广东可在室外用土池越冬，池上加顶棚遮光，使光线变暗，也可防虾体附着藻类。

（3）产卵与孵化池 亲体培育池可兼作产卵池，受精卵收集后移入育苗池孵化。为了提高受精卵的孵化效果，可考虑建小型的产卵、孵化池，亲体产卵孵化后，将幼体收集起来移入育苗池培育。一般产卵孵化池面积为 5～10 m²，水深 1～1.2 m。

（4）饵料室（池） 结构基本与育苗室（池）相同，面积视育苗方式、规模和使用饵料的种类不同而异。若用生物饵料作为对虾育苗的饵料，饵料池面积占育苗水体的比例大；若采用非生物饵料为主的育苗方法，可以不设专用饵料培养池。但是，育苗生产实践表明，单细胞藻类作为对虾育苗前期的饵料，育苗成活率较高，育苗能稳产高产。因此，不少地区采用单细胞藻类适当加非生物饵料的方法培育幼体。如果采用以生物饵料为主的育苗方式，育苗池、单细胞藻类培养池和动物饵料培养池三者的水体比例可以按 1∶0.2∶0.1 设计。

单细胞藻类的培养一般分三级进行。一级为培养藻种，在藻种室内进行。二级为扩大培养，在室内面积 5 m²、水深 0.8 m 的水泥池或培养桶、培养袋中进行。饵料室要求光照强度在晴天为 10 000～20 000 lx，屋顶及墙面必须透光性好，一般用玻璃或透明玻璃钢瓦覆顶，外墙玻璃窗采光面积不小于饵料室建筑面积（S_3）的 1/10。饵料室要起保温、防雨和调节光照的作用。三级为生产性培养，在室内或室外进行，池面积 10～20 m²，池深 1～1.2 m。

轮虫培养可用水泥池或玻璃钢水槽，也可在室外土池进行培育。

卤虫卵孵化池可用砖、石砌成的水泥池或玻璃钢水槽，体积 1～10 m³，圆形为佳，底部锅底形，在池底及离池底 20 cm 处各设一排水孔，以便于排污及收集卤虫无节幼体。

（5）供排水设施 供水设施包括蓄水池、沉淀池、沙滤池、高位水池（水塔）、水处理设备、预热池、水泵房、水泵及进水管道、阀门等。在低盐度地区育苗，还应增加盐卤池及调盐池。供水环节的多少与水源水质、浑浊度有关，水质好的可少设环节，水质不好的则要增加环节、加大处理力度。一般环节为：水源→蓄水池→沉淀池→沙滤池→高位水池→培育池。

育苗厂应建一个大的蓄水池，起蓄水和初步沉淀两大作用，一般为土池。确无条件或因投资太大时可不设蓄水池，但需要加大沉淀池的容量。蓄水池的容量应为育苗厂日最大用水量的 10～20 倍。通过闸门纳入或水泵抽入蓄水池的海水，经 24 h 沉淀后送到沉淀池。

育苗厂应设沉淀池，数量不能少于 2 个。当高差可利用时，沉淀池应建在地势高的位置，并可替代高位水池。沉淀池的容水量一般应为育苗厂日最大用水量的 2～3 倍；池壁应坚固，石砌或钢筋混凝土结构；池顶加盖，使池内暗光；池底设排污口，接近顶盖处设溢水口。海水经 24 h 暗沉淀后用水泵提入沙滤池或高位池。

水源水质较浑浊的地区需要建沙滤池，用粗细不同的沙层机械过滤海水，沙层具有防止污泥、有机碎屑甚至细菌通过的作用，因为沙层不但有截留沉淀的功能，还可以形成过滤膜起到凝聚杂质的作用，再就是一定程度上的生物过滤作用，沙层中的微生物可以进行有机氮化物的矿化、硝化和脱氮，从而把有害的有机物转化为无毒物质。

高位水池可作为水塔使用，利用水位差自动供水，使进入育苗池的水流稳定、操作方便，又可使海水进一步起到沉淀的作用。有条件建造大容量高位水池的，高位池的容积应为育苗总水体的 1/4 左右，可分几个池轮流使用，每个池 50 m³ 左右，深 2～3 m，既能更好地发挥沉淀作用，又便于清刷。

在自然海区的浮游植物种类组成适于用作对虾幼体饵料的地区，经 150～200 目筛绢网滤入沉淀池的海水即可作为育苗用水。在敌害生物较多、水质较混浊的地区，以及采用单细胞藻类培养工艺的育苗厂可设置沙滤池、沙滤井、沙滤罐等，海水经沉淀、沙滤后再入育苗池。培养植物饵料用水需用药物进行消毒处理，因此需要建 2 个消毒池，两池总容水量可为植物饵料培养池水体的 1/3。为杀灭水源中的病原微生物，也可用紫外线消毒器消毒海水。

根据吸程和扬程及供水流量大小合理选用水泵，从水源中最先取水的一级水泵，流量以中等为宜，数量不少于 2 台，需要建水泵房的可选用离心泵；由沉淀池或沙滤池向高位池提水的水泵可以使用潜水泵，从而省去建泵房的费用。输水管道严禁使用镀锌钢管，宜使用无毒聚氯乙烯硬管、钢管、铸铁管、水泥管或其他无毒耐腐蚀管材。水泵、阀门等部件若含铅、锌等重金属或其他有毒物质，一律不能使用。

进排水系统要按照地形高程统一规划，使进水有保证，排水能通畅。要特别注意总排水渠底高程这一基准，防止出现苗池泄不净水、排水渠水倒灌的现象。

生产及生活用水的管道应分开设置，生活用水用市政自来水或自建水源。

排水要求：厂区排水系统的布置应符合以下要求：①育苗池排水应与厂区雨水、污水排水管（沟）分开设置。②排出水的水质应符合国家有关部门规定的排放要求，达不到要求的要经处理达标后才能排放。③厂区排水口应设在远离进水口的涨潮潮流的下方。

（6）供气设施　育苗期间，为了提高培育密度，充分利用水体，亲体培育池、育苗池和动植物饵料池等均需设充气设备。主要充气设备为鼓风机，其供气能力每分钟应达到育苗总水体的 1.5%～2.5%。为灵活调节送气量，可选用不同风量的鼓风机组成鼓风机组，分别或同时充气。同一鼓风机组的鼓风机，风压必须一致。

鼓风机可选用定容式低噪声鼓风机、罗茨鼓风机或离心鼓风机。罗茨鼓风机风量大，风压稳定，气体不含油污，适合育苗厂使用，但噪声较大。在选用鼓风机时要注意风压与池水深度之间的关系，一般水深在 $1.5\sim1.8$ m 的水池，风压应为 $3\,500\sim5\,000$ mmH$_2$O*；水深在 $1\sim1.4$ m 的池子，风压应为 $3\,000\sim3\,500$ mmH$_2$O。鼓风机的容量可按下列公式计算：

$$V_Q = 0.02\,(V_z + V_d) + 0.015V_{zh}$$

式中 V_Q——鼓风机的容量（m³/min）；

V_z——育苗池有效水体总容积（m³）；

V_d——动物饵料培养池有效水体总容积（m³）；

V_{zh}——植物饵料培养池有效水体总容积（m³）。

若使用噪声较大的罗茨鼓风机，吸风口和出风口均应设置消音装置。应以钢管（加铸铁阀门）连接鼓风机与集气管。集气管最好为圆柱形，水平放置，必须能承受 24.5 N 的压力。集气管上应安装压力表和安全阀，管体外应包减震、吸音材料。与集气管相连的充气主管及分支管应采用无毒聚氯乙烯硬管。通向育苗池的充气管为塑料软管，管的末端装散气石，每支充气管都要有阀门调节气量；散气石呈圆筒状，长 $5\sim10$ cm，直径 $2\sim3$ cm。等深的育苗池所用散气石型号必须一致，以使出气均匀，每平方米池底可设散气石 $1.5\sim2$ 个。另一种散气装置为散气排管，是在无毒聚氯乙烯硬管上钻孔径为 $0.5\sim0.8$ mm 的许多小孔而制成的，管径 $1\sim1.5$ cm，管两侧每隔 $5\sim10$ cm 交叉钻孔，各散气管间距为 $0.5\sim0.8$ m。全部小孔的截面积应小于鼓风机出气管截面积的 20%。

（7）增温设施 工厂化育苗的关键技术之一是育苗期水温的调控，应使之在育苗动物繁殖期最适宜的温度范围内。生产上增温的方式可分为三种：①在各池中设置加热管道，直接加热池内水。②设预热池集中加热水，各池中加热管只起保温或辅助加热作用。③利用预热池和配水装置将池水调至需要温度。目前，多数育苗厂采用第一种增温方式。

根据各地区气候及能源状况的不同，应因地制宜选择增温的热源。一般使用锅炉蒸汽为增温热源，也可利用其他热源，如电热、工厂预热、地热水或太阳能等。利用锅炉蒸汽增温，每 $1\,000$ m³ 水体蒸发量为 1 t/h 的锅炉，蒸汽经过水池中加热钢管（严禁使用镀锌管）使水温上升。蒸汽锅炉具有加热快、管道省的优点，但缺点是价格高、要求安全性强、压力高、煤耗大等。因此，有些育苗厂用热水锅炉增温，具有投资省、技术要求容易达到、管道系统好处理、升温时间易控制、保温性能好并且节约能源等优点。小型育苗设施或电价较低的地方用电热器加热，每立方米水体约需功率 0.5 kW。有条件的单位可以利用太阳能来作为补充热源。

用锅炉蒸汽作为热源，是将蒸汽通入池中安装的钢管从而加热水，大约每立方米水体配 0.16 m² 表面积的钢管，每小时可升温 $1\sim5$ ℃。钢管的材质及安装要求：①加热钢管应采用无缝钢管、焊接钢管，严禁使用镀锌钢管。②加热钢管室外部分宜铺设在地沟内，管外壁应设保温层，管直段较长时应按《供暖通风设计手册》设置伸缩器。③加热钢管在入池前及出池后均应设阀门控制汽量。④加热钢管在池内宜环形布置，距池壁和池底 30 cm。⑤为保证供汽，必须正确安装回水装置，及时排放冷凝水并防止蒸汽外溢。⑥为防止海水腐蚀加热钢管，应对管表面进行防腐处理，可在管表面涂上防腐能力强、传热性能好、耐高温、不散发对幼体有毒害作用的物质的防腐涂料。

---

* mmH$_2$O 为非法定计量单位，1 mmH$_2$O=9.806 65 Pa。

向各池输送蒸汽的管道宜置于走道盖板下的排水沟内，把汽管、水管埋于池壁之中再通入各池，这样池内空间无架空穿串的管道，观感舒畅。

（8）供电与照明设施　变配电室应设在全场的负荷中心。由于育苗厂系季节性生产，应做到合理用电，减少损耗，宜采用两台节能变压器，根据用电负荷的大小分别投入运行。在电网供电无绝对把握的情况下，必须自备发电机组，其功率大小根据重点用电设备的功率确定，备用发电机组应单独设置，发电机组的配电屏与低压总配电屏必须设有连锁装置，并有明显的离合表示。生产和生活用电应分别装表计量。由于厂房内比较潮湿，所以电器设备均应采用防水、防潮式。照明和采光一般用瓷防水灯具或密封式荧光灯具。育苗室及动物性饵料室配备一般照明条件即可；植物性饵料室要提供补充光源，可采用密封式荧光灯具，也可采用碘钨灯，但室内通风要良好。

（9）水质分析及生物监测室　为能随时掌握育苗过程中水质状态及幼体发育情况，育苗厂必须建有水质分析室及生物监测实验室，并配备必要的测试仪器。

实验室内设置实验台与工作台，台高 90 cm、宽 70 cm，长按房间大小及安放位置而定，一般为 2~3 m。台面下为一排横向抽屉，抽屉下为橱柜，以放置药品及化验器具。实验室内要配有必要的照明设备、电源插座、自来水管及水槽等。

三、育苗厂的综合利用

为了提高育苗厂的利用率，需要多种类（虾、蟹、贝、鱼）、多品种育苗生产，有的甚至要求达到常年生产的目标，因此，育苗厂的工艺设计上要能满足多功能育苗要求，育苗设施的设计强调统筹兼顾与设备的配套。

第二节　工厂化养殖鱼池的布局与建造

一、养殖场地的选择与布局

选择合适的工厂化养殖场地，对于节省投资、尽快投产以及投产后维持正常生产和获得较高经济效益至关重要，必须谨慎考虑。场地选择后要合理布局。

（一）水源条件

水体是鱼类生活最根本的环境条件，它的理化性状，直接影响着鱼类的生存、生长和繁衍。在选择工厂化养殖场时，除必须了解水质、水温条件外，还必须掌握水位差、流量等水文数据。

1. 水质

养殖用水水质需符合《渔业水质标准》和《无公害食品　淡水养殖用水水质》要求，溶解氧量一般要求在 5 mg/L 以上，达到 8 mg/L 左右时生长较快，低于 4 mg/L 时生长缓慢或停滞，低于 2.5 mg/L 时则会出现大批死亡，水色要洁净透明，水中悬浮物应小于 25 mg/L，达到 150 mg/L 的情况不宜超过 24 h。选定利用溪流水或水库（湖泊）水作为水源的养殖场，应考虑在山洪暴发季节水体的透明度，必要时应备有简易过滤设施或蓄水池，以保证水体的透明度大于 50 cm；同时要考虑水源上游施用农药、工厂排放废水和生活污水的污染问题，并采取相应的对策。

溪流水或水库（湖泊）水等地表水中，一般含铁量是比较少的，而地下水则往往含铁量较高，并以亚铁离子形式存在，一旦接触空气就起化学反应生成三价铁沉淀，这样不但消耗氧气，而且对养殖鱼类的生长也是不利的，一般要求含铁量在 0.8 mg/L 以下，最适宜含铁量在 0.05 mg/L。当水中铜离子达到 1.5 mg/L、硬度 15 德国度以上时，养殖鱼类易患病。选定地下水作为水源的养殖场，地下水的水质指标应符合养殖用水水质指标。

2. 水温

在选择场地时要对周年水温变化，特别是高温季节的水温做充分的调查；温度的变化范围，要符合养殖种类的适温范围。就水源水质而言，地下水的水质稳定，水温变动较小，与溪流、水库（湖泊）水相比，春季水温高，夏季水温低，可引入用于苗种养殖，且不易受到污染；缺点是大量取水时使用水泵的提水费用较高。香鱼养殖中较为理想的是地下水和溪流水、水库（湖泊）水并用。

3. 水量

水量随当地的水文、气象、地形、土质等条件而变化，在勘察水源时，要充分搜集江河、湖泊、水库、干渠、山溪和地下水等这方面的资料，结合各生产季节特别是夏季高温季节生产用水的数量来确定水量是否满足需要。

流水养鱼一般采取流水高密度饲养法，因此，水流量大小就限定了养殖水面的规模。一般情况下，建设 100 m² 养殖水面，每秒注水量为 9～50 L 方能保证水的交换量，低密度养殖每秒注水量最低为 4 L。一定流量条件下可建的流水池面积可由下列公式来估算：

$$S = QK/H$$

式中　　S——养殖池面积（m²）；

　　　　Q——可引用的稳定流量（m³/h）；

　　　　K——池水全部交换一次所需时间（h），一般取 3～5 h；

　　　　H——池水平均深度，一般取 0.8～1 m。

（二）地理环境

1. 场址地形

场址的地形最好有一定的坡度，便于建造流水鱼池，水有自然落差，便于进排水自流。对于利用江河、湖泊、水库、干渠和山溪水流修建自流水鱼池的，更具得天独厚的优势，可减少建场工程量，降低造价，在常年生产过程中可以节省大量的电力和排灌机械，减轻劳动强度，降低生产成本，增加经济效益，可谓一举数得。同时要考虑洪涝灾害的影响，易受洪涝灾害影响的区域不宜建场，若通过有关措施可以避免洪涝灾害的影响，也是可以考虑的。

2. 电源

场址的选定必须考虑电力供应问题。要求电力供应方便，电源足，一般情况下不停电，以保证生产的正常运行。对于电源稍远的，应该设法架线配电。为防止暂时停电造成损失，要自备发电设备，以便临时应急。

3. 交通

养鱼场所需生产物资较多，还有苗种、成鱼的进出，饲料的购运等，若没有方便的交通条件，会影响生产的正常进行。

（三）布局

养殖鱼池可以并列布局或组合布局（图 2-2、图 2-3），西方各国也有跑道式布局（图 2-4）。

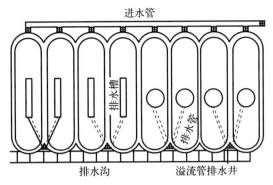

图2-2　并列式流水养殖池

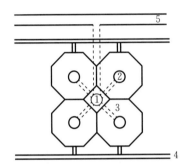

图2-3　组合式八角形流水养鱼池
1. 排污竖井　2. 鱼池排污孔　3. 排污管
4. 进水管　5. 排污渠道

图2-4　俄罗斯的跑道式工厂化养鱼

二、养鱼池及其进排水设施的结构

(一)池形、面积和深度

1. 池形

室内外工厂化养殖池的形状有圆形、八角形、梯形、三角形、正方形、长方形以及跑道形等,在实际使用上,它们各有优劣。圆形池的水体交换最均匀,没有死角和缓流区,如池底设计成较大锥度的锥形坡底,在池中心设排污口,可利用水力和沉淀物的重力排污,排污效果较理想。它的缺点是连片建造圆形流水池,对地面的利用率小,池壁不能相互利用,单位造价高。八角形池是圆形池稍加修改而成的,特点类似圆形池。梯形和三角形作为分散的、单个的自然流水养鱼池是可以的,如连片建造,显然会浪费土地、增加建筑造价。使用较多的还是长方形。长方形池虽然有缓流区和死角,角落处易沉积污物,但长方形池有许多优点,它容易布局,地面利用率高,结构简单,施工方便,相邻鱼池的池壁可共同利用;成片建设的造价低,管理方便,适于养殖机械操作。正方形池有与长方形池共同的优点,但水体交换不均匀,有明显的死角,如采用流水和池内增氧机增氧相结合的方法养殖,增氧的效果比长方形池好。气推式养鱼跑道,将养鱼系统建成跑道形,有单跑道、双跑道和多跑道设置,2个以上跑道的,各个跑道之间连通,鱼用网栏隔开,在每个跑道有进水、气推、排水和溢水等设施,以气推加水流的力量使水体在跑道里循环,鱼养殖在跑道中,可克服上述各种形状的缺点,适用于鲑鳟鱼、梭鱼、鲻和鲈等纺锤形

41

鱼类的养殖。

2. 面积

鱼池面积为 50～500 m²，一般循环流水养鱼面积为 50～80 m²，室外普通流水养鱼面积较大，如香鱼养殖池的面积以 100～300 m² 较为常见。香鱼超高密度（350 尾/m³）和高密度（90～200 尾/m³）的养殖池，考虑到更换一次水的速度要快，则养殖池的面积要求不要太大，一般为 80～200 m²；低密度（60 尾/m³ 以下）香鱼流水养殖方式适用于山区水源充足、设施简陋的情况，养殖池的面积可以大一些，一般为 300～500 m²。

3. 深度

鱼池深度为 100～120 cm，养殖用水深度 80～100 cm。众所周知，池塘养鱼要水深才能获得高产、养出大鱼，流水养殖香鱼则恰恰相反，水过深会降低产量。这是因为，一方面，同样的流量流入面积一定的养鱼池，水深的池水体积太大，水交换次数低，水浅的池水体积小，水交换次数高，而水交换次数高的肯定产量也高；另一方面，养鱼池的进水受池水的反垫作用，下层水体不易得到交换。因此，流水池的水深只要保证鱼类一定的活动空间就可以。

（二）养鱼池的建筑结构

1. 圆形或八角形鱼池结构

一般为超高密度（350 尾/m³）的养殖鱼池，将 4 个池子组合在一起，在 4 个池子中间设排水竖井。池壁采用直径 6 mm 的钢筋网、碎石子、沙、水泥浆浇砌；也可采用砖砌水泥浆抹面结构，池壁光滑，砖墙每 50 cm 高用直径 6.5 mm 的钢筋加固，共用三道，其中一道放在压顶层。池底向圆心处坡度为 5%，进水采用直灌、喷灌相结合的形式。中间排污孔通过池底排污管连接于排水竖井。池内水位由池外竖井中的溢流管控制（图 2-5）。

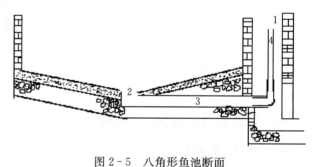

图 2-5　八角形鱼池断面
1. 排水竖井　2. 鱼池排污孔　3. 排污管　4. 排污控水溢流管

2. 矩圆形、正方形或长方形鱼池结构

一般为高密度（90～200 尾/m³）的养殖鱼池，但面积较大的正方形或长方形鱼池适合低密度（60 尾/m³ 以下）养殖。池壁为砖砌水泥抹面，池内水泥抹面光滑不渗漏，砖墙每 50 cm 高用直径 6.5 mm 的钢筋加固，共用三道，其中一道放在压顶层。池底中心设一排污口，池底坡度横向为 5%，纵向为 3%。池内进水采用直灌式，从池壁切线式灌入，灌水时使池水呈旋流式。每个鱼池设一个排水竖井，竖井的结构与圆形池相同（图 2-6）。

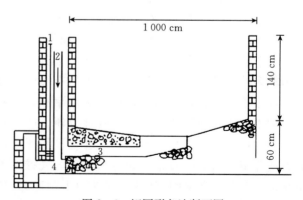

图 2-6　矩圆形鱼池断面图
1. 控制阀　2. 溢流管　3. 排污管　4. 排污沟

3. 塑料薄膜简易鱼池结构

（1）简易流水池的结构　塑料薄膜铺衬的简易流水池的面积比常规流水池要大一些，一般 500 m² 以上，长宽比例为（3～4）∶1，池深 1.2 m 左右，池内壁的坡比为 1∶3，可防止塑料薄膜下滑。池底坡度纵向为 5%～7%，横向 2%～3%。进排水口的形式和构造，与普通的水泥鱼池基本相同。池上口四周要高出地面。施工时土方可半挖半填，以减少工程量。首先挖出流水池雏形，再将四周池壁、池底削平，然后铺衬薄膜。

（2）塑料薄膜的铺衬法　塑料薄膜宽 8～10 m，将流水池全部铺衬好，整平，消除皱褶，在池两端处塑料薄膜出现的皱褶，应按池形仔细重叠好，整平后用塑料胶粘接牢以防漏水。单幅不够宽的薄膜可用两幅拼接，接口处不要小于 30 cm，然后展平用塑料胶粘接好。

塑料薄膜的宽度应比鱼池高出 2 m，长度也多 2 m，多余的部分沿鱼池顶面周边开挖一小沟，深 30 cm，压入沟内填土并压实、压牢，以防塑料薄膜滑落池内。同时按设计要求修好进排水渠和进排水口及排水闸，接通水源灌入水便可放养。

4. 搭建式大型帆布桶和塑料鱼池

以上养殖鱼池一般都是固定式的。固定式鱼池土建工程复杂且时间长，造价高。而搭建式大型帆布桶和塑料鱼池，可以按需要定制或购买定型产品。鱼池可拆卸和移动，室内外都可搭建（图 2-7、图 2-8）。

图 2-7　活动支架水池　　　　　　　　　图 2-8　塑料鱼池

（三）养鱼池进排水设施的结构

1. 引水设施

对于利用江河、湖泊、水库、干渠和山溪水流的鱼池，要修建引水渠道，引水渠道可以采用砖砌明渠或暗渠，也可用预制的水泥管等，然后与养鱼池的进水系统相连接；利用地下水进行养殖的，可将水泵的出水管道直接与养鱼池的进水系统相连接。

2. 鱼池进水

进水方式主要有溢水式、直射式、散射式等，不同的进水方式各有特点，可酌情选用。

（1）溢水式　设置开放式的渡水槽，横架在鱼池之上，或者沿鱼池池壁设环形进水槽。水槽的侧面装配有小闸门或开凹形口，水由此处溢入池内。此法取材比较容易，制作简便、省力，水槽可用水泥浇制或用铁皮制作，也可用粗塑料管镂作。其进水的特点是水经过凹形水槽由凹口溢入池中，可充分曝气增氧。

（2）直射式　水通过射水孔射入鱼池。长方形（矩圆形）流水鱼池，应在出水端的对面设置进水管，管上有若干射水孔，水由此射向池内。圆形池的进水管可横架于池上，在横水管的前后段各有一排数目相等、孔径一样、方向相反的射水孔，或者沿圆形池壁设环形射水管，在环形管上沿着切线方向设若干个鸭嘴状喷管或尖嘴状喷孔。这两种射水法，能使池水形成旋转式水流，利于集污和排污，使池内水质状况保持均衡。在矩圆形流水鱼池中装配上述射流进水装置，也可获得旋转式的水流。

（3）**散射式** 将直射式进水横管的射水孔由规则排列改变成乱向排列，环形进水管的射水孔斜向上，使水射向空中后再散落到池内。这样就不会形成流速过大、方向一致的单向水流，同时又有充分曝气增氧的作用。散射式不能形成旋转式水流，对圆形池来讲不利于集污排污。鉴于此可增设旋流装置，以利随时排污。散射式进水可用于长方形流水池，以弥补池一端进水所造成的水质不均匀的缺点。

3. 排水系统的结构

养鱼池进水不停，排水不止。鱼池的排水口，一般都设在池底的中心部位，上面盖有带密孔或密缝的拦鱼栅，有的上面还加盖聚乙烯网片，以防逃鱼。鱼池的水从排水口流出，通过管道进入池外竖井内。竖井是专门为流水池配设的用于调控池内水位和进行池底排污的。竖井内安装有直径为 12～15 cm 的溢流管，底面设有直径为 30 cm 的控水阀，以溢流管和控水阀调控池内的水位和排污（图 2-9）。平时盖严控水阀，池内的水通过溢流管进入池底排水管排走。需要快速排水时，打开控水阀在 10～15 min 的时间内就能排干全池水，使排水、排污同渠同步进行。另外，还有排污和排水分开进行的。此法是分设排污沟和排水沟，排粪污、排池水各有渠道，更有利于净化处理和提高水质，降低水质净化的难度。组合式鱼池共用一个排水竖井，应设置各自可以独立排污的结构，如可以将溢流管一管二用，溢流管采用套入式，拿掉溢流管，可排水也可排污。有的鱼池弯头也采用套入式，将控水套管全拿掉，再将弯头弯下，可将池水彻底排光（图 2-10）。

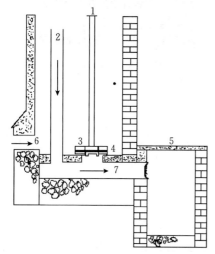

图 2-9　并联鱼池的竖井结构示意图
1. 竖井控水阀　2. 溢流管　3. 铁圆板　4. 橡胶圆板
5. 水泥盖板　6. 鱼池排污管　7. 排水管

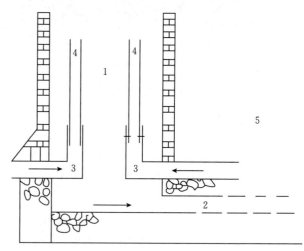

图 2-10　组合式鱼池的溢流管一管二用结构示意图
1. 公用竖井　2. 排污总管　3. 鱼池排污管
4. 排污控水溢流管　5. 鱼池

为了防止池鱼随水逃走，需安装片状、桶状或钟状的金属或栅箔拦鱼设备，即滤网。片状滤网面积较大，用在出水前方；桶状网袋用于鱼池中心出水口，上端露出水面；钟状滤网用于水底出水口。滤水速度要与进、出水量平衡，交换量大的鱼池，滤网的过滤面积应为鱼池横断面积的 1/3～1/2。饲养刚孵出的鱼苗用 20～30 目的铜丝网等；饲养体长 1 cm 以上的鱼苗用 10～15 目的网目；体长 3 cm 左右，用 4～6 目的网目。滤网的网目应随鱼体的增长而及时调整。

第三节　鱼虾蟹养殖池塘的设计与建造

一、鱼类养殖池塘的设计与建造

（一）养鱼池塘的选址与设计

养鱼池塘是非自然的水生生态系统，其物理特性及环境条件会直接影响池塘运行后的水质，也会间接影响日后的饲养管理。因为池塘一旦建成，就很难轻易改动，其所处位置、设计和结构上存在的缺陷，只能通过额外的管理技术予以弥补。

1. 场址选择

池塘的位置选择，是设计建造的首要环节，要在充分勘察、综合分析的基础上，以水源保证、物资运输及产品销售便利为原则，选择水源充足、水质良好、水位稳定、土质适宜、交通便利、供电方便、周围没有污染且地形开阔平坦的地方建池。在可能的情况下，尽量使池塘处于地下水位线以上，以防止地下水渗入池塘，并在需要时能将池水彻底排干。此外，如果能同时靠近市场及苗种供应地，则运输成本就会越低，鱼类对运输的应激就会越少。如果建池的地方周边天然饵料资源丰富，则更为理想。

（1）水质良好　优质水源是修建池塘应考虑的主要条件，如江河、湖泊、水库、山溪、雨水、地下水等。作为养鱼用水，要符合《渔业水质标准》（GB 11607—1989）的要求；同时，为生产安全无公害的优质鱼产品，淡水养鱼和海水养鱼的所用水源还必须分别符合《无公害食品　淡水养殖用水水质》（NY 5051—2001）和《无公害食品　海水养殖用水水质》（NY 5052—2001）的要求。

（2）水量充沛　不论选用何种水源，除水质良好外，水量必须充足，以保证随时满足养鱼的需要。

（3）水位稳定　沿江河湖库建池时，一定要了解历年的最高水位和最低水位，尽量选择水位比较稳定的地方建池，以避免枯水期因鱼池渗漏而造成池水干涸或洪水期泛水而淹池的隐患。

（4）土质适宜　养鱼池塘的土质以壤土（含沙土 62%～75%、黏土 25%～37%）最好，因为其黏粒、粉粒、沙粒含量适中，质地介于黏土和沙土之间，兼有两者的优点，土壤颗粒坚松适度，通透性好，也有利于保水、保温、保肥及有机物分解，也有利于日后的池塘水质管理；黏土（黏土成分超过 80%）次之，其虽具有较好的保水性，但因通透性较差，不利于池底有机物的分解；而沙土（黏土成分仅 20% 左右）因易渗漏不适合建造池塘。

（5）地面开阔、地势平坦　建造养鱼池塘的地方，以地面开阔、地势平坦为宜，有利于工程设计和施工，同时方便生产管理，能提高土地利用率，节省建池成本。

2. 鱼池设计

可按照地形地貌现状和要求进行鱼池设计，包括进行现场勘测、做出总体规划和拟定实施方案，并分别画出现状图、规划图和施工图。养鱼池塘设计的主要内容应包括下列参数。

（1）面积　池塘面积决定池塘水体、鱼类活动空间及受风力作用的大小，同时也会影响养鱼效果及土地利用。由于不同鱼类及不同生长阶段的同种鱼类生活习性存在不同，因而它们对水体面积及活动空间的要求也就有所不同。因此，面积大小的确定要因"鱼"制宜、因地制宜，既要满足鱼类生长发育的需求，也要考虑生产管理的便利，还要兼顾场地利用的合理；但主要可依据待养鱼类的规格而定。通常，鱼苗培育池面积可小些，以便于精细管理；鱼种培育池面积可大些，以满足其对水体及活动空间的需求；食用鱼饲养面积可更大，以符合"宽水养大鱼"的高产要求。通常鱼苗培育池面积 $667\,m^2\sim2\,000\,m^2$，鱼种培育池面积 $2\,000\,m^2\sim3\,335\,m^2$，食用鱼饲养池面积 $6\,670\,m^2$ 左右是比较适宜的。面积过小，易造成水环境不稳定，水温及水质容易发生突变，且占用堤埂较多会相对缩减池塘面积；而面积过大，则会造成管理困难，投饲不易均匀，水质难于控制，还会因受风力影响较大而易形成大浪冲垮池埂。

（2）水深　与蓄水量相关，池水较深，蓄水量就会较大，水质也就较稳定。不同规格的养殖鱼类对池塘水深及蓄水量的要求不同，适宜的水深有利于鱼的生长发育。因此，渔谚有"一寸水，一寸鱼"之说。一般池塘水深应随着鱼类个体的生长而逐渐加大。池水太浅，易造成池水温度及水质多变；而池水过深，则会因下层水光照条件差，溶解氧低，还会因淤积的有机物分解大量消耗氧气而容易造成下层水经常处于缺氧状态，从而对鱼类的生存和生长产生不利影响。就我国的主要淡水养殖鱼类而言，鱼苗培育池的水深宜为 $1\sim1.5\,m$，鱼种培育池 $1.5\sim2.0\,m$，食用鱼饲养池 $2.0\sim2.5\,m$。

（3）进、排水　除了单个池塘需要设置进、排水管外，成片池塘也应有整体的进、排水渠沟与之配套，服务全局，并应做到高灌低排，灌排分开，自成体系。各池塘进水使用支渠，杜绝穿塘进水，防止鱼病发生时相互蔓延。池塘的进、排水口应设置在池塘长向相对的两端（角），通常进水管宜铺设在堤埂的上端，出水管在堤埂的下端，以使进水时水体能流转整个池塘，排水时能排除水质不良的底层水。排水管内端管口宜大，并用铁丝或塑料网布包扎牢固以防逃鱼。进水渠沟与排水渠沟应视池塘布局分别开挖，干渠均为明渠，而支渠既可为明渠，也可用直径适当的暗管或砖砌成明渠加盖水泥板成暗渠。干渠、总沟通支渠、支沟，再由支渠、支沟连接各个池塘，以确保排出的废水不与进水相混。如果能利用重力作用进行池塘注水和（或）排水则最为理想，有利于降低生产成本。进水渠沟的横断面积要根据注水流量大小（鱼池需水量）设计，不应太大，以免浪费土地；同时输水距离也不宜太长，以免影响末端鱼池的进水。通常，以一条总干渠满足 $10\sim13.3\,hm^2$（$150\sim200$ 亩）池塘供水为宜。而排水渠沟的横断面积，应根据附近集雨面积及排水流量设计。池塘的排水最好采用闸板式（Herrguth 式水闸），即在池堤前排水处安置一个迎水面开口另三面围封的四边形水闸，宽度至少 $30\,cm$，高度应超过水位 $40\,cm$，后端底部埋于池堤，在平行的两侧壁各开凿 3 道相对的闸槽（槽间距约为 $10\,cm$），靠池堤的后壁底部连接穿越池堤的排水管。迎水的第一道槽（前槽）用于放置拦鱼框架以防鱼逃逸，其余两槽安插闸板。其中，中槽闸板上端高出水面，下端离池底 $10\,cm$；后槽闸板直插底部，池塘水位由其顶板高度控制。当池塘水位高于后槽顶板或取出后槽上部的闸板，因水位差形成吸力，池水即能通过拦鱼网经中槽底部空隙向上越过后闸板顶端而落下进入排水管（图 2 - 11）。采用此法，通过加插或取走后槽顶板（每块板高度 $20\sim30\,cm$）即可随意控制池塘水位并排出温度较低、水质较差的底层水，有利于改善池塘底层环境条件。

（4）形状　以东西长而南北宽的长方形为最好，且最佳长宽比为 $1:0.618$（生产上可取 5∶3 或 3∶2）。不仅池埂遮阴小、水面日照时间长，有利于浮游植物的光合作用，而且夏秋季节多东南风和西南风，水面迎风面大，风力作用强，易起波浪，有利于空气中氧的溶入，起到自然增氧的效果，冬季时（多北风、西北风），因南北距离相对较短，受寒流影响较小。此外，这类长方形不仅外形美观，而且方便饲养管理和拉网操作，注水时也容易促使池水流转。

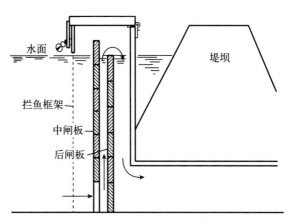

图 2-11 闸板式排水装置示意图

（5）池底 应该比较坚实，表面平坦（无凹洞），并应从水浅的一端（进水处）向水深的一端（排水处）呈 1%～2% 的平缓倾斜（小池比降应大于大池），以利于排干池水，也方便拉网捕鱼。但为便于清淤，也可以将池底设计成"龟背"形（图 2-12）：池塘中间高（俗称塘背），向四周倾斜，在与池塘斜坡接壤处最深，形成一条浅槽（俗称池槽），整个池底呈龟背状，并向出水口一侧倾斜。这样，池底年终排水干池时，鱼和水都将集中在最深的集鱼处（俗称车潭），排水捕鱼十分方便，运鱼距离也短；而且塘泥主要淤积在池底最深处的池槽内，清淤容易，修整池埂也可就近取土，劳动强度较小。此外，这种池底结构在拉网时，只需用竹篙将下纲压在池槽内，使整个下纲绷紧，紧贴池底，鱼类就不易从下纲处逃逸，可大大提高底层鱼的起捕率。

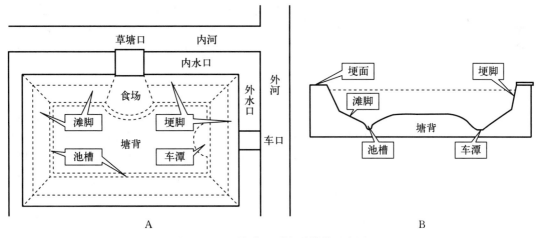

图 2-12 "龟背"形鱼池结构示意图
A. 平面图 B. 剖面图

（6）堤埂 是池塘的重要组成部分，应坚固结实、不渗不漏。池坡的斜率不宜太大或太小，以 1∶1.5 为好（每 1 单位高度倾斜 1.5 单位）。池坡太陡（斜率太大），堤埂容易下滑坍塌，养护比较困难；池坡太坦（斜率太小），堤埂的沿岸浅水处容易滋生杂草。堤顶标高应高于常年水位线 30～50 cm，或略高于周围公路路面和农田埂面，但不宜过高。适宜的堤埂高度可以节省建造及维修费用、方便日常管理，有利于水面空气的流通及水质改善，减少因堤面土壤侵蚀而产生的淤泥沉积。堤埂顶部的宽度原则上应等于它的高度，从方便生产角度考虑，其宽度不宜窄于 1 m。整片池塘的主堤埂，常兼作管理通道，其宽度应视实际需要设定，一般应在 2 m 以上，具体宽度可根据实际需要、地形及土工平衡等情况而定。

（7）平面布局　先在平面图上对鱼池、注排水渠沟的方向、形状、大小及堤岸等进行初步安排；然后再根据所确定的鱼池、注排水渠沟断面结构进行修正；既要使鱼池的方向、形状和大小均尽可能按上述要求进行安排，又要考虑对土地合理充分的利用。在整块土地的中间部分，应安排堤埂对直而整齐的标准鱼池（长方形），宜呈"非"字形排列，进水端和排水端两两相对，便于由同一进水渠沟和排水渠沟统一进、排水。四周边角地带，可以按地貌开挖其他形状的鱼池。在大小鱼池的布局上，应把面积、形状相同的长方形鱼池布置在一起，而把面积较小的鱼池安排在靠近管理房的地方，以方便注排水渠沟的合理配置以及饲养管理，而且具有整体美感。此外，池塘布局时还需因地制宜地确定池塘与堤埂的面积之比，为了能开展综合经营，渔、农、牧相互促进，开挖连片池塘时，池埂之比宜取 0.6∶0.4 左右，既可提高土地的利用率，也有利于整塘淤泥的堆放以及饲料的配套。

（二）养鱼池塘的建造

1. 准备工作

（1）落实施工人员及施工用具　根据工程规模及施工计划，安排相关人员，配置工具设备，落实任务，责任到人。

（2）现场放样　施工前，首先应根据鱼池施工平面图及断面图，在场地上树立标杆，以便施工人员按样施工。

（3）土工分配　即分方，根据土方量计算，在平面图上划出填土挖土位置，在地面上打桩做好标记，尽量使挖出的土方能以较近距离按设计要求有序堆放，确保挖土填土平衡、工程进度平衡、运土距离缩至最短，以免筑堤时堆土不均或浪费劳力。此外，对富余的土方堆放也应作妥善安排。

2. 建池施工

（1）清基　首先应做好堤基的处理，将表层去除，同时清理石砾、木块及易软化腐败的杂物。必要时还应在堤心部位用好土作隔离墙（一般深挖 0.5 m 以上至地下不透水层），墙宽 1 m 以上。在堤基上堆土时，还应先将旧土扒松，然后再堆上新土压实，以便新旧土壤紧密结合，确保滴水不漏。此外，最好能根据实际情况，将整个地面的表层杂土取出移至堤外，以免用不良土质筑堤影响鱼池的防水性能。

（2）挖土　施工时，应先挖排水渠沟，再挖鱼池，以利于挖池出现渗水时及时将水引出。挖土应从离堆土较远处开始，分层开挖，以便运土。为验收挖出的土方量，需事先商定在有代表性的地方留出土墩（方基），作为验收挖土深度的依据。

（3）筑堤　筑堤用土以黏壤土为最佳（黏土成分 60% 左右，保水而不易开裂），不宜采用草根土、腐殖土和泥炭土。如果土块太硬，可掺入少量腐殖土。如果使用纯黏土，则表面应覆盖其他材质以防其干燥开裂。

筑堤堆土时，应先夯实堤基，然后层层叠加新土（20～40 cm 为一层），去除土中杂物（杂草、树根、碎砖、石块等），层层夯实，如果土壤干燥，可洒水湿润；绝不能直接使用冻土或水分过大的土（要待其冰溶化、水分适宜后方能使用），以不留渗漏隐患。如果采用挖泥机挖掘，每层堆土高度以抓斗的泥量堆高为度，层层用斗底拍打敲实。

对于堤埂高度，应考虑其建成后的沉降（一般约为其高度的 1/10），因此，所筑的堤埂高度应适当高于设计高度。

对于所筑堤埂是否结实牢靠、有无达到质量要求，可用试钎法检查：用直径 1 cm、长 60 cm 的铁钎插入堆成的堤中 30～40 cm，不摆动或转动，拔出后立即将形成的洞穴灌满水，如能在 3 min 内不渗水可视为合格。但此法易受土中含水量的影响，因此在检查时应特别注意水分因素。

3. 工程验收

施工完工后，应组织相关人员进行质量验收，对大堤、注排水渠沟、鱼池堤埂的高度、宽度、坡度，渠沟及鱼池深度等内容按设计要求逐项验收，如不符合标准，应返工整修；然后丈量挖土面积，测定方基至池底、渠沟底的深度，计算土方，支付报酬。最后，清理现场，拔除标桩，铲去方基，测定养鱼最高水位的蓄水面积，编号待用。

二、虾蟹类养殖场的规划与建造

虾蟹类养殖场是养殖虾蟹的生产系统，其主要工程设施有堤坝、渠道、闸门及池塘等。

（一）养殖场场址的选择

建场前必须对拟建场地进行勘察和可行性研究，以便进行优选，做到建场的基本建设投资小，建成后生产运行费用低，降低成本，提高产量。场址的调查研究需全面细致。

1. 水源、水质

养殖场水源要充足，不受工业、农业及生活废水污染的影响，无毒害物质。养殖场应避免建在造纸厂、农药厂、皮革厂、印染厂、化工厂等附近。水质符合《无公害食品　海水养殖用水水质》或《无公害食品　淡水养殖用水水质》要求。

2. 地形、土质

应选择地面平坦、供水方便、排洪通畅的地方建场，以便于施工、节省工程量、缩短工期、降低费用。在平均高潮时水深 1.5 m 左右的潮间带建场，可采取纳潮为主，机械提水为辅的方案；地势较高的地带（高潮线上下）以机械提水为主。养殖池的土质要求保水力强，以泥质或泥沙质为宜，要对建池底质做多点坑探，对不同层次的土壤进行分析，尽量避免在漏水土层、酸性或潜酸性土壤处建池。

3. 水文、气象

调查拟建场地的潮汐、海况及历年风暴潮的最高潮位、潮差，了解海岸泥沙运动及滩涂淤积情况，以便选择适宜的建场位置。调查分析当地地面水和地下水的水量、水质情况；调查当地降水量及附近滩涂的集雨面积；了解当地平均气温及主要风向、历年台风或大风发生的时间和主导风向。

4. 生物

调查附近水域的生物种类、数量及繁殖季节，特别是饵料生物种类、资源量及苗种来源。并注意预防敌害生物和竞争生物进入养殖水域。

除了上述四方面的因素外，还需考虑交通、通信、供电、环保、劳力及产品加工、销售等社会经济因素。

（二）养殖场的勘察及规划

1. 勘察

建场地点或范围确定后，要进行工程勘察，主要内容包括地形测量及必要的地质勘探，绘制 1：500 或 1：1 000 地形图，供设计施工用。对重要建筑物的选址，应根据需要，确定钻探地点，探明地质情况。

2. 规划

规划内容主要包括养殖场的生产规模、发展远景、总体布局等。规划要满足以下要求：①以满足生产流程和使用功能为前提，充分考虑技术先进性和经济合理。②合理使用土地，尽量扩大养殖水面。③合理安排交通运输，要求路线便捷、通畅，尽量避免迁回交叉。④合理进行绿化，搞好环境保护。⑤考虑今后发展及扩建余地。

（三）养殖场总体布局

1. 建场规模

养殖场的规模主要根据场地大小、生产需要及投资情况而定。投资较少时，要一次规划，重点突出，分期实施。一个规模较大的养殖场，需配备适当的育苗厂和饵料加工厂。如规模 200 hm² 的养殖场，可根据生产需要建一个可容纳 500 m³ 水体的育苗厂和日产 20 t 的饵料加工厂。

2. 总体布局

养殖场总体布局主要是根据养殖工艺要求的各设施之间的相互关系，以节约人力物力、降低能源消耗、发挥最大效益为前提，合理安排它们的相对位置。一个大型养殖场一般有育苗厂、饵料加工厂、中间培育池等。从生产要求上，育苗厂、饵料加工厂应建在高潮线以上，中间培育池尽量靠近育苗厂，饵料加工厂应在考虑原料来源方便的前提下，建在主堤坝附近，以便运送。

养殖场要有配套的进排水系统。总排水闸设在全场最低处，闸底要略低于沟底；总进水闸要设在便于进水、离排水闸较远的地方。进、排水渠道分开布设，有利于预防虾病。排水渠要比进水渠道适当大些。在潮上带的池塘最好用管道进水、渠道排水，管道虽然造价高，但不占地面，无渗水损失（图 2-13）。

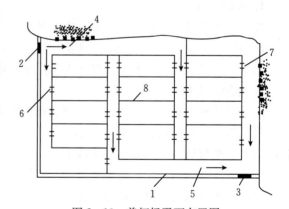

图 2-13　养虾场平面布置图

1. 防潮大堤　2. 进水总闸　3. 排水总闸　4. 进水渠
5. 排水渠　6. 进水小闸　7. 排水小闸　8. 隔堤

（四）养殖池塘的设计与建造

养殖池塘由池堤、滩面、环沟或中央沟、进水闸及排水闸等组成。池塘面积的大小根据养殖方式而定，粗放式养殖面积可大些，半精养和精养池塘面积宜小些，一般以 0.5～1.0 hm² 为宜。池内滩面水深为 1.2～1.5 m，并具有 0.4～0.6 m 深的环沟或中央沟。

养殖池的池形以长方形为好，长边与养殖季节常风向平行，这样的池形具有几个优点：①长边与常风向平行布置，有利于利用风浪的作用自然增氧。②长方形池，设计长方向进排水，换水时水流畅通，死水角小。③投饵及生产管理方便。长宽比通常为（3～8）：1，具体应根据当地的实际情况而定。大型养殖场池塘排列一般布设成"非"字形。

养殖池塘的池堤用来分隔水面，保持养殖水位。堤顶宽一般为 2 m，兼作行车交通时需加宽，堤顶高出池底滩面 2.5～3 m，堤坡一般为 1:(1.5～3)。

养殖池的池底由滩与沟组成，离开池堤基 8～10 m 以外开挖环沟，沟深 0.5 m 左右、沟宽 5～10 m；较大的池塘除设环沟外，还应设中央沟与支沟，中央沟与闸门相通；较小的狭长形池塘可仅设中央沟。为了便于清池和虾蟹出池，滩面沟底要平整，且滩面要稍倾于沟。沟的边坡一般为 1:(1～3)，沟底向排水方向倾斜，沟纵坡为 1:(1 000～2 000)，沟滩比 1:(3～4) 为宜。

各个池塘的进排水闸设在短边的池壁上，一端进水，另一端排水，中央沟通进排水口。进水闸底宜高出池底滩面 50 cm，排水闸应低于沟底 20 cm。进水闸顶一般高出进水渠最高水位 30～40 cm，且不低于排水闸顶。一般面积 0.5～1 hm² 的池塘，设闸孔宽 0.8 m 左右的进排水闸各一个。闸墙上设三道闸槽，中间安装闸门，两侧安装网具，闸槽间距不小于 0.8 m。

小型池塘可考虑用管道进排水，这样可节省建水闸的成本。

拟穴青蟹及中华绒螯蟹养殖池塘，池堤顶内侧要设置防逃设施。防逃设施的材料可因地制宜、就地取材，如油毡、塑料片，聚乙烯网片、白铁皮、水泥板、竹篱笆等均可使用。要求防逃设施的高度高出堤顶面 50 cm 以上。

为了防止和减少蟹类的相互残杀，应在池中设置一些障碍物和隐蔽物，如用小竹枝或树枝插成数行梅花桩，桩距 20～50 cm，放置竹筒、水泥涵管、陶管以及建造人工洞穴等。障碍物和隐蔽物有利于蟹的躲避、分离、疏散，减少其相遇、相残的概率，提高成活率。除设置障碍物和隐蔽物外，还要在池中央留一定比例的空地作"蟹岛"或露水滩，其上种水草，供蟹栖息与隐藏用，也能减少互残。

（五）对虾大棚养殖设施与建造

塑料大棚利用太阳能保温，在每年 4—11 月进行养殖，可实现凡纳滨对虾二茬养殖，甚至三茬养殖，避开了集中起捕时间，经济效益显著。凡纳滨对虾钢梁大棚养殖池塘建设技术要点如下。

1. 大棚棚顶

（1）钢梁 钢梁采用镀锌钢管建设而成。①椭梁。又称横梁，每隔 4 m 架一道，两端横跨大棚，架在两侧的立柱上，并与圈梁连成一体。椭梁成拱形，拱顶高度 2.3～2.8 m。椭梁由顶部钢管、底部钢管和支撑钢管组成，顶部钢管使用 DN40 或 DN50 规格的镀锌钢管，底部钢管使用 DN25 或 DN40 规格的镀锌钢管。顶部钢管与底部钢管在梁的中间相距 0.4 m 左右，两端相距 0.25 m 左右，用 DN20 规格的镀锌钢管作"八"字形或"V"字形交替连接和支撑。每道椭梁用一根 DN20 规格的镀锌钢管连接两端。②横向檩条。与椭梁平行，每隔 0.5 m 敷设一根 DN15 规格的镀锌钢管作为横向檩条。横向檩条也呈拱形，拱顶高度与椭梁一致。③纵梁。每个大棚设 3 道纵梁，分别为中央纵梁和左右纵梁。中央纵梁架在大棚拱顶处，左右两道纵梁分别距离中央纵梁约 5 m。与椭梁一样，纵梁也由顶部钢管、底部钢管和支撑钢管组成，顶部钢管、底部钢管皆使用 DN25 规格的镀锌钢管，用 DN15 规格的镀锌钢管作垂直支撑和连接，支撑管之间的间距为 1 m。纵梁顶部钢管和底部钢管间距与椭梁一致。④纵向檩条。与纵梁平行，每隔 1 m 敷设一根 DN20 规格的镀锌钢管作为纵向檩条。⑤绳索绑定管。在长边墙体外面两侧各设置 1 根 DN20 规格的镀锌钢管作为绳索绑定管。

（2）塑料膜 凡纳滨对虾养殖大棚顶部塑料膜要求有一定的厚度，抗强风、抗老化，使用寿命在 5 年以上，最好使用编织复合大棚膜。大棚膜覆盖时，用防滑聚乙烯绳收紧，聚乙烯绳绑定于大棚两侧的镀锌钢管上。大棚两端垂下的大棚膜可用卡簧收紧并固定。

2. 墙体

根据养殖池形状，大棚墙体距离养殖池边沿一般约 1 m，以长约 60 m、宽约 25 m 为宜。①地箍。根据大棚墙体设计规格，用钢筋混凝土先浇筑高 0.3 m、宽 0.4 m 的一圈地箍。②立柱。地箍四角用钢筋混凝土在地箍上现浇 1 根 0.3 m×0.3 m 的立柱，立柱高约 1.75 m；在地箍长边，每隔 4 m 为一榀；每一榀用钢筋混凝土在地箍上现浇 1 根同规格的立柱；在地箍短边，等间距现浇筑 3 根同规格的立柱，高度根据短边墙体高度而定。③砖墙。用标准砖砌成宽度为 0.3 m 的墙体，砌墙水泥标号要求在 400 号以上。④圈梁。当墙体高度砌至合适高度时，在其上面用钢筋混凝土浇筑一圈高约 0.25 m、宽 0.3 m 的圈梁。

3. 养殖池

养殖池的面积约 0.13 hm²，一般呈长方形，长宽比约 2∶1，池壁坡度为 1∶(0.75～1)，池壁四角呈弧形。池底从四周向池中央呈锅底形并逐渐加深，一般池中央比池四周低 0.5 m 以上，最深处有效水深达到 2.5 m 左右。池中央设中央排污口 1 个，排污口直径一般为 0.25 m，上覆盖有直径 1.5 m、高 0.6 m 左右的中央排污罩。中央排污口连接排污管，排污管一直通到池外排污口。排污管从中央排污口至池外排污口最好有 0.5% 以上的比降，方便养殖尾水顺畅排出。池壁、池底及四周的人行道皆用混凝土浇筑抹平。养殖池纵向两端池壁各设一个台阶作为通道，用于工作人员上下。

第四节　大水面拦鱼设施的设计与建造

拦鱼设施的设置是湖泊、水库及外荡等内陆大型水域渔业生产的重要环节。在养鱼水域中的各个进出水口处或渔权分界处修建拦鱼设施以实现防逃管理。

一、拦鱼设施的种类和结构

目前，我国主要的拦鱼设施有竹箔、网箔、拦网、金属栅和电栅等。其中，以网箔、拦网使用最为普遍。

1. 拦鱼箔

箔状拦鱼设施是我国使用广泛的一种传统拦鱼设施，广泛应用于底部平坦的湖泊和外荡。

箔是滤水、拦鱼的主体，常见有：①用毛竹丝通过棕绳编织而成的箔帘，竹丝间的距离为栅距，其大小根据所拦鱼类的规格而定。②用合成纤维编织而成的网片，网眼（网目）的大小依所拦鱼类的规格而定。

支架由多根箔桩、栏杆和撑桩等相互连结而成，是用以固定和支持竹箔和网片的骨架（图 2-14）。箔桩主要采用竹桩，也可用塑钢或其他金属合金材料。箔桩一般以 2 根为一组，按一定间距插入底泥中，设置在下水面为正桩（座桩），设置在上水面为副桩（碰桩）；栏杆与箔桩横向连接固定，可按要求设置不同数量；对抗流性能要求高的拦鱼箔，还可设置不同数量的撑杆。

竹箔曾是我国使用广泛的一种传统拦鱼设备，常见于江苏、浙江外荡水域，随着竹资源

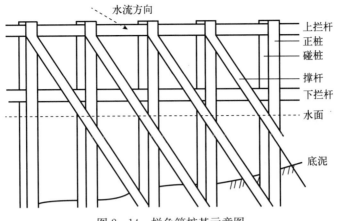

图2-14　拦鱼箔桩基示意图

的保护，竹品价格上涨，且与合成纤维网片相比，使用成本高，过水面积小，现基本由网箔取代，仅见于少数水域及供行船的箔门。

网箔是随着合成纤维的普及而被广泛应用的。网箔在实际使用中有以下好处：①网箔有效过水面积较大，排水畅通，所受风压力大为减小，使网箔所受水压力要比竹箔小得多。②用桩数量大为减少，结构和形式上可相对简化。③合成纤维网片牢度大，成本较低，而且使用寿命长。缺点是：聚乙烯材料易附着藻类和淡水壳菜等附着生物，严重时可阻塞网眼，影响过水效率；网衣受日晒的部分容易老化；冬季网衣上结冰，网线易脆断。

2. 拦鱼网

拦鱼网普遍应用于水库拦鱼，是与其下列特点相适应的：①能适应水较深和底貌复杂的地方。②抗水流能力强。其缺点同网箔所述。

拦鱼网一般由网身和受力装置两部分组成。网身依靠受力装置固定，垂挂于拦鱼断面上进行拦鱼。

网身包括主网、防跳网及敷网三部分。主网是拦鱼网的主要部分，其形状和尺寸应与拦鱼断面相适应，为便于织造、装配及拆卸，常由若干网片拼接组成。网身上下沿设有横纲绳，纲有上纲、下纲，有时还有横力纲与纵力纲等。防跳网用于防止鱼类跳出拦鱼网而外逃，常见的是通过浮性撑杆张开，水平覆盖于主网上纲内侧的水面上，长度与主网相同，宽度为1.5～2.0 m。敷网是主网下的底网，上接主网下纲，下接沉子，网线采用柔软的材料（如锦纶线），其高度依底貌而定，一般为2～3 m，用于填补主网与库底间贴状不严而形成的漏洞，以防逃鱼。

受力装置包括浮子、沉子和锚桩等。浮子固定在上纲上，沉子固定在下纲上，浮子多用塑料、竹、木制品，沉子多用混凝土浇制，也可用铁链等。浮子、沉子数量和规格以能在洪水期拦鱼为准。锚桩用来固定拦鱼网的上、下纲，使拦鱼网敷设在设计的拦鱼断面上，分为岸边的岸墩（或力桩）和水下的铁锚（或抛墩）等（图2-15）。

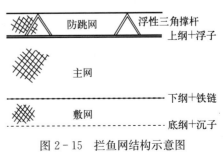

图2-15　拦鱼网结构示意图

3. 金属拦鱼栅

金属栅一般采用钢筋作为主要材料，按一定的栅距焊接成纵格栅或横格栅，然后固定在拦鱼断面的支柱上，也有在铁制框架上固定铅丝网或钢丝网，成为金属拦鱼网。支柱是在拦鱼断面上用混凝土浇筑底坎，每间隔一定距离浇筑一个钢筋混凝土墩子，在墩子上固定金属拦鱼栅。

金属栅坚固耐用，适于用在断面积不大但水流大，或日常管理不便且无须经常修理、更换处。由于其建造复杂、成本高，故使用面不广。

有些地方利用金属拦鱼栅框架的稳固性，在框架上设置水平中心轴，框架以它为轴心可作360°旋转。拦鱼时用插销将活动框固定，排污时将插销抽动，旋转框架，将拦鱼栅前的污物排向下游。这种拦鱼设施效果较好，排污方便，适用于污物多、水位变化幅度不大的浅水区。

4. 电栅拦鱼设施

电栅有单排式和多排式两种。我国多采用单排式不等间距、不等压分桩式电栅。当鱼类游到距电栅一定距离时，受到一定电场强度的电刺激便会改变游向，使电栅起到拦鱼的作用。

电栅适用于泄洪量大、水流较急、漂浮物多的水库。尤其是逆水逃鱼，只要求有一定电场强度区域，鱼感电即返。偶尔有鱼窜游到电极附近而被击昏时，鱼亦顺水流向库区。

二、拦鱼设施的设计与建造

拦鱼设施的设计和建造是一个系统工程，很多内容涉及水文和工程学的范畴。本节主要从渔业的角度进行概述。

（一）栅距和网目规格的设计

1. 鱼类的克流能力和穿拦系数

（1）克流能力　在水域的下水面设置拦鱼设施时，拦截的对象为顺流而下的鱼类，即拦顺水鱼。如设网处流速过大超过了鱼类的游泳能力，鱼类就会失去控制而被压贴于拦鱼设施上，导致鱼类受伤而死亡，或拦鱼设施毁坏而发生鱼类逃逸。如鱼类的游泳速度大于水流速度，则鱼类可在触栅或网后，逆流逃离激流区。鱼类在流水中克服水流速度的最大能力，称为克流能力。克流能力与鱼类在一定游速下的持续时间有关。鱼类极限游速只能维持很短时间，通常为1~20 s，难于作为拦鱼设施设计的安全依据。一般采用鱼类的最大游速（能维持1~2 min的最大游速，即鱼类的适应流速）作为设计依据。据河北省海河勘察设计院的测定，各种鱼类的克流能力如表2-1所示。

表2-1　鱼类的克流能力

鱼类	体长（cm）	感应流速（m/s）	适应流速（m/s）	极限流速（m/s）
鲢	10~15	0.2	0.3~0.5	0.7
	23~25	0.2	0.3~0.6	0.9
草鱼	15~18	0.2	0.3~0.6	0.7
	18~20	0.2	0.3~0.6	0.8

（续）

鱼类	体长（cm）	感应流速（m/s）	适应流速（m/s）	极限流速（m/s）
鲤	6～9	0.2	0.3～0.5	0.7
	20～25	0.2	0.3～0.8	1.0
团头鲂	25～35	0.2	0.3～0.8	1.1
	10～17	0.2	0.3～0.5	0.6

（2）穿拦系数　在水域的上水面设置拦鱼设施时，拦截的对象为逆流而上的鱼类，即拦逆水鱼。鱼类一般有顶水溯游的习性，即鱼类在流水刺激下，常常成群逆流而游，有时甚至承受挤压受伤的痛苦，穿越较自身头宽为小的栅距或较自身最大周长为小的网目，这种穿越能力可用"穿拦系数"表示，计算公式为：

$$K_h=鱼类颅宽/栅距$$
$$K_g=鱼体最大周长/网目周长$$

式中　K_h——鱼类对拦栅的穿拦系数；

　　　　K_g——鱼类对拦鱼网的穿拦系数。

据实验观察（陈敬存等，1975），鲢鱼种穿越拦栅的穿拦系数（K_h）为1.2，穿越拦鱼网的穿拦系数（K_g）为1.5。因此，拦截溯水上逃鱼时，应考虑这种穿越能力。在湖泊水库的进水口处，常可观察到这种穿越现象。

2. 栅距和网目规格的确定

栅距和网目是根据放养的经济鱼类的种类及其大小而定的。

以鲢为例，鲢的头宽（H）与全长（L）的关系为线性关系：$H=0.1168L+0.0513$；最大体周长（G）与全长也呈线性关系：$G=0.5514L-0.1238$。按上述关系式的95％可信限的下限，并结合穿拦系数，可得到在不同水流条件下拦截各种规格的鲢鱼种所应选取的栅距和网目尺寸（表2-2）。

表2-2　不同规格鲢鱼种相应的拦鱼设施栅距和网目尺寸（cm）

鱼种规格	栅距（95％可信限的下限）		网目尺寸（95％可信限的下限）	
	鲢标准值	最小值	鲢标准值	最小值
>3.3	<0.4	<0.33	<0.7	<0.47
>6.6	<0.7	<0.58	<1.5	<1.0
>10.0	<1.0	<0.83	<2.3	<1.53
>13.3	<1.4	<1.17	<3.0	<2.0
>16.6	<1.7	<1.42	<3.8	<2.53

注：① 鲢标准值是指未考虑穿拦系数的值，可在相对静水或下水面处采用。

② 最小值是指考虑了穿拦系数后的值，应在有流水的上水面处采用。

（二）勘察设计与建造

拦鱼设施设置地点的选择是一个综合工程，主要关系到拦鱼的效果、对航运的影响及设施的施工、稳固性、成本和维护管理等，从渔业角度主要考虑拦鱼断面的水流速度和地质地貌。

1. 拦鱼断面的水流速度和受力设计

（1）水流速度　水流速度直接关系到拦鱼设施所承受的压力和拦鱼效果。水流缓慢虽对拦截效果有利，但其位置往往是水面的开阔处，且水较深，拦鱼设施的断面积大大增加，用材数量增大，成本上升。因此，所承受的压力有可能不减反升，日后的日常管理量大。一般应在满足下列两个条件下尽量选择狭窄处：①水域下水面的水流速度不超过鱼类的正常克流速度。②在水域上水面能有效抗击 10～20 年一遇的洪水冲击。

水流速度可根据水文资料估算或在汛期实测。估算时可按如下公式计算：

$$V=Q/S$$
$$V_{max}=V\times(1.2\sim1.3)$$

式中　V——断面上平均流速（m/s）；

$\quad\quad$ Q——汛期断面上的流量（m³/s）；

$\quad\quad$ S——汛期过水断面的面积（m²）；

$\quad\quad$ V_{max}——断面上的最大流速（m/s）。

（2）受力设计　对拦鱼网来说，在水流冲击下，上纲及网衣上的张力最大，可适当增加其长度，使网在水流作用下呈弧形，增加过水面积，减小张力，并减轻使下纲上提、上纲下压的作用力。一般上纲及相应网衣的长度应为所设网基两岸跨距的 1.05～1.10 倍，下纲及相应网衣的高度应该是断面河床底部长度的 1.05～1.10 倍。缩结系数衡量网目的张开程度，当缩结系数为 0.707 时网目张开的面积最大，网片利用率最高，滤水性能最好，材料最省，但此时网线上张力最大，易断裂。为安全起见，缩结系数应稍小一些，一般取水平缩结系数为 0.64～0.66，相应的垂直缩结系数为 0.75～0.77。下纲缩结系数可比上纲稍大，一是底部受力较小，二则下纲稍长些易于贴底。根据网衣受力及其分布，确定纲索的规格、浮（沉）子的规格和数量以及岸墩、铁锚等受力装置的技术数据。

对竹箔来说，要确定竹箔的各个系统参数，如箔桩的规格和数量、箔丝规格（粗细）等。如需增加抗洪能力和过水面积，可设计兜底结构，则还需确定兜底的位置、形式和数量。

2. 拦鱼断面的地质地貌勘察

（1）水深　断面的水深关系到拦鱼设备高度。测量水深（俗称"打水尺"）要尽量详尽，视底貌形态，一般要求每隔 1～2 m 设点测量，对底貌形态复杂的水域（如水库），要求每隔 0.5～1 m 设点。根据测量数据，绘制断面水深示意图。

（2）底质和岸基　底质对湖泊、外荡中需要用桩固定的拦鱼设施（如拦鱼箔）尤为重要，要求插桩方便，立桩稳固，一般要求为泥质底质，软硬适中。

岸基要求土质坚实，以稳固拦鱼设施为准。

3. 过船装置

对于设置在航道上的拦鱼设施，要求设置过船装置。

拦鱼箔一般在桩间设置过船通道，在通道内设置箔门，通道两侧称为门桩，门桩要加固防撞。箔门常用竹箔和网箔。如仅供人力船通行，一般采用竹箔，其原理是利用竹丝的柔软弹性，平时伸出水面拦鱼，过船时压伏，船过后恢复原样。如需过螺旋桨船，则需设置升降式箔门。

对于拦鱼网来说，一般是在航道水底设一个或两个抛墩，用绳索的一端穿过抛墩上的铁环系在主网的上纲，另一端系在岸上或管理船上。当需过船时，在岸上或管理船上借助绞车收拉绳索，拦鱼网上纲便会下沉，让船通过；然后放松绳索，借助浮子的浮力使网衣和上纲上浮恢复原状。

思考题

1. 简述选择育苗厂址的条件，育苗厂的基本设施与功用及其建造要求。
2. 简述选择工厂化养鱼场地的主要条件和鱼池合理布局方法。
3. 简述选择虾蟹养殖场址的条件，养殖池塘的结构及建造要求。
4. 简述影响建池选址的主要因素，闸板式排水装置结构及优点。
5. 简述拦鱼设施设计的基本依据。

第三章　水产动物增养殖种类的人工苗种培育

第一节　鱼类人工育苗的生物学基础及通用技术

一、鱼类人工育苗的生物学基础

（一）卵细胞发育和卵巢的分期

1. 卵细胞的生长时相

从卵原细胞开始发育成为成熟卵子，大致需要经过三个时期：卵原细胞分裂期、卵母细胞生长期和卵子成熟期。

（1）卵原细胞分裂期　卵原细胞通过有丝分裂，细胞数目不断增加。经过若干次分裂后，细胞停止分裂，细胞体积开始增大，向初级卵母细胞过渡。此阶段的卵细胞，称第Ⅰ时相的卵原细胞。

（2）卵母细胞生长期　生长期又可分为小生长期和大生长期两个时期。

① 小生长期。是卵母细胞的生长期，原生质的不断增加使初级卵母细胞的体积增大，所以也称"原生质生长期"。小生长期的后期，卵膜外面形成单层扁平的滤泡上皮细胞。单层滤泡上皮细胞形成后，小生长期结束，这时的卵母细胞称为卵母细胞成熟的第Ⅱ时相。

② 大生长期。大生长期是营养物质生长的阶段。其开始的主要标志是出现微细的卵黄颗粒，由于进入细胞的营养物质不能被完全同化为卵内的原生质，逐渐出现微细的卵黄颗粒。大生长期的前期主要是卵黄的积累，卵母细胞体积增大，细胞内出现液泡，卵膜变厚，出现放射形纹，称为放射膜。滤泡上皮细胞已经分裂成两层。卵黄开始沉积的卵母细胞称为成熟的第Ⅲ时相。

大生长期的后期，是卵黄的充满阶段。卵黄在液泡内外先后积累，并充满全部细胞质部分，卵黄颗粒的形状不一，此时，细胞质中只有靠近卵膜的很薄一层完全没有卵黄。在此时期的一些浮性卵中，也出现了形状不一的油球。当卵黄充满整个卵母细胞，营养生长即告结束，说明卵母细胞在卵巢中已长足，卵母细胞已达到了成熟的第Ⅳ时相，鱼已成熟。

（3）卵子成熟期　初级卵母细胞结束大生长期后，体积不再增大，开始进入核的成熟变化，即核极化，核膜溶解，并进行两次成熟分裂。初级卵母细胞进行第一次成熟分裂放出第一极体，这时的卵母细胞由原来的初级卵母细胞变为次级卵母细胞，紧接着又开始第二次成熟分裂，并停留在分裂中期。通常把这个过程称为卵子成熟。

卵子在成熟变化中，随着滤泡膜破裂，从固着状态的初级卵母细胞向流动状态的次级卵母细胞过渡，即次级卵母细胞从滤泡中解脱出来，成为游离流动的成熟卵子，也就是通常所说的排卵。在适宜的生理生态条件下，卵巢腔内的游离卵子进一步经生殖孔产出体外的过程即为产卵。此种成熟游动卵子，称为第Ⅴ时相的次级卵母细胞（图3-1）。

2. 卵子的退化吸收

（1）卵巢的发育过熟（即卵的生长过熟）　卵巢的发育过熟是指当卵巢发育到第Ⅳ期末时，初级卵母细胞已生长成熟，摆脱休眠状态，等待条件进行成熟分裂。在此等待的时间内进行催产，卵巢和卵的反应最敏感，可得到最有效的催产，故此时期为催产适期。如果过了此时期，卵巢对催产剂的敏感程度将逐渐下降，卵巢内卵细胞开始退化并转入被吸收的阶段，此时催产，很少能有良好的效果。如果稍许过熟，产出的卵尚可能正常，但胚胎发育将出现畸形；再过熟，也能产卵，但畸形更多，有时胚胎很快分解；过熟严重时，卵则不能产出。这种过熟是指由于不及时催

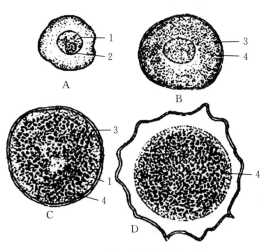

图 3-1　卵细胞发育的各时期
A. 第Ⅱ时相　B. 第Ⅲ时相　C. 第Ⅳ时相　D. 第Ⅴ时相
1. 细胞核　2. 核仁　3. 空泡　4. 卵黄

产而形成性腺发育过期的现象，即所谓卵巢发育过熟或是卵的生长过熟。

（2）卵的过熟（即卵的生理过熟）　卵的过熟是指从滤泡中排出的卵，由于未及时产出体外，而失去受精能力。处于第二次成熟分裂中期的次级卵母细胞，能接受精子的时间虽可长达好几个小时，但最适时间为 2 h 左右。在此最适时间之外受精，胚胎发育多为畸形，甚至根本不能受精。因此，在分裂中期后的 2 h 内为卵的成熟时间，此时的卵为成熟卵；未到此时间的为不成熟卵；超过此时间的即为过熟卵。

（3）卵母细胞的退化吸收　产卵后的卵巢即进入第Ⅵ期。遗留下来的大量破裂滤泡，年轻的初级卵母细胞、卵原细胞，以及第Ⅵ时相未产出而退化的卵母细胞，所有这些除卵原细胞外，都要因退化而被吸收。卵母细胞的退化吸收，主要依靠滤泡上皮细胞的作用。卵膜在滤泡上皮细胞分泌物的作用下破坏并溶解，随后核质与细胞质混合，同时滤泡上皮细胞吞噬卵黄，转送母体成为营养。整个吸收过程历时很长，在吸收结束时，性腺回到第Ⅱ期。

3. 卵巢的分期

依据性腺的体积、色泽、卵子的成熟度等标准，一般将卵巢分为六个时期，在不同种类间，划分的标准稍有差别。

（1）Ⅰ期　卵巢紧贴在鳔下两侧的体腔膜上，肉眼不能分辨雌雄。只能见到一对透明呈淡肉色的细线。多数细胞处于卵原细胞分裂期向初级卵母细胞小生长期过渡的阶段。细胞较小，核约占细胞的一半，核仁极少，位于核的中央。

（2）Ⅱ期　为性腺正在发育中的未性成熟或产后恢复阶段的鱼所具有。卵巢多呈扁带状，雌雄已能分辨。一般为肉色，固定后呈花瓣状，肉眼看不出卵粒，其表面已有微血管分布。多数细胞处于小生长期的初级卵母细胞阶段，细胞呈多角形或圆形。细胞核仍然很大，无卵黄。

（3）Ⅲ期　卵巢体积增大呈青灰色，肉眼已能分辨出卵粒，但卵粒互相粘连成团块，不能将其分离。血管分布明显。多数卵细胞处于大生长期的卵黄积累阶段。卵的体积也有所增大。核仁除分布于核的中部，也出现在核膜的边缘处。卵黄在边缘沉积并向中央扩展，卵膜

59

中出现放射纹并增厚，其外面有 2 层滤泡膜，在细胞膜内缘发生一层一层的液泡。

（4）Ⅳ期　卵巢增大呈长囊状，占据腹腔大部分。卵巢膜出现粗血管，分布如网状。卵巢多呈淡黄色或深黄色。多数卵细胞处于大生长期的卵黄充满阶段。卵粒大而饱满，已能分离，卵黄充满核外空间，只有核周围及核膜内缘含有细胞质。核呈椭圆形，核中央有核仁，核膜呈波浪形，波浪突出部分也常见核仁。根据卵细胞的大小和核的位置，此期可分为三个时期：早期卵核在正中；中期卵核在中央或稍移向动物极；末期卵核移向动物极一端。

（5）Ⅴ期　卵巢松软，血管膨胀。卵子从滤泡中排出，透明如玉，粒粒分离，大量卵粒进入卵巢腔，处于流动状态。轻压鱼的腹部，即有卵粒从生殖孔流出。

（6）Ⅵ期　产过卵不久或退化吸收过程中的卵巢。产过卵的卵巢有过分成熟而未排出的卵粒，可见白浊的斑点，卵巢腔表面血管充血，呈现淤血状、咖啡色。

（二）精子发育和精巢的分期

1. 精子的发育时期

鱼类精子的发育可分为四个时期。

（1）繁殖期　原始生殖细胞（初级精原细胞）经过无数次的有丝分裂，形成大量的小型的精原细胞（次级精原细胞）。精原细胞的特点是核大而圆，核内染色质均匀分布，形成染色深的大线球。

（2）生长期　细胞停止分裂，小型精原细胞的体积略增大而形成初级精母细胞。初级精母细胞的形状和精原细胞相近，但核内染色质变成粗线状或细丝状，为成熟期的减数分裂做准备。

（3）成熟期　初级精母细胞体积增大后，连续进行两次成熟分裂，第一次为减数分裂，每个初级精母细胞（双倍体）分裂成为两个次级精母细胞（单倍体）；接着进行第二次成熟分裂（均等分裂）——普通的有丝分裂，每个次级精母细胞各形成两个精细胞。

（4）变态期　这是雄性生殖细胞发育中特有的时期。精细胞再经过一系列复杂的变态过程，形成具有活力的精子。

2. 精巢的分期

根据精巢的外形特征和组织结构，精巢也可分为六期。

（1）Ⅰ期　生殖腺不发达，呈细线状，透明，紧贴在鳔下两侧的体壁膜上，肉眼不能识别雌雄。精原细胞分散分布，精原细胞外包有精囊细胞（精胞）。

（2）Ⅱ期　呈细带状，半透明或不透明，血管不显著，精囊（壶腹）形成，精原细胞增多，排列成束状，此为实心的壶腹阶段，壶腹间有结缔组织分隔。

（3）Ⅲ期　呈圆杆状，粉红色或淡黄白色，表面具弹性，血管清晰可见。实心的壶腹中央出现管腔，壶腹壁由一层至多层的精母细胞组成一束束的精子囊排列而成，管壁外面为精囊细胞包围。

（4）Ⅳ期　呈乳白色，表面有皱纹。早期压挤雄鱼腹部没有精液流出，但在晚期则能挤出白色的精液。壶腹壁的精小囊由一群群的初级精母细胞、次级精母细胞、精细胞组成，处在活跃的分化与分裂时期，有的囊腔中也有少数精子，但不占优势。易与其他各期相区别。

（5）Ⅴ期　精巢丰满，乳白色。提起雄鱼头部或轻压腹部，有大量乳白色精液流出。各壶腹中充满了精子，同时也会有精细胞和正处在向精子变态的各阶段的细胞以及少量早期阶段的细胞。

（6）Ⅵ期 排精以后的精巢大大萎缩，细带状，淡红色或粉红色，挤不出精液。精小囊壁只剩下结缔组织及少数的初级精母细胞和精原细胞，囊腔中及壶腹中尚有残留的精子。精巢一般退回到第Ⅲ期，然后再向前发育。

（三）性腺发育周期与生殖力

我国主要养殖鱼类的性腺发育周期和产卵类型大体可分为两类：一类是以四大家鱼为代表的一年一次产卵类型的性腺发育周期；另一类是以非洲鲫、革胡子鲶为代表的一年多次产卵类型的性腺发育周期。

1. 一年一次产卵型性腺发育周期

（1）雌鱼 一年一次产卵型的鱼卵巢，卵母细胞由第Ⅲ时相进入第Ⅳ时相几乎是同步的。当卵巢进入Ⅳ期后，卵巢内绝大部分是充满卵黄、大小相近的第Ⅳ时相的卵母细胞，只有少量的当年不能发育成熟的第Ⅰ、Ⅱ时相的卵母细胞。因此，在每年的繁殖季节中，卵巢发育只出现一次高峰，没有波浪式的起伏，故为一次产卵型。

长江流域的草鱼、青鱼、鲢、鳙卵巢，一般是处于第Ⅲ期时越冬，4月进入Ⅳ期，5月至6月上旬卵巢处于Ⅳ期末成熟阶段，此时对催产药物反应敏感。每尾鱼的催产有效时间一般为20～25 d，若在此期间催产，卵细胞即能在较短的时间内（10～20 h）完成成熟并可排卵，进入Ⅴ时相；如果此时期不催产，第Ⅳ时相末的卵母细胞即趋向生理死亡——退化。产后或自然退化的卵巢进入Ⅱ期。卵巢的周年变化及其成熟系数基本上按下列程式进行：

$$\text{Ⅳ期}\ \begin{matrix}\text{青鱼}\ 10\%\sim12\%\\ \text{草鱼}\ 12\%\sim15\%\\ \text{鲢、鳙}\ 15\%\sim25\%\end{matrix}\ \xrightarrow[\text{生理死亡，自然退化}]{\text{人工催产后}}\ \text{Ⅱ期}\ \ 1.5\%\sim2\%\ \xrightarrow{\text{越冬}}$$

$$\text{Ⅲ期}\ \ 2.5\%\sim4\%\ \xrightarrow{\text{卵黄形成}}\ \text{Ⅳ期}\ \begin{matrix}\text{青鱼}\ 10\%\sim12\%\\ \text{草鱼}\ 12\%\sim15\%\\ \text{鲢、鳙}\ 15\%\sim25\%\end{matrix}$$

（2）雄鱼 雄性个体越冬时精巢一般处于Ⅳ期，在正常的气候和合理的饲养条件下，大约需要2个月由Ⅳ期发育到Ⅴ期。长江流域一般4月上旬至6月上旬精巢处于Ⅴ期，6月中旬至7月开始退化。人工催产或自然退化后的精巢处于Ⅲ～Ⅳ期。

对于草鱼、青鱼、鲢、鳙等一次产卵型鱼，有的学者持不同见解，认为草鱼亲鱼卵母细胞由第Ⅲ时相进入第Ⅳ时相不是完全同步的，所以第一次催产"产空"后的卵巢中还有相当数量的第Ⅲ时相的卵母细胞，经过一段时间的强化培育后，能够在当年发育成熟，进行第二次甚至第三次人工催情产卵。因此，草鱼、青鱼、鲢、鳙有否可能在不同的地理和环境气候条件下形成不同的产卵类型，尚待进一步研究证明。

2. 一年多次产卵型性腺发育周期

一年多次产卵鱼类的初级卵母细胞由第Ⅲ时相进入第Ⅳ时相是非同步的，产卵后的卵巢的组织学结构仍为Ⅳ期。在Ⅳ期卵巢中除有卵径大小不同的第Ⅳ时相卵母细胞外，还有处在第Ⅱ、Ⅲ时相的卵母细胞。当第一次最大卵径的第Ⅳ时相卵细胞发育到第Ⅴ时相产出后，留在卵巢中的接近第Ⅳ时相早期的卵母细胞，继续发育成熟，在第二次产卵时产出。这样，一年中卵巢发育出现多次消长变化，明显形成多次高峰，故而为多次产卵型。产卵高峰的成熟系数一般为3.5%～4.0%。雄鱼精巢的发育也与雌鱼卵巢发生相适应的多次消长变化，出现多次高峰，高峰的成熟系数一般为1.28%～1.49%。

3. 生殖力

生殖力一般以性成熟年龄、性周期、怀卵量、有效产卵数和鱼苗的成活率等指标来评价，其中以怀卵量、有效产卵数为衡量鱼类生殖力的主要指标。

（1）怀卵量　怀卵量是指卵巢中达到生长成熟的第Ⅳ时相卵母细胞的数量，其大小直接决定鱼类繁殖能力的大小。家鱼的怀卵量一般很大（表3-1），鲢、鳙、草鱼成熟系数一般在20%左右，青鱼成熟系数一般在10%左右；鲢、鳙、草鱼、青鱼相对怀卵量为110～160粒，鲮相对怀卵量为190粒。绝对怀卵量一般都是随着体重的增长而增加。怀卵量与地区之间没有明显的关系，但与饲养管理（主要是营养条件）关系较密切。

表3-1　池塘饲养家鱼的怀卵量

种类	体重 （g）	卵巢重 （g）	成熟系数 （%）	绝对怀卵量 （粒）	相对怀卵量 （粒）
鲢	4 461	896.6	20.1	627 620	141
草鱼	13 000	2 114	16.2	1 480 000	114
鳙	8 640	1 540	17.8	1 078 000	124
青鱼	18 000～25 900	924～5 968	5.1～23	646 800～4 178 200	36～162
鲮	882	181.7	20.6	172 303	190.1

注：① 表内数字均为平均数；

② 为便于比较，每克卵巢含的卵子数，鲢、鳙、草鱼、青鱼均按700粒计算，鲮按950粒计算。

（2）产卵量　产卵量是指由第Ⅳ时相卵母细胞经过成熟、排卵并产出体外的第Ⅴ时相卵子的数量。人工繁殖条件下的鲢、鳙、草鱼亲鱼，每千克体重平均产卵量一般为7万粒左右；青鱼和鲮每千克体重平均产卵量一般为5万粒左右（表3-2）。性腺成熟高峰，鲢、鳙、草鱼每千克体重最高产卵量可达10万粒左右。

表3-2　鲢、鳙、草鱼、青鱼、鲮人工繁殖条件下的产卵量

种类	统计尾数	每千克体重平均产卵量 （万粒）	数据来源
鲢	37	8.6	广东、湖南、湖北、江苏、上海等地养殖场
鳙	35	7.5	广东、湖南、湖北、江苏、上海等地养殖场
草鱼	33	7.6	广东、湖南、湖北、江苏、上海等地养殖场
青鱼	27	4.9	江苏、上海、福建等地养殖场
鲮	—	7.8	广西水产研究所

（四）性腺发育与环境条件

鱼类在不同发育阶段，对生态条件有不同的要求。鱼类性腺发育和成熟的质量好坏，在一定程度上取决于外界的生态条件。如果外界的生态条件不能满足鱼类性腺发育的需要，则会导致性腺发育不好甚至停止发育。影响鱼类性腺发育的外界因素很多，这些因素在鱼类性腺发育的某一阶段相互作用，而且是连续有节奏的。

1. 营养

我国主要养殖鱼类怀卵量达数十万至百余万粒，卵巢重占体重的10%～25%，性腺正常发育要从外界摄取大量的营养物质。投饲不足或不按其营养需要投饲的亲鱼，怀卵量减少、成熟系数降低，且成熟期延缓。可见营养条件是影响亲鱼性腺发育的主要因素。

初次性成熟和产卵后亲鱼的性腺在夏、秋季处于发育的早期，正值卵细胞原生质生长期，卵巢需要积累大量的蛋白质，所以夏、秋季亲鱼培育期间需多投蛋白质含量较高的饲料。只有在夏、秋季培育中，尤其是秋季培育中提供充足而全面的营养物质才能使更多的第Ⅱ时相卵转向第Ⅲ时相或第Ⅳ时相初期，而且可积蓄充足的营养储备，供冬季和早春卵巢向第Ⅳ中末期转化的需要，因此秋季培育的好坏与亲鱼的卵子数量有关。春季亲鱼的性腺处于大生长期，卵黄大量积累，精母细胞处于生长和成熟分裂期，除要补充大量的蛋白质外，还需增加一定比例的脂质、糖类和维生素等营养物质，以提高亲鱼卵子的质量。人工培育的亲鱼往往出现营养过剩，脂肪积累，抑制性腺发育，亲鱼培育实践证明，用流水刺激技术可以使过肥的鱼体内脂肪迅速转移到性腺中去，提高催产效果。

2. 温度

每一种鱼都有一个生长发育的适温范围，在适温范围内，亲鱼的生长发育速度随温度的升高而加快。广东温度较高，草鱼、青鱼、鲢、鳙等养殖鱼类的性成熟年龄比黑龙江要早1～2年，产卵季节也提早2～3个月，可见温度直接影响鱼类性腺发育和成熟。尽管随水温和生长期不同，鱼成熟年龄各异，但性成熟所需的积温基本上是一致的，青鱼、草鱼为1 500～1 800 ℃·d，鲢、鳙为1 800～2 000 ℃·d。

鱼类排卵产卵与温度的关系极为密切。每一种鱼的产卵温度是一定的，即每种鱼的卵母细胞从第Ⅳ时相过渡到第Ⅴ时相，需要在一定的温度条件下才能实现。如长江流域鲤产卵的水温为17～18 ℃，团头鲂、鲫为20 ℃左右，青鱼、草鱼、鲢、鳙产卵需18 ℃以上，罗非鱼25 ℃以上，而冷水性的鲑鳟鱼类一般只在水温10 ℃以下产卵。水温超过一定范围，必将影响亲鱼的性腺发育。如我国淡水养殖的几种鱼类都是温水鱼类，水温低于13 ℃或高于30 ℃生长发育均受抑制。水温低于13 ℃时，这几种鱼基本停止生长，但低温对其性腺发育和卵黄形成又是必不可少的条件；水温高于30 ℃又可以促进卵黄的退化和吸收。由此表明，在其他生态条件适宜的情况下，温度是亲鱼性腺发育和排卵产卵的关键性因素。

3. 光照

延长光照时间，可使春季产卵的长日照鱼类（如大多数鲤科鱼类、海水中的石首鱼科鱼类）性腺提前成熟、产卵；缩短光照时间，可使秋季产卵的短日照鱼类（如香鱼、花鲈、鮸等）性腺提前成熟、产卵。较长和较强的光照不利于家鱼的生长，但对性腺发育有一定的益处。如南方地区浅水池塘温度高、光线强，鱼类生长慢，成熟个体体型小，但性成熟早；一般大、中型水域中家鱼生长快，但性腺发育较慢，这也可能与光照强度有关。春季培育家鱼亲鱼水要适当浅些，这样不仅升温快，而且也能增加光照强度，促进其性腺发育。在生产实践中发现，青鱼、草鱼、鲢、鳙、鲤、鲫等鱼产卵，尤其是自然产卵，常在黎明，可能是黎明时分的弱光对鱼有刺激产卵的作用。

4. 溶解氧量

溶解氧量对养殖鱼类性腺发育的影响有间接和直接两方面：间接是通过影响亲鱼的摄食而影响性腺发育。在一定水温条件下，溶解氧越高，亲鱼摄食强度一般越大；水中溶解氧量下降到2 mg/L时亲鱼食欲大减，如果继续下降到2 mg/L以下，亲鱼停止摄食。由此可见，亲鱼若经常处于低溶解氧的水体，必然因不能摄食或不能充分利用饲料而影响性腺发育。会直接影响亲鱼培育成活率。性腺发育愈好的亲鱼，需氧量愈大，愈不耐低氧，培育池溶解氧量低时，易引起亲鱼缺氧"浮头"死亡，降低成活率。

5. 水流

对于溯河性和产半浮性卵鱼类的性腺发育、产卵，水流刺激尤为重要。一些溯河性鱼类，只有在溯河过程中，经长时间的水流刺激，才能有高水平的能量代谢，使其性腺达到完全成熟并产卵。水流可以刺激鱼体运动，增强新陈代谢，激发下丘脑促黄体生成激素的合成和释放，促使脑垂体分泌 GTH，有利于性腺发育。在有流水的江河中，一旦山洪暴发，水位猛涨，流速加大或形成泡漩水流，处于繁殖季节的亲鱼在数小时或数十小时内即能完成Ⅳ期卵巢向Ⅴ期的过渡而产卵；但性腺发育到Ⅳ期的鱼在池塘里却无法自然产卵。

海水鱼类，亲鱼从室外移入室内强化培育促熟，微流水培育亲鱼性腺发育成熟的效果会更好。

6. 盐度

对于一些广盐性鱼类如鲻、梭鱼来说，性腺的正常发育需要一定的盐度环境。实践证明，梭鱼在盐度为 3~6 的咸淡水中，性腺才能正常发育，成熟率高；盐度低于 3，只有个别亲鱼性腺能成熟，且成熟率低。在低盐分半咸淡水水域内，梭鱼性腺的成熟系数比海产梭鱼要大，但雌雄鱼在达到性成熟的时间上比海水梭鱼要晚一些，当海产梭鱼已排卵时，在低盐分水体中的梭鱼卵巢仍然处于第Ⅳ期。淡水养殖鱼类在盐度较大（3 以上）的水中生长缓慢，性腺发育差。鲤对盐度的适应力强于草鱼，草鱼则强于鲢。鲤、鲢、草鱼在盐度为 3 的水中，性腺可以发育成熟，但卵径小，孵化率低。因此，家鱼繁殖场不宜建在盐度较高的地方。

（五）鱼类苗种培育的生物学基础

为了能高标准地生产出优质苗种，在从事培育之前有必要首先了解养殖鱼类苗种的形态及生理生态等与养殖密切相关的生物学特性。只有这样，才能制定出科学的培育管理措施，从而提高苗种的生产效率——生长快且成活率高。

1. 鱼类的发育阶段及其常用名称

鱼类的整个生命周期可分为胚前、胚胎和胚后三个发育阶段，其中：胚前期是性细胞发生和形成的时期，在亲鱼体内完成；胚胎期是精卵结合（受精）至鱼苗孵出的时期，即产卵受精至孵化，在数十小时内完成；胚后期是孵出的鱼苗到成鱼以至衰老死亡的时期，即鱼类的寿命，其长短因鱼的种类而异。鱼类的胚后期又可分为 5 个时期：

（1）仔鱼期　主要特征是鱼苗身上鳍褶尚存，鱼体全长 0.5~1.7 cm。

（2）稚鱼期　鱼体鳍褶完全消失，体侧出现鳞片至全身披鳞，鱼体全长 1.7~7.0 cm。

（3）幼鱼期　形态已似成鱼，全长 7.0 cm 以上。

（4）性未成熟期　介于幼鱼与成鱼之间，性腺尚未发育成熟，其持续时间长短因种类而异。

（5）成鱼期　性腺第一次成熟至衰老死亡。

由上述分期可知，鱼苗和鱼种的培育时期，正处于鱼类胚后发育的仔鱼期、稚鱼期和幼鱼期，这是鱼类一生中生长发育最旺盛的时期，其形态结构及生态、生理特性均要发生一系列有规律的变化，而这些变化又具有明显的阶段性，通常表现为：逐渐的量变与较迅速的质变交替进行。两个质变之间的量变时期就称为发育阶段。

鱼苗和鱼种的发育阶段主要是根据其形态及生态习性进行划分的，通常以体长作为划分的依据。在养殖生产上，对于不同发育阶段的鱼苗种常常给予不同的名称以示区别；尽管有的名称在不同养殖地区可能完全不同，但下列几个主要名称基本相同。

　　鱼苗：孵化出膜至下塘之前、体长 1 cm 左右的仔鱼，亦称水花、鱼秧、花仔等。其中，根据鱼体有无色素，又可将鱼苗分为嫩口鱼苗（孵化后至色素出现前的鱼苗）和老口鱼苗（"青筋"，即脊索下方一条色素带出现至色素很多的鱼苗）。

　　乌仔：全长 2 cm 左右的稚鱼。

　　夏花：全长 3 cm 左右的稚鱼，又称火片、寸片。

　　鱼种：全长 3 cm 以上至食用规格以下的幼鱼之统称，按规格又可分为子口鱼种和老口鱼种。①子口鱼种。全长 8～20 cm 的 1 龄鱼种，又称新口鱼种或统称片子；其按出塘季节可分别称为秋片（秋季出塘）、冬片（冬季出塘）和春片（翌年开春出塘）。②老口鱼种。体重 0.2～0.5 kg 的 2 龄鱼种，又称过池鱼种。其中，过池鱼塘中未出塘的青鱼鱼种，因其死亡率高而特称为条丝青，亦称条死青。

2. 鱼类苗种的食性变化

　　鱼类的食性随其摄食、消化器官的发育而变化。在鱼的一生中，大致需要经历三个食性阶段。

　　（1）内源性营养阶段　刚孵出的鱼苗，以吸收卵黄囊为营养。

　　（2）混合性营养阶段　鳔充气后的鱼苗，既吸收卵黄囊，又开始摄食外界食物；此阶段实际上就是内、外源营养转换的过渡时期。

　　（3）外源性营养阶段　从卵黄囊消失的鱼苗开始，鱼就完全依靠摄食外界食物为营养，这是鱼类食性的主要阶段，各种鱼类的食性由近乎相同开始朝明显不同转变；而这种转变是同鱼类本身的摄食、消化器官的发育相统一的。

　　以我国主要淡水养殖鱼类为例：在它们刚开始摄食外界食物时，由于口径很小（0.2～0.3 mm），鳃耙短少无滤食功能，摄食器官很不完善，因而此时的各种鱼类均以吞食方式摄取水中的轮虫、无节幼体等适口的小型浮游动物，食性近乎相同。但随着鱼体的增大，口径变大，摄食器官趋于完善，鳃耙及咽喉齿的形态结构开始出现种间差异，因而，各种鱼类的食性开始分化，并因活动能力增强而使得食谱范围也逐步扩大，如鲢、鳙由吞食小型浮游动物转向滤食各种浮游生物，其中鲢转向主食浮游植物、辅食浮游动物，鳙转向主食各类浮游动物、辅食浮游植物，总体来看，食物个体（颗粒）由大变小。草鱼、青鱼由吞食小型浮游动物转向吞食较大型的食物，其中草鱼转向吞食各种鲜嫩草类，青鱼转向吞食以螺、蚬为主的底栖动物，食物个体（颗粒）由小变大。

　　一般当鱼体长达到 3 cm 左右时，其食性已与成鱼基本相似，各种鱼类已能基本区分为浮游生物食性、草食性、杂食性和肉食性等四大食性类型；但由于此时鱼体尚小，其所能摄食的饲料颗粒大小及摄食量与成鱼仍有较大差别。此外，鱼类的摄食量除了存在种间差异外，同种食性的鱼类在不同发育阶段、不同生长季节及不同生态条件下也会有所不同，一般表现为：生长发育迅速的时期，摄食量较大；水温适宜、溶解氧充足时，摄食量较大；白天的摄食量也常大于晚间。

3. 鱼类苗种的生长特性

　　一是同种鱼类在不同发育阶段的生长速度有差异。一般，在鱼苗至夏花阶段，其相对生长率最大，是生命周期的最高峰。在鱼苗下塘 10 d 内，鲢、鳙体重增长的加倍次数分别达到 6 和 5，即平均每 2 d 体重增加 1 倍多。而到了鱼种培育阶段，相对生长开始明显下降，在 100 d 的培育中，体重增长的加倍次数仅为 9～10，即每 10 d 增重 1 倍，与鱼苗阶段相差 5～6 倍；但这一阶段的绝对生长随着个体的增大而明显加快。二是和成鱼生长一样，在鱼苗、鱼种阶段生长的季节差异也很明显。造成这种差异的主要原因在于不同季节的水温变化，此外尚有环境差异，尤其是密度、水温、水质、食物等生态因子对生长的影响更为明显。通常，在其他条件相同的情况下，放养密度小时，生长速度较快；反之较慢。在一定的密度范围内，营养及水质条件好，生长速度就快；反之则慢。因此，要加速鱼苗、鱼种的生长并提高成活率，既要控制适宜的放养密度，也要提供良好的食物营养及水质条件。只有这样，才能获得令人满意的结果——生长快且群体产量高。

4. 鱼类苗种在池塘中的分布习性

刚下塘的各种鱼苗，通常在池边及水表面分散游动，大致呈均匀分布。但这种分布现象会很快随着鱼苗个体生长及食性分化而发生变化。一般，当鱼苗体长达到 1.5 cm 左右时，各种鱼苗因食性开始分化而使生活水层发生相应改变，其在池塘中的分布区域及水层也就出现差异，如鲢、鳙逐渐离开岸边趋向池中心的中上层活动；草鱼、青鱼则逐渐转到中下层活动，并喜在大型浮游动物及底栖动物相对丰富的池边浅水处觅食。

从池塘天然饵料生物的分布特点可知：鱼苗、鱼种的上述栖息习性是同他们所喜好的天然饵料生物的分布水层相适应的。了解鱼苗、鱼种的栖息习性，有利于合理投饲。

5. 鱼类苗种对环境的适应

（1）鱼苗对 pH 的适应范围较窄　最适 pH 为 7.5～8.5；如果长期低于 6.5 或高于 9，就会对其生长发育造成不同程度的不良影响。因此，在鱼苗、鱼种培育时应及时对不适宜的 pH 加以改良，可通过泼洒生石灰或加注新水进行调节。

（2）鱼苗对盐度的适应能力较差　在盐度为 3 的水中即表现出生长缓慢、成活率下降；而成鱼能在盐度为 5 的咸淡水中正常生长发育。

（3）鱼苗对水温的适应能力较弱　5 日龄的草鱼苗，当水温降至 13.5 ℃以下时，即开始出现部分个体冷休克；而当水温进一步降至 8 ℃时，则所有个体出现冷休克。因此，生产上常将 13.5 ℃作为早繁草鱼苗下塘的安全水温，即低于此温度时不宜放养。

（4）鱼苗对溶解氧的生理需求较高　虽然多数鱼类的鱼苗能在溶解氧量 2 mg/L 以上的水中正常生长发育，但当溶解氧量升高时，鱼的摄食量就会增多，生长随之加快，抗病力强，成活率高。因此，设法保持水中较高的溶解氧量对于鱼苗、鱼种培育至关重要。在溶解氧丰富的条件下，只要饲料充足，鱼苗、鱼种就能满足旺盛的代谢需求而快速生长，成活率也高。

二、鱼类的人工繁殖

（一）亲鱼的选择与培育

亲鱼的选择与培育是人工繁殖非常重要的一个环节。亲鱼选择与培育的好坏，直接影响到性腺的成熟度、催产率、鱼卵的受精率和孵化率的高低，因此必须十分重视。在大量的人工养殖鱼类中选择体健质优、遗传性状优良的鱼作为亲鱼；再经过精心的饲养管理可以获得性腺发育良好的亲鱼。整个亲鱼培育的过程，就是一个创造条件，使亲鱼性腺向成熟转化的过程。因此，必须使亲鱼培育的方法符合鱼类性腺发育的基本规律，培育出成熟率高的大批优质亲鱼。

1. 亲鱼培育池的条件与清整

参照养殖池塘选址和池塘底质改造。

2. 亲鱼的选择与运输

（1）亲鱼的选择

① 雌雄鉴别。在亲鱼培育和催产时，均要设置合适的雌雄比例，因此要掌握鉴别养殖鱼类雌雄的方法。鱼类和许多脊椎动物一样，在接近或达到性成熟时，在性激素的作用下，出现第二性征，特别在雄体上较为明显。这些副性征有的终生存在，如鲢、鳙；有的在繁殖季节过后即消失，如草鱼、青鱼、鲮等。区别家鱼雌雄的方法基本相同，主要是从性腺发育良好的个体的胸鳍来区分。部分淡水鱼类雌雄鱼的主要外部形态特征列于表3-3。

表3-3　几种主要养殖鱼类雌雄亲鱼的外部形态特征

鱼类	雄鱼	雌鱼
鲢	胸鳍的前面几根鳍条上有骨质的锯齿状突起，手摸有粗糙感	鳍条光滑，仅鳍条末梢有少数锯齿状突起
鳙	胸鳍内侧有骨质的刀刃状突起，用手横摸有割手的感觉	手摸胸鳍光滑
草鱼	胸鳍内侧有排列很密的"追星"，手摸有粗糙感	胸鳍上没有"追星"，手摸光滑
青鱼	胸鳍内侧有排列很密的"追星"，手摸有粗糙感	胸鳍上没有"追星"，手摸光滑
鲤	体狭长，头较大，腹部狭小而硬，成熟后能挤出精液，胸鳍、腹鳍和鳃盖有"追星"，手摸有粗糙感，生殖孔略凹下	背高体宽，头较小，腹部膨大而柔软，胸鳍没有或很少有"追星"，肛门和生殖孔略红肿凸出
鲮	胸鳍第1～6根鳍条上有"追星"，手摸有粗糙感	胸鳍光滑无"追星"
斑点叉尾鮰	头部宽而扁平，两侧有发达的肌肉，灰黑色；生殖器呈乳头状突起，具两个孔：肛门和生殖乳突	头部小于雄鱼，近于圆形，淡灰色；生殖器长圆形，具三个孔：肛门、泌尿孔和生殖乳突，微红肿
鳜	下颌前端呈尖角形，超过上颌较多，即尖而长；泄殖区只有肛门和泄殖孔两个孔	下颌前端呈圆弧形，超过上颌不多，即短而圆；肛门后具"一"字形的生殖孔和较小的泌尿孔，即泄殖区具三个孔
方正银鲫	头较大而体狭长；腹部狭窄；轻压有精液；胸鳍、腹鳍和鳃盖有"追星"；泄殖孔内凹，无红点	头小而体狭长；腹部膨大而柔软；胸鳍、腹鳍和鳃盖上无"追星"；泄殖孔凸出，有红点
罗非鱼	体大鳍长，鳍色鲜艳；泌尿孔和生殖孔合一；下颌不突出	体小鳍短，鳍色不鲜艳；泌尿孔和生殖孔分离；下颌突出

(续)

鱼类	雄鱼	雌鱼
虹鳟	头小吻尖，下颌向上弯曲呈尖沟形；体高，腹部不膨大，尾叉较浅；生殖孔乳白色，不凸出	头细长而吻圆，上下颌等长；下腹部膨大，尾叉较深，色鲜艳；生殖孔粉红色，凸出
斑鳢	腹部狭小而硬，生殖孔不凸出	腹部膨大、柔软，生殖孔凸出
团头鲂	头、胸鳍、尾柄和背鳍有"追星"	头、胸鳍、尾柄和背鳍无"追星"而光滑

② 年龄。有一段适于繁殖的年龄，其中还有一段最适合繁殖的年龄。当养殖鱼类处于最适繁殖年龄时才能获得健壮的鱼苗。所以在选择亲鱼时必须考虑适合作为亲鱼的最低年龄和最高年龄。

适合作为亲鱼的最低年龄：由于各地气候条件不同，在南方和北方，同一种家鱼的成熟年龄可相差2～3年。如鲢，在广东2～3年可以成熟，而在黑龙江则要5～6年才能成熟。不管南方还是北方，不论哪一种家鱼，一般是第一次性成熟时性腺发育较差，特别是卵巢系数小，容易难产或不顺产，对鱼苗质量有一定影响。所以作为亲鱼的最低年龄，最好是性腺第二次成熟的年龄。在南方由于家鱼性成熟早，达到性腺第二次成熟的年龄时，个体往往不够大，所以可以考虑晚一年。

适合作为亲鱼的最高年龄：若鱼类年龄过高，原来连年顺产的亲鱼怀卵量会显著下降，甚至隔年怀卵或出现难产。这不仅影响产量，也会影响鱼苗质量。各种鱼类成熟后开始衰老的时间各地不一，要根据实际情况确定淘汰年龄。

③ 体质量。在同一水域，亲鱼年龄越大，体质量也越重；相反，年龄越小，体质量也越小。但同一水域同一年龄的鱼，体质量也有差异。由于年龄原因，个体太小的亲鱼所产的卵子小，孵出的鱼苗也小，先天不足。一般在适合的环境中，选择生长发育正常的第二或第三次性成熟（指在南方）的家鱼作为亲鱼。同一水域、同一年龄段的鱼可能由于生长发育不好而个体偏小，进而影响子代的生长性状，因此，要选择年龄适当而个体大、生长良好的鱼，作为亲鱼，以保证子代健壮。

④ 外形。在选择种畜时外形是十分重要的，其往往影响子代的生产性能。一般对鱼类外形特征的选择要求是：第一，外形正常没有残缺；第二，尽量选头部比较宽，背部比较高的个体；第三，畸形亲鱼的正常后代，不宜作为后备亲鱼。

⑤ 雌雄亲鱼的亲缘关系。在鱼类养殖中，随着家鱼人工繁殖的发展，同一来源的家繁鱼苗之间进行人工繁殖的机会增多，亲缘关系趋近。然而，近亲繁殖会导致病害频发、生长缓慢、性成熟提早、亲鱼个体小型化、品质下降等种质衰退。因此，选择亲鱼时应尽量选择亲缘关系远一些的鱼种进行繁殖。近几年来，南方珠江水系分布的地区，把北京或长江流域家鱼的精液或雄亲鱼运到南方，与当地雌亲鱼进行所谓的"水系交配"，其后代普遍比当地同一尾雌亲鱼产的"本交"的后代生长快。

⑥ 个体生产力。在同样条件的培育下，不同的个体即使体重相同，单产亦有高低。通过催产逐年淘汰一些单产低的亲鱼，选留一些单产高的亲鱼，可以逐步提高亲鱼的群体生产力，是家鱼人工繁殖向少而精发展的一项值得尝试的措施。

（2）亲鱼的运输　亲鱼的运输方法及注意事项参见活鱼运输章。

亲鱼个体较大、活动力强，在捕捞和放入运输器具过程中挣扎剧烈，在运输过程中又容易撞伤或擦伤。由于亲鱼剧烈的活动，导致身体极度疲乏，肌肉中乳酸不能及时排出，放入养殖水体不久就死亡；因为鱼体受伤，失去渗透压调节能力，放入养殖水体后易患病死亡。因此，为提高亲鱼运输成活率，除了采用增氧、保证水质等措施外，在运输过程中还应采取一些特殊的保护方法。但亲鱼最好就地取材，就地培育，尽量避免远途运输。

① 用帆布篓运输亲鱼。在汽车、轮船等运输工具上放好帆布篓，然后装水、装亲鱼，进行开放式运输。一般每吨水装鱼 100 kg。帆布篓规格、装运方法见鱼苗、鱼种运输。为了防止亲鱼间相互碰撞、刮擦，避免鱼体受伤，可用剪出小孔的塑料袋将鱼体套上。若在鱼篓中放大塑料袋进行密封充氧运输，可大大提高运输效率和成活率（方法同鱼苗、鱼种的运输）。

用帆布篓运输亲鱼时要注意运输亲鱼在水温 6～10 ℃的春季或秋季时为适宜。如果必须在夏季或冬季运输亲鱼，应采取必要的降温或保温措施，降温或保温温差不宜超过 5 ℃。运输亲鱼的水质和中途换水的水质一定要清洁、无污染、溶解氧含量高，采用井水、水库的水为好。在捕捞、装卸亲鱼时，操作要轻快，要用鱼夹子提鱼，防止亲鱼受伤。对受伤亲鱼应进行特殊处理，如涂抹药物、注射抗生素等。运鱼前要做好一切准备工作，确保运输器具完好，保证运输成功。运输途中需要换水时，应事先调查好水源及其水质情况。要稀装快运，尽量避免剧烈震荡。

② 活水船运输。位于江河附近的鱼类繁殖场，可采用活水船运输。活水船中设置有活水舱，在船首有进水孔通活水舱，活水舱有排水口，进、排水量和水流由阀门控制。由于水体能进行交换，可大大提高活鱼运输的效率和成活率。一般夏季可装载亲鱼 40 kg/t；水温 6～10 ℃条件下，可装载 150 kg/t。但这种普通的活水船，运鱼的水温和水质受航线水域限制和影响，目前已很少采用。需要时一般借用专门为运输活鱼而设计的船只，这种船只安装了水的净化、增氧和制冷等设备，所以，不受航行水域的水温和水质影响，极大地提高了活鱼运输能力。

③ 麻醉运输。用药物将鱼麻醉放入尼龙袋充氧运输，可降低耗氧率，减少鱼体碰伤，提高运输效率和成活率。亲鱼运输中常用的麻醉药物有乙醚、巴比妥钠和 MS-222。

用乙醚麻醉：先用棉球蘸乙醚（体重 10～15 kg 的鱼，约用 2.5 mL）塞入亲鱼口内，经 2～3 分钟，亲鱼麻醉后，再将鱼放到有清水的帆布篓中运输。也可将鱼放到垫有棉布的箱中，淋水运输。此法一次的麻醉时间为 2～3 h，简便易行。

用巴比妥钠麻醉：在水温 10 ℃时用 10～15 mg/L 的巴比妥钠溶液麻醉亲鱼。亲鱼放入巴比妥钠溶液后，不久就呈昏迷状态，腹部朝上，呼吸减慢，不游动。能麻醉 10 多个小时，下塘后 5～10 min 就能苏醒。也可用巴比妥钠注射麻醉亲鱼，剂量为 0.05～0.1 mg/kg。注射方法为肌肉注射。鱼经麻醉后，仰浮于水面、呼吸缓慢为正常。若是运输中发现亲鱼跳跃冲撞，则表明药量不足，应再注射适量药剂，达到麻醉为止。如鱼呼吸极度衰竭，则表明麻醉过度，应及时肌肉注射可拉明（尼可刹米）或苯甲酸钠咖啡因（安钠咖），剂量为每尾亲鱼注射 25%浓度的注射液 1.0 mL。用此法运输可达 8 h 以上。

用 MS-222（间氨基苯甲酸乙酯烷基磺酸盐）麻醉，先配制 10～30 mg/L 的 MS-222 药液，然后将鱼放入，20～30 min 即可麻醉完成，鳃盖保持正常的呼吸运动，经过 40 h 的长途运输，放入清水后能迅速苏醒。也可用肌肉注射，剂量为 0.01～0.05 mg/kg。

3. 亲鱼培育

（1）亲鱼的放养密度和雌雄比例　放养密度随养殖种类、养殖方式和环境条件不同而不一，而且与饲养技术水平有关。一般每 667 m² 放养鲢、鳙 100～200 kg，即鲢 15～20 尾或鳙 10～15 尾；草鱼每 667 m² 放养 120 kg 左右，为 18～20 尾；青鱼每 667 m² 放 10～15 尾，为 170～200 kg；鲤每 667 m² 放 50～100 尾，为 150～200 kg；鳜、鲶等亲鱼的放养密度为每 667 m² 75～100 kg。雌雄比例一般为 1：1.5，不得低于 1：1，避免雌多雄少。

海水鱼类大黄鱼、黄姑鱼、真鲷、黑鲷、石斑鱼等一般采用海水网箱培育与室内培育相结合的方法，网箱（3 m×3 m×3 m）放养量一般为 300～400 尾。当海区水温降至 10 ℃ 左右时，挑选翌年春季繁殖用的亲鱼移至室内进行越冬期培育，室内水泥池水深 1.2～1.5 m，培育密度约 3 kg/m²，雌雄比例一般掌握在 1.5：1。

（2）亲鱼的放养方式　亲鱼可以混养，也可以单养，各有利弊。亲鱼混养，催产时捕一种鱼会影响其他亲鱼；单养不能充分利用水体和天然饵料，不利于调节水质。两种放养方式相比较而言，还是采用混养方式为好。混养种类要根据各种鱼的习性适当搭配。如以鲢为主可搭配 10% 左右的鳙，以控制水中大型浮游动物；以鳙为主不搭配鲢，因鲢能摄食大量浮游植物，可抑制浮游动物的大量生长，人工投饲时，鲢抢食能力强，对鳙不利；以草鱼为主的池塘可搭配 10%～15% 的鲢或鳙；以青鱼为主可搭养少量鲢、鳙或其后备种鱼。为充分利用池中底栖动物，可少搭养些鲤。不少渔场在培育池内还混养几尾肉食性的鱼类如鲈、乌鳢、鳜等，用以清除争食饲料的野杂鱼类。

（3）亲鱼的饲养管理　应根据各种亲鱼的生活习性、不同季节食量的变化和性腺发育的规律，进行合理的饲养管理，其中心环节是投喂、施肥（鲢、鳙）、调节水质和防病等。

① 鲢、鳙等亲鱼的饲养管理。鲢、鳙亲鱼的饲养管理工作主要是水质调节和施肥。看水施肥是养好鲢、鳙亲鱼的关键。通过施肥促使浮游生物大量生长与繁殖，使鲢、鳙亲鱼食料充足，是培养鲢、鳙亲鱼的基本方法。整个鲢、鳙亲鱼的饲养过程，就是保持和掌握水质肥度的过程。

亲鱼放养前，应先施好基肥；放养后，应根据季节和池塘具体情况，施放追肥。其原则是"少施、勤施，看水施肥"。一般平均每月施 750～1 000 kg。在冬季或产前可适当补充些精饲料，鳙每年每尾投喂精饲料 20 kg 左右，鲢投喂精饲料 15 kg 左右。

根据池水肥度变化情况，不断注水或换水，逐渐加深水位，调节肥度，一般在池水已经相当肥的情况下，每 10 d 注水一次，每次注水 20 cm 左右，也可以在注水的同时放出一部分水（换水），培育后期每 7 d 注水一次，排水方便的鱼池在催产前 10 d 左右，最好使池水形成微流。

生产单位的经验概括起来就是：产后培育要"大水小肥"（多次适量注水，少施、勤施、分散施肥）；秋季培育要"大水大肥"（增加施肥和注水量）；春季培育要"小水大肥"（水浅，施肥量大），中期"大水小肥"，后期"大水不肥"。

② 草鱼亲鱼的饲养管理。草鱼亲鱼饲养管理的中心工作是饲料投喂和定期冲水。精饲料种类有大麦、小麦、麦（谷）芽、豆饼、花生饼等，青饲料有麦苗、莴苣叶、苦荬菜、苜蓿、黑麦草、蔬菜、水草和旱草等。精饲料的日投喂量为鱼体重的 2%～3%，最好投在饵料台上，可提高饵料利用率。5 月中旬后以草为主，精饲料为辅，逐步过渡到全部喂草。每日投饲 2 次，投入浮在池中的竹（木）架内（浮饵料台），投喂量随水温和鱼吃食情况而定，一般为鱼体重的 20%～49%，以保持 3～4 h 内吃净为宜。草（无毒草、菜都行）要鲜嫩，防止变质发霉，避免肠炎等疾病发生，要及时清除残草。草鱼喜清水，培育期不要施肥，池

水要保持清新。应常注水或流水培育，以便促进性腺发育。

在整个草鱼亲鱼培育工作中，要注意经常冲水，尤其在产前。冲水应根据季节、水质肥瘦和摄食情况合理掌握：一般冬天每周冲水 1 次；天气转暖后，每隔 3～5 d 冲 1 次，每次冲 3～5 h；临产前半个月，最好隔 1 天冲水 1 次；催产前几天最好天天冲水。经常冲注新水保持池水清新是促使草鱼亲鱼性腺发育的重要技术措施之一。

③ 青鱼亲鱼的饲养管理。青鱼亲鱼饲养管理的中心工作是投饵和调节水质。青鱼的亲鱼应以投喂活螺、蚬和蚌肉为主，辅以少量菜饼或豆饼。吃剩的饲料要及时捞出，要做到四季不断食，吃饱为度。每年每尾青鱼亲鱼约需螺和蚬 500 kg，菜饼或豆饼 10 kg 左右。青鱼也喜清新水质，故也要和培育草鱼亲鱼一样保持池水清新。在培育初期应适量注新水，中、后期加强冲水，2～4 d 更换和注入新水一次。

人工催产后的亲鱼身体多伤、瘦弱，最好放在水质清新的池塘中饲养 15～20 d，然后再进行投饲，强化培育，当然也可以早投饲，让青鱼尽早恢复健康，肥育身体。

家鱼从性腺发育到第Ⅳ期至成熟需要 50～60 d；为了提前催产孵苗，应尽量提早分塘，同时在饲养过程中应保持安静，不要随便进行拉网检查（催产前 10 d 检查一次即可），发现鱼病要及时治疗。

④ 鲤科亲鱼的饲养管理。鲤科亲鱼培育与草鱼亲鱼培育相似，也要强化培育。每天投入人工饲料（豆饼、米糠、菜叶、野菜、酒糟等，最好加些蚕蛹粉等动物性饲料）1～2 次（把豆饼渣放在饵料台中）。每天投饲量为鱼体重的 5%～10%。亲鱼池水位应先浅后深，即开始时少放些水，然后逐渐加深水位，同时冲水以利于性腺发育。

总之，鲤科亲鱼培育的经验，概括起来就是：早春浅水培育，中期肥水培育（鲢、鳙），后期活水培育，产前流水刺激，产后强化培育。

⑤ 梭鱼亲鱼的饲养管理。北方鱼塘，冬天水面冰封，应每天砸洞，以保证空气进入水中；南方鱼塘，冬天需灌满水，以便亲鱼在 1.5 m 以上深水中越冬。每年春天水温上升到 6～7 ℃开始投喂少量饵料，水温上升到 10 ℃以上正式投喂。投饵量每天每千克亲鱼 60～90 g，以配合饵料为主，适当加些海泥。在繁殖前，淡水培育亲鱼的水的盐度要逐步升到 15～20，若是海水培育亲鱼，盐应保持 20～25，每 3～5 d 换水 1 次，换水量为 80% 以上，进水要用筛绢过滤，水温在 17～22 ℃。

⑥ 肉食性鱼类亲鱼的饲养管理。在鳜亲鱼培育中，应投喂鲤、鲫、鲢、鳙、麦穗鱼、虾虎鱼等适口的活鱼，保证充足的营养。饵料鱼可一次投足，也可分期陆续投喂，其适宜规格为鳜体长的 30%～60%。

大口鲇的饲料基本与鳜亲鱼饲料一致，投喂的种类有鲢、鳙、鲤、鲫和杂鱼等。以鲤、鲫作为亲鱼的饵料效果较好，同为底层鱼类，容易被大口鲇捕食；鲤、鲫性成熟早，体内鱼卵是大口鲇丰富的营养，同时鱼卵里含有大量性激素，能促进大口鲇性腺发育与成熟。一般饵料鱼个体大小 250～750 g，放养量为亲本总重量的 3～4 倍。

鳜和大口鲇对水质要求较高，溶解氧一般要求在 4 mg/L 以上，不低于 2 mg/L。要定期向培育池冲水，改善水质，促进亲鱼性腺发育。夏季每隔 7～10 d 冲水 1 次，秋季 10～20 d 冲水 1 次，春季 7 d 左右冲水 1 次，产前可以每天冲水 1 次。每次冲水的量为池塘水量的 1/5 左右。平时还要定期检查拦鱼设施，以防亲鱼逃逸。

鲈亲鱼的培育：亲鱼选定后，应在专池进行强化培育，花鲈在海水中产卵，培育池的盐度对亲鱼性腺发育有重要影响。在淡水中养成的花鲈要经过咸化过渡（逐渐使池水的盐度达到 22～26），才能进入繁殖期。11—12 月是花鲈的产卵季节，因此，亲鱼培育工作应从 8 月开始，到 11 月完成。水温是促进亲鱼性腺发育的主要因素之一，培育期间池水的温度要控制在 18 ℃左右，另外，水体溶解氧量要达到 5 mg/L 以上。每天投饵 2 次，上午、下午各 1 次，饵料以冰鲜杂鱼肉糜为主，兼投一些活饵料，如小鱼虾、新鲜鱼肉等，保证亲鱼有足够、全面的营养满足性腺发育的需要，饲料中的蛋白质含量必须达到 45％以上。强化培育过程中，经常清污换水，使亲鱼在良好的生态环境中成熟。

⑦ 室内大黄鱼亲鱼培育管理。亲鱼的培育一般采用水泥池换水方法，水质条件要求：水温 18～20 ℃，盐度 24～30，pH 7.6～8.6，氨氮小于 0.6 mg/L；溶解氧大于 5 mg/L。培育期间，光照强度控制在 200～500 lx；每 2～3 m² 布散气石 1 个，连续充气。

投饵：每天上午 9:00、16:00 各投喂 1 次，用鲜活或冷冻的小杂鱼虾等均可。为了加快亲鱼性成熟，可在饲料中添加维生素 E 等多种维生素。日投喂量为亲鱼总重量的 3％～4％（不少于 2％），投喂约 1 h 后清除沉于池底的残食。

换水：每天换水一次，换水量视水质情况而定，一般为池水的 30％～50％，换水时温差要小于 1 ℃。换水前必须进行池底吸污，如果是长期培育，池壁及池底发黏、脏污时必须进行倒池。

防病：培育过程，要注意预防亲鱼病害，最常见的为寄生虫病和弧菌病。除了针对病害给予及时治疗外，平时应定时进行鱼体和水体的消毒。

观察：在培育过程中，要经常观察亲鱼的摄食与活动情况、病害与损伤情况，尤其要注意观察亲鱼的性腺发育程度，

4. 亲鱼提早产卵的意义和措施

（1）亲鱼提早产卵的意义　地处高寒地带的我国东北和西北地区，冬季气候寒冷，冰封期长达 100～150 d。这些地区亲鱼春季培育要到 4 月下旬至 5 月上旬才能开始，人工繁殖要到 6 月底或 7 月中旬才能进行。这使得鱼苗、鱼种生长期缩短到仅 2～3 个月，要在如此短的时间内培育 10 cm 以上的鱼种相当困难，更无法培育较大规格的鱼种，从而影响到东北和西北地区淡水渔业的发展。如能促使亲鱼性腺在 5 月上中旬充分发育成熟，就可使家鱼繁殖时间提早到 5 月中下旬进行，从而可提前 1.5～2 个月获得鱼苗，为越冬前培育成大规格鱼种赢得了时间，使越冬成活率成倍提高，保证了这些地区鱼苗、鱼种自给自足。

长江流域地区由于春季水温回升较快，如能利用发电厂冷却水或温室培育亲鱼，其性腺可提早发育成熟，促使家鱼亲鱼在 4 月中下旬提前产卵，可提早 20 d 左右获得鱼苗。这样，就可延长鱼苗、鱼种的生长期，为培育大规格鱼种创造有利条件。

此外，在鱼苗可生长的时节，如长江流域地区从闽粤（4 月底至 5 月初）、三北地区从长江流域（5 月中下旬）调运鱼苗养殖，作用与当地早繁一样，也是行之有效的方法，并且费用远较当地温室培育亲鱼节省。

（2）提早产卵的措施　亲鱼提早产卵的关键是水温的调控，即有步骤地调节池水温度，使亲鱼培育的积温达到产卵的需求。但是，产卵孵苗也不是越早越好，产卵适宜时间应根据当地自然池塘水温的具体情况而定，把提前产卵时间安排在当地自然最低水温达到该种鱼苗的要求为宜。如果是利用温水把鱼苗培育成乌仔头再移到自然池塘饲养，那么产卵时间可再提前 10 d 左右。同时还要考虑经济上的投入产出比是否合理。目前促使主要养殖鱼类提早

繁殖的主要技术措施是利用工厂废热水和地下温泉水或用蒸气提高水温培育亲鱼，有的也利用玻璃温室或塑料大棚提高水温培育亲鱼。

① 亲鱼池的建造。亲鱼池的建造应根据供水（热源水）系统类型来确定。如某些发电厂使用的是封闭式循环冷却水系统，冷却水是循环使用，因此，要求建造亲鱼池时，首先要考虑到池塘水不得渗漏，水量不流失，回水洁净，不带进泥沙、碎屑等污物。利用封闭式循环水的亲鱼池，须用块石灌浆、水泥抹面或钢筋混凝土结构。有些发电厂、水泥厂等的供水系统是一次循环，冷却余热水排出后，不再循环使用，亲鱼池用水不必考虑保水和水的净化问题，因此，可采用护坡土池，但进、出口处应用砖石水泥结构，以便于控制池水。

在没有天然或废弃热源的情况下，采用塑料薄膜大棚升温的方法培育亲鱼，也能使亲鱼提早 15～20 d 繁殖。大棚建造可参照对虾大棚建造。天气太好时，温度太高会使棚内闷热，水质变坏，影响亲鱼产卵和胚体发育，所以当棚内气温升到 30 ℃，水温升到 25 ℃时，要打开棚门通风降温。

亲鱼池面积一般为 500～1 000 m²，长方形，平均水深 1.5～2 m，池底坡度 1/100，进水口设在池底部，排水口设在与进水口相对的另一端上方，池水由上层排出，使泥沙、碎屑下沉不致带入水塔池。注排水口设置铁丝网闸门拦阻残饵及污物。

② 亲鱼的培育。利用工厂等余热水培育亲鱼的目的是根据家鱼性腺发育规律，促使亲鱼卵巢从第Ⅲ期迅速向第Ⅳ期发育。第Ⅲ期卵巢向第Ⅳ期过渡的主要生态条件为水质、水温和营养等，而寒冷地区缺乏必要的生态条件，尤其是水温和营养，一旦满足上述条件，就能促使卵母细胞迅速积满卵黄，卵子提早成熟。因此，调节控制水温和提供充足的饲料是培育亲鱼和提早产卵的关键。

水温的调节与控制：利用工厂余热水、温泉水培育亲鱼，关键是随着季节的变化和亲鱼性腺发育规律有计划地调控水温，以便达到提早成熟、产卵的目的。为此，应依据自然水温的上升规律，来确定早繁亲鱼池的升温时间。这样，孵出的鱼苗就能利用自然池塘培育。

东北地区尤其是黑龙江省，2月中旬至3月初为提温阶段，平均每天升温 1.0～1.5 ℃，到3月初鱼池水温能达到 17～20 ℃。3月上旬至5月中下旬为亲鱼培育阶段，使鱼池水温尽量保持在 20～25 ℃。一般在5月中下旬催产，水温保持在 23～25 ℃。

长江流域地区，如要提早到4月中下旬产卵，可在2月上中旬水温达 5 ℃左右时开始提温，平均每天升温 1 ℃左右，当水温达到 23～25 ℃时，保持此温度，并持续 40 d 左右，即从提温开始经 60～70 d。如能在此阶段加以精心培育，鲢、鳙和草鱼亲鱼都能在4月中下旬催情产卵。

培育方法：放养密度比自然池塘密度要高，一般平均每 667 m² 放养 50 尾左右草鱼或鲢、鳙亲鱼。草鱼池可搭配 2～3 尾鳙、1～2 尾鲢，鲢、鳙亲鱼池不能搭配草鱼。亲鱼培育分产前、产后和越冬三个阶段进行。

草鱼产前培育分两个阶段进行。前 30 d 左右，以精、青饲料各半投喂亲鱼，精饲料每日每尾占亲鱼体重的 1.0%，青饲料以饱食有余为宜，每日每尾亲鱼 0.15～0.25 kg。后 30 d 左右，以青饲料为主，每日每尾 0.25～0.50 kg，此阶段最重要的是冲水。鲢、鳙产前培育从3月开始以人工投饲为主，每日每尾投喂精饲料 75 g，水温回升后，可适量施肥。

草鱼产后培育以投喂精饲料为主，每日每尾占体重的 2.0%～2.5%，青饲料以能吃饱为度。鲢、鳙产后培育，前期以肥水和投饲相结合，后期以投喂精饲料为主，每日每尾精饲料 50 g。

草鱼、鲢、鳙皆在 10 月末开始进入越冬期。此时几乎完全停食、越冬，应控制水温，减少注水量，水温不超过 5 ℃，正常维持在 3 ℃左右，溶解氧 7～9 mg/L。这样使鱼较安静地度过越冬期。

（二）鱼类的人工催产、采卵与孵化

1. 人工催产

一般选择腹部膨大、前后腹部大小匀称且柔软、生殖孔松弛而红润、挖卵观察核偏位的雌亲鱼进行催产效果较佳；雄鱼则选择轻压鱼腹能流出精液者为好。催产药物为人绒毛膜促性腺激素（HCG）、促黄体素释放激素类似物（LRH－A₃）、鲤鱼脑垂体（PG）和地欧酮等，单一或混合使用。不同鱼类对各类催产剂的敏感程度有所差异，催产效果也不一样，所以不同鱼类采用不同的催产剂和催产剂量。激素注射方式根据注射部位不同分为背部肌肉分次注射和胸腔分次注射。雌鱼第一针为总剂量的 1/3，24～36 h 后注完全量；雄鱼剂量减半或减为 1/4。淡水鱼类催产后放入露天鱼瓜子形或圆形产卵池，海水鱼类催产后放入室内产卵池，然后等待亲鱼自然产卵。有些需采用人工授精的鱼类，要待效应时间到后，即卵子从滤泡腔排到卵巢腔后，再将亲鱼捕起，进行人工挤卵和人工授精。

2. 采卵

大量采集受精卵，这是早期海水鱼类人工繁殖鱼苗的通用方法。目前，虽然已经大力开发了亲鱼的自然产卵技术，但对于许多尚待开发或开发难度较大的鱼种来说，探讨它们的人工授精采卵技术，还是有很大实用意义的。大量研究证明，海水鱼人工授精的基本方法有干法、湿法和半干法三种。干法是把精液直接挤入盛有卵子的容器中，加以搅拌，然后用清水将受精卵冲洗干净；湿法是将成熟的卵子和精液同时挤入海水中，使之受精；半干法是先将少量精液挤入适量海水中稀释，紧接着挤入卵子，相比之下这种方法效果最好，受精率最高。对于一些可以自然产卵且产浮性卵的鱼类，可在产卵池的一端溢流处安装集卵网收集受精卵。这种方法简单实用，效果很好。

3. 孵化方法

浮性卵、沉性卵、黏性卵的特性不一，要分别采取不同的孵化方法。浮性卵宜用静水微充气、微流水＋微充气或流水孵化，一般海水鱼类是浮性卵，放在室内水泥池孵化。沉性卵：小规模育苗，采用孵化桶孵化（图 3-2）；规模较大的苗种场，采用孵化环道孵化（图 3-3）。鲤、鲫、鲂等产黏性卵的，生产上多直接使用鱼苗培育池作为孵化池。不管采用何种方式，都必须注意调整下述孵化条件：水质处理，宜用沉淀过滤海水，最好使用消毒海水，操作要严防带入泥沙杂质、污物和其他生物；温度是鱼卵孵化最重要的条件之一，每种鱼都有本种特定的适温范围，在孵化适温范围内，温度越高孵化越快，可在适温范围内按需调整至恒定温度；大洋性鱼类孵化对盐度要求较严格，往往不能忍受盐度的大幅度变化，而生活在半咸水域的鱼类孵化则可忍受较大幅度的盐度波动，所以要因鱼而异调节盐度；胚胎发育期的耗氧量较高，为了提高孵化率要尽可能采取充气或流水措施。

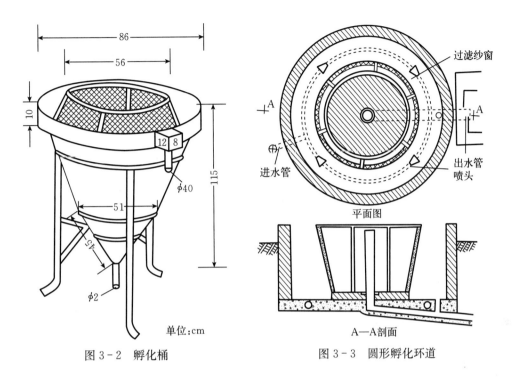

图 3-2　孵化桶　　　　　　　　图 3-3　圆形孵化环道

三、主要养殖鱼类的土池育苗（鱼苗及 1 龄鱼种培育）

所谓鱼苗、鱼种培育，是指将孵化 4 d 左右的鱼苗培育成符合池塘或大水面放养所需的鱼种。这一生产过程一般分为鱼苗培育和鱼种培育两个阶段，是养鱼生产的重要基础环节，主要目的是为食用鱼饲养提供数量充足、规格适宜、体质健壮的鱼种，中心问题是提高苗种的成活率和生长率。

（一）鱼苗土池培育技术

所谓鱼苗培育，是指将孵化 4 d 左右的鱼苗培育成夏花的生产过程，大约历时 20 d，出塘规格约为全长 3.3 cm，因其出塘时正值夏季，故名夏花；又因出塘鱼体长在 1 寸[*] 左右，有的地方也将其称为寸片。

生产上，常把鱼苗培育过程称为鱼苗发塘。它是鱼种的第一个生产阶段，其成败会对鱼种生产乃至整个养殖生产产生影响。因此，必须根据其身体嫩弱、取食能力低、食谱范围窄、对水质要求高、对环境变化的应变力以及敌害侵袭的抵抗力差，而新陈代谢又十分旺盛的特点，制定有效的培育措施，给予精细的全程管理，关键抓好下列环节。

1. 选好育苗池塘

鱼苗培育池，简称鱼苗池，是鱼苗的生活环境，其条件优劣势必会直接影响鱼苗培育的成效。因此，选择条件优越的鱼苗池，为鱼苗提供一个良好的生活环境，是确保鱼苗培育成功的基本前提。

鱼苗池选择应以满足鱼苗的生物学特性、有利于生长和存活为基本考量；在此基础上应

---

[*]　寸为非法定计量单位，1 寸≈3.33 cm。

尽量兼顾培育管理及拉网操作的便利。一个理想的鱼苗池，通常应符合下列条件：

（1）交通便利，靠近优质水源　优质的水源有利于随意注排水，能满足鱼苗对水质的高要求；而便利的交通可方便物资运送和生产管理。

（2）面积适中，水深适宜　面积以 667～2 000 m² 为宜，适宜水深 1～1.2 m，以利于鱼苗及饵料生物的生长繁育，并便于精细的培育管理。

（3）堤埂牢固，保水力强　应确保池水不漏，池埂高度超过最高水位 0.3～0.5 m，以利于稳定水位，保持池水肥度。

（4）池底平坦，无闲杂物　池底应平坦、少淤泥、无瓦砾水草等杂物，并由进水口一侧向出水口一侧平缓倾斜，以利于拉网操作。

（5）池形规整，通风向阳　以东西向长方形为好，通风向阳，以利于提高水温、增加溶解氧，同时方便操作，而且美观。

如果受条件所限，没有符合上述条件的理想池塘，则应设法加以改造，并在培育过程中采取相应的弥补措施。

2. 做好池塘清整

鱼苗放养前，需对选定的鱼苗池进行彻底清整，包括整塘和清塘。该操作可为鱼苗、鱼种的生存及生长创造安全舒适的环境条件。具体操作同第一章中池底的环境调控中的清整方法。

3. 准备适口饵料

在鱼苗放养前还必须做好水质培育，即通过施肥为鱼苗下塘准备量多质优的天然适口饵料，这是提高鱼苗成活率和生长率的关键技术之一。

研究表明，鱼苗下塘时的最佳适口饵料为轮虫和无节幼体等小型浮游动物。因此，进行水质培育的目的就是要培育这类生物。据测定，一般经养鱼塘（养过鱼的池塘）的底泥中常储存着大量的轮虫休眠卵，每平方米有 100 万～200 万个之多，但塘泥表面的休眠卵仅占 0.6%，其余 99% 以上的休眠卵被埋在塘泥之中，因得不到足够的氧气和受机械压力而不能萌发。因此在生产上，当清塘后灌水至 20～30 cm 深时，最好能用铁耙翻动塘泥，以使泥中的轮虫休眠卵上浮或重新沉积于塘泥表层，促进其萌发。

然而，单凭池塘天然生产力自然培育轮虫数量仍很有限，每升水中仅有 250～1 000 个，鱼苗下塘后 2～3 d 内即会被吃完。因此，目前生产上，常根据鱼苗预计下塘时间采取提前施肥的方法，用有机肥料来培育轮虫并人为制造高峰期，可使轮虫高峰期的生物量比原先提高 4～10 倍，每升水中的轮虫个体可达到 0.8 万～1 万个（此值常用作"肥水下塘"的生物指标），在鱼苗下塘后可维持 5～7 d。根据施有机肥后水中浮游动物出现高峰期的顺序（原生动物→轮虫和无节幼体→小型枝角类→大型枝角类和桡足类），水质培育的关键在于准确掌握施肥时间，以使鱼苗下塘时池中轮虫正好处于繁殖高峰期。如果施肥过早或过迟，均不利于适口饵料的配套，并会有害于鱼苗的生长和存活。原因是施肥太早，当鱼苗下塘时轮虫高峰期已过，代之出现的是大量的枝角类和桡足类，不仅难以被鱼苗所利用，而且还会同鱼苗争氧气、争空间、争饵料（俗称"虫盖鱼"）。相反，如果施肥太迟，则鱼苗下塘时，肥料尚处在转化过程中，不仅轮虫数量很少，而且水质还会有轻度毒性。所以，为了达到水质培育的预期目的，必须准确掌握施肥时间。在实践中可视肥料种类、培育对象及池塘条件来确定施肥时间、肥料用量和施用方法，并应参考气候、水温等环境因子。如用腐熟发酵的粪肥，可在放苗前 5～7 d 施放，用量为每 667 m^2 150～300 kg，加水稀释后全池泼洒；如用绿肥堆肥或沤肥，可在放苗前 10～14 d 投放，用量为每 667 m^2 200～400 kg。绿肥应堆放在池塘四角，浸没于水中以促使其腐烂，并应经常翻动肥堆，使肥分及时向水中扩散，同时捞除残根剩茎。

此外，为确保施有机肥料后池内轮虫大量繁殖，可在施肥前先往水中泼洒 0.2～0.5 mg/L 的晶体敌百虫以杀灭原有的大型浮游动物。如果因施肥过早出现了"虫盖鱼"现象，则也可按上述剂量泼洒晶体敌百虫以杀灭大型枝角类及桡足类。

4. 适时合理放苗

放养鱼苗虽是一个短暂的过程，但它直接关系到鱼苗培育的成败，稍有疏忽就有可能导致严重后果，特别是在气候条件多变、鱼苗质量欠佳的情况下，影响会更大，甚至造成鱼苗全池覆没。因而，必须对此高度重视，密切配合，事先做好相关准备。

（1）合理密养　鉴于鱼苗至夏花阶段各种鱼苗的食性基本相似，鱼苗培育大多采用单养，即一个水体只放养一种鱼苗。放养密度是指单位水体放养鱼苗的数量（尾数），其合理与否不仅会影响鱼苗的生长及存活，还会影响生产成本及经济效益。如果放养密度过高，会因水质、空间等问题而导致鱼苗生长缓慢、成活率下降；相反，如果放养密度过低，虽然鱼苗生长会较快，成活率也较高，但会浪费水面，提高生产成本。只有在合理的密度范围内，才能确保鱼苗培育效率和效益俱佳。

根据鱼苗培育 3 cm 的出塘指标及目前生产上大多采取将鱼苗直接培育成夏花的方法，一般认为我国主要养殖鱼类鱼苗的放养密度以每 667 m^2 池塘 8 万～15 万尾为宜，具体密度可随池塘条件、饵（肥）料质量、鱼苗种类及培育技术等因素相应调整。如果采取鱼苗→乌仔→夏花的二级培育方法，即先经 10～15 d 将鱼苗培育成体长 1.8～2 cm 的乌仔，然后分塘再经 10～15 d 将乌仔培育成体长 4～5 cm 的大规格夏花，则前期放养密度可增至每 667 m^2 20 万～30 万尾，分塘后将放养密度减至每 667 m^2 3 万～5 万尾。此外，有的种类，如鲤、鲫、鳊、鲂等，常以乌仔出塘（运输）直接供鱼种培育，在这种情况下其放养密度也可适当增大。

（2）适时下塘　鱼苗下塘既要符合鱼苗下塘时池内轮虫正好处于繁殖高峰期的要求，又要确保下塘的鱼苗正好处于不嫩不老（腰点出齐、卵黄囊基本消失）之时。因此，适时下塘的关键仍在于适时施肥，只有掌握好适宜的施肥时间，才能实现鱼苗达到下塘标准时池内轮虫正好处于繁殖高峰，从而使两者在时间上实现吻合。

做好适时下塘，不仅可使刚下塘的鱼苗即能获得充足而适口的天然饵料，而且还可保证鱼苗在稍后的发育阶段中也都能摄取丰富的适口饵料。因为鱼苗自下塘至生长至全长 15～20 mm 所摄取的天然食物种类依次为轮虫和无节幼体→小型枝角类→大型枝角类和桡足类，这与池塘浮游动物的繁殖演变顺序一致。所以只要一环扣紧，就会环环扣紧。

（3）注意事项

① 放苗时间及地点。鱼苗放养宜选择晴天进行，时间最好在 8:00—9:00，因为此时水中溶解氧趋于上升、温度变化不大，鱼苗入池后易适应，成活率高。而异常天气，尤其是雷阵雨、暴风雨即将来临时，绝不宜放苗入池，以免因水体浑浊及相关环境条件骤变造成损失。此外，在有风的情况下，放苗地点应选择在上风处、水面清洁的地方，以利于入池的鱼苗自行散开，避免被风浪冲上堤岸搁浅致死。

② 调节鱼苗生理及温差。鱼苗从孵化地被运抵培育地，两地的水温往往有所不同，尤

其在塑料袋密闭长途运输的情况下，不仅袋内的水温与鱼苗池的水温会存在较大差异，而且鱼体内常会含有较多的二氧化碳，血液中二氧化碳浓度也很高，可使鱼苗处于麻醉甚至昏迷状态（肉眼可见其在袋内沉底打团）。如果将这样的鱼苗直接放入池塘，势必会因体质不良及温差过大而导致成活率下降。因此，对运抵的鱼苗，特别是经过长途运输的鱼苗，首先必须进行温差调节：将尼龙袋漂放在池塘水面以使袋内外水温自然趋于一致，一般约经 15 min 后，即可开袋把鱼苗放入大塑料盆等容器，再慢慢地与池水相混，如鱼苗活动正常就可让其自行游入池塘；如果仍有麻醉昏迷迹象，则应将其放入鱼苗箱中进一步暂养，并应经常在箱外划动池水造成水流，以增加箱内水体的溶解氧，通常，经过 0.5～1 h 的暂养后，鱼苗血液中过量的二氧化碳均可排出体外，待鱼苗集群在暂养箱内逆水游泳时，便可放苗入池。

③ 饱食下塘。鱼苗入池后，均将面临适应新环境和尽快获取适口饵料两大问题，这对于刚下塘的鱼苗是首道严峻考验，能否顺利过关将明显影响其生存。通常，经过长途运输的鱼苗，至下塘时往往体质较弱且处于空腹饥饿状态，此时如果将其直接放入池塘，这些疲乏饥饿的鱼苗很难应对将要面临的"双重"压力，必将影响其存活和生长。因此，对经过暂养已初步恢复体质的鱼苗，在下塘前，应通过适量喂食来增强其体能，以提高其下塘后的觅食能力及对新环境的适应能力。一般可按每 10 万尾鱼苗 1 个鸭蛋黄的量进行投喂，方法为：在沸水中将鸭蛋煮老（煮熟 1 h 以上），取蛋黄用双层纱布裹住，在适量清水中漂洗出蛋黄颗粒，将蛋黄水泼喂于苗箱即可。实践表明，饱食下塘对于提高鱼苗的存活率具有重要意义（表 3-4）。同样是孵出 5 d 的鱼苗，空腹下塘的鱼苗至 13 日龄全部死亡，而饱食下塘的鱼苗仅死亡 2.1%。

表 3-4　饱食下塘鱼苗与空腹下塘鱼苗耐饥饿能力测定（水温 23 ℃）

（依王武，2000）

草鱼苗处理	仔鱼尾数	各日龄仔鱼的累计死亡率（%）									
		5 日龄	6 日龄	7 日龄	8 日龄	9 日龄	10 日龄	11 日龄	12 日龄	13 日龄	14 日龄
试验前投一个鸭蛋黄	143	0	0	0	0	0	0	0.7	0.7	2.1	4.2
试验前不投鸭蛋黄	165	0	0.6	1.8	3.6	3.6	6.7	11.5	46.7	100	—

④ 先查后放。鱼苗放养之前，应认真做好下列检查工作：检查鱼苗质量，鱼苗因受鱼卵质量及孵化过程中环境条件的影响，体质有强有弱，将影响到其日后的生长和存活。因此，在购买鱼苗时一定要重视检查鱼苗质量，尽量选放优质鱼苗，这是提高鱼苗培育成活率的前提条件；而切勿购买杂色苗（嫩老混杂的鱼苗）、"胡子"苗（色素多、体色黑、体质差的老弱苗）、"困花"苗（鳔尚未充气、不能上下自由游泳、鱼体嫩弱的鱼苗）、畸形苗（围心腔扩大、卵黄囊分段、游泳不活泼、身体拖带污物的鱼苗）等质量低劣的鱼苗。生产上可根据鱼苗的体色、游泳情况及挣扎能力来区别鱼苗的优劣，鉴别方法见表 3-5；形态结构见图 3-4。

表 3-5　家鱼鱼苗质量优劣鉴别

鉴别项目	优质苗	劣质苗
体色	群体色素相同，无白色死苗，身体清洁，略带微黄色或稍红	群体色素不一，为"花色苗"，具白色死苗。鱼体拖带污泥，体色发黑带灰

（续）

鉴别项目	优质苗	劣质苗
游泳情况	在容器内，将水搅动产生旋涡，鱼苗在旋涡边缘逆水游泳	在容器内，将水搅动产生旋涡，鱼苗大部分卷入漩涡
抽样检查	在白瓷盆中，口吹水面，鱼苗逆水游泳。倒掉水后，鱼苗在盆底剧烈挣扎，头尾弯曲成圆圈状	在白瓷盆中，口吹水面，鱼苗顺水游泳。倒掉水后，鱼苗在盆底挣扎力弱，头尾仅能扭动

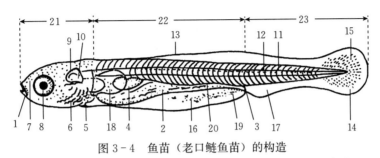

图 3-4 鱼苗（老口鲢鱼苗）的构造

1. 吻　2. 肠管　3. 肛门　4. 鳔（腰点）　5. 心脏　6. 鳃弧　7. 鼻孔　8. 眼　9. 内耳　10. 耳石　11. 脊索　12. 肌节　13. 背褶　14. 原始骨质鳍条　15. 尾鳍鳍褶　16. 腹鳍　17. 臀鳍　18. 胸鳍　19. 色素　20. 青筋（色素细胞组织的条纹）　21. 头部　22. 躯干部　23. 尾部

此外，还应特别观察鱼苗能否主动摄食，只有鳔充气、能平游、能主动摄取外界食物的鱼苗方可下塘，既要避免嫩苗下塘，更要预防鱼苗过老，以免导致"闭口"而影响摄食。

检查水中轮虫　在鱼苗下塘前以及放养后，应做到每天用低倍显微镜观察池水中轮虫的种类和数量，并根据其变化采取相应措施。如果发现水中有大量滤食性的臂尾轮虫等，表明此时正值轮虫高峰期，是鱼苗下塘的最佳时机；如发现水中出现大量肉食性的晶囊轮虫，表明轮虫高峰期即将结束，应及时追施有机肥料使之延续，一般每 667 m² 可泼洒腐熟粪肥 50～150 kg。

检查池水毒性：通常清塘后 7 d 左右药物毒性可基本消失，此后放苗可保安全。但若想提前放苗或为了安全起见，最好能在放苗前从待放鱼苗的池塘取一盆底层水，放几尾鱼苗试养数小时，如果鱼苗活动正常、无异常反应，则证明水中已无毒性，可以放苗入池。对于用生石灰清塘的鱼苗池，也可在放苗前用 pH 试纸测试，若 pH 已降至 9 以下，便可安全放苗。

检查残留生物：清塘后至放前，池塘中常会滋生出新的敌害生物，如蛙卵、蝌蚪、水生昆虫以及随水而入的小杂鱼等。因此，放养鱼苗前须检查池内有无此类生物存在，如果有，则可于早晨用密眼的夏花被条网拉空网 1～2 遍（俗称"拉毛塘"）加以清除。

5. 喂养因地制宜

我国幅员辽阔，各地自然条件差异明显，在长期的实践中逐步形成了各具特色的多种鱼苗培育方法，如大草培育法、草浆培育法、粪肥培育法、豆浆培育法、混合施肥培育法等，但其培育措施都是依据养殖鱼苗以小型浮游动物为主食的特点而制定的。因此，在培育过程中一般都以施用有机肥料为主，通过快速繁殖细菌而促使各类浮游动物大量繁殖，从而满足鱼苗的摄食需求，其间如果发现天然饵料不足，则无论采取哪种方法，也无论培育何种鱼苗,均需用人工(粉状)饲料予以补充,一般每667m²日投喂量为2kg左右。在众多的鱼苗培育法中,以江苏、浙江的"豆浆法"和广东、广西的"大草法"最具代表性。

(1)豆浆培育法 全程泼洒豆浆作为主要措施,是江苏、浙江培育鱼苗的传统方法,但目前此法已在原有泼浆的基础上,逐渐融入了追施肥料、补充投饲等综合措施,从而使鱼苗培育效果更为理想。该方法的特点是:根据鱼苗阶段的食性变化,以实现适口饵料与鱼苗需求相配套为前提,施有机肥料与泼洒豆浆相结合,按鱼苗生长分段强化培育(表3-6);针对性强,操作简单规范,方法易于掌握,水质比较稳定。采用此法,育成1万尾夏花需黄豆4~6kg、豆饼3kg左右。

表3-6 鱼苗培育的四个强化阶段

(依王武,2000)

生长阶段	起止时间	体长变化(mm)	适口饵料	强化措施
轮虫阶段	第1~5天	7~9→10~11	轮虫	上午、中午、下午各泼浆一次,每次每667m²用干黄豆1kg浸泡磨成浆15~17kg全池泼洒
水溞阶段	第6~10天	10~11→16~18	枝角类	上午、下午各泼浆一次,每次每667m²用干黄豆2kg浸泡磨成浆30~40kg全池泼洒,并追施一次腐熟粪肥(每667m²100~150kg)
精料阶段	第11~15天	16~18→26~28	大型浮游动物、精饲料	每天一次豆饼糊等精饲料"笃滩",每667m²用干豆饼1.5~2kg;必要时再追肥一次
锻炼阶段	第16~20天	26~28→31~34	精饲料、芜萍(草食性鱼类)	增加日投喂量,每667m²用干豆饼2.5~5kg;草食性鱼类每万尾日喂芜萍10~15kg,池水加至最高,适时锻炼起塘

豆浆培育法的基本措施包括:放养前,施有机肥料培育基础饵料;放苗后,前期主泼豆浆兼作饲料和肥料;后期改用精饲料加强营养,并适时追施有机肥料。具体做法如下:

① 豆浆磨制及泼洒。将黄豆用水浸泡(水温20℃时需8~10h)至豆瓣间隙涨满、中间呈微凹(此时出浆率最高),然后将其磨成豆浆(每3kg干黄豆可磨浆50kg);做到定时定量,现磨现泼,并应按"细如雾、匀如雨"的要求全池均匀泼洒。泼浆匀、细有利于延长豆浆颗粒在水中的悬浮时间,提高利用率。此外,要注意磨浆时黄豆与水应同时加入,不可磨成厚浆后再加水稀释,并要做到及时泼洒,以免产生沉淀而影响效果。

② 日泼次数和用量。虽然刚下塘的鱼苗主要以轮虫为食,但为了维持池内轮虫的数量,一般应在鱼苗下塘后5~6h开泼第一次豆浆,以后每天泼浆2~3次。每次泼浆量:鱼苗下塘1周内,每667m²每次用干黄豆1kg左右(豆浆15~17kg),早、中、晚各一次,日用黄豆约3kg;鱼苗下塘1周后,每667m²每次用干黄豆渐增至2kg左右(泼浆30~40kg),8:00—9:00、14:00—15:00各泼浆一次,日用黄豆约4kg。

除了每天2次全池泼浆外,对培育草鱼、青鱼苗的池塘,还应在中午沿岸边增泼一次豆浆，即日泼浆做到"三边两满塘"，以满足草鱼、青鱼苗中午喜欢在近岸觅食的特殊需求。此外，在培育的中后期，应视水质及饵料生物状况进行适时追施有机肥料，一般每 667 m² 每次泼施腐熟粪肥 100～150 kg，以培育大型浮游动物。

③ 豆饼糊"笃滩"。鱼苗培育进入中后期后需要及时投喂数量充足的精饲料，以弥补天然饵料的不足，避免出现成群绕池狂游、驱赶不散的"跑马病"症状。一般每天需投饲一次，常用饲料为豆饼糊（用干豆饼调制成厚糊状）；投喂时沿池边用勺子将豆饼糊一勺一勺间隔投放于近岸浅滩，俗称"笃滩"，每 667m² 用量由 1.5～2 kg 干豆饼渐增至 2.5～3 kg，具体用量可视鱼苗摄食及残饵情况灵活调整。

（2）大草培育法　所谓"大草"，原特指一些野生无毒、茎叶柔嫩的菊科和豆科植物，而今已泛指各种绿肥。用大草肥水，是广东、广西培育鱼苗的传统，其具体做法如下：

鱼苗下塘前 7～10 d，每 667 m² 投放大草 200～400 kg，分堆浸没于池边浅水处，任其腐烂肥水，为鱼苗下塘准备饵料生物。

鱼苗下塘后，每隔 5 d 左右追肥 1 次，每次每 667m² 投放大草 150～200 kg，以促进池内饵料生物繁殖。如果发现鱼苗生长缓慢，可增投适量花生饼糊、豆饼糊等精饲料（"笃滩"投喂），每 667 m² 日用量合干饼 1.5～2 kg。

采用大草培育法，池内浮游生物较为丰富，但水质不很稳定，影响成败的关键在于适时适量追肥，大草投放数量及间隔时间可视水质状况、气候变化等具体条件灵活确定。

6. 强化日常管理

（1）分期注水　鱼苗池的水位可根据鱼苗个体较小、对水体空间需求较低的特点，按前期较浅、中期渐增、后期至最高的原则逐步添加提升。一般，鱼苗刚下塘时，池塘水深灌至 50～60 cm 即可。此后随鱼苗生长及水质变化，每隔 3～5 d 加注新水 15 cm 左右，整个育苗期内共加水 3～4 次，使最终水深加至最高（1 m 以上）。

在鱼苗培育期间，实施分期注水，至少有以下两大好处：

① 前期水浅，不仅可使池水温度快速提升，加速有机物质分解，有利于促进天然饵料生物的繁殖和鱼苗的生长，而且还有利于提高豆浆等人工饲料及肥料的利用率，减少用量，降低生产成本。

② 根据鱼苗生长及水质状况，分期添加新水，有利于改善池水环境，满足鱼苗生长对空间的需求，并可为鱼苗创造"暴长"机会，加速鱼体生长。

分期注水时应注意以下几点：

第一，进水口需用密眼网片过滤，以防止野杂鱼及其他敌害生物乘机而入。

第二，进水不可直冲池底，以防止池水浑浊；若能在入水口加设接水板，使水落下时激起水花，扩大与空气的接触面积，则效果更为理想。

第三，每次注水量及注水间隔时间应视池塘水质、水深、鱼苗生长活动、气候条件变化等情况灵活确定，如水过肥或天气久晴未雨，可勤加多加；反之，则可少加或不加。

（2）加强巡塘　巡塘，即巡视池塘，是鱼苗池日常管理的基础性工作。通过巡塘观察可以真实及时地了解鱼苗培育的即时信息，以便及时发现问题，及时应对解决。坚持每天巡塘 3 次，做好"三查"，即早晨巡塘主查鱼苗有否浮头及其浮头程度、中午巡塘主查鱼苗活动情况、傍晚巡塘主查池塘水质状况，并应根据巡塘观察，确定次日投饲数量以及施肥、注水与否等工作安排，认真做好相关记录。

（3）随时除害 平时或结合巡塘，应随时清除蛙卵、蝌蚪、水生昆虫以及杂草、杂物，以确保鱼苗池环境始终保持安全、清洁、卫生。

（4）预防鱼病 应做到重在预防、尽量少用药、最好不用药。其中，保持良好的水质和清洁卫生的环境条件是最有效的防病措施。

7. 及时锻炼分塘

鱼苗经过 20 d 左右的培育，体长已达到 3 cm 左右，体重比原先增加了几十倍乃至上百倍，对水体空间的要求也随之提高。若继续留在鱼苗池中，原有密度已不能适应其所需的水质及活动范围，进一步的生长将会受到限制。因此，必须及时分塘以稀疏密度，开始鱼种阶段的培育或运销外地。考虑到此时正值夏季，水温高，鱼体新陈代谢旺盛，活动力强，而夏花的个体及体质仍显娇小嫩弱，对缺氧环境及分塘操作的适应能力较差，故在出塘分养或外运前必须先行拉网锻炼，以免造成无谓的伤亡。

（1）拉网锻炼的作用 ① 经过拉网锻炼，鱼体组织的水分含量下降，肌肉变得"老练"结实，体质随之增强，能经受分塘操作及运输途中的颠簸。②经过网内密集挤压，促使鱼体分泌大量黏液，并排空肠胃（完成"清肚"），减少运输水体污染，提高运输成活率。③经过上箱暂养，不仅可以增强鱼体对缺氧环境的适应能力，而且可以清除敌害生物，估算出夏花数量，以利于生产安排。

（2）拉网锻炼的用具

① 夏花被条网。由上纲、下纲和网衣三部分组成，为长方形网具，长、宽因地而异，一般长为鱼苗池宽的 1.5 倍，宽（即网高）为鱼苗池水深的 2～3 倍，网衣水平缩结系数为 0.7（即 1 m 长的网衣缩缝在 0.7 m 的纲绳上）。网衣常由质地柔软、不易擦伤鱼体的蚕丝罗布或麻罗布编织而成（近年也有用乙纶胶丝布制作网衣），网目大小为 12～16 目/cm²。主要用于拉网围集夏花。

② 谷池。俗称"广东箱"，是一种长宽比例不相协调的狭长形网箱，一般箱高 0.8 m、宽 0.8 m、长 5～9 m，所用网片及缩结系数同被条网。谷池上下四周有网绳，四角及长向网片的上、下端每隔 1 m 装耳绳 1 根（长 30 cm 的维尼纶绳），供绑缚于竹竿固定之用。谷池通常在鱼苗池中临时设置（图 3-5），拆装简便，主要用于夏花的囤养密集、筛鱼清野及分塘。

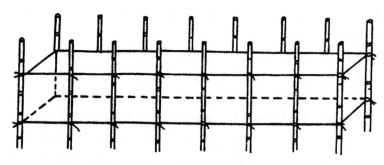

图 3-5 谷池装置示意图

③ 鱼筛。目前生产上所用的鱼筛大多为半球形（图 3-6），由浑圆光滑、粗细均匀的毛竹丝和藤皮牢固编结而成，主要用于筛分不同规格的鱼种，有时也用于筛分野杂鱼和家鱼。一套完整的鱼筛常包含 30 多个型号（按筛眼间距分），可将不同规格的鱼种筛分开来，最常

用的筛眼间距有 2.5 mm、3.2 mm、5.8 mm、7.0 mm 和
12.7 mm 等，可分别筛出体长2.2 cm、3.3 cm、5 cm、6 cm
和 9～10 cm 的鱼种。

（3）拉网锻炼的方法　拉网锻炼应选择晴天上午（9：00
左右）、鱼不浮头或浮头早已结束后进行。拉网前，首先应清
理池内杂物及漂浮物，选定起网地点（以底泥少的上风处为
好，避开堆肥处），然后可开始拉网锻炼：

图 3-6　鱼　筛

① 第一次锻炼。用夏花被条网缓慢地将夏花牵捕围集入
网，观察一下夏花数量及其体质，提起网衣使鱼在半离水状态下挤轧 10～20 s 后快速将鱼
放回池内，锻炼即告完成。在进行第一次锻炼时，应注意操作需特别小心，拉网速度宜缓
慢，收网过程中要经常抖动网衣以防夏花贴网。

② 第二次锻炼。隔 1 d 按上述方法进
行第二次拉网锻炼，将夏花围集入网后，
立即将被条网上纲与已安置在池边的谷池
上口相并，将对接处向下压入水中形成过鱼
通道，并在谷池内朝向渔网划水，使鱼群自
行逆水游入谷池，俗称"上箱"（图 3-7）。
随后再次重复拉网，将池中漏网之鱼设法
捕尽并入谷池。待全部夏花上箱后，便可
趁囤养之际开始清理谷池内与鱼混杂的敌
害生物及其他污物。如此再逆向重复一次。
此后，可任鱼在谷池内密集 2 h 左右，即可
筛分规格、计数分养。

图 3-7　夏花拉网锻炼示意

③ 第三次锻炼。如果该批鱼将销往外地，需要长途运输，则还得将谷池内的鱼放回池
内，隔天再进行第三次拉网，并将所捕之鱼移入设在清水池塘的网箱，"吊水"锻炼 1 夜，
使鱼更好地排出粪便、黏液，更利于运输。"吊水"期间，需安排专人看管，以防发生缺氧
死鱼事故。经过此次锻炼，夏花便可安全启运。

8. 夏花质量鉴别

夏花鱼种的质量优劣可通过查看出塘规格、体色、鱼的活动及体质强弱，并结合抽样检
查予以综合判别（表3-7）。

表 3-7　夏花鱼种质量优劣鉴别

鉴别方法	优质夏花	劣质夏花
看出塘规格	同种鱼出塘规格整齐	同种鱼出塘个体大小不一
看体色	体色鲜艳、有光泽	体色暗淡无光，变黑或发白
看活动情况	行动活泼、集群游动，受惊后迅速潜入水底，不常在水面停留，抢食能力强	行动迟钝，不集群，在水面漫游，抢食能力弱
抽样检查	鱼在白瓷盆中狂跳；身体肥壮、头小、背厚；鳞鳍完整，无异常现象	鱼在白瓷盆中很少跳动；身体瘦弱、背薄，俗称"瘪子"；鳞鳍残缺，有充血现象或异物附着

（二）常规 1 龄鱼种土池培育技术

与鱼苗相比，夏花适应环境的能力已有明显提高，但由于个体尚小，避害能力和觅食能力仍然较弱，还必须在相对优越的环境中再经过一段时间的精心培育而成为规格更大、体质更健壮的鱼种，以适应食用鱼饲养的要求，提高饲养成活率。

鱼种培育，过去常分两个阶段分别在专门的鱼种池内进行，即 1 龄鱼种池将夏花培育至年底使之成为 1 龄鱼种，2 龄鱼种池将 1 龄鱼种再培育 1 年使之成为更大规格的 2 龄鱼种。但随着食用鱼养成模式的改革及鱼种培育技术的创新，如今食用鱼饲养所需的各档鱼种大多可由 1 龄鱼种培育提供，少部分特殊需求的大规格鱼种也可通过套养方式育成，故已很少采用原来意义上的 2 龄鱼种培育。

所谓 1 龄鱼种培育，是指将夏花培育成 1 龄鱼种的生产过程。完成此过程需 3～5 个月时间，育成的 1 龄鱼种规格为体长 13.3 cm 左右，按出塘时间可分别称为"秋片""冬片"和"春片"。

1 龄鱼种培育是目前生产上提供鱼种的主要途径，其基本生产步骤与鱼苗培育相似，提高鱼种产量的关键在于抓好以下环节。

1. 彻底清塘

鱼种培育池，简称鱼种池，其基本条件类同鱼苗池。但面积和水深应稍大，一般以面积 1 333～3 335m²、水深 1.5～2 m 为宜。在夏花放养前，除了常规的池塘修整外，必须用药物进行彻底清塘，尤其是草鱼、青鱼培育池。清塘方法及药物用量可参照鱼苗池清塘。

2. 施足基肥

夏花的食性虽已分化，但各种鱼仍喜食浮游动物，且摄食天然饵料有利其生长。因此，施足基肥为夏花下塘准备丰富的天然饵料生物，是提高鱼种培育成活率的重要措施。通常，每 667m² 鱼种池泼施腐熟粪肥 300～400 kg，具体用量及施肥时间可视培育对象确定，如培育喜欢肥水的鲢、鳙，基肥量可适当大些，控制施肥时间，使鱼种在轮虫高峰期下塘；而培育喜欢清新水质的草鱼、青鱼、团头鲂、鲤等鱼类的池塘，基肥用量可适当减少，施肥时间应控制至使鱼种在枝角类（水蚤）高峰期下塘。此外，在培育草鱼、团头鲂等草食性鱼类时，还应在培育池内引养芜萍或小浮萍，以作鱼种的适口饵料。

3. 尽早放养

夏花放养一般要求在 6—7 月完成，宜早不宜迟，力求早放以延长培育期，提高 1 龄鱼种出塘规格。同时，要求尽量选放规格一致、体质健壮、鳞鳍完整、游动活泼、色泽鲜亮、体表光洁的优质夏花，这是提高 1 龄鱼种培育成活率的前提条件。

4. 合理混养

鱼苗育成夏花后，各种鱼的食性及生活习性已接近成鱼。因此，从 1 龄鱼种培育起即可采取几种鱼合理搭配、同池混养，以综合利用池塘水体和天然饵料资源，充分发挥池塘的生产潜力。1 龄鱼种培育阶段混养的基本原则为：以 1 种鱼为主、数种鱼为辅；既相互有利，又便于管理。因此，通常采取中下层的草鱼、青鱼、鲤、鲫、鳊、鲂同中上层的鲢、鳙搭配，取其中的 2～3 种（有时 4～5 种）进行混养，以草鱼、鲢、鲤（或鲫）或青鱼、鳙、鲫（或鲤）搭配混养效果较好。

单位水体夏花的放养数量，主要取决于鱼种出塘规格要求，即可按所要求的出塘规格大

::::::::

小增减（表 3-8）。根据目前的生产条件、培育水平及对 1 龄鱼种 13.3 cm 左右的出塘规格要求，一般池塘夏花放养的基础密度以每 667 m² 8 000~12 000 尾为宜，而具体密度的确定应参考池塘条件、放养时间、主养品种、管理水平等因素。混养时的搭配比例，一般主体鱼占 65%~70%，配养鱼占 30%~35%。

表 3-8 江苏、浙江渔区淡水夏花放养数量与出塘规格的关系

种类	主体鱼 每 667m² 放养量（尾）	主体鱼 出塘规格	种类	配养鱼 每 667m² 放养量（尾）	配养鱼 出塘规格	每 667m² 放养总量（尾）
草鱼	2 000	50~100 g	鲢	1 000	100~125 g	4 000
			鲤	1 000	13~15 cm	
	5 000	13.3 cm	鲢	2 000	50 g	8 000
			鲤	1 000	12~13 cm	
	8 000	12~13 cm	鲢	3 000	13~17 cm	11 000
	10 000	10~12 cm	鲢	5 000	12~13 cm	15 000
青鱼	3 000	50~100 g	鳙	2 500	13~15 cm	5 500
	6 000	13 cm	鳙	800	125~150 g	6 800
	10 000	10~12 cm	鳙	4 000	12~13 cm	14 000
鲢	5 000	13~15 cm	草鱼	1 500	50~100 g	7 000
			鳙	500	15~17 cm	
	10 000	12~13 cm	团头鲂	2 000	10~13 cm	12 000
	15 000	10~12 cm	草鱼	5 000	13~15 cm	20 000
鳙	5 000	13~15 cm	草鱼	1 000	50~100 g	6 000
	8 000	12~13 cm	草鱼	3 000	17 cm 左右	11 000
	12 000	10~12 cm	草鱼	5 000	15 cm 左右	17 000
鲤	5 000	12 cm 以上	鳙	4 000	12~13 cm	10 000
			草鱼	1 000	50 g 左右	
团头鲂	5 000	12~13 cm	鲢	4 000	13 cm 以上	9 000
	10 000	10 cm 左右	鳙	1 000	13~15 cm	11 000

5. 精心喂养

合理投饲施肥、确保充足的食料是鱼种高产的重要保证，也是区别培育方法的基本依据。各地所采用的培育方法很多，但按主要食料及其来源大致可分成两大类：施肥为主培育和投饲为主培育，其中后者又可分为主投天然饵料、主投精饲料以及专投颗粒饲料三种方法。就目前淡水主要养殖鱼类的 1 龄鱼种培育而言，鲢、鳙等滤食性鱼类大多采取施肥为主的方法，而草鱼、青鱼、鲤等吃食性鱼类基本采取投饲为主的方法。

（1）以施肥为主的培育方法 该方法适合培育鲢、鳙等以浮游生物为主食的鱼类。其主要措施为：以合理施肥为主，通过少量勤施肥、适时追肥不断向水体补充营养元素以大量繁育天然饵料生物，并适量补充精饲料，以满足鱼种摄食所需。具体方法为：夏花下塘后每隔 5~10 d 追肥 1 次，每次每 667m² 泼施腐熟粪肥或大草 150 kg 左右；如有机肥料不足，也可

结合使用部分化肥（无机肥料），每 3～5 d 每 667m² 施肥 5～10 kg。但无论使用何种肥料，均应做到少量勤施，根据气候及水质状况确定施肥量及施肥间隔时间，避免施肥过量导致池水缺氧或施肥不足影响鱼种生长。除施肥外，考虑到天然饵料不可能完全满足鱼种所需，每天还需投喂适量精饲料（豆饼、麦麸、菜饼等）2 次，每次每万尾鱼投喂量由 1 kg 左右渐增至 3～4 kg。实际投饲量可视池塘水质及鱼体生长情况而定，其中：鳙池日粮应大于鲢池；对混养的草鱼，每天应另喂适量的青饲料，投喂时间应在精饲料之前，即做到"先青后精"，以确保不同鱼类各得所需。

（2）以专用颗粒饲料为主的培育方法　适合培育喜食颗粒饲料的鲤、鲫等杂食性鱼类。例如，北京郊区以鲤夏花为主体鱼（放养及收获情况参见表 3-9），采用优质颗粒饲料专池培育大规格鱼种，其主要技术措施如下：

表 3-9　以鲤夏花为主体鱼，每 667 m² 鱼塘放养收获情况（北京郊区）

鱼种	放养			成活率（%）	收获		
	规格（cm）	数量（尾）	重量（kg）		规格（g）	数量（尾）	重量（kg）
鲤	4.5	10 000	10.00	88.2	100	8 820	882
鲢	3.5	200	0.15	95.0	500	190	95
鳙	3.5	50	0.15	95.0	500	48	24
总计	—	10 250	10.30	—	—	9 058	1 001

① 投喂高质量的专用颗粒饲料。按鲤营养需求，配制粗蛋白质含量 35%～39% 的专用饲料，并添加蛋氨酸、赖氨酸、无机盐、维生素合剂等，加工成颗粒饲料。除夏花下塘前施有机肥料作基肥外，一般不再追肥，也不投粉状、糊状饲料。

② 训练鲤上浮集中摄食。在池边上风向阳处向池内搭一跳板，作为固定的投饲点，自鲤夏花下塘次日开始投喂驯食，方法为：投饲前，先在跳板上敲响铁桶等发声物，然后每隔 10 min 撒投一小把颗粒饲料（也可用米糠、次等面粉等粉状饲料代之），无论摄食与否，坚持投喂，每日 4 次，一般 7 d 内即可使鲤集中上浮摄食。通过如此驯化，能使鲤形成上浮争食的条件反射，不仅能最大限度地减少颗粒饲料散失，而且能促使鲤鱼种白天基本上在水温高、溶解氧充足的池水上层活动，因而能刺激鱼的食欲，提高饲料消化吸收能力，促进生长。

③ 一日多次适时适量投喂适口颗粒饲料。以量少次多为原则，随季节变化将日投饲量分成 1～5 份，在水温和溶解氧均较高、鱼类摄食旺盛的 9:00—16:00 分次以少量撒投、不断重复的方式进行缓慢投喂，使投喂持续时间达到 20～30 min，直至绝大部分鱼吃饱散尽为止。不同季节水温及生长阶段的日投饲率和日投饲次数见表 3-10 和表 3-11。

表 3-10　鲤鱼种的日投饲率（投饲量占池鱼总体重的百分比，%）

水温（℃）	体重（g）				
	1～5	5～10	10～30	30～50	50～100
15～20	4～7	3～6	2～4	2～3	1.5～2.5
20～25	6～7	5～7	4～6	3～5	2.5～4
25～30	8～10	7～9	6～8	5～7	4～5

表 3-11　鲤不同生长季节的日投饲次数

生长季节	夏花放养初期	7月以后	9月开始	10月
日投饲次数	2～4	4～5	4～2	2～1

　　根据饲料的适口性，筛出粒径为 0.5 mm、0.8 mm 和 1.5 mm 的颗粒饲料，分别供驯化阶段、放养 1 周后和 7 月的鱼使用，而 8 月适用粒径为 2.5 mm，9 月后把粒径增至 3 mm。

　　(3) 以天然饵料为主人工饲料为辅的培育方法　该方法适合培育草食性的草鱼、团头鲂以及软体动物食性的青鱼等鱼类。其基本特点是：在夏花的不同生长阶段，培养或捞取芜萍、小浮萍、紫背浮萍、苦草、轮叶黑藻等水生植物以及幼嫩的禾本科陆生植物培育草鱼、团头鲂等草食性鱼类；利用适口的螺、蚬以及蚕蛹等动物性饲料培育青鱼；必要时，辅助投喂饼粕、糠麸、糟渣、麦类、玉米等精饲料以补充天然饵料的不足。而具体培育措施则根据各种鱼类在 1 龄阶段的生物学特性区别制定。

　　① 1 龄草鱼的培育。1 龄草鱼的基本特点是生长快、抢食凶，群体间易因吃食不均而造成个体生长差异；加上其食量大而消化力差，生长快的个体（俗称"泡头"）往往会因摄食过量而引起消化不良、肠炎等疾病，使群体中个体大的鱼大批死亡（严重时死亡率可达 70%～80%）。而且，1 龄草鱼的食性正处在由幼鱼向成鱼转化阶段，食谱范围由狭变宽，对饲料质量的要求高。为此，在 1 龄草鱼的培育中，应坚持以天然饵料为主、精饲料为辅，尽力做到所用饵料新鲜适口、投喂数量均匀渐增、品种更替逐渐过渡、投喂时间先"青"后"精"（即先投青饵料供草鱼吃食，待抢食凶猛的草鱼吃饱后，再投精饲料供配养鱼吃食）。具体投饲方法可参照表 3-12。

表 3-12　1 龄草鱼的投饲模式

生长规格 （cm）	适口饵料	季节	投喂天数 （d）	每万尾日投喂量 （kg）
2.6～3.3	芜萍	夏至前后	15～20	20～40
>6.6	小浮萍、轮叶黑藻	小暑以后	15～20	75～100
>8.3	紫背浮萍	大暑以后	15～20	100～150
>10	苦草、陆生嫩草	立秋以后	40～50	150～200
13～16.5	苦草	秋分以后	80～90	150～75

　　② 1 龄青鱼的培育。1 龄青鱼的主要特点是生长快、不易发病、成活率高。因此，在 1 龄青鱼的培育中，应抓住这一有利时机，积极采取措施，尽力增大 1 龄青鱼的出塘规格，并扩大其食谱范围，为提高 2 龄青鱼的成活率创造条件。1 龄青鱼培育的基本要点是：从磨炼青鱼咽喉齿着手，促进其生长；并应注重"引食"（用豆饼浆），使鱼上固定地点（食场或食台）摄食，保证食物新鲜适口（不吃夜食）、品种更替逐渐过渡。具体投饲方法可参照表 3-13。

表 3-13　1 龄青鱼的投饲模式

生长规格 （cm）	适口饵料	季节	投喂天数 （d）	每万尾日投喂量 （kg）
>2.6~3.3	豆饼浆	夏至前后	15~20	干豆饼 2~4
>5	浸胖菜饼	小暑以后	50~60	干菜饼 2.5~5
>10	轧螺	白露以后	30~40	螺蛳 35~125
>50 g	浸胖豆饼	寒露以后	60~70	干豆饼 3~1.5

6. 强化管理

鱼种池的日常管理工作与鱼苗池基本相同。但由于它历时较长，是一项常年性的工作，因此，需有专人负责，定期检查，具体做好以下管理工作：

（1）坚持早晚巡塘　每天 2 次巡塘，早晨重点观察水色、天气及鱼是否浮头，如发现鱼浮头过久，应及时注加新水予以解救。下午巡塘可在投饲或检查吃食时进行，主要观察鱼的吃食情况以及水色、水质变化，据此确定次日的投饲量及加水、施肥与否。此外，在汛期、台风季节，必须及时加固加高池埂、疏通排水渠沟、加强防洪防逃工作。

（2）保持池塘卫生　随时清除池边杂草及池中的腐败物质，经常清扫食场、食台，并定期进行药物消毒，以预防鱼病发生。一般每半个月用漂白粉（0.3~0.5 kg）挂袋消毒食场一次。

（3）适时加注新水　一般夏秋季节每月应注水 2~3 次，使池水透明度保持在 30 cm 左右，水质肥、活、嫩、爽。平时注水与否可根据池塘水位、水质及培育对象等情况灵活确定。如以草鱼为主体鱼的池塘，注水应勤，并应经常进行原池冲水，以保持水质清新。对于高产鱼池，最好能配备增氧机（每千瓦负荷应不大于 667m²）。

（4）定期检查生长　通过抽样检查，可以了解池鱼生长实况，以便发现问题及时解决。如发现生长缓慢，须加强投饲予以补救；如发现个体生长不均、规格大小相差悬殊，则应用鱼筛将个体大的鱼筛出分塘饲养。检查生长时，一般可用网拉捕池塘一角，也可在食场周围用捞海抄捕，以抽样测定。

（5）重视鱼病预防　防病是鱼种池日常管理的重点之一，应贯穿于培育的始终。在夏花下塘前，为了预防鱼体因拉网及运输等操作可能造成的外伤感染，须先用 20 mg/L 的高锰酸钾溶液浸浴 15~20 min（也可用 3% 的食盐水浸泡），以改善下塘夏花的体质，减少感染机会。7 月底至 8 月初，每隔 20~30 d 用 30 mg/L 的生石灰（盐碱鱼池忌用）全池泼洒，以提高池水的 pH，改善水质，防止鱼类患烂鳃病。

（6）做好管理记录　在池塘管理中重点应记录放养、投饲、施肥、加水、防病、收获等相关信息，积累原始资料，有利于丰富实践经验，提高技术水平及管理的规范性和科学性。

7. 适时并塘

秋末冬初，当水温降至 10 ℃ 左右时，鱼种已基本不摄食，此时即可开始并塘越冬或起塘分养。

（1）并塘目的　所谓并塘，是指将各类鱼种分类归并集中囤养于专门的池塘。其目的在于使鱼种在较深的池塘中安全越冬，便于集中管理；并通过分类计数，可全面了解当年鱼种生产的情况，便于总结经验，修正不足，较好地拟定来年的生产计划。此外，通过并塘可以腾出鱼种池，便于及时整塘清塘，为新一轮生产早做准备。

（2）并塘时间　通常，鱼种池的并塘应选在水温 5～10 ℃的晴天进行，而不宜在水温过高或过低时作业。如果水温过高，鱼活动力强，耗氧大，捕捞、分鱼、移塘等操作困难且易使鱼体受伤；反之，若水温过低也会使鱼体冻伤、擦伤而感染水霉等患皮肤疾病。

（3）并塘方法　拉网前先停食 3～5 d（彻底清肚）；选择晴天上午拉网起鱼；进行分类归并，按每 667m² 5 万～6 万尾的密度，将规格为 10～13 cm 的 1 龄鱼种囤入专门的越冬池（要求背风向阳、面积 1 333～2 000m²、水深 2 m 以上）。为避免并塘过程中鱼体受伤，拉网、捕鱼、分鱼、搬运等环节的操作均应小心细致，动作力求轻快。

（4）越冬管理　在并塘越冬期间，应定期适量施肥，保持池水适当的肥度，并应在晴暖天气少量喂食（一般每周 1～2 次），以保证鱼种安全越冬不"落膘"（体重减失）。长江以北地区，冬季封冰期较长，越冬池内的鱼易缺氧浮头，因此，应视池塘水质状况，进行适时加注新水，以此来增加溶解氧、提高水位、稳定水温、改善水质。此外，在巡塘时如发现池埂渗漏应及时加以修补。

8. 1 龄鱼种质量鉴别

1 龄鱼种的质量优劣可采用"四看、一抽样"的方法进行鉴别：

一看出塘规格是否均匀：同种鱼种，凡出塘规格均匀的，通常体质较健壮；反之，个体规格差异大，往往群体成活率低，其中那些个体小的鱼种，体质消瘦，俗称"瘪子"。

二看体色（俗称看"肉气"）：不同鱼种具有不同的体色，同种鱼种的体色也会因质量不同而有所差别。通常优质鱼种体色鲜艳，如青鱼青灰带白，草鱼淡金黄色、灰黑色网纹鳞片明显，鲢银灰色、两侧及腹部银白色，鳙淡金黄色、鱼体黑色斑点不明显。而如果鱼种体色较杂、较深或呈乌黑色，表明其质量较差，为瘦鱼或病鱼。

三看体表是否有光泽：健壮的鱼种体表有一薄层黏液，用以保护鳞片和皮肤，免受病菌侵入，体表因此富有光泽；而病弱受伤的鱼种缺乏黏液，体表也无光泽，俗称鱼体"出角""发毛"。某些病鱼体表黏液过多，也会失去光泽。

四看游动情况：优质鱼种个体健壮、游动活泼、逆水性强，在网箱或活水船中密集时鱼种头向下、尾朝上，只看到鱼尾在不断扇动。劣质鱼种反之。

抽样检查：在四看的基础上，随机称取同种规格相似的鱼种 0.5 kg，计点尾数，然后查对优质鱼种规格鉴别表（表 3-14）。如该档规格中每千克鱼种的尾数少于或等于标准尾数，则为优质鱼种；反之则为劣质鱼种。但要注意的是：表 3-14 所列关系是以鲢和草鱼为标准

表 3-14　优质鱼种规格鉴别表

全长（cm）	8.33	10.0	11.67	13.3	15.0	16.67
每千克鱼种尾数（尾）	150	100	70	40	30	20

所得。鳙个体大，优质鱼种尾数应比表内数略少；而青鱼个体较小，优质鱼种尾数可比表内数稍增。

四、鱼类的工厂化育苗技术

我国工厂化育苗技术研究始于20世纪60年代初，研究的主要内容包括亲鱼培育、育苗设施、水系统、气举系统、生物饵料培养等，然而至80年代初才初步形成较为完整的育苗系统。现在我国广泛推行海水鱼类工厂化育苗，以大黄鱼工厂化育苗为例，规格为2.5～3.0 cm的育苗密度可达1万尾/m³，成活率一般在30%以上，好的可达60%以上，年育苗量十几亿尾。育苗技术已达国际先进水平。自80年代初至今，开发的种类有大黄鱼、花鲈、真鲷、黑鲷、斜带髭鲷、花尾胡椒鲷、鲕、卵形鲳鲹、日本黄姑鱼、牙鲆、大菱鲆、红拟石首鱼、美洲条纹狼鲈、石斑鱼、鲍、河鲀等。据不完全统计，我国累计进行过近40种海产经济鱼类的人工育苗研究。

1. 仔鱼放养密度

取决于育苗条件和技术水平，尤其与饵料和水质条件有关，所以管理者必须综合分析，酌情而定。

2. 投饵系列

育苗初期投喂双壳类幼体、桡足类无节幼体、小型褶皱臂尾轮虫；育苗中期投喂轮虫、桡足类、卤虫无节幼体或藤壶幼体；育苗后期，可继续投喂中期饵料，并逐步添加鱼、虾、贝类肉糜。每次更替饵料种类时，必须有几天新旧饵料的交叉重合，使之逐步过渡。培苗全过程饵料的顺序出现谓之"饵料系列"。80年代末以来，人工配合饵料在市场上开始流通，至90年代中而达普及的程度。21世纪除早期投喂轮虫外，中后期饵料基本被配合饵料取代，简化了育苗程序，提高了育苗效率。黑鲷的工厂化育苗的饵料系列如图3-8所示。

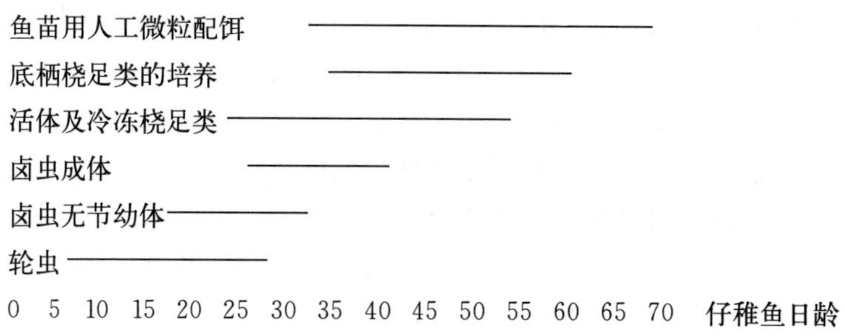

图3-8 黑鲷的工厂化育苗的饲料系列

3. 育苗管理

前仔鱼期可以静水培育，辅以部分换水、加水或微充气；后仔鱼期可换水或适当流水；从稚鱼期直至幼鱼期，流量逐步加大。换水、清底、计数、投饵、监测鱼苗生长与成活及对鱼苗行为习性、病害出现观察处理等工作在育苗全过程中均不可忽视。

4. 工厂化育苗基本工艺流程

综合鱼类工厂化育苗技术，其基本工艺流程如图3-9所示。

5. 苗种中间培育

鱼苗约经40 d工厂化培育，一般全长可达2 cm左右。随着个体增大，活动空间减少，鱼苗所消耗饵料及其残饵与排泄物等相应增多，增加育苗水体包括耗氧量、氮、磷等的负荷，以及发生病害的概率。为降低室内育苗水处理、饵料等成本，以及避免偶发停电造成鱼

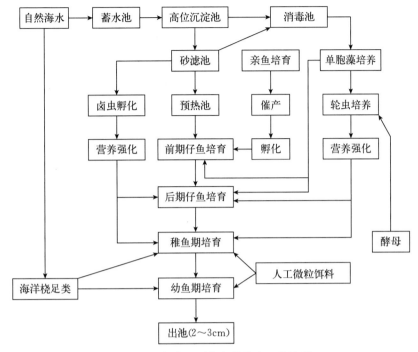

图 3-9　鱼类工厂化育苗基本工艺流程

苗缺氧、暴发病害而致批量死亡等风险，一般将鱼苗移出室内水泥池而在海上网箱等水体中继续培育至 3 cm。一般达全长 3 cm 便可作为商品苗在市场上流通，但从养殖和放流两种用途上考虑，这样的规格尚嫌太小，要培育达 5～6 cm 时供给养殖；达 8～10 cm 时供增殖放流使用。鱼苗移出室内育苗池继续培育称为中间培育。海水鱼苗的中间培育可分为陆上水泥池和海上网箱两种方式，而常采用海上网箱培育。

（1）陆上水泥池中间培育　容积 30～100 m³ 均可。水、气、温、光、饵、循环流水等条件均与鱼苗后期培育条件相似。放养密度 500～800 尾/m³；饵料为鱼肉糜，也可使用配合饵料，还可加入适量的促生长剂和防病药物；日投饵 5～6 次。平日注意循环流水和清底，加强病害防治。

（2）海上网箱中间培育　网箱设置在波浪平稳、避风、水深、潮流交换良好的天然港湾内。网箱规格一般为 4 m×4 m×（3～5）m。日投喂 4～5 次，可投喂鱼肉糜或配合饵料。根据鱼苗生长和网箱污着程度换网。平时要注意防病和防鸟害。在海上培育 60 d 左右，鱼苗全长可增长至 8～10 cm。

第二节　虾类人工育苗的生物学基础及通用技术

一、虾类人工育苗的生物学基础

（一）虾类的生殖系统

1. 外部生殖器官

雌雄对虾一般均具有构造特殊的交接器。雄性交接器由第一游泳足的内肢变形相连而构成，中部向背方纵行鼓起，似呈半管形；雌性交接器位于第四和第五对步足基部之间的腹甲上，略呈圆盘形，纵向开口，两侧对称，口两缘外突，开口前方有一密生小毛的突起，口内为一空囊，囊的前壁中央有一舌状小突（与开口前方的突起相接）和羽状小骨（图 3 - 10）。该囊为交尾和储存精液的器官，故又称纳精囊。据此可以准确地鉴别对虾的雌雄。

图 3 - 10　中国明对虾的交接器
A. 雌性交接器　B. 雄性交接器

2. 内部生殖系统

雌性生殖系统包括一对卵巢、输卵管和纳精囊。卵巢位于躯体背部，为并列对称的 1 对，呈叶片状，分为 1 对前叶，7 对侧叶（中叶）和 1 对后叶。1 对前叶沿贲门胃两侧伸达咽部，前端向上卷曲，基部愈合；7 对侧叶位于肝脏背侧及围心窦腹侧，各自向两侧延伸；最后一对侧叶（第 7 对侧叶）又各自分为内外两叶，其内叶沿肝脏后缘延伸；一对后叶很长，并列沿腹部肠道上方伸延至肛门附近，而位于直肠前部则偏向两侧，末端愈合。卵巢内纵向贯穿着柱状或带状的生殖区，由该生殖区产生卵原细胞，经发育而成卵子。卵巢内的腔称卵巢腔，与排列呈袋状的卵囊相通。卵发育所需营养由囊壁吸收。输卵管与卵巢第 6 侧叶相接，伸向腹面，开口于第 3 对步足基部内侧乳突上，即生殖孔，又称排卵孔。图 3 - 11（A）示对虾雌性生殖系统。

雄性生殖系统包括 1 对精巢、输精管和精荚囊。精巢位于躯体背部，围心窦下方，也是并列对称的 1 对。分为 1 对前叶、8 对侧叶（中叶）和 1 对短小的后叶，均紧贴在肝脏上面。精巢薄面透明，只在性细胞成熟时呈半透明的微白色。精巢内有许多生精小管，由生精小管产生精原细胞，经发育成精子。输精管可分前、中、后 3 段，前段细短，与精巢后叶相接；中段粗长而曲折，灰白色，精子在其内停留时间较长，故有人称之为贮精囊；后段细长与精荚囊相接。精荚囊是 1 对膨大的囊状物，各自位于第五步足基部。精荚囊又接一短管，开口于第五对步足基部内侧乳突上即生殖孔，又称排精孔。图 3 - 11（B）示雄性对虾生殖系统。

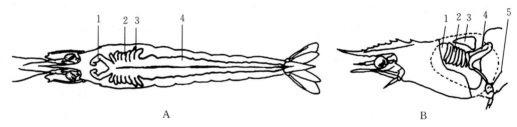

图 3 - 11　对虾的生殖系统
A. 雌性对虾生殖系统：1. 卵巢前叶　2. 卵巢侧叶　3. 输卵管　4. 卵巢后叶
B. 雄性对虾生殖系统：1. 肝胰脏　2. 精巢　3. 心脏　4. 输精管　5. 精荚囊

（二）虾类的繁殖习性

1. 性征与繁殖方式

虾类为雌雄异体，外形上能区分雌雄。雌、雄个体通常不等大，对虾类雌性个体往往大于雄性，如中国明对虾雌性体长可达 18～23 cm、体重 60～80 g，雄性体长可达 15～20 cm、体重 30～40 g；沼虾属的种类雄性个体往往大于雌性。雌、雄个体体色上也有差别，如成熟的中国明对虾雌虾体色呈青绿色，而雄虾呈黄褐色。

虾类的第二性征明显,雄性具有交接器,雌性具有纳精囊。雄虾交接器是第一腹肢内肢特化而成,左右两片,可相互连锁,中央纵行卷曲呈筒形,作用是在交配时向雌虾纳精囊输送精荚。雌虾纳精囊位于第四、第五对步足基部之间的腹甲上,形态结构上可区分为封闭式和开放式两种类型。封闭式纳精囊是由甲壳、骨片等包被的袋状或囊状结构,中央有开口,交配时精荚的豆状体即贮存于其中,对虾属的多数种类雌虾具封闭式纳精囊,如中国明对虾、日本囊对虾、斑节对虾、长毛对虾等,其中日本囊对虾的纳精囊构造较为特殊,其纳精囊外甲壳为环行突起形成的一向前方开口的袋状囊;开放式纳精囊无甲壳、骨片等形成的囊状结构,仅在第四、第五步足间的腹甲上,有甲壳皱褶、凸起及刚毛等甲壳衍生物形成的用于接纳精荚的区域,交配时精荚黏附其上,对虾属中分布于南半球的凡纳滨对虾等属开放式纳精囊类型,对虾以外的虾类也多属于此类型。

虾类的繁殖为体外受精、体外发育。对虾类无抱卵习性,精、卵排到水中受精,并在水中发育、孵化;其他虾类有抱卵习性,卵产出后受精,并黏附于雌体的腹肢上称抱卵,受精卵在母体的保护下孵化并发育,幼体孵出后脱离母体。

2. 配子与性腺发育

对虾类的精子多呈鸭梨形,无鞭毛,不能活动,表面有原生质突起,精子的前部顶端有锥形顶体,最前端为尖锐突起的刺突,受精时精子以刺突与卵子结合,并伴有复杂的顶体反应变化。对虾类卵多呈圆形和长圆形,卵黄丰富,外被卵膜,密度稍大于水,产在水中多沉于水底。

雌性对虾卵巢发育具有明显的体积增大与色泽加深的变化。以中国明对虾为例,根据外观和组织学切片观察,卵巢发育可分为六期。

(1)未发育期 卵巢纤细,无色透明,从体外不易看到。卵巢内生殖细胞小,细胞质少、无卵黄物质沉淀,核较大、呈圆形。交配前属于该期。

(2)发育早期 已交配。卵巢体积增大,粗线条状,呈淡黄至黄绿色,卵巢内卵母细胞的细胞质稍增多,有卵黄沉淀,核仍较大。

(3)发育期 卵巢体积明显增大,呈淡黄至黄绿色,卵母细胞内细胞质明显增多,并出现卵黄粒。卵粒已隐约可见,但仍不能分离。

(4)将成熟期 卵巢达到最大体积,充满虾体的头胸部及体腔,呈灰绿色或浓绿色。卵黄粒较前期增多、增大,卵母细胞的边缘出现液泡状的周边体,先是圆形,以后变为短棒状。核仁分裂成小点状,数量增多,散布于核的周围。

(5)成熟期 卵巢达到最大丰满度,呈深绿带灰或褐绿色。卵巢背面棕色斑点增多,表面龟裂突起,卵粒清晰。卵母细胞近圆形,周边体明显增大为短棒状、呈辐射状排列。

(6)产后期(恢复期) 产后卵巢萎缩,卵巢明显变窄,呈黄色或白色。往往卵巢与肌肉界限不清晰。卵巢内尚有部分未产出的成熟卵及尚未成熟的卵母细胞。有些对虾卵巢能继续发育,多次产卵。各种对虾卵巢发育成熟时的性成熟系数(卵巢重/体重)有所不同,如日本囊对虾性成熟系数为10%左右,斑节对虾可达14.5%,而中国明对虾可达15%,其中高者达20%~30%。

雄性对虾未成熟时精巢是无色透明的,成熟后呈乳白色。精巢内精子的形成是连续的,由生殖上皮不断产生精细胞、形成精子,因此成熟后的雄虾可持续地产生精子,具有多次交配能力。精子成熟后,通过输精管下行至贮精囊,在输精管中相互聚集,外被薄膜形成簇状精荚，交配之前贮存于贮精囊中。精荚分两部分，一部分内含密集的精子团块，称之为豆状部，另一部分为不含精子的瓣状部，又称翼状部，交配时，豆状部被置入纳精囊中，而瓣状部保留在体外，呈薄膜样在水中伸展。

3. 交配与产卵

（1）交配　虾类交配一般发生在夜间，日落之后到子夜过后。具封闭式纳精囊的种类在交配时仅雄性成熟，雌性尚未成熟，交配后需待卵巢发育成熟后才产卵；交配前需进行生殖蜕皮，并得在新甲壳完全硬化之前完成交配。具开放式交接器的种类在性腺发育成熟之后交配，交配后立即产卵。

对虾类的交配行为大致相同，雌雄虾配对，雄虾尾随雌虾，游到雌虾之下，翻转身与雌虾相抱，然后雄虾横转 90°与雌虾十字形相抱，头尾相扣，雄虾以交接器将精荚输送给雌虾；也有的种类雄虾与雌虾头尾相抱进行交配。封闭式纳精囊的种类交配时精荚通过纳精囊中央的纵缝被植入纳精囊中贮存，精荚的瓣状体留在体外，为交配过的标志，2～3 d 后瓣状体脱落；有些种类如日本囊对虾在纳精囊口处形成交配栓。交配过的雌虾一般不再蜕皮，直至卵巢成熟、产卵。如遇意外蜕皮导致精荚脱落，可与雄虾再次交配。开放式交接器的种类交配时精荚被黏附于第四、第五对步足之间的区域，随后马上产卵、受精。

（2）产卵　对虾类多数在夜间产卵，产卵时间因种类有所不同，一般产卵前期多在上半夜，后期多在下半夜。如日本囊对虾、长毛对虾产卵前期多集中在 20：00—24：00，后期则集中在 0：00—4：00。产卵前，雌虾多静伏水底，产卵时在水体中上层，一边游动一边将成熟卵子从生殖孔排出，同时，贮存在纳精囊中的精子也释放到水中，精、卵在水中受精。健壮的雌虾游泳足始终配合着产卵，不停地划动使产出的卵子均匀分散在水中；如果雌虾体弱，在静水中匍匐水底产卵，游泳足划动无力，常使产出的卵子黏成块状，影响受精与孵化率。通常产卵过程仅需 3～5 min。卵的密度稍大于水，产出后缓慢下沉，在人工条件下稍加搅拌即可悬浮于水中，在充气条件下，悬浮时间长。中国明对虾在繁殖季节一般可产卵 3～4 次，多的可达 7～8 次，每次间隔时间为 15 d 左右，最短的 5 d，最长的 20 d。斑节对虾间隔产卵类似中国明对虾，甚至产卵次数比中国明对虾多。但是产卵 3 次以上时，卵子的质量会明显下降，影响育苗效果，最好不用这样的卵子育苗。

对虾类的产卵量与虾的个体大小、产卵次数等有关，一般在 10 万～100 万粒/尾，通常为 40 万～60 万粒/尾。

4. 胚胎发育

对虾的卵子为中黄卵，卵黄含量较多，集中分布在卵的中央；卵裂方式为全裂、均等卵裂。其胚胎发育过程大致可分为卵裂期、囊胚期、原肠期、肢芽期和膜内无节幼体期。以凡纳滨对虾为例，在水温 29.5 ℃、盐度 28 条件下，其胚胎发育过程及形态特征变化见表 3-15。

表 3-15　凡纳滨对虾胚胎发育过程及形态特征变化（水温 29.5 ℃，盐度 28）

产卵后时间	形态变化描述
0～5 min	受精卵刚产出，周边体开始释放，卵子从不规则圆形变为球形
5～6 min	周边体消失，围卵膜出现
7 min	排出第一极体

（续）

产卵后时间	形态变化描述
8 min	排出第二极体
25 min	2 细胞
43 min	4 细胞
1 h 1 min	8 细胞
1 h 10 min	16 细胞
1 h 23 min	32 细胞
1 h 41 min	64 细胞
2 h 3 min	128 细胞，细胞排列呈球状，细胞界限不清晰
2 h 20 min	囊胚后期，植物极变平
2 h 21 min	细胞向囊胚腔凹入
2 h 36 min	出现明显原肠腔
3 h 35 min	原肠胚后期
3 h 55 min	肢芽突起开始出现
4 h 20 min	3 对肢芽明显
4 h 35 min	肢芽期
9 h 15 min	膜内幼体刚毛开始出现，尚不能抖动
10 h 10 min	出现棕色眼点
11 h 50 min	膜内幼体刚毛变长，且能抖动
12 h	幼体孵化出膜

胚胎发育的快慢与水温的高低密切相关，在适温范围内，水温越高，发育越快。几种对虾胚胎发育的快慢情况见表 3-16。

表 3-16　几种对虾的胚胎发育速度

种类	水温（℃）	孵化时间（h）	资料来源
中国明对虾	18～19.5	33～36	黄海水产研究所，1979
	21	24	王克行，1987
	23	18	
长毛对虾	27.5～28	13～14	吴琴瑟，1978
斑节对虾	27～29	13	陈同白宫，1976
日本囊对虾	27～29	13～14	藤永元作，1940
近缘新对虾	25～28	12～16	翁盛深等，1987
凡纳滨对虾	26.8～29.5	11.3～15	彭昌迪等，2002

5. 幼体发育

我国常见的对虾类的幼体发育从无节幼体开始需经过 12 次蜕皮才发育成仔虾。幼体发育经历了无节幼体、溞状幼体、糠虾幼体和仔虾 4 个不同发育阶段。每蜕皮一次，变态一次，作为一个期。其中无节幼体分 6 期，溞状幼体及糠虾幼体各分 3 期，仔虾分为若干期。

对虾类幼体各发育阶段的形态特征及生活习性概述如下。

（1）无节幼体　此阶段幼体身体不分节，因此而得名。体躯略呈倒梨形，具有 3 对附肢。体前端正中处有一眼点，尾部具有成对的尾棘，无完整的口器及消化器官，故不摄食，以自身卵黄为营养。多在水体的表层和中层活动，趋光性较强。因对虾种类的不同，同期幼体的大小及尾棘对数存在差异。

（2）溞状幼体　身体前部宽大，背面被头胸甲覆盖，后部细长，出现分节；复眼开始出现，但仍具有中眼，具有较完整的口器和消化器官，口位于头部腹面中间，肛门位于尾部腹面中央，因此，一般溞状幼体便开始摄食；溞状幼体有 7 对附肢，即第一、第二触角，大颚、第一、第二小颚和第一、第二颚足；多在水体的上、中层活动，具有明显的趋光性；游泳时肢体划动幅度大，似爬泳状。

溞状幼体分为 3 期，以额角和眼柄的有无作为Ⅰ期和Ⅱ期的主要鉴别特征，以尾肢形态形成与否作为Ⅱ期和Ⅲ期的主要鉴别特征。

（3）糠虾幼体　糠虾幼体头部与胸部愈合，构成头胸部并与腹部明显分开。头胸部宽大，后缘可覆盖到第七或第八胸节上。19 对附肢逐渐形成，尾节逐渐增大，尾凹缩小。尾肢内外肢等长或外肢稍长于内肢，已初具虾形。游泳时头部朝下呈倒立状。

中国明对虾在糠虾幼体Ⅰ期时，腹部附肢出现芽突。步足无螯与爪。但日本囊对虾与长毛对虾在糠虾Ⅰ期，前 3 对步足的内肢末节已出现螯状雏形。中国明对虾在糠虾幼体Ⅱ期时，5 对附肢呈棒状，分为 2 节，前 3 对步足出现螯。糠虾幼体Ⅲ期，腹部附肢加长，但仍为单肢形，尾节末端有深的尾凹。

（4）仔虾　仔虾体形已与幼虾相似。中国明对虾仔虾的形态特征如下：额角上下缘小齿随着蜕皮而增多，见表 3-17。步足外肢退化，内肢增大，腹部附肢仅具外肢，分为 2 节，末节具羽状刚毛。尾节后缘的尾凹和尾棘逐渐消失，尾节渐成尖形。随着蜕皮，尾节侧棘的数目逐渐减少，这是分期的主要依据，仔虾共分为 14～22 期，见表 3-18。仔虾开始时作水平运动，4～5 期（$P_{4\sim5}$）开始转向底栖生活，腹部具有较强的弓起弹跳能力。形态与生活习性上与幼虾大致相同。中国明对虾仔虾各期幼体区别特征见表 3-19。

表 3-17　各期仔虾额角上的齿数

期别	1	2	3	4	5	6	7	8	9	10	11	12	13	14	15
额角齿数（上）	2	3	4	5	6	7	7	7	7	7	8	8	8	8	8
额角齿数（下）	0	0	0	1	2	2	3	3	3	3	3	3	4	4	4

表 3-18　各期仔虾尾节侧棘数

期别	1	2	3	4	5	6	7	8	9	10	11	12	13	14	15	16	17	18	19	20	21	22
尾节侧棘数（左）	8	8	8	8	8	8	8	8	7	6	5	4	4	4	4	4	4	4	3	3	2	1
尾节侧棘数（右）	8	8	8	8	8	8	8	8	7	6	5	4	4	4	4	4	4	3	3	3	1	2

表3-19 中国明对虾各期幼体形态特征及习性变化

发育阶段	各期幼体			发育阶段中幼体形态构造的变化	幼体习性		蜕皮次数
	分期	平均体长（mm）	形态鉴别特征		食性	运动	
无节幼体	1	0.349	尾棘1对，附肢刚毛光滑、无尾凹	体不分节，具3对附肢，前端正中处有一中眼，尾端有成对的尾棘，无完整的口器和消化器官	卵黄	靠3对附肢在水中间歇性运动，动则上浮、停则下沉	6
	2	0.355	尾棘1对，刚毛由光滑变为羽状				
	3	0.368	尾棘3对，出现尾凹				
	4	0.384	尾棘4对，尾部增长				
	5	0.432	尾棘6对，出现头胸甲雏形				
	6	0.508	尾棘7对，头胸甲雏形增大				
溞状幼体	1	1.072	无额角，出现复眼雏形、无眼柄	体分节，具头胸甲，出现完整的口器和消化器官。具7对附肢	摄食浮游植物，后期也摄食浮游动物	"蝶泳"式的平衡运动	3
	2	1.596	出现额角，复眼具柄，尾肢雏形出现				
	3	2.299	尾节增大，尾肢外露				
糠虾幼体	1	2.809	步足短小，无螯与爪，游泳足乳头状，在腹甲内	头胸甲部与腹部分界明显，各部附肢俱全，初具虾形	以摄食浮游动物为主	身体常呈"倒立"状态。时而弹跳	3
	2	3.188	步足前3对出现螯后，后2对出现爪的构造；游泳足突出腹甲，分2节				
	3	3.512	步足内肢长于外肢，第二步足最长；游泳足明显加长				
仔虾	1~14期或以上	3.899~20或以上	额角上下缘小齿增多；步足的内肢增大，外肢退化；游泳足具羽状刚毛；尾节形态构造可作为仔虾各期鉴别特征	出现平衡器官和交接器，体形与幼虾相似	初期摄食浮游生物，4、5期后摄食底栖小生物	水平游泳，不久即转入底栖活动，受惊时腹部弓起跳舞	14次以上

6. 繁殖与环境

对虾的繁殖活动与环境条件密切相关。动物性腺的成熟、交配活动、产卵孵化以及胚胎发育、幼体发育等过程应在一定的环境条件下进行，环境条件的改变将阻滞或促进繁殖过程，这在人工条件下对于对虾的繁殖尤为重要。

（1）盐度 海产对虾类繁殖一般需要盐度30左右的水体，中国明对虾卵子孵化需在20以上的盐度中进行。河口地区的种类繁殖所需的盐度一般在10~20。盐度不适时可能出现不产卵或产卵后不能孵化、幼体不能正常发育等异常现象。Bray等（1988）发现斑节对虾在盐度为45自然条件下可以交配，但需要在35的盐度下进行卵巢发育并产卵。

（2）温度 温度对虾的繁殖的主要影响是在适温范围内，较高温可促进繁殖进程。抱卵的对虾类中的有些种类在自然条件下需孵育数十天，而在人工条件下提高温度则仅需15～20 d即可完成。升高温度是促进性腺发育的有效方法。热带种类繁殖的温度一般在26 ℃以上，以27～29 ℃最为常见，26 ℃及以下的温度繁殖活动可能会受影响。温带的种类可以适应较低的温度，日本囊对虾在24～26 ℃下可被诱导产卵，中国明对虾性腺成熟及产卵可在13～16 ℃的温度下进行，是对虾类繁殖中一个较为特殊的情况。虽然中国明对虾可在较低的温度下产卵孵化（14～16 ℃），幼体发育却可以在28 ℃温度下正常进行，表明中国明对虾对温度的适应范围相当大。

（3）光线　光线对于繁殖的影响尚无定论。中国明对虾在500～10 000 lx光强范围内卵巢成熟无显著差异，但一般认为弱光对性腺成熟有利。光质对性腺成熟的作用现仍不清楚，混合光和自然光下都可得到满意的结果，蓝光和绿光的作用并不明显。光周期的作用在不同种类中也有不同结果，中国明对虾在每日黑暗时间超过20 h以上的情况下仍可正常成熟并产卵。

（4）海水成分　普通海水对繁殖无不利影响，在低盐度地区及人工配制海水用于繁殖时，海水的成分以及离子比例十分重要。在低盐地区以化学方法提高盐度，用于繁殖时钙、镁的比例可能是个限制因素。虾类繁殖用海水的基本成分见表3-20。

表3-20　海水基本成分（盐度为35）

离子	含量（g，每千克海水中）
氯化物	19.344
钠	10.773
硫酸盐	2.712
镁	1.294
钙	0.412
钾	0.399
碳酸氢盐	0.142
溴化物	0.067 4
锶	0.007 9
硼	0.004 5
氟化物	0.001 3

（5）重金属　海水中的重金属离子对于繁殖的影响主要是阻止幼体及胚胎发育，锌离子对于中国明对虾胚胎及幼体发育影响很大，胚胎在浓度0.5 mg/L时不能发育，仔虾对锌的48 h平均耐受限为2.5 mg/L。铜在0.05 mg/L浓度下对褐对虾及桃红对虾幼体有毒害作用。1.3 mg/L浓度的铜使红额角对虾幼体在24 h内全部死亡。海水中重金属离子的适宜浓度，见表3-21。

表3-21　海水中某些元素的适宜浓度（盐度为35）

元素	浓度（ng，每千克海水中）	资料来源
铬	330	Cranston，1979
锰	10	Landing 和 Bruland，1980
铁	40	Gordon 等，1982

（续）

元素	浓度（ng，每千克海水中）	资料来源
钴	2	Knauer 等，1982
镍	480	Bruland，1980
铜	120	Bruland，1980
锌	390	Bruland，1980
硒	170	Measures 和 Burton，1980
镉	70	Bruland，1980
汞	6	Mukherji 和 Kester，1979
铅	1	Schaule 和 Patterson，1981

二、虾类的工厂化育苗

（一）育苗设施及育苗用水处理

1. 育苗设施的检修

在育苗生产开始之前，应对育苗厂的供水、供电、充气、增温设施及各种育苗有关的池子、工具等进行仔细全面的检查或修理，以便于育苗生产的顺利开展。新建育苗厂应提前进行试用，检查是否达到设计要求。

2. 育苗池的处理

新建水泥池碱性很强，含有不利于幼体发育的物质，需用淡海水反复浸泡 1 个月左右，直到池底、池壁内的碱性物质浸出，使 pH 稳定在 8.5 以下，如时间紧迫，可在浸泡水中加入适量工业用盐酸或醋酸中和碱性物质，缩短浸泡时间，亦可采用无毒、吸附力强、快干的防水涂料涂刷池壁与池底，以防止渗漏与 pH 升高。

新、旧育苗池使用前要严格洗刷和消毒。旧池最好也浸泡一段时间。一般育苗池使用前，可用高浓度漂白粉液或高锰酸钾溶液消毒、刷洗池壁和池底，冲洗干净后再进行育苗。

3. 育苗用水的处理

从水源地取得的育苗用水除含有泥沙等杂质之外，还含有敌害生物，如甲壳类的一些幼体及成体、夜光虫、球栉水母、纤毛虫及幼鱼等，会不同程度地伤害对虾幼体。水源水中各种菌类，都有可能侵害对虾卵和幼体，影响育苗生产。尽管建育苗厂时对水源水质有严格要求，但总有一些不良因素存在。因此，有必要在育苗前对水源地的海水质量进行检测分析，发现不合格指标应及时适当处理，以确保育苗生产的顺利进行。育苗用水处理可用以下方法。

（1）网滤法　清净的水源海水或经过蓄水池沉淀 24 h 澄清之后的海水，经 150～200 目筛网或菜瓜布袋过滤即可使用。这种方法的优点在于能保留作为幼体饵料的单细胞藻类，缺点是不能滤去致病细菌和有害原生动物。

（2）沙滤法　浑浊的水源海水需经过 48～96 h 的沉淀，再经过沙滤后才能使用。由于沙层的沉淀及凝聚作用，形成过滤膜，能滤除海水中绝大部分生物和悬浮物，能较好地去除育苗生产中的生物敌害。但过滤后，海水中的单细胞藻类大量减少，不利于在育苗池中施肥繁殖饵料生物。

（3）紫外线消毒　育苗用水经过沉淀、沙滤后，再经过紫外线照射，可杀灭海水中的微生物。

（4）含氯消毒剂处理　当海水中有害生物较多，不利于育苗，需用此法处理。将海水经过沉淀后，用含有效氯 $8\%\sim10\%$ 的次氯酸钠（NaClO）溶液，以浓度为 $120\sim150$ mg/L 加入水中，搅动水体，使其混合均匀，$10\sim12$ h 后再加入硫代硫酸钠（$Na_2S_2O_3$）中和余氯，其化学反应式如下：

$$2NaClO+H_2O \rightarrow 2NaOH+Cl_2+[O] \uparrow$$
$$Cl_2+2Na_2S_2O_3 \rightarrow 2NaCl+Na_2S_4O_6$$

硫代硫酸钠的用量应根据水中余氯含量的多少来决定。水中的余氯也可经充分充气而逸出。硫代硫酸钠会消耗水中氧气，因此除氯后必须向池水中充气方能使用。

次氯酸钠价格较高，育苗生产中常用价格较低廉的漂白粉——$Ca(ClO)_2 \cdot CaCl_2$（含有效氯 30% 左右）消毒海水、育苗工具和容器。此外，漂粉精（含有效氯 60% 左右）也是常用的消毒剂。含氯消毒剂之所以能起消毒作用，是因为它们入水后能很快释放出分子态氯（Cl_2）和初生态氧（O），杀死大多数细菌和有害生物。

（5）育苗用水盐度及 pH 的调整　海水盐度过高或过低时，可以通过加入适量淡水的方法来降低盐度，或用加盐、卤水的方法来提高盐度。海水 pH 过高时，可以用充气、控制浮游植物密度、加入适量碳酸氢钠或盐酸等方法降低 pH；海水 pH 过低时，可以用增加浮游植物的密度（投藻）、施碳酸钠或生石灰（可挂袋）、育苗池换水、加大充气量等办法提高 pH。

（6）育苗用水重金属盐类的处理　对虾类的胚胎和幼体对多种重金属离子敏感，特别是汞、锌、铜、铅、镉等重金属离子超标时，对胚胎发育、孵化、幼体发育有害，甚至引起死亡。对虾育苗要求海水中重金属离子含量指标为：汞离子小于 0.000 5 mg/L，锌离子小于 0.01 mg/L，铜离子小于 0.01 mg/L，铅离子小于 0.05 mg/L，镉离子小于 0.005 mg/L。超过上述指标，可在育苗用水中加入 $2\sim10$ mg/L EDTA-2Na（乙二胺四乙酸二钠）螯合过多的重金属离子。

（二）亲虾的选择与培育

1. 亲虾的质量要求

应选择个体大、健壮、无病无伤、经检查不携带特定病原、交配过的雌虾作为育苗用亲虾。成熟亲虾，卵巢宽而饱满，体色灰绿而带黄，第一腹节内的卵巢发达、向两侧延伸下垂，卵巢前叶饱满。

2. 亲虾的来源与选择

（1）捕捞产卵场成熟亲虾　在对虾成熟季节，到自然海区产卵场捕捞成熟虾，挑选规格大、质量好者为育苗生产用。

（2）捕捞生殖洄游期的未成熟亲虾　在自然海区对虾生殖洄游途中捕捞，经过一段时间的暂养培育促其性腺发育成熟，作为育苗用亲虾。

（3）从养殖群体中挑选亲虾　从池塘人工养殖的成虾中挑选已交配或未交配的个体，经培育后作为亲虾。

3. 亲虾的运输

亲虾的运输方式有陆运、水运及空运。一般采用帆布桶装车运输，根据路途远近、气温及天气情况来确定放养密度，如运输中国明对虾亲虾，在直径 1 m 左右的帆布桶内，水深 40 cm，可放亲虾 30～40 尾；若在充气的情况下，可放亲虾 80～100 尾。运输使用的工具、用水必须清洁；运输途中要避免剧烈震动颠簸，尽量不要停车，要防暴晒雨淋；若途中要换水，水温及盐度差不宜过大；注意观察、检查亲虾情况。

长距离运输可采用空运，例如从东南亚国家引种斑节对虾，采用厚塑料袋充氧密封，置于泡沫箱中，每箱放 2 袋，每袋放体长 20 cm 以上亲虾 2～3 尾，额角套塑料小管，防止其刺破塑料袋，这样空运成活率几乎达 100%。

日本囊对虾由于其耐干性较强，只要保持鳃部湿润，可长时间离水不死，所以可以将其包埋在纸箱内的锯末中运输。

4. 人工越冬培育亲虾

最好选择已交配的雌虾，若尚未交配，则需要选择与雌虾相同数量的雄虾，在室内或室外暂养池暂养交配后，再移入室内越冬池培育。中国明对虾挑选与运输时的温度为 6～7 ℃，运回放养时若温差较大应逐步调温过渡；已交配的亲虾运回室内越冬或暂养，要注意水温的变化，要逐渐降温使之顺利进入越冬状态。

中国明对虾交配期在 10 月 20 日至 11 月 15 日，海水温度以 12～20 ℃为宜。可根据当地气温条件，采用室内或室外自然交配。如交配率太低，可采用人工移植精荚措施。

（1）室外交配　人工养殖的对虾，交配期可以在养殖池中继续培育使其自然交配，也可以挑选到准备好的暂养池交配。雌雄比 1∶1 为宜，每天换水 50% 以上。对虾交尾前应注意加强营养，使其体质健壮，雄性精荚发育良好。交配期需每日换水，水温应保持在 12 ℃ 以上。每日的投饵量为亲虾体重的 8%～10%。经过一段时间培育，交配率可达 50% 以上。

（2）室内交配　将未交配的亲虾以雌雄比 1∶1 的比例、20～30 尾/m² 的密度放入水泥池中，精心饲养，使其完成交配过程。每日换水 70% 以上，换水前后水温差小于 1 ℃。水温不能低于 12 ℃，最好控制在 14～17 ℃。投喂鲜活饵料，日投饵量约为虾体重的 10%。室内光照晴天可维持 3 000 lx 以上，适当充气使水质指标保持对虾养殖所要求的正常指标。要防止人为反复升降温及盐度变化对虾的刺激。一般，交配率可达 70% 以上。将室内或室外交配后的雌虾挑选入室内越冬池培育，逐日缓慢降温，达到越冬水温的要求。

（3）人工移植精荚　首先用挤压法挤出雄虾精荚的豆状体，再用镊子将整个精荚拉出，然后用特制镊子打开雌虾的纳精囊，同时把精荚放入纳精囊内。通常每尾雌虾的纳精囊左右各放一精荚，以提高受精率。

亲虾进入室内培育前，应先检查越冬培育设施是否能正常运转，越冬池及海水预热池要进行冲洗，并用 20 mg/L 高锰酸钾溶液或 300 mg/L 漂白粉液消毒，用过滤海水或淡水冲洗干净后，进过滤海水到 1 m 深，即可移亲虾入池中。中国明对虾亲虾的放养密度宜为 10～15 尾/m²，亲虾入池后，向池水中加 20～25 mg/L 的福尔马林消毒亲虾，连续充气，每日换水 1/5～1/3，5～7 d 后福尔马林基本除去，即进入正常越冬管理阶段。亲虾入池操作要细心，避免虾体受损伤。亲虾越冬期间水温控制在 8～9 ℃，并保持稳定，池水盐度 20～35、pH 7.6～8.6、溶解氧 ≥5 mg/L；亲虾入池初期及越冬后的调温，每日不超过 1 ℃，且升降 1 ℃后，应稳定 2～3 d，再继续调节；每天换水一次，每次换 1/3～1/2，换水前后水温差不超过 0.5 ℃；倒池数次，具体视池底污染情况灵活掌握；亲虾入池初期应适当充气，间歇进行，后期连续充气，以利于对虾性腺发育；投喂优质配合饲料或鲜活的贝肉、沙蚕、乌贼肉、小虾等，日投喂 2 次，投喂量为虾体重的 3%～5%；光照控制在 1 000 lx 以内，使亲虾不易附生藻类，环境舒适；勤观察亲虾活动及摄食情况、有无异常现象和疾病发生，定期测定各水质因子，并做好记录；保持越冬池周围安静，尽量避免惊扰亲虾。越冬培育后期，亲虾性腺开始发育，可计划在产卵前 1 个月，进行强化培育，升温促熟，水温每升高 1 ℃需恒温数日后再行升温，直至 14～16 ℃；自升温之日起逐渐增加投饵量，以投喂沙蚕、贝肉为佳，日投饵量为亲虾体重的 5%～10%；逐渐提高光照强度，使白天的光照强度提高到 3 000 lx 以上。

5. 亲虾的促熟

对虾的性腺发育受外界环境条件的影响，也与自身内分泌系统的活动相关。水质、水温、日照长短、饵料是主要外环境条件。水质的优劣直接影响对虾的生长发育；水温的上升，不仅能促进对虾摄食、消化及新陈代谢，而且能影响神经系统调节内分泌活动，促进性腺发育。了解温度对虾类性腺发育的影响，探明性腺发育的生物学零度和有效积温，对育苗生产上亲虾的性腺发育促熟调控具有指导意义。生物学零度是指性腺发育的最低温度，高于此温度的为有效温度，将每天的有效温度相加就是有效积温。在外环境条件如水质、饵料满足的前提下，对虾首次性成熟产卵的有效积温是一定的，为一常数。春、夏季繁殖的虾类，日照时间的逐日增加能刺激神经系统，促进促性成熟内分泌器官的活动，加速性腺发育。

虾类内分泌器官中的 Y 器官和 X 器官共同制约着卵巢的发育，Y 器官促进性腺发育，X 器官抑制卵巢的发育，促进 Y 器官的功能或减弱 X 器官的功能均有利于性腺发育。实际应用上多采用减弱 X 器官功能的办法，最早使用的方法是切除一侧眼柄或用针刺入眼球内挤压破坏 X 器官，但易造成创伤、导致死亡。后来使用镊烫法，即用烧红的镊子连夹带烫地破坏一只眼柄的基部，此法可防止体液流出、减少细菌感染，提高成活率。摘除眼柄的时间把握很关键，X 器官可能对卵母细胞卵黄的积累有抑制作用，所以在卵巢发育的小生长期末和大生长期初进行手术为宜。

营养是性腺发育的物质基础，进入大生长期的卵巢是卵黄积累时期，主要成分是卵黄物质，化学成分是卵黄磷脂蛋白，主要靠从食物中摄取，也有小部分从体内肌肉等处积累的营养物质转化而来。因此，为促进亲虾的性腺发育成熟，应投喂富含蛋白质和磷脂的食物。生产上投以沙蚕、贝肉、乌贼等为饵料，可促进性腺发育。

（三）产卵与孵化

1. 产卵

育苗生产上安排亲虾产卵有三种方式，即在专用产卵池或育苗池中设网箱或在亲虾培育池中产卵。

（1）产卵池中产卵　育苗厂配有专用产卵池，形状一般为圆形，大小 1 m³ 至数立方米，有利于均匀充气。先将待产亲虾消毒洗净，向池中注入清洁海水，放亲虾 10～15 尾/m²，充气量要适当，不宜过大，以防产生"溶卵"现象。产卵结束后，收集受精卵，经过清洗和消毒后移入育苗池孵化与育苗；也可在产卵池中等无节幼体孵出，经选优后，移入育苗池中培育。

（2）网箱中产卵　用网目大小 2～3 mm 的网布制成底面积 2～6 m²、高 1 m 以上的长方形网箱，置于育苗池内，放入待产亲虾 15～20 尾/m²，并适当充气。卵产出后能通过网眼漏入池中，分布较分散，能避免卵粒堆集或粘连成团。产后亲虾及网箱可及时移出，留下受精卵在池中孵化，并在该池培育幼体。

（3）培育池中产卵　育苗厂利用几个池子培育亲虾，并让其在池内直接产卵，每日清晨可放水收集受精卵，经过清洗和消毒后，移到育苗池中孵化、育苗。此种方式适于亲虾较多的情况，每平方米放亲虾 10～20 尾，亲虾在池中活动自如，不易受惊扰，产卵率较高。

2. 洗卵与卵子消毒

洗卵及卵子消毒的目的是清除卵表面的异物及杀灭病原体、切断亲体与幼体之间的疾病传播。洗卵与卵子消毒的过程如下：先将收集的卵子用 30 目筛网框滤去残饵及粪便，然后将卵盛于 80 目网袋中置于洁净或消毒海水中冲洗 1～3 min，再浸入消毒药液中 1～2 min，再用消毒海水冲洗 1 min，最后放到培育池孵化。比较理想的消毒药物及其用量为：①漂粉精（含有效氯 62%）5～10 mg/L（相当于有效氯 3～6 mg/L），2 min。②碘液（2%）200 mg/L（相当于有效碘 4 mg/L），1～2 min。③碘附（安得福）15～20 mg/L，1 min。

3. 孵化

一是将清洗消毒后的卵移至育苗池中孵化，然后在该池进行幼体培育；一般放卵密度 10 万～20 万粒/m³。二是将卵放在专用的小型孵化池或孵化桶内高密度孵化，然后将孵出的无节幼体移到育苗池中进行育苗。第二种方法的优点是可以对无节幼体进行选优，淘汰活力差的幼体，同时可以避免不孵化的死卵对育苗池水的污染及死卵中病害的传播。

在受精卵孵化期间，要做好控温、调气、改善水质及防病等工作。池水升温的速度与幅度不能过快或过大，一般每小时升温不超过 0.5 ℃，日升温不超过 2 ℃，升温后池水温度要保持稳定；为防止受精卵下沉及提供胚胎孵化所需要的氧气，需要对池水连续充气，充气量以水面有轻微波为宜，切忌充气量过大，以免影响胚胎发育或造成卵子破裂。由于卵子有沉性，尽管在充气，也有部分卵子沉积于池底死角处，因此，需要经常用推水器（或搅板）轻轻搅动池水，使沉底的卵浮起，以提高孵化率。

中国明对虾受精卵孵化的水环境要求为：盐度 25～35，pH 7.8～8.6，总氨氮不高于 0.6 mg/L，溶解氧不低于 5 mg/L，在 18～20 ℃时，约经 24 h 孵出无节幼体。

（四）幼体培育

1. 无节幼体培育

无节幼体不摄食，以自身卵黄为营养，不需要投饵。要提供无节幼体发育变态所需要的适宜环境条件。如中国明对虾，水温可控制在 20～23 ℃范围内逐渐升高，保持溶解氧 5 mg/L 以上、盐度 25～35、pH 7.8～8.6；充气量控制在 1% 左右，以池水面呈微波状为宜。水深可控制在 1.2 m 左右，一般只适量添水，不换水。

当无节幼体发育到 3 期后，育苗池内应接种单细胞藻类，接种密度为 3 万～5 万个细胞/mL；接种后每天或隔天适量施肥，氮肥（硝酸钾）1～2 g/m³，磷肥（磷酸二氢钾）0.1～0.2 g/m³；到无节幼体 6 期时，使池水中单细胞藻类密度达到 15 万～20 万个细胞/mL。

在上述培育条件下，中国明对虾无节幼体经过 3～4 d 发育为溞状幼体。

2. 溞状幼体培育

溞状幼体开始摄食，以植物性饵料为主。池内单细胞藻类的密度应维持在 15 万～20 万个细胞/mL，通过投藻液及施肥繁殖单细胞藻类来维持密度。若单细胞藻类供应不足，可补充投喂豆浆、酵母、蛋黄及微型配合饵料等，分少量多次投喂，只要保持幼体的胃肠饱满，粪便拖带率在 60％ 以上，就应尽量控制或减少投饵量。从溞状 2 期幼体开始可加投轮虫，3 期幼体开始每尾可加投卤虫无节幼体 2～3 个。注意人工饵料的颗粒大小要适宜，溞状 1 期应以 150 目以上筛绢袋过滤，2 期、3 期可以用 120 目筛绢袋过滤后投喂。

中国明对虾溞状幼体期培育水温在 23～25 ℃ 范围内逐渐升高。充气量调至 1.5％ 左右，保持微沸腾状。溞状幼体 3 期之前一般只添加水、不换水，3 期之后视水质情况适量换水（用 80 目筛绢网箱进行排水），日换水量 1/4 以内为宜。溞状幼体约经过 4～5 d 的培育发育为糠虾幼体。

3. 糠虾幼体培育

糠虾幼体的食性已转到吃动物性饵料为主，除单细胞藻类继续保持一定密度外，必须投喂如轮虫、卤虫无节幼体等饵料。1 期糠虾幼体每日每尾投喂轮虫 50 个或卤虫无节幼体 10 个，单细胞藻类密度保持在 2 万～3 万个细胞/mL；2～3 期糠虾幼体每日每尾投喂卤虫无节幼体 20～30 个。当以上饵料得不到满足时，可投喂人工饵料或微型配合饲料，间隔 3～4 h 投喂 1 次，经 60～80 目筛绢袋过滤后投喂。

中国明对虾糠虾幼体培育水温保持在 25～26 ℃。充气量 2％ 左右，呈沸腾状。每天换水量 1/3 左右（用 60 目筛绢网箱进行排水）。糠虾幼体约经过 4 d 左右的培育发育成仔虾。

4. 仔虾培育

仔虾期应着重满足其动物性饵料，仔虾 1～3 期，以投喂卤虫无节幼体为主，每尾 70～100 个。以后，除投喂卤虫无节幼体外，不足时可投喂人工饵料或微型配合饲料，间隔 3～4 h 投喂 1 次，前期经 40～60 目、后期经 30～40 目筛绢袋过滤后投喂。

中国明对虾仔虾培育水温保持在 25～26 ℃，充气量 2.5％ 左右，呈强沸腾状。每天换水量 1/2 左右（用 40 目筛绢网箱进行排水）。虾苗出池前 2 d 停止加温，使池内水温逐渐下降，与准备放苗的养殖池的水温基本一致。

（五）出苗与运输

仔虾全长达 1.0 cm 时可出苗。斑节对虾苗宜于全长达 1.2 cm 以上时出苗。在加温育苗的情况下，出苗前 2 d 开始逐渐把苗池水温降至室温，以便虾苗出池后能较好地适应养殖池塘的水温，提高放养成活率。

1. 出苗方法

先用换水网箱排水，使池水位下降至 1/2 左右，然后在出苗井内安装好集苗网箱（通常用 40～60 目筛网制成的网箱），然后开启育苗池排水口，虾苗随水流入网箱内，要注意水流不要太急，要尽量减少水流的冲击力，以免损伤虾苗，保持网箱内一定水位，及时用手抄网将网箱中虾苗捞出到装苗桶内，计数，然后包装、运输。

2. 虾苗计数

（1）容量法　分水容量法和干容量法。前者是将虾苗盛装在一定水体大小的装苗桶内，搅匀后用量杯随机取样，逐尾计数被取样的虾苗数。根据装苗桶水体与取样水体大小的比值，推算出装苗桶中虾苗的总数。后者是用特制的会漏水的小杯，量一杯虾苗（水分已漏出），逐尾计数，得知该杯虾苗数量，以后就按杯数计数虾苗。

（2）干重法　从集苗箱或装苗桶中取部分虾苗在网袋中，滤去水后称重，计算出单位重量的虾苗尾数。卖苗时，根据购买者所需虾苗的数量，称取一定重量的虾苗。注意每次称取数量不宜太多，以避免虾苗堆挤受伤。

3. 虾苗运输

虾苗运输必须保证成活率。影响虾苗运输成活率的因素主要有水中溶解氧量、虾苗密度、水温等，运输过程尽量维持对虾苗较适宜的条件。气温、水温高时，可采用适当的降温措施，降低虾苗的代谢、活动量及氧气的消耗，以延长运输时间及提高成活率，如用冰块来调节温度，或者用冷藏车或空调车运输虾苗。

虾苗运输可根据路途远近及交通条件，采用陆运、水运或空运。盛虾苗的容器多用帆布桶或塑料袋（聚乙烯薄膜袋）。装苗密度视虾苗大小、时间长短和水温而定。例如：水温 20 ℃左右，在直径 1.0 m、高 1.2 m 的帆布桶中，装水 1/3～1/2，可装体长 1.0～1.5 cm 的虾苗20 万～50 万尾，运输 6～8 h，成活率不受影响，如果增加充气或充氧，可提高装运密度和延长运输时间。长约 72 cm、宽约 37 cm 的塑料袋，盛海水 1/3 体积（约 8 L），充氧 2/3 体积，每袋可装虾苗 2 万～3 万尾。在气温 20 ℃左右，可运输 10 h 以上，成活率达 95％以上。

（六）育苗期间疾病防治

虾卵及幼体疾病是育苗生产不稳定的重要因素之一。由于育苗期的发病病程短，难以治疗，即便能治愈，育苗成活率也不高。因此，对疾病应采取以防为主的方针，防患于未然。

1. 病毒病

我国对虾育苗中发现的病毒病有中国明对虾肝胰腺细小病毒病、斑节对虾杆状病毒病和日本囊对虾中肠腺坏死杆状病毒病等，受病毒感染的幼体活动能力下降、反应迟钝、不摄食、停止发育，体外常黏附原生动物或其他污染物。发病的中国明对虾幼体肝胰腺萎缩，明显坏死、脱落；斑节对虾幼体肝胰腺变白、坏死；日本囊对虾幼体肝胰腺白浊、坏死，重者肠道也变白。这几种病毒病均为急性传染病，患病幼体死亡率高达 98％以上。带病毒的亲虾及其粪便是病毒的主要传播媒介，溞状幼体 2 期后高密度（30 万尾/m³ 以上）培苗或水质污染也可能是诱发因素。

预防：①严格检疫，使用无病毒亲虾为亲本进行育苗。②使用消毒海水进行育苗。③做好产卵池、育苗池、进水管道、换水网箱等育苗设施与设备的清洗及消毒。④做好受精卵的清洗与消毒。⑤控制适宜的幼体培育密度（100 g/m³）。⑥如发现育苗室内有的育苗池病毒病严重，除做好隔离外，还应彻底销毁病苗。

2. 菌血病

菌血病主要是由弧菌，或由假单胞菌或气单胞菌侵入幼体血淋巴而引起的一种全身性感染疾病，溞状幼体、糠虾幼体和仔虾期都有发生。患病幼体活力明显下降，趋光性减弱，腹部蜷曲，体色变白，不摄食，不拖便；镜检幼体组织和血淋巴内有很多活动的细菌。该病发病急，传染快，危害大，受感染的幼体会大批急剧死亡。疾病的发生常与幼体密度过大（30 万尾/m³ 以上）或饵料、水源被弧菌污染等有关。

预防：应使用过滤清洁海水或消毒海水进行育苗，保证饵料不带菌及适宜的幼体培育密度。

3. 真菌病

虾卵或幼体被链壶菌或离壶菌等属中的数种真菌孢子感染引起。孢子侵入卵或幼体内，获得丰富的营养，萌发很快，并迅速在组织内生长成分枝状、无隔的许多弯曲菌丝。卵被感染后变得透明，并停止发育。幼体被感染后行动不活泼，体色混浊，易沉于水底。该病的感染率达 90％以上。在育苗期间，如不预防和及时诊断治疗，24～72 h 内会出现大批卵或幼体死亡。

预防：亲虾和育苗用水需严格消毒，及时清除池内死卵和死亡幼体，保持水质清洁。

4. 固着类纤毛虫病

该病由原生动物缘毛类纤毛虫（聚缩虫、单缩虫、钟虫及累枝虫）固着在虾卵或幼体上引起。固着类纤毛虫在幼体表面少量附着时会随蜕皮而蜕掉，附着数量较多，特别是附着在头胸甲附近时，幼体游泳迟缓、摄食困难、生长减慢、蜕壳不遂，从而导致纤毛虫大量繁殖，最终幼体不堪重负下沉死亡。该病的发生与水中有机质含量多及水质污浊有关。作为对虾幼体饵料的卤虫无节幼体中混有未分离干净的卤虫卵壳和未孵化的卤虫卵可能携带了大量纤毛虫，也是引发该疾病的重要原因之一。

预防：育苗过程中应注意控制人工饵料或微型配合饲料的投喂量，尽可能使用单胞藻、轮虫、分离较纯的卤虫无节幼体等活饵料，保持水质清新，增强幼体体质，促进幼体较快地蜕壳变态。纤毛虫病刚发生时，可以通过加大换水量，适当升温（2~3 ℃），促进幼体蜕壳变态，蜕掉附着在甲壳上的纤毛虫。

5. 棘毛萎缩病（畸形病）

该病多发生在对虾无节幼体阶段，溞状幼体也有发生。患病幼体尾棘弯曲、萎缩或断折残缺不全，甚至附肢上的刚毛也出现萎缩、弯曲、残缺等异常现象，严重者幼体全身刚毛萎缩、光秃。发病初期的幼体游动无力，以后沉于水底，有的虽然也能蜕皮，但往往蜕下来的皮挂在尾部而难以分离，轻者可继续发育变态，重者沉于水底，不能变态而死亡。该病与水环境条件不适有关，如水温过高、温差变化太大，尤其是水中重金属离子浓度过高等均会引起该病；卵子质量差，或孵化环境恶劣，孵出的无节幼体也有畸形。

预防：保持良好的育苗池水环境、适宜的水温，当水中重金属离子超标时，全池泼洒乙二胺四乙酸二钠 2~4 mg/L 进行螯合。

6. 气泡病

幼体身体内有气泡，浮于水面，久之死亡。在低倍镜下观察，幼体腹部消化道内、头胸甲下的血腔内可见气泡。该病多认为是由育苗池水温突然升高，气体在水中的溶解度下降，呈过饱和状态，而多余的气体难以立即逸散，被幼体吸入所致，而非充气而引起。

预防：育苗过程中避免突然升温，若发现此病应立即换入温度稍低、气体不饱和的新鲜海水，就能缓解。

第三节　蟹类人工育苗的生物学基础及通用技术

一、生物学基础

1. 性征与繁殖方式

蟹类雌雄异体，第二性征明显，可从外表区分。雄蟹腹部狭小，呈长三角形或长条形；腹部退化，仅遗留第一、二腹肢，并特化与组成形状复杂的交接器；生殖孔常位于末胸节腹板上。雌蟹性腺未成熟时腹部不大，呈等腰三角形，性成熟后腹部变宽变大，呈半圆形或卵圆形；腹部附肢也退化，仅存第2~5对附肢，双枝型，多刚毛，用来抱卵；生殖孔大多位于愈合后的第三胸节腹板上。如三疣梭子蟹雄性腹部窄三角形，雌性未成熟时等腰三角形，长宽比约为 1.75∶1；雌蟹交配后逐渐呈半圆形，长宽比约为 1.25∶1。

蟹类繁殖为雌雄交配，体内受精，体外发育。交配后精荚贮于雌体的纳精囊内，卵产出过程中与纳精囊释放出来的精子相遇受精，再产出体外。然后，雌蟹靠分泌的黏液黏附散落的卵子，抱于腹肢上呈葡萄串状，进而使卵发育孵化。

2. 交配

蟹类生物学最小型各不相同，且同一种类的自然蟹与养殖蟹也不相同。如自然海区三疣梭子蟹生物学最小型一般为雌蟹甲壳长 13 cm，体重约 230 g，人工养殖蟹雌性甲壳长达 12 cm 时就可交配。种类不同及同一种海区不同个体与养殖蟹的交配季节随地区和个体的年龄不同而有所差异。如三疣梭子蟹，东海区的 10 月至 11 月下旬（水温约 21 ℃）是当年蟹交配盛期，黄渤海区的 4、5 月到初冬均可交配。

蟹类交配大多要经过生殖蜕壳，如梭子蟹类；有些种类则不需生殖蜕壳，为硬壳交配，如中华绒螯蟹。交配前，雄蟹追逐雌蟹，一般持续数天或更长时间，一旦雌蟹蜕壳，两性即行交配。交配时一般雌蟹背部向下，步足收拢，腹部张开，雄蟹附于其上，用第三、四对步足将雌蟹抱住，将交接器插入雌蟹纳精囊内，并将精荚输入。雌蟹纳精囊接受精荚后变大，过一段时间后逐渐硬化。雌性交配一般仅 1 次，但可多次排卵受精。

3. 性腺发育

蟹类明显的生殖腺出现期往往是在胚胎发育至卵内溞状幼体阶段，在生长过程中性腺发育缓慢，但雄性快于雌性。待雄性发育成熟后，即行交配。交配后的雌蟹性腺发育迅速，直到成熟。

蟹类卵巢发育的分期标准，各学者持不同意见，尚无统一标准。卵巢分期的常用指标有卵巢形态、色泽、卵巢指数（GSI）、肝胰腺指数（HSI）、卵黄合成程度、卵子发育程度等。如三疣梭子蟹卵子成熟过程分为卵原细胞期、卵黄发生前卵母细胞期、小生长期、大生长期、近成熟卵母细胞期和成熟卵母细胞期等 6 期，成熟卵母细胞处于第一次减数分裂中期，这是卵子成熟的形态学标志。三疣梭子蟹卵巢发育早期不同个体间的 GSI 差异较大，后期则趋于同步。卵巢发育期间，GSI 显著增加，HSI 呈先上升后下降趋势，GSI 和 HSI 呈负相关。如梭子蟹第一次卵巢发育分为 6 期。

Ⅰ期卵巢呈透明细带状，肉眼较难发现，雌体尚未生殖蜕壳，巢中主要为卵原细胞和卵黄合成前的卵母细胞（6—8 月）。

Ⅱ期卵巢呈乳白色，肉眼不能发现卵粒，巢中主要为卵黄合成前的卵母细胞和内源性卵黄合成期卵母细胞（9—11 月）。

Ⅲ期卵巢为淡黄色或橘黄色，肉眼可见细小卵粒，但不能分离，巢中主要为外源性卵黄合成期卵母细胞（10—12 月）。

Ⅳ期卵巢呈橘红色，卵粒清晰可见，主要为近成熟的卵母细胞（11 月至翌年 4 月）。

Ⅴ期卵巢发育成熟，卵粒极为明显，大小均匀，游离松散，主要为成熟期卵母细胞（翌年 2—4 月）。

Ⅵ期卵巢呈淡橘红色，已排卵，有少量残留卵粒，巢中主要为排卵后剩余的基膜和滤泡核（翌年 3—4 月）。

三疣梭子蟹第一次产卵孵化后，自然状态下会进行第二次产卵，此间不需重新交配，第二次产卵前卵巢发育时间为 1 个月左右。其间 GSI 显著增加，HSI 变化不显著，GSI 与发育天数呈显著正相关，GSI 与 HSI 的变化没有显著相关性。第二次卵巢发育分为 4 期。

Ⅰ期卵巢为乳白色或淡黄色细带状，已有一次排卵，有少量残留卵粒，以内源性卵黄合成期和卵黄合成前的卵细胞为主，首批胚胎发育期为卵裂期至原肠期（产后 1～11 d）。

Ⅱ期卵巢为淡黄色或橘黄色，肉眼可见细小卵粒，但不能分离，主要为外源性卵黄合成期的卵母细胞，首批胚胎发育期为卵内无节幼体至心跳初期（产后 9～23 d）。

Ⅲ期卵巢橘红色，卵粒明显可见，是卵黄合成旺期，主要为外源性卵黄合成期的卵母细胞，首批胚胎发育期为心跳期至胚胎孵化后 7 d 内（产后 22～34 d）。

Ⅳ期卵巢发达，膨大柔软，卵粒极明显，大小均匀，游离松散，主要为成熟期的卵母细胞，首批胚胎孵化后 8～15 d（产后 30～38 d）。

4. 产卵

蟹类从交配到产卵的时间不一，有些仅数小时至几天，有些需要数月。蟹类产卵一般发生在晚上，常在 19:00 至翌日 4:00，以上半夜为多。

亲蟹产卵时处于安静状态，腹部张开，同时用步足将身体撑起，形成一个三角形区域；卵排出后，并不先附着于生殖孔附近的腹部附肢刚毛，有些先产于上述三角形区域底质上，然后用刚毛粘上，有些种产出的卵先被送至靠近腹部末端的附肢内肢刚毛处附着，再逐步整理均匀地附着于腹部附肢刚毛上。从产卵开始到整理结束，需要数小时至几天时间。排卵时，亲蟹如果受干扰，可能中断排卵，未排出的卵滞留在体内，不再排出。

蟹类产卵量与蟹的大小、产卵次数、卵的直径有关。如三疣梭子蟹产卵量与雌体大小呈正相关，每只抱卵量为 80 万～450 万粒；亲蟹可多次产卵，首次产卵后，海区蟹约需 1 个月，养殖蟹需 12～20 d，又可再次产卵；个体大者可产 3～5 次，但每次产卵量逐渐减少，所产出的卵直径也逐渐减小。拟穴青蟹产卵量为 200 万～400 万粒。

5. 胚胎发育

蟹类卵富含卵黄，卵裂方式常为表面卵裂或完全卵裂（如中华绒螯蟹）。蟹的胚胎发育过程一般分为卵裂前期、卵裂、囊胚期、原肠期、卵内无节幼体期和卵内溞状幼体期；其外观颜色也不断变化，呈现黄色→橙色→茶色→茶褐色→黑色。个体发育阶段与一些同工酶有特异性关系，可以作为生化指标来鉴别胚胎发育阶段。胚胎发育受水温、盐度等环境条件影响较大，在适温范围内，一般水温越高胚胎发育所需时间越短。如三疣梭子蟹在水温 19～25 ℃、盐度 20～31 下，胚胎发育所需时间为 15～20 d。蟹类胚胎发育过程中能量主要由卵中脂类提供，其次由蛋白质提供，胚胎发育不同阶段所需的能量是不均匀的。

6. 孵化出膜

当抱卵蟹卵内溞状幼体开始蠕动，心跳达到一定次数时，幼体便孵化出膜。即将孵化出膜时，亲蟹所抱胚胎呈灰黑色、极易脱落，蟹腹部（蟹脐）由原来贴近腹部逐渐被胚胎推动张开至最大位置，蟹腹部几乎与蟹壳在同一平面上。孵化出膜过程一般在夜间，以后半夜为多；孵化时，亲蟹将腹部向后方伸展，用螯足和步足站立向上挺起，急剧扇动腹部，帮助幼体破膜孵化，并不断变动场所，重复该动作。各种蟹孵化所需时间不一，一般 1～2 h。若水温较低，其孵化时间延长；水温过低，孵化可能停止，孵出的幼体多畸形，数天内绝大多数死亡。

7. 幼体发育

蟹类幼体发育为变态发育，孵出的幼体一般为溞状幼体，溞状幼体再经过 4～6 次的蜕壳发育变成大眼幼体，大眼幼体再经过几天的发育变成与成体相似的仔蟹。幼体每蜕一次壳就变态发育一次。溞状幼体身体分为头胸部与腹部，分节明显，有复眼，双枝型颚足为运动器官，头胸甲具长刺，后期生出尾肢，形成尾扇。溞状幼体营浮游生活，第一期主要表现为滤食性，第二期后表现出主动捕食性。大眼幼体已具备了全部体节与附肢，已具有成体的典型特征，通过一次蜕皮，外形就与成体一样，能游善爬，游泳能力与捕食性强。溞状幼体由于低温或饵料不佳等环境条件不适影响，可能出现第 V、VI 期溞状幼体，即变态延缓现象。溞状幼体分期主要根据其第二颚足外肢刚毛数来区分，Z_1 至 Z_5 的刚毛数分别为 4、6、8、9～11、12～14。

二、室内水泥池苗种生产

1. 亲蟹选择与运输

蟹类的性成熟与年龄和大小相关，三疣梭子蟹等 1 龄就能性成熟，中华绒螯蟹等一般要 2 龄才能成熟。养殖蟹通常个体小于自然蟹，经过养殖有的蟹可能性腺提前发育成熟。人工育苗时，有些种类如三疣梭子蟹亲体常直接选择自然海区抱卵蟹，有的采用养殖蟹如中华绒螯蟹、拟穴青蟹。

亲蟹是苗种生产之本，其优劣直接关系到人工育苗的成败。因此，人工育苗时亲体常有一定选择标准，一般要求蟹体无病无伤、附肢齐全、活力良好、对刺激反应灵敏、体色正常、体表洁净、个体较大；若直接选用抱卵蟹，要求其腹部卵块坚实紧致，卵块的轮廓、形状完整无缺损，胚体色彩鲜明，抱卵量多。有些蟹如中华绒螯蟹需要选用未交配的雌、雄蟹做亲蟹，还需注意雌雄比，一般为 2：1 或 5：3。

亲蟹来源地与育苗场常不在同一地方，需要一个运输过程。亲蟹的捆绑操作、运输方法及天气直接关系到其伤残率与成活率。由于蟹类具强壮的大螯与步足，散装极易造成亲蟹之间争斗与受伤，所以一般用橡皮筋绑住其大螯。亲蟹短途运输，干运、水运皆可，宜在早晚气温较低时进行；若长途运输，常采用带水充氧运输方法。干运注意保湿与不要重压，水运注意溶解氧与密度。在抱卵亲蟹的采捕、运输中不能干露过长时间和受碰撞伤，否则进入培育池后易引起抱卵亲蟹卵块脱落或放散，即"流产"现象。

2. 亲蟹培育与孵化

蟹类具共同的潜沙特性，因此，室内亲体培养池宜在底部铺沙，铺沙面积为池底的 3/5，靠排水口处留空用于投饵、换水和清残，为亲蟹提供一个良好的栖息环境。亲蟹无论来自自然海区还是养殖塘，未免会带来一些病原生物（细菌、真菌、寄生虫等），入池前一般需用一定浓度的药物浸泡消杀一定时间，以杀灭其体表有害生物。

蟹类的性腺发育与水环境密切相关，也与内分泌系统活动有关。水环境主要包括水温、盐度、pH、溶解氧、光照、氨氮、饵料、培育密度等。水温与亲蟹培育关系最大，常采用升温方法促进亲蟹性腺发育，根据育苗生产要求，确定亲蟹促熟时间。但升温不能操之过急，应循序渐进，一般每天升温幅度为 0.5～1 ℃，逐步升温至一定水温后，恒温培育，使亲蟹陆续抱卵。亲蟹抱卵后，将其挑出，另池培育。盐度与亲蟹性腺发育、产卵、孵化都有较大关系，在不同繁育过程宜调节相应盐度。由于培育池亲蟹密度较高，易引起缺氧，每天宜根据池中溶解氧情况适时开增氧泵充氧，使池水溶解氧不低于 4 mg/L。亲蟹喜欢弱光与安静环境，一般室内要用黑布遮光，光强控制在 500lx 以下。饵料是促熟的营养保证，宜投喂优质、适口、营养丰富的饵料，生产上常用富含不饱和脂肪酸的薄壳贝类或活沙蚕，日投喂量一般为亲蟹体重的 5%～10%，并根据次日残饵多少调整投饵量。培育密度与水质和栖息环境密切相关，适宜的密度可防止蟹之间过度接触而造成互残。坚持每日换水，以保持水质清洁，换水前先清除残饵与死蟹，每隔 10～15 d 洗沙或倒池 1 次。宜构建循环水培养系统，可减少换水量和倒池次数。

亲蟹培育过程中，每天需要观察其卵色的变化。如肉眼观察到卵色呈灰黑色，需及时镜检膜内幼体的心跳次数。若发现卵内溞状幼体心跳达到一定次数，要及时做好育苗池布幼准备。

3. 布幼与选优

布幼前，需严格做好育苗池清洗、充气石排布与消毒工作。充气除有增氧作用外，还起到均匀幼体、饵料、水温与盐度等，减少幼体能量消耗，分解与凝聚有机物，减缓人工饵料沉降等作用，因而，充气石需均匀摆放，且放置密度不低于 1 个/m²。

育苗常采用原池培育法，就是在育苗池布幼、选幼后，直接在该池培育幼体。亦可采用将幼体集中孵化于孵化池，然后选幼移池培育。为了亲蟹与初孵幼体有一个较稳定水环境，不至引起应激反应，一般将孵化池水温、盐度等调至亲蟹池和初孵幼体最适范围之间。孵化常采用吊笼法，待幼体孵出后，及时移走亲蟹笼。若采取原池培育，需要注意控制幼体培育密度；为了使刚孵出溞状幼体及时获得开口饵料，需在池中预先接入一定浓度的单胞藻（如小硅藻、三角褐指藻、金藻等，5 万～10 万个细胞/mL）。

选幼可保持育苗池水质与底质清洁。若采取原池培育，布幼结束后，停气 5 min，用虹吸管把池底的污物与沉底不活泼的幼体吸出即可。若采取集中孵化，布幼后停气，利用初孵溞状幼体的趋光性，用灯诱法集幼，大部分质量好、活力强的幼体会聚集在池水上层，可用水桶等工具将其移入育苗池培育。

4. 溞状幼体与大眼幼体培育

各种蟹及其不同发育阶段幼体所适应的理化环境条件是不一样的，因而，需要根据其幼体各阶段的需求来调节育苗池水理化环境。常见蟹类对环境条件适应能力和应控制范围见表 3-22。

表 3-22　常见蟹类苗种生产控制的环境要求

（引自《虾蟹类增养殖学》，王克行主编，1997）

种类	产卵期	胚胎期	幼体期	稚仔期
拟穴青蟹	T：25～30（—）	T：—（26～28）	T：—（26～28）	T：18～31.5（30）
	S：20～30（—）	S：27～35（30～33）	S：20～35（30～33）	S：15～20（—）
三疣梭子蟹	T：14～26（20～22）	T：19～28（20～25）	T：15～34（22～27）	T：22～30（22～28）
	S：26～36（28～32）	S：28～31（28～31）	S：22～36（28～34）	S：10.8～34（28～34）
河蟹	T：>10（—）	T：10～25（22～25）	T：15～30（21～25）	T：15～30（25）
	S：>8（—）	S：10～35（10～30）	S：15～35（10～30）	S：<5（—）

注：T 为温度（℃），S 为盐度；括号外数字为适应范围，括号内数字为应控制范围。

在适温范围内，蟹类幼体发育快慢与水温呈正相关，故适当提高水温可缩短育苗时间，提早出苗；但水温过高，幼体质量与成活率会下降。胚胎发育与幼体发育均对水温变化敏感，升温或降温时宜缓慢进行。出苗前需预先逐步降温，以利于适应养殖环境。换水时进水水温宜与原池接近，尽量减少温差。

在适盐范围内，盐度稳定在最适盐度附近可减少能量消耗，有利于生长。但幼体不同发育阶段其最适盐度会改变，如中华绒螯蟹与拟穴青蟹，育苗时需跟进，并逐步过渡。出苗前同样要做好盐度过渡工作。

pH 是水质的综合指标，能反映水质优劣状况，直接影响幼体新陈代谢及其他水体化学因子变化，也控制着水中有毒物的毒性。影响育苗池 pH 变化的因子主要有单胞藻浓度、饵料动物与幼体密度、残饵及排泄物情况，可通过换水、充气、控制单胞藻密度与饵料投喂量等方法调节，一般控制在 8.0～8.6 为宜。

蟹类溞状幼体、大眼幼体及仔蟹均有较强的趋光性，又喜集群，为了避免幼体趋光集群而造成局部缺氧、水质败坏及互相残杀而死亡，要求除充气均匀外，还需控制均匀光照，白天避免单侧光照，晚上不能长时间局部开灯。

初孵溞状幼体不久就开口摄食，饥饿对其存活和主要生化组成有显著影响。如三疣梭子蟹初孵幼体的初次死亡时间、50％死亡时间（T_{50}）、100％死亡时间（T_{100}）分别为 2.5 d、6.0 d、9.5 d，饥饿 3 d，幼体活力显著下降；饥饿期间，幼体的蛋白质和脂肪含量显著下降，幼体体内的总能量显著下降，最初 24 h 能量消耗最快。因此，开口饵料的及时适量投喂必不可少，一般蟹类的适宜开口饵料为单胞藻与轮虫。育苗过程中，根据蟹的各期幼体饵料参考日需求量，分多次投喂，并根据残饵情况适当调整。常用活饵料为轮虫、卤虫、桡足类、裸腹溞，需提前大量培养。活饵不足时，可用人工饵料及冷冻桡足类、大卤虫代替，根据幼体消化特点，使用代用及冷冻饵料时要少量多次，尽量减少残饵。

适宜的培育密度是育苗成功的因素之一。密度太高常引起排泄物过多、局部缺氧、相互残杀，影响成活率。密度过低常引起饵料浪费、残饵过多、发育快慢不一、空间浪费等现象。因而，在不同阶段需要控制适宜的幼体培育密度。蟹类大眼幼体能游善爬、攻击力强，培育密度不宜太高。为了给幼体提供更好的栖息环境，防止互相残杀，提高成活率与培育密度，可在大眼幼体期挂一些网片。网片数量根据大眼幼体密度而定，附着密度不宜太高，控制在单侧每平方米 1 000 只以下。注意要固定网片，且不要触底，以避免底膜泛起而败坏水质。

水质稳定是育苗成功的关键之一。水质调节除以上措施外，换水是重要的环节。换水量应根据水质状况决定，避免水环境条件大幅度变化，一般换水前后水温温差不宜超过 1 ℃。在大眼幼体期，可根据池底残饵和污物情况决定是否倒池；若需倒池，宜选择在溞状幼体全部变态成大眼幼体后的翌日，以避免对正处于变态期的幼体造成伤害；换水时，防止网上与壁上附着幼体干露。

5. 出苗与运输

目前养殖者对蟹类出苗的规格接受程度不同，中华绒螯蟹一般以大眼幼体出苗，三疣梭子蟹与拟穴青蟹一般以仔蟹第一期及以后出苗。苗种出池前 2～3 h 应停喂大卤虫等饵料，以免这些饵料混入仔蟹中，造成称量困难和影响运输成活率。中华绒螯蟹大眼幼体出池，以灯诱集苗为主。海水蟹仔蟹出池，应先处理网片上的仔蟹，然后用适宜网目的大抄网捞取上层仔蟹，再放水收集底部苗。捞取的仔蟹放置于大盆内水中，充气，及时称量、装袋。称量一般用质量法。蟹苗运输可干运、尼龙袋带水充氧运输或水车曝气运输。运输注意放苗密度与天气、运输距离、苗种大小的关系。

三、室外土池苗种培育

室外土池育苗源于中华绒螯蟹，从 20 世纪 90 年代中期开始探索，至今技术逐步成熟，并大规模应用于三疣梭子蟹，尝试于拟穴青蟹。其优点是操作简便，生产成本低，苗种个体大，适宜土池养殖，养殖塘附近进行土池育苗，可缩短苗种运输时间，提高苗种运输成活率与养成成活率；主要缺点是受天气等自然因素影响较大，较难控制水温，季节性强。

1. 土池设施与设备

育苗池塘呈方形，圆角，面积 300～600 m²，水深 1.5～2.0 m，池底为泥沙质、硬底，池沟略向排水口倾斜，整片池塘呈"非"字形排列，各池设有独立的进排水设施，边坡比 1∶2。为防止蟹类幼体过于集中，造成局部缺饵、缺氧而大量死亡，土池的面积不能太大。蓄水池面积宜大，蓄水量为总育苗水体的 1/3 以上。利用育苗池兼作种蟹暂养池。配供电与供氧设备。卤虫孵化池一般为砖砌水泥池，密度以 2～4 m³/只为宜，圆角、漏斗形底。用塑料薄膜保温，配备充气设施。每 667 m² 育苗池需配卤虫孵化池 1.5～2.0 m³。

2. 清塘与消毒

先用泥浆泵清除塘底污泥，再夯实、整修，保持内坡面平整，新塘要进水试漏。于生产前 20 d 或 1 个月进行清塘与消毒，用 1 500～2 250 kg/hm² 的生石灰全池泼洒，再用 8～10 kg 漂白粉干撒塘壁、池底。

3. 亲蟹选择与培育

三疣梭子蟹育苗一般直接采用春季自然海区抱卵蟹，选择标准、运输方法同室内水泥池育苗。按每 667 m² 育苗池配备 8～10 只亲蟹。中华绒螯蟹亲体一般采用淡水水域中未交配蟹，再放于海水亲蟹土池中交配与培育。亲蟹孵幼前一般放土池中吊笼暂养，每笼 1 只亲蟹，投喂富含不饱和脂肪酸的蛏子等活体贝类，保持水质清新，水温、盐度、pH、溶解氧等指标处于正常范围内，且保持稳定。

4. 进水与布幼

育苗土池进水时用 80～120 目的尼龙筛绢袋双层过滤。第一次进水时间选择在清塘后的 8～10 d 或幼体出膜前 3～5 d，进水深度 0.8～1 m；进水后再用浓度为 50～60 mg/kg 的漂白粉消毒，用茶籽饼每 667 m² 10 kg 用量杀灭杂鱼、鱼卵等敌害生物。每公顷使用 30～45 kg 豆浆（以干豆计）发塘。

采用抱卵蟹集中孵幼定时检查的方法，即将抱卵蟹经 20 mg/L 新洁尔灭浸泡 40 min 或用 15 mg/L 高锰酸钾溶液浸泡 20～40 min 后，集中放养于同一培育池孵幼，每池放怀卵蟹 10～15 只，当初孵幼体密度达 2 万～4 万只/m³ 时，随即将亲蟹笼移至另一池布幼。

5. 幼体培育

亲蟹开始排幼时，加注新鲜海水 3～5 cm，待大批幼体孵出，并达到计划布幼数量时，就开始投饵。溞Ⅰ期食谱极为广泛，饵料大小只要与口器相近，幼体皆能食。溞Ⅰ期一般投喂活体轮虫、豆浆、藻粉、虾片或蛋黄等，日投饵 3～4 次，投饵后 1 h 左右检查幼体肠胃，确定是否投饵充足；溞Ⅱ期至大眼幼体期，投喂丰年虫无节幼体，辅以蛋黄、虾片等代用饵料，并分 3～4 次投喂，投喂量根据幼体肠胃饱满情况而定；Ⅰ期仔蟹可全部采用冰鲜卤虫。若能适时培育土池中基础生物饵料，效果更佳，但要做到"适时、适口、适量"。

蟹类幼体在蜕皮变态期间，对水质理化因素变化及有毒物质含量的耐受性明显下降，幼体的死亡通常发生在快要蜕皮或正在蜕皮以及刚刚完成蜕皮过程的个体。因而，水质调控是土池育苗的一个重要措施。溞Ⅰ至溞Ⅱ期幼体以加水为主，每日 1 次，每次 5～10 cm；溞Ⅲ期后开始对培育池进行换水，每池换水量 10～20 cm，为使池水内幼体、饵料、上下水层溶解氧、水温等分布均匀，各池配备增氧机 1 台，电机功率 0.75 kW 左右，掌握开机时机与时长。

在育苗池中投放一定量的光合细菌、芽孢杆菌、乳酸杆菌等有益微生物，分解有机废物，降低水中的氨、硫化氢等有害物质的浓度，保持水质清洁；同时诱导育苗水体中菌群的良性组成，利用生物拮抗作用，抑制病原微生物的生长繁殖，如利用光合细菌在水中繁殖时释放出的抗病性酵素预防蟹苗患病。

每天检查幼体的生长发育情况，勤开增氧机，防止幼苗搁浅、集群和局部缺氧。防止漏水、漏苗，捕捉弹涂鱼、青蛙等敌害生物。冷空气来临时适当加高水位，防止温差变化过大。

6. 出苗与运输

一般选择在晚上，采用灯诱抄网或拖网捞取方法。出苗规格、计数与运输等同室内水泥池育苗。

第四节　贝类人工育苗的生物学基础及通用技术

一、贝类人工育苗的生物学基础

（一）贝类的性腺发育与分期

贝类在性腺发育的周期中，表现出较明显的阶段性，根据不同的阶段特征将性腺的发育过程分为若干不同时期，即性腺发育的分期。关于贝类性腺发育的分期依据或标准，迄今并无统一意见。生产上一般以性腺的色泽、大小和含有生殖细胞相对数量等作为标准，但要正确区分性腺的发育时期需要进行组织学观察。实际上这两种方法可以互相参考。以厦门海区的翡翠股贻贝为例。

1. 肉眼观察

2—4月雌雄颜色通常难以区别，但有个别例外，一般性腺呈白色或乳黄色，外套膜厚而透明，生殖管不明显。5—7月生殖腺颜色变化大，分布不均匀，雄性个体呈乳白色或浅黄色，雌性为蛋黄色或橘红色，外套膜逐渐变成半透明，可以清楚地看到生殖管与滤泡的分布。8—11月外套膜透明，生殖管和滤泡明显，呈树枝状，有时可以看见卵子在生殖管内移动，较成熟的个体可以从生殖管内挤出精液或卵，产卵后的个体外套膜透明，性腺颜色难以区分雌雄，外套膜立即迅速充满结缔组织。

2. 组织学观察

可将翡翠股贻贝的性腺发育过程大体可分为四个时期，各时期的特征如下。

（1）性腺形成期　外套膜结缔组织细胞很多，其间有成排的精原细胞，滤泡没有或少量。雄性个体占大多数，雌性很少。其时间在2—4月，月平均水温13.2～19.9 ℃。

（2）性分化期　滤泡发达，精母细胞或卵母细胞数量增多，同时结缔组织细胞相应地减少，这两个过程是同时并进的。精母细胞之间排列不紧密，有空隙，卵母细胞附在滤泡壁上重叠，雌性腺个体数增加，雄性减少，两性比例数开始接近，故称为分化期。其时间在4—7月，月平均温度19.9～29.2 ℃。

（3）产卵期　滤泡很发达，大多数附着在泡壁上的卵子柄断裂，离开泡壁上皮组织，游离在滤泡腔内，在生殖管内也有分布。精子聚成囊状，部分分散在生殖管内。卵子、精子皆具有受精能力。这个时期内海水中出现浮游幼虫和稚贝附着。其时间在7—11月，月平均水温29.2～21 ℃。

（4）耗尽期或休止期　滤泡空虚，还残留少量精子和卵子，结缔组织细胞很少，在外表上性别难分。其时间在 12 月至翌年 1 月，月平均水温 15.5～16 ℃。本期是处在产卵期后的消瘦期，这不仅在 12 月至翌年 1 月间，而且在 9—11 月时也有出现。

（二）性成熟年龄和繁殖季节

贝类的性成熟年龄，随种类和所分布的纬度而不同。当年生的贝类，大多数性未成熟。许多海产瓣鳃类如葡萄牙牡蛎、马氏珠母贝、栉孔扇贝、菲律宾蛤仔和缢蛏等，满 1 龄就达性成熟。但也有些贝类如鲍等，要到第三年才有繁殖能力。同一种贝类在同一海区性腺的发育也不平衡，雄性个体和年龄较大的个体往往有先成熟的趋势。贝类一般从性成熟直到死亡，每年都能繁殖而不受年龄的限制。

不同的种类繁殖季节不同，即使同一种动物，在不同的地区，繁殖季节也有不同。在福建沿海，葡萄牙牡蛎每年 4—5 月开始就有大量苗源，而山东青岛葡萄牙牡蛎苗附着盛期却在 7 月至 8 月底。缢蛏的产卵期，在福建、广东多为 9 月以后；辽宁、山东则提前至夏季和夏末；而浙江一般在 10 月。这都是受水温的影响。海水比重的变化，对瓣鳃类的产卵和幼虫的发育也有很大影响，这在河口附近生活的种类上格外明显。如果雨水连绵不绝，使海水比重显著下降，有些贝类生殖腺虽已达到成熟，但因海水比重不合适而不能排精产卵。

有些瓣鳃类在满月和新月时产卵比较旺盛，这主要因为在这期间潮差比较大，温度的升降幅度也随之增加，对于产卵具备了有利的刺激条件，另一方面，海水的剧烈震荡对于刺激产卵和卵子的分散都有帮助。由于瓣鳃类具有这种产卵习性，人们常利用改变水温和比重，或用异性的生殖细胞作刺激的方法，诱导瓣鳃类产卵。

（三）产卵量

贝类每个雌体的产卵量，随种类和生活环境的不同而有较大的差异（表 3 - 23）。

表 3 - 23　几种经济贝类的产卵量

种类	壳长（cm）	一次产卵量（粒）
泥蚶	3	200 万～300 万
贻贝	6	500 万～1 000 万
厚壳贻贝	9～11	1 000 万～2 500 万
华贵栉孔扇贝		300 万～1 500 万
菲律宾蛤仔		400 万～600 万
杂色鲍	6～8	60 万～120 万

一般海产的种类产卵较多，陆生和淡水生的种类产卵较少；体外受精者产卵量多，体内孵化或卵胎生者产卵数少，这说明幼体死亡率越高，繁殖力就越强。

瓣鳃类产卵量一般较多，但亦有产卵很少的。产卵量的多少，主要由受精卵在孵化过程中受到保护的情况和卵子的大小来决定。卵子被直接释放在体外，任其在海水中孵化的贝类，其卵子在孵化过程中，常因环境的突然变化而大量死亡，或常被其他动物所吞食，因此必须产出大量的卵子，以保证种族的延续。在鳃腔或外套腔中孵化的种类，受到母体一定程度的保护，产卵量一般较少。据统计，幼生型牡蛎的一个雌体，在 15 min 内能产卵数十万粒；而卵生型牡蛎的一个雌体，在同样时间内，就能产出数千万粒卵，这种情形完全符合生物的繁殖规律。

贝类产卵量的多少，还受到环境条件和年龄的影响。如果环境条件不好，有的亲贝只能勉强生活而不能产卵，有时虽怀有大量的卵但也无法释放出来，或者产出的卵子数量仅为怀卵量的一部分。一般年龄稍大的亲贝产卵量较多，例如3～4龄的牡蛎，产卵量常比1龄牡蛎大数倍。因此养殖场留用种贝时，应该选用年龄稍大的成贝。

腹足类如帽贝、鲍和某些马蹄螺的生殖产物是直接释放在体外，在海水中受精，因此产卵量也较多。田螺和螺蛳的受精卵，在母体的育儿室里发育，待小螺成长以后再排出体外，因此一胎只有数十个，甚至数个。有许多腹足类是经常产卵，每次产出的卵群数不恒定，每一个卵群怀卵量也不相等。

（四）瓣鳃类的发生

以紫贻贝为例见图3-12。

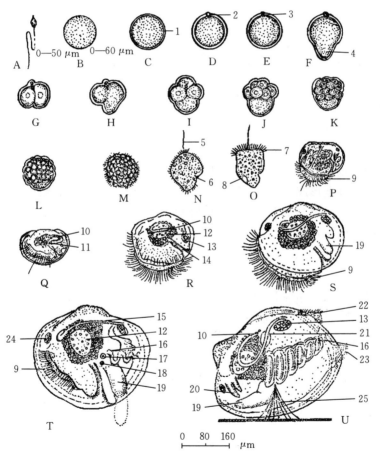

图 3-12　紫贻贝的胚胎发育图（仿李松荣，1979）

　　A. 精子　B. 成熟卵　C. 受精膜出现　D. 第一极体出现　E. 第二极体出现　F. 第一极叶出现　G. 2 细胞　H. 第二极叶出现　I. 4 细胞　J. 8 细胞　K. 16 细胞　L. 桑葚期　M. 囊胚期　N、O. 担轮幼虫　P. D 形幼虫　Q～S. 壳顶幼虫　T. 变态幼虫　U. 附着稚贝

　　1. 受精膜　2. 第一极体　3. 第二极体　4. 第一极叶　5. 顶鞭毛　6. 胚孔　7. 纤毛轮　8. 壳腺　9. 面盘　10. 肠　11. 消化盲囊　12. 胃　13. 后闭壳肌　14. 口　15. 直肠　16. 鳃　17. 平衡囊　18. 眼点　19. 足　20. 唇瓣　21. 心脏　22. 出水孔　23. 入水孔　24. 前闭壳肌　25. 足丝

紫贻贝一般为雌雄异体，体外受精。卵多数呈圆形，直径 68 μm 左右，外被一层胶膜，厚约 19 μm。精子全长约 47 μm。

1. 受精与分裂

精子从植物极附近穿入后，卵外面微微举起一层薄膜，即受精膜。在 16～17 ℃水温时，受精后 30 min 出现第一极体；10 min 后又放出第二极体，卵子受精后 1 h 10 min 左右，卵第一次分裂，经历 2、4、8、16、32……细胞期，细胞分裂次数愈来愈多，形成桑葚期。

2. 囊胚期

在植物极一端，大分裂球逐渐陷入胚体之内，陷入之前，行一次与胚体中轴几乎平行的分裂，分为 2 个大细胞（macromeres）。大细胞顶端有一小腔，为囊胚腔。大细胞分裂后不久，又分出 2 个小细胞暂留于外部。胚体内的细胞继续分裂出许多细胞，充满于胚体内部。胚胎表面被有短而小的纤毛，开始孵化游动，此时约为受精后 7 h 50 min，上述两大细胞亦同时开始分裂。

3. 原肠胚期

由于外胚层小细胞（micromeres）下包，且 D 细胞分裂的细胞也增多，把 2 个大细胞分出的 2 个小细胞推向一侧。此区细胞开始内陷，四周细胞隆起，形成一小孔，称为"原口"或"胚孔"，这时约为受精后 9 h 30 min。胚体内的细胞逐渐分化成一圆管状的原肠，然后发育成为消化道。

4. 担轮幼虫期

受精后 19 h，胚体渐变成梨形，顶端膨大，细胞加厚，长有一丛纤毛，为顶纤毛束，其中央长有 1 根或 2 根粗大的触毛或鞭毛。胚体背部细胞加厚且略下陷，为胚体的壳腺。胚孔闭合区继续内陷，逐渐形成口凹，此即为早期担轮幼虫。至晚期担轮幼虫，胚体左右略变扁平，背部长，腹部宽，顶端变平，四周细胞隆起，壳腺内陷，将分泌形成贝壳。此时幼虫对机械作用很敏感，倘若水域受震动，不久便可在缸底明亮的角落发现许多活力很弱的幼虫或尸体。

5. 面盘幼虫

（1）直线铰合幼虫（亦称 D 形幼虫）　受精后 40 h，胚体两侧覆盖 2 片较硬而透明的半圆形幼虫壳，在背部直线铰合。胚体顶端呈椭圆盘状，形成面盘，四周细胞被有纤毛。贝壳闭合的前、后闭合肌形成，同时出现几对缩肌，一部分伸向面盘，使面盘能自由伸缩；一部分伸向壳的腹缘和后缘。消化器官分化尚未完善，不具有吞食机能。第三天的幼虫（105 μm 壳长×76 μm 壳高），消化道开始弯曲，肾组织出现，但未完全分化。第五天（116 μm 壳长×85 μm 壳高），肾较发达，呈管状，消化盲囊由淡黄色变成黄褐色，并具有吞食、消化的机能。

（2）早期壳顶幼虫　第八天，贝壳的两侧靠近中央处稍稍隆起，形成幼虫的壳顶，但不甚明显。第十天略为明显（139 μm 壳长×109 μm 壳高）。15 d 的幼虫（174 μm 壳长×140 μm 壳高），壳顶隆起更为明显，壳的后端腹缘生长快，贝壳变成不对称，壳顶已不在中央。内部器官、足、听囊、眼点和鳃组织逐渐出现，但都不明显。20 d 后（214 μm 壳长×200 μm 壳高），足呈扁平状，足丝腺、足神经节逐渐形成，但这时足丝腺不具有分泌足丝的机能。随着足的形成，伸向足的 2 对缩肌也出现。位于顶板下的脑神经节及位于消化盲囊两侧的内脏神经节均已形成，但未很好分化。位于足基部的听囊也明显可见；听囊前方的一对眼点布满了色素。在眼点基部的鳃组织，形成管状而又弯曲的鳃，此时两侧形成了 2 个内鳃丝，但还不具纤毛。胃的顶部出现隔膜，胃的左右两侧消化盲囊开始各分成 2 叶，在胃末端的左侧突出一小囊（晶杆体囊）。

（3）后期壳顶幼虫　贝壳不对称现象更为显著，腹部后端生长迅速，生长线甚为明显，壳的边缘呈紫红色（25 d 的幼虫为 255 μm 壳长×236 μm 壳高）。消化盲囊继续覆盖于胃的表面，胃分为三部，左侧大，右侧分为二，三者彼此相通。内鳃丝数目增多，变态前可达 3、4 对，上面被有纤毛。足呈棒状且能自由伸缩，早期不具有爬伏机能，晚期一边借助面盘纤毛旋转自由游动，一边利用足进行匍匐行动。顶板下的脑神经组织逐渐增大，形成一对脑神经节。

6. 变态

幼虫进入变态时，外部形态、内部构造、生理机能、生态习性等方面，都要经过一系列的变化。变态标志之一是壳形的改变，略呈圆形的贝壳，逐渐在其背缘呈抛物线延伸，背缘呈弧形，后缘生长极为迅速，整个贝壳变为楔形（刚变态不久，325 μm 壳长×277 μm 壳高）。初生长的生长区不具有色素，随后布满紫红色的色素，生长线清晰可见。同一时期培养的幼虫，变态的个体大小与时间很不一致，有的个体虽较大但尚未达到变态，有的较小的却已进入变态阶段。变态标志之二是面盘萎缩，作为幼虫游泳器官的面盘，变态时开始萎缩，四周边缘纤毛先脱落，以后逐渐朝向中央萎缩。变态标志之三是生活习性的改变，变态前，匍匐行为的次数增多，变态后，足丝腺分泌出足丝，营附着生活，但可自由切断足丝迁移他处附着。

（五）腹足类发生

以杂色鲍为例，见图 3-13。

1. 早期发育阶段

杂色鲍的卵子在比重 1.022～1.023、水温 24～26 ℃的条件下受精，经过约 20 min，在动物极的顶端出现第一极体，紧接着又出现第二极体。受精后 45 min 进行第一次分裂，这次分裂为纬裂，所分成的两个细胞大小相等。第二次细胞分裂出现在受精后 60 min，也是纬裂，并与第一次分裂面垂直。经此分裂后进入 4 细胞期。以后的细胞分裂均以动物极为活动中心，动物极和植物极细胞分裂速度快慢不同。第三次分裂，形成了大小不同的分裂球，这一次分裂为 8 细胞期，在受精后约 1 h 40 min 完成。第四次分裂为 16 个分裂球的胚体，需要 1 h 40 min 左右。受精后的 2 h 30 min，胚体发育至桑葚期。受精卵经过 4 h 15 min 左右进入原肠期，这时胚体稍呈椭圆球形，动物极的色泽在显微镜下呈淡绿色，植物

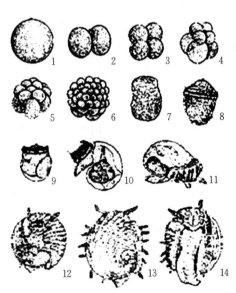

图 3-13　皱纹盘鲍的发育（仿王子臣，1979）

1. 受精卵　2. 2 细胞期　3. 4 细胞期　4. 8 细胞期
5. 16 细胞期　6. 桑葚期　7. 原肠期　8. 早期担轮幼虫
9. 早期面盘幼虫　10. 后期面盘幼虫　11. 围口壳幼虫
12. 上足分化幼虫　13. 幼鲍（背面观）　14. 幼鲍（腹面观）

极的 4 大分裂球由于小分裂球外包的缘故，外观已不能看到；这个时期可清楚地看到原口。

2. 担轮幼虫

受精后 6 h 左右，胚体出现了口前纤毛环（prototrochal girdle），纤毛刚出现时短而细，摆动能力弱，经过 1 h 后，纤毛束渐长，摆动力较强。在幼虫的前缘出现一束细小的顶毛（apicaltuft），孵化前的担轮幼虫在卵膜内缓慢地转动，并依靠纤毛和顶毛的剧烈摆动，有规律地向前冲击卵膜，不久破膜而出，成为孵化后的担轮幼虫。初孵化的幼虫长为 0.21 mm，宽为 0.16 mm。形成纤毛环的细胞共 24 个，外观细胞边缘为淡绿色，面为粉红色。由于幼虫的转动，在背面位置可以看到壳腺（shell gland）形成，孵化后的担轮幼虫由底面慢慢向上游动，由于不具趋光性，幼体在水中的分布是比较均匀的。

3. 面盘幼虫

受精后的 10~12 h，壳腺分泌出幼虫壳，薄而透明，上面具有细小斑纹，幼虫的大小为长 0.21 mm，宽 0.16 mm，这时的幼虫多活动于水层中。经过约 1 h 30 min，形成扭转后的面盘幼虫。以后幼虫进一步发育，面盘的顶上可以看到眼点，其间有近似的"Y""X"形的两种壳纹。幼虫壳呈半透明，薄而脆弱。这个阶段的面盘幼虫由于贝壳的出现，减少了在水层中游泳的能力，经常停歇在底面上。

受精后 40 h，进入面盘幼虫后期，头部触角出现，呈指状，上具少数细突起。足部较为发达，足蹠开始转向底面，足部周围具有细而短的纤毛，这个阶段的幼虫的生活习性由在水层中游泳过渡到匍匐生活。但是，有时候仍然依靠尚未脱落的纤毛摆动，作短距离游泳后，又停歇于基面上。

4. 匍匐幼虫

受精后 50 h，面盘萎缩，纤毛逐渐脱落，失去游泳能力，完全营底栖生活，依靠发达的足部进行匍匐活动，这时幼虫大小约有 0.27 mm。

5. 围口壳幼虫

受精后 78 h 左右，幼虫壳的前缘增厚，出现了围口壳（peristomal shell）。幼体吻发达，头部触角突起增多，眼柄出现，面盘完全退化，纤毛环消失，长约 0.28 mm。

经过 4.5 d 的发育，围口壳进一步发展，壳长达 0.32 mm，宽 0.18 mm，围口壳又伸长 0.05 mm，眼柄基部的后方出现第一纤毛叶，上具纤毛轮，不停地由外侧向内摆动，经过 5~6 d 的发育，第二纤毛叶和原鳃均已出现，厣尚存在，这时壳长均 0.45 mm。

发育近 9.5 d，厣消失，围口壳进一步发展，壳长达 0.58 mm，宽为 0.48 mm，围口壳伸长 0.52 mm，壳表面出现紫褐色斑点，透过幼壳可以看到灰褐色心脏的跳动，胃部由于吞食扁藻或硅藻，呈绿色或金黄色。

6. 上足分化阶段的匍匐幼虫

受精卵经过 10~12 d 的发育，壳长达 0.75 mm，宽为 0.65 mm，上足触角明显地伸长，突起增多，贝壳稍为增厚，足部发达，在基面上具有较强的吸附能力。第 24.5 d，完全形成了第一个呼吸孔而成为幼鲍。平均壳长 1.85 mm，宽为 1.39 mm，具 14 对上足触角，贝壳呈浅淡红色，有些个体壳的前缘具有鲜艳的翠绿色或枣红色的斑纹。50 d 后形成了具有 7 个呼吸孔的幼鲍，壳长约 4 mm，宽约 2.8 mm，已经能够摄食普通海藻。壳长 4~5 mm，具 7~10 个呼吸孔的幼鲍可以移入海中继续饲养。75 d 左右的幼鲍壳长达 5~6.3 mm，具 10~13 个呼吸孔，2 个纤毛叶已经萎缩，但尚未完全消失。3 个月左右，生长较快的鲍，壳长约

9 mm 左右，宽约为 6 mm，具 15 个完整的呼吸孔。随着个体的生长，呼吸孔的数目不断增加，除了新形成的 5～8 个呼吸孔外，先出现的呼吸孔也就逐渐封闭而失去生理功能上的作用。

二、贝类的室内人工育苗

贝类的室内人工育苗技术，是指包括亲贝的选择与暂养、成熟精卵的获得、受（授）精、选幼（优）、幼虫培育、采苗（附苗）、稚贝培育等生产步骤均在室内人工控制下有计划、有步骤进行的苗种生产技术。

室内人工育苗有许多优点，可以根据生产需要，控制亲贝性腺的发育，提前或延后产卵，延长苗种生产期；可以有效防除敌害，提高苗种成活率；苗种纯，质量好，规格基本一致；可以引进开发优良品种，进行多倍体育种，以及通过选种和杂交等工作，培育生长快、营养价值高、抗逆性强的新品种。

（一）育苗用水的处理

水质的好坏是育苗成功与否的关键因素。水质除海区环境条件应符合《渔业水质标准》外，育苗用水还需进行如下处理。

1. 常规处理方法

海水→蓄水池（第 1 次沉淀）→沉淀池（黑暗沉淀 48 h）→沙滤罐沙滤（第 1 次沙滤）→沙滤池（第 2 次沙滤）→净水蓄水池→育苗室及饵料室。

2. 特殊处理方法

其目的在于去除水中有害的溶解成分、胶体物质、微量有毒金属离子以及有害细菌等。如紫外线处理能除菌 90% 以上；活性炭吸附能吸附水中有机物质和油类；三氯化铁（$FeCl_3$）处理能吸附水中胶体物，使其形成棉絮状云雾物下沉池底，增加水的透明度；加入 5 g/m³ EDTA - 2Na 螯合水中重金属离子，使之成为络合物，除去重金属离子；除此以外，还有磁化处理、生物处理、藻类处理、硫酸铝钾处理等。

（二）育苗前的准备工作

1. 制定育苗计划

育苗前，根据育苗水体、贝苗培育条件，估计单位水体的出苗量，确定育苗的总出苗量。

2. 亲贝的准备

根据出苗量和亲贝的产卵量，计算购买亲贝的数量，根据出苗时间，确定亲贝的采购时间。

3. 饵料的准备

亲贝饵料以小硅藻为主，幼虫饵料以金藻为主；皱纹盘鲍的幼虫和稚鲍以底栖硅藻为主要饵料。扇贝亲贝入池前饵料池至少 2/3 满池。提前 30～45 d 进行一级扩种，提前 20～25 d 进行二级扩种，提前 15 d 进行三级扩种；皱纹盘鲍人工育苗中，底栖硅藻的培养应在采苗 45 d 前进行。

4. 设备设施的检修与维护

各项设施，尤其是新建的育苗场，应在育苗前 1 个月进行试运行，包括加热、充气、供水设备的运转，考察加热性能、充气效果、供水能力等。检查各育苗池、饵料池是否漏水，水阀或闸门是否灵活、严密，充气气石与充气支管连接是否紧密，有无脱落，检查排水沟是否通畅，发现问题及时修复。

5. 采苗器的准备

附着型贝类的采苗一般使用直径 3～4 mm 的棕帘或孔径 0.8～1.0 cm 聚乙烯网片；固着型的采苗器多为橡皮条和贝壳串；埋栖型双壳类的采苗器为泥或沙；鲍的采苗则多使用波纹板。根据出苗量，准备采苗器和采苗袋。使用之前要对采苗器进行消毒处理。

聚乙烯网片捶压（拉毛）→用过滤海水洗干净→2％～3％NaOH 溶液浸泡 24 h（去油）→搓洗干净→煮沸消毒后投放。棕帘捶打去棕杂→编织棕帘→捶打→2～3 g/m³ NaOH 溶液浸泡煮沸→热水浸泡 20～24 h→湿捶打、搓洗→再用海水浸泡 5～7 d（每天全换水 1 次）→用清洁沙滤海水浸泡→煮沸消毒后投放。橡皮条和贝壳串→用过滤海水洗干净→2％～3％NaOH溶液浸泡 24 h（去油）→搓洗干净→煮沸消毒后投放。

6. 沉淀池和砂滤池的消毒

沉淀池可用含有效氯 5％～10％的漂白粉泼洒池底，洗刷干净后使用。沙滤池使用前应把上年用的沙、卵石、垫板等取出，用漂白粉、高锰酸钾等刷净消毒，用水冲洗干净，重新安装后用含有效氯 5％～10％的漂白液再消毒。消毒方法：抽入海水后加漂白液 8～10 g/m³，1～2 h 后用干净海水冲洗，放水 2～4 h 后可正常使用。

7. 亲贝培育池、育苗池、饵料池等的浸池、消毒

育苗池、饵料池、预热池，池内的气管、气石、加热管道等在使用前必须清洗和消毒。可用 40～50 g/m³ 的漂白粉溶液或 20～30 g/m³ 的高锰酸钾溶液泼洒池壁及池底进行消毒，数小时后，彻底刷洗干净池壁上附着的菌膜、杂藻等附着生物。再用经过 120 目筛绢网过滤的海水冲洗数次，干净后，方可进水备用。

8. 其他准备工作

提前制作亲贝蓄养网箱、换水网箱；做好物资采购计划和人员安排；落实好过渡池子或海区等。

（三）贝类人工育苗工艺流程

1. 亲贝的选择、处理和暂养

（1）亲贝的选择　亲贝的性腺成熟与否是人工育苗能否成功的首要条件。未成熟的卵一般不能受精或受精率极低，或受精后胚胎不能正常发育，形成畸形，或发育至幼虫阶段，体质极差，生长速度缓慢，不能抵御外界环境条件的变化而使育苗失败。

选择生物学最小型（性成熟的最小规格）以上的亲贝。选择亲贝个体若太小，则产卵量少；若太大，因个体老成，对于诱导刺激反应缓慢，卵子质量较劣。在贝类繁殖期中，可从自然海区选择亲贝。选择个体健壮，贝壳无创伤，大小均匀，无寄生虫和病害，在海区养殖中无大量死亡、性腺发育较好的亲贝。在常温育苗中，采捕亲贝的时间十分重要，过早入池，性腺不成熟，易将未成熟卵产出；过晚则错过第一批优质卵。一般可以通过丰满度、鲜出肉率、肥满度以及性腺指数等指标来判断。当性腺丰满或接近上述指标最大值时，则表明性腺发育较好。雌雄亲贝的选择方法：鲍和栉孔扇贝可以不经解剖，通过性腺颜色辨别雌雄，因此可按生产要求分别挑选雌雄亲贝，一般雌贝的数量为雄贝的数倍。

（2）亲贝处理　自然生长的亲贝贝壳表面常常附有石灰虫、藤壶、柄海鞘、珊瑚藻或其他杂藻、浮泥等，在亲贝入室培养前，必须除去这些附着物，用刷子把壳表杂物、浮泥洗刷干净。有足丝的种类要剪去足丝，然后用过滤海水洗净。

（3）亲贝暂养　亲贝可通过暂养促熟来提早并延长其繁殖期。

① 室外暂养。在自然海区中，利用海水温度的分层现象，调整（提高）养殖水层，促进性腺成熟；也可以利用降温的方法延迟贝类的产卵时间，即在海中降低养殖水层，以延缓产卵时间。埋栖型贝类还可在土池中通过人工投饵或培养基础饵料来促进其性腺发育。

② 室内暂养。洗刷后的亲贝采用 15 mg/L 的高锰酸钾溶液药浴 10 min，然后按一定的密度，置于网笼内或浮动网箱中蓄养。每天换水 2 次，每次换去 2/3 水，或每日换新池。每 3～5 d 清除池底污物。蓄养中要及时投喂单胞藻饵料、淀粉或人工配合饵料。扁藻饵料密度一般为 1 万～2 万个细胞/mL，小硅藻为 3 万～4 万个细胞/mL，金藻 5 万～6 万个细胞/mL，淀粉或干酵母浓度为 2～3 g/m³，鼠尾藻等藻类榨取液利用 200 目筛绢过滤后投喂。一般亲贝入池后可加入应激灵和 EM 菌预防病害的发生，用法用量根据说明书并结合实际确定。蓄养时要认真检查和管理，防止亲贝产出后的卵子流失。

2. 成熟精卵的获得

（1）解剖法　卵生型牡蛎及珠母贝、西施舌等种类可采用直接的人工授精方法。剪破生殖腺，吸取精卵，或将精卵从生殖孔压挤出来进行湿法授精或干法授精。直接人工授精方法简便，但解剖法所获取的卵有些是不够成熟的，这些不成熟的卵，受精率、成活率都较低；解剖法还要杀伤大量亲贝，故生产上一般不采用。

（2）自然排放法　通过人工精心蓄养、培育，保持良好水质，以优质饵料促使亲贝性腺发育，充分成熟。成熟亲贝在倒池或换新水时往往会"自然"排放精卵。这种方法获得的精、卵质量高，受精率、孵化率高，幼虫质量好。这是目前生产中主要的采卵方法，也是理想的方法。

（3）人工诱导　人工诱导的目的是为了使亲贝集中而大量地排放精卵。亲贝能否正常地大量排放精卵的关键在于贝类性腺成熟情况。性腺成熟好，经诱导刺激后，一般都能大量排放。但性腺成熟差的，即使人工诱导一般也不排放，强行排放的精卵质量差，受精率低。人工诱导亲贝产卵常用的方法有下列几种。

① 升温刺激。将成熟亲贝移至比其生活时水温高 3～5 ℃的环境中，可引起产卵排精。此法效果良好，使用简便，是比较常用的方法。

② 升降温刺激。有些种类单独用升温刺激难以引起产卵，必须经低温与高温多次反复刺激才能引起产卵。

③ 阴干流水刺激。将充分成熟的亲贝放置在阴凉处阴干 0.5 h 以上，再经流水刺激 1～2 h。

④ 改变比重。利用降低海水比重方法。

⑤ 紫外线照射海水诱导产卵。紫外线的波长为 2 537 Å*。

⑥ 注射化学药物。注射 NH_4OH 海水溶液可以引起一些贝类产卵。NH_4OH 应用范围很广，对牡蛎、四角蛤蜊等均能见效；也有将 0.5 mol/L KCl、K_2SO_4、KOH 溶液 2～4 mL 注射到贻贝、菲律宾蛤仔、文蛤、中国蛤蜊等动物的软体或肌肉内，促使雌雄亲贝产卵排精。异性产物：同种贝类的异性产物往往会引起亲贝产卵或排精。用 25～150 mg/L 氨海水雌性性腺稀释液可有效诱导雄性菲律宾蛤仔排放精子，进而诱导全部亲贝排放。

---

* Å 为非法定计量单位，1 Å＝0.1 nm。

⑦ 干酵母溶液浸泡。采用 62.5 mg/L 的干酵母海水溶液浸泡翡翠股贻贝，2 h 后开始放精，雌贝继之产卵。

⑧ 激素诱导。某些动物神经节悬浮液可诱导贝类产卵排精。

一般雄性个体对刺激反应敏锐，故上述各种诱导方法常常引起雄性先排放。在实践中，采取多种综合办法进行诱导，可以提高诱导效果，如利用阴干和升温交替诱导贻贝排放效果比单一方法要好。

上述几种获得精卵的方法中，比较好的方法首推自然排放，其次是物理诱导法，这类方法简单，操作方便，对以后胚胎发育影响较小，而化学方法与生物方法操作复杂，容易败坏水质，对胚胎发育影响较大，一般不采用。

3. 授精、洗卵和孵化

授精前需统计采卵量。均匀搅拌池水，使卵粒分布均匀，用玻璃管或塑料管任意取 4～5 个不同部位的池水溶液注入 500～1 000 mL 烧杯中，再用 1 mL 移液管搅匀杯中水，随意取 1 mL 滴于培养皿中，在显微镜或体视镜下逐个计数。重复 3～5 次，取平均数，根据总水体容量求出总卵数。

（1）授精 由人工方法促使精、卵结合为人工授精。当产卵或排精的个体移入盛有新鲜过滤海水的池子内、排放达到所需数量时，将亲贝移走。雌雄同体或雌雄混合诱导排放的，在产卵后不断充气或搅动使卵受精，并除去多余精液。雌雄分别诱导排放的，在亲贝排放后0.5～1 h 内授精，用塑料水勺把精液舀到水桶内稀释后，均匀泼洒到卵子池中，同时微量充气、不断搅拌使之受精均匀。

受精后 5～10 min 取样镜检，看到卵子出现受精膜或出现极体就表明卵子受精。一般 1个卵子周围有 1～3 个精子即可，防止精液过多造成胚胎畸形发育。

通过视野法求出受精率：受精率＝受精卵/总卵数×100％，然后根据总卵数和受精率求出总受精卵数。卵子的受精能力主要取决于卵子本身的成熟度和产出时间，一般受精率常随产出卵的时间延长而降低。而时间的长短又与温度密切相关，温度越高，精卵的生命力越短，一般在产卵后的 1～2 h 内受精率很高。

（2）洗卵 受精（雌雄亲贝无法分开，同池排放的）或授精后，静置 30～40 min，待卵沉底后，将中上层海水轻轻倾出（小容器）或用虹吸方法排掉（大水体），留下底部卵子，再用较粗网目的筛绢使卵通过而除去粪便等杂质。然后加入过滤海水，卵沉淀后，再倒掉上层海水。重复清洗 2～3 次，除去海水中多余的精液和水中的杂质。洗好后加入过滤海水使其发育，并进行充气和搅动。在大规模育苗生产中，如果卵周围的精子不多（显微镜下观察卵周围精子，一般 2～3 个）可不洗卵。

（3）孵化 受精卵经过一段时间，发育至担轮幼虫和（或）D 形幼虫，出膜营浮游生活，这个过程称为孵化。生产中，孵化率＝D 形幼虫数÷受精卵总数×100％。

受精卵孵化密度一般控制在 30～50 个/mL。孵化过程不换水，采用加水、充气或间歇搅拌池水。温度是影响孵化率的主要因素。水温高，孵化快。温度高虽使孵化速度加快，但孵化率降低。

4. 选幼（优）

受精卵经 1～3 d 发育到 D 形幼虫，此时要进行选幼（优），采用浮选法或滤选法将上层的健壮幼虫从孵化池移入育苗池培育。如果畸形胚胎超过 30％，应弃之不用。

（1）浮选法　用 300 目或 250 目筛绢制成的长方柱形网，套在长 70～80 cm、宽 40～50 cm 的塑料（或竹、木制）架上，在水表层拖网，然后将拖到的幼虫置于另外已备好洁净水的育苗池中，进行幼虫培育工作。

（2）滤选法　用虹吸管抽取中、上层幼虫，浓缩到 250 目网箱中，分送到各个培育池。

5. 幼虫培育

幼虫培育是贝类室内人工育苗重要的一环，直接影响人工育苗的成败。幼虫培育期间的主要管理工作有换水、投饵、选优、倒池与清底、充气与搅动、除害、抑菌、理化因子观测及调控、测量幼虫密度和生长等。

（1）培育密度　幼虫密度过大会造成生长速度缓慢、发育停止甚至死亡；密度过小影响单位水体的出苗量，降低经济效益。根据育苗实践，D 形幼虫培育密度一般为 30～50 个/mL，也有的高达 70～90 个/mL，随着个体发育，培育密度逐渐降低到 10～30 个/mL。

（2）水质管理　流水培育或大换水均需用换水器（过滤鼓、过滤棒或换水网箱）过滤。换水器应经常清洗和消毒，不要多池混用，以避免传播疾病。使用前要检查网目大小是否合适，筛绢有无磨损。换水过程中，经常晃动换水器，防止幼虫吸附在筛绢上。换水时注意控制水位差和流速，防止抽水力量太大损伤幼虫。换水温差不要超过 1 ℃。要合理制定换水计划。水质清新和稳定两者兼顾，在稳定的前提下求清新，在清新的基础上求稳定，因地制宜，灵活掌握。大换水一般每天换水 2 次，每次换水 1/2。换水一般在清底排污之后、投饵之前进行。对换入的海水要进行必要的调节和处理，避免海水比重、温度等差别太大，防止病原生物的传播，导致病害发生。培育前期一般采用大换水的方法，后期采用流水培育的方法。流水培育比大换水好，但其不足之处是在升温育苗中不能使用，而且流水培育饵料损失较多。

（3）倒池与清底　残饵、死饵、死亡的幼虫、代谢产物的积累，会导致敌害和细菌大量繁殖，严重影响水质和幼虫发育，因此在育苗过程中要倒池或清底。倒池是采用拖网或筛绢网过滤的方法将幼虫移至新池培育，一般每 4～5 d 倒池一次，也有隔天倒池 1 次。倒池后及时搅拌池水，使幼虫分布均匀。采用清底器吸取，清底前将充气量适当调低，旋转搅动池水，使污物集中到池底中央，吸污时动作要轻，不可将池底杂物搅起。

（4）充气与搅动　幼虫培育过程中，连续微量充气，保证幼虫和饵料始终处于均匀分布状态。

（5）饵料投喂　饵料质量的高低和数量的多少，是育苗成败的关键。瓣鳃类一般在 D 形幼虫时开始摄食。腹足类在浮游幼虫时期不投喂饵料，转入底栖匍匐生活后开始摄食饵料板上的底栖硅藻。贝类人工育苗过程中常用的饵料种类有湛江叉鞭金藻、球等鞭金藻、三角褐指藻、新月菱形藻、牟氏角毛藻、青岛大扁藻、亚心形扁藻等。多种饵料混合投喂效果较好。常用的代用饵料有蛋黄颗粒、酵母粉、螺旋藻粉、可溶性淀粉等，在饵料不足的情况下可以投喂。代用饵料投喂前要放入适当网目的筛绢网中，搓碎，加水，调拌均匀，然后投喂。

饵料投喂量应根据幼虫发育的不同时期、幼虫胃的饱满度、幼虫的活动情况、饵料的质量、水色、残饵、幼虫粪便的数量、颜色和性状、环境因子的变化等因素灵活确定。在投饵后 1 h 镜检幼虫胃含物，如果多数幼虫半胃、少数幼虫空胃，说明投饵量合适；如果多数幼虫饱胃、少数幼虫半胃，说明投饵量过多；如果多数幼虫空胃、少数幼虫半胃，说明投饵量偏小。确定每天的投饵量后，分多次投喂，坚持勤投少投，并根据幼虫的发育，逐渐增加投饵量。投饵密度一般为：培育水体中扁藻 0.3 万～0.8 万个细胞/mL，小硅藻 1 万～2 万个细胞/mL，金藻 3 万～5 万个细胞/mL。

投喂时应注意投喂的饵料要停肥（营养液）3 d；投喂的饵料应为处于指数增殖期的新鲜饵料，老化的不用；被原生动物污染的饵料不用；池底的饵料不用。投喂前金藻、硅藻的密度应大于 200 万个细胞/mL，扁藻密度应大于 60 万个细胞/mL。

（6）病害防治　育苗池中代谢产物、有机物质的积累，幼虫和饵料的死亡，可引起微生物大量繁殖，微生物的大量繁殖可引起贝类幼虫下沉、死亡。为防止有害微生物感染，对育苗用水除了用紫外线照射等方法处理外，生产中应以预防为主，可在育苗池中不定期使用 $1～3 \text{ g/m}^3$ 的土霉素、氟苯尼考和青霉素抑制微生物的繁殖与生长（一般在倒池后使用抗菌药物）；或使用光合细菌、EM 菌等微生物制剂来净化水质。

（7）日常工作　每天进行浮游幼虫的定量检测，了解幼虫生长发育及活动情况，并检测水质。均匀搅拌池水，用细长玻璃管或塑料管从池中 4～5 个不同部位吸取，置于 500 mL 烧杯中用移液管均匀搅拌杯中水并吸取 1 mL。用碘液杀死计数，以每毫升幼虫数代表幼虫密度。用目微尺测量幼虫壳长和壳高，来计算生长速度。用烧杯任意取一杯，静置 5～10 min，观察其在烧杯中的分布情况。如果均匀分布说明质量好；若大部分沉底则是不健康的幼虫，应进行水质分析和生物检查。测定培育池的水温、海水比重、透明度、光照、酸碱度、溶解氧、氨氮及有机物耗氧量等。

6. 采苗和稚贝培育

（1）采苗时间　适时投放采苗器。过早投放采苗器会影响幼虫生长，影响水质；太迟投放，幼虫将集中在底部或池壁附着，高密度集结而成局部缺氧、缺饵，引起幼虫死亡。

在一定条件下，各种贝类幼虫变态时其大小一般比较固定，如贻贝壳长达到 210 μm 左右，葡萄牙牡蛎壳长达到 350～400 μm，扇贝一般 180 μm 左右即可附着。如果培养条件较差或恶化，会延长变态和改变变态规格，甚至不变态、不附着。

大多数双壳类浮游幼虫在结束浮游生活即将进入附着生活时，可以看到在鳃原基的背部形成一对球形的由黑色素聚集起来的感觉器官，称为眼点。眼点是幼虫接近附着时的特有器官，也是即将进行附着生活的一个显而易见的特征，可以作为投放附着器的标志。一般培育池中有 40% 左右的幼虫出现眼点时可以投放采苗器。

皱纹盘鲍的受精卵，在 21～22 ℃下约 70 h，开始由浮游面盘幼虫进入底栖匍匐生活。采苗多在傍晚进行，也就是在催产的第四天傍晚计数投池。方斑东风螺的幼虫经 11～15 d 的发育可变态转入底栖生活。

（2）采苗方法　贝类生活类型不同，幼虫附着所需的附着基不同，采苗方法也不相同。附着基的选择以附苗性能好、容易附苗、价格低廉、操作方便又不影响水质为原则。

固着型的种类如牡蛎，可以使用扇贝壳、牡蛎壳、胶皮绳等作为采苗器，用废旧轮胎切割成 2.5～3.0 cm 的胶条拧在一起的胶条绳，抗腐、耐用、经济、脱苗轻，得到广泛应用。也可以采用涂有水泥沙粒的聚氯乙烯网或涂有水泥沙粒的木板、塑料板、树脂板等作为采苗器，这样苗种育成后易于剥离进行单体培育。

附着型的贻贝、扇贝和珠母贝可以采用直径 0.3～0.5 cm 的红棕绳编成的棕帘，也可以采用聚乙烯网片、废旧网片、塑料单丝绳和无毒塑料软片等。

埋栖种类如泥蚶，在接近附着期时，将幼虫移入铺有软泥的水池内，软泥系用200目筛绢过滤，厚度约 0.2 cm。

鲍的采苗器多为波纹板。由波纹板和安插框架两部分组成。波纹板可用透明无色的聚氯乙烯或玻璃钢等无毒的材料制成，透光性强，有利于繁殖底栖硅藻。框架可用聚乙烯或聚氯乙烯材料制成，也可用镀锌铁丝制成，但铁丝表面要喷上防锈材料（如塑料）。防锈材料要无毒、经久耐用，抗海水的长期浸泡而不腐蚀。框架的尺寸比波纹板略大些。每只框架可装20片波纹板。波纹板上端四角用线绳吊在竹竿上，挂于育苗池内。

（3）采苗器的处理　各种采苗器在使用前均应经过洗刷和消毒方可使用。泥蚶采苗使用的软泥要经过煮沸消毒；塑料薄膜和波纹板也要经过 NaOH 消毒；聚乙烯网片和棕帘的处理方法见前面采苗器的准备。

（4）投放采苗器时应注意的问题　要尽量使其分布均匀。投放采苗器时，要考虑到幼苗的背光习性，尽量保持池内光线均匀，以免幼苗附着过密，抑制其生长。投放采苗器的数量要适当。投放时应先铺底层，再挂池四周，最后挂中间。或者一次性全部挂好。采苗器间要留有适当空间，使水流通。采苗器投好后，1～2 h 后再慢慢加满池水。

（5）稚贝培育　幼虫附着变态后即进入稚贝阶段。此时稚贝生命力弱，死亡率高，必须加强管理，才能保证稚贝的正常生长。

幼虫附着后，一般仍在原池中饲养，以防止因环境突变引起死亡，特别是附着生活的扇贝、贻贝，如果太早下海，容易掉苗。适宜的流速不仅对幼虫附着有利，而且可以带来充足的氧气和食物，有利于稚贝迅速生长，在附着后的稚贝池中应该加快海水循环，或增加换水次数和换水量，同时随着个体的逐渐增大，充气量也要随之增大，以避免局部缺氧，造成稚贝脱落。稚贝期要提供足够的优质饵料，投饵量应逐渐增加，如扇贝附着后可将金藻、三角褐指藻等小型藻类密度调节至 3 万～5 万个细胞/mL，扁藻调节至 0.5 万～0.8 万个细胞/mL。稚贝培育后期要使池内的水温、比重、光照等逐渐接近海中条件，积极锻炼稚贝适应外界环境的能力，例如对附着种类进行震动，增强附着能力的锻炼；对牡蛎、泥蚶等贝类要进行干露、变温等刺激，经过一个锻炼培养阶段之后，可以移到室外进行培育。牡蛎移到室外后在中潮区暂养。附着种类经过一段培育之后，壳长达 0.6～0.8 mm 时再向海上过渡。埋栖种类可在土池中培育，越冬后再移至潮间带培育。鲍的幼虫继续培养到第一呼吸孔出现时，即形成稚鲍（成苗），经中间培育后，就可以移至海区养殖或进行工厂化养殖。

7. 贝苗中间育成

稚贝在室内经过一个阶段培育，达到一定的规格后，移到海上培养，育成可供养殖的苗种。

（1）中间育成海区的选择　稚贝出池下海前应选好海区。应选择风浪小，水流平缓，水质清洁，无浮泥无污染，水质肥沃的海区。筏式养殖的要设置好筏架。

（2）贝苗出池下海　稚贝出池下海，先统计数量，以统计出苗量及保苗率，同时也便于销售和控制放养密度。计数方法可采用取样法，求出单位面积（或长度）或单个采苗器的采苗量；也可用称量法，取少量苗称量计数，从而求出总重量的总个体数。

稚贝出池下海前，注意温差，并关注当地的天气预报，防止下海后遭到大风浪的袭击和由此带来的淤泥沉积；下海时应选择小潮期、阴天、风平浪静的早上或晚上；运输过程避免暴晒与强光刺激，要有遮盖设备保持湿润；出池与下海操作要轻，下海所挂水层在水下 1～

1.5 m，以防风、防光、防附，待适应后，再提升水层；注意避开当地附着生物如海鞘类、海藻的大量附着期。

（3）中间育成的方法 固着型贝类和埋栖型贝类幼苗下海一般比附着型容易，不需采取特别的措施加以保护。

附着型贝类稚贝和幼贝很不稳定，容易切断足丝，移向他处。下海时，环境条件的突变，如风浪、淤泥、水温、光照等的变化都可能造成附着型贝类掉苗，目前附着型贝类下海后保苗率仍然很低。贻贝保苗率可达 50%～60%，扇贝仅 20%～30%，因此向海上过渡是目前人工育苗中较关键的环节。为了提高保苗率，可以培养 600～800 μm 的大规格稚贝下海，利用网笼或内袋 20 目、外袋 40 目（或 60 目）的双层网袋下海保苗，或利用对虾养成池进行稚贝过渡。中间培育过程中要保证浮筏安全，及时分苗、疏散密度，及时清除附着物，为成贝养殖提供大规格的苗种。

鲍的中间培育是指从稚鲍剥离后平面培育开始，至培育成壳长 1.0～1.2 cm，可以下海或在室内越冬养殖的阶段。鲍的中间培育采用网箱流水平面培育的方法，仍在室内进行。

8. 贝苗的运输方法

贝苗的运输方法较多，贻贝、扇贝、鲍等最好连同附着基一起运输，以免贝苗互相挤压，受伤死亡。贝苗运输一般采用干运法、水运法。

干运法即用塑料筐、箩筐和木桶等容器运输贝苗，在筐、筒内铺上海藻，海藻在装苗前必须浸泡一段时间，洗刷干净再用，一层海藻一层贝苗，上面再用海水浸湿的海绵盖好，每 0.5 h 向筐、筒内洒一次海水。

水运法即用双层透明塑料袋装水，装入苗帘，充氧，扎紧袋口，放入白色泡沫保温箱，用胶带封好；或用无毒的水箱、帆布桶带水运苗，途中定时更换新鲜海水。海湾扇贝采用苗袋无水充氧法，即将苗帘装入苗袋，不加水，充氧，扎紧袋口后运输贝苗，经 18 h 运输后，成活率仍达 95% 以上。

贝苗运输注意事项：运苗一定要选择好天气，气温应在 5 ℃ 以上，并要防止阳光直射；通过淋水或洒水等方法保持苗体湿润；车运、船运都要加篷加盖以免日晒雨淋造成损失；车厢或船舱都不能密闭，也不能吹风，防止贝苗窒息和干死；保持低温，尤其是夏季气温高时更要采用降温措施，可以在车厢或船舱内设置一些冰筒或冰袋来降温。

三、贝类的自然海区半人工采苗技术

贝类的自然海区半人工采苗是根据贝类的生活史和生活习性，在繁殖季节，用人工方法向自然海区投放适宜的采苗器或进行整埕等改良海区的环境条件，从而采集大量的自然海区苗并进一步培育至商品苗的方法。半人工采苗具有操作简便、成本低、劳力少、产量大、效率高等优点，是大众化的苗种生产方法。

（一）半人工采苗的原理

瓣鳃纲贝类的成体有的营固着性生活，如牡蛎等固着在固着基上终生不能移动；有的营附着性生活，如贻贝、扇贝等用足丝附着在附着基上；有的营埋栖性生活，如缢蛏、泥蚶、蛤仔等钻入泥沙中生活。但是不论哪一种生活类型，其生命史的早期阶段，都有一个共同的生活方式：卵在海水中受精、发育，经过浮游幼虫生活阶段，发育至用足丝附着生活的稚贝阶段。然后依据成体生活类型的不同，有的足丝消失或退化进入固着生活或埋栖生活，有的足丝进一步发达，终生营附着生活。

因此，根据瓣鳃纲贝类繁殖与附着的习性，在自然海区，凡是有贝苗大量分布的海区，投放合适的采苗器或人工改良底质、创造适宜的环境条件，就可以采到大量的自然苗。我国大部分养殖种类如牡蛎、贻贝、扇贝、珠母贝、缢蛏、泥蚶、蛤仔、文蛤等都可以进行自然海区半人工采苗。

（二）半人工采苗的方法

在贝类的自然海区半人工采苗中，为了提高附苗效果，选择适宜的附苗海区，投放适宜的附着基，掌握适宜的潮区或水深，适时投放采苗器或整滩、整埕、整畦等都是采苗生产中的重要环节。

1. 采苗海区的选择

根据不同贝类的生活习性选择采苗海区，一般半人工采苗海区要符合以下基本条件：

（1）有大量即将附着的壳顶后期幼虫　在采苗海区的附近，要有自然生长的贝类资源或人工养殖的贝类。亲贝的数量是采苗场的主要条件之一。在繁殖季节里，只有存在大量的亲贝，在采苗海区才有可能会有大量即将附着的壳顶后期幼虫。

（2）有稳定的理化环境条件　主要包括地形、潮流及其流速等。好的地形，有旋涡流或往复流，水团变动较小。符合这个条件的海区通常是口小套深的内湾，因为浮游幼虫在这样的内湾中不易流失。良好的采苗场应是风平浪静，潮流畅通。

（3）有良好的底质　不同贝类要求的底质不同，如蛤仔、文蛤等底质以沙泥底为好，含沙量以 70%～80% 最为适宜，若含沙量太低，则可加沙改良底质；缢蛏的采苗场底质以泥质或泥沙混合为好，因为这样的底质既适合附着又适合钻穴；贻贝、扇贝等进行筏式采苗，底质要适宜打橛下筏；牡蛎若用石块、条石采苗，底质应是较硬的沙泥底或泥沙底，用插竹采苗的，则以含泥量较多的底质为好，筏架式采苗养殖对底质要求不严。

2. 采苗预报

采苗预报是半人工采苗成功与否、采苗量多少的工艺流程之一。常用的预报方法如下：

（1）根据贝类性腺消长规律进行预报　在贝类繁殖季节，每天从海区取回亲贝，测定鲜出肉率和肥满度，检查生殖腺覆盖面积的变化。亲贝由于性腺发育，在临近繁殖时，其肉质部是最肥满的，当发现多数个体在 1～2 d 的短时间，突然变得消瘦，说明亲贝已经产卵，到了繁殖盛期。

在一定条件下，每一种贝类从产卵到幼虫开始附着，时间上大致是同步的。因此，根据贝类性腺消长规律可以确定产卵时间。根据贝类产卵时间，参照当时的水温等条件，便可推算出附苗时间，从而适时预报投放采苗器或整滩、整埕、整畦进行采苗的时间。根据性腺的情况进行预报，简易方便，比较准确。

（2）根据贝类浮游幼虫的发育程度与数量进行预报　调查贝类浮游幼虫，一般是使用浮游生物网（250 目）在各海区不同水层定时、定点、定量拖网取样，并注意昼夜和涨潮落潮的数量变化。拖取的样品，经福尔马林固定后，用粗筛绢过滤去掉大型动、植物，再用沉淀法将上层小型浮游硅藻倒掉。在底层沉淀物中查找贝类幼虫，并进行分类计数工作。还可以根据该海区贝类的繁殖期不同，判断海区中出现的大量幼虫是何种贝类的幼虫。通过幼虫的定性、定量鉴定，结合观察幼虫发育时期以及数量的变化，确定投放半人工采苗器以及整滩、平畦具体时间，向群众发出预报。

此法针对性强，预报时间比较准确，采苗效果较好，但比较复杂。

（3）根据水温、海水比重的变化和物候征象进行预报　各种瓣鳃纲贝类的采苗期与水温、海水比重的变化有关，因此，可以根据水温和海水比重的变化推断具体的采苗日期进行采苗预报。也可根据物候征象预报采苗的大概时间。

3. 采苗器的准备与投放

（1）固着型贝类的半人工采苗方法　牡蛎采苗器的种类很多，采苗器的选择要求取材方便、成本低、便于操作、坚固耐用、表面粗糙、附着面积大。常用的采苗器有石块、石柱、石条、水泥瓦、水泥板、水泥棒、贝壳、竹子、胶胎等。在投放采苗器之前，必须对采苗场地进行整理，以提高采苗效果。原则上要做到水流畅通、运输和管理方便。

我国南、北方沿海的做法有所不同。南方一般在采苗之前 30 d 左右，先在采苗场上分区插上标志。在大潮退潮时，清除滩面上的敌害生物和杂物。然后整成若干块长条形、埕面中央隆起的拱形畦。畦的长度约 10～50 m，可从中潮区延至低潮区。畦长与潮流方向大致平行，以利于潮流的畅通。畦宽一般 3～10 m。北方一般整成若干块长 100 m、宽 10 m 左右的长条形块，块与块之间挖一深 20～40 cm、宽 50～60 cm 的排水沟，使滩面在退潮后不积水。

在采苗场地整理之后，待采苗预报发布适合采苗时，即可将采苗器运送到采苗场投放。具体做法是：在涨潮时，将已经准备好的采苗器用船运到指定区域，根据投放数量和密度，有次序、均匀地投放。栅式采苗，则要提前设置好栅架，待接到采苗预报之后，再投挂贝壳串等采苗器。

贝壳串既可垂挂，也可平挂，还可以采苗与养成兼用。

（2）附着型贝类的半人工采苗　附着型贝类的稚贝、幼贝、成体营附着生活，其采苗方法不同于其他生活型的贝类，即使同一种生活型，种类不同，具体方法也不一样。我国附着型贝类如贻贝、扇贝比较大众化的半人工采苗方法是筏式采苗。

贻贝筏式采苗常用的采苗器有红棕绳、聚乙烯绳、聚乙烯网片、旧轮胎、旧三角皮带、废旧浮缆和牡蛎壳等，其中以多毛的红棕绳附苗效果最好。采苗器的处理和制作也很重要，同样数量的红棕绳，用 4 股扎在一起比 4 股编辫式的效果好。贻贝筏式半人工采苗，可利用海带养殖和贻贝养殖的浮筏，或设专用浮筏，投挂采苗器的吊绳长度为 20～50 cm。采苗水层一般为 0～3 m。挂苗绳的方法，主要有单筏垂挂、联筏垂挂、筏间平挂和叠挂等。

栉孔扇贝或珠母贝的筏式采苗常用的采苗器有采苗袋、采苗笼或贝壳串等。采苗袋是用网目 1.2～1.5 mm 的聚乙烯或丙烯窗纱制成的长 40 cm、宽 30 cm 的网袋，内装 50 g 的聚乙烯网衣、网片或挤压塑网片，绑在聚乙烯绳上，每绳 8～10 袋，吊挂在浮筏架上，吊绳下底绑坠石，防止采苗袋漂浮于水面。利用采苗袋采苗可以减缓水流，利于幼虫从浮游进入匍匐生活，并为其附着和变态提供良好的附着基，还可以防止敌害侵袭和稚贝脱落逃逸。因此这种苗袋是较理想的采苗与保苗工具。采苗网笼一般采用苗种暂养笼，8～10 层，每层间隔 20 cm，内放网目 0.8～1.0 cm 的聚乙烯网片，尼龙网衣或挤压塑网片 25～30 g，网笼顶用聚乙烯绳吊挂在浮筏架上，离水面 70～80 cm。栉孔扇贝或珠母贝的筏式采苗方式为垂挂法，采苗袋以 20 个为 1 串，下端挂 1.5～2.0 kg 坠石。采苗器的串与串之间的距离以 1.0～1.2 m 为宜，以利于稚贝的附着。

（3）埋栖型贝类的半人工采苗　缢蛏、泥蚶、蛤仔、文蛤等埋栖贝类在由浮游生活转到埋栖生活中间需要附着在沙粒、碎壳上，所以天然苗种场大都在半泥半沙的潮区。因此，在有埋栖贝类幼虫分布的海区，进行半人工采苗时，必须将潮区滩涂耙松，整畦、整埕或整滩采苗，软泥底质需投放一层沙，以利于即将附着的幼虫分泌足丝，进行附着。底质松软有利于稚贝和幼贝钻穴埋栖。在附苗季节，应严格封滩，避免践踏。

4. 采苗效果检查

对贝类半人工采苗效果的检查，应根据对象的不同采用不同的方法。采苗效果检查应有代表性地多点取样，力求准确。牡蛎苗固着后 3~5 d，就可以看出采苗的效果。检查时将采苗器取出，洗去浮泥，利用侧射阳光观察附苗情况。牡蛎苗的大小一般为 0.2~0.3 mm。采苗器投放后，也有可能附着一些藤壶。如果固着个体略呈圆形、色深、扁平，用手轻摸较光滑，则是牡蛎苗；如果固着个体呈椭圆形、色淡、较高，用手轻摸粗糙，有刺手感，则是藤壶苗。若检查到藤壶很多，应重新清石和采苗。如果牡蛎苗过密，应采取疏苗措施。一般少于 0.2 个/cm² 达不到生产要求；0.5~1.5 个/cm² 为适量；1.5~4 个/cm² 为较多；4 个/cm² 以上为过密，可用瓦刀等杀死、废弃部分牡蛎苗。

对附着型贝类投入的采苗器可以在短期内取回，但由于稚幼贝因断裂脱落，一般需等采苗期过后，贝苗长到一定大小时，再取样检查采苗效果。贻贝在肉眼见苗之前，应检查附苗情况，辽宁、山东一般在 6 月中旬至 7 月初，肉眼可以见苗。刚附着的贝苗很小，肉眼很难分辨清楚，可采用洗苗镜检法进行检查。具体操作如下：取一定长度的苗绳（5~10 cm），放入水中用力摆动，或用软毛刷轻刷，把贝苗连同浮泥一起刷下来，再滴上少量的甲醛溶液，杀死贝苗，经沉淀、荡洗除掉浮泥杂质，用解剖镜或放大镜计数检查，并测量大小；简易方法是取一定长度的苗绳，放入漂白粉溶液中浸泡，然后用毛刷轻轻刷洗，再收集计数。

对于埋栖型贝类可以采用容器盛着泥沙作为人工基底，放在调查的海区，也可以定期地采集苗区表层一定面积的泥沙，装在筛绢袋内，在水中洗去泥或细沙，再从袋内沙中仔细地挑出全部幼贝，计算单位面积的采苗量。埋栖型贝类的附苗效果与滩涂底质组成、蓄水与否有关，还可以进行不同底质、不同蓄水深度以及不蓄水的采苗试验。

5. 日常管理

牡蛎的桥式采苗要随着牡蛎苗的生长，进行疏殖（分株），为使阴阳面牡蛎生长均匀，还要对调条石的阴阳面（翻株）。翻株不但能使牡蛎生长均匀，还扩大了牡蛎的生长空间，是进一步的疏殖。立石采苗若密度太大也要人工疏苗，移走部分蛎苗。投石采苗要经常移位，即把采苗器移到原来的空地，以防采苗器下沉被淤泥埋没。

贻贝和扇贝等的筏式采苗，在采苗初期，刚刚附着在棕绳或采苗袋上的稚贝并不稳定，此时不应洗刷和轻易提动苗绳或采苗袋。在这期间管理重点是确保浮子、坠石等正常，防止沉筏，台风季节，应加固筏身。在贻贝采苗期，浮绠及采苗器上往往附着杂藻，这些杂藻有利于稚贝的附着，不必清除。苗绳上的浮泥、麦秆虫等对贻贝的附着虽有一定的影响，但危害不大，不必清除，以免造成贝苗的脱落。当扇贝的稚贝长到 2 mm，附着比较牢固时，对浮泥较多的采苗袋，可轻轻摆动去掉浮泥，以保证采苗袋的内外流水畅通，提高贝苗的成活率，但不要离开水面操作。

对于埋栖型贝类来说，附着后的防护管理工作很重要，采苗后的埕间管理主要是要做到"五防"和"五勤"，即防洪、防暑、防冻、防敌害、防人为践踏和勤巡埕、勤查苗、勤修堤、勤清沟、勤除害。

四、贝类的土池人工育苗技术

贝类的土池人工育苗是通过对亲贝催产获得大量成熟精卵，并使其结合受精发育为浮游幼虫，根据幼虫的浮游与附着习性，采用人工手段，在室外露天土池内经过人工精心管理培育幼虫和稚贝，从而获得大量贝类苗种的方法。

贝类的土池人工育苗具有以下特点：设备简单，成本低，面积大，产量高，技术容易掌握，便于推广，是多快好省的大众化育苗方法；在稚贝培育阶段，可以通过施肥培养基础饵料、投喂人工培养的单胞藻、投喂代用饵料等途径满足稚贝生长所需要的饵料，较好地解决室内人工育苗无法供应大量单胞藻的问题；土池的培育环境更接近于自然生态环境，有利于贝苗的健壮生长，贝苗适应环境变化的能力强，出苗后在养殖过程中存活率较高。

但土池人工育苗是在露天下进行的，培育面积大，人工控制程度较差，如在浮游幼虫培育阶段，水温、海水比重等因子在较大程度上依赖于自然环境，无法有效地控制浮游幼虫生存、生长的最佳环境条件，敌害的清除、病害的防治工作比较困难，因此浮游幼虫的存活率明显低于室内人工育苗。

土池人工育苗一般多用在瓣鳃纲埋栖型贝类的苗种生产上。土池人工育苗是泥蚶、缢蛏、蛤仔、文蛤、青蛤等埋栖型贝类苗种的重要来源，而且还发展了室内人工育苗和土池人工育苗相结合的方法。

1. 育苗前的准备工作

（1）清池、整埕　新建的土池，在育苗之前，要进行数次浸泡，使 pH 稳定在 7.6～8.5，方可进行育苗。无论是新、旧土池，在育苗之前 30 d，都要把池水排干，经太阳暴晒 10～15 d，然后清除腐殖质，将池面翻耕耙平，以加速有机物的氧化分解和晒死敌害生物。水沟用 500～600 g/m³ 的漂白粉溶液消毒或 20～25 g/m³ 茶籽饼杀除敌害。消毒后，纳进经 100～150 目筛绢过滤的海水，浸泡 2～3 d 后，再把池水排干，并重复浸泡 2～3 次。最后再耙细、抹平，若底质不合适，要添沙，然后耙平。

（2）饵料的准备　育苗前 30 d 开始参照室内人工育苗的方法培养单胞藻。在开始催产育苗前 7～10 d，纳进经 100～150 目筛绢过滤的海水，使土池水位达到 30～40 cm，然后把露天饵料池培养的单胞藻如叉鞭金藻、等鞭金藻、牟氏角毛藻、小硅藻和扁藻等引入土池扩大培养。每隔 1 d 施尿素、过磷酸钙和硅酸盐予以追肥，尿素用量为 0.5～1.0 g/m³，过磷酸钙用量为 0.1～0.5 g/m³，硅酸盐用量为 0.1 g/m³。在育苗开始时，土池内单胞藻等饵料生物密度应达到 0.3 万～1.0 万个细胞/mL 以上。若基础饵料不足，应配备适量的酵母粉，以作代用饵料。

（3）亲贝的准备　牡蛎、缢蛏、蛤仔、扇贝、珠母贝、贻贝等，1 龄便达到性成熟。蚶类 2 龄达到成熟。亲贝一般要求 2～3 龄，在繁殖期选择外形完整、健康强壮、生殖腺肥满的个体作为亲贝。同时亲贝养殖区的温度、海水比重等理化因子必须与育苗海区相近。一般每 667 m² 土池亲贝用量为 25～50 kg。

2. 催产

主要采用阴干、流水、降温等方法，催产时还应结合天气、潮汐等进行，一般选择在大潮期催产。

催产时，先将亲贝阴干 5～12 h，铺放于催产架网片上或撒播在催产池中，纳入过滤海水，进行流水刺激。水流速应保持在 20～30 cm/s。一般经 3～20 h 的流水刺激，即可促使亲贝排精产卵。种类不同，阴干和流水的时间也不同。水泥催产池催产效果更为理想。

已产过卵的亲贝或经 2 d 催产但仍未排放的亲贝，要及时捞出处理，否则不仅消耗土池中的饵料，而且还因体弱易死，败坏水质。

3. 受精与孵化

催产时流水条件多受到潮水的影响，而亲贝排精产卵活动又多出现在退潮时土池内流水停止或即将停止时。此时亲贝排放出的大量精、卵往往集中在催产池或土池的某一区域，对受精和胚胎发育十分不利。所以应及时用潜水泵抽水冲散，或用木桶等挑至土池各角落均匀分散，或用小竹排或小船将受精卵均匀分散到育苗土池。

4. 幼虫培育

受精卵发育至 D 形幼虫后，就进入幼虫培育阶段。幼虫培育密度，视催产效果和孵化率高低而有所不同，一般为 0.5～4.0 个/mL。幼虫培育期间的主要管理如下。

（1）加水　在浮游幼虫培育期间，只能加水，不能排水。在每天涨潮时，补充新鲜过滤海水 10～20 cm，以保持水质新鲜，增加饵料生物，利于浮游幼虫发育生长，稳定池内水温与海水比重，随着幼虫的发育，逐渐增加进水量，至最高水位后进行静水培育。

（2）饵料　饵料供应是贝类土池人工育苗（浮游幼虫培育）成败的关键。土池内幼虫密度比自然海区大，而流动水量比自然海区小，饵料生物不足是当前大面积土池育苗普遍存在的问题。幼虫培育阶段的饵料供应途径有：施肥培养基础饵料、投喂人工培养的单胞藻、投喂代用饵料。

池中饵料生物密度要求在 1 万～4 万个细胞/mL。若水色清，饵料不足，应通过施肥方法增加饵料生物确保浮游幼虫顺利发育生长。培养基础饵料一般在晴天上午施肥，施肥量同上述饵料准备。同时，接种单胞藻，加快饵料生物繁殖。施肥应少量多次，以免引起浮游生物过量繁殖，导致 pH 和溶解氧大幅度变化，影响幼虫的发育生长；施肥要全池泼洒，可驾小竹排等进行操作，切忌只在岸边操作；观察水色，池水为黄绿色时，就要停止施肥。如果水色为棕褐色，要添加海水，改善水质；D 形幼虫时期，饵料生物密度为 1.5 万个细胞/mL，壳顶期要增至 3 万个细胞/mL；若密度过大，则不宜施肥。

在饵料不足，土池水色呈灰白色，浮游幼虫的胃肠饱满度差，多数呈空胃或少胃时，需把露天饵料池培养的单胞藻及时加入土池中或投喂酵母粉。酵母粉应先溶解后，静置 5～6 h，取其上层清液投喂，用量约 0.5 g/m³，2～3 次/d。

（3）敌害防治　由于育苗用水只采用 100 目左右的筛绢网过滤，一些敌害生物的卵及幼体不可避免地会进入土池，并在土池内发育生长。主要敌害生物有桡足类、球栉水母、虾类、沙蚕等。它们与幼虫竞争饵料，直接或间接危害浮游幼虫的生存与生长，应及时捕捞除杀，桡足类和虾类可利用夜间灯光诱捕，以减少危害。但土池水体大，无法完全清除这些敌害，所以可适当增加筛绢网的面积，在保证滤水速度和滤水量的前提下，尽量使用细网目的筛绢过滤，并严防滤网破漏。

（4）日常管理　要检查堤坝有无损坏、闸门是否漏水、滤网是否破漏等；要定时定点观测水温、海水比重、pH、溶解氧等理化因子的变化情况，若发现异常，要及时采取相应措施处理；每日检查幼虫的生长发育状况、摄食情况以及基础饵料生物的繁殖生长情况和敌害生物等，保证幼虫的正常发育生长。

5. 附苗

（1）附苗效果检查　幼虫发育至出现眼点（或足部频繁伸缩）时，即进入附着变态阶段，附苗后几天应检查附苗量。在附苗之前，应在土池中选取若干有代表性的样点（一般为9个），将扎有浮标的搪瓷面盘、碟等装上土池底泥（沙）放置于样点池底，待镜检浮游幼虫基本下沉变态附着后，再把搪瓷面盘、碟等缓慢提出水面，然后将苗收集在100目的筛绢网里，冲洗干净后，集中在计数框，进行镜检计数，然后换算出附苗密度和附苗量。也可以在幼虫完全附着后，排干池水取样检查。若附苗量达不到生产要求就要再次清池、重新育苗。

（2）投放附着基　对于埋栖型贝类，原池底已经得到了改良，具有幼虫附着变态的客观条件，此时也可增投少量碎贝壳或沙粒于池底或置于人工制作的40～60目网箱内吊挂于池中，网箱一般规格为30 cm×30 cm×3 cm，网箱内装洁净的碎贝壳或沙粒，也是良好的附着基。

6. 稚贝培育

稚贝从营浮游生活转变为营附着生活时，滤食器官还不完善，埋栖型贝类水管尚未完全形成，贝壳也未钙化，生命力非常脆弱，死亡率很高。此时，要特别精心管理。

（1）加大换水量　稚贝附着后，要及时更换过滤海水，初期每天约换水20 cm，以后逐渐加大。当稚贝壳长达0.5 mm时，可更换20～40目的平面过滤网过滤海水。大潮期间，每天应加大换水量，一方面保持土池水质清新，另一方面可补充海水中的天然饵料生物，加快稚贝生长速度。换水时要注意检查滤网是否安全、有无破漏等。

（2）繁殖底栖硅藻　稚贝生长阶段，饵料密度以5万个细胞/mL左右为宜。一般大潮期间通过加大换水量保证饵料生物的供给；小潮期间，应把土池水位降至1.0 m左右，以增加土池底部的光照度，促进底栖硅藻的繁殖生长；晴天时，每隔2～3 d，在上午追肥一次，使水色保持黄绿色或绿色。若水色变清，饵料不足，可投喂豆浆作为代用饵料，用量为1 g/m³（以干豆重量计）。

（3）控制水位　池水浅，透明度大，饵料生物多，贝苗生长快，成活率高。但要特别注意，8月水温较高，如果池水过浅则不利于贝苗生长。在连续大雨天，海水比重会突然降低，易造成贝苗死亡，此时应加深水位。在北方，12月至翌年2月，水温下降，常达0 ℃左右，对个体小、抵抗力低的稚贝威胁很大。因此，冬季必须提高水位，加大水体，保温越冬。

（4）敌害防治　稚贝期敌害很多，如鱼蟹类、桡足类、球栉水母、沙蚕、浒苔、水鸟等。在进水时，应设密网滤水，严防滤水网衣破损，以减少鱼、蟹等大型敌害生物的入侵。定期排干池水，驱赶捕捉敌害。对底栖性蟹类等可把池水排干人工捕捉。球栉水母及沙蚕在晴天刮大风时集中在背风处，可用手操网捞捕。

浒苔是蛤仔、缢蛏等土池育苗的主要敌害，大量繁殖时会与饵料生物争营养盐，使水质消瘦，且覆盖池底，闷死贝苗，使pH变化大，影响贝苗生活。浒苔死亡后，败坏水质，影响贝苗存活。浒苔的防治方法是：池子加沙时粒径要适宜，避免过粗，以减少浒苔的附生；当发现浒苔大量繁殖生长时，要及时捞取或用适量的漂白粉除杀。

（5）疏苗　土池人工育苗，稚贝附着密度往往很不均匀，一般背风面附着密度较高；同时，随着稚贝的生长，苗体逐渐增大，为了促进稚贝生长，增加产量，提高成活率，应及时疏苗。壳长0.1～0.2 cm的贝苗，适宜的培育密度为5万个/m²以下，如苗过密，则应疏散到自然海区培育或直接出售。

7. 苗种采收

稚贝经 4～6 个月的培育，壳长可达 0.5～1.0 cm，此时即可收苗。贝类种类不同，收苗方法不同。蛤仔收苗多采用浅水洗苗法，即将土池分成若干个小块，插上标志，水深掌握在 80 cm 以下，人在小船上用带刮板的操网或长柄的蛤荡，随船前进刮苗，洗去沙泥后将蛤苗装入船舱，小苗留在池里继续培养。

此外，还有推堆法、干潮括土筛洗法等。

思考题

1. 简述工厂化育苗和土池育苗的生物学原理与通用技术。

2. 鱼类卵子和精子的发育过程分为几期？精巢和卵巢发育各分为几期？区分鱼已成熟、卵子成熟、排卵、产卵等基本概念。

3. 选择亲鱼要注意哪些问题？简述亲鱼培育的技术要点和生物学依据。

4. 鱼苗要经历哪几个食性阶段？简述鱼苗、乌子、夏花、子口鱼种和老口鱼种的基本概念。

5. 简述虾蟹生殖系统的结构特征及功能，虾蟹卵巢发育过程特点及分期依据，虾蟹亲体的来源、选择及培育方法。

6. 简述虾蟹贝的繁殖方式、交配与产卵习性、虾蟹贝胚胎及幼体发育过程特点，各期幼体的基本概念、形态特征、活动习性、食性。

7. 简述虾蟹贝育苗技术要点及工艺流程，虾蟹育苗设施及育苗用水处理常用方法。

8. 简述贝类半人工采苗的原理。如何做好贝类的半人工采苗工作？

9. 简述虾蟹贝育苗期间可能发生的常见疾病及其防治方法。

第二篇
主要经济鱼类增养殖

第四章　食用鱼的饲养

第一节　池塘养鱼

池塘养鱼是我国饲养食用鱼的主要方式，尤其是在淡水养鱼中，其产量占到全国淡水鱼类养殖总产量的 75% 以上。

食用鱼饲养，也称成鱼养殖或商品鱼养殖，是养鱼生产的最后环节，也是鱼类养殖的目的所在；不仅要求稳产高产、能够常年上市，而且还要求安全生产、适销对路，更要求以较少的人力、物力、财力获取较多的优质鱼产品，提高综合效益。就淡水池塘食用鱼饲养而言，"八字精养法"是其养殖的技术核心和生产指南（图 4-1）。

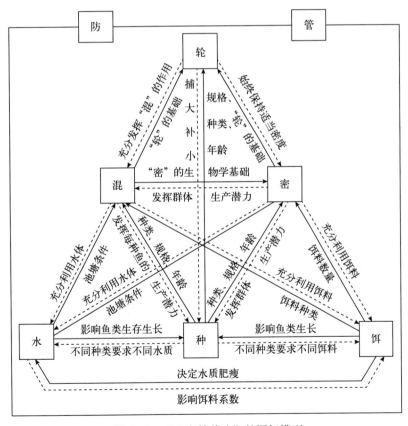

图 4-1　"八字精养法"的图解模型

"八字精养法"，是我国水产工作者在总结群众饲养经验的基础上，结合大量的试验结果，经过高度概括、浓缩而成的养鱼技术核心。它用"水、种、饵、混、密、轮、防、管"八个字简练而形象地反映了池塘养鱼的整个过程及其基本内容，而且其内涵也随着养鱼生产的发展和科研水平的提高不断更新和充实。因此,"八字精养法"一直在指导养鱼生产方面发挥着十分重要的作用,并在一定程度上反映了我国池塘食用鱼饲养的技术水平。近年来,我国的池塘食用鱼饲养更是有了快速发展,渔、农、牧结合的综合养鱼,人工配合饲料及多种养殖机械的推广和应用,为我国的池塘养鱼技术充实了新的内容,为池塘养鱼的进一步发展奠定了基础。实践证明,食用鱼饲养要想获得稳产高产,在生产上必须采取综合的技术措施。

一、池塘食用鱼精养稳产高产的物质基础

"八字精养法"中的"水""种""饵"实际上就代表了养鱼的三个基本要素,是池塘精养食用鱼的物质基础。一切养鱼技术措施,都是根据"水""种""饵"的具体条件来确定的;没有这些基础,各项措施终将成为无本之木、无源之水。

(一) 水源好而性能佳的池塘

"水"从狭义上讲,是指池塘合理的水深和良好的水质;而从广义上看,其实际上涵盖了所有的池塘环境条件,包括池塘的位置、水源、水质、面积、水深、底质、形状及其周围环境等,并以水源充足、水质良好为首要条件。选择条件优越的池塘,既是开展养鱼的基本条件,也是获取高产的基础保证。

1. 高产鱼池的要求

根据食用鱼的生活习性以及稳产高产的要求,一个理想的食用鱼饲养池塘应符合高产鱼池的环境和建造标准,即水源要充足、水质要良好、电力供应要充沛、淤泥适量、面积适中($667 \, m^2$/只)(详见池塘设计与要求)。

2. 养鱼池塘的改造

对于不符合高产标准的旧池塘以及不适宜养鱼的盐碱地池塘,必须设法进行标准化或适用性改造。

(1) 旧有池塘的改造 对于未集中连片、不符合高产标准的旧有池塘,应根据实际情况按标准进行必要的改造,主要措施包括小池改大池、浅池改深池、死水改活水、低埂改高埂、狭埂改宽埂等,以尽量使其符合高产标准,为实现养鱼高产高效奠定基础。

(2) 盐碱地鱼池的改造 我国现有盐碱地面积约 $2\,600 \, hm^2$,沿黄河地区的青海、甘肃、宁夏、内蒙古、陕西、山西、河南、山东等 8 个省份的盐碱地面积约占盐碱地总面积的75%。由于"旱、涝、碱、瘦"的特点,一般盐碱地均不适宜农作物的直接种植,常寸草不生成不毛之地。虽然通过洗盐、脱盐等措施可以使其能逐渐适合农业种植,但其收益往往不很理想。20 世纪 80 年代开始逐步开创了利用综合养鱼技术改造盐碱地的成功之路,形成了以渔为主,渔、农、牧、副综合利用的开发思路,逐步地建立起鱼-粮 (棉)-草、鱼-畜-禽、鱼-畜 (禽)-草等综合养鱼生产模式,并获得了可观的综合效益。盐碱地经开挖鱼池综合治理 2~3 年后,土壤指标即可达到种植业所允许范围。

通常沿海等受海水影响的地区,水中离子以 Cl^- 为最多;在干旱少雨地区,河水含盐量较高,有的可达 $1\,000 \, mg/L$ 以上,甚至高达 $7\,000 \, mg/L$。当水中含盐量达到 $300\sim500 \, mg/L$ 时,离子间的比例就会呈现较大变化,水中 HCO_3^- 的比例下降,而 Cl^- 或 SO_4^{2-} 的比例增加。从理论上讲,SO_4^{2-} 本身无毒,但在缺氧、有机物高的情况下,硫酸根可被细菌还原为对鱼类有毒的硫化氢。

试验表明，我国几种主要淡水养殖鱼类在盐度为 5 以上时生长较差，而且在一定的碱度条件下，pH 越高，毒性越大。例如 pH 为 10.14 时，鲢鱼种 24 h 半致死浓度（24 h LC_{50}）为 83 mmol/L，而 pH 为 8.3 时，则为 109 mmol/L。因此，碱度高于 100 mmol/L 的水域，需加以改造才能养鱼。因为在这种碱度下，如光合作用很强烈，易使 pH 升到 10，从而引起鲢、鳙大批死亡。

生产上对不适宜直接养鱼的盐碱地池塘可采取以下措施加以改造：

① 引淡排碱。池塘的进、排水河道必须严格分开，各司进水和排水。淡水进水口和咸水排水口各设水闸，以控制水位和流向。

② 早开塘、打复水。盐碱地池水的盐度及其淡化速率与池塘开挖时间呈正相关，而与海涂围垦时间无关。因此，为了尽快淡化，应在海涂围垦后尽早挖塘，并引入淡水、经常打复水（排去原水后即加入新水），把雨水及地下水淋洗出的盐碱不断排出。

③ 施放足量有机肥料，使"生塘"尽快变为"熟塘"。施过有机肥料后，池底会开始沉积淤泥，使其中的腐殖质等胶体物质镶嵌在土壤间隙中，既可有效防止沙壤土的渗漏，又可使池水与盐碱土相隔离。此项工作一般可在挖塘、打复水后立即进行，每 667 m^2 施有机肥 750～1 000 kg，如施用绿肥效果更好（但忌用盐蒿、碱蓬等耐碱植物）。

④ 改造池边土质。池边的埂面及土地应种植田菁等降碱排碱绿肥。田菁不仅是制造塘泥、提高水质肥度的优质绿肥，而且可以疏松土壤，防止土壤板结，破坏盐碱土层的毛细管，从而避免下层盐碱随毛细管上泛，为青饲料的种植打下良好基础。一般地，池边盐碱地种植 2～4 年田菁后，就能适合其他青饲料种植。

⑤ 高水位压盐。为防止地下水渗入池内，在日常管理中应保持池内水位高于外河水位，以保持地下水渗透平衡。

⑥ 忌用生石灰清塘。盐碱地池塘的碱度、硬度和 pH 均比淡水高得多，属高碱度、硬水型水质。因此，清塘时不应选用强碱性的生石灰，以免池水碱度、硬度和 pH 骤增，一般可用漂白粉代替。

（二）品种多而规格全的鱼种

1. 鱼种质量

1 龄鱼种的质量可采用"四看、一抽样"的方法加以鉴别。食用鱼饲养对鱼种的总体要求是：数量充足、品种齐全、规格适宜、体质健壮、无病无伤。此外，在评价鱼种质量时，应以规格大而均匀、体质健壮而无病伤为考量的重点。

2. 鱼种规格

鱼种规格一般用体长或体重表示，其中，1 龄鱼种（小规格鱼种）常用体长表示，2 龄鱼种（大规格鱼种）多以体重表示，成批鱼种的规格可通过抽样称重计数予以确定。

各地适合食用鱼池放养的鱼种尚无统一的规格标准。对于某一特定的鱼来说，其鱼种的适宜规格则主要取决于这种鱼的养鱼周期（即从鱼苗养成食用鱼所需的时间）。而各种鱼的养鱼周期则是根据其最佳生长期、食用价值、市场需求、成活率及群体产量等因素，结合当地的具体条件而制定的较为合理的养鱼持续时间。养鱼周期若过长，饲料消耗较多，会因基础代谢消耗增多而使饲料利用率下降；同时，累计死亡率增大、管理费用增多、资金及池塘周转率较低。而养鱼周期过短时，因鱼的食用价值较低、鱼种消耗量较大，也不经济。因此，我国目前池塘养鱼的养鱼周期大多为 2 年左右，主要养殖鱼类的鱼种适宜规格可参考表 4-1。

表 4-1　长江中下游地区池塘养鱼周期与适宜鱼种规格

鱼类	放养类型	第一年	第二年	第三年	第四年
		夏花→1龄鱼种	1龄鱼种→食用鱼 或2龄鱼种	2龄鱼种→食用鱼 或3龄鱼种	3龄鱼种→食用鱼
青鱼	I	50 g左右	0.5 kg左右	2.5 kg以上	2.5～6 kg
	II	11.5～13.2 cm	100～250 g	0.5～1.5 kg	
草鱼	I	50 g左右	0.5 kg左右	1.5～2.5 kg	2～3 kg
	II	11.5～13.2 cm	150～250 g	0.75～1 kg	
鲢、鳙	I	50～150 g	0.6～1 kg	0.6～1 kg	
	II	11.5～13.2 cm	0.25～0.4 kg		
鲤	I	50 g左右	0.75～1 kg		
	II	11.5～13.2 cm	0.5 kg以上		
团头鲂	I	13.2～16.6 cm	0.25 kg以上	0.35～0.5 kg	
	II	6.6～10 cm	0.05～0.15 kg		
鲫	I	10～13.2 cm	0.25～0.35 kg		
	II	6.6～10 cm	0.15～0.25 kg		
罗非鱼	I	0.05～0.2 kg	0.25～0.5 kg		
	II	3.3～10 cm			

3. 鱼种来源

食用鱼饲养所需的鱼种，可以专池培育获得，也可由食用鱼池套养提供；既可由单位自行生产，也可向周边鱼场调剂，还可从外地购运。但以当地自行生产培育为好，因为其可按生产计划培育所需的规格、品种及数量，避免盲目生产、长途运输，减少外源性鱼病入侵的风险（带入新的病原体），从而可以降低生产成本，提高经济效益。

若确需从外地调运鱼种，则事先须做好周密的计划，对所需的品种、规格、数量均应留有余地；并应对生产地的鱼病流行情况进行了解；若从国外引种，还需进行报批和流行病检疫，以免在本地引发新的鱼病。

4. 鱼池配套

在进行鱼池安排时，应根据客观条件和实际需要，确定鱼种池与食用鱼池的适宜比例，避免因安排不合理而导致水面浪费及总体效益下降。

首先，要根据生产计划计算出鱼苗、鱼种的需求量，不仅要考虑当年食用鱼池放养的需要，而且还应考虑翌年甚至后年的鱼种需求。其中各种鱼的鱼种、夏花、鱼苗需求量可分别按下列公式分别计算：

某种鱼种需求量（尾）＝该鱼食用鱼计划产量÷该鱼平均出塘规格×该鱼饲养成活率

某种夏花需求量（尾）＝该鱼鱼种需求量÷该鱼鱼种培育成活率

某种鱼苗需求量（尾）＝该鱼夏花需求量÷该鱼鱼苗培育成活率

然后，根据各种鱼类在苗种培育中可能出现的成活率、产量等不稳定因素，对计算所得的数据进行适当修正，在计算数据的基础上增加 15%～25%，作为安全系数，列入苗种生产计划。

最后，根据各类苗种的总需求量，按成鱼池所要求的放养规格以及当地实际条件，确定鱼苗、鱼种放养模式，减去食用鱼池套养的数量，即可计算出鱼苗、鱼种池所需的面积。

一般鱼种池与食用鱼池的面积之比大体可掌握在（20～30）：（70～80）。具体比例可根据当地的养殖条件及养殖方式等主、客观因素进行适当调整。

5. 鱼种培育

为提高食用鱼饲养的产量，必须配备一定数量的大规格鱼种。所谓大规格鱼种，泛指规格大于常规 1 龄鱼种而小于食用鱼的所有鱼种，相当于过去的 2 龄鱼种。现行的生产模式如下：

（1）常规 2 龄鱼种专塘培育 所谓 2 龄鱼种培育，是指将 13.3 cm 左右的 1 龄鱼种（春片）再培育 1 年左右，使之成为符合食用鱼饲养特定要求的 2 龄鱼种（老口）的生产过程。一般经此培育要求使鲢、鳙规格达到 0.2 kg/尾，草鱼、青鱼达 0.5 kg/尾。由于其生长快、绝对增重大，因此放养大规格鱼种是提高食用鱼饲养单产水平的一项重要措施。目前生产上 2 龄鱼种培育主要用于 2 龄青鱼和少部分 2 龄草鱼的培育。

① 2 龄青鱼的培育。青鱼在 2 龄阶段的主要特点是：由主食人工植物性饲料（饼糟类）转食螺、蚬等天然动物性饵料，食谱范围缩小，适口饵料少，对外界不良环境条件的适应能力较弱，容易发病，成活率很低（常不足 50%，甚至仅 20%～30%）。为此，对 2 龄青鱼一般需要专池精心培育。

首先，应按 1 龄鱼种优劣鉴别标准尽量选放体质健壮、个体较大的优质鱼种；然后，根据池塘条件、饲料供应情况以及鱼种出塘规格要求等因素，综合确定放养密度及其配养比例，一般主体鱼与配养鱼宜各占 80% 和 20% 左右，另可搭养一些小规格的鲤、鲫等鱼类（表 4-2）。

表 4-2 2 龄青鱼池鱼种放养与收获情况（浙江菱湖）

鱼类	放养情况（每 667 m²）			收获情况（每 667 m²）		
	规格	尾数	重量（kg）	成活率（%）	规格（kg/尾）	产量（kg）
青鱼	24 尾/kg	480	20	70	0.5	168
鲢	13～17 cm/尾	250	7.5	100	0.6	150
鳙	13～17 cm/尾	60	2	100	0.75	45
草鱼	10～13 cm/尾	20	—	80	1	16

鱼种放养后，应根据 2 龄青鱼的特点，在培育管理上重点抓好 4 个环节：

其一，提供适口饵料。不同生长阶段的青鱼要求有不同的天然适口饵料（表 4-3），对个体较大、不适口的螺、蚬应先行轧碎后再投喂；如果动物性饵料缺乏，也可将饼糟类等植物性饲料配制成粒径适宜的颗粒饲料代之（适宜粒径：5 月前 2 mm，5—7 月 4 mm，8 月后 6 mm）。

表 4-3 青鱼规格与适宜天然饵料

最小吃食规格	<11.67 cm	>11.67 cm	>16.67 cm	>0.15 kg	>0.35 kg	>0.40 kg	>0.60 kg
天然适口饵料	饼糟类	球蚬（饭蚬）	新生螺	花蚬	内河中小螺、蚬	塘蚬	内河中大螺、蚬

其二，控制吃食数量。既要足量投喂适口的天然饵料，又要根据天气、季节、水质、饵料种类等因素控制其吃食数量，保持投饲均匀、适量。一般，螺、蚬以 9：00—10：00 投喂，16：00—17：00 吃完为宜；精饲料以上午投喂后 1 h 内吃完为度；水质不良或池水过浓或天气不好或鱼浮头时，投饲量应酌情减少或停止喂食。一年中，投饲量总体可参照"春季足量、夏季适量、白露后尽量、冬季少量（不停食）"的基本原则按季节进行调整。

其三，保证饵料质量。所投饵料必须新鲜、清洁、品种单一、颗粒均匀，这是预防青鱼发病的关键之一。如果投喂的饵料品种混杂、大小不匀、坚硬不一，则容易损伤青鱼的咽喉齿而导致肠炎等疾病。

其四，加强鱼病防治。做到以防为主，尤其在 5—6 月（大麦黄）和 8—9 月（白露汛）两个发病高峰季节，更应采取常规预防措施，用药物进行池水、食场消毒，投喂药饵，并适当控制投饲数量，定期加注新水，以保持清新的水质和丰富的溶解氧。

② 2 龄草鱼的培育。2 龄草鱼既可采取专塘培育，也可在食用鱼池中带养培育。采用带养培育时，每 667 m² 可放体重 50 g 左右的 1 龄草鱼种 80～120 尾，一般至年底可达到 0.5 kg/尾左右。此法的优点是可以节省 2 龄鱼种池，从而扩大食用鱼池养殖面积，提高食用鱼总产量。但由于食用鱼池水质较肥，草鱼往往成活率较低或生长较慢。

采用专塘培育时，每 667 m² 可放养规格为 13.3 cm 左右的 1 龄草鱼种 600～1 000 尾，搭配 2 龄青鱼混养，可参考表 4-4。

表 4-4 2 龄草鱼池鱼种放养与收获情况（无锡市）

鱼类	放养情况（每 667 m²）		收获情况（每 667 m²）		
	规格（cm）	尾数	成活率（%）	规格（kg）	产量（kg）
草鱼	12～13	1 000	60	0.1～0.5	130
青鱼	12～13	100	70	0.1～0.5	12.5
团头鲂	4～5	100	90	0.05	5
鲢	12～13	500	95	0.15～0.2	80
鳙	12～13	100	95	0.15～0.2	17.5
鲢	3	1 000	90	0.125	110
鲫	2	3 000	90	5～7 cm	15

在培育管理上，要按照草鱼生长及季节投喂不同种类的天然饵料，并应保证饵料新鲜、适口，这是提高 2 龄草鱼生长率和成活率的关键所在。一般 3 月水温 6 ℃以上开始投饲，每 5 d 左右每 667 m² 投喂饼糟等精饲料 2.5～5 kg；4 月可投喂浮萍或轮叶黑藻；5 月后投喂苦草、菜叶及鲜嫩的陆草等。投喂量可根据天气、吃食情况而定，通常在正常天气可以上午投喂、15：00—16：00 吃完为度，易发病季节（5—6 月及 8—9 月）应适当减量，并应注意吃食卫生，不投变质发臭的水草，及时捞除剩饵，以免其下沉腐烂恶化水质。至于其他管理措施可参照 2 龄青鱼培育，但草鱼对水质的要求更高，故应适当增加注水次数，以确保水质清新。

（2）鲢、鳙 2 龄鱼种及 1 龄大规格鱼种套养培育 就鲢、鳙而言，2 龄鱼种（老口）主要用于食用鱼池的轮捕轮放，需求量相对较小。因此，目前生产上常采用将仔口鱼种在食用鱼池内混养或将 3 cm 左右的当年夏花在 2 龄青鱼池或 2 龄草鱼池中套养来获得 0.15～0.20 kg/尾的大规格鱼种；并通过这两种方法的结合，基本满足食用鱼池上半年和下半年所需要的大规格鱼种。其具体生产模式如下：

① 供下半年之用的 2 龄大规格鱼种生产模式。于年初，在 2 龄鱼种池或食用鱼池，按 5∶1 的比例每 667 m² 混养鲢、鳙春片 600 尾；至 7 月底其规格可达到 0.15～0.20 kg/尾，即可用作食用鱼池下半年所需的大规格鱼种，至年底养成上市。

② 供（翌年）上半年之用的 1 龄大规格鱼种生产模式。于 7 月上旬，在每 667 m² 食用鱼池或 2 龄青鱼池套养鳙夏花 800 尾左右；在每 667 m² 食用鱼池或 2 龄草鱼池套养鲢夏花 1 000 尾左右。至年底可育成规格为 0.15 kg/尾左右的 1 龄大规格鱼种，即可用作翌年食用鱼池首期放养的鱼种，至 7 月底可轮捕上市。

（3）草鱼 1 龄大规格鱼种强化培育　该方法由 1 龄草鱼的传统培育法演变而来，其基本特点是：通过改革放养模式（表 4 - 5），以甲、乙两池为一组，尽力创造优越的环境条件，并提供最适宜的饵料基础，采用综合措施进行强化培育，从而实现 1 龄草鱼培育成活率高（70%左右）、出塘规格大（100～150 g/尾）的理想效果。

表 4 - 5　以早繁夏花草鱼为主体鱼放养收获情况一览表（上海郊区，667 m² 池塘）

鱼种	放养				成活率（%）	收获			
	日期（月·日）	规格（cm）	尾数	重量（kg）		日期（月·日）	规格（g）	尾数	重量（kg）
草鱼	5.20	3.3	5 000	2.5	70	6.30	10cm	2 500	25
						5.8	50	500	25
						12.10	150	1 400	210
鳙	7.1	3.3	1 000	0.5	90	12.10	100	900	90
团头鲂	7.1	2.5	2 000	0.6	80	12.10	25	1 600	40
鲫	7.1	3.5	6 000	5.4	60	12.10	25	3 600	90
鲢	8.10	5	4 000	5	90	12.10	50	3 600	180
总计	—	—	18 000	14.0		—	—	14 100	660

6. 鱼种放养

食用鱼池的鱼种放养，过去一般常在开春后进行；而如今长江流域大多在春节前后进行放养，并越来越多地采取"隔冬放养"，即放养工作在年前完成。东北和华北地区，也可在解冻后，当水温稳定在 5～6 ℃时着手放养。

所谓"隔冬放养"，是指冬捕结束后，经清塘和水质培育，即进行分塘放养鱼种。由于冬季水温较低，此时放养具有下列优点：①冬季鱼的活动力比较弱，易于捕捞及运输。②水温较低时鱼鳞排列紧密，操作不易受伤，可减少放养后的发病和死亡。③年前放养，提前适应池塘环境，开春后即可提前开食，从而延长生长期。因此，提早放养是食用鱼饲养增产的措施之一，而且可以减少生产环节（并塘）。但隔冬放养必须选择晴天进行，而不应在严寒、风雪天气放养，以免鱼种在捕运过程中受冻致伤致死。在北方一些地区，条件好的池塘如今一改过去的春放为秋放，使鱼种成活率明显提高。

（三）供给量足而质量优的饲料

"饵"，即适合鱼吃食的饲料，是饲养鱼类生长必需的能量来源。在养鱼过程中合理投喂量多质优的饲料，包括施肥培育天然饵料生物，是确保鱼类正常生长的物质基础，也是实现稳产高产的重要保障。池塘食用鱼精养的饲料来源主要包括：通过池塘施肥培育天然饵料生物，利用堤埂及周边闲置杂地种植高产青饲料，从其他水域培育捞取水草、螺、蚬等天然生物饵料，利用农副产品加工的废弃物（副产品）以及以此为原料按照饲养鱼类营养需求人工配制的营养全面且适口的专用颗粒饲料等。

1. 池塘施肥

池塘施肥的目的在于补充水中的营养盐类及有机物质，增加腐屑食物链和牧食链的数量，作为滤食性鱼类、杂食性鱼类及草食性鱼类的饵料。施肥作用的大小，与饲养的鱼类品种有关，对滤食性鱼类作用最大，杂食性鱼类次之。施肥操作同第一章水质调控中施肥技术。

2. 合理投饲

投饲的主要目的在于为吃食性鱼类提供量多质优的食物，满足它们的生长所需，同时还兼有肥水从而为肥水鱼间接服务的作用。在池塘食用鱼饲养中，合理投饲的关键在于确定适宜的投饲量，并掌握科学的投饲技术。

（1）投饲数量的确定　在池塘饲养计划确定的同时，应对全年、各月、每日所需的饲料量进行全面匡算，以便有计划地落实到位，确保养殖生产的顺利进行。

① 全年饲料需求量。对于使用配合饲料或饲料系数可以明确的情况：首先，根据放养对象、放养量、放养规格和饲养方法，确定各种鱼的计划净增肉倍数（如放养老口草鱼和老口青鱼净增肉倍数分别可达 4～5 和 5～6）；然后，根据净增肉倍数和放养量，计算出计划净产量；最后，根据计划净产量和饲料系数，即可计算出全年所需的饲料量，并可依此进行筹划。

例如，某鱼场有食用鱼池 66 670 m²，平均每 667 m² 放养老口草鱼 60 kg，计划净增肉倍数为 5；已知所用配合饲料和陆草的饲料系数分别可以 2 和 30 计，并计划陆草投喂量占草鱼净增肉所需的 2/3。

先算得计划净产量总计为：60×5×66 670/667＝30 000（kg）

全年陆草需求量为：30 000×2/3×30＝600 000（kg）

配料需求量为：30 000×1/3×2＝20 000（kg）

对于使用多种天然饵料又同时施用肥料的情况：由于投放的饵、肥料种类多，既有多种精饲料（饼粕、糠麸、糟渣等），又有各类草料（水草、陆草、萍类等），还有各种肥料（粪肥、绿肥、混合肥等），在生产上无法分清某种鱼对某种饵料的实际吃食量，也难以区分某种饵料对某种鱼类生长（增重）的实际贡献；很难测算各种饵料的饲料系数，也就难以按计划净产量计算饲料需求量。对于这种情况，计算全年饲料需求量时，首先，从饲养总体出发，根据往年的总净产量以及全年投放精饲料、草料和肥料的总量，先计算出适合本单位的综合饵、肥料系数（包括精饲料系数、草料系数和肥料系数），即每增长 1 kg 鱼肉分别所需的精饲料量、草料量和肥料量；然后，用综合饵、肥料系数和计划总净产量分别计算出精饲料、草类和肥料的总需要量。

例如，某鱼场算出的综合饵、肥料系数为：精料系数（2）＋草类系数（6）＋肥料系数（1.5）。那么，如果每 667 m² 食用鱼池计划净产 1 000 kg 鱼，则全年饵肥料计划需要量分别为：2 000 kg 精饲料＋6 000 kg 草料＋1 500 kg 有机肥料。

② 各月饲料分配量。全年所需的饲料总量确定后，可按照"早开食、晚停食、抓中间、带两头"（鱼类主要生长季节投饲量应占全年投饲总量的 75%～85%，草类偏中前期、精饲料和贝类偏中后期）的总体原则进行各月饲料的分配，具体可根据当地月均水温、季节变化、鱼类生长以及饵肥料供应等情况确定适合本地的各月饲料分配百分比（表 4-6、表 4-7）。

表 4-6　长江三角洲以青鱼、草鱼为主体鱼的月投饲百分比（%）（江苏无锡）

饲料种类	月　份									全年
	3	4	5	6	7	8	9	10	11	
精饲料	1.0	2.5	6.5	11	14	18	24	20	3.0	100
草类	1.0	5.0	10.0	14	17	22	20	9	2.0	100
贝类	0.5	3.0	7.0	9	15	21	24	17	3.5	100

表 4-7　以草鱼、团头鲂为主体鱼投喂颗粒饵料为主的饵料分配百分比（%）（上海）

月份	日　期						小计
	1—5 日	6—10 日	11—15 日	16—20 日	21—25 日	26—30 日	
4	0.15	0.19	0.26	0.32	0.42	0.56	1.90
5	0.68	0.78	0.91	1.02	1.13	1.20	5.72
6	1.32	1.38	1.51	1.61	1.68	1.82	9.32
7	1.94	2.00	2.16	2.28	2.45	2.53	13.36
8	2.71	2.85	3.05	3.12	3.33	3.48	18.54
9	3.70	3.85	3.99	4.25	4.40	4.42	24.61
10	4.41	4.23	3.99	3.56	2.89	2.37	21.45
11	2.32	1.56	1.22				5.10

③ 每日饲料投喂量。鱼池每日实际投饲量的确定，应综合考虑水温、水质、天气和鱼类吃食等因素。在生产上，确定日投饲量的方法主要有以下 3 种：

按池鱼体重和日投饲率计算。即日投饲量为塘鱼总体重与日投饲率之乘积。其中，日投饲率由水温及饲料种类确定，如精饲料在水温 15 ℃以上、20 ℃以上、25 ℃以上、30 ℃以上时通常的日投饵率分别为 0.6%～0.8%、1%～2%、2.5%～3% 和 3%～5%。又如草鱼，在主要生长期投喂颗粒饲料时，日投饲率为 5% 左右，投喂草类时，为 40%～60%。而塘鱼总体重一般可以初始放养量为基准，逐次加上一段时间内的增量（可由所投饲料累计量和饲料系数推算而得），作为即时存塘量，每 5～10 d 测算递加 1 次，以此为依据不断调整投饲量。

按鱼吃食时间确定。这是一种最原始而简单的实用方法。例如，草鱼春天 3～5 h、夏秋季 6～8 h 能吃完的喂草量常被认为是比较适宜的投喂量。

在月分配的基础上调配。按"上旬稍少、中旬取均、下旬稍多"的原则，将 1 个月的饲料量分成数量不等的 3 份，每份的 1/10 即为日投饲量。例如，某池塘某月的计划投饲量为 210 kg，则旬平均量为 70 kg，按上旬减下旬增原则，上旬减为 60 kg，下旬增至 80 kg，这样上、中、下旬每日的投饲量就分别为 6 kg、7 kg 和 8 kg。如果旬内能再细分成前后 5 d 微调日投饲量，则效果将更好。

（2）投饲技术　"四定"（即定质、定量、定时、定位）是食用鱼池塘投饲应遵循的基本原则，其中，定质属于物质基础，而定量、定时和定位均为投饲技术。

在食用鱼饲养中，投饲效果的好坏直接取决于饲料质量和投饲技术。一般来说，饲料质量越好，投饲方法越得当，那么投饲效果就会越好，其具体表现为饲料系数低、水质条件好、池鱼体质强、生长速度快、得病机会少、废物残留少、异味产生少，而单位面积产量高。因此，在生产上为了使投饲产生尽可能好的效果，首先必须保证饲料质量，同时要确保合理投喂。

就池塘常用的饲料而言，优质的总体要求是草料鲜嫩、无根、无泥；贝类鲜活、纯净、适口、无杂质；精饲料粗蛋白含量较高；颗粒饲料营养全面、适口、入水不易溶失。在饲料质量确定的前提下，投饲技术就成为影响投饲效果和水环境的主要因素。

① 定量。在集约化的鱼类养殖中，最适投饲量通常应是接近于鱼饱食量的投饲量，即停食前，鱼能将所投饲料吃完而且刚好吃饱。但在实践中能确保鱼类生长和饲料系数处于平衡的最佳投饲量却是鱼饱食量的 90% 左右。这是因为：投饲量达到饱食量的 100% 时，鱼类生长最快，但饲料系数也较高；而如果投饲量仅为饱食量的 80% 时，饲料系数会较低，但鱼类生长较慢；只有投饲量为饱食量的 90% 左右时，才能获得饲料系数较低、鱼类生长又较快的最佳效果。如果投饲量超过饱食量的 100% 时，除了饲料系数高，还会引起水质污染，并提高成本。此外，每日投饲量不能忽多忽少，以避免鱼类时饥时饱（饥饱不匀）而影响消化、吸收和生长，以及引起鱼病的发生。

② 定时。鱼塘投饲应在白天有日光的时段（日出后 2 h 至日落前 2 h 之间）进行，因为这段时间内水中溶解氧量较高，有利于鱼类摄食、消化和吸收，从而提高饲料利用率。通常，草料和贝类可于 9:00 左右按日投饲量一次性投喂；而精饲料和颗粒饲料则应根据水温和季节先将日投饲量分成数份，然后在上述时段内定时分次投喂（表 4-8）。

表 4-8　长江流域配合饲料日投喂次数和时间

月份	4	5	6~9	10	11
日投喂次数	2	3	4	3	2
日投喂时间	9:00、14:00	9:00、12:00 15:00	8:30、11:00 13:30、15:30	9:00、12:00 15:00	9:00、14:00

③ 定位。选定适宜的位置设置食场（食台），固定投饲地点，使鱼习惯前来集中摄食，不仅可减少饲料浪费，提高饲料利用率，而且有利于观察、检查鱼类摄食情况，并便于食场消毒、清除残饵，保证鱼类吃食卫生。一般地，对于草类投喂，可在水面用毛竹搭设方形或三角形浮框，将草类投入框内，以免其满池漂散而影响光照。而对于精饲料和颗粒饲料投喂，可在底质较硬、淤泥少的水面设点，并用竹木等材料从池边向池中搭建跳板以供人进到水面上方，投饲时可先用特定声响刺激以使鱼形成条件反射，待鱼集中前来觅食时，可将饲料缓慢抛撒入池，并可视鱼的聚集及摄食反应按"慢、快、慢"的节奏调节抛撒频率，以尽量减少饲料损失。

二、池塘食用鱼精养稳产高产的技术核心

从我国池塘养鱼的实践看，将多种彼此互利的鱼类放养在一起，以充分利用"水、种、

饵"的生产潜力（"混"）；并根据这些鱼类的相互关系和饲养条件，采取合理密养，以发挥鱼类群体的生产潜力（"密"）；在此基础上视池鱼生长情况分次捕捞食用鱼并适当补放鱼种，以延长和扩大池塘的利用时间和空间（"轮"），是池塘食用鱼精养实现稳产高产的关键技术措施，也是我国池塘养鱼的重要特色。

（一）多品种多规格的鱼类混养

"混"，即合理混养，包括不同品种及不同规格的鱼同池放养，它反映了饲养鱼类品种之间及个体之间的相互关系，是提高池塘生产力的重要技术措施之一。

从广义上讲，混养不仅是指鱼类之间，也可包括鱼类同其他水生生物（如鳖、蚌、虾、蟹等），甚至同水禽（如鸭、鹅等）的一起饲养。而就鱼类的混养而言，大致可分为3个层次。第一层次是不同品种的混养，即在同一池塘同时饲养两种及以上的鱼类。第二层次是同种不同龄鱼的混养，一般为1龄鱼和2龄鱼的同池混养，有时在1个龄级中还包括若干档规格。第三层次是异种异龄鱼的混养，同一池塘同时饲养多种鱼类，而每种鱼又有不同的龄级，其中各龄级中又可包含若干档规格。这种混养关系最为复杂，技术要求较高，是最高层次的混养类型。

1. 鱼类混养的基本原则

混养不是简单地把几种鱼混在同一池塘，也不是一种鱼的密养，而是多种鱼、多规格的高密度混养。混养要想取得预期效果，品种及规格必须合理搭配，混养对象应符合下列基本原则：①能在同一水体中和平共处、不相互残害和吞食。②对水质和水温具有相似的要求。③栖息水层和食性最好各异，并能互利。对照这些原则可以发现，我国主要淡水养殖鱼类——草鱼、青鱼、鲢、鳙、鲤、鲫、鳊、鲂等鱼类大致符合上述要求，所以是较为理想的混养对象。

2. 合理混养的主要优点

合理混养通常是指，根据不同鱼类的栖息、食性、生活习性等生物学特点，以充分利用其相互有利的一面、尽可能限制或缩小彼此矛盾的一面为前提，将不同水层栖息、以不同饵料为食的多种鱼类同时饲养在同一池塘。其主要优点有以下几方面：

（1）立体利用水体 如上层的鲢、鳙，中下层的草鱼、团头鲂，底层的青鱼、鲤、鲫、鲮、罗非鱼等混养在同一池塘，可以充分利用池塘的各个水层，立体利用水体空间，使单位面积的放养量大幅增加。

（2）充分利用饵料 滤食性的鲢、鳙，草食性的草鱼、团头鲂，杂食性的鲤、鲫、罗非鱼，软体动物食性的青鱼等混养在同一池塘，可以充分利用池塘的各类天然饵料资源，提高人工饲料的利用率，减少浪费，提高效率。

（3）发挥互利作用 将栖息、食性、生活习性各异的多种鱼类混养在一起，可以扬长避短，各取所需，彼此互利，相互促进，最终使各种鱼的产量均得到提高。

（4）实现一池两用 在同一池塘混养多种不同规格的鱼类，可以提高池塘利用率，在获取食用鱼高产的同时，套养出一定数量的大规格鱼种，实现一池两用、食用鱼和鱼种双丰收，提高鱼种大规格鱼种的自给能力。

（5）提高综合效益 通过混养，不仅可以提高产量，降低成本，而且可在同一池塘生产出多种食用鱼，并可实现全年上市，满足消费者的不同需求，对繁荣市场以及提高经济效益、社会效益、生态效益具有重要作用。

3. 混养的生物学基础

为确保合理混养，养殖人员必须首先了解混养的生物学基础，即要了解养殖鱼类之间的相互关系，然后才能按混养原则做到合理搭配。我国主要淡水养殖鱼类的基本关系如图 4 - 2 所示。

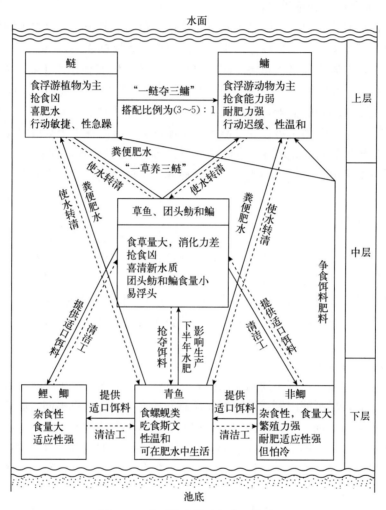

图 4 - 2　主要淡水养殖鱼类混养关系

4. 混养的主要类型

我国地域广阔，各地在自然条件、养殖对象、饵肥来源等方面均存在较大差异，因而逐渐形成了多种各具特色的混养类型，但在混养中，基本均采取以 1～2 种鱼为主体鱼，若干种鱼为配养鱼的方式进行多品种搭配。

（1）主体鱼和配养鱼的概念　所谓主体鱼，即主要的养殖鱼类（主养鱼），是指在放养量（重量）上占有较大比例、是饲养管理的主要对象、其产量的高低对池塘总产量影响举足轻重的饲养鱼类。而配养鱼，是指处于配角地位的养殖鱼类，是放养量相对较少、主要以主体鱼的残饵及水中天然饵料为食即能很好生长并有利于主体鱼的搭配鱼类。如果适当加大对配养鱼的投饲量，则它们的产量也会很高，多种配养鱼产量总和往往不低于甚至超过主体鱼，因此，配养鱼在饲养过程中也是不可忽视的管理对象。

(2) 主体鱼和配养鱼的确定及其比例 主体鱼和配养鱼的确定，主要应考虑养殖基础条件（水、种、饵）、气候环境条件及当地市场需求。既可根据市场需求，选择适销对路的鱼进行主养；也可根据当地饵肥资源，确定与之适应的鱼类作为主体鱼。如草类资源丰富，可主养草鱼、团头鲂；贝类资源较多，可主养青鱼；精饲料充足，可按当地消费习惯，主养鲤或鲫或青鱼；肥料来源广，可主养鲢、鳙等滤食性鱼类或罗非鱼、鲮等腐屑食性鱼类。此外，还可根据池塘条件选定主体鱼，水质肥沃、浮游生物丰富的经养池塘，可主养鲢、鳙；水质清瘦、饵料生物稀少的新开池塘，可主养草鱼、团头鲂（有利于池塘熟化变肥）；水体较深、底栖生物较多的池塘，可主养青鱼、鲤等。鱼种来源也可作为确定主体鱼的依据，如沿海地区鳗鲡、鲻、梭鱼苗源丰富，可以考虑进行主养；附近有温泉等越冬场所的地方，可考虑主养罗非鱼等。在主要淡水养殖鱼类中，鲢、鳙除了用作主体鱼外，在以其他鱼类为主体鱼的混养中，均应被列为主要的配养鱼，以充分利用水体的天然饵料资源，其产量往往可占到池塘总产量的 30%～40%。

(3) 主要混养类型及其生产模式 从全国的池塘食用鱼饲养现状看，比较典型的混养类型主要有下列 6 种：

第一种类型，以鲢、鳙为主体鱼。该混养类型以滤食性的鲢、鳙为主体鱼，适量搭配其他食性的鱼类（草鱼、团头鲂、鲤、鲫），并特别混放罗非鱼、银鲴等主食腐屑的鱼类。其基本特点是：①鲢、鳙放养量占绝对比重（70%～80%），毛产量占 50%～60%。②放养所需的大规格鱼种由食用鱼池套养获得。③以施有机肥料为饲养管理的主要措施。④混养罗非鱼、银鲴，以改善水质、充分利用有机碎屑。⑤可实行鱼、畜、禽、农综合经营，循环利用废物，提高能源利用效率，保持生态平衡（如湖南衡阳的"鱼、猪、菜"相结合；江苏南京的"鱼、禽、菜"综合经营）。⑥养殖周期短，生产成本低，但优质鱼比例偏小。

第二种类型，以草鱼为主体鱼。该混养类型以草鱼、团头鲂等草食性鱼类为主体鱼，重点配养滤食性的鲢、鳙，同时搭放少量杂食性的鲤、鲫；为我国目前最普遍的混养类型，特别适合新开池塘。其基本特点是：①放养大规格鱼种，并通过套养基本做到自产自给（一般套养鱼种占总产量的 15%～20%，本塘鱼种自给率超过 80%）。②以投喂草类为主要饲料，除基肥外，一般只在高产池塘（每 667m² 净产超 500 kg）于春、秋两季追施有机肥料。③可以鲫代鲤（因池内动物性饵料较少，鲤混养数量宜少、规格应大；或不放鲤，只放鲫）。④草类饲料容易获得，生产成本低，产量高。⑤特别适合新开池塘（草鱼食量大、排粪多、肥水肥底效果好，不仅可以快速提高池塘产量，而且有助于改善底质条件）。

第三种类型，以青鱼为主体鱼。该混养类型以青鱼为主体鱼，适量配养鲢、鳙、鲤或鲫，少量搭放团头鲂和草鱼。其基本特点是：①青鱼放养量（重量）占 70% 以上，鱼种自给率近 70%。②以螺、蚬等贝类为主要饵料，利用青鱼的粪便和残饵带养鲢、鳙、鲫或鲤、鲂。③放养重量较低，池塘产量高，养殖过程中一般不轮捕。④青鱼经济价值高，市场需求量大，深受消费者欢迎。⑤天然饵料来源困难，生产成本较高，进一步发展有待人工配合饲料的研发（青鱼配合饲料在生产上已初见成效）。

第四种类型，以青鱼、草鱼为主体鱼。该混养类型以青鱼、草鱼共同作为主体鱼，适量配养鲢、鳙、鲫、团头鲂，是江苏无锡渔区的混养特色。其主要特点是：①青鱼和草鱼的放养量近似，为共同主体鱼。②同种异龄混养，放养品种、规格多（通常在 15 档以上），密度高，用种量大。③通过食用鱼池套养培育大规格鱼种，自给率达到 80％以上。④以投天然饵料和施有机肥料为主，辅以精饲料或颗粒饲料。⑤可实行"鱼、畜、禽、农"结合，"渔、工、商"综合经营，成为城郊"菜篮子"工程的重要组成部分及综合性副食品供应基地。

第五种类型，以鲮、鳙为主体鱼。该混养类型以地方特色品种——鲮和鳙作为主体鱼，混养草鱼、鲢及少量鲫、鲤、罗非鱼，是珠江三角洲普遍采用的养鱼方式。其基本特点是：①以鲮代鲢，提升鳙的主体地位（以多级轮养提供大规格鱼种）。②一次放足，多次捕放，鲜鱼常年均衡上市（鳙一般年放 4～6 次、捕后补放；鲮按大、中、小三档规格放养，依次分期捕出）。③投饵和施有机肥料并重。④养鱼与种桑养蚕或甘蔗种植相结合，综合经营（见本章第五节"综合养鱼"部分）。⑤鱼种需求量较大、分级配套，鱼种池的面积占 35％左右。

第六种类型，以鲤为主体鱼。该混养类型以苗种来源容易、适应性强、受市场欢迎的鲤为主体鱼，为东北地区的养鱼特色。其基本特点是：①鲤放养量占总放养重量的 90％左右，产量占总产量的 75％以上。②由于生长期较短，要求放养大规格鱼种（鲤由 1 龄鱼种池培育，鲢、鳙通过套养解决）。③以投喂鲤颗粒饲料为主，生产成本较高。④混养品种较少，不轮捕（如增放鲫、团头鲂等鱼类，并适当增加鲢、鳙放养量，效果将更好）。

5. 套养

套养实际上是一种特殊的混养类型，它通常是指在食用鱼池中混养当年夏花，在生产食用鱼的同时带育出一定数量的大规格鱼种以满足食用鱼池翌年放养所需。食用鱼池套养鱼种在轮捕轮放基础上发展而成，是解决食用鱼高产和大规格鱼种供求矛盾的有效方法，无论在生产上，还是经济上看，都具有显著优点：

（1）挖掘池塘的生产潜力　一池两用，充分利用池塘水体及饵料资源。在食用鱼高产的同时，带养出约占食用鱼池产量 20％的大规格鱼种，能满足翌年食用鱼池放养总量的 80％左右。

（2）缩减鱼种池面积　使原先占总养殖面积近 30％的鱼种池减至仅 10％～15％（几乎淘汰了 2 龄鱼种池），从而大大增加食用鱼生产总量及单位面积平均上市量。

（3）节省劳力和资金，降低生产成本　生产鱼种所需的人力、物力和财力大为减少，生产成本下降，经济效益明显提升。

（二）数量大而合理的鱼类密养

"密"，即合理密养，是指放养密度既高又合理，充分体现了各种鱼类群体之间的生产潜力。只有在适宜的密度下，才能更好地显示混养的优点。所以，同混养一样，密养也是池塘养鱼获取高产的重要技术措施之一。

1. 放养密度与鱼产量的关系

密度既指鱼的尾数，也指鱼的重量（总量），它的合理与否直接影响鱼的生长及产量。而鱼产量是收获时鱼的尾数和每尾鱼在饲养期间增重的乘积；其中收获时的尾数主要取决于放养时的密度。

因此，密度和增重两个因素中任何一个因素的增加，都会使产量增加，前提是在一定的密度范围（即合理密度）内。如果超出了合理的范围，密度与增重就会转化成相互矛盾和相互制约的两个对立因素，即：放养密度过大时，由于饵料、空间及水质问题而影响增重，使所产鱼的质量及饲料报酬均随之下降，导致养鱼的实际效益变差，如 500 g 的鲤可食部分及肌肉粗蛋白质含量仅为49%和15%，而836 g的鲤可食部分和肌肉粗蛋白质含量分别增至52%和17%。反之，如果放养密度过低，虽然鱼的个体增重较大，但因尾数少而群体产量不高，造成水体及饵料的浪费。

为了能保证较快的个体增重，又能获得较高的群体产量，就必须做到合理密养（放养密度既高又合理）。而密度的合理与否可以个体增重和群体产量两个指标综合评价。

在食用鱼饲养中，所谓合理的放养密度，应该是指在确保达到食用鱼上市规格及鱼种预期规格的前提下，能获得最高鱼产量的放养密度。这样的放养密度实际上是指效益最佳的放养密度，而并非一定是产量最高的放养密度。

通常，在合理的放养密度下，只要饲料充足、水质良好、管理得当，放养密度越高，鱼产量就会越高（表4-9）。

表4-9 广东顺德鱼塘放养量与鱼产量的关系

池塘类别	每667 m² 平均放养量		每667 m² 净产量（kg）
	数量（尾）	重量（kg）	
全片	2 500	135	624.5
750 kg池塘	6 199	206	832.5
1 000 kg池塘	5 390	298.5	1 058

2. 影响放养密度无限提高的主要因素

（1）饲料是增加放养密度、提高鱼产量的物质基础 对于吃食鱼而言，在一定范围内，放养密度越大，投饲数量越多，同时质量越好，则鱼产量必然越高。也就是说，在单位投饲量不变的情况下，鱼产量随放养密度的增加而增加；同样，在放养密度不变的情况下，鱼产量也会随单位投饲量的增加而有所增加（单位投饲量：单位重量鱼种全年所需饲料量）。而对于肥水鱼来说，在一定范围内，鱼产量也会随着放养密度的增加而增加，但增产的幅度取决于浮游生物的质量及其补给速度，即与浮游生物的质量和数量密切相关。据测定，鲢、鳙放养密度在每667 m² 500尾之内时，密度越大，产量就越高（表4-10）。但当放养密度进一步增加时，密度的增加就很难再使鱼产量相应增加，结果是因水体供饵不足生长受到抑制而使个体规格变小。而想使其产量能随密度增加而进一步有所增加，就必须满足两个前提条件之一：要么池塘的青鱼、草鱼总产量超过250 kg（青鱼、草鱼高产时，肥水作用强，饵料生物增多）；要么通过强化施肥措施或补充粉状精饲料（弥补天然饵料的不足）。

表4-10 鲢、鳙放养密度与净产量的关系（广东顺德）

每667 m² 放养量（尾）	每667 m² 净产量（kg）	平均出塘规格（kg）
270～350	195	0.603
350～450	235	0.585
450～500	262.5	0.550

（2）水质是限制放养密度无限提高的首要因子 当放养密度超出一定范围时，尽管饲料供应充足，也很难收到增产的效果，甚至还会产生不良结果，其主要原因就在于水质的限制，其中水质恶化导致的溶解氧下降、有害物质积累进而对放养密度以及鱼类生长生存的制

约尤为明显。

我国的主要淡水养殖鱼类要求的适宜溶解氧量为 $4.0 \sim 5.5$ mg/L，如果溶解氧低于 2 mg/L，鱼类就会呼吸频率加快，能量消耗加大，生长缓慢。如果放养密度过大，池鱼常会处于低氧状态，就会大大限制生长。天气变化时，溶解氧往往下降至 1 mg/L 甚至更低，鱼类经常浮头，严重时就会发生泛池死鱼事故。此外，如果放养密度过大，由于大量的投饲施肥，水体中残饵、粪便和生物尸体等有机物质数量也会增多，不仅会大量耗氧，恶化水质，抑制池鱼的生长，而且会在缺氧条件下，产生大量的氨、硫化氢、有机酸等还原物质，进一步对池鱼产生毒害作用，甚至影响生存。

与静水池塘相比，流水池或水体能充分交换的网箱放养密度及鱼产量之所以能提高十几倍，甚至数十倍（如小网箱的最高产鱼量可超过 600 kg/m³），其重要原因就在于：流水池或网箱中能始终保持较充足的溶解氧，并能及时排除有害物质。因此，只要饲料充足，即能保证高密度的鱼类正常生长，使产量随之大幅度提高。

由此可见，若能解决静水池塘的水质恶化问题，则其放养密度及鱼产量也能大大提高。目前生产上改善静水池塘水质的主要措施有：经常加注新水、及时更换老水、机械增氧、生物增氧及化学增氧等。这些措施虽然在缓解水质恶化方面都有不同程度的效果，但终难彻底解决其对放养密度的限制，因而也就难以使放养密度无限提高。

（3）活动空间是水质限制放养密度的外在表现 活动空间与放养密度的关系呈负相关，即随着密度的增加，每尾鱼所占有的空间（相对空间）减小，反之则扩大。活动空间适宜，能满足其生命活动的需要，水质条件也好，只要饲料充足，就能正常地生长。但如果密度过大，就会导致活动空间不足，同时就会通过影响水质而进一步产生不利影响。所以，活动空间对密度的限制，实际上也包含了水质对密度的影响。

在 667 m² 静水池塘中当鱼的存塘量超过 450 kg 时，就会出现空间及水质问题，鱼类生长就会受到抑制；而在环境条件好、具有增氧设施的池塘，其存塘量可增至 500 ~ 600 kg。因此，在确定放养密度时，必须要考虑空间问题，同时还应考虑不同规格的鱼对空间的不同要求以及耗氧率的差异，通常，小规格鱼种密度以尾数计，数量可大，但总质量应小；而大规格鱼种，确定密度时既要考虑尾数，也要考虑质量，即尾数要少，总质量可大。

3. 确定放养密度的依据

从理论上讲，与放养密度计算有关的因素主要为单位面积计划产量、鱼种成活率和食用鱼出塘规格。三个要素确定后，基础放养密度可按下列公式计算：

每 667 m² 放养量（尾）＝每 667 m² 计划产量÷食用鱼出塘规格×鱼种成活率（%）

但在实践中，影响放养密度的因素错综复杂，因此对计算所得的基础放养密度还要综合考虑池塘条件、品种及规格、饵肥料供应、管理水平、轮捕与否及次数多少等具体条件进行修正。通常，水源足、水质好、水深的池塘，密度可稍大，反之应酌减；混养品种多，放养总量可适当增加，反之需相应减少；规格大的鱼种放养尾数应少于小规格鱼种，而放养重量可较大；饵肥料供应充足、养殖设施齐全、管理经验丰富的，放养密度可适当增大，反之应酌情减少。

最后，放养密度的确定还可参考往年的饲养模式及其实际成效，可以根据饲养期间的观察记录和年终收获实绩判断放养密度合理与否：如果在往年的放养模式下，鱼类生长速度快、"浮头"次数不多、饲料系数正常、出塘规格符合预期、单位面积产量高，则表明放养密度适中，反之，即表明放养过密，需适当调整。而如果食用鱼的出塘规格特别大而单位面积产量较低，则表明放养密度过稀，可以适当增加。

（三）分次捕分次放的鱼类轮养

"轮"，即轮捕轮放，包括分期捕鱼和适当补放鱼种两项密切关联的技术环节，是"混、密"基础上的"更上一层楼"（进一步延长和扩大了池塘的利用时间和空间）。其基本做法为：在混放密养的池塘中，根据鱼类的生长情况及实际存塘量，适时捕出部分达到商品规格的食用鱼，同时适量补放鱼种，以始终确保池塘适宜的密度和池鱼正常的生长，从而提高池塘养鱼的单位面积产量（一般可增产20％左右）。

1. 轮捕轮放的意义

（1）有利于促进鱼类生长　轮捕轮放改变了过去养鱼年初一次性放养、年底一次性捕捞的传统模式，可以弥补其饲养前期密度小、浪费水体，后期密度大、抑制生长的不足。在饲养初期时，由于鱼体小，活动空间大，因而放养量可以增大，以充分利用池塘水体。随着鱼的生长，当存塘量增大时应及时轮捕轮放以稀疏密度，使池塘鱼类容纳量始终保持在最大限度的容纳量之内（图4-3），从而延长和扩大了池塘的饲养时间和空间，缓和或解决了密度过大对群体增长的限制，使鱼类在主要生长期始终保持适宜的密度，加速鱼类生长，提高单位面积产量。

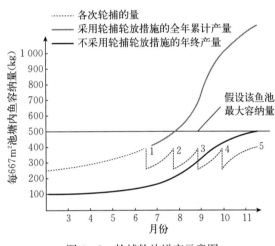

图4-3　轮捕轮放增产示意图

（2）有利于充分发挥"水、种、饵"的生产潜力　由于通过轮捕控制了各种鱼类生长期的密度，从而可以缓和其在食性、生活习性和生存空间方面的矛盾，使池塘混养的种类、规格和数量进一步增加，饲料、肥料和水体的利用率大幅提高。通过轮捕轮放，可以使池塘的利用时间和空间得到延长和扩大，使"水、种、饵"的生产潜力得到充分发挥。

（3）有利于培育量多质优的大规格鱼种　通过适时轮捕稀疏密度，为套养的夏花及1龄鱼种提供了快速生长的条件，使其至年底成长为优质大规格鱼种，为稳产高产奠定基础。

（4）有利于活鱼常年均衡上市　传统养鱼模式一般是年初放、年底捕，其结果是养鱼的前期和中期，淡水鱼很少上市，导致消费者"食无鱼"的尴尬；而后期，由于集中捕捞大量上市，又会出现养殖者"卖鱼难"的现象，造成鱼价低廉。而采取轮捕轮放则可以较好地改变以往淡水鱼市场"春缺、夏少、秋冬挤"的局面，保证四季有鱼，常年上市，不仅可满足社会需求，而且能提高养殖经济效益。

（5）有利于加速资金周转，减少流动资金数量　过去养鱼，一般是全程分次投入，至年终才能回收，因此资金周转较慢、所需的流动资金较多。而采取轮捕轮放后，资金投入模式便会截然不同，一般轮捕上市销售的经济收入可占养鱼全年总收入的40％～50％，这就大大加快了生产资金的周转，使流动资金及生产成本下降，为扩大再生产创造了条件。

2. 轮捕轮放的前提条件

轮捕轮放虽然具有上述优点，但如果不顾条件，盲目进行，则也难以收到应有的效果，甚至劳而无益，得不偿失。因此，在采用轮捕轮放时，首先需要具备一定的前提条件。

（1）具有数量充足的不同规格鱼种　只有各种鱼类规格档次齐全、数量充足、配套成龙，才能实现分期捕鱼，满足轮捕轮放的需要。

（2）年初放养一定比例的大规格鱼种　只有放养了大规格鱼种，才能在饲养中期达到商品规格，轮捕上市。

（3）同种不同规格的鱼种个体差异要大，相同规格的个体应大小均匀　只有不同规格之间的差异明显，才能在轮捕时顺利区分去留；如果个体差异不明显，则会给轮捕分鱼带来麻烦，并有可能造成不应有的损失。

（4）管理措施配套　要保证充足的饲料、肥料供应，要有配套的强化管理措施。只有这样，才能确保鱼类正常生长，轮捕如期进行，以避免轮捕时池鱼尚未达到商品规格的被动局面。

（5）娴熟的捕捞技术和适宜的捕捞网具　轮捕多在夏秋高温季节进行，此时捕鱼更要求技术娴熟，持续时间越短越好。同时，要尽量采用大网目（5 cm）的渔网，并调整缩结系数使网目近似正方形，便于拉网时能使中、小规格的鱼穿网而过，不致受伤，而只让大规格的鱼留在网中。这样不仅拉网轻松、速度快、用时短，而且可大大方便分鱼操作，提高劳动生产率。

3. 轮捕轮放的方法

（1）捕大留小　该方法的特点是一次放足、分批捕出、只捕不补，即在年初一次性放足不同规格或相同规格的鱼种，经过一段时间饲养后，分批将达到商品规格的鱼捕捞出池，而留下较小规格的鱼继续饲养，中期不再补放鱼种。其优点是方法简单，不需要鱼种储备塘。但其增产幅度不大，属于原始的轮捕轮放类型。

（2）捕大补小（套小）　由上述方法的基础上改进演化而来，其特点是一次放足、分批捕出、适量补放，其中前期捕后补放（补放量约同轮捕量），后期只捕不补。补放的鱼种（主要为2龄鱼种和当年夏花），视规格大小和生产目的，或养成食用鱼供当年上市，或培育大规格鱼种供翌年放养。这种方法增产幅度较大，并能带育大规格鱼种，但需要有一定比例的鱼种储备塘（随着鱼种培育技术的创新储备塘已呈缩减趋势，并可能被淘汰）。

4. 轮捕轮放的技术要点

轮捕轮放大多在炎热的夏秋高温季节进行，此时捕鱼（渔民称之为捕"热水鱼"）的特点是：天气热，鱼的活动力强，捕捞较为困难；水温高，鱼的耗氧量大，不能忍耐较长时间的密集；拉捕入网的鱼多数要回塘，如果分鱼动作不快、鱼在网内时间过长，很容易导致受伤或缺氧死亡。因此，在具体实施时，必须注意下列技术环节。

（1）合理确定捕放次数　各地捕放次数不尽相同，有的一年2～3次，有的多至8～9次。而就特定的地区而言，确定捕放次数必须因地制宜，做到随机应变，以实现高产、稳产、高效为目的，例如，在远离城镇、池塘集中的乡村，热天销售鱼货相对比较困难，因此捕放的塘口数量及次数应以少为宜；而在人口密集、市场繁荣的城郊，为满足市民消费需求，可适当增加捕放次数及塘口。

（2）轮捕前应停止施肥并减少喂食　一般在准备轮捕前数天，应根据天气提前控制施肥量，并于捕鱼前一天停止或减少喂食，以提高池塘溶解氧、减少耗氧、降低死亡率。

（3）捕鱼时间应选在晴天的清晨　此时水温相对较低，拉网操作不易伤鱼，而且便于供应早市。但须注意，如果池鱼正在浮头或已有浮头征兆，则不可拉网捕鱼。此外，傍晚也不宜捕鱼，以免引起池水提前对流而加速耗氧，造成池鱼浮头。

（4）操作力求细致、轻快，持续时间越短越好　捕鱼时，先要清除水面杂物（如漂浮的水草等），选定起网地点（避开堆肥处），然后从相对一端开始拉网捕鱼，当鱼围入网中后，应尽快将不符合上市规格的小鱼放回塘内，最后捕出大鱼，从速上市。

（5）捕捞结束后须立即开增氧机或加注新水　由于在捕捞过程中鱼体因受惊挣扎而分泌大量黏液，加上底泥上泛池水变得浑浊，使水中耗氧量剧增。因此必须立即开动增氧机或加注新水，让鱼在顶水游动过程中冲去体表黏液等污物，增加水中溶解氧，防止浮头。一般如果是白天捕鱼，开机或注水 2 h 左右即可；如果在夜间，则开机或注水应持续至日出后。

三、池塘食用鱼精养高产高效的根本保证

池塘食用鱼精养高产，既需要优厚的物质条件（"水、种、饵"）奠基，也需要先进的技术措施（"混、密、轮"）支撑，但仅有这些还不够，因为所有物质及措施的掌控者是人，只有通过人为的统筹运用和认真"防、管"，才能使上述物质基础和技术措施发挥出最大效能，才能达到高产、高效。因此，发挥人的主观能动性，做好病害防治（"防"），实行科学管理（"管"），是实现池塘鱼类精养高产、高效的根本保证。

（一）严谨综合的病害防治

"防"，即防治养殖鱼类的病害，也包括防止养殖鱼类严重浮头及泛池，是确保鱼类健康及安全生产的重要保证。食用鱼饲养的一个重要目标就是维持鱼类群体的健康，即使鱼类的摄食、生长及各种机能保持正常。为此，就要求设法防止鱼对养殖环境产生各种应激，至少应将其降至鱼类能忍受的范围之内。消除化学应激（酸度、碱度、硬度、重金属、代谢废物等异常）、生物应激（食物组成、种群密度等不合理）、物理应激（温度、光照、气体等突变），是保障鱼类健康的关键所在。

1. 精养池塘鱼类疾病的全程防范

鱼病是鱼类养殖的大敌。对待鱼病问题，既要高度重视，又须谨慎对待。要从平时的日常管理着眼，以预防为主，防治结合，把防病意识贯穿于养殖的全过程。

（1）鱼类的发病原因　养殖鱼类发病，实际上是鱼类本身健康状况、外界病原体和养殖环境综合作用的结果。没有病原体的感染和侵袭，鱼类不可能发病。但有了病原体（客观存在），如果鱼体健壮、环境适宜，发病的可能性也会很小。只有当环境不能满足鱼的需要或不利于鱼体生长，或部分鱼类的健康状况不良、体质虚弱、抗病力差时，才会给病原体的入侵提供条件。此外，饲养管理不善（放养密度过大、饲料质量差、投喂方法不当等）也容易诱发疾病。因此，在饲养过程中，通过全面、精细的饲养管理，设法提高鱼类自身的抗病能力、改善饲养环境、消除各种应激、控制病原传播，是实现鱼类健康养殖的基本保证。

（2）鱼病的早期诊断　鱼病防治的基本原则是无病先防、有病早治。因此，只有做好预防，才能防患于未然、有病早发现、早治早见效、减少损失。其中，诊断是鱼病防治工作的首要环节，只有在正确诊断的基础上才能对症下药、才能有效治疗。在鱼病诊断中，除了必要的病原分离、培养等手段外，生产上主要可通过现场观察检查鱼类的活动状况、摄食反

应、体色、体表、鳃部变化进行直观的初步诊断（表4-11）。

表4-11 健康鱼与患病鱼主要外部特征比较

健康鱼	病鱼
体色鲜艳；行动迅速、喜欢群游	鱼体发黑、行动迟缓、离群独游或逛窜
鳞片、鳍条完整；肠道淡红、充满食物；肛门色淡或微红	损鳍缺鳞；肠道充血有脓；肛门红肿外翻
食欲旺盛、见食就抢	食欲明显减退、对食物失去兴趣，不食或少食
鳃丝鲜红、光滑、完整	鳃色异常（发白、桃红、紫红）、鳃丝残缺不全、黏液很多、拖泥带水不洁净

（3）防治的用药安全　发现鱼病，就需要对症下药，及时治疗，同时需要注意用药安全，以避免因选药不准确、配伍不合理、用法不恰当带来的效果不佳、事倍功半、药物残留等诸多不利于治疗、效率低及食品安全的问题。

渔用药物的使用准则，国家已有明确规定，《无公害食品　渔用药物使用准则》（NY 5071—2002）规定：渔用药物的使用应以不危害人们的健康和不破坏水域的生态环境为基本原则。因此，在养殖过程中对病害的防治，应严格遵循国家和有关部门对渔药使用的规定，严禁使用未经取得生产许可证、批准文号及没有生产标准的渔药；积极鼓励使用"三效"（高效、速效、长效）、"三小"（毒性小、副作用小、用量小）的渔药；提倡使用水产专用渔药、生物源渔药和渔用生物制品。病害发生时，应对症用药，防止滥用渔药与盲目增大用药量或增加用药次数。水产品上市前，应有相应的休药期，其长短应确保上市水产品的药物残留量符合《无公害食品　水产品中渔药残留量要求》（NY 5070—2002）规定。养殖用饲料中的药物添加应符合《无公害食品　渔用配合饲料安全限量要求》（NY 5072—2002）规定，不得选用国家规定禁止使用的药物或添加剂，也不得在饲料中长期添加抗菌药物。

在查清病原的基础上，治疗药物的选择以及用药方法的确定可参考以下几方面：

① 病鱼状况。首先根据病鱼的个体大小、能否摄食确定用药方法（药饵投喂、药浴浸泡、注射、涂抹等）；然后再据此选用相应的药物。

② 病原种类。首先确认病原（病毒、细菌、寄生虫等），然后对症用药。

③ 药物特性。对所选药物的基本特性（水溶性、脂溶性、外用、内服及可否与其他药物配伍使用等）要充分了解，据此确定其用法。

④ 注意事项。使用渔药时，要保证剂量及疗程，不要急于求成、轻易换药；并应尽量避免可能的干扰因素。

2. 应对精养池塘鱼类严重浮头及泛池的综合措施

精养池塘清晨鱼类偶有轻微浮头，可视为高产鱼池的正常现象，一般待日出后浮头就会自行消除；相反，在食用鱼饲养中，若池鱼从未发生过浮头，则反倒是显得有点异常。但若经常性地出现浮头，且在日出后也常持续不散退，则表明池水恶化、极度缺氧、浮头程度严重，必须及时采取解救措施，并需抓紧改善水质。因此，在生产上需要防止的应该是严重浮头以及泛池；而对于偶尔出现的轻微浮头，只要引起注意而不必惊慌。

所谓"浮头"，通常是指鱼类因水中缺氧（溶解氧降至1 mg/L左右）而浮到水面吞食空气和水的现象，是鱼类对水中缺氧所表现的一种"应急"反应，也是池水缺氧的标志。而

156

"泛池"，则是浮头持续并加重的结果，随着水中溶解氧的进一步下降，靠浮头已不能满足最低氧气需求，大批鱼类因缺氧窒息死亡的现象，是水体严重缺氧至极限的标志，其后果往往是毁灭性的，俗称"一忽穷"。

（1）池水缺氧的原因

① 气候突变导致表层水温骤降，池水提前对流。晴热的白天，精养食用鱼池塘下午表层水温高而下层低，因水的热阻力大，水体不易垂直对流，溶解氧分层明显，上层往往达到饱和或过饱和，含氧量很丰富（氧盈），而下层溶解氧很低、入不敷出（氧债），氧差很大。通常这种状态会一直持续到晚上，随着气温及表层水温的逐渐下降，对流自然而缓慢地发生，最终使得上下层的水温差和溶解氧差渐渐趋于一致。但如果傍晚前后，突下雷阵雨或起大风，就会致使表层水温急剧下降，上下层水体因提前产生密度流而急剧对流，溶解氧较高的上层水迅速流至下层，并很快被等待偿还氧债的下层有机物所消耗，整个池塘的溶解氧迅速下降，继而引发缺氧浮头（图 4-4）。这种情况多发生在夏秋高温季节，需特别注意。

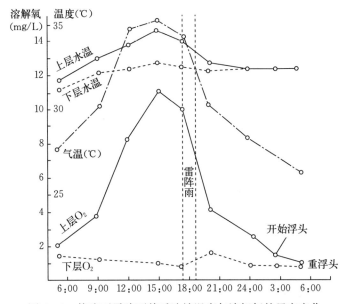

图 4-4 傍晚下雷阵雨前后池塘温度与溶解氧的昼夜变化

② 连绵阴雨或大雾导致光合作用微弱、生物造氧不足。阴霾有雾天气，光照条件差，光线入水浅且强度弱，浮游植物光合作用不强，供氧不足，而此时各种耗氧因子的耗氧活动（生物呼吸、有机物分解等）基本依旧，耗氧量很大，水体溶解氧消耗多于产生，最终引发缺氧浮头。

③ 池水过肥或水质败坏导致溶解氧入不敷出。夏季池塘水温高，投饲施肥多，有机物（粪便、残饵等）残留多，耗氧因子多而耗氧量大。其间，若遇久晴无雨，池水很容易变肥，致使透明度变小，增氧水层变浅，耗氧水层变厚，水中溶解氧入不敷出而容易引发浮头。如果不对这种池水趋肥现象进行及时注水改良，则将会导致池水趋于恶化，水质过肥、水色转黑，继而水质败坏、水中浮游生物因缺氧全部死亡、水色转清并伴有恶臭（俗称"臭清水"），结果将导致泛池。

④ 浮游动物过度繁殖使浮游植物被消耗殆尽，氧气来源受阻。夏季水蚤大量繁殖而在

水中形成水华（橘红色），浮游植物很快被其一扫而光，池水清澈见底（俗称"倒水"）。当此种情况发生时，一方面水中氧气来源单一（空气溶解），补给能力有限，溶解氧量很低；而另一方面浮游动物与鱼类争氧气，使耗氧量更大，很容易引发缺氧浮头乃至泛池。

⑤ 存塘鱼数量过大潜存水质及缺氧隐患。当池鱼数量超过池塘载鱼量时，也会因投饲施肥过量、有机物积累过多、水体过肥、耗氧量过大而引发缺氧浮头。

（2）池鱼浮头的预测

溶解氧测定法：于傍晚用测氧仪测定水中溶解氧量，若其值超过 8 mg/L，一般正常天气翌晨不易发生浮头；若低于 8 mg/L，则就有可能出现浮头，测定值越低，浮头可能出现的时间越早。

经验判定法：

① 根据天气判断。一般在正常天气，水中溶解氧条件较好，鱼类不易发生浮头；而浮头大多发生在异常天气，如连绵阴雨、天气闷热、傍晚雷雨大风、夜间温度骤降。

② 根据水色判断。观察水色预测浮头，应与天气预报相结合。久晴无雨，水色浓、水质肥、透明度低或产生水华现象，因耗氧因子多而易导致缺氧浮头。此时若遇天气突变，还极易导致浮游植物骤然大量死亡引发泛池。

③ 根据季节判断。如江浙地区：5 月前，水温低、池鱼少、很少浮头。5 月，梅雨季节，光照差、造氧少、易浮头，但此时鱼小量少，浮头不会太重，至多暗浮头（首次浮头，虽不重，需重视预防）。6—9 月，夏秋高温，溶解氧饱和度低、气候多变、雷雨频繁、池水肥浓、存塘鱼多、耗氧因子多、耗氧量大，因此该季节最易导致缺氧浮头。10 月起，水温渐降，很少浮头（溶解氧增多而耗氧减少）。

④ 根据吃食判断。根据鱼类摄食情况大致判断水中溶解氧高低以及翌晨浮头与否。一般正常天气，鱼无病而明显减食则表明池水可能缺氧；而阴雨天若鱼无食欲也表明溶解氧很低。

（3）池鱼浮头的预防

① 气象预报傍晚有雷阵雨时。为防止因雨引起池水提前对流，加速全池耗氧，晴天下午增开增氧机，人为打破水的热阻力，使上层饱和或过饱和的溶解氧及时运往下层，增加下层水的溶解氧，及时偿还氧债，提前降低其耗氧量。如此，至傍晚下雷阵雨引发上下层急剧对流时，因下层水的氧债已减少，溶解氧不会急剧下降。

② 连绵阴雨时。根据观察预测，在鱼类可能浮头前开增氧机，改善水中溶解氧条件，防止鱼类浮头。

③ 水质过浓时。应及时加注新水，增加池水透明度，改善光照入水深度，提高光合作用强度，增加水体溶解氧。

④ 池鱼存塘量过大时。应及时轮捕，稀疏密度，既可减小浮头风险，又可促进池鱼生长。

⑤ 浮游动物繁殖过量时。每 667 m² 可用 0.2～0.5 mg/L 的晶体敌百虫全池泼洒杀灭，同时部分换水并施肥。

⑥ 预测可能发生浮头时。除了白天多开增氧机和不施有机肥，还应根据浮头的可能性大小及浮头程度的轻重估计，控制饲料投喂数量或停止喂食。如果天气正常，预计可能只会发生轻浮头，则可减少下午的投饲量，不让鱼吃夜食。如果天气异常，预计可能会发生重浮

头，则应立即停止投饲，已经投入池中的草料必须捞出，以免妨碍鱼类浮头和注水。

（4）池鱼浮头及泛池的解救 一旦发现池鱼浮头，就应尽快采取增氧措施予以解救。但鱼类自开始浮头（俗称"起口"）至严重浮头通常会有一段时间，时间长短主要与当时的水温有关，如水温22～26℃时，一般浮头开始后2～3 h问题不会太大，而水温26～30℃时浮头开始1 h后就会快速加重。因此，发现浮头后，虽不必过于惊慌，但应该从速应对，可视各池塘的浮头程度按轻重缓急展开有序解救，其中，正确观察浮头并判定其轻重程度，是开展及时有效解救的基本前提。

浮头及其轻重判断：在夜间巡塘时用手电筒照射水面，根据鱼是否受惊及其反应，可以大致判定鱼有否浮头及其程度轻重。如用手电筒照射上风处水面时，发现鱼受惊发出"哗"声，表明鱼开始浮头，但浮头程度尚不严重；如果发现池边有螺上岸或小鱼虾浮至水面，表明池水缺氧，鱼将要浮头；如果发现水面浮有水泡或听到"吧咕"声，表明鱼已浮头；如果鱼浮在水面并向四周聚集，对惊吓反应迟钝不下沉，表明浮头严重（表4-12）。此外，在观察浮头时需要特别注意，如果用手电筒照射时仅下风处发现鱼受惊，表明鱼在夜食而并非浮头。

表4-12 鱼类浮头程度轻重判断

起口时间	浮头地点	鱼类动态	浮头程度
早上	中央、上风处	鱼在水上层活动，可见阵阵水花	暗浮头
黎明	中央、上风处	罗非鱼、团头鲂、野杂鱼在岸边浮头	轻度
黎明前后	中央、上风处	罗非鱼、团头鲂、鲢、鳙浮头，稍受惊动即下沉	中度
2:00—3:00	中央	罗非鱼、团头鲂、鲢、鳙、草鱼或饱食青鱼浮头，稍受惊动即下沉	较重
午夜	由中央向岸边扩散	罗非鱼、团头鲂、鲢、鳙、草鱼、青鱼、鲤、鲫浮头，但草鱼、青鱼体色未变，受惊动不下沉	严重
午夜之前	青鱼、草鱼集中在岸边	池鱼全部浮头，呼吸急促，游动无力，青鱼体色发白、草鱼发黄，并开始出现死亡	泛池

浮头的解救方法有以下几种：

① 对于轻度浮头。可尽快采用增氧机增氧或水泵注水，也可进行原池冲水，但要注意解救开始时间不宜拖得太迟，水温26℃以下时，应在2～3 h内开始；26℃以上时，需在1 h内进行，以免草鱼、青鱼等鱼类分散到池边，待增氧时难以集中而引起死鱼。

② 对于严重浮头。应及时采取措施进行解救，可采用增氧机增氧与水泵注水相结合，并应注意夜间开机开泵后不要中途停止，即开机应持续至天明日出后。如果浮头稍有缓解就停机，不仅会加速池塘耗氧，而且浮头也会很快再次发生，届时身体虚弱的鱼已乏力难以向增氧区域集中。此外，必要时也可采用见效快速的化学增氧，如泼洒复方增氧剂，其主要成分为过碳酸钠（$2Na_2CO_3 \cdot 3H_2O_2$）和沸石粉，含有效氧12%～13%。使用时，可按30～40 mg/L的剂量将药物直接撒在浮头最严重的局部水面，一次用量为每667 m² 46 kg，30 min后即可平息浮头，有效时间可保持6 h。但该药保存时需防止潮解失效。

③ 对于鱼类泛池。应立即组织两拨人员，分别负责增氧、救鱼、捞取死鱼等工作和联

系鱼货销售及相关工作，以将泛池的损失降至最低。但必须注意，泛池时不同体型的鱼类在池中所处位置及状态不同，如圆筒形的草鱼、青鱼、鲤大多搁浅在池边浅滩处，而侧扁形的鲢、鳙、团头鲂大多已奄奄一息，鱼体倾斜，乏力地漂浮于水面（倾斜角度已由浮头开始时的 $15°\sim20°$ 变成 $45°\sim60°$），若此时受惊即会作最后的挣扎冲入水中而死于池底。因此，严禁在池边喧哗，人员不要走近池边，也不要急于捞取死鱼，尽量避免鱼类受惊。但在开机增氧及开泵注水后，可用捞海等渔具捞取浮头严重、未被水流集拢而行将死亡的鱼，并迅速将这类鱼放到溶解氧较高的清水中进行集中抢救。

④ 对于处理死鱼。窒息死亡的鱼通常在水面仅短时间漂浮，此后便会陆续下沉，而垂死挣扎后死亡的鱼大多直接沉于池底。而多数沉底的鱼短时间内不会腐烂变质，只要及时捞取，仍具有一定的商品食用价值，可以上市销售。如果不及时捞取，任死鱼沉在池底，其也会在一段时间后（水温高时 $10\sim12\ h$、水温低时一昼夜）自行上浮至水面，但此时鱼已腐烂变质而无法食用，对于这样的死鱼最好进行集中掩埋销毁。通常，应在浮头结束后及时拉网捞取死鱼或下水摸取死鱼，将尚新鲜的死鱼挑出上市。据渔民经验，泛池后一般在水面捞到的死鱼数约为总死鱼量的一半，即另有一半左右已沉于池底。

（二）科学精细的饲养管理

"管"，即科学精细的饲养管理，是池塘食用鱼饲养中一项非常重要的终年性工作，是提高池塘鱼产量的重要保证。因为养鱼的一切物质条件（"水、种、饵"）和技术措施（"混、密、轮"），最终都要通过池塘的日常管理，才能发挥效能，才能收到实效。因此，渔谚有"增产措施千条线，通过管理一根针""三分养、七分管"之说，这正是对管理工作形象的比喻，其重要性可见一斑。

1. 池塘管理的基本要求

池塘养鱼是一项涉及面广而复杂的生产活动，它同气象、饲料（肥料）、水质、营养、鱼类个体和群体之间的变动等多种因素均有着密切的关系，而其所涉及的各个因素又都处于时刻变化、相互影响的动态平衡之中。因此，作为饲养管理人员，要想做好管理工作，首先必须通过细心观察、积累经验、摸索规律、了解养鱼生产的全过程及各种影响因子的相互关系；在此基础上，要抓住管理中的主要矛盾及其变化，采取相应措施，缓解矛盾并促使其向有利的方向转化。只有这样，才能有效地控制池塘生态环境，获取稳产高产。

在池塘食用鱼精养中，为了保证鱼类的正常生长，一方面要求为鱼类创造一个良好的生活环境（好的水质条件），另一方面又要求给饲养鱼类提供量多质优的各类饲料（好的营养条件）。养鱼要高产，就需要大量的投饵施肥，结果就会导致水质变肥、环境恶化，进而限制进一步的投饵施肥；而减少投饵施肥，虽然可使池水趋好，但水质清瘦、营养不足会导致鱼类生长缓慢、产量很低，即所谓的"清水白汤白养鱼"。其结果就使得水质与饲料在一定程度上成为相互依赖、相互转化而对立统一的矛盾体。所谓养鱼生产的全过程，实际上就是一个不断调节池塘水质与饲料投喂这对主要矛盾的过程。池塘管理人员的基本职责就是要在水质与投饵之间寻求平衡点，不断调整双方的关系促使其朝有利的方向转化和发展。从生态学角度看，这种转化的实质就是池塘物质循环，每转化一次，就是完成一次物质循环和能量流动，就会使池内部分营养物质转化成鱼体蛋白质，即获得一部分鱼产量。在生产实践中，我国池塘食用鱼饲养管理中解决水质与饲料这对主要矛盾的具体做法是对双方分别提出要求，即采用合理使用增氧机械、及时加注新水、适时更换老水等措施改善水质，使池塘水质保持"肥""活""爽"；同时采用"四定"投饲、"四看"施肥、合理掌握投饲施肥数量及次数等措施，以"匀""足""好"来控制水质，从而确保鱼类既能吃食足量的饲料，又能享受良好的水质，使矛盾的双方趋于统一。其中，"肥""活""爽"和"匀""足""好"的含义如下：

"肥"：表示水中浮游生物量多，有机物和营养盐类丰富，浮游植物常形成"水华"，生物量高达 20～50 mg/L。

"活"：表示水色和透明度常随光照强度及水温的变化而变化，包括月变化、日变化、水平变化等（如"早红晚绿""半塘红半塘绿"），表明水中具有显著趋光性的鞭毛藻占优势，浮游植物优势种交替出现，数量多，且出现频率高（鞭毛藻塘是肥水与老水的分界线）。

"爽"：表示水质清爽，水色浓而不浑，透明度适中（不低于 25 cm、不高于 40 cm），水中溶解氧条件好。

"匀"：表示鱼类饲养期间连续不断地投放足够数量的饲料和肥料，并视季节变化及水温升降投放数量缓慢微调（酌情增减），既能保证鱼类的摄食需求，又不过量影响水质。

"足"：表示饲料和肥料的投放数量充足且适宜，能使鱼足而不饥、饱而不余。

"好"：表示饲料和肥料的质量上佳，易消化吸收，排泄物少，残留物少。

2. 池塘管理的日常内容

（1）经常巡视池塘　巡塘是食用鱼饲养日常管理的基础，通过经常巡视池塘，观察鱼类动态，可以及时了解池水变化、明察池鱼活动、发现各种异常，便于及时采取相应措施。在饲养过程中，通常应坚持每天早、中、晚常规巡塘各一次。此外，在夏秋高温季节遇天气突变时（如傍晚下雷暴雨等），还应加强夜间巡视，特别是半夜前后，要注意观察池鱼动态，预防严重浮头，以免出现泛池事故。在平常巡视中，要特别留意有无异常现象。一般在正常情况（没有浮头、不是投饲时间）下，池塘水面风平浪静，不易看到鱼的活动，如果此时发现有鱼离群独游或急游骚动、表现不安等现象，就应及时查明原因，并及时采取应对措施。

（2）加强防病除害　食用鱼池的鱼病防治应做到以防为主，以加强日常投饲管理和水质管理为重点，以确保池塘环境清洁卫生为基本措施，必要时配合药物防治。发现池内污物、敌害生物及池边杂草，应及时清除；发现病鱼，应立即查明原因，并及时设法隔离，紧急救治；发现死鱼，要及时捞除，并集中掩埋，以免病原扩散。

（3）合理投饲施肥　做好全年饲料、肥料需求量的测算和分配，并按"四定""四看"原则做到合理投放，以保证鱼类正常生长、保持池塘水质良好。

（4）适时加注新水　在食用鱼饲养中，应根据池塘水位及水质变化，做到适时适量加注；注水时间应在晴天 14:00—15:00，严禁傍晚加水。

（5）谨防池水缺氧　要根据天气、水温、季节、水质、鱼类吃食及生长等情况，确定合理的投饲、施肥数量及种类；根据池塘水位及水质变化，及时加注新水或更换老水，防止水质恶化及水体缺氧。

（6）安全使用机电　随着渔业机械使用种类的增多，要重视配电系统和渔机设备的检修保养，注意用电安全，并要做到正确合理使用各类机械。

（7）配套栽种饲料　充分利用池边闲杂土地及专用饲料地，选择黑麦草、苏丹草等高产品种，实施轮作、套种，做好茬口衔接，提高优质青饲料的供给能力，提高生产效率。

（8）记好池塘日志　养鱼池塘的原始记录是反映池塘养鱼客观规律的第一手资料，是制定混放、密养、饲料、肥料及鱼种供应计划的重要参考，也是改进养殖方法、指导实际生产的依据之一。因此，在饲养期间，管理人员应坚持认真记好池塘日志，并应做到每口池塘一本账、每片池塘一套账，以供统计分析。池塘日志应重点记录基本情况（开塘时间、养鱼年数、底质、面积、水深等）、放养情况（放养的时间、品种、规格、数量、混养比例等）、管理情况（每天的天气、水温、投饲、施肥、用药、注水、增氧等情况以及巡塘中观察到的发病、死鱼、浮头等异常现象）和捕捞情况〔捕捞（轮捕）时间、品种、规格、数量等〕等内容。

3. 精养池塘的水质管理

池塘环境由众多因子构成，水质管理是池塘养鱼生产管理中最为重要的内容，其目标是通过适当的管理为养殖鱼类提供一个安全、舒适、少应激的水域环境，以满足其生理健康及正常生长所需，为稳产高产奠定基础。

（1）池塘水质的构成及其演变　从理论上讲，池塘的水质实际上是供水水源的水质、底质及周边环境的质量、实施的生产技术及管理措施等三大因子综合作用的产物。通常，养殖水环境除开始阶段受制于水源外，在此后的饲养过程中，水环境的质量好坏主要受底质变化和饲养管理的影响。池塘水质的演变趋势大致为：从水源水质开始，随着饵肥料的投放，水中有机物含量逐渐增大，水体趋于富营养化（耗氧因子增多、水中溶解氧下降、池底淤泥增厚），如果此时不加干预，将会导致水质、底质变差，水体渐趋恶化（各种问题出现、生产性能下降）。

池塘水环境不仅是养殖对象的生活场所，同时也是天然饵料的繁育场所和有机物质的分解场所，与养殖生产密切相关，是水产养殖最重要的基础条件之一。在饲养过程中，各项措施的实施都要通过水环境才能发挥作用；养殖对象死亡、疾病流行、生长不良、饲料效率低下及类似问题的出现也大多与水环境条件相关。由此可见，养殖水环境实际上就是养鱼者与鱼类沟通互动的"平台"和"桥梁"。要想养好一池鱼，先得管好一塘水，改善不良环境因子、实施池水有效管理的作用包括：①维持最适生态环境（促使生态因子平衡、整体环境稳定）。②促进鱼类健康生长（减少病害、提高饲料水体利用率）。③消减泛池发病隐患（预防池鱼严重浮头及发病，确保稳产高效）。

（2）池塘水质管理的重点　从池塘水质的构成及各因子的作用看，池水管理中，重中之重应该是对溶解氧（DO）的管理。这是因为，溶解氧是养殖水环境中最重要的化学因子，它与其他环境因子几乎都有直接或间接的关联。因此，只要管好了溶解氧，其他水质问题大多可以迎刃而解。只要水体溶解氧充足，就可以维持养殖生物的生理健康、正常摄食和快速生长；就可以促进水中饵料生物及有益微生物的繁殖和活动；就可以加速池内有机物质的氧化分解和物质循环；就可以消减有毒物质的产生和积累；就可以确保良好的养殖水环境、正常的人工投饲和预期的稳产高效。

水中氧气的溶解会受制于饱和度，不同温度条件下，其饱和度不同，即与温度呈负相关。溶解氧经常或长期低于饱和度，会产生明显的不利影响：①溶解氧浓度稍低（低于饱和度的100%而高于65%），鱼类的生长及饲料效率会低于正常水平。②溶解氧浓度很低（低于饱和度的65%但高于35%），鱼类只会少量摄食或不摄食，生长停止（长期延续就会继发疾病）。③溶解氧浓度极低（低于饱和度的35%），养殖鱼类就会陆续发病，导致部分个体乃至全部个体死亡。

因此，在池塘水质管理中，应尽量设法保证适宜的溶解氧量，避免上述现象的发生。从生产实践看，精养水体大多呈水体污染及富营养化，溶解氧时常出现不足且昼夜波动大是其最明显的标志。从昼夜看，一般中午前后水中溶解氧很丰富，常常达到过饱和状态；而午夜至清晨时分往往很低，极限时可导致"泛池"和浮游生物突然间大量死亡等异常现象（当这种现象出现时，水中溶解氧一天至数天内都会低于正常水平。如果在夏秋高温季节，就很容易造成饲养对象部分乃至全部死亡；即使不死，至少也会继发鱼病）。

4. 精养池塘的增氧技术

池塘增氧需因地制宜，以方便、有效、经济为前提，采用适合自己的方法。目前生产上常用的池塘增氧方法主要可分为生物增氧、物理增氧和生物物理综合增氧三大类（详见第一章第一节）。

第二节　工厂化养鱼

工厂化养鱼起源于室外流水养鱼。室外流水养鱼配以机械、电气、化学等现代化设施，称为初级工厂化养鱼。运用机械、电子、化学及自动化等现代先进技术和工业化手段，在室内控制鱼类的生活环境，进行科学管理，从而部分或全部摆脱气候、土地和水等自然资源限制的高密度、高产量、高风险、高投入和高产出的养鱼方式称为现代化工厂养鱼。其有两种形式：一种是开放式循环流水养鱼，即选择室外水池作为蓄水池和净化池，流入鱼池后排出的尾水经室外净化池再回到蓄水池。这种养鱼方式设备简单、施工容易，但在一定程度上仍受自然条件的影响。另一种为封闭式（过滤）循环流水养鱼，它的特点是水在封闭的循环系统中重复使用，用水量少，水经过先进的沉淀、净化、过滤、调温等处理，可常年高密度养殖。

工厂化养鱼以北欧国家为代表，其中丹麦的研究创新最为显著，平均单产达到 $100\sim300\,kg/m^3$，一个年产 250 t 的养鱼场，只需一人劳作。我国的工厂化养鱼始于 20 世纪 80 年代中期，目前，初级工厂化流水养鱼、开放式循环流水养鱼和封闭式循环流水养鱼三种工厂化养殖方式并存。

一、工厂化养鱼的水处理和调控

（一）尾水处理设施和方式

初级工厂化流水养鱼和开放式循环流水养鱼，排放的尾水中含有一定量的残饵、粪便、氨氮、亚硝酸盐、磷及污损生物等。如果直接排放，会污染水域环境，循环利用又完全不符合水质要求。进行尾水处理是保证工厂化养殖产业可持续发展的关键。目前尾水处理有池塘、设施和人工湿地单种和组合等处理方式，要根据不同的养殖模式及养殖种类、养殖密度等，配置尾水处理方式和规模，并要进行合理布局。

1. 池塘处理

初级工厂化流水养鱼，布局有一定面积的杂食和碎食性的其他鱼类的泥质池塘。养殖场排出的含有大量粪便和残饵的水，先进入泥质池塘，被池塘里的鱼类再利用，在利用粪便和残饵的同时污物也得以沉淀，池表层排出去的水，再作为灌溉用水，氨氮、无机磷等物质通过水稻、茭白、藕等水生作物的吸收，达到环保安全的目的。

2. 综合功能露天池处理

综合功能露天处理池，有沉淀区、硝化与反硝化细菌多道折流式净化区和人工湿地净化区等设置。原生污水进入沉淀池进行初步沉淀，沉淀池出来的污水在出水口处添加絮凝剂，添加量依据尾水量计算，一般为 5～6 mg/L。天然水体中胶状离子大多带负电荷，加入带正电荷的铝盐、铁盐、氢氧化钙、聚丙烯酰胺等絮凝剂可使离子凝聚下沉，从而达到去除目的。然后进入平流池，这样大部分有害物质沉淀于平流池。上层水进入悬吊有附着硝化、反硝化、枯草杆菌膜的板状或瓶刷帚状构件的折流式跑道区进行净化，在此区域内，可将尾水中含氮有机代谢物等转化为硝酸盐等物。最后进入表面流人工湿地系统，经过该区后，污染物平均去除率分别为：$NH_3 - N$ 达 76.9%、$NO_2^- - N$ 达 53.1%、$NO_3^- - N$ 达 60.9%、TN 达 54.2%。海水养殖尾水处理湿地一般种植大米草等，淡水养殖尾水处理湿地一般种植美人蕉、马兰、黄菖蒲等水生植物。养殖尾水经过综合功能露天池处理后，基本能达到排放到相关水域的水质标准。

3. 综合功能露天池加臭氧消毒处理

尾水经过综合功能露天池处理后，尚不符合循环利用的要求。目前，国内外研究中采用得比较多的再处理手段是臭氧处理技术。经综合功能露天池处理的尾水，回到贮水池（或称集水池）之间，要加装臭氧发生器和臭氧处理设备。臭氧能有效氧化水产养殖尾水中积累的氨氮、亚硝酸盐，降低有机碳含量、COD，抑制病原菌等，去除水产养殖尾水中多种还原性污染物，起到比较彻底的净化水质的作用，使水质达到养鱼用水要求，以便循环利用。操作过程中应时刻注意臭氧的毒性问题，当水体残留臭氧浓度高于 0.06 mg/L 时，可对鱼虾等养殖生物产生一定的毒性作用，为确保水产养殖尾水中剩余臭氧不对水生生物产生不良作用，可采用活性炭吸附或鼓风曝气等方法对残留臭氧加以去除。

（二）封闭式循环水养鱼保温、净化、充氧和消毒设施

1. 保温设施

常用的保温室主要有采光保暖型、采光供热型和供热保温型三种。采光保暖型通常是在鱼池上搭建塑料棚保暖，棚内温度比棚外高 3～5 ℃。虽然投资少，但棚内温度随气温变化大，适于冬季温度较高的南方地区和其他地区的春秋两季使用。采光供热型以太阳能为主要热源，再辅以人工热源，通常也是塑料棚，其投资也较少，能调节室温，但热损失大，温度稳定性差。供热保温型用锅炉加热，设有调温池，避免水体温差过大；养鱼车间内空气和水体同时加温，常年正常养殖，热损失少，保温性强，只是一次性投资大，成本高。工厂化养鱼的控温系统的今后发展趋势是保温高效化、布局合理化、操作自动化。

2. 封闭式循环过滤设施

循环过滤设施包括曝气、沉淀、过滤、净化等装置。曝气的目的是排除水中的氨，增加水中的溶解氧量，以加快生物净化作用。曝气池一般设在排水口的下方，也有过滤后再曝气的，即在贮水池曝气。为了节省池面，常将曝气池与沉淀池合建在一起，成为曝气沉淀池。曝气的方法有将鼓风机或空气压缩机压出的空气，通过池内的散气设备，以气泡的形式散到水中曝气；也有采用叶轮式曝气机，安装时叶轮与轴垂直贴近水面，旋转时水沿叶片回射，部分抛向空中，水花四溅，叶轮轴线附近出现负压，使水上升，达到较好的增氧效果。

过滤的目的是除去固形物（固体颗粒）。利用固形物密度差异、颗粒大小和形状差异，使其在经过过滤器或筛网时被除去。沉淀池深 1.5～2 m，并备有排污设施。在沉淀池（图 4-5A）中，在重力的作用下，固形物随水流进入沉淀区而排出。为除去沉降速度较慢的固形物，需要增大沉降区体积。利用离心力作用的涡流式浓缩池，沉淀效果较好（图4-5F）。利用重力作用除去固形物虽不需机械设备，但当固形物的密度接近水的密度时就很难除去，且占地较多。采用平板式过滤器、鼓形过滤器、三角形过滤器和沙过滤器等先进的设施（图4-5B、C、D、E），要比沉淀池节省土地，而且结构紧凑。采用过滤器能迅速除去固形物，用水冲洗筛网，即可使被分离在筛网表面的固形物聚集在一起而排除。

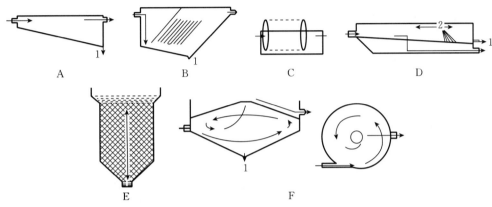

图4-5 固形物除去装置

(仿谢忠明，1999)

A. 沉淀池 B. 平板式过滤器 C. 鼓形过滤器 D. 三角形过滤器 E. 沙过滤器 F. 涡流式浓缩池（左：侧面观，右：顶面观）

1. 固形物收集口 2. 喷嘴

除去悬浮在水中的固形物后，水中尚存在溶解的有机氮化物，一般采用生物过滤的方法去除生物过滤是通过生物作用将含氮有机代谢物等转化为硝酸盐等物的过程。生物过滤器由池体和滤料组成，其基本原理是：用小石子（直径4～6 cm）、浮石、塑料等（比表200～2 000 m²/m³）作为基质（即滤料），将污水间歇地喷洒到这些基质上，在良好的通气条件下，经过一定时间（15～30 d）之后，这些基质的表面就会附着好气和好污性细菌（主要是分解菌和硝化细菌）、附生藻类、原生动物等（生物膜）。这些生物群落可将流经基质的有机物（氨）分解为无机物（硝酸盐）。目前开发出的滤池（器）都衍生于室内废水处理方法，其主要差异在于填料的设置方式不同，有洒滴式、浸没式和转动式三种（图4-6）。

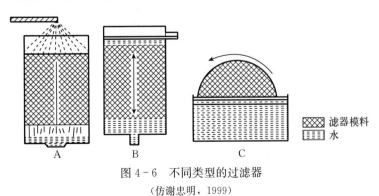

图4-6 不同类型的过滤器

(仿谢忠明，1999)

A. 洒滴式过滤器 B. 浸没式过滤器 C. 转动式生物过滤器

洒滴式过滤器的结构高而轻，废水由填料塔的顶部喷洒而下，把空气吸纳到填料塔内，起到增氧和去除二氧化碳的作用。其缺点是蒸发量和热耗较大，会产生淤积，并要注意填料类型和喷水装置必须与过滤作用相一致，避免生物膜干燥失活。

浸没式过滤器的填料浸没在水中，污水从顶部流向底部或反向流过，所有填料都与水接触，并在低压力下使生物膜长厚，形成厌氧脱氮区。这种滤器的缺点是：需要坚固而昂贵的建筑材料支撑；氧气受限制，不能有效地排除废气，且容易堵塞。当水泵停止工作时，沙床沉降，生物膜受损，净化功能降低。

转动式生物过滤器的填料桶或一排生物转盘被固定在轴上，其上的生物膜一部分暴露在空气中，另一部分浸没在污水中，这两部分随轴的转动而交替进行。轴的转速为2～15 r/min。与上述两种滤器相比，这种滤器的气体交换充分，生物膜活性高，但需要较多的空间。

3. 充氧和消毒系统

生物过滤器水中的氧气可通过与空气接触获得，如滴洒和转动等，也可以通过高压或低压充纯氧。由制氧机产生的纯氧通过高压，即额外加压（$0.6 \times 10^5 \sim 1.2 \times 10^5$ Pa），在供氧过程中借助发生器、压力圆锥塔或压力井（U形管），加注到鱼池或净化装置系统内（图4-7A、B、C）。高压供氧由于含氧量高，养殖鱼类易发生气泡病，必要时须进行脱氧处理。低压供氧装置是通过扩大氧气与水接触面而与氮和二氧化碳交换的，主要设备有逆流填料塔、蘑菇状交换塔和喷射装置（图4-7D、E）。

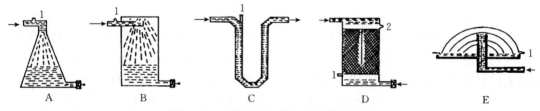

图4-7 工厂化养鱼系统中的供氧装置

(仿谢忠明，1999)

A. 压力圆锥塔 B. 压力塔 C. 压力井（U形管） D. 填料塔 E. 蘑菇状交换塔

1. 氧气进口 2. 余气出口

紫外灯和臭氧发生器是工厂化养鱼水体消毒的常用设施。紫外灯消毒一种是安装在水面上消毒，另一种是浸没在水中消毒，外套石英管保护罩。将紫外灯安装在水面上时，由于紫外线的反射和散射作用，会降低其有效性；放在水下，虽然有效性大大提高，但费用昂贵。臭氧发生器使空气或纯氧在高压的作用下产生臭氧（O_3）。臭氧具有很强的杀毒、杀菌和降解有机物的作用，能降低水体的COD和BOD，但对鱼类也有毒性，因此，在含臭氧的水进入鱼池之前，必须用活性炭过滤器进行吸附处理。用臭氧处理污染水不形成三氯甲烷等毒物，对水生动物的毒性较用含氯药物（如漂白粉）小。

上述循环养鱼系统中，封闭式循环过滤设施是工厂化养鱼的核心，只有将鱼池排出的水净化至符合养鱼用水的水质标准，才能循环利用，所以常见的工厂化循环水养鱼系统都具备这些装置（图4-8）。

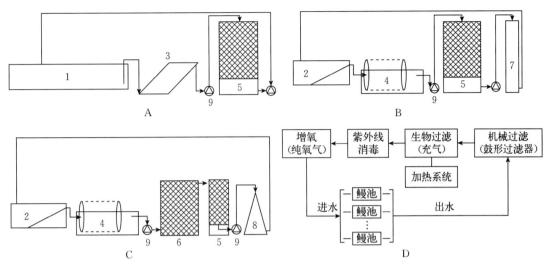

图 4-8　几种常见的循环养鱼系统（A，B，C）和丹麦典型的循环养鱼系统（D）

（谢忠明，1999）

1. 长方形养鳗池　2. 圆形养鳗池　3. 平板式过滤器　4. 鼓形过滤器　5. 洒滴式过滤器　6. 浸没式过滤器　7. 氧气反应器　8. 氧气圆锥塔　9. 水泵

（三）封闭循环水养鱼运行和调控系统

以青岛海兴智能装备有限公司的循环水养殖系统为例说明其如何运行和调控，系统组成如图 4-9 所示。系统中的各个控制器、传感器均接入智能控制柜，管理者通过控制系统的操作面板对整个系统进行设置和管理（图 4-10），可实现水循环、水处理、控光、调温、投饵的自动化以及水质监测和系统运行情况的实时监测、报警。

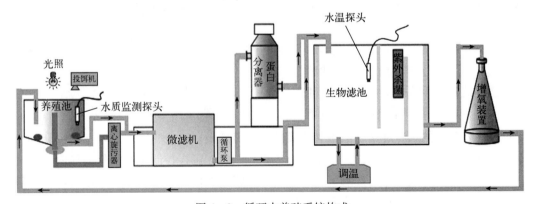

图 4-9　循环水养殖系统构成

该系统中的水处理设施包括履带式微滤机、蛋白分离器和生物滤池。履带式微滤机用于去除较大粒径（＞60 μm）的沉降性或悬浮性固体物，蛋白分离器用于去除粒径＜60 μm 的细小悬浮颗粒，生物滤池用于去除循环水体中的氨氮。

履带式微滤机（图 4-11）由网布将集水池分为前、后两个部分并各布置 1 个液位传感器，当养殖回水中的污物沉积在网布上使网布滤水率降低时，前液位会逐渐升高并与后液位

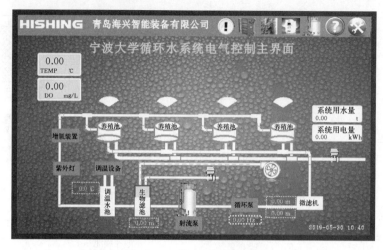

图 4-10 控制系统主界面

形成水位差，当水位差达到设定值时，同步带电机启动，网布随履带上行、转动，同时冲洗水泵启动，清洗掉网布上沉积的污物。微滤机的出水管连接变频循环水泵，该水泵的运转频率可根据微滤机后水位高低自动调整，保证及时将过滤水泵入循环系统并可避免水泵空转。

经微滤机处理的过滤水由循环水泵抽入生物滤池去除氨氮，生物滤池中放置生物载体以形成生物膜，滤池安装水位传感器和补水控制阀，当系统中循环水量不足时可自动补水。生物滤池结构见图 4-12。蛋白分离器设置于微滤机和生物滤池之间，配备自动冲洗装置用以将分离出的泡沫排出系统。物理过滤

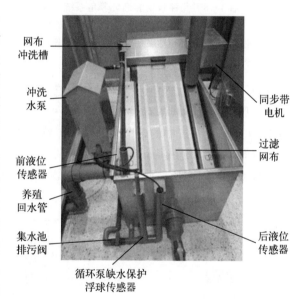

图 4-11 履带式微滤机

和生物过滤处理后的水经过紫外消毒和增氧后进入养殖池。

系统的调温设备为空气能热泵，既能制冷也能制热，可在控制系统操作的界面中设置水温（图 4-13A）。养殖池中布置溶解氧传感器，并将数据传送给控制系统。还可增加监测盐度、氨氮、pH、余氯（OPR）、等离子电位等的传感器。在控制系统的界面中设置温度、溶解氧等水质参数的上、下限数值（图 4-13B），当某项参数超出设定的范围时系统的声光报警器发出警报。若整个养殖系统接入互联网，管理者可通过移动终端的管理软件实时查看系统运行状况、各项参数并接收警报信息，以降低养殖风险。

将上述各种设施进行不同的合理组合，就形成不同的工厂化养鱼模式，就其养殖管理技术而言，初级工厂化流水养鱼技术与开放式和封闭式循环流水养鱼有所不同，后两种养殖技术基本相同，只区别于开放与封闭的方式。

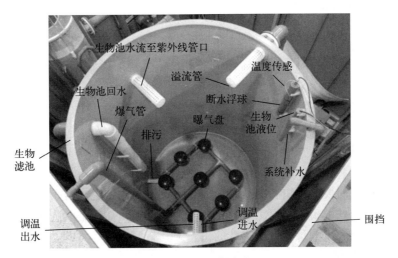

图 4-12 生物滤池

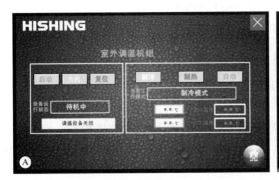 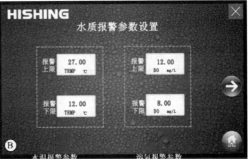

图 4-13 水温和水质报警参数设置界面
A. 水温设置 B. 水质报警参数设置

二、初级工厂化流水养鱼技术

(一)初级工厂化流水养鱼的含义与特点

初级工厂化流水高密度养殖,是流水加机械增氧、简易人工控温控光、用配合饵料、自动或人工投饵的一种养鱼方式。利用水库、溪流自然落差进水能节约提水费用;若用地下水,水质稳定,水温、水质不受季节气候影响,更能延长养殖鱼类生长期。配备增氧机增氧,可增加鱼池中的溶解氧量。目前,0.75 kW 国产水车式增氧机的增氧能力为 1.2 kg/h;而且增氧机搅动池水使上、下层水进行交换,加速了池底有害气体的逸出和池底有机物的分解。此外,增氧机转动形成的水流,在投饵时能将饵料的气味迅速传遍全池,引诱养殖鱼类到食场觅食,同时能向食场输送溶解氧量丰富的新鲜水,增进鱼食欲,利于消化吸收,促进鱼生长。

(二)种苗放养

1. 放养季节

一般在春季放养。但由于春季天气多变,会使水温发生变化,故引用水库水、溪流水或地下水作为养殖用水。引用水库水、溪流水等作为养殖用水的,应在水温基本恒定在 14 ℃

以上后放养；采用地下水作为养殖用水的，一般水温比较恒定，可以提早于农历十二月底或翌年正月放养。

2. 放养前的准备工作

（1）鱼池消毒　种苗下池前，鱼池和进排水系统等要进行彻底清理，池塘要进行消毒。一般用 10～20 mg/L 漂白粉或高锰酸钾洗刷池壁，然后陆续加水至 50 cm 左右水位，浸泡 24 h 以上，洗刷干净后进水备用。

（2）种苗运输　首先要调查了解各育苗单位的种苗生产情况，包括亲鱼质量、种苗健康状况以及价格等；其次要认真做好种苗运输前的一切准备工作。

（3）饵料购买　种苗放养前，要准备好投喂种苗用的饵料。饵料质量好坏直接关系到后期种苗的生长，购买时要重视饵料的质量。老养殖单位生产经验丰富，对各饲料厂的饲料质量都比较清楚，而新的养殖单位，由于缺乏这方面的经验，往往难以选择识别，应向老的养殖单位咨询了解，也可以购买育苗厂推荐的饵料。

3. 鱼种质量与规格

放养的苗种要求体质健康、规格整齐。如香鱼苗种以尾重为 0.4 g（体长 35 mm 以上）以上，每千克 2 500 尾以内为宜，该规格鱼苗，经 0.28 cm 筛眼的竹筛筛选，大的入池饲养，若不经筛选，则鱼苗差别较大，小鱼苗争抢不到饲料，体质越来越弱，直至被淘汰，成活率很低。健壮的香鱼苗种颜色青靛，有光泽，受惊后反应迅速。

（三）不同规格的养殖密度（以香鱼为例）

1. 流水养殖密度计算公式

在相同养殖面积和养殖技术条件下，放养密度与流水池中溶解氧量直接相关，而池中溶解氧量与流水量相关，因为池中的溶解氧是由流水带来的，所以确定放养量时可以将流水池中溶解氧量作为主要因素来考虑，其计算公式为：

$$W=(A_1-A_2)\,Q\div R$$

式中　W——最大放养量（kg/m³）；

　　　A_1——注入水溶解氧量（g/m³）；

　　　A_2——养殖种类临界溶解氧值（2 g/m³）；

　　　Q——注入水流量（m³/h）；

　　　R——养殖种类成鱼的耗氧率［g/(kg·h)］。

2. 流水加机械增氧养殖密度计算公式

在流水加机械增氧条件下，除了流水带来的溶解氧外，还有通过机械增氧增加的溶解氧，氧量增加后，相应的养殖密度可以提高，以便充分利用水体，提高养殖产量，增加经济效益。流水加机械增氧鱼池的养殖密度的计算公式为：

$$W=(A_1+A_3-A_2)\,Q\div R$$

式中　W——最大放养量（kg/m³）；

　　　A_1——注入水溶解氧量（g/m³）；

　　　A_2——养殖种类临界溶解氧值（2 g/m³）；

　　　A_3——机械增氧增加的氧量（g/m³）；

　　　Q——注入水流量（指养殖池中每立方米水体每小时更换的水量）［m³/(m³·h)］；

　　　R——养殖种类成鱼的耗氧率［g/(kg·h)］。

3. 养殖密度计算（以香鱼为例）

上式中，A_1（注入水溶解氧量）为适温条件下的水的饱和溶解氧量 8.75 g/m³（水温为 24 ℃）；以香鱼为例，香鱼临界溶解氧值 A_2 为 2 g/m³；如果采用 0.75 kW 水车式增氧机，则其增氧能力为 1.2 kg/h，按一天开增氧机 18 h、鱼池面积 200 m²、水深 1 m 计算，则每立方米水体每小时的增氧能力为 4.5 g；一天更换 2 次、3 次、4 次、6 次，则注入的水流量 Q 分别为 0.083 m³/(m³·h)、0.125 0 m³/(m³·h)、0.164 7 m³/(m³·h)、0.250 0 m³/(m³·h)；而 2.5 g、20 g、40 g、60 g 规格香鱼的耗氧率分别为 0.42 g/(kg·h)、0.40 g/(kg·h)、0.38 g/(kg·h)、0.35 g/(kg·h)。将上述有关数据代入公式进行计算，可以得出鱼池面积 200 m²、水深 1 m、一天开增氧机 18 h 时，不同规格、不同换水率的养殖密度。在水温 14~24 ℃ 条件下，不同换水率和规格下的放养密度建议值如表 4-13 所示。因为养殖密度与水质状况和养殖技术也有很大关系，所以对于养殖新手来说，放养密度要适当低一些。表中种苗阶段的放养密度，要根据实际的换水情况来考虑，往往在种苗培育阶段，开始时换水量很少，密度可以控制在表中的一半左右。

表 4-13 不同换水率和放养规格下的香鱼放养密度建议值（尾/m²）

日换水率	2.5 g/尾	20 g/尾	40 g/尾	60 g/尾
200%	850	110	60	40
300%	1 280	165	90	65
400%	1 680	220	116	85
600%	2 560	340	180	130

据日本香鱼养殖业者桥本先生介绍，他的香鱼养殖场采用流水养殖八角形池塘，排污口在池中央，鱼池面积为 180~240 m²，每池配备 3 台水车式增氧机，池水保持 1 m 深度，排污时最低水位为 0.7 m，每小时水的交换率为鱼池总容量的 50%~300%，放养密度在 350~700 尾/m²，全长 45 mm 左右的鱼苗养至商品规格的成活率在 80% 以上。

4. 香鱼养殖密度调控的实际操作

在香鱼养殖实践中，放养尾重为 1~2.5 g，密度为 360~380 尾/m²；20 d 后尾重达到 15 g 左右，养殖密度调控为 200~240 尾/m²；继续养殖 20 d 后尾重达到 25 g 左右，养殖密度调整为 150~180 尾/m²，2 个月后一般尾重 40 g 以上，密度为 80~120 尾/m²。在每次分养时，按规格将鱼分到不同密度的池子，个体大的密度低一些，个体小的密度高一些。养殖 3 个月后，个体大的鱼池里的鱼，就可以活鱼出售，个体大的鱼池里不断出售后密度降低，然后再将其他鱼池中个体大的鱼选出，放入此池养殖。随着时间延续，所有鱼池的密度降至 80 尾/m² 左右，最后规格一致集中售出。

5. 放苗操作

投苗前最好试水一次。经运输的香鱼苗种由于互相拥挤，难免损伤，为了预防破损处细菌感染，放养前应用 3%~5% 的食盐溶液浸泡鱼体 5~10 min 消毒，或用 0.1~0.2 mg/L 10% 聚维酮碘溶液全池泼洒，预防种苗发病。

鱼苗运到目的地后，注意不可直接放入温度过高或过低的水中，一般温差不得超过 4 ℃。若温差过大，可慢慢升（降）温，待温度适合后再把鱼苗放入水中。

（四）饲料投喂

1. 投饲原则

投饲应坚持"三看""四定"的原则，即看天气、看水质、看鱼和定时、定质、定量、定位。在晴天和气温较高时适当多投、阴雨天适当少投，水质清澈、水体交换快时适当多投，反之少投；在投喂时，如果鱼群踊跃争食，水面激起层层浪花，表明鱼的食欲强，应继续多投。

2. 投饲次数与占日投饲量的比例

以香鱼为例，幼鱼一日分 3～6 次投喂，早、晚两次投喂量应占日投喂量的 50％左右；当香鱼体重增至 20 g 以上时，日投喂次数可改为早、中、晚 3 次。投喂时应特别注意水温变化，在夏天白天水温上升到 26 ℃以上时，要减少白天的投喂量，早、晚水温稍低时应充分投喂。同时要计划好配合饲料的库存，防止饲料贮存期过长营养成分损失，杜绝因贮存不当出现饲料霉变事故的发生。

3. 饲料投喂量

颗粒饲料的理论投喂量：鱼体重 1 g 时的投喂量为鱼体重的 5％，10～30 g 时为 4％，50 g 以上为 2.5％。鱼体重 10 g 时每天投喂 5 次，10～40 g 每天投喂 4 次，随着个体增大、体重增加，每天投喂 2～3 次为宜。饲料均在白天撒投。实际投喂时日投饲量应根据天气、水温、鱼体大小和水质等具体情况确定。另外，香鱼性贪食，投饲越多，吃得越多，以至没有消化就排出体外，不但浪费饲料，而且在高温季节容易发生肠道疾病和缺氧浮头等病害。日投饲量控制应做到"两个七分"，即 70％鱼吃饱，吃饱的鱼标准七分饱，经过试验，与对照组生长无多大差异，且成活率高于对照组，故该投饲方法可以降低饲料系数，降低饲料成本。

日本全国湖沼河川养殖研究会制订了投饲表（表 4 - 14），渔业工作者可根据该表，依不同的鱼池水质环境作适当修正以确定投喂量。

表 4 - 14 香鱼的投饲率（％）

水温（℃）	10 g 以下	10～20 g	20～30 g	30～40 g	40～50 g	50～60 g	60～70 g	70～80 g	80 g 以上
10	3.5	3.2	2.7	2.0	1.7	1.5	1.3	1.2	1.0
11	3.7	3.4	2.8	2.2	1.8	1.6	1.4	1.3	1.1
12	3.9	3.6	3.0	2.3	2.0	1.7	1.5	1.3	1.2
13	4.1	3.8	3.2	2.5	2.1	1.8	1.6	1.4	1.3
14	4.4	4.1	3.4	2.7	2.2	1.9	1.7	1.5	1.4
15	4.7	4.4	3.7	2.9	2.4	2.1	1.8	1.6	1.4
16	5.1	4.7	3.9	3.1	2.5	2.3	2.0	1.7	1.5
17	5.4	5.1	4.2	3.3	2.7	2.4	2.1	1.8	1.5
18	5.9	5.5	4.5	3.6	2.9	2.6	2.3	2.0	1.7
19	6.3	5.9	4.9	3.8	3.1	2.8	2.4	2.2	1.8
20	6.9	6.3	5.3	4.1	3.4	3.0	2.6	2.3	2.0
21	7.4	6.8	5.7	4.4	3.6	3.2	2.8	2.5	2.2

（续）

水温（℃）	10 g 以下	10～20 g	20～30 g	30～40 g	40～50 g	50～60 g	60～70 g	70～80 g	80 g 以上
22	8.0	7.3	6.1	4.8	3.9	3.5	3.1	2.7	2.3
23	8.6	7.8	6.5	5.1	4.2	3.7	3.3	2.9	2.4
24	9.2	8.3	6.9	5.5	4.6	4.1	3.6	3.1	2.6
25	9.9	8.8	7.4	5.8	4.9	4.4	3.9	3.3	2.8

（五）筛选分池

1. 筛选分池的必要性

随着鱼体生长，鱼池的单位水体容量逐渐增加，养殖对象也出现大小不齐现象，为了使小个体鱼能摄取到饲料，大个体鱼提早上市，应调整鱼池的容纳量，减少鱼之间同类相残，提高养殖成活率，同时为了取得最经济的管理效果，包括生产计划的安排、投饲量的计算、放养密度的调整，必须进行分养选别工作。

日本现在普遍用香鱼自动选别器和抽鱼机操作，已实现自动化，劳动效率大大提高。我国现阶段选别一般用手工挑选或采用分级鱼筛。网箱养殖由于分养较为方便，可酌情增加分养次数。最后一次分级在运往市场销售之前进行，按出售规格要求依次捕捞出货。

2. 筛选分池操作

分养选别前要准备好工具。应选择柔软的绢网制作网箱、捞海以及集鱼用网箱若干，暂养网箱中应放若干个充气散气石，另外要准备好选别用的鱼筛、打样过数用的秤和盛鱼用水桶等。

3. 筛选分池的注意事项

① 分养选别前应停止投饲 1 d。分养宜选择在阴雨天进行，阴雨天气温较低，空气湿度大，鱼在操作中不易受伤。天气晴朗时，分养宜选择在清晨进行，切忌在阳光直射下操作。

② 分养选别力求规格整齐，操作必须耐心仔细、动作轻快，尽量缩短香鱼的离水时间，避免擦伤鱼体。

③ 分养后鱼种一般用 3‰盐水浸浴 5 min，以防止霉菌、细菌感染。如果是不出货销售的鱼种，入池后可用 0.1～0.2 mg/L 10%聚维酮碘溶液全池泼洒。

（六）日常管理

日常管理工作是养殖高产、高效之关键，除了做好投饲和投饲管理、筛选分养等工作外，还应做好增氧机安全使用、水质管理、鱼病防治、常规理化因子的测量及记录等其他多项管理工作。

1. 增氧机安全有效使用和维修

养殖时增氧机一般是连续运转的，但当养殖密度低或水量丰富时，可根据季节、气候、水温、水质、放养密度及鱼活动情况灵活掌握，这样既不影响产量又做到了节约开支。定期检查增氧机及其附属设施，包括固定桩、固定绳索等，防止发生机械故障或桩头浮起、绳索扯断等。经常检查电路设施并安装好防漏电开关，应特别注意水中线路，防止漏电造成管理人员及鱼的触电事故或跳闸。利用空闲季节做好增氧机的维修工作。

2. 及时排污与换水、保持水质清新

养殖鱼池每天应排污 2 次，在上午和下午投饲 1 h 后进行，排污方式为吸污和刷污。当种苗规格在 2 g/尾以内时，为防止鱼苗逃逸，排污口网目较细，刷污时污物难以排出，故一般采取虹吸的方法，吸污管出水口一般放在小型网箱中，以便于清点死苗与回收体质弱的苗种，吸污动作要轻快；当鱼种规格大于 2 g/尾、排污口网目较大时，可采用人工刷污的办法，即利用水流把鱼粪便和残饵污物刷至排污口集中排出。每次排污依实际情况换水20%～70%，平常每隔 1 h "拔臭" 1～5 min，以保持水质清新。

3. 鱼病防重于治

养殖成活率高低，很大程度上与鱼病防治工作做得好坏有关，病害防治工作应坚持防重于治的原则。各种疾病的发生无不与管理有关，因此，在日常管理中还应注意以下几项工作：①养殖用水必须清澈、透明度高，在利用溪流、水库（湖泊）等自然水源的养殖场，注意经常巡视进水水源，防止农药、化肥、工厂和生活污水污染。进水宜经各种方法过滤，防止敌害生物进入鱼池以及暴雨季节水质浑浊，造成不必要的损失。②香鱼养殖池中不能搭养其他鱼类，防止病原体带入和习性不符争食和互残。③严格掌握投饲数量及投饲方法，防止香鱼过食而造成消化不良。④定期进行药饵投喂或药浴，防止疾病的发生，对养鱼用具，包括网具、排污刷、捞海、网箱等要采用定时暴晒、药物浸洗等方法进行消毒。

4. 记录好饲养日志

记录养殖过程，研究养殖结果，建立养鱼档案，为提高下一年度养殖效果积累资料，这是一件非常重要且具有科学意义的工作。在饲养日志中要记录日期、池号、放养量、气候、气温、水温、换水量、投喂量、摄食状况、筛选分养结果、鱼病发生与处理等。

5. 做好其他管理工作

其他管理工作有：经常检查进排水管设施、过滤设施及鱼池壁等是否损坏或漏水，发现问题及时维修，防止香鱼乘隙逃逸。所有养鱼工具要由保管室专人保管，建立保管制度。工具使用后要清洗干净，特别是盛鱼、运鱼工具及网具、捞海等，用后一定要洗刷干净，并置于阴凉通风处晾干，及时收还至保管室，切不可露天放置，以免损坏。发现工具和网具破损要及时修补，以免影响捕捞及其他各项工作的正常进行。

三、室内工厂化开放与封闭循环养鱼技术

我国室内工厂化养殖的种类主要是经济价值较高的高档名贵鱼类，有鲆、鲽、鳎类及石斑鱼类，它们的工厂化养殖技术大同小异，基本通用。先进的工厂化养鱼中，日常管理工作已全部或大部实行自动化。但我国目前工厂化养鱼的自动化程度还不高，若局部或全部安装自动调控设施，就按相关的说明书进行操作，但尚需抓好以下几点。

（一）苗种的选择及运输

养殖的苗种为人工繁殖培育的苗种，买苗之前应预先了解苗种场生产情况和用药情况等，选择健康、规格整齐的苗种，以提高养殖成活率。苗种运输前应停食 1 d 以上。苗种运输主要采用泡沫箱内装塑料袋充氧运输，塑料袋容量一般为 20 L，装水 1/4～1/3。袋内水温根据路途的远近和气温的情况而定，路途近、气温低时，可以用 15～16 ℃的水运苗；路途远、气温高时，要将水温降到 11～12 ℃。装鱼苗后充足氧气，扎紧口，放入泡沫箱内，盖上盖，用胶带将泡沫箱封口。每袋可装 6 cm 的半滑舌鳎（*Cynoglossus semilaevis*）苗种 300～400 尾，或 10 cm 的苗种 100～200 尾，或 15 cm 的苗种 80～100 尾，可运输 6～10 h 的路程。气温高时，泡沫箱内、塑料袋外可放一些冰块，防止运输途中苗袋内水温升高。运

输途中，注意保持平稳，防止剧烈颠簸造成苗种受伤。

（二）苗种放养

经过出池分苗、长途运输、饥饿及各种刺激，苗种体质下降，故苗种入池前要逐渐调整水温和盐度，使其逐步适应养殖池的水温和盐度。为了防止因苗种体质弱受到病害侵袭，以及防止带入异地病原，苗种入池时应进行药浴，可以用 5～10 mg/L 土霉素药浴 2 d，每天 1 次，每次 1～2 h。

（三）养殖密度规格筛选

随着鱼体长大，养殖池中鱼体密度逐渐增大，同时，由于生长差异，个体差别逐渐增大，需要进行规格筛选，调整池中的养殖密度，使其符合池子的负载要求，保障生产正常进行。一般用人工进行挑选，稚鱼全长 10 cm 以前，每月分选 2～3 次，此后每月分选 1 次。

生产上的养殖密度常以单位养殖面积放养尾数来表示。以牙鲆（*Paralichys olivaces*）为例，一般体重 10 g 左右的幼鱼放养密度为 200 尾/m²，100 g 的幼鱼密度为 50～60 尾/m²，200 g 的半成品鱼密度为 30～35 尾/m²，500～600 g 的半成品鱼密度为 20～25 尾/m²。或按放养面积率计算，通常为 60%～100%，高水温期为 40%～60%。半滑舌鳎幼鱼放养密度如表 4-15 所示。

表 4-15　半滑舌鳎幼鱼放养密度表

幼鱼规格（cm）	放养密度（尾/m²）	幼鱼规格（cm）	放养密度（尾/m²）
6	300～400	30	18～20
10	100～150	35	14～16
15	80～100	40	12～13
20	50～60	45	9～10
25	30～35		

（四）水质管理

1. 水深和水温

鲆鲽鳎类营底栖生活，不在水中游动，需要保持池中水体流动，以利于清除代谢物。养殖水位不需要太深，一般保持 40～50 cm 即可。

半滑舌鳎属暖温性鱼类，能在 3～32 ℃水中存活，生长的适温范围为 15～28 ℃。水温在 5 ℃以上均可摄食，5～14 ℃摄食量少，消化慢。水温日变化幅度大于 2 ℃时，摄食量明显减少甚至不摄食，要求保持水温稳定。

牙鲆属冷水性鱼类，生存的适温范围为 2～27 ℃，水温长期处于 27 ℃或在低于 2 ℃、高于 27 ℃的水温环境下，鱼易大量死亡。养成的适宜水温为 8～24 ℃，最适水温为 16～21 ℃；水温 23 ℃以上或 14 ℃以下摄食量减少，25 ℃以上或 10 ℃以下摄食差并停止生长，5 ℃以下停止摄食。

2. 盐度和 pH

半滑舌鳎是一种广盐性鱼类，能在盐度 5～37 的海水中生长，适宜生长盐度为 16～32。pH 要求为 7.5～8.5。牙鲆为广盐性鱼类，对盐度变化的适应能力较强，能在盐度低于 8 的河口地带生活。其生长发育的最适盐度为 17～33，盐度 30 左右时饵料效率最高。

3. 溶解氧和氨氮

工厂化养殖，池水中的溶解氧应保持在 5 mg/L 以上。要求水中氨氮含量低于 0.02 mg/L。

4. 透明度和光照

养殖池水要求透明见底，一般要求光照在 600 lx 以下。光照强时鲆鲽鳎类寻找隐蔽场所聚集，光照弱时鱼群分散伏底。

（五）换水及清洗池子

工厂化养殖，以长流水换水方式较好。根据养殖条件和放养密度，池中需保持一定的水位，进水管按一定流量不停地向池内进新水，高出水位的水自动从排水管口溢出。每天拔掉池底排水口塞子排水 1～2 次，随着水流形成的旋转力量，可以将池中的部分污物带走，残饵和粪便也可以及时流走。常温养殖时日换水量为 300%～500%，夏季高温时日换水量为 500%～800%，冬季低温时日换水量可减少到 200%～300%。采用地下海水养殖时，日换水量可长年保持在 300%～500%。

养殖中要求每日清洗池底 1 次，可以安排在下午人工排水时进行，在排水时用刷子轻推池底，将污物推向排水口，随着水流排出。养殖一段时间后，池底和池壁上会沉积和附着污物，容易繁殖细菌和寄生虫，需要将鱼移到干净的池中养殖，清刷原池底和池壁，并进行消毒杀菌。

（六）饲料及投喂

牙鲆工厂化养殖主要投喂冰鲜杂鱼、湿型颗粒饲料、固体配合饲料（干颗粒饲料、膨化颗粒饲料）等。半滑舌鳎工厂化养殖，投喂硬颗粒配合饲料较好。

饲料的投喂次数可根据鱼的个体大小调整，投喂量需要根据鱼体的摄食情况、当时的水质状况灵活掌握。一般 15 cm 以下的苗种，每天投喂 3～4 次，日投喂量为鱼体重的 2%～3%；15 cm 以上的苗种，每天投喂 2 次，日投喂量为鱼体重的 1%～2%。饱食后，腹部明显凸起。

（七）疾病预防

对于大型水产养殖企业来说，鱼病的预防相比小型水产养殖场更加重要。大型水产养殖企业，若暴发鱼病更难治，危害更大，损失更严重，所以说鱼病的预防尤为重要。

1. 倒池、分苗时要进行彻底药浴，防止感染病毒、细菌和寄生虫。保证安全、药效的情况下尽量选择半衰期短的药物，并尽量延长药浴时间，以减轻药物对生物包的不利影响。

2. 工厂化循环水养殖情况下可以考虑在鱼群状态正常时定期拌药饵预防鱼病。这样用药少，经过鱼体的消化吸收和药物自身的降解，排到循环系统中的药物更是微乎其微，对生物包几乎没有不利影响。药物尽量选择增强鱼体质的各种营养素、中草药制剂、微生物制剂等，鱼体强壮，自然不易得病。尽量不用或少用抗生素。

3. 车间巡池时，黑暗环境下不要用手电筒突然照射鱼池或是将手电筒光快速离开鱼池，避免对鱼造成不必要的刺激，从而引发鱼病。

4. 每个车间必须常备一些增氧剂，发生缺氧等意外事故时，能够以最短的时间将增氧剂撒到缺氧鱼池，减少意外损失。

第三节　网箱和围网养鱼

网箱养鱼起源于东南亚国家的"笼养"方式，后来逐步在世界各地得到推广，其后围网养鱼逐步兴起。这一养殖方式由于利用自然水体优良的水质且不占耕地，受到了中国、挪威、智利、英国、丹麦、美国、加拿大、澳大利亚、日本等多个国家的青睐。近半个世纪以来，网箱和围网养殖尤其是海水网箱和围网养殖取得了迅猛的发展。养殖范围逐步从近岸向离岸深水发展；网衣材料由传统的合成纤维，向高密度合成纤维、金属合金方向发展；框架材料不断升级换代，高强度塑料、塑钢橡胶、不锈钢、合金钢等新型材料成为主流；形状除传统的长方形、正方形、圆形外，还开发了蝶形、多角形等形状；养殖容积由几十立方米增加到几千立方米甚至上万立方米；养殖品种扩大到几十种，几乎涉及市场需求量大、经济价值高的所有品种；养殖设备向自动化、智能化方向发展。

在我国，网箱和围网养鱼始于湖泊、水库等淡水水域，从一开始利用天然饵料培育鲢、鳙鱼种迅速发展到小体积网箱高密度精养吃食性鱼类，养殖产量达到普通池塘的数倍至几十倍，为我国经济发展初期丰富百姓的"菜篮子"作出了巨大贡献，但同时也给内陆水域环境造成了巨大的压力，由此，内陆大型自然水域的网养产业已基本退出历史舞台。

目前，浅海海水网箱和围网养殖仍是海水养殖的主要方式，同样给近海环境带来了压力，使浅海网箱养殖和围网养殖的持续发展受到限制。

发展深水抗风浪网箱和围网养殖，不仅可带来较好的经济效益，同时对调整海水养殖生产结构、减少近海海水养殖污染，保护海洋生态环境具有重大意义。

一、网箱和围网的结构与材料

网箱和围网一般由箱体、固定支持系统和附属设施构成。

（一）箱体结构与材料

1. 箱体结构

箱体是由网片组合而成的，是网箱和围网的主体部分。

网箱箱体一般由墙网、底网组成，沉降式网箱还设有盖网（图 4 - 14）。传统网箱箱体以正方体或长方体居多，面积常见为 $10 \sim 25 \ m^2$，体积 $30 \sim 100 \ m^3$；大型深水网箱的箱体多采用圆形和多边形，周长一般在几十米不等，大的可达上百米，体积多为 $1\,000 \sim 3\,000 \ m^3$。

围网是通过墙网或敷网（连接墙网底缘且入底泥的网片）直接着底，无底网（图 4 - 15）。围网形状多采用圆形和多边形，传统滩涂围网的面积一般为 $100 \sim 200 \ m^2$，浅海围网的面积 $100 \sim 500 \ m^2$，大型深水围网的周长一般在 $100 \ m$ 以上，大的可达 $500 \ m$，体积 1 万 ~ 20 万 m^3。

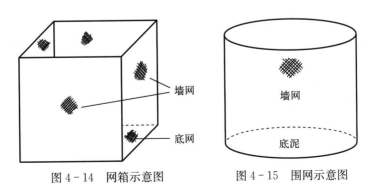

图 4 - 14　网箱示意图　　　图 4 - 15　围网示意图

网衣有单层和双层两种。多数海、淡水网箱和围网采用单层网衣，主要是为了保证水流畅通，节省成本。双层网衣安全性高，但影响过水。双层网的外层网目可稍大。

2. 箱体材料

网片一般是用网线编织而成，网线材料有合成纤维如聚乙烯（PE）、尼龙（PA）和金属合金等（图4-16、图4-17）。

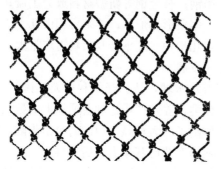

图4-16　聚乙烯网片

图4-17　金属合金网

目前国内大部分网箱和围网的网线材料为合成纤维，以聚乙烯居多，聚乙烯网线强度大、耐腐、耐低温、吸水率低，但易老化。尼龙线柔软，强度大于聚乙烯，但价格较高，一般多用于纲绳。合成纤维表面易附着污物和寄生物。金属网有镀锌铁丝网、铝合金、钛合金等，强度高、成型好、抗附性能好、使用寿命长，但成本高。

随着新材料的研发，已开发出性能更优的高密度聚乙烯（HDPE）和超高分子量聚乙烯（UHMWPE）等新型合成纤维材料；在金属材料上，铜合金材料发展较快，铜浸泡于海水后会非常缓慢地释放出铜离子，具有平衡菌落特性，可减少网衣上的附着物滋生，抑制病害发生。大型网箱、围网均逐渐开始应用新材料。

（二）固定支持系统与材料

固定支持系统主要由框架、浮子和沉子、桩和锚等组成，作用是使网箱和围网张开具有一定的空间形状，并防止网箱和围网随水漂移。

1. 框架

框架设在箱体的网口上，使网口张开成形，便于养殖管理。

传统网箱的框架多采用浮筏式框架，框架下设浮子，使框架上缘高出水面20～30 cm，框架上搭建人行通道和工作平台。浮筏式框架一般为平面钢木结构组合；风浪大的近海型网箱采用三角形钢结构（图4-18）。

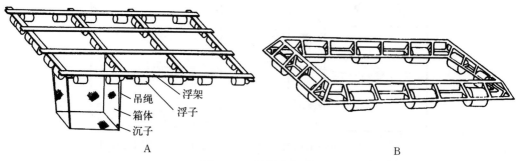

图4-18　网箱的框架

A. 浮筏式框架　B. 三角形金属框架

大型深水网箱和围网的框架常见为圆形管架结构（图 4-19）。管子一般采用抗拉力强、柔韧性好的新型材料，如高密度聚乙烯（HDPE）、金属合金、橡胶和玻璃钢等。管内填入发泡材料如苯乙烯或充气，使管架自身具有浮力，不仅可以随波逐流，还具有抗击台风巨浪的能力。高密度聚乙烯（HDPE）管架价格相对低廉，一般使用寿命在 10 年以上。

2. 桩与锚

桩与锚是箱体的主要固定装置（图 4-20）。

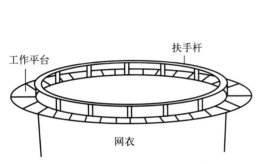
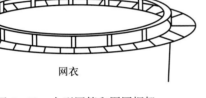

图 4-19　大型网箱和围网框架　　　图 4-20　大型网箱和围网的桩和锚

桩有木桩、竹桩、水泥桩及金属桩等；锚可以是铁锚或混凝土块。海水鱼排常用重50～70 kg 的锚；深水网箱和深水围网的锚可为重达几吨的混凝土块。

桩、锚的材料、数量和形式依水域环境条件、抗风浪要求等因素而定。

3. 浮子、沉子

浮子安装在墙网的上纲，沉子安装在墙网的下纲。其作用是使箱体能在水中充分垂直展开，保持箱体的设计空间。

应用最为普遍的浮子是聚乙烯塑料浮子。塑料浮子有泡沫塑料浮子和硬质吹塑浮筒。小型网具常用规格为 8 cm×13 cm 的泡沫塑料浮子；大型网箱、围网常用规格为 50 cm×90 cm 的圆柱形泡沫塑料浮子（浮力 150 kg）。

沉子多种多样，简单的可用石头、沙袋、陶土或铁铅等。标准网箱常用镀锌管作为底框，在底框的四角缚上沉子，以调节重力。小型围网可用敷网缚石（石龙）嵌入泥底；大型围网常采用铁链沉底。

（三）附属设施

附属设施主要包括：①管理设施如生活用房、工作用房。②养殖设施如投饵系统、分鱼收鱼系统、死鱼残饵收集系统、网衣清洗系统、监控系统（水质监控、水下监视）等。

附属设施依据网箱和围网的规模进行配置。对大型深水网箱和围网来说，设施配置逐步趋向自动化、智能化。

二、网箱和围网的设置类型

（一）网箱的设置类型

1. 根据设置水域

可分为淡水网箱和海水网箱，海水网箱又可分为近海海湾网箱和离岸深水网箱。

（1）近海海湾网箱　在我国，近海海湾网箱绝大部分为浮筏式网箱（又称浮排式网箱，俗称鱼排），主要是通过将网衣系挂在浮筏式框架上，网箱随水位的涨落而浮动，往往是6～12个或更多网箱排列成一排，两排并列为一组，组间排列按需实施。这类网箱结构简单，用料较省，但抗风力低。

（2）离岸深水抗风浪网箱　通常是指在水深在15 m以上的深水区设置的网箱。我国正在逐步发展中，目前主要为浮式。在深水网箱养殖较发达的国家（如挪威等）中，网箱自动化程度较高，有浮式和升降式等。

2. 根据设置方式

可分为浮式网箱、固定式网箱和升降式网箱。

（1）浮动式网箱　多为敞口式，网箱通过自身的浮力装置，浮于水面，用锚固定位置，随水位起落。

（2）固定式网箱　多为敞口式，网箱固定在四周的桩上。这类网箱抗风力强，易于管理（调节箱体水位、洗箱、捕鱼等），但不能迁移。

（3）升降式网箱　由固定式改进而来，设计有盖网。整个网箱通过浮沉装置可沉没在水下预定的深度。主要用于避风浪及越冬管理。

（二）围网的设置类型

围网从广义来说包括围网和网栏。

1. 网栏类型

网栏设施主要有低坝高围式滩涂网栏和港湾网栏。

（1）低坝高围式滩涂网栏　是在滩涂上先通过筑坝（低坝）围出池塘式养殖区，再在坝上设置拦网（高围）（图4-21）。在低潮时，利用堤坝的高度保证正常养殖的最低水量，在高潮位时，保证养殖区内养殖生物不外泄。

（2）港湾网栏　是利用港湾的自然岸基用拦网形式在港湾区域围出养殖区（图4-22）。港湾网栏养殖主要用于鱼类养殖或鱼-贝-藻的混养等。由于港湾处受潮汐影响大，风、浪、流较滩涂大，所以港湾网栏设计要求较滩涂围栏高。

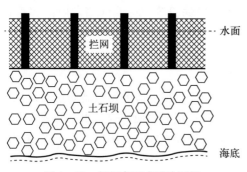

图4-21　低坝高围式滩涂网栏

图4-22　低坝高围式滩涂网栏示意图

2. 围网类型

围网养殖设施主要有滩涂（浅海）插杆式围网、离岸深水大型围网。

（1）滩涂（浅海）插杆式围网　是在滩涂（浅海）中利用网片直接围出一定面积的养殖区，网片通过竹竿（桩）等固定（图4-23）。该类型设施简易，投资成本低，但抗台风能力差，适于浪小、流缓、地形稳定、底质为泥沙或软泥的滩涂。

（2）离岸深水大型围网　通常是指在水深 15 m 以上的海域设置的围网。目前我国围网设置基本是管桩固定式，也有部分采用浮绳锚泊式：①管桩式大型围网一般用水泥钢管桩固定。②浮绳式大型围网主要采用"矩形浮球＋浮绳框"的柔性框架系统，以锚泊定位（图 4-24）。

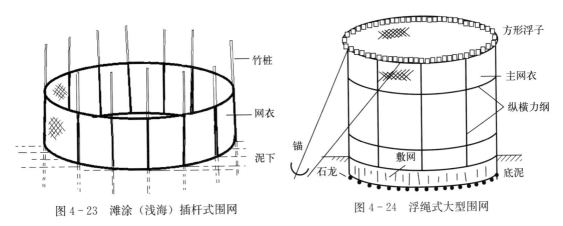

图 4-23　滩涂（浅海）插杆式围网　　　　图 4-24　浮绳式大型围网

（3）双圈围网　围网网体分为单圈和双圈。多为单圈。

双圈围网的内、外墙网间距一般为 4～5 m，大型围网的间距最大可达 10 m；内、外墙网之间可用隔网分隔为几段，在每片隔网上可安装一个囊网，若内墙网破损逃鱼，进入夹弄，就可将其在囊网内捕获，以此检查网围各部位是否有鱼逃出；下纲连接敷网，敷网沿墙网插入泥底或向内折敷于水底；下纲与敷网上可安装石龙等泥下设备，防止底层鱼类逃逸（图 4-25）。

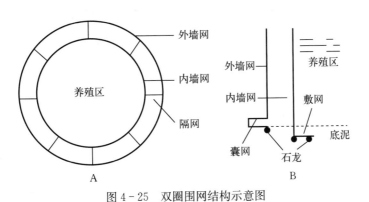

图 4-25　双圈围网结构示意图
A. 俯视图　B. 侧视图

三、网箱和围网的养殖技术

网箱和围网养殖均是利用大型水域优良的水质条件进行有孔圈养，最关键的技术原理是使养殖对象在有限的空间中通过水交换增加有效空间（如增加溶解氧、排除有害物质等）。以下网箱和围网养殖的一般技术通过网箱养鱼技术来阐述，其后介绍网箱和围网各个类型的养殖模式特点。

（一）网箱养鱼的一般技术

网箱养鱼主要技术包括养殖水域的选址、鱼种放养以及投饵、洗箱、防病和防灾等饲养管理技术。

1. 养殖水域的选址

选址除应符合国家有关环境和产业的法律法规政策外，在技术上主要从环境条件、水文条件和水质条件等方面考虑。

（1）环境条件 ①交通便捷、电力供应充足，尽量避开航道、大型码头、旅游区、港口、大型工矿企业或人口密集的居住区。②底部泥沙质，平坦、坡度小，便于固定设施的安装。③水面宽阔，阳光充足，避风条件好。尤其是海湾浮筏式网箱和海湾网栏区应选择"肚大口小"、风浪不大的内湾等水域。

（2）水文条件 ①水流。水的流速适宜，既要保持箱内外水体交换良好，又要避免急流造成网具变形、损坏和鱼类能量消耗。一般来说，选择流速 0.3～0.8 m/s 的海区较为理想，若流速过大，需要有阻流措施。②水深和潮差。对网箱来说，足够的水深可使底部水流畅通，有利于箱内残饵、鱼的代谢废物和粪便的排除，并可防止被底部杂物磨损，或被底栖蟹类咬破。在潮差变化范围不大于 3 m 时，海湾网箱区的水深应在 5 m 以上，低潮位时，箱底部与海底能保持 2 m 以上的距离；深水网箱必须设置于水深在 15 m 以上的海域，使网箱与海底保持 6 m 以上的距离，低潮位时，箱底部与海底能保持 4 m 以上距离。

（3）水质条件 ①水质清新，无污染。②对需要天然饵料的鱼类，最好有丰富的外源性营养物质和饵料生物输入。③水质指标如溶解氧、水温、盐度、pH 等要适合养殖对象的生长，符合《渔业水质标准》的要求。

2. 鱼种放养

（1）养殖对象的选择 主要考虑：①适应性好、抗病力强。养殖鱼种应能适应养殖水域理化条件和高密集环境。②生长快，饲养周期短。有利于资金周转。③苗种来源有保障，培育技术容易掌握。

适于海水网养的鱼类品种有 70 余种。国内目前海水网箱养殖的鱼类主要有鲈、黑鲷、真鲷、牙鲆、黑鲪、鮸状黄姑鱼、石斑鱼、红鳍东方鲀、鰤鱼、大黄鱼、六线鱼、胡椒鲷、紫红笛鲷、红旗笛鲷、卵形鲳鲹、尖吻鲈、断斑石鲈、黄鳍鲷、军曹鱼、虹鳟、罗非鱼等。

（2）放养方式 可分为单养和混养、精养和粗养等类型。

单养往往采用精养形式，如人工投喂的吃食性鱼类养殖；混养往往采用粗养形式，混养水域一般生物资源丰富，多品种混养是为了更好地利用水域的立体空间，饲喂方式一般以天然饵料为主，适合于较大型网箱。目前国内以大黄鱼、鲈单养为主，也有其他各种混养方式。单养主题明确，管理单一方便；混养可充分利用水域中的天然饵料及残饵，提高饵料利用率。很多时候在主养鱼类中搭配一些藻类食性和贝类食性的鱼类，可起到网眼生物去污作用。

（3）放养规格 要考虑：①养殖周期。一般是要求能在一个生长季节养成至商品规格。②鱼种成活率。鱼种规格小，环境适应能力差，成活率低；鱼种规格大，生长快、成活率高，且网目规格可相应增大，提高水交换率。常见的放养规格一般为：大黄鱼 80～100 g/尾、石斑鱼 50～150 g/尾、鲷科鱼类为 4～8 cm、鲈科鱼类 5～6 cm 等。

（4）放养量 网箱养鱼是高密度的养殖，放养密度应依水质、养殖种类、商品鱼规格、产量、水体交换量、饲养管理技术水平和设备技术条件而定。在一定的养殖条件下，箱体总是存在一个载鱼能力。以网箱为例，网箱的容纳量（C）应是：

C＝箱内鱼类的平均体重（w）×箱内鱼类的数量（n）

假定 w 等于预定的商品规格，那么鱼种的放养量（N）应是：

N＝网箱鱼类在预定时间内达到商品规格时的数量（n）÷给定的养殖成活率（r）

在实际养殖中，由于各地的水域条件、鱼种规格、饵料供应、技术水平等存在差异，故生产能力各不相同。目前，放养密度还未有统一的标准。各地基本上是根据自身的养殖条件，按在给定的养殖周期内能达到商品鱼规格的放养数量而定。表 4-16 是一些海水鱼类放养的参考密度。

表 4-16　几种网箱养殖海水鱼类的放养密度

放养种类	规　格	密度（尾/m²）	放养种类	规　格	密度（尾/m²）
鲈	2.5 cm	500	大黄鱼	3 cm	1 000
	10 cm	45		15 cm	30～80
	20 cm	25		100 g/尾	15～30
尖吻鲈	10～15 cm	10～15	美国红鱼	3～5 cm	1 500 以内
真鲷	20～50 g/尾	120～300		6 cm	30～100
	150～200 g/尾	20 左右	军曹鱼	8～10 cm	80～100
黑鲷	越冬后鱼种	7～12 kg/m²	石斑鱼	100～150 g/尾	（广东）65～90
黄鳍鲷	20 g/尾	40			（浙江）25～35
黑鲷	5～55 g/尾	3～6 kg/m²		7.5～10 cm	（台湾）100～150
东方鲀	40～50 g/尾	（日本）37		12.5～15 cm	（台湾）44
	100 g/尾	（日本）25		20～30 cm	（台湾）40
	200 g/尾	（日本）19	牙鲆	3～5 cm	667
	300 g/尾	（日本）12.5		15～20 cm	250
	900 g/尾	（日本）7.2		20～25 cm	54
				30 cm 以上	35

（5）放养时间　种苗放养尽量选择在小潮、平潮时刻，低温季节晴天午后，高温季节清凉早晚，水温在 15 ℃以上进行。苗种运到后，切不可直接倒入箱中，应将苗袋静置于箱内水中片刻，然后开袋逐渐加入新水，操作须谨慎缓慢，待鱼苗适应新网箱环境，再移入网箱。

（6）鱼种入箱　鱼种进箱应做好以下工作：①确保箱体无破洞、开缝。②入箱鱼种预先进行体表消毒，可用淡盐水浸浴 3～15 min，或用 10～15 mg/kg 的高锰酸钾溶液浸浴 5～10 min。入箱初期一周，最好投喂药饵预防疾病发生。③入箱初期 7～10 d，仔细检查鱼种的生活情况，如有大量死亡，应及时采取应对措施，并适时补充鱼种。

3. 饲养管理

（1）投喂管理　海水网箱养鱼的饵料主要有鲜活饵料、冰冻饵料及配合饲料三大类。加工后按形态可分为粉状饲料、面团状饲料、颗粒饲料、鱼糜饲料四类。粉状饲料仅在苗种培育阶段使用，面团状饲料适合鳗鲡食用，用得最多的是鱼糜饲料和颗粒饲料。

无论是人工投饵或是机械投饵，原则上要做到"四定"即"定质、定量、定时、定位"；

策略上要做到"三看",即"看天气、看水色、看鱼情";方法上应掌握"三字要领"即"慢、快、慢"。

①"四定"原则。根据养殖种类及养殖条件,选择合适的饵料,选择合适的位置设置食台,确定合适的日投喂量及日投喂次数和时间。

投饵量占鱼体重的百分比,称投饵率。投饵率与水温呈正相关,与鱼体重呈负相关。投饵量最大限度为饱食量的70%~80%,鱼类一般吃到八分饱为宜,此时饵料系数最小,否则可能影响下次投饵时的食欲。如鲈的投饵量可为鱼体重的3%~12%;尖吻鲈日投饵量约为体重的6%;石斑鱼为3%~10%;真鲷平均体重自30 g长到1 000 g,日投饵率自12%渐降至5%,而低温期(13~17 ℃)可低至2%~3%;黄鳍鲷为6%左右;大黄鱼为5%~8%;美国红鱼为3%~5%;红鳍东方鲀为5%~15%;牙鲆由全长4 cm生长到35 cm,其日投饵率由10%渐降至2.5%左右。

投饵次数:一般在鱼体较小时每天投喂3~4次,长大后可每天2次(上午、下午各1次)。时间最好在白天平潮,若赶不上平潮,则应在潮流上方投喂,以减少饵料流失。冬天最好在水温较高的中午投喂。

②"三看"策略。在"四定"原则下,要根据气候变化、水质状况和鱼类活动状态等调整投饵量和投饵次数等。一般来说,鱼类的生长期多投,冬季少投;雨天或雷雨天少投或不投;水质有恶化现象时,控制投饵;鱼类的摄食情况是投饵量确定的主要依据之一,一般以鱼类在10~15 min内吃完绝大部分食物为准。

③"慢、快、慢"三字要领。开始应少投、慢投,以诱集鱼类上来摄食;当鱼纷纷游向上层争食时,则多投、快投;当有些鱼已吃饱散开时,则减慢投喂速度,以照顾弱者。

(2)鱼种分箱 从鱼苗养到成鱼,随着个体生长,养殖空间相对减小,根据苗种生长情况需分箱疏苗,以保证养殖密度合理,规格平均,以免出现两极分化现象,造成相互残食和损伤。分箱方式有人工和自动化两种。手工分级应注意分级过程中放置时间不宜过长,密度不宜过高,谨防缺氧。

(3)病害防治 大部分网箱养殖中的鱼病是由水质和饵料的不适及操作不当引起的。常见网箱养殖的防病措施主要有卫生预防、药物防治等。

卫生预防主要工作有:①改善网箱养殖环境。经常保持养殖水域的卫生,打捞网箱内的残渣污物,使水流畅通。②控制病原生物进入。保持饵料优质新鲜;入箱鱼苗消毒;养殖用具定期消毒。③细心操作。避免因操作不当引起鱼体外伤,一旦发生,应立即隔离。

常见药物防治方法有:①挂袋。根据网箱大小,在箱内设置若干只挂袋。常用药物有漂白粉、硫酸铜或中草药等。②投喂药饵。这是网箱养殖预防鱼病最有效的方法,可以在鱼病发生前,投喂药饵预防鱼病。③药浴。先将网衣连鱼群一起聚集到网箱一边,再用大布袋从网箱底穿过,将鱼和网衣带水装入袋内,根据水体体积及鱼病症状使用药液浸洗。

(4)安全检查与灾害预防 ①安全检查。需要定期进行,遇特殊情况(如台风、赤潮)还要突击检查。安检主要项目有:箱体破损、绳索磨损、框架松动、鱼类异常反应等。②灾害预防。根据气象和海况预报,及时做好预防措施。如遇台风或风暴潮,及时开展处理挡浪排、导流网、阻流网片、鱼排船形组合及增加浮子、捆绑毛竹等工作,必要时转移网箱或箱内鱼群至安全地带;如遇寒流,可适当降低网箱水位,提前设置越冬设施;如遇过高温,设置遮阴网等设施,加大水交换。

（5）日志记录　为了分析网箱养殖效益，进一步改善养殖技术，在网箱养鱼过程中，每天要进行观测并记录，内容包括：①水质情况。每天对海水温度、密度、溶解氧、水色、透明度、天气、风浪等进行测量记录。测量水质，最好选定一个或几个网箱，固定位置和水层，以便逐日比较。②饵料投喂。记录每天的投饵时间、投饵种类和投饵数量。③鱼的活动。每天记录鱼类活动及摄食情况，记录病鱼数量、症状及用药等防治措施，记录死鱼数量，分析死亡原因。或将网箱移至洁净海域。除了在投饵时了解摄食状况外，还可借助饵料台检查摄食速度、摄食量。④鱼的生长。记录鱼种放养日期、种类、数量、规格和产地，定期测量鱼体生长情况，一般每半个月到 1 个月测量 1 次。测量方法为随机抽取 30～50 尾/箱，测量其体长、体重，动作要轻、快、准，避免伤及鱼体。根据测量数据，调整投饵量。鱼体测量最好在分箱、换网时一并进行。

4. 网箱清洗

网箱下水后一段时间后，在网箱上会附着藻类（如水云、浒苔、附着硅藻等）和一些无脊椎动物（如牡蛎、藤壶、海鞘、贻贝等），使网箱内外水体交换受阻，导致水体缺氧，病害滋生，影响养殖鱼类的存活率、生长速度和品质。清洗网箱是饲养管理中的重要措施之一。目前常见的清洗方法主要有以下几种：

（1）机械清洗　主要是采用毛刷洗刷和水枪冲刷，是目前最为普遍的洗网方式。若用人工操作，工作强度大，操作难度大，尤其是深水网箱需要潜水员操作。用机器代替人力是目前较为先进的方式，好的洗网机可在水下直接清洗，工作效率大大提高，此类方法在挪威等欧美国家采用较多。目前对于机械冲、刷已有很多研究试验，如利用潮汐和波浪作为动力使网衣与毛刷产生相对运动，达到自动清洗的效果；安装轨道装置使洗网机顺轨潜水操作；利用水下清洗机器人操作（是目前最智能化的方法）等。

（2）防污涂料法　指网衣用防污材料涂抹或浸泡以达到减少附污的方法。目前，市面上防污涂料很多，但防污周期较短，且对养殖鱼类的危害及环境污染等问题尚不明确。铜涂料依然是目前较为有效安全的防污材料，但价格较高。

（3）生物防附　常用的方法是搭养一些食藻或食贝的鱼类进行生物控制，如在大黄鱼网箱中配养石斑鱼、食藻的篮子鱼等，也有考虑用某些微生物的生物活性化合物抑制附着生物。生物防附是一种生态健康的方法，但只能作为辅助手段。

（4）使用新材料网衣　防附性能较好的材料主要有：金属合金材料、电镀材料及新型合成纤维材料。近年来，铜网的应用大大减少了污物的附着。

（5）换箱　换箱一般是在鱼种生长至一定阶段后需分箱时进行。

（6）增大网目　大网目网衣可以延长良好水交换的持续时间。这个方法须通过放养大规格鱼种来实现。

（二）深水抗风浪网箱养鱼

深水抗风浪网箱（antiwind - waves cage）（又称离岸网箱）通常设置在水深 15 m 以上的海域，一般为大型网箱，具有较强的抗风浪能力。随着浅海网箱养殖趋于饱和，环境日趋恶化，深水抗风浪网箱成为海水养殖的新途径。国家相关管理部门制定了限制近海网箱养殖，扶持鼓励深海养殖的政策。该政策的实施，对拓展养殖海域、减轻环境压力、调节海水养殖生产结构有着重要的意义。同时深水抗风浪网箱大量采用新材料、新装备，设施自动化、智能化，对充分利用社会生产资源，促进科技发展也有深远的意义。深水抗风浪网箱养鱼的优点有：①养殖鱼类品质好。养殖水体大，箱内环境稳定，使养殖的鱼类肉质更接近野生。②经济效益好。养殖水体水质好，病害少，鱼类成活率高、生长快，经济效益好。③生产效率高。网箱多采用自动化、智能化设备，用工强度低，工作效率高。

1. 国内外深水网箱主要类型

（1）重力式全浮网箱（PEH cage, gravity-type cage）　以挪威的重力式全浮网箱为代表，形状基本为圆形，网衣采用 HDPE 材料，水面部分用 2～3 圈直径为 250 mm 的高密纤维管，用以成形和产生浮力，底部使用金属网架，使网衣上下和水平张开。若采用封闭网箱，浮架上要设充气及进排水阀，可实现升降，增加抗流能力以及躲避水面污染等。该类型网箱逐渐向大型化发展，可在 20 m 水深左右的半开放性海域使用，专用于鲆、鲽等底栖鱼类的养殖。现阶段流行的设计规格为网箱直径 25～35 m，即周长 80～110 m，抗风能力 12级，抗浪能力 5 m，抗流能力小于 1 m/s，网片防污 6 个月，使用寿命在 10 年以上。

（2）浮绳式网箱　由日本人发明的浮绳式网箱是浮动式网箱的改进，其四方形的支持框架采用具有相应浮力的浮绳结构（缆绳＋浮子），用以制作成支持网箱的箱体。具有较强的抗风浪性能。

（3）中央圆柱式网箱（central spar cage）　由美国研发，也叫海洋平台网箱（sea station cage）、深水沉降式网箱或自拉自稳式网箱。由浮杆及浮环组成，浮杆是以一根直径 1 m、长 16 m 的镀锌钢管作为中轴（中央圆柱），周边用 12 根镀锌铁管组成周长 80 m、直径 25.5 m 的十二边形圈，即浮环。网衣采用超高分子量聚乙烯纤维，连接浮环构成碟式网箱。中央圆柱既作为整个网箱系统的中间支撑，也是主要浮力变化的升降装置。通过进水、进气调节比重，与底部悬挂的 15 t 重水泥块平衡，使整个网箱上浮或者下沉，6～30 min 可从海面沉到 30 m 水深。特点是抗风浪性能好，可在水深 25 m 以外的开放性海域使用，最大受压流速 1.5 m/s 时仍可正常作业，容积可保持基本不变。但设备成本高，管理及投饵不便，常由潜水员操作。

（4）其他类型网箱　其他类型还有强力浮式网箱（farm ocean cage）、张力腿网箱（tension leg cage，TLC）、方形组合网箱（lang set）、SEA 系统网箱、铜合金网箱等。

2. 防风抗浪主要措施

（1）改进箱体形状及连接方法　箱体设计与抗风浪能力密切相关，一般刚性四边形和六边形抗风浪能力较差。如果在设计安装时改用柔性连接（如弹簧），可以克服弹性连接的缺点。有试验表明，采用柔性连接的四边形深海网箱和围网可以抵抗 10 级大风。

（2）利用网箱升降方式　将浮式网箱沉降到水下一定深度抵御强风浪。我国的沉浮式网箱采用进水排气和充气排水两个过程实现升降，台风过后再起浮于水面；另一种方式是把网箱沉于海底养殖，只在需要时升浮至水面。

（3）利用网衣材料自身物理性能　网箱和围网常年受风浪潮流的影响，因此要求网衣材料有足够的强度来抵御波浪的冲击（如合金材料等）；另外，有良好柔韧性的材料，也能吸收和分散风浪对箱体系统的作用力。

（4）安装敷设固泊系统　目前主要采用打桩和下锚两种方式固泊网箱，为了减轻波浪对箱体的直接冲击力，一般不采用锚绳与箱体直接系泊的方式，而采用水下绳索框架布局。锚链和锚通过缆绳连接到网箱缓冲网格上，网箱安置于每个网格中间，网箱通过支绳与每个网格的四角相连。

（5）安放防波堤　在网箱布置海区，根据海况、流向、主要风向，在养殖场迎风、迎浪面前方安放浮式防波堤，利用浮式防波堤缓冲波浪对网箱的直接作用力。主要有箱式浮堤和筏式浮堤。

3. 深水抗风浪网箱养鱼技术特点

（1）养殖方式　相对于小型网箱的精养单一化，深水抗风浪网箱可采用精养或采用人工投饵＋天然饵料利用的半精养模式等。

（2）养殖种类　一般选择生长快、肉味美、苗种容易解决、饵料来源广泛、适应性强、适于集约化养殖的种类。特别地，应选择个体大、易游动的种类，以更好地发挥大型深水网箱的优越性。目前国内养殖品种以大黄鱼为主，其他还有鮸状黄姑鱼、笛鲷科鱼类（紫红笛鲷、星点笛鲷、川纹笛鲷等）、花尾胡椒鲷、军曹鱼、卵形鲳鲹等。相比小型网箱，目前深水网箱养殖品种较少，适养鱼类品种选择需继续摸索。

世界上大型深水网箱养殖数量最多的种类是鲑鳟鱼类，主要是大西洋鲑，产量已超过100万 t；其次是虹鳟、大西洋鳕、大西洋鳙鲽及北极红点鲑等。

（3）鱼种放养规格　鱼种的放养规格要比小型网箱大。一般大黄鱼鱼种规格要求100～200 g/尾。挪威曾使用2龄鲑（体重在1 000 g/尾以上）作为鱼种放养。

（4）放养密度　放养密度可大于小型网箱，一般以5～10 kg/m³为宜，最大放养密度为20～40 kg/m³。如放养大黄鱼的鱼种规格为100～150 g/尾，放养密度为30～50 尾/m³，最终的养殖产量在15～25 kg/m³。对于石斑鱼等底层鱼类、鲆鲽类等底栖鱼类而言，由于其不能很好地立体利用网箱空间，放养密度不能太高。

（三）深水大型围网养殖

深水大型围网是指设置在水深15 m以上的海域的围网设施。养殖水体体积大或超大，一般几倍乃至几十倍于深水网箱。深水大型围网的兴起与深水大型网箱一样，都具有拓展养殖海域、减轻浅海环境压力、调节海水养殖生产结构的意义。另外，深水大型围网养殖与普通围网养鱼设计原理一样，是充分利用水域资源进行生态养殖和"鱼-贝-藻"立体利用，养殖品种广泛，人工投入品少。从长远的生态意义上来说，深水大型围网养鱼比深水大型网箱更健康、对环境压力更小。

1. 国内围网的主要类型

（1）浅海大型浮绳式围网　浅海大型浮绳式围网养殖建设地点位于浙江。该围网设施由柔性框架系统、网衣系统、锚泊系统和防逃逸系统等部分组成，其中柔性框架系统采用"方形浮球＋高强浮绳框"的结构，网衣系统中的主体网衣采用超高分子量聚乙烯，其周长约300 m、网高15～20 m、最大养殖水体3万 m³，具有较强的抗风浪能力。

（2）双圆周管桩式大型围网　双圆周管桩式框架结构由内外两圈组成，外圈由圆形管桩与 UHMWPE 网衣组成，内圈由圆形管桩与组合式网衣系统组成，内外两圈的柱体顶端之间由金属框架结构相连，作为工作通道和工作平台。外圈周长约386 m、最大养殖水体约12万 m³。

（3）大型柱式铜围网　国内由浙江台州大陈岛率先使用。围网由内、外两圈组成，内圈的桩为钢筋混凝土桩子，每根桩子直径为50 cm，由96根桩子呈圆形打入海底（间距均匀），每两根桩之间以独立铜网片相连，共用96片。外圈为铁管桩，由88根直径为32.5 cm和8根直径为62.5 cm的铁管呈圆形打入海底（间距均匀），形成外围防撞圈。钢筋混凝土桩子、铁管桩子总长 22 m，直接打入海底 9 m，上层留 13 m。内圈网衣分上下两部分：下部分由铜合金网衣围成，网眼为 4 cm，网高 6.5 m、长 384 m、重 18 t，入泥 50 cm；上部接网眼为 5 cm 的防弹网，网高 5 m，共 11 m 网高围成内圈。外圈用网眼为 5 cm 的防弹网，网高 11 米，入泥 0.5 m 围成，外圈围网半径为 65 m。内圈围网半径 60 m，周长 377 m，有效养殖面积 11 300 m²，最低潮时有效养殖水体为 4.5 万 m³。

2. 深水大型围网养殖特点

（1）养殖水体体积大　一般在 1 万 m³ 以上。水质稳定，更接近于自然环境。

（2）养殖方式生态化　一般深水大型围网养殖采用人工投饵与天然利用相结合。

（3）养殖利用多样化　由于围网底部是海域底泥环境，为底播养殖提供空间。

3. 国内养殖现状与展望

（1）养殖品种　目前，国内养殖种类主要集中于大黄鱼、石斑鱼、鲈、黑鲷、黑鲪和金鲳等，有必要对国外养殖技术较成熟的品种如金枪鱼、三文鱼等高值鱼类开展养殖技术攻关。

（2）养殖模式　目前主要以鱼类单养为主。可借鉴滩涂、港湾围栏立体混养的经验，结合深水特点大力开展鱼-贝-藻等的立体养殖。

（3）养殖系统拓展　发展"大型围网＋"模式，如采用"大型围网＋网箱"的接力养殖模式，形成一个综合养殖系统，以提高大型围网效益。

第四节　稻田养鱼

以稻鱼和谐共生为生态基础的稻田养鱼理论普遍为世界各国所接受。东南亚各国稻田养鱼十分盛行。美国稻田养鱼始于 20 世纪 50 年代，以养大口黑鲈和斑点叉尾鮰为主。近年欧洲和非洲一些国家的稻田养鱼也有发展。我国稻田养鱼的历史悠久，最早的有关稻田养鱼的文献记载为三国时代的"郫县子鱼黄鳞赤尾，出稻田，可酱"（魏武四时食制），距今已有 1 700 多年。现今，我国的稻田养鱼分布区域遍及东南、西南、华南地区，尤以丘陵山区更为普遍。我国现有稻田面积 2 000 多万 hm²，适宜稻田养鱼的面积有 600 多万 hm²。青田县龙现村的稻田养鱼被列入首批世界农业遗产保护项目。

一、稻田养鱼的生态与社会效益

1. 稻鱼和谐共生的生态学原理

稻田生态系统中引入鱼类后，形成新的复合生态系统，其能量流动和物质循环发生了重大变化。鱼类"截留"了稻田原来浪费的物质和能量，并将它们转化为鱼产品供人们食用；同时，鱼类的存在既改善了水稻的生长环境，又使水稻通过利用鱼类排泄的废物实现丰收，从而实现稻鱼和谐共生。具体主要表现为以下几点：

① 鱼类对虫、草、螺、浮游生物及细菌的摄食，不仅利用了原本流失或低值的能量，而且清除了水稻的敌害或竞争生物。生活在稻田中的鱼类能大量吞食稻田中的稻飞虱、叶蝉、稻纵卷叶螟、螟虫等水稻害虫。据试验，不养鱼稻田比养鱼稻田三化螟卵块多 8～12 倍，稻纵卷叶虫多 8 倍，稻飞虱多 2.6 倍，稻叶蝉多 4 倍。另外，草鱼能以草为食，对杂草的抑制、除灭效果十分显著。

② 鱼类的粪便肥田，促进了水稻的生长。据测定，体长 6.5～13 cm 的草鱼种，日排粪便量为体重的 72%，如每 667 m² 稻田放养 400 尾草鱼种，以饲养 110 d 计算，每 667 m² 稻田的草鱼粪便量可达 150 kg 左右。而且鱼粪是一种含磷、含氮量高的优质肥料，其肥效与人粪、羊粪相似，而优于猪粪。

③ 鱼类通过活动翻动稻田表土，改良了稻田的土壤结构，有利于稻田的通气，加速有机肥料的分解和土壤养分的释放，减少有机酸、硫化氢等有毒物质的积累，改善水稻生长环境。在养鱼的稻田中，水稻腐根病显著减少，植株的无效分蘖被有效抑制，禾苗粗壮，根系发达，水稻长势旺盛。

④ 利用稻田坑沟养鱼，采用稻鱼兼作、稻鱼轮作和冬闲田养鱼等类型作业，充分有效地利用了稻田的空间和时间。

⑤ 稻田具有丰富的饵料生物和良好的栖息环境，有利于鱼类的生长发育。稻田中以稻为生的固有生物，如昆虫及其幼虫、螺、蚌类等十分丰富，是很多鱼类良好的天然饵料。同时，稻叶有遮阳作用，减小了光热对稻田浅水环境温度的影响；水稻的光合作用可产生大量氧气，使田水溶解氧丰富；水稻大量吸收营养盐类，清除水中二氧化碳和氨氮，从而有利于鱼类栖息生长。

2. 在稻鱼双丰收的基础上，节省稻鱼作业的劳力和生产支出

一般养鱼稻田比不养鱼的稻田稻谷增产 5%～15%，高的可达 20%～30%。养鱼稻田每 667 m² 可减少 2～4 个除草工，冬闲田养鱼则更为明显。害虫少，可减少施放农药的劳力及农药费用的支出。而鱼类利用了大部分会流失的物质，并转化为自身的物质。

3. 改善稻田环境卫生，实现稻鱼食品健康安全

蚊子是疟疾的传播源之一，螺类尤其是钉螺是血吸虫的中间媒介。此两者均以稻田为主要的滋生地。稻田中饲养鱼类，可消灭稻田中大量的蚊子幼虫——孑孓和螺类。据测定，体长 4～5 cm 的草鱼每天可摄食 400 多条孑孓。养鱼稻田中的库蚊比未养鱼稻田减少 90% 以上，摇蚊幼虫减少 70%～90%。据试验，进行稻田养鱼的村，疟疾发病率明显下降。体重 3.5 g 的鲤能大量吞食钉螺。另外，由于大面积减少稻田杀虫剂治理，有利于稻鱼环境和所产食品实现无公害。

4. 调整农村经济产业结构，增加农民收入，保障粮食稳定

稻田养鱼是将水产养殖业引入种植区，它不仅改变了农村经济的产业结构，增加稻田的经济效益，而且稳定了农民种粮积极性。因此，稻田养鱼是各地农村增加收入的富民工程，对国家的粮食稳定具有积极的战略意义。

二、稻田养鱼的类型

我国幅员辽阔，各地气候条件、水稻耕作制度和作业习惯等存在很大差异。各地稻田养鱼大致可分为稻鱼兼作、稻鱼轮作、冬闲田养鱼和全年养鱼等类型。

1. 稻鱼兼作

是在同一块田内既种稻又养鱼，种稻和养鱼同时进行，稻鱼共生并存。根据水稻生产茬口，分为双季稻兼作养鱼、单季稻兼作养鱼两种。

（1）双季稻兼作养鱼 早稻插秧后放鱼养殖，早稻收割前捕鱼（或晚稻插秧前捕鱼）；晚稻插秧后再放鱼养殖，晚稻收割前捕鱼（或养至年底）。如早稻收割后不种晚稻，即加高加固田埂蓄水养鱼,这种方式称为早稻兼作(或称连作养鱼)。

(2)单季稻兼作养鱼 水稻插秧后放养鱼种,养至收割前收获(或年底收获)。

2. 稻鱼轮作

多为"种一季稻,养一季鱼",种稻和养鱼分开进行。根据轮作季节不同,可分为早稻后轮作养鱼、晚稻前轮作养鱼和冬闲田养鱼。

(1)早稻后轮作养鱼 早稻收割后放养鱼种,养至年底或翌年春季收获。晚季不再种稻。

(2)晚稻前轮作养鱼 上半年养鱼而不种稻,直至晚稻插秧前收获,晚稻期间不再养鱼。

(3)冬闲田养鱼 冬闲田是指晚稻收割后至翌年早稻栽秧前处于休闲期的稻田。我国南方各省历来有利用冬闲田养鱼的习惯。

另外有些地区还采用双季稻田轮作养鱼(包括二稻一鱼制和二稻二鱼制)和二秧二鱼轮作等。

3. 全年养鱼

全年养鱼是在稻田中建立永久性的鱼沟(或同时起垄)进行常年养鱼的方式(图4-26),包括宽沟式稻田养鱼和垄稻沟鱼等类型。这种方式的好处在于增加稻田土壤与空气接触面积,促进水稻根系发达;鱼类生长期长,产量高。但需常年进行鱼沟的维护,且稻田的翻耕难度增加。

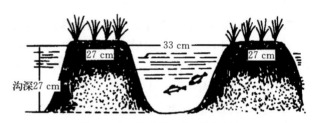

图4-26 垄稻沟鱼剖面示意图

三、稻田养鱼的基本设施

稻田养鱼设施设计建造的基本原则是:①稻田养鱼是以稻为主的农业经济经营形式,因此应有足够的面积保证粮食生产,一般养鱼场地面积不应超过整个稻田的10%。②尽可能地利用稻田原有的适鱼水体,如田沟等。

在满足基本原则的前提下,在稻田内养鱼应保证:①鱼类适宜的栖息、觅食和生长环境。②鱼类安全圈养,不外逃。③稳定的水位,做到干不枯,涝不淹。

基本设施包括埂垄、鱼沟、鱼窝、拦鱼设施、平水口和遮阴篷等。

1. 田埂的加高加固

普通稻田一般矮而窄,用作养鱼的稻田必须加高加宽加固田埂,保证不淹水、不渗漏,能很好地防止田鼠、中华绒螯蟹、鳝、水蛇打洞穿埂。田埂的高度一般在60 cm以上,宽度在40 cm左右。

2. 鱼沟鱼窝的挖建

(1)鱼沟 鱼沟是稻田鱼类的主要觅食场所,也是鱼类活动的主要通道。鱼沟的形式有"一""十""十十""井"和"田"字形等,可有主沟和辅沟之分。鱼沟的深度一般为50 cm左右,宽度为70~80 cm。

(2)鱼窝(又称鱼坑、鱼溜、鱼凼) 鱼窝是指养鱼稻田内的方形或圆形的深洼,主要供鱼类在夏季高温、浅灌、烤田（晒田）或施肥和施放农药时躲避栖居，同时也是捕鱼的主要场所。鱼窝四周应有护坡，防止淤泥进入鱼窝。鱼窝的数量和位置可根据田块的形状及操作需要而定。一般 1 000 m² 以下的田块开挖一个鱼窝，居中挖建；1 000 m² 以上的田块可在田的两端各开一个鱼窝。鱼窝的深度应比鱼沟深，一般在 80 cm 以上，面积占田块总面积的 5% 左右。

3. 拦鱼设施的安装

在养鱼稻田的进出水口必须安装拦鱼设施。拦鱼用具可以是竹箔、金属条的拦鱼栅或是聚乙烯、尼龙等编织的拦鱼网。具体规格按能有效拦鱼和保持进出水畅通的原则确定。

4. 平水缺的设置

平水缺主要是为控制稻田的水深而设，保证在多雨季节水不漫埂，及满足水稻不同生长阶段对水位的需要。一般在出水口处建平水缺。平水缺的宽度一般为 30～40 cm，底面高度按稻田保水深度灵活掌握，在缺口内侧要安装拦鱼栅。

5. 遮阴篷的搭建

稻田水浅，水温变化大，盛夏高温季节，水温过高，会影响鱼的正常活动和生长，甚至会引起死亡。我国南方养鱼稻田，为使鱼类安全度夏，需在鱼窝上搭棚遮阴，种植豆类或瓜类等作物，让其攀缠于棚上，起遮阴避暑作用。

四、稻田养鱼技术

（一）稻田鱼类放养技术

1. 主要养殖品种

（1）稻田水体的特点及对鱼类的要求　稻田水体浅、水体交换量大、日照差大、浮游生物少、底栖动物和昆虫幼虫多、草多；稻田养鱼养殖周期短，受种植管理等人为影响较大。在鱼类品种的选择上，除食用价值、经济价值和苗种易得性等一般性原则外，还应该考虑：鱼类生长速度要快，以适应稻田短周期的养殖；鱼类适应性要强，以适应多变的环境和人为操作的影响；主养鱼类的食性为底栖动物食性、杂食性和草食性等。

（2）主要养殖品种　根据稻田养鱼的特点，稻田中以饲养草食性鱼类（如草鱼、团头鲂、鳊）和底栖的杂食性鱼类（如鲤、鲫、罗非鱼、胡子鲇和泥鳅等）为主，搭配少量滤食性鱼类（鲢、鳙）。也可养殖中华绒螯蟹、青虾、田螺等。

2. 鱼种放养

由于各地的稻田生态条件、水稻栽培技术、鱼类养殖技术的不同，稻田养鱼的方式、方法及放养品种和数量存在较大差异，一般的养殖模式和放养密度情况如下。

（1）夏花鱼种的培育　即将鱼苗通过稻田 1 个月左右的培育，养成夏花鱼种。一般每 667 m² 放养鱼苗 2 万～4 万尾。

（2）仔口鱼种的培育　即将夏花鱼种通过稻田 3～4 个月的培育，养成仔口鱼种。一般每 667 m² 放养夏花鱼种 3 000 尾左右，产量达 30～50 kg。

（3）成鱼的养殖　常见有主养草鱼、主养鲤、主养杂交鲫等类型。通常每 667 m² 放 8～15 cm 的鱼种 300～500 尾，产量在 50～100 kg。

（二）稻田养鱼管理技术

1. 投饵管理

投饵主要在稻田鱼类精养模式下进行。对于一般生态性粗养，稻田中杂草、昆虫、浮游生物、底栖生物等天然饵料已能满足鱼类的生长需要。但对于相对高密度的精养，尤其是养殖高档的吃食性鱼类，则需要人工投饵补充才能取得高产。投饵应做到"四定"，食场可设在鱼窝或鱼沟内。

2. 施肥管理

肥料主要用于促进水稻的生长。肥料以粪肥为主，不宜多施化肥或绿肥。粪肥须经过腐熟发酵后泼洒全田，不宜施入鱼窝或鱼沟内。追肥使用化肥，但要控制用量和掌握正确的施肥方法，以免过量或方法不当而造成鱼类死亡（表 4-17）。

表 4-17 稻田养鱼施肥用量和使用方法

种类	施用量（kg/hm²）	注意事项
人（猪）粪肥	45 000～52 500	作底肥一次施足
碳酸氢铵＋过磷酸钙	150＋150	混合施入田中作底肥，施后 5～6 d 放鱼、插秧
尿素	＜150	追肥时先把田水加深到 7 cm 再遍撒；也可排干田水，将鱼赶入沟窝内再遍撒；也可采用分块施肥的方法
硫酸铵	150～225	
硝酸铵	75	
过磷酸钙	150	
石灰	150	遍撒田内
碳酸氢铵	220～375	不能直接作追肥。如作追肥，须拌土 250～400 kg 合为泥肥，然后小块插施两窝中间 7～10 cm 深泥土中

3. 水浆管理

水浆管理是指稻田的排灌管理。养鱼稻田的水浆管理应既满足水稻生长的需要，又满足鱼类生长的需要。水稻对于排灌的要求是：浅水插秧，寸水护苗，薄水分蘖，搁田控苗，复水养胎，湿润灌浆，干田割稻。鱼类则要求稻田深水灌溉，长期保水，流水增氧。总体上来说，前期水稻要求水浅，中、后期适当加深水位，与鱼类生长发育无大的矛盾。但在水稻栽插 1 个月后需进行干田（甚至烤田）控苗（即控制无效分蘖），促进水稻根系向土层深处发展，保持植株健壮，对鱼类的栖息生长会产生很大的影响。

解决的办法一般有：①改烤田控苗为深水控苗。实践证明，深水灌溉也能有效控制无效分蘖，关键在于灌水时间的掌握，一般在预计达到足够的有效穗数时进行。②改重烤田为轻烤田。所谓轻烤田，就是在烤田季节，晴天白天放水烤田，夜间灌水。③严格控制分蘖肥料，特别是无机氮肥的用量。④加深鱼沟鱼窝的深度。这样既能达到水稻烤田的目的，又不影响鱼类正常生活。

4. 农药管理

一般情况下，鱼类对害虫的清除是非常有效的。但在虫情严重时，使用农药是必要的。养鱼稻田中喷洒农药，要求能有效防治水稻病虫害，也要避免鱼类遭受损伤，要选用高效、低毒、低残留、广谱性的水剂或油剂农药，少选用粉剂农药。禁止选用对鱼类有剧毒的农药。

要确定适宜的施用方法。粉剂宜在早晨有露水时施用；水剂、油剂宜在晴天下午喷洒。施用时，尽量避免粉、液直接喷入水中。雨前不喷药。如发现鱼类中毒，必须立即加注新水，甚至边灌边排，以稀释水中药物浓度。

5. 日常管理

稻田养鱼的日常管理最关键的是防漏和防溢逃鱼。因此，必须经常巡视田埂，检查是否有塌方（尤其是雨天）或田鼠和黄鳝在田埂上打洞的情况；及时检查进出水口和拦鱼网栅，清除堵塞网栅的杂物，雨天要及时排水。

第五节 综合养鱼

综合养鱼是运用生态学原理和系统科学方法，把现代科技成果与传统渔业工艺和生态渔业适用技术相结合而建立起来的一种渔业生产体系，是我国渔业可持续发展的一条重要途径。它以池塘养鱼为主体，综合经营作物栽培、畜禽饲养和农畜产品加工等生产方式，通过物质转化或食物锁链关系，使水中的鱼类养殖和堤面的作物种植、畜禽养殖及农产品加工有机结合、互相促进，充分利用水陆资源与废弃物，提高产品产量，节约能源，保持物质良性循环，形成多功能、高效益的人工复合生态系统，其中主要包括渔、农、牧综合经营，各种产品及其废弃物的综合利用和多品种鱼类混养的综合养鱼等三大基本内容，充分体现了农业生产的全过程和渔、农、牧业相互协调、相互依存，生物层次复杂、产量高，物质循环合理等基本特点。

我国传统的立体养鱼充分合理利用水体早为世界瞩目，受到世界许多国家，特别是发展中国家的欢迎。我国无锡亚太地区综合养鱼研究和培训中心就是因此而建立，重点工作为向世界各国传授我国的综合养鱼技术。由此可见，综合养鱼在我国及世界养鱼业中居于重要地位，备受世界各国养鱼界的青睐，并朝生态渔业方向发展。

一、综合养鱼的主要模式

（一）渔-农综合经营型

这种类型主要是指池塘养鱼与基面种植草、菜、果、稻、麻等农作物相结合，实施渔农综合经营，属于基塘生态农业范畴，原是珠江三角洲农业的重要特色，现在国内其他地区也日趋普遍，根据基（即池埂和池坡）上种植的作物种类，可分为"桑基鱼塘""草基鱼塘""蔗基鱼塘""果基鱼塘"等多种类型，其中以桑基鱼塘最为典型、最具特色。

1. 桑基鱼塘

桑基鱼塘是我国的一种传统的综合养鱼模式，起源于明朝中叶，已有数百年的实践。它是种桑、养蚕和养鱼相结合，能充分发挥生态效益的一种生产结构，现在珠江三角洲的主要渔区以及太湖流域仍较流行，分别称为"桑基鱼塘"和"桑田鱼塘"。在这个生产结构中，桑树是生产者，利用太阳能并吸收水分、二氧化碳和基面里的氮、磷、钾等营养盐类生产桑叶。桑叶养蚕，桑叶里的物质能量传递给蚕（蚕属第一消费者）。蚕结茧、缫丝，缫丝废水及蚕蛹用于养鱼（鱼是二级消费者）。鱼的排泄物及废水、蚕蛹残渣大部分沉积在淤泥之中。池水和淤泥中的细菌是有机物分解者，施上基面的有机物被细菌分解成无机盐类又可被桑树吸收利用。从种桑开始，通过养蚕而结束于养鱼的生产循环，构成了桑、蚕、鱼三者之间密切的关系，形成池埂种桑，桑叶养蚕，蚕茧缫丝，蚕沙、蚕蛹、缫丝废水养鱼，鱼粪等塘泥肥桑的比较完整的能量流系统，其中，蚕丝为中间产品，不再进入物质循环，鲜鱼是终极产品，提供人类食用。珠江三角洲有"桑茂、蚕壮、鱼肥大，塘肥、基好、蚕茧多"的渔谚，充分说明了桑基鱼塘循环生产过程中各环节之间的联系。桑基鱼塘的发展，既促进了种桑、养蚕及养鱼事业的发展，也带动了缫丝等加工工业的前进，必将逐渐发展成一种更为完善、科学的人工生态系统（图4-27）。

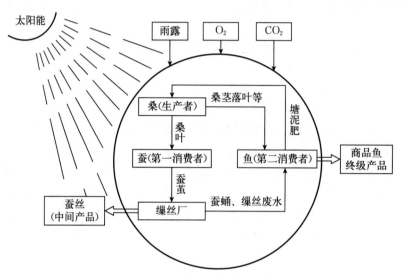

图4-27　桑基鱼塘物质能量利用的系统模式图

（依胡保同等，2009）

通常，在桑基鱼塘综合经营中，每1 000 m² 塘基可产桑叶2 700 kg；而每1 000 kg 桑叶养蚕可得干蚕蛹22 kg、蚕粪450 kg；用这些蚕蛹蚕粪喂鱼肥水可产鲜鱼49 kg 左右，即1 000 m² 塘基种桑养蚕可带养出132 kg 鲜鱼。

但在实施该模式时，必须清楚地了解桑基鱼塘中桑树的主要肥源是塘泥。桑叶可采后，应浇一些稀塘泥，以促进桑叶生长。春夏季还可利用塘面上空搭架种瓜菜。桑基鱼塘的饵料一方面来自桑基上间作的作物，主要来自蚕沙，即蚕粪、蚕蜕和残剩桑叶的混合物，其综合价值要高于其他畜禽类。但使用蚕沙时，一定注意新鲜（即要选色泽深绿、手感疏松的蚕沙）；投喂前要去掉桑枝、病死蚕，并淘洗干净。桑基与池塘的面积比例一般宜为4：6或5：5，若有其他饲料来源，可适当减少桑基面积。

2. 草基鱼塘

草基鱼塘指池塘养鱼，基面种草（青饲料）喂鱼，池塘的淤泥作种草肥料的综合经营方式。通常主养草食性鱼类，搭配少量的鲢、鳙和杂食性鱼类。基塘比一般为（0.3～0.5）：1，如果水面或水底引栽水生植物，则可减少基面种草面积。草基鱼塘的核心是种草与养鱼合理配套。

3. 鱼草轮作

在鱼闲季节利用池底淤泥的肥力种草作鱼饲料和沤肥。池底常可引栽一些生育期短的一两年生作物，如冬季栽种豆科作物（多花黑麦草、油菜等），夏季栽种小米草、稗草、苏丹草、苦荬菜等。

鱼草轮作可根据鱼池的组合方法分为多池轮作和单池轮作两种模式。

（1）多池轮作　将一组鱼池组合起来，分期分批地实行种草、种绿肥与养鱼轮作，即每年或每季按计划在一口池塘中种草，为其他鱼塘提供青饲料，第二年或下季轮换，以另一池作为种草池。

（2）单池轮作　即在同一池塘进行鱼草轮作（多用于1龄鱼种池），将大部分草刈割供其他鱼池用，留小部分淹青放鱼，前期放一些草食性鱼类，当浮游生物大量繁殖后增投鲢、鳙。

4. 渔-农综合经营的其他方式

鱼-菜模式主要盛行于广东及湖南等地区的乡村，其基本原理及生产流程为：池塘养鱼、塘泥肥地、地里种菜、蔬菜喂鱼、残叶肥水，从而使养鱼与种菜两个不同的生产场所融为一个复合的生态系统。一般，1 000 m² 地可生产蔬菜8 000～10 000 kg；而每1 000 kg残次菜叶可产鲜鱼30 kg。

此外，还有果基鱼塘、蔗基鱼塘、稻鱼共生和稻萍鱼共生等多种综合经营方式。

（二）鱼牧综合经营型

这种类型又可分为鱼畜型、鱼禽型和鱼禽畜综合型，通常是指池塘养鱼，池边建造禽舍、畜舍，舍中饲养猪、牛、鸡、鸭等，利用禽畜的废弃物（粪便、残饵）作为养鱼饲料和鱼塘及基面的肥料，基面种植鱼用青饲料，是一种既可增加养鱼产量，又可降低生产成本，还能防止环境污染的综合经营方式。

1. 鱼-猪模式

养鱼同养猪相结合，是江浙等地传统的综合养鱼方法，构成了我国综合养鱼复合生态结构中一个重要的组成部分，"养鱼不养猪，必定有一输"的渔谚也由此产生。这种经营方式现在国外也有较快发展。匈牙利有一个利用猪粪养鱼的鱼场，每667 m² 鱼池平均产鱼267～307 kg。印度猪粪养鱼试验每667 m² 鱼产量达到487 kg。

猪粪是营养成分齐备的优质养鱼肥料，主要含纤维素和半纤维素，还含有蛋白质及其分解产物、脂肪酸、有机酸及各种无机盐类。施进鱼池后，猪粪通过水生细菌的分解作用，即转化为可被浮游藻类吸收利用的无机元素。猪粪的碳氮比（C/N）为14.3∶1，与其他畜粪相比容易腐熟分解。猪尿主要含尿素、尿酸、马尿酸及磷、钾、钠、镁等元素。一般地，每头肉猪可年产粪尿2 000 kg左右，按粪料转换系数为45计，约可产鱼44 kg。

鱼猪综合经营是池塘养鱼、池边建舍养猪（或池外集中养猪）、猪粪及其残饵肥水或喂鱼的一种综合养殖模式。为取得理想的效果，猪粪施用前必须充分腐熟，采用肥料加饲料养鱼的池塘，每667 m² 水面宜配养猪2～2.5头，若单用猪粪肥水养鱼，则相同水面应配养猪4～5头。

2. 鱼-牛模式

牛是草食性反刍动物，比猪还能更好地利用青饲料和粗饲料。养牛（大多为奶牛）与养鱼相结合，利用牛粪及喂牛的残剩鲜草养鱼，可以实现青、粗饲料及其废弃物的再循环，为养鱼节约大量的饲料和肥料，并能换取鲜奶和鲜鱼，创造较高的经济价值。

牛粪尿的排泄量在家畜中最高，每头牛的日排泄量平均约为25 kg，其中粪尿比约为3∶2，年排泄总量9 000 kg左右。牛粪的养分含量虽比猪粪略低，但牛粪颗粒较细，在水中沉降速度慢，悬浮时间长，有利于鱼类摄食；同时牛粪大部分在水层中已氧化分解，仅少量沉积水底，不易造成水体缺氧。牛粪尿适合养殖鲢、鳙和杂食性鱼类，其用量约为每周

0.17 kg/m^3。通常投放 $21\sim41$ kg 牛粪尿，可产 1 kg 滤食性和杂食性鱼。

为充分利用牛粪中的营养物质，许多地方先用牛粪培养蘑菇和蚯蚓，再用菌糠、蚯蚓和培养蚯蚓的残渣养鱼。菌糠比水轻，可悬于水中，有利于鱼摄食。此外，牛粪也可用于其他水产动物养殖，如美国夏威夷海洋研究所试验用牛粪养对虾，生长良好，11 周龄对虾成活率达 83%。

3. 鱼-鸭模式

这是一种较为特殊的鱼禽混养或联养类型，原先主要流行于欧亚一些国家，如今在我国江南地区也有较快发展。其中，鱼鸭混养目前已发展成为鱼、禽、畜综合经营系统中效果最佳的生态模式：池边搭建简易鸭棚，用栅栏部分基面作为鸭的运动场，用网拦一角水面作为鸭的游泳池；池内养鱼，水陆养鸭；鸭粪及其残饵（占投喂量的 10%～20%）直接入池用作鱼饲料或肥水；而鸭在其中也能享受到池塘优越的生活环境并能获取其在陆地上难以捕食的优质天然饵料，从而实现共生互利。

（1）鱼-鸭综合经营的生物学基础　鸭既可在陆地生活，也喜欢在水面活动。鱼池养鸭，有利于促进鸭生长，并可增加养鱼的优质肥料（鸭粪）而提高鱼产量。对于养鸭而言，鱼池是其清洁健康的理想环境，在其中生活不仅可减少鸭自身的寄生虫及其他疾病，而且通过其捕食池中的蛙卵、蝌蚪、蜻蜓幼虫、水生昆虫等天然食料，又可为鱼类清除敌害生物；在捕食活动中，鸭在水面游动和对底泥的搅动可增加水中溶解氧并加速有机质矿化速度，有利于鱼的生长；同时由于池内天然优质生物饵料的补充，鸭的生长也因此加快（可节约 2%～3% 的人工饲料）；而每只鸭子每天可为鱼类提供一定数量的残饵及粪便（如每只产蛋绍鸭年泼溅饲料 $8.28\sim10.8$ kg，年产粪量 $43\sim48$ kg），丰富鱼类的食料。一般每 25 kg 左右鸭粪可养成 1 kg 鲜鱼。

（2）鱼-鸭综合经营的主要生产形式

① 鱼鸭混养。指鱼池水面养鸭、水中养鱼的立体养殖模式。在鱼池堤面建鸭舍，将一部分堤面和堤坡围作运动场，再将接近运动场的鱼池一侧或一角用网片围一部分作运动池，网片高度在水面上下 $40\sim50$ cm，这既能防止鸭群逃出，又不影响鱼群从网底进入运动场觅食（图 4 - 28）。

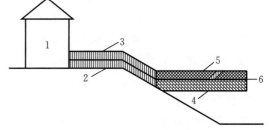

图 4 - 28　池塘鱼-鸭综合经营示意图
1. 简易鸭棚　2. 运动场　3. 运动场围栏
4. 运动池　5. 运动池围栏　6. 鱼池

鱼鸭混养适于成鱼池或养殖 2 龄以上鱼的鱼池，因 $4\sim5$ cm 以下的幼鱼游动较慢，易被鸭捕食。鱼鸭混养池塘因浮游生物和有机腐屑丰富，通常以主养鲢、鳙或非鲫为宜，可适当搭配鲤、鲫。鱼鸭混养中鸭的配养数取决于排粪量，一般每养 1 只肉鸭，鱼池能产 0.5～0.75 kg 鱼，一般池塘每 667 m^2 水面可养肉鸭 100～150 只，通常，在高产鱼池每 667 m^2 利用鸭粪及其泼溅饲料约可生产鲜鱼 250 kg。

② 塘外养鸭。在鱼池旁边建鸭棚，按肉鸭 5 只/m^2 或蛋鸭 7～8 只/m^2 修建。棚外用水泥建运动场和运动池，运动场与鸭棚等大或稍大一些，每天将运动场的鸭粪和残饵冲入运动池，再将运动池中的肥水引往鱼池。塘外养鸭较费工，且鱼不能充分利用鸭的废弃物，鸭也不能取食鱼池中的饵料，效果不如鱼鸭直接混养。

③ 放养群鸭。在湖泊、水库等大水面，白天将鸭群赶入水中自由觅食，晚上赶回鸭棚。

这种方式可减少鸭的投饲量，鸭粪还能作鱼饵和培肥水体。因此，采用此种方式也能使鱼、鸭彼此获利，但必须注意鸭子放养数量，以免导致水质过肥。

（3）鱼-鸭综合经营的发展趋势 近些年，鱼鸭综合养殖在原有模式的基础上正在向纵深发展：利用天然水面种植高等水生植物，以解决鸭、鱼青饲料，利用腐殖土或生活废弃有机物培养蚯蚓，来满足鸭对动物性饲料的需要。此外，还可对自产的鱼、鸭（蛋），进行初加工或深加工，使渔牧综合经营的效益进一步提高。

4. 鱼-鸡模式

鱼鸡综合经营就是池塘养鱼与池边建舍养鸡相结合，利用鸡的残饵及粪便喂鱼肥水，既可解决养鱼的部分饵肥料，又可清洁环境卫生，提高饲料利用率。由于鸡的消化道短，饲料中很大一部分养分未经消化便被排出。据测定，干鸡粪中粗蛋白为 24.7%，粗脂肪为 2.32%，无氮浸出物为 29.4%，还含丰富的钙、磷、钾等营养元素，是养殖滤食性鱼类的优质肥料，一般每 5 kg 鸡粪肥水可产 1 kg 鱼。采用这种模式时，既可直接利用鲜鸡粪养鱼，也可利用干鸡粪配制鱼饲料，还可先将其用于养猪或培养饵料动物，然后再将获取的新产物（饲料或肥料）用于喂鱼或肥水。

（三）渔农牧综合经营型

与渔农型和渔牧型比较，渔农牧综合经营是更高层次的综合养鱼方式，其是在渔农和渔牧相结合的基础上横向发展，把养鱼、养畜、养禽和作物种植三个环节紧密联系起来，组成多元生产结构，使陆地生态系统与水体生态系统相互作用，充分发挥系统内部的代谢潜力，从而实现物质与能量的多层次分级利用，使综合经营的生态效益和经济效益更为显著。其中，以鱼-猪-草生态模式最具代表性。

1. 鱼-猪-草模式

是根据生态良性循环的原理，实行农牧渔相结合的一种立体养殖模式。种养复合系统中产生的猪粪除直接下塘肥水以外，大部分用于鱼池基面及周边种植高产牧草，然后以青饲料喂养草食性鱼类，再以草食性鱼类的排泄物肥水促使浮游生物繁殖，从而增加滤食性鱼类和杂食性鱼类的产量。该经营模式宜以放养草食性鱼类为主。与鱼-猪模式比较，由于猪粪很少直接进入鱼池，减少了化学需氧量，提高了水体鱼载力，因此，鱼-猪-草模式的产量能比鱼-猪模式增长 1 倍以上。

采用鱼-猪-草型综合经营模式，既可改变粗养鱼塘"人放天养"低产低效的问题，又能克服精养鱼塘"主喂人工饲料"高产不高效的弊端，是废物综合利用、高产低耗的实用高效模式，成功的关键在于抓好下列技术环节。

（1）合理配套资源 每 667 m² 池塘宜配养猪 2～4 头、饲料地 200 m² 左右。可按养猪 0.5 头/m² 的要求将猪舍建在池边背风向阳处。饲料地可就近选在池塘基面及周边闲置的杂地，轮种苏丹草、黑麦草等高产青饲料。

（2）合理选放鱼种 每 667 m² 可放养大规格鱼种 800 尾左右（20～30 kg），鱼类组成比例：鲢、鳙占放养总量的 50% 左右［鲢、鳙比为（3～4）:1］，草鱼、鳊鱼和鲤、鲫各占 20% 和 30% 左右。

（3）合理做好管理 养鱼管理重点应做好施肥、投饲和水质管理。猪粪应先在集粪池中发酵，并加入适量生石灰或漂白粉消毒后方可施入鱼池。鱼类生长快速的高温季节（7—9月）应适当减少猪粪用量，以减少水体耗氧。每天于 9:00 左右投喂适量的青饲料（以当天吃完为宜）。为防止池水老化，原则上应做到每月注水 1～2 次，每次注水 20～25 cm，在日常管理中应重点加强鱼病预防，及时清除残饵杂渣、搞好食场清洁卫生（药物挂袋）、全池定期泼洒生石灰、发病季节有针对性地投喂药饵等。养猪管理：每天清扫猪舍，做到栏干猪饱，猪粪先集中腐熟发酵、消毒灭菌，再定量施入鱼池。种草管理：通常可于上年 11 月播种黑麦草，供开春后收割喂鱼；并于当年 4 月上旬前后播种苏丹草，以供下半年提供青料。播种时，每 667 m² 草地可分别在松土撒播黑麦草和苏丹草种子 1 kg 左右和 1.5～2 kg。收割时，要注意每次留茬不少于 10 cm，并在收割后及时追施化肥或有机肥，以加快其后续生长。

2. 鱼-猪-菜模式

池塘养鱼，基面及附近杂地种菜，池边建舍养猪，猪粪及残饵部分入池肥水或喂鱼，其余连同塘泥肥饲料地，所产蔬菜喂鱼或养猪。池塘养殖鱼类宜以滤食性鱼类为主，适量搭配草食性和杂食性鱼类。综合经营的关键是种好菜，故应选择适宜的叶菜、瓜菜和豆类进行间套混种和轮作，以生产更多的蔬菜。一般地，每 1 000 m² 地可生产蔬菜 8 000～10 000 kg；而每 1 000 kg 残次菜叶可产鲜鱼 30 kg 左右。

3. 鱼-草-菜-畜-沼气模式

这实际上是鱼-草（菜）-猪综合经营模式的拓展，是利用草或残次菜叶喂畜（牛或猪），畜粪在厌氧条件下产生沼气用作燃料和照明之用，沼气发酵液及沼渣肥水养鱼的综合经营新模式。现在一些地方还进一步综合了蚯蚓及食用菌栽培，使系统结构更为复杂（图 4 - 29）。利用沼渣肥水养鱼不仅可减少鱼病发生，而且化学需氧量低，肥效高，可比猪粪肥水增产 26.2%。采用此模式养鱼时，池塘宜选择鲢、鳙为主体鱼。另据浙江省水产局的调研，沼气池大小以 10～30 m³ 为好，在每 667 m² 计划养鱼产量 500～600 kg 的情况下，可按 667 m² 水面、1 m³ 沼气池和 1 头猪的比例配置。

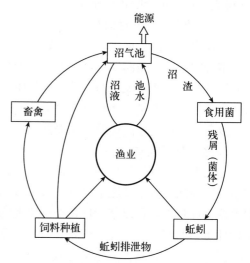

图 4 - 29　青饲料、畜禽、沼气、食用菌、蚯蚓、鱼结构模式

二、综合养鱼的发展动态

我国的综合养鱼生态模式经过长期的实践和发展，已形成了鲜明的中国特色，令世界所瞩目，但至今仍有不少技术环节亟须提高完善，如综合养鱼中不同专业的协调配合及各项技术的综合配套有待深化完善；禽畜鲜粪直接入池可能带来的水体污染及其对渔业生产可持续发展的潜在影响有待设法消除；综合养鱼生态系统各生产环节的物质循环、能量流动的定量关系有待研究确立；产业化程度有待不断提升；等等。

📝 **思考题**

1. 食用鱼池日投饲量如何确定？简述投饲不宜过量或不足的依据以及过量比不足更有

害的理由。

2. 简述混养的原理与优点，主体鱼与配养鱼的比例。

3. 限制放养密度的主要因素有哪些？怎样确定合理的食用鱼饲养密度？

4. 实施轮捕轮放提高食用鱼饲养的产量和效益的理论依据是什么？进行轮捕轮放时要注意哪些事项？

5. 造成池水缺氧的主要原因是什么？怎样预测和预防池鱼浮头？池鱼浮头的轻重程度如何判断？

6. 掌握养鱼生产的全过程，在实践中怎样寻求水质管理与投饲管理的平衡点。

7. 简述工厂化养鱼的基本形式及其分类依据。

8. 简述工厂化养鱼的水处理设施和调控及其养殖技术。

9. 简述网箱的基本结构与常用材料、网箱的设置和养殖技术。

10. 简述深水抗风浪网箱养殖技术要点。

11. 简述稻田养鱼的生态学原理与社会效益，稻田养鱼的类型及其基本技术。

12. 简述综合养鱼的基本模式及其发展方向。

第五章　鱼类资源的保护与增殖

第一节　鱼类资源的保护

一、亲鱼和幼仔鱼的保护

鱼类资源的更新和繁荣，必须以有效的补充来保障。亲鱼和幼仔鱼是鱼类资源补充和繁荣的基础。所以，亲鱼和幼仔鱼的保护是鱼类资源保护的关键。目前，对亲鱼和幼仔鱼的保护的有效措施主要有禁渔区和禁渔期设置、捕捞调整和控制。

（一）禁渔区和禁渔期

禁渔区和禁渔期是在一定时间内对特定水域严禁一切捕捞活动的管理措施。禁渔期的确定通常是在主要经济鱼类的繁殖季节和仔、幼鱼索饵肥育时期。禁渔区的划定范围通常是指产卵场、产卵洄游通道和仔、幼鱼索饵场以及成鱼和亲鱼的越冬场等，可以是海域的某些局部范围作为禁渔区，也可以全水域禁渔，依保护对象的生物学特点来确定。例如，银鱼通常在敞水区产卵，繁殖场及幼鱼索饵几乎全湖分布，故为保护银鱼资源一般采取全湖禁渔的办法，当幼鱼成长到一定规格后才允许开捕。而像鲤、鲫、鲌等鱼类的产卵场一般在沿岸水草区，如具一定的流水刺激则产卵活动更活跃，幼鱼也多在沿岸带活动，为了对这类鱼的繁殖进行保护，宜以主要产卵场作为禁渔区。

我国已有很多大型水域设置禁渔区和禁渔期。如太湖实施半年封湖休渔制（实际休渔达227 d以上），保护了湖鲚、银鱼、白虾及其他经济鱼类的产卵活动和幼鱼生长。自1984年实施"半年封湖"以来十年间主要经济鱼类的产量与实施前十年相比较，年平均总产量增长了18.33%（陆伟民，童合一，1995）。1984—1993年十年平均每667 m^2 单产4.52 kg，居国内大型湖泊天然捕捞产量先进水平。太湖、澄湖等除实行定期封湖休渔措施外，还设立常年繁殖保护区。在这种保护区内任何时候、任何渔业活动均属严禁之列，为湖内天然定居性鱼类提供了良好的繁殖场所，为主要经济鱼类在此"安全区"内提供了休养生息的良好环境，也为保护和增殖水生植物、底栖动物等生物资源多样性提供了条件。太湖的东、西山常年繁保区共计有3 400 hm^2 的面积，澄湖繁殖保护区面积达1 373.33 hm^2，占全湖面积的8.4%。据观测，常年繁殖保护区生物多样性丰富，鱼类种群密度高，种群的龄组结构较其他湖区复杂，确实起到了一定的作用。

为保护和修复长江渔业资源，农业部于2002年起试行《长江中下游春季禁渔制度》（简称"春禁"），禁渔期为4—6月，禁渔区为葛洲坝以下至河口启东嘴至南汇嘴连线以内。2003年又将禁渔区范围扩大到整个长江干流及其一级支流（包括洞庭湖和鄱阳湖）。云南省德钦县以下至葛洲坝以上水域，禁渔时间为每年的2月1日到4月30日，葛洲坝以下至长江河口水域为每年4月1日到6月30日。根据农业部部署，湖北省实施禁渔的范围为：长江湖北段和汉江湖北段，包括长江1 062 km、汉江970 km。2020年1月1日开始，长江和汉江干流全面进入长达10年的休渔期。此外，陆水水库、源感湖、惠亭水库、高关水库、吴岭水库、清江长阳段、东荆河洪湖段等通江河流和大湖大库与长江同步禁渔。

1955 年，国务院发布了"关于渤海、黄海及东海机轮拖网渔业禁渔区的命令"，并明确规定了禁渔区的范围，这是休渔措施在我国实施的标志。1995 年，我国开始在东海、黄海实行伏季休渔制度，并在 1999 年把我国的伏季休渔措施推广到全部海域，根据实施的具体情况，有关部门和相关专家对休渔方案作了多次调整（表 5-1）。

表 5-1　我国 2021 年海洋伏季休渔

休渔海域	每年休渔时间	
	开始时间	结束时间
35°N 以北的黄海、渤海	5 月 1 日 12 时	9 月 1 日 12 时
26°30″—35°N 的东海、黄海	5 月 1 日 12 时	9 月 16 日 12 时
26°30″—35°N 的东海、黄海，桁杆拖虾、笼壶类、刺网和灯光围（敷）网	5 月 1 日 12 时	8 月 1 日 12 时
12°—26°30″N 的东海、南海	5 月 1 日 12 时	8 月 16 日 12 时

目前我国的休渔制度存在着诸多的问题。从时间上具有效果的阶段性。禁渔后全面丰收的景象只维持了 1 个月，之后近海渔场产量又恢复到禁渔期前的水平，而且开捕后还有大批底拖网渔船进入禁渔区线内捕捞，较短时间内就把几个月的禁渔成果抵消了。从禁渔区域范围来看，主要对近海包括南海禁渔区实施禁渔制度，而对外海的相关鱼类的越冬场和产卵洄游通道没有进行保护。休渔区及其资源具有公共性，禁止远海捕捞船只、台湾地区和邻国渔民在边缘或直接进入禁渔区作业的监督成本高昂，而且禁捕的渔业资源具有流动性，不利于禁渔目标的实现。从禁渔对象来看，休渔渔具主要对象是拖网、围网，有的地方把罩网和掺缯作业列为休渔对象，刺网、钓船、定置、蟹笼等渔具渔法不在休渔之列。

（二）合理捕捞

水域合理捕捞的中心问题是正确地决定起捕规格（年龄）和捕捞量（捕捞强度）。

起捕规格一般以首次性成熟个体大小为标准，确定最小捕捞规格（表 5-2）。幼鱼是扩大渔业生产的物质基础，保护幼鱼，使其生长、成熟、繁衍后代，然后合理加以利用，是保证鱼类资源增殖的重要环节。通常，鱼类首次性成熟期与生长拐点基本一致，这样既保护了鱼类在快速生长阶段之前不被捕出，又保证了鱼类起码有一次生殖机会，以保护鱼类资源。某些生命周期长的鱼类，它们的生长拐点出现在性成熟后 2～3 年或更多，如钱塘江鲤鱼 3 龄达到性成熟，而生长拐点在 4.2 龄，落后于性成熟年龄 1 年多，这类鱼捕捞规格宜定在达到生长拐点附近，经济效益较大。它们的救护对象应包括第一次或第二次性成熟个体。

表 5-2　海水经济鱼类的最小可捕标准

鱼类	最小可捕标准	鱼类	最小可捕标准
小黄鱼	体长 19 cm 以上	鳓	体长 31 cm 以上
真鲷	体长 19 cm 以上	鲱	体长 22 cm 以上
牙鲆	体长 27 cm 以上	鲳	体长 20 cm 以上
高眼鲽	体长 17 cm 以上	鲐	体长 22 cm 以上

（续）

鱼类	最小可捕标准	鱼类	最小可捕标准
鳕	体长 28 cm 以上	马鲛鱼	体长 45 cm 以上
白姑鱼	体长 17 cm 以上	鲳	全长 20 cm 以上
黄姑鱼	体长 23 cm 以上	鲨	体长 30 cm 以上
带鱼	体长 23 cm 以上		

捕捞量应建立在正确估量经济鱼类的资源量和可捕量的基础上科学地制定，确定捕捞限额，并通过限制捕捞船只、网具和捕捞量来分配这些限额。确定合理捕捞规格和捕捞量的方法有多种，但常用的是经验法、剩余渔获量模型等。

经验法适用于鱼类资源量较大，鱼类的生物量或密度已经影响鱼类生长的水域。从理论上讲，对于放养充足或鱼类资源足够大的水域，即其资源量接近最大负载量的水域，捕捞量应使其资源量减少至最大负载量的 1/2，使得鱼类种群保持最大的生长速度。但实践中，用初级生产力来估计鱼产力的各种方法还不完善，而且每年的鱼产力变化很大，获得准确的天然负载力较为困难，最佳捕捞量很难算出。所以，用来指导捕捞生产还有相当的距离。目前，对这类水域还应凭经验靠试错法对捕捞量进行逐步调整，最后接近最大持续渔获量。在一般大水域渔业经营中，如发现鱼类生长速度减缓、性成熟推迟、食谱增广及单位渔获量较高，就表示渔获量偏低，应适当提高。捕捞不充分水体的特征是所有年龄组都具有高的存活率而生长迟缓，只有少数高龄鱼达到捕捞规格。计划捕捞或凶猛鱼压力大及水位波动较大的水体中产生的鱼类群体，其全体成员迅速达到较大的规格。如捕捞强度过大，会使群体变小，年龄与规格降低，渔获量降低，这在渔业上称为"滥捕现象"。滥捕现象在面积小或资源薄弱的内陆水域更易发生。捕捞过度水体中成鱼饵料充分，幼鱼数量多，在转变为成鱼食性之前，生长缓慢，多数鱼不合捕捞规格。鱼类生长规律正像 von Bertalanffy 方程所描述的那样，低龄鱼或小规格鱼生长强度大，在性成熟后对饵料的利用效率就显著降低，生长也延缓下来，最后生长几乎停滞，所以养殖过老的鱼是不合算的。对于自然死亡率较低、鱼类密度又较大的水域，如多数放养鲢、鳙的水域，捕捞规格的确定应考虑饵料利用率、生长速度、商品鱼价格和鱼种培育费用等。

剩余渔获量模型适用于鱼类种群尚未被人们利用的水域。在稳定的自然条件下，种群自身具有维持平衡的调节能力并不断地增长，直到其饵料和空间等环境因子所能容纳的最大限度为止，即大致符合种群有限增长规律；当被人们适当开发利用后，其种群数量仍能维持一定水平。对鱼类种群资源不利用，或利用不充分，并不能使资源增加，这是对资源的一种浪费；但当人们对资源利用过度，超过种群的恢复能力，其自然平衡就可能遭到破坏，以致造成资源下降，失去渔业利用价值，甚至造成资源严重衰竭，以至于灭绝。合理利用鱼类资源，就是希望持久利用某一鱼类种群，在不危害种群资源再生产的前提下，获得稳定的最大渔获量，即寻求最大持续渔获量 MSY 或 Y_{max}（maximum sustainable yield）；通过对资源的科学管理，达到最适持续渔获量。对某一鱼类种群的合理利用要达到这一要求，关键在于控制捕捞强度。如果任何一年，从某一种群中捕出鱼的数量等于其自然增长量，种群大小基本维持不变，这一年所捕出的鱼的数量就是剩余渔获量（surplus yield）或称平衡渔获量（equilibrium yield）。

二、鱼类繁殖和栖息地的改良

（一）人工模拟产卵场

在自然繁殖条件遭到破坏的水域，模拟天然繁殖的某些条件，建立半人工或全人工的鱼类产卵场，是补偿自然繁殖条件不足的一种有效方法。

每一种鱼类的产卵，要求在一定条件下发育至成熟。当短缺某一必要条件时则会导致性腺退化与产卵过程停顿。生态条件包括水温、氧气、水流、混浊度、光照、底质及产卵基质（草、石砾、洞穴等）等。对草上产卵鱼类来说，在水量小、水位低的年份，或者缺少水草时，建人工鱼巢是十分必要的。对河流石砾产卵或水层产卵鱼类，除要求必要的水温或产卵基质外，水位和水流变动是必不可少的。在兴建水利枢纽时，在其他救鱼措施都不适用的情况下，建立人工模拟产卵场，是一种有效的补救措施。在我国，针对草上产黏性卵鱼类的人工产卵场进行了较多的研究和实践。

1. 人工鱼巢

人工鱼巢是为草上产卵鱼类铺设产卵附着物，是人工产卵场的简单形式，其方法已被广泛地应用。通常在繁殖季节把产卵附着物有规则地布置在产卵场或产卵通道上，对原产卵场起到改良作用，增加鱼类在产卵场的产卵效果。人工鱼巢的材料有塑料制品、棕榈皮、杨树根、水草（苦草、聚草、马来眼子菜、金鱼藻等），将其扎结成一定形状，如带状、梅花状、三角形和圆形等，然后固定在产卵场上。固定方式大致上分成浮式和沉式两类。

2. 草上人工产卵场

繁殖季节，草上产卵鱼类有从底层游入沿岸带沉水植物分布区产卵的习性。而且，这种移动与春汛水流、水位增加有关。利用这一习性，可在春汛前，在水域沿岸裸露区域播种草类，当水位上升时，被淹没草类可供草上产卵鱼类自行产卵；同时，在水位发生变动时，周边深沟可为仔幼鱼提供栖息场所和避难地。一般选择湖泊沿岸平坦区域，周边挖深沟（40～50 cm），中央种植草类，控制水深 20～30 cm。

（二）库水调度

在不影响水库主要水利任务的条件下，通过改变库水调度，创造有利的鱼类繁殖和栖息条件。

在水库主要鱼类产卵期间，应尽可能保持库水位稳定，使鱼卵不会因库水位过快降落而干死，或因库水位上升过多而被淹没太深。在水库下游，可以采用泄放几次人造小洪峰的方法，创造产卵适宜的流水环境条件。

对于库水位的最低消落应有限制。水库枯水位不能消落过低，以保证渔业对水面面积和水深的最低要求，这在遇到特枯水年时特别重要。对下游也应尽可能保持一定的泄量。这就要求正常地进行水库调度，不要只管水利而不顾渔业的最低要求。对向下游供水的灌溉水库，要注意在放水时不要骤然停水，以避免鱼类被困于洼地而死亡。对溢洪造成鱼类的机械性损伤问题，应考虑在保证防洪安全的前提下，用尽可能延长溢洪时间的方式降低下泄的最大流量。另外，如有多层泄水设备，可考虑采取合理的泄洪设备组合，使对鱼的伤害减至最小。

（三）海洋人工鱼礁

最早是人们发现沿海的沉船周围及礁石附近聚集许多鱼类，利用这一特性，人为在水深

100 m 内沿岸海底系统地设置的一定形状的礁状物，形成所谓的人工鱼礁，使近海海域环境得以更新改造，以提高海域生产力。

1. 人工鱼礁的渔业作用

① 人工鱼礁本身的结构、其堆放后的重叠效应及其表面附着性生物所造成的孔隙、洞穴，成为底栖鱼类、贝类、甲壳类及仔稚鱼良好的栖息、避敌场所，资源增殖效果极为明显。鱼礁表面及隐蔽处还可以让许多鱼类的黏性卵附着孵化，孵化后的仔稚鱼也可以获得庇护成长的环境。

② 人工鱼礁会产生多种流态，上升流、线流、涡流等，造成水体的上下混合，搅动海底营养盐类，促进浮游生物的生长繁殖，为幼鱼提供优质饵料，良好的水文条件也是某些鱼类的性腺发育以及产卵所要求的必要自然生态条件，因而成为鱼类繁殖场所。

③ 人工鱼礁礁体巨大的表面为许多附着性生物（如藻类和腔肠动物、海绵、软体动物、环节动物等无脊椎动物）提供附着、生长、繁殖的场所，引诱来很多小鱼小虾形成一个饵料场，从而形成鱼类极佳的摄食场所，吸引洄游性鱼类的聚集、滞留。

④ 在禁渔区设置人工鱼礁能真正起到禁捕作用。鱼礁区不能拖网，也不能围网和刺网，只能用手钓，而手钓产量有限。

2. 人工鱼礁的设置

人工鱼礁区规划应该考虑的主要条件是人工鱼礁设置前，必须对海区进行本底调查，主要是了解海区生态环境和渔业资源状况。其主要内容包括海区的渔业状况，天然鱼礁与已设置人工鱼礁的分布状况，海域的底质、潮流、波浪状况，鱼类、贝类、甲壳类的分布及其繁殖与移动状况，海域受污染的状况以及本海区沿岸渔场利用的方向。设置海区的要求主要有以下几点。

① 人工鱼礁设置的位置最好位于鱼类洄游通道上或其栖息场所。可以选择过去资源较好、现已衰退的渔场，也可选择现在资源较好的水域，但应尽量远离天然鱼礁、航道及海防设施，与天然鱼礁之间的距离至少在 930 m 以上，以达扩大作业渔场目的。

② 在地形地貌和流态方面，要求设置在海底突起部位，具有上升流的地方或投礁后容易形成上升流处；底质以较硬的海底为好，如坚固的石底、沙泥底质或有贝壳的混合海底。海底宽阔平坦，风浪小，饵料生物丰富的海区比较理想。

③ 建造人工鱼礁的海区，一般水深在 20～30 m，不超过 100 m。如果增殖对象是浅海水域的海珍品，应选择水深 10 m 以内的海区，而鱼类增殖礁则以水深 20 m 左右的海区为宜。

④ 海区水质没有被污染而且将来不易受到污染；海区透明度良好，不浑浊，避开河口附近泥沙淤积海区、软泥海底及潮流过大和风浪过大的海区；流速不应超过 0.8 m/s。

3. 人工鱼礁的种类和设计要求

（1）人工鱼礁的种类　就人工鱼礁本身而言，种类很多。按大小，有大型、中型、小型鱼礁之分；按形状，有正方形、圆桶形、三角形、门窗形、多面体形、笼形、棒形、碟形、公寓形和金字塔形等；按式样，有多段式、组合式及树藻式鱼礁之分；按材料，可以是旧船、旧汽车、废轮胎和混凝土等；按设置水层，有沉式、浮式及悬浮式之分；按功能，有浅海养殖型（设置水深 2～9 m）、近海增殖、保护型（设置水深 10～30 m）、外海增殖和渔获型（设置水深 40～99 m）等。

（2）人工鱼礁的设计要求　无论何种鱼礁、何种材料，在礁体设计时应该考虑的因素主要有：①结构具有稳定性，能适应不同潮流、波浪、底质状况，而礁体不至于发生滑动、倾覆、埋没、潜屈等现象。②礁体结构强度能承受搬运、沉设、堆叠等需求而不破损。③符合拟聚集或保护的鱼类、贝类、甲壳类的生态习性需要。④使用的材质除能充分发挥预期功能外，应经济可行，而且不会造成海域污染。⑤配合礁区作业的渔具渔法，能避免渔网、渔具发生缠绕、挂钩等情况，维持鱼礁的正常功能。

4. 国内外人工鱼礁建设概况

人工鱼礁建设是海洋渔业资源保护和增殖的有效措施之一。目前世界上很多国家已在本国沿海投放人工鱼礁。亚洲有中国、日本、朝鲜、韩国、马来西亚、新加坡、泰国、菲律宾、印度尼西亚、印度；美洲有美国、加拿大；大洋洲有澳大利亚；欧洲有英国、法国、德国、意大利、西班牙、葡萄牙、荷兰、芬兰、罗马尼亚、波兰、俄罗斯、以色列、土耳其、希腊。

我国真正意义上的人工鱼礁建设起步较晚，始于 20 世纪 70 年代末。从 1979 年起，先后在广西、山东和广东沿海开始人工鱼礁试验，取得了初步效果，从而使人工鱼礁工作在我国沿海得以全面铺开；1984 年人工鱼礁被列入国家经委开发项目，扩大推广试验；南海水产研究所作为技术负责单位开展各项研究课题，包括礁体模型的水槽实验，研究各种礁型在海流的作用下流场流态的分布，收集各投礁点区域的水文与生物学本底资料，对投礁后海底生态环境的变化、礁体的集鱼效果进行水下录像等；广东省人工鱼礁建设走在我国沿海前列，成为全国人工鱼礁建设的典范。2002 年 5 月广东省海洋与渔业局完成了《广东省沿海人工鱼礁建设总体规划》，提出在 10 年（2002—2011 年）内由省财政投资 8 亿元人民币，在省内沿海 240 万 hm² 幼鱼幼虾繁育区，按 10% 的比例，设立 12 个人工鱼礁区，共建设 100 座人工鱼礁。

第二节　鱼类的人工放流和移植驯化

大多数鱼类虽有较高的繁殖力，但其从产卵、受精、孵化发育到幼鱼阶段这一过程中，死亡率极高。当鱼类繁殖条件和存量资源受到破坏时，单纯依靠自然补充恢复资源，速度很慢，有时甚至不可能实现。实现资源增殖，实质是人为地增加资源补充量。鱼类的人工放流和移植驯化就是通过人为地增加资源补充量，稳定经济鱼类资源在自然水域的生产力。

提高鱼类资源补充量有两个途径：一是对衰落或已被破坏的鱼类资源，采取人工繁殖的办法培育苗种，然后放流，使其自然生长，迅速加入现存资源量的行列，这一做法称为人工放流。二是将其他水域中更优良又适于在拟放水域生长和繁殖的种类引进来，使其迅速形成自然鱼群，这一做法叫作移植驯化（引种）。

一、鱼类的人工放流

放流增殖业又称栽培渔业或放牧渔业，它是资源恢复、增殖和捕捞为一体的生产方式。人工放流是放流增殖业重要的环节，通过人工放流，恢复和改善鱼类区系组成，充分利用水域生产力，提高经济种类的比例，同时抑制某些低值种类的无序发展。

（一）鱼类人工放流主要工作

1. 人工放流的必要性和可行性研究

首先要明确放流的必要性，即放流水域的受损经济资源已不可能在短期内通过自然补充的方式得到恢复。其次要查明引起经济资源衰退的原因，如果仅仅是因为过度捕捞和繁殖条件受损等原因引起的，但具有良好的生存环境条件（如饵料基础、理化环境等），这样的放流才易获成功；如果生存条件已遭破坏，则需先进行改造环境才能实施放流。

2. 放流种类的确定

（1）放流对象经济价值大　放流品种有较高的经济价值，在放流后有较大的经济效益和生态效益。淡水大中型经济鱼类如鲢、鳙、草鱼、鲂、鲤及大麻哈鱼、鲟鱼等洄游性鱼类是我国内陆水域优良的放流品种；海水鱼类可供放流的较多，如大黄鱼、小黄鱼、黑鲷、真鲷、平鲷、鲛、鲻、石斑鱼、牙鲆及黄盖鲽等。

（2）放流对象具有物种保护意义　选择国家重点保护的濒危物种如中国大鲵、中华鲟类等进行人工放流。这项工作不但起到拯救濒危物种的作用，而且具有显著的经济效益和社会效益。

3. 放流对象的人工繁殖

放流对象应有成熟的、规模化的人工繁殖条件。繁殖地点也应尽量靠近放流水域，尽量避免因长途运输及环境不适所带来的影响正常放流的各种问题。繁殖亲鱼尽量选用放流水域起捕的野生亲鱼，以保护自然水域鱼类优良种质资源。

4. 放流对象的规格、数量

放流对象的规格可以是卵子或不同大小苗种。不同规格的放流数量确定要依据放流水域的状况、放流对象的生活习性及种间关系，并尽量保证在较短时间内能形成一定数量可捕种群及实现种群增长的基本资源量。

5. 放流水域（海区）的选择

放流水域应选择饵料生物丰富，敌害种类较少，有一定数量的水草丛生的港湾，并有天然鱼礁；对于海区，外海水能进入，潮差大，海水交换比较好；对于洄游性鱼类，要有洄游通道。

（二）国内鱼类人工放流概况

1. 洄游性鱼类人工放流

世界上人工放流的洄游性鱼类主要有鲑鳟鱼类和鲟、鳇鱼类，它们是最早被人工放流种类，放流技术相对成熟。这些鱼类每年全球放流的种苗已超过 30 亿尾，其中鲑鳟鱼类占 90% 以上。

我国黑龙江、图们江和绥芬河等水系所产大麻哈鱼是大麻哈鱼的秋群，故又称秋鲑 (*Oncorhynchus keta*)，年产量约 25 万尾，重约 1 000 t，仅占世界年产量的 2% 左右。进入黑龙江水系的秋大麻哈鱼最远可达呼玛河，但以乌苏里江数量为最多；进入图们江和绥芬河的数量极少。此外，在绥芬河和图们江还有马苏大麻哈鱼的分布，但产量不多。秋大麻哈鱼系冷水性大型鱼类，也是高度回归性洄游鱼类。早在 20 世纪 50 年代中期，我国就在乌苏里江畔的饶河建立了大麻哈鱼人工孵化放流站，年孵育放流鱼苗 200 万尾。这些措施对涵养大麻哈鱼资源，保持其数量的稳定起到了积极的作用。

我国已知鲟、鳇鱼类有 8 种，分别是中华鲟 (*Acipenser sinensis*)、长江鲟 (*A. dabryanus*)、

史氏鲟（*A. schrenckii*）、西伯利亚鲟（*A. baeri*）、裸腹鲟（*A. nudiventris*）、小体鲟（*A. ruthenus*）、黑龙江鳇（*Huso dauricus*）、白鲟（*Psephurus gladius*）。其中，中华鲟和白鲟为中国特有种。产量较多的有中华鲟、史氏鲟和黑龙江鳇三种。这些种类的共同特点是性成熟晚，产卵群体结构复杂，剩余群体大于补充群体。而且如中华鲟的剩余群体中并非所有个体每年都能性腺发育成熟参与繁殖活动，其中有些个体需间隔 2～3 年才可再次产卵。据研究，中华鲟、史氏鲟和黑龙江鳇的生活史类型均为典型的 K-选择类型，渔业管理对策是严格控制捕捞强度，此类鱼一旦捕捞过度，资源恢复就十分困难。据统计，在 1972—1980 年，中华鲟全长江平均年产量 500 余尾，自 1981 年 1 月葛洲坝截流后，中华鲟被阻于坝下江段，鱼群相对集中，被渔民大量捕捞。虽自 1981 年起作为国家保护对象，在全江段设站保护，但管理失控，1981 年竟捕捞了 1 163 尾，1982 年捕捞 642 尾。为保护中华鲟免遭灭绝的厄运，国家已将其列为一级保护野生动物严格禁捕，同时又组织科技人员研究中华鲟的人工繁殖技术。经调查，在葛洲坝下形成了新的中华鲟产卵场，中华鲟人工催产技术也获成功，在葛洲坝工程局下成立了中华鲟研究所，专门从事中华鲟人工繁殖、仔幼鱼培育和人工放流的实验研究。长江水产研究所在中华鲟人工繁殖和人工放流方面作出了重大贡献。据报道，中国水产科学研究院长江水产研究所在 1983—1998 年，先后向长江放流鲟鱼幼鱼152.26 万尾，同期还向珠江投放鲟鱼幼鱼 15 100 尾。1999 年该研究所采用先进的二进制代码微型标志（CWT）标记了体长为 50～87 cm 的幼鲟共 400 尾，分别向长江、闽江和珠江放流。近年来据对长江口幼鲟资源的调查，表明资源有所增加。

2. 河湖洄游性鱼类的人工放流

我国进行人工放流的河湖洄游性鱼类主要有鲢、鳙、草鱼等。由于我国绝大多数通江湖泊筑坝建闸，长期形成的江湖复合生态系统遭到破坏，导致河湖洄游性鱼类资源无法上溯至上游进行繁殖活动，使下游湖泊、水库中鲢、鳙、草鱼资源显著下降，水域中丰富的天然饵料生物得不到充分利用。因此，在我国不少大中型湖泊、水库中每年人工放流大量的鲢、鳙、草鱼等河湖洄游性鱼类供捕捞利用。

3. 海水鱼类的人工放流

我国较为成功的海水鱼类放流品种有大黄鱼、小黄鱼、遮目鱼、**鲅**、鲻、鲥、鲻、凤尾鱼、罗非鱼、石斑鱼、真鲷、平鲷、黑鲷、牙鲆及黄盖鲽等。从 20 世纪 80 年代初起，我国胶州湾、莱州湾陆续进行牙鲆、真鲷、黑鲷、东方鲀、鲀及黄盖鲽等鱼类的放流增殖工作；另外较为成功例子还有广东大亚湾的真鲷等放流，以及浙江和福建的大黄鱼、石斑鱼、黑鲷等放流。

二、鱼类的移植驯化

（一）移植驯化的概念与类型

1. 移植驯化的概念

将某一个环境的某一生物种类引入新的环境生活的过程统称为引种（introduction）。如果新环境与该生物的原栖息地性状相近，则引种生物容易适应新环境并能在新环境中生活、生长和繁衍后代，这一过程称为移植（transplantation）；如果新环境与该生物的原栖息地性状差异较大，引种生物需要在某种程度上改变自身的形态、生理与生态性，以适应新的水域环境，然后逐步形成有意义的种群，这一过程称为驯化（acclimatization）。

在移植驯化工作中，移植相对于驯化较易获得成功。但新旧环境不可能绝对一致，故移植是相对的，驯化是绝对的。

2. 驯化的过程

驯化可分两个时期即单生命周期和多生命周期。

（1）单生命周期　主要表现为引种生物个体对新环境的适应，包括生存、繁殖及其后代成活三个阶段。

① 生存阶段。是引种生物个体对新环境的生理适应阶段，即该种生物能够在新环境中生存下来。如果引入生物不能繁殖，则驯化到这一时期就中止。如鲢、鳙、草鱼引入没有大型河流的水库、湖泊，一般都不能繁殖成功。

② 繁殖阶段。是引入生物对新环境繁殖条件的适应，即该种生物能够在新环境中正常产卵。

③ 后代成活阶段。引入种的后代成活表示引种的单生命周期完成，即引种获得了"生物学效应"。

（2）多生命周期　随着引入生物的数量增加，逐步以群体的方式继续适应新环境，最后形成了稳定的经得起利用的生物资源，产生了"渔业效应"。这样才算完成了多生命周期即驯化获得了成功，也即引种生物达到了归化（naturalization）。

3. 驯化的类型

在大型的自然水域，根据引种生物在新环境归化后的效果可分三种类型。

（1）引进驯化　新环境具有闲余的小生境，引入生物在此小生境中繁衍壮大，与土著生物竞争较小。这种驯化较易获得成功，并且归化效果好，对新环境生态的负面影响小。

（2）排斥驯化　引入生物在已经有其他生物占据的小生境中驯化，由于竞争能力弱，虽在某一生态边缘中达到归化，但效果较差。

（3）取代驯化　引入生物在土著生物的竞争中获得了胜利，以取代方式成功占据了新环境的小生境并达到归化。这种驯化必须要在引种前进行充分的论证，以确定归化后可能带来的生态后果。

（二）鱼类移植驯化的应用目的

1. 引进优良的品种，充分发挥水域的生产潜力

从渔业的观点看，多数天然水域的鱼类群落组成未能充分利用水体空间和饵料资源，没有最大限度地发挥水体生产力。因此，引进性状优良的经济鱼类是发展渔业的重要措施之一。

2. 定向改造天然水域鱼类区系组成，提高水域生产力

通过取代经济价值不高鱼类为目的的驯化，可以提高水域鱼产品的产量和质量。

3. 移植驯化在其他目的用途上的应用

（1）用于生物防治　为了抑制水域中的不理想的生物，利用鱼类的某种习性进行生物防治。如用草鱼来抑制过于茂盛的水草，用食蚊鱼来吞食蚊子的孑孓，用鲢来控制因藻类大量繁殖而引起的"水华"等。

（2）改善营养条件　引入饵料生物为水域经济鱼类提供充足的饵料基础。

（3）发展游钓业和观赏渔业　随着旅游业的发展，有意识地向某些指定水域引入一些观赏鱼类和供垂钓的鱼类。

（4）充实育种材料　引种是育种亲本材料的重要来源，引入种可以作为育种原始材料加以利用。例如，广泛推广的异育银鲫，是利用黑龙江省的三倍体银鲫作为繁殖母本。

（三）移植驯化的技术

1. 引种前论证

论证的内容主要有以下两个方面：

（1）引种的必要性　必要性论证主要从经济、社会和生态价值着手。对于圈养水体的引种，在保证不外泄的情况下，主要考虑引种对象的经济效益和社会效益；对于自然水体的引种，首先要考虑生态价值，尤其是长期潜在的生态后果。各个国家对于自然水体的引种的控制极其严格，如加拿大在鱼类上的引种仅限于热带鱼（如罗非鱼）和三倍体鱼（如银鲫）供工厂化养殖，这些鱼类在加拿大自然水域中无法繁衍。

（2）技术的可行性　可行性论证主要考虑：引入生物的生物学特性尤其是适应能力，对原栖息地的病菌区系的控制能力，本地的人力、技术及设施资源等。

2. 移植驯化的技术

（1）对象的选择

① 引种生物的适应能力。每种生物均具有遗传的保守性和可塑性。多态种往往是一些分布广泛的种类，对产卵基质（附着物）的要求不严，对温度的适应范围较广，在不同生态环境下食谱较广，如鲤、鲫等鱼类，这样的生物在新环境中较易驯化。特化种多是分布区狭窄的地区种，由于长期不能自然迁移或扩大其分布区，对新环境适应能力较差。如裂腹鱼亚科鱼类是高寒地带的特化种，它们适应严酷的自然环境的能力虽强，种间斗争能力却很弱。追溯引种对象物种形成的历史，有助于了解其适应新环境的能力。如虹鳟可以在咸水湖生长，也可以在海水中养殖，就是因为虹鳟的祖先是美洲大陆的硬头鳟，其本身就是一种溯河洄游鱼类。罗非鱼的系统发育也与海水有关，所以适应盐度的范围很广。

② 引种生物种群的补充能力。从种的内在属性来看，种群的补充能力取决于该种的个体生殖能力和种群结构（尤其是产卵群体结构）。

较强的个体生殖能力是指鱼类繁殖要求不高、个体生殖力大、孵化率高（如孵化时间短、繁殖有保护机制）和后代成活率高等。

产卵群体（P）结构由补充群体（K）和剩余群体（D）组成。补充群体是指所有参与产卵活动的初次性成熟个体，剩余群体是指重复性成熟的所有个体。有人把产卵群体结构分成P＝K，P＝K＋D、K＞D和P＝K＋D、K＜D三种类型。一般来说，生命周期短、性成熟早，K大大超过D的鱼类种群，补充能力强，如淡水的银鱼、鳑鲏，海水的鳀、沙丁鱼等；生命周期长、性成熟迟，K少于D的鱼类种群，补充能力较弱，如淡水的鲢、鳙、青鱼、草鱼，海水的大黄鱼、石斑鱼等，还有鲟、鳇鱼类。

一般地，引种生命周期1年的鱼，约2年就可以看出效果；引种生命周期2年的鱼，3～4年或3～5年可看出效果；而引种生命周期4～5年的鱼，要10～16年才能看出其驯化效果；鲟鱼类要30年左右才能有驯化效果。

（2）水域的调查　对拟引种水域的调查和分析内容应包括生物环境和非生物环境。主要应着眼于环境条件是否适合迁入种的生长繁衍和迁入后对水域生态环境的影响。

① 生存环境的理化条件。环境的理化因子主要包括水温、盐度，其他还有水文、溶解氧、pH等。

② 繁殖条件。要使引种鱼类能够在新环境中繁衍生息，良好的繁殖环境是必不可少的基本条件。不同的鱼类对繁殖环境条件要求具有不同的属性。如鲑科鱼类要在水流冲刷的沙砾底产卵；鲤、鲫、狗鱼等为静水环境的草上产卵鱼类。

③ 饵料基础。饵料基础主要包括合适的饵料种类、数量及其生产能力。充足的饵料是保障引种鱼类形成较大种群规模的基础。我国水域多拥有较丰富的腐屑、浮游生物、周丛生物和水草等饵料基础，这些饵料在天然水域往往利用不充分。故移植如鲢、鳙、鲴、鲂和鲷亚科鱼类等较易获得驯化成功。

④ 与拟迁入水域生物的种间关系。种间关系主要表现为竞争关系、敌害关系和病害关系等。发生竞争的小生境主要有饵料、繁殖场所、栖息空间等。鱼类引入一个新水域后的种间竞争激烈程度与占据相同小生境生物的竞争能力强弱有关，其过程往往非常复杂，但结果往往是一种生物在竞争中占优势，另一种生物受到排斥。

⑤ 原产地的病原生物。在原产地，拟迁生物对本地区的某些病原体往往有一定的适应性。但对本地区危害不大的病原生物，一旦到外地区，就有可能暴发较为严重的流行疾病。

（3）迁入对象的规格　确定迁入对象的规格主要考虑引种材料的成本和驯化的时间与效果。应根据其生物学特性和迁入水域的具体情况来确定。

迁入鱼卵和仔鱼的方法较简单，相对数量较多，费用较省，带入疾病和敌害的可能性较小，但缺点是形成种群的持续时间较长，鱼类逃避敌害的能力较差。这种规格适合于生命周期短的鱼类和鱼类区系组成简单的水域（如一些蓄水初期的水库，敌害生物不多）。另外如鲑、鳟鱼类，幼鱼和亲鱼因需氧量高，运输有一定困难，而它们的鱼卵、胚胎发育缓慢，便于长途运输，为了避开其敏感期，一般选择处于发眼期的受精卵。

迁入亲鱼和大规格鱼种成本较高，运输复杂，但成活率较高，驯化时间相对短。这种规格适合于生命周期长的鱼类和鱼类区系组成比较复杂的水域。

（4）引种的时间和数量　引种的具体时间取决于引入鱼类的生物学特性和水域的具体条件。亲鱼应避免接近产卵期，因亲鱼在临近产卵期时，对环境条件的变化比较敏感，一旦损伤，就没有足够时间恢复；鱼卵应避开其敏感期；冷水性鱼类可选择在秋季，此时温度比较合适，敌害鱼类活动较少，允许恢复体力的时间较长。

引种数量的多少虽不一定是决定引种成败的关键因素，但一般情况下数量越多，效果越好。在条件（经费、运输能力等）许可的范围内，数量尽可能多些，这样会较快地形成可捕捞的种群。

（四）国内外移植驯化工作

1. 国际上移植驯化工作

世界范围鱼类和其他水产生物的引种工作，可以追溯到中世纪（416—1640 年），限于当时的交通和信息传播条件，引种工作主要是在欧洲和亚洲大陆之间进行的。大规模地开展这项工作是从 19 世纪中叶开始，20 世纪 50—70 年代最为活跃。这与信息传播技术的进步、交通运输工具的发展、养殖技术的提高、载运水产生物设备的进步有密切的关系。据联合国粮农组织（FAO）的资料，截至 1985 年全世界已有 237 种内陆水域的水产生物（包括鱼类、甲壳类、两栖类等）被 140 多个国家和地区引种，其中被引种最多的鱼类是鲤、莫桑比克罗非鱼和虹鳟等。现今世界各地养殖的虹鳟都是从北美太平洋沿岸移植的。在欧洲，虹鳟产量占鲑科鱼类产量的 76%，占养鱼业产量的 61%。罗非鱼自然分布于非洲，现今养殖业的兴起却源于东南亚。

2. 国内移植驯化工作

（1）境外引种情况　我国自 20 世纪 50 年代起开始引进鱼类用于养殖。截至 1998 年，我国相继从国外（或境外）引进的经济鱼类（不包括小型观赏鱼类）共计 63 种，隶属 11 目、26 科。其中，比较成功的有罗非鱼、革胡子鲇、斑点叉尾鮰、虹鳟、加州鲈、匙吻鲟、美国红鱼等。

（2）国内移植工作　国内鱼类移植驯化的工作开展广泛。较为成功的移植品种主要有：①鲤科的鲢、鳙、草鱼、团头鲂、鲤、鲫、细鳞鲴、圆吻鲴和黄尾密鲴等；②银鱼科的大银鱼、太湖新银鱼；③胡瓜鱼科的池沼公鱼等。其中，创造较大经济效益和社会效益有团头鲂、太湖新银鱼等。

第三节　内陆大水面养鱼

内陆大水面是内陆大型水域（相对于池塘等小型水域）在渔业上的俗称，主要包括江河、湖泊、水库等。大水面养鱼的方式可分为粗放式鱼类养殖（放牧式养殖）和集约式鱼类养殖两大类。粗放式鱼类养殖（主要是湖泊、水库放养）是大水面养鱼的主体，集约式鱼类养殖（主要有大水面网箱、网围和网栏等）曾是大水面养鱼的重要补充。随着社会的发展，环境保护意识的强化，大面积的集约式鱼类养殖由于容易造成水域的富营养化，在大水面渔业经营上已成历史。下面主要就湖泊、水库粗放式鱼类养殖的技术和原理进行阐述。

一、大水面养鱼合理放养的原理

大水面粗放式鱼类养殖的原理是在不破坏天然饵料资源再生产能力的前提下，依靠天然饵料生产力获得鱼产品，并保证鱼产品持续高产。

因此，在养鱼前必须根据具体水体的自然条件，确定合理的放养对象、鱼种规格、放养比例和放养密度，结合拦鱼防逃、控制凶猛鱼类、合理捕捞等管理措施，使水域中鱼类群体在种类、数量、年龄等结构上与天然饵料资源相适应，使水域的饵料生物生产力充分合理、持续高效地转化为鱼产品。

所谓"合理放养"就是根据大水面粗放式鱼类养殖的原理，采用合理的放养指标和运用合理的管理措施的概括。

二、大水面养鱼合理放养指标的确定

合理放养指标主要包括合理的放养对象、鱼种规格、放养比例和放养密度等。

（一）放养对象

放养对象选择原则应除自身生产性能，如经济价值、生长速度、苗种易得性等外，主要要考虑：水体的物理化学性状是否适应放养对象的生存，水体的饵料基础能否保障放养对象形成较大的种群生物量。

我国大多数湖泊水库的理化条件适合大部分常规经济鱼类的生存，其天然饵料主要由浮游生物、底栖生物、有机碎屑和水生高等植物等组成，其中浮游生物和有机碎屑是水体中天然饵料的主要成分。

因此，目前我国大多数湖泊水库的放养对象主要有鲢、鳙、草鱼、团头鲂、青鱼、鲤、鲫等温和性经济鱼类。它们均具有良好的生产性能，并与湖泊水库的饵料基础相适应，能充分有效利用水体的空间和时间，种间关系和谐互补而不直接竞争。另外，能在一定程度上抑制水体的富营养化。在适宜的放养品种中，鲢、鳙多被选择作为大部分湖泊、水库的主体鱼。其原因主要有：鲢、鳙是世界上淡水鱼类中利用浮游生物效率最高的鱼类；鲢、鳙生长快，个体大，经济价值高；鲢、鳙为中上层鱼类，喜集群，容易捕捞；鲢、鳙的人工繁殖技术和鱼种生产技术成熟，苗种来源有保障。在搭配品种中，草鱼、鲂、鳊为中层草食性鱼类；鲤、鲫为以底栖动物为食的杂食性底层鱼类；青鱼为以底栖螺蚌为食的鱼类。

我国幅员辽阔，各地内陆水域环境条件存在一定的差异，故在放养品种的选择上还需因地制宜。如西北地区的某些盐碱湖泊，环境条件较严酷，鲢、鳙、草鱼、鲂等在此环境中或生长速度慢，或难以存活。开发这类内陆盐碱水域，瓦氏雅罗鱼和青海湖裸鲤则是可供选择的对象。另外，鲮是我国南方地区（以两广为主）重要的养殖鱼类，该鱼要求水温在 7 ℃以上。有些水体自然经济鱼类种群庞大，如太湖的太湖新银鱼和北方某些水域的湖沼公鱼，其中太湖新银鱼的产量占太湖渔获量的 40%～60%，这类水体在选择放养品种时应尽量避免放养与其有较大竞争的品种。

（二）搭配比例

各品种的放养比例主要视水体的饵料基础状况而定。

1. 鲢、鳙作为主体鱼占总放养量的比例

由于我国湖泊、水库一般比较肥沃，浮游生物种类繁多，生物量高，周转迅速，增殖力强，腐屑和细菌也有丰富的来源和数量，非常适于将滤食性的鲢、鳙作为主体鱼养殖。我国绝大多数湖泊、水库中鲢、鳙的放养量占总放养量的 60%～80%，有些水库在 90% 左右。

2. 鲢、鳙之间的放养比例

理论上，鲢、鳙之间的放养比例主要依据水域浮游生物组成比例和鲢、鳙自身的生长特性而定。在实际养殖中，它们之间的放养比例是通过生产效果而逐步调整的。大量生产实践证明，我国大部分湖泊、水库中鳙的生长好于鲢，且水体越大，鳙的生长优势越大。如东湖（1973—1976 年）2 龄鲢个体重为 0.7 kg，而鳙为 1.1 kg；3 龄鲢为 1.55 kg，鳙为 2.40 kg；4 年间 2～3 龄鳙的渔获量为鲢的 1.74 倍。青山水库由起初的鲢占 85%、鳙占 15%，逐年调整至鲢为 30%、鳙为 70%，取得了较为满意的效果。一般在水体处于中等营养、中富营养水平时，鲢、鳙二者的放养量之比大致为 3∶7 或 4∶6。这样鲢、鳙两种鱼都能有较好的生长率和肥满度，鱼产量也比较高。但在水体富营养化水平高、藻类的生产力和生物量优势大的水域，就应相应提高鲢的放养比例。

3. 其他鱼类的放养比例

在以鲢、鳙为放养主体的同时，搭养鲴、鲂、草鱼、鲤、鲫等鱼类，可以充分利用水体的其他各类饵料等资源。放养比例总体在 20%～40%。湖泊底栖生物较丰富，搭配比例可相应高些；水库尤其是新建水库和大型水库底栖生物相对贫乏，有时搭配比例不超过 10%。具体比例视水域的条件进行调整。

对于"藻型湖（库）"来说，搭配鱼类在总放养量中的比例大体在 20% 左右。鱼类种类以鲤、鲫、鲴等底栖杂食性鱼类为主，控制草食性鱼类如草鱼的投放。对于"草型湖"和平原型水库来说，这些水域水生植被茂盛，底栖动物丰富，而浮游生物则相对较少。搭配鱼类在总放养量中的比例大体在 40% 左右。搭配鱼类中可适当增加草食性鱼类的放养，但水草增殖能力低，过多的草食性鱼类尤其是草鱼的放养会严重破坏水草植物资源，造成水域由"草型湖"将向"藻型湖"转化。长江中下游多数养鱼湖泊的历史变迁都有类似的经历。因此，草鱼的放养数量必须严格控制，或以"温和"草食性鱼类团头鲂代替草鱼。底栖动物如螺类在过多放养青鱼时也有类似的情况。

（三）放养规格

鱼种的放养规格主要与其在大型水域的成活率和生长率有关。通常，鱼种的培育多在池塘或库湾、湖汊里进行。在相对小的水体中，环境因子相对单纯，加上人工呵护，对鱼类的竞争能力要求不高。进入大水体后，由于大水体环境复杂，如水深面阔流急，风大浪大，有的可能还有复杂的流态，这要求鱼种有较强的适应能力；天然敌害多，要求鱼种有较强的避敌能力；饵料生物密度相对低且变化大，要求鱼种有较强的觅食能力和竞争能力。

一般来说，鱼种规格越大，对大水面生活环境适应力和索饵能力越强，对敌害的抵御力就越强，同时大规格鱼种生长较快，生产周期短，水面利用率高，资金周转快。另外，拦鱼具孔栅大，材料成本低；过水面积大，受水流冲刷强度轻，设施寿命长。浙江省的东风水库（100 hm²）放养三种规格的鲢、鳙鱼种，其生长速度、回捕率和经济收益就有明显的差别（表 5 - 3）。根据武汉东湖调查结果，13 cm 以上的鲢、鳙鱼种能较好地免受全长达 50 cm 的内蒙古红鲌和翘嘴红鲌的掠食。生产实践证明，10 cm 以下的鳙鱼种长到 500 g 通常需要 2 年，而 13 cm 以上的鱼种当年即可达到。

表 5 - 3　东风水库放养不同规格鲢、鳙效果比较

（依陈德富）

鱼种规格 (cm)	捕捞规格（g/尾）			累计回捕率（%）	尾利润（元）
	1975 年底	1976 年底	1977 年底		
<10	200	575	900	16.4	0.02
10~13	305	710	1 330	38.1	0.123
>13	505	1 200	1 825	74.7	0.408

湖泊、水库中鲢、鳙及草鱼、青鱼鱼种的合理规格应在 13.3 cm 以上已成为多年大水面养鱼生产实践的共识，这种规格也是与我国目前苗种培育水平相适应的。在特大型水域放养或商品规格要求提高时（如目前市场需要 1 000 g 以上的鲢、鳙），则要求鱼种规格提高到 16.6 cm 以上。在我国西北与东北地区，生长期较短，培育大规格鱼种较困难，可在大水面除害前提下，适当降低放养规格，增加投放数量。鲤、鲫、鲂、鲮等鱼种由于具有体型较高或背鳍、臀鳍具有强硬的带锯齿的硬棘，又多营底栖生活等特点，一般在 6.5 cm 以上就可用于放养。

（四）放养密度

1. 放养密度的理论依据

放养密度是指单位水体面积投放鱼种的数量或重量。理论上讲，能发挥鱼产潜力的最适水体鱼类负载量应能最大限度利用饵料生物而又不破坏饵料生物再生产能力。那么，合理的鱼类放养密度应该是对最适负载量的补充量。由此可见，合理的鱼类放养密度主要关系到：水域饵料生物的生产能力及其在不同年份的丰歉情况；鱼类对饵料生物的利用能力及其随自

身种群结构和环境因子变化而产生的改变；鱼类在特定水域的存活能力；水域鱼类的库存量；一定养殖周期内对鱼类生长速度的要求等因素。由于很多因素难以正确量化，通过研究计算得到的放养密度只能作为理论参考依据。

2. 放养密度的经验调整

实际上，鱼类的生长速度综合地反映了一定时间内鱼类种群数量与水体饵料资源之间相适应的程度。因此，很多生产单位是根据鱼类生长速度在其养殖周期内的表现，逐步调整鱼类的放养量。假定某水域的鱼类养殖周期为 1 年，那么其主要商品鱼应为 2 龄鱼。如果在某一年份的 2 龄鱼的平均规格超过商品规格指标，说明水域鱼类数量有待增加，反之亦然。这种方法称为经验调整法，实践证明是行之有效的。

生长速度的指标各地区、各单位可以根据实际情况拟定。长江流域一般为 13.3 cm 以上的鲢、鳙仔口鱼种经 1 年生长后，应达到 0.50~0.75 kg，2 龄鱼种应达到 1.5~2.5 kg；东北、西北地区鱼种规格小，鱼类生长期短。可因地制宜制定相对合适的生长速度的指标，如在东北地区 4 龄鲢要求为 1.0~1.2 kg，鳙为 1.5 kg 左右。

（五）湖泊、水库鱼类放养的参考指标

根据我国长江流域湖泊、水库养鱼的多年的生产实践，提出下列湖泊、水库鱼类放养指标供参考（表 5-4、表 5-5）。使用时可根据自身水域的条件加以调整。

表 5-4　湖泊鱼类放养和产量参考指标

放养种类和比例	水域类型								
	小型 (<666.7×10⁴ m²)			中型 (666.7×10⁴~666.7×10⁵ m²)			大型 (>666.7×10⁵ m²)		
	贫营养型	中营养型	富营养型	贫营养型	中营养型	富营养型	贫营养型	中营养型	富营养型
鳙（%）	35	35	40	40	45	50	40	45	40
鲢（%）	30	35	40	20	25	30	20	25	30
草青鲤鲫鲂（%）	35	30	20	40	30	20	40	30	30
每 666.7 m² 放养量（尾）	100~200			60~120			30~50		
每 666.7 m² 预期产量（kg）	25~75			15~40			5~15		

注：鲢、鳙鱼种规格 13.3 cm。

表 5-5　水库鱼类放养和产量参考指标

放养种类和比例	水域类型								
	中型 (666.7×10³~666.7×10⁴ m²)			大型 (666.7×10⁴~666.7×10⁵ m²)			特大型 (>666.7×10⁵ m²)		
	贫营养型	中营养型	富营养型	贫营养型	中营养型	富营养型	贫营养型	中营养型	富营养型
鳙（%）	40	50	45	40	55	50	70	55	55
鲢（%）	20	30	40	20	25	35	10	15	20
草青鲤鲫鲂（%）	40	20	15	40	20	15	20	30	25
每 666.7 m² 放养密度（尾）	100~200			50~100			30~50		
每 666.7 m² 预期产量（kg）	30~50			15~30			5~15		

注：鲢、鳙鱼种规格 13.3 cm。

三、大水面养鱼的管理技术

（一）鱼种放养方法

1. 放养时间

鱼种放养时间在各地有所不同，可以是秋季、冬季或翌年开春放养。生产实践证明，冬季放养鱼种效果较好。主要是因为：①冬季水温低，鱼种活动力弱，便于捕捞和运输，损伤少，成活率高。②冬季大水面凶猛鱼类活动力弱，对鱼种危害小。③鱼种在生长期来临之前提早适应环境，开春温度升高后摄食早，逃避敌害的能力增强。④冬季水位低，无须泄水，鱼种外逃机会少。⑤减轻了鱼池越冬管理所需的人力、物力。

北方地区封冻的湖泊、水库，宜在秋季冰封前放养；东北的浅水"泡子"，水浅冰厚，封冻期又长，则宜在春季化冰以后水温回升时进行放养。

2. 放养地点

应选择避风向阳、饵料丰富、水深相宜的地点投放鱼种为好。应避免的地点有：①出水口、输水洞、溢洪道及泵站等地。以免遭水流卷挟引起损失。②下风口沿岸。以免遭风浪袭击拍打上岸。③上游或湾汊浅水处。以免鱼种因退水搁浅。另外，还应分散投放，若集中于一个地点投放，易受凶猛鱼类围歼。

3. 放养方法

放养方法有直接放养和间接放养。直接放养多采用沉船放养；间接放养主要是先进行大水面的小面积圈养（如围栏的湖汊、库湾），待开春温度和水位回升时拆拦放鱼。其有利之处是鱼种投放前可先进行清敌，鱼种有一个预适应期。

（二）防逃管理

湖泊、水库等大型水域进出水口多。因此，必须修建防逃设施以防逃鱼。有关拦鱼设施的设计、建造和管理另有专门章节讨论（见"大水面养鱼设施的设计与建造"），在此从略。

（三）敌害鱼类的控制

敌害鱼类是指对大型水域养殖的经济鱼类构成威胁的鱼类，主要包括掠食养殖经济鱼类的凶猛鱼类和与养殖经济鱼类争食争空间的小型低值鱼类。其中凶猛鱼类的危害是主要的。下面主要就凶猛鱼类的危害及其控制技术进行讨论。

1. 凶猛鱼类的种类、特点及其对养殖鱼类的危害

（1）天然水域凶猛鱼类的种类、特点　我国天然水域的凶猛鱼类主要有鳡、红鲌类（主要是翘嘴红鲌和蒙古红鲌）、马口鱼、乌鳢、鲶、鳜和狗鱼等。

鳡、翘嘴红鲌、蒙古红鲌和马口鱼的猎食方式为表层掠食型。这些鱼类主要在水体的表层活动，行动迅猛，以追逐方式掠食其他鱼类。鳡是淡水凶猛鱼类中最大型的种类，最大个体达 50 kg 以上，常见个体 10～20 kg。由于其产漂流性卵，在静水条件下不能繁殖，故其多出现在江河和大型的水库水域，在湖泊中较少（大多通江湖泊均有闸坝阻隔）。翘嘴红鲌是仅次于鳡的大型凶猛鱼类，最大个体可达 10～15 kg，常见个体 2～3 kg。蒙古红鲌最大个体约 4 kg，常见个体在 0.25～0.5 kg。两种红鲌均可在静水中产卵，故多出现在湖泊中，在有鳡种群存在的水库较少。马口鱼个体虽小，但口裂很大，可吞食为自身体长 25%～44%的鱼，多出现在华北、东北某些小型水库中。

乌鳢、鲶、鳜和狗鱼的猎食方式为底层伏击型。乌鳢、鲶、鳜分布较广泛，狗鱼主要分布在我国北方。它们平时多栖居于水草丛生的底层，常见个体在 0.5～2 kg。

（2）凶猛鱼类对养殖经济鱼类的危害及其在水域生态系中的作用　在我国淡水水域的凶猛鱼类中，对养殖经济鱼类危害最大的为鳡和翘嘴红鲌。鳡可掠食自身长度 26.5%～31.4% 的鱼类；翘嘴红鲌长至 125 g 时，便可掠食长为 6.6 cm 的鳙鱼种，全长达 50 cm 以上则可掠食 13.3 cm 的鳙鱼种。在有鳡和翘嘴红鲌种群出现的水域，养鱼效果一般较差。蒙古红鲌、马口鱼、乌鳢、鲶、鳜和狗鱼等主要掠食小型鱼类和小规格鱼种，如未形成数量可观的种群，对渔业的危害相对不大。

从水域水体系统的角度来看，凶猛鱼类在生态系统中作为顶级消费者，是保证生态系统平衡的必要环节。它们对经济价值低的小杂鱼类的数量控制，对促进水域生态系统的良性发展具有积极的意义。国外的研究还表明，利用湖泊顶级消费者，来调控滤食性鱼类种群数量，使之通过营养级的联动效应，可以达到调控湖泊生态系统的目的。另外，凶猛鱼类自身具有很高的经济价值，它们能将低值鱼或无经济价值的鱼转化为自身名贵的高价值鱼产品。

2. 凶猛鱼类的控制技术

（1）控制的原则及目标　①控制原则。在人工放养种群为主的大型自然水体，既要发挥凶猛鱼类在水域中的积极作用，又要使其对放养经济鱼类的危害降到最低。放任其发展和彻底消灭（在大型水域完全灭绝凶猛鱼类实践上是难以做到的）均不可取。②控制目标。在控制和利用的方针下，要提高鱼种规格、增强逃避敌害的能力；同时，控制凶猛鱼类种群的总体规模和清除凶猛鱼类中的高龄（大个体）群体，利用部分小型群体，控制小杂鱼类无序发展，减轻对经济鱼类的竞争压力；在养殖经济鱼类取得高产的同时，获得相应的名贵鱼类产量。

（2）控制的技术方法　①捕捞。了解各种凶猛鱼类的活动习性，进行常年捕捞和季节性重点捕捞。常年捕捞应用各种有效的渔具渔法，坚持不懈地进行捕捞，一般在数年后效果明显。季节性重点捕捞主要是在凶猛鱼类的繁殖季节和越冬季节捕捞其产卵群体。②破坏产卵场。通过水域凶猛鱼类产卵习性和产卵场的调查，破坏产卵场的产卵条件，杀灭其卵子。③杜绝进入。在放养鱼种和引进新种时要严格把关，避免凶猛鱼类的引入。如曾经在东北大伙房水库泛滥成灾的翘嘴红鲌与青梢红鲌，就是从长江流域运鱼种时带入的；再如新疆误引了赤鲈，数年后赤鲈发展成了优势种群。④彻底清除。对于大水面中的小型圈养水域如网围、网栏湾汊等必须彻底清除。一般以干库清野为主，结合围歼捕捞等。

📝 思考题

1. 简述亲鱼和幼仔鱼保护的主要措施及其原理。
2. 简述鱼类繁殖和栖息环境改良的常用方法及其工作原理。
3. 简述鱼类人工放流的意义及主要工作。
4. 简述移植驯化的概念、类型及过程。
5. 简述移植驯化的主要技术及原理。
6. 简述大水面养鱼合理放养的基本原理及基本内容。

第六章 活鱼运输

所谓活鱼运输是指将鱼苗、鱼种、食用鱼及亲鱼等各档规格的鱼以鲜活的形式最经济有效地从生产地运往需求地的生产过程，如食用鱼上市，鱼苗、鱼种异地调剂，亲鱼采选等。作为鱼类增养殖生产中不可缺少的环节，开展活鱼运输，不仅是发展养鱼生产的需要，而且现已成为提高养鱼经济效益的重要途径，对鱼类增养殖的高产高效具有特殊的重要意义。鉴于现行的活鱼运输大多需借助一定容器且在鱼多水少的条件下进行，因此，提高运输成活率和降低运输成本就成为其要解决的中心问题。

第一节 影响活鱼运输成活率的主要因素

活鱼运输的基本要求是在确保最高成活率的前提下，给定容器内少放水多放鱼以提高运输效率（成活率高而成本低），其中成活率的高低是评价运输成败的重要指标。影响成活率的因素主要有以下方面。

一、鱼类因素

1. 鱼的种类

（1）不同的鱼类，具有不同的生活习性　各种鱼对外界条件的变化具有不同的敏感性，对运输操作表现出不同的反应。有的鱼类性情急躁，稍受惊吓便会跳跃挣扎，易于受伤，如鲢、鳙等；有的鱼类性情温和，受惊无明显反应，不易受伤，如鳙、青鱼等。

（2）不同的鱼类，具有不同的耗氧率　在同等条件下，耗氧率高的鱼易受缺氧伤害；而耗氧率低的鱼则不易受到缺氧之伤。通常而言，冷水性鱼类的耗氧率高于温水性鱼类。在淡水主要养殖鱼类中，耗氧率的高低顺序大致表现为：鲢＞鳙＞草鱼＞青鱼＞鲤、鲫。

（3）不同的鱼类，具有不同的适应性和忍耐力　对环境变化，有的鱼适应性强，操作时不易受伤，如鲤、鲫等；有些鱼忍耐力弱，运输中易受隐性伤害，如鳟、鳜等；还有的鱼具有辅助呼吸器官，耐低氧能力很强，如乌鳢、鲶、泥鳅等。相比于正常的饲养水体，运输环境变化较大、水质条件较差。在运输中忍耐力强的鱼往往成活率较高，而忍耐力弱的鱼成活率较低。

2. 鱼的规格

个体越大，鱼耗氧率越低；个体越小，鱼耗氧率越高。例如，在其他条件相同的情况下，几种主要淡水养殖鱼类的耗氧率见表6-1、表6-2。

3. 鱼的体质

体质瘦弱或患病带伤的个体，综合忍耐力相对较差：不耐密集、不耐操作、不耐缺氧、不耐不良水质、经不起运输途中的剧烈颠簸、易死易伤。相反，健壮的个体，由于对环境变化及恶劣条件的忍耐力较强，运输成活率往往较高。因此，在运输实践中，重视做好拉网锻炼增强鱼的体质、谨慎操作避免鱼体受伤，对提高运输成活率具有重要意义。

表 6-1 养殖鱼类鱼苗、鱼种的耗氧率
(依叶奕佐,1959)

种　类	体重（g）	水温（℃）	耗氧率［mg/(g·h)］
鲢	0.002 33～0.002 89	19.7～25.7	1.89～3.09
	0.63～0.89	20.4～26.6	0.35～0.64
	5.20	27.7	0.33
	6.07	15.4	0.14
鳙	0.002 33	18.2	1.16
	1.06～1.10	26.3～26.6	0.37～0.43
	4.67～5.27	26.1～27.7	0.28～0.32
草鱼	1.11	26.7～27.2	0.37～0.38
	9.60	27.6	0.28
青鱼	0.002 3～0.002 89	21.6～26.4	1.67～1.88
	0.58～0.67	26.7～27.2	0.44～0.54
	1.31	27.6	0.40
鲤	3.60	26.4～26.9	0.24～0.38
鲫	3.32	26.4～26.9	0.26～0.38

表 6-2 草鱼、鲢、鳙的耗氧率
(依陈宁生、施泉芳,1955)

种　类		体重（g）	水温（℃）	耗氧率［mg/(g·h)］
草鱼	夏花	0.93（5）	22.5～23.9	0.354
		1.33（3）	28.6～29.5	0.325
		1.38（3）	30.0～31.7	0.547
	二年鱼	30.0	22.0	0.238
		62.2	26.4～26.9	0.172
		38.9	29.3～30.6	0.204
	三年鱼	1 101	23.0～23.5	0.151
		1 355	21.0～23.5	0.139
鲢	夏花	0.77（6）	28.5～29.6	0.632
		1.7（3）	28.8～29.9	0.438
		0.67（6）	30.0～30.3	0.338
	二年鱼	130.7	27.3～28.2	0.210
		118.0	28.2～28.7	0.264
鳙	夏花	0.80（5）	28.5～29.7	0.412
		0.40（6）	29.2～30.3	0.596
	二年鱼	74.0	26.3～27.9	0.191
		172.3	28.2～29.0	0.161

注：表中括号内数字为测定尾数。

218

4. 鱼的状态

饱食状态的鱼，对缺氧的忍耐力较差，不耐操作；并因其在运输途中粪便等排泄较多，耗氧量大，且排出的二氧化碳也较多，易污染运输水体，从而影响运输成活率。

繁殖期的抱卵亲鱼，耗氧量大，对缺氧的忍耐力极差，易因缺氧致死。

未经锻炼（即捕即运）的鱼（表6-3），由于体表黏液较多、鳞片疏松、肠道粪便未有排空、肌肉含水分多，耗氧率高，不耐操作、不耐缺氧，易因水体污染及伤病降低运输成活率。

表6-3　锻炼对运输鲢亲鱼的影响

（依王武，2000）

处理方式	体重（kg）	平均呼吸频率（次/min）	运输途中鱼体动态	溶解氧（mg/L）	二氧化碳（mg/L）	CO_2 呼出率 [mg/(kg·h)]
不吊养	6.8	18.3	排出粪便多，水浑浊，126 h死亡	8.98	183.6	7.5
吊养	7.0	18.8	粪便少，120 h正常	14.40	140.8	4.2

二、环境因素

1. 水温

随着水温的升高，鱼的活动增强，新陈代谢旺盛，运输途中就易跳跃、挣扎和冲撞，不仅增加体能消耗，而且容易受到伤害。

水温同水中的溶解氧饱和度呈负相关：水温越低，水中的溶解氧饱和度越高，溶解氧的消耗速度也越快；反之，则越低、越慢。而水温同鱼类的耗氧率呈正相关，即随着水温的升高耗氧率变大，其结果是二氧化碳、粪便、氨等代谢排泄物随之增多，造成微生物对这些有机物的分解加快，耗氧增多，易使运输水体缺氧及水质恶化，这对鱼类运输是极为不利的。2龄的草鱼、鲢、鳙冬季水温6.4～8.5 ℃时的耗氧率只有夏季高温时的1/6左右。鲤鱼苗在不同温度下的耗氧率见表6-4。

表6-4　体长15 mm、19 mm、21 mm 鲤鱼苗在不同温度下的耗氧率

（引自雷慧憎等，1981）

温度（℃）	耗氧率 [μg/(尾·h)]			耗氧率递减情况（%）		
	15 mm	19 mm	21 mm	15 mm	19 mm	21 mm
20.0	29.59	67.74	111.29	100.0	100	100.0
15.3	14.54	42.33	65.30	49.72	69.1	59.0
10.2	7.71	21.15	33.75	23.6	38.0	32.0
5.0	—	5.63	5.37	—	7.0	5.0

由上述可知，水温既与水体溶解氧有关，又与鱼体耗氧有关，同活鱼运输的成活率密切相关，即水温越高，对运输越不利。因此，在运输实践中，应尽量避开高温，适当降低水温，有助于运输成活率的提高。但运输水温也不宜过低或急剧变化，因为过低的水温易使鱼体受冻致伤（出现鳞片下出血症状），甚至冻死。对鲤科鱼类而言，最适宜的运输水温为5～

10 ℃。在南方地区运输水温以15 ℃以下为宜，尽量不要超过25 ℃。在预防水温过高或过低的同时，还应特别注意水温的急剧变化，骤升或骤降易使鱼难以适应而致死，这在鱼运抵目的地放养时尤应注意，因为运输水体与放养水体之间常会存在较大温差，如事先不进行过渡性适应，即将鱼从运输容器直接放入养殖水体，将很容易造成不必要的损失。温度对鱼类运输的影响见表6-5。

表6-5 温度对鱼类运输的影响

(依王武，2000)

鱼类	体重 (kg)	水温 (℃)	平均呼吸频率 (次/min)	运输途中鱼类动态	运输结束时测定		
					溶解氧 (mg/L)	二氧化碳 (mg/L)	CO₂呼出率 [mg/(kg·h)]
鲢	1~1.5	8	22.5~25.9	120 h均正常	9.6~10.8	110~123	6.1~10.2
	1.1	15	39.5~44.6	72~105 h死亡	2.1~4.2	186.5~190.4	16.4~23.8
草鱼	1.5	8	36	120 h均正常	13.4	93.2	5.2
	0.85	15	46	120 h死亡	5.4	158.4	15.5

2. 水质

为确保水中有充足的溶解氧并减少途中耗氧，应尽量选择水质清新、含有机质和浮游生物少、中性或微碱性、不含有毒物质的水作为运输用水，其中，宜以水较清新、溶解氧又高的河水、湖水、水库水为首选。井水虽清新、温度低，但含氧量往往也较低，不宜直接使用，但可提前2~3 d将其泵入水泥池备用或用充气泵增氧后使用或部分掺用。鱼池的水较肥，含有多种耗氧因子，一般不宜采用或仅可少量掺用。受污染的水绝对不可使用。自来水清澄，但其所含的余氯对鱼有毒害作用，直接使用常会致鱼死亡。对鲢、鳙鱼苗的试验表明，水中含氯量低于0.20 mg/L时，无鱼苗死亡；0.25~0.30 mg/L时部分鱼苗死亡；达到0.35 mg/L时，鱼苗全部死亡。因此，使用自来水的前提是其含氯量不超过0.20 mg/L或应按下列方法先行去氯处理：

① 自然逸出法。将自来水放入水泥池等大容器静置2~4 d，任水中余氯自然逸出；如要加快去氯速度，可用气泵向水中连续充气，24 h后即可安全使用。

② 化学去氯法。急需使用自来水时，可向水中添加硫代硫酸钠快速除氯。其原理是：

$$Cl_2 + 2Na_2S_2O_3 = 2NaCl + Na_2S_4O_6$$

计算硫代硫酸钠用量时，要考虑市售的硫代硫酸钠带有5个结晶水（即$Na_2S_2O_3 \cdot 5H_2O$）。根据上述方程，若水中含氯1 mg/L，则每千克自来水需加入6.99 mg的市售硫代硫酸钠，即每吨水中约加入硫代硫酸钠7 g。操作时，先用少许水将硫代硫酸钠溶化，然后倒入水中搅拌均匀即可达到去氯目的。

除了运输用水本身的质量外，在运输过程中鱼类呼吸作用排出的二氧化碳在水中积累，有时也会影响鱼类的生存。在开放式运输中，水中的二氧化碳会自行逸出水面，其积累很少会达到危及鱼类生存的浓度。而在封闭式运输时，水中的二氧化碳无法向外扩散，常会因不断积累而达到很高的浓度，致鱼麻痹甚至死亡。上海海洋大学的测试数据表明：采用塑料袋加水充氧运输家鱼亲鱼时，袋内水中二氧化碳浓度在50~80 mg/L时，亲鱼表现为呼吸乏力；80~140 mg/L时，出现麻痹症状，呼吸频率减少；超过150 mg/L时，即开始死亡。

而此时水中溶解氧量均较高（处于饱和或过饱和状态），表明亲鱼的死亡不可能因缺氧所致，而主要应是由高浓度的二氧化碳对亲鱼的麻痹作用所造成；当然也有可能是由二氧化碳与氨协同作用所致。因此，在封闭式运输中设法降低二氧化碳的排泄量及其积累量是确保运输成功的技术关键之一，常用的实用方法有：降低运输水温、向水中添加缓冲剂以调节水体 pH、加入天然沸石吸附等。

三、人为因素

在活鱼运输中，运前准备、装运密度、运输时间、运输方法、颠簸状况及途中管理等因素对于运输成活率均存在不同程度的影响。此外，运输时鱼所处的姿态、塑料袋充氧运输的加水量等因素也会对运输成活率产生一定影响（表 6-6、表 6-7）。因此，根据气候条件、运输对象及运程长短，充分做好各项准备，确定适宜的运输方法和合理的装运密度，并加强运输全程的精细管理，对于提高运输成活率具有重要意义。

表 6-6 不同运输姿势对鲢亲鱼的影响

处理方式	体重 (kg)	平均呼吸频率 (次/min)	鱼体动态	结束时测定		
				溶解氧 (mg/L)	CO_2 (mg/L)	CO_2 排出量 [mg/(kg·h)]
浮于水面，鱼正常	7	18.8	正常，120 h 开袋	14.4	140.3	4.2
放在桌上，鱼侧卧	4.5	28	62 h 呼吸乏力，96 h 死亡	14.7	162.6	8.6

表 6-7 塑料袋充氧运输装水量对运输效果的影响

水量占塑料袋总体积	昏迷前经过时间 (h)	开袋前经过时间 (h)	开袋时溶解氧量 (mg/L)	开袋时 CO_2 含量 (mg/L)	成活率 (%)	鱼的症候
1/10	20	24	6.08	297.8	100	经 20 h，有 11% 的鱼昏迷，开袋时已有 40% 的鱼昏迷，可以救活
1/4	24	24	4.62	247.9	100	正常
1/3	24	24	2.23	231.6	100	正常
4/5	23.8	23.8	0.46	227.9	100	不适
9/10	23.6	23.8	0.31	217.8	89	开袋时 11% 的鱼昏迷或死亡

注：每升水中鱼的密度为 40 g，运输水温 30.5 ℃。

第二节 常用活鱼运输方法

一、运输方法分类

鱼类运输的方法很多，并可按不同方法分类。

1. 按运输容器是否含水

可分为无水湿法运输（仅适合某些鱼类的短途运输）和带水运输（是鱼类运输的主要形式）。

2. 按容器水面是否敞开

又可将带水运输分为开放式运输（主要限制因子为溶解氧量）和封闭式运输（主要影响

因子为二氧化碳及氨氮等有毒有害物质的积累量）。

3. 按运输鱼类的规格

可分为鱼苗运输、夏花运输、鱼种运输、食用鱼运输和亲鱼及鱼卵运输等。

4. 按运输器具的种类

可分为挑篓运输、尼龙袋（橡胶袋）充氧运输、鱼篓（帆布桶、塑料桶）运输、活水车运输、活水船运输等。

5. 按所用交通工具

可分为空运、水运（活水船）、陆运（活水车）、人力挑运等。

6. 按是否采用麻醉药物

可分为自然运输和麻醉运输等。

二、主要运输方法

（一）人力挑运

人力挑运是一种最原始而简单的鱼类运输方法，适合交通不便地区少量鱼类的短途运输，即将鱼放入有水或无水的容器（挑篓、水桶、竹筐等）（图 6-1），由人力肩挑从甲地（生产地）步行运往乙地（需求地）。挑运密度主要可根据运程长短和鱼体规格而定，并可随季节水温变化适当增减。途中如发现鱼浮头，应及时进行换水以改善水质，但换水量不宜超过原水量的 1/2。

图 6-1 挑篓示意图

（二）鱼篓或帆布（塑料）桶装运

将鱼装入盛水的鱼篓、帆布桶、塑料桶等体积较大的容器，然后借助水陆交通工具进行运输，适合较大数量较长距离的活鱼运输。其中：

鱼篓（图 6-2A）：形状为上圆下方，用竹篾编成，内用棉纸柿油粘贴，使水不漏（也可内套规格等同的帆布袋）。鱼篓的规格各地并不相同，尚无统一标准。一般口径约为 90 cm，高 77 cm，底 70 cm 见方。

帆布桶（图 6-2B）：由帆布袋和铁架或木架两部分组成。桶呈上狭下阔的圆柱形，口径约 90 cm、底径 110 cm、高 100 cm。

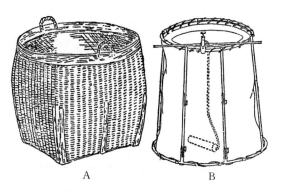

A   B

图 6-2 鱼篓和帆布桶示意图

A. 鱼篓   B. 帆布桶

木桶（图 6-3）：结构似帆布桶，一般为圆柱形，上口略小，下端装有出水阀，具体规格可视需要定制。

采用这类方法运输时，常需一些辅助用具，主要有供舀水用的巴篓（图 6-4）和供滤水用的出水（图 6-5）。

装鱼密度应结合容器根据鱼的品种、体质、规格、状态以及运程、气候、水温、水质等因素综合考虑确定。在正常情况下，运输夏花和鱼种的装运密度参考表 6-8。

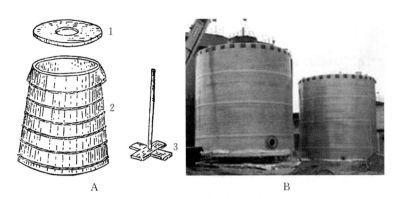

图 6-3 木桶和玻璃钢桶示意图

A. 木桶　B. 玻璃钢装鱼桶

1. 桶盖　2. 桶身　3. 击水板

图 6-4 巴　篓

图 6-5 出　水

表 6-8　夏花和鱼种的装运密度

（依雷慧憎等，1981）

规格（cm）	温度（℃）	密度（尾/L）	时间（d）
2.2	25～30	75～90	1～2
3.3	25～30	65～70	1～2
5.0	25～30	45～50	1～2
8.2～10	10～15	25～30	1～2
13.2	10～15	10～15	1～2

（三）活鱼车运输

将配有增氧、制冷降温及抽水等装置的活鱼箱安装在载重汽车上，以车作为交通工具，快捷、便利、高效，适合于食用鱼批量运输。目前国产的活鱼箱主要有 SF、HY、SC 等型号，主要差别在于增氧系统，SF 型采用喷水增氧辅以射流增氧，HY 型（图 6-6）采用射流式增氧，而 SC 型采用纯氧增氧，效果最好，但造价也高。HY 型及 SC 型活鱼箱的主要技术参数见表 6-9。

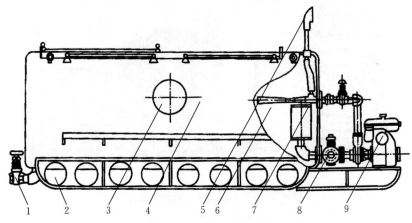

图 6-6　HY 型活鱼箱结构示意图

1. 放水阀　2. 底座　3. 观察镜　4. 箱体　5. 通气口　6. 射流器　7. 吸水罩　8. 三通　9. 汽油机

表 6-9　活鱼运输箱主要技术性能参数

项目		HY-2 型	HY-4 型	SC 型
规格 ［（长×宽×高）(m)］		2.1×1.45×0.9	2.7×1.7×1.05	2.3×1.5×1.6
鱼箱容积（m³）		2.45	4.5	3
额定装载量（kg）		1 400	3 200	3 000（满载）
鱼水比	水温 20 ℃以下时	1:1	1:1	1:1
	水温 20～30 ℃时	1:2	1:2	1:2
额定运行时间（h）		4	4	24
鱼的成活率（%）		95%以上	95%以上	95%以上
水的溶解氧量（mg/L）		2 以上	2 以上	4 以上
水泵	流量（m³/h）	20	20	17
	扬程（m）	20	20	22
	汽油机功率（kW）	3	3	2.2

(四) 活水船运输

我国常用的活水船主要有以下两类。

1. 普通活水船

由普通农用船改装而成，没有专用增氧设备，途经污水区域时必须关闭进、出水孔（门），因而其装运密度及运行航线有所限制。不同地区所用的活水船，在结构上有所不同。

2. 喷淋增氧活水船

由普通活水船改进而来。由于其在船的活鱼舱内安装了由柴油机、水泵、喷水管、阀门等部分组成的喷淋增氧装置，因而可使运输效率得到明显提高。该装置工作时，由柴油机驱动水泵，将鱼舱底部的水抽吸上来送至喷水管，通过喷水管再喷洒于鱼舱水面而实现水体增氧。例如，由广东顺德、中山等渔区驶往香港的活鱼船（140 t）现都安装有这种设备，使得夏季运输时装鱼密度能达到鱼水比 1:3，冬季更是可达 1:2。这种活水船在水域无污染的内河行进时，既可打开进、出水阀进行鱼舱水体自然交换，又可开动增氧装置进行增氧，从而实现双重增氧，确保水体始终有充足的溶解氧。目前，有些活水船已在此基础上做了进一步改进，将喷淋增氧装置改为射流式增氧装置，同时配装净水、制冷装置，使运输效果更佳。在海区运输大黄鱼时，装运密度可参考鱼体规格大小、运输水温高低、运输时间长短等因素，同时应选择水温在 16～18 ℃的秋季，或水温 14 ℃以上的春季进行，并应选择风和日丽且风浪较小的天气。一般在水温适宜条件下，一日运程的商品大黄鱼装运密度可控制在 10～15 kg/m³。运输过程中要确保船舱内水体处于活水状态（每小时水体交换率 200% 左右）。运输途中要采取遮光措施；在等待进港等临时停泊时，应尽量远离浑水区，早做预案。

（五）封闭式充氧运输

封闭式充氧运输是目前运输鱼苗及夏花最常用、最有效的方法，具有容器体积小、重量轻、易装载、单位水体装运密度大、适合各类交通工具、管理方便、成活率高等优点。但这种方法不适合批量运输规格大的鱼类（食用鱼及亲鱼）；途中一旦漏气、漏水也很难及时发现处理；在常温下运输时间一般不宜超过 30 h。

目前生产上用于鱼类封闭式充氧运输的容器主要有塑料（尼龙）袋和橡胶袋：

1. 塑料袋充氧运输

塑料袋俗称尼龙袋，用白色、透明、耐高压的聚乙烯薄膜（厚 0.05～0.18 mm）电烫特制而成（图 6-7），一般规格为 70 cm×40 cm，袋口敞开或呈柄状（柄长 12～15 cm、宽 8～10 cm）；袋的容积约为 20 L，分单层袋和双层袋两种。采用双层袋的目的是预防单层袋破损，确保运输安全，其是在单层袋的基础上内衬了一层密封性好但不耐冲击的强力塑料薄膜（内袋）。

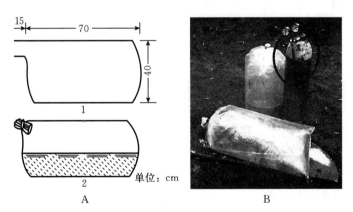

图 6-7 鱼苗、鱼种运输用塑料袋

A. 塑料袋充氧示意 B. 塑料袋充氧密封实物图

1. 塑料袋平面 2. 盛鱼后充氧密封情况

塑料袋充氧运输适合鱼苗、夏花及小规格的鱼种，装运密度可依据运输时间、温度、鱼的种类及规格而定。通常在同等条件下，性温顺、耗氧率低的鱼装运密度可适当增大；反之应有所减少；而对于同种鱼类，温度低时运输密度可适当增大，反之需相应减少。用上述塑料袋加水 8～10 kg，在水温 25 ℃时装运鱼苗、鱼种的密度可参考表 6-10。

表 6-10 塑料袋装运鱼苗、鱼种的密度

(浙江省淡水水产研究所，1976)

运输时间 (h)	装运密度（尾/袋）		
	鱼苗	夏花鱼种	8.3～10 cm 鱼种
10～15	15 万～18 万	2 500～3 000	300～500
15～20	10 万～12 万	1 500～2 000	—
20～25	7 万～8 万	1 200～1 500	—
25～30	5 万～6 万	800～1 000	—

采用塑料袋充氧运输时，可按下列流程进行打包作业：塑料袋检漏→加水（1/4～1/3，8～10 L）→装鱼→赶气→充氧→扎口→静置→装箱→包扎→启运。应特别注意进行空运时，塑料袋的充气量应为陆运时的 70%，以免高空爆破。

通常，运输时要将密封的塑料袋置于特制的硬纸板箱或泡沫塑料箱内，每箱可装一袋或两袋。纸箱要求光滑、耐压、防水性好。用纸板箱包装有利于搬运，并具有隔热、遮光等功能。

2. 橡胶袋充氧运输

为了克服塑料袋易破损、容量小、不适合成鱼运输、只能一次性使用的弊端，橡胶袋充氧运输应运而生。橡胶袋囊一般体积较大（小型为 0.5 t、大中型可达 3～5 t），运输水质稳定，途中可换水充气，成活率较高，适用于大规格鱼种和食用鱼及亲鱼运输。常见橡胶袋一般用厚度约 1 mm 的橡胶制成，宽 80～100 cm，长 200～250 cm，实际上可将它看成是放大并加固了的塑料袋，是对塑料袋不足的弥补，但其价格较贵，装运密度参见表 6-11。

表 6-11 橡胶囊运输鲤鱼种和食用鱼密度

(依王武，2000)

胶囊体积（m³）	装水量（kg）	装鱼重量（kg）	运输时间（h）
4～5	2 000～2 500	300～400	25～30
		500～600	12～15
		700	7～10
8～9	4 000～5 000	1 000～1 200	25～30
		1 500～1 800	12～15
		2 000～2 500	7～10

（六）特殊的鱼类运输方法

所谓特殊的鱼类运输方法，是指出于特殊目的、采用特殊手段、仅用于特殊鱼类的运输方法，主要有无水运输和麻醉运输。

1. 无水运输

（1）无水湿法运输　也称干法运输，它是利用某些鱼类特有的辅助呼吸功能，将鱼置于潮湿无水的容器，进行短距离运输的方法，简单易行，运输成本低，效率高。但这种方法具有明显的局限性，仅适用于少数能呼吸空气氧的鱼类，如能进行皮肤呼吸的鳗鲡、鲇、鲤、鲫等，具有辅助呼吸器官的黄鳝、乌鳢、斑鳢、泥鳅等。

进行无水湿法运输时，首先需要用湿草、湿布或时常淋水的方法确保运输鱼类体表保持湿润，并用加冰袋（塑料袋上打若干小孔、内装 500 g 左右碎冰）的方法降低温度，避免水分大量蒸发及呼吸表面干燥，以维持皮肤呼吸的正常进行；同时须事先做好鱼体锻炼，让鱼排空体内粪便、残饵。这是提高运输成活率的技术关键。此外，还应特别注意这些鱼类的皮肤呼吸功能会随年龄的增长及水温的升高而下降（表 6-12），因此在运输实践中应考虑鱼体规格对运输结果的可能影响。

表 6-12　不同鱼类的皮肤呼吸量

（依《中国池塘养鱼学》）

种类	体重（g）	水温（℃）	皮肤呼吸量 [mg/(kg·h)]	皮肤呼吸占 总呼吸量（%）
当年鲤	20～30	10～11	29.0	23.5
鲤	40～240	17	8.2	8.7
2 年鳞鲤	300～390	8～11	7.9	11.7
2 年镜鲤	300	8～9	5.9	12.6

除了采用简易容器（鱼篓、木桶、车厢散装等）外，如能采用统一规格的专用泡沫塑料运鱼箱（60 cm×40 cm×30 cm），并加适量冰袋以既可降温、又可以溶化的冰水湿润鱼体表面，则运输效果更理想、更规范、更适合打包批量装运。

（2）低温无水运输　鱼类等冷血动物都存在一个区分生与死的生态冰温零点，或叫临界温度。冷水性鱼类的临界温度在 0 ℃左右，低于暖水性鱼类。从生态冰温零点到结冰点的这段温度范围叫生态冰温。在生态冰温范围内，经低温驯化的鱼类，即使环境温度低于生态冰温零点，也可保持"冬眠"状态而不死亡。处于冰温"冬眠"的鱼类呼吸和新陈代谢强度极低，这就为无水活运提供了条件。把生态冰温零点降低至接近冰点是活体长时间保存的关键。表 6-13 是部分鱼类的临界温度和结冰点。

表 6-13　几种鱼类的临界温度和结冰点（℃）

（王吉桥，2000）

种类	河鲀	鲔	沙丁鱼	鲷	大黄鱼	牙鲆	鲽
临界温度	3～7	7～9	7～9	3～4	3～4	−0.5～0	−1.0
结冰点	−1.5	−1.5	−2.0	−1.2	−1.2	−1.2	−1.8

低温无水运输的基本步骤为：

① 暂养。使鱼类消化道内食物基本排空，以降低运输途中的耗氧量及应激反应，提高其存活时间，如牙鲆在低温无水运输前应先停食暂养 48 h 以上。

② 降温。运输前，先要对待运鱼类进行梯级降温驯化，使其逐渐适应近结冰点的低温。如牙鲆的降温速率为：10 ℃以上、1～10 ℃、1 ℃以下时每小时的降温幅度应分别控制在 4 ℃、1 ℃和 0.5 ℃以内。

③ 装运。将鱼类移入双层塑料袋中，加入少量冰水，充纯氧扎口后，再移至保温箱中，并控制箱内温度全程保持在 −0.5～1.5 ℃，这是确保运输成功的关键。

④ 放鱼。运抵目的地后，将鱼先放到 5 ℃左右的清水中，加水慢慢升温至 10～14 ℃，

大约 20 min 就会恢复正常。

2. 麻醉运输

目前麻醉运输主要适用于亲鱼，偶尔才用于苗种及食用鱼的运输。

（1）鱼用麻醉剂及其作用原理　麻醉剂是指能不同程度地抑制鱼脑感觉中枢，使鱼失去反射动作的物质。麻醉剂的作用原理是：首先抑制脑的皮质（痛觉丧失期），再作用于基底神经节与小脑（兴奋期），最后作用于脊髓（麻醉期）。过大剂量或过长的接触可深及髓质，使呼吸与血管舒缩中枢麻痹，最终导致死亡（李思发，1988）。麻醉程度分期和复苏过程分期及与之对应的鱼类行为表现见表 6-14 和表 6-15。

表 6-14　麻醉程度分期及鱼类行为表现

（依魏锁成，2005）

行为表现分期	视觉	触觉	重压	肌肉张力	平衡感	鳃盖振动频率	备注
第Ⅰ期（轻度镇静期）	±	±	+	+	+	正常	
第Ⅱ期（深度镇静期）	—	—	+	+	+	略减少	用于一般运输
第Ⅲ期（平衡失调期）	—	—	+	±	±	增加	
第Ⅳ期（麻醉期）	—	—	±	—	—	增加或减少	最佳操作期
第Ⅴ期（深度麻醉期）	—	—	—	—	—	慢	应立即进行复苏
第Ⅵ期（延髓麻期）	—	—	—	—	—	停止	无法恢复、死亡

注："＋"代表正常，"±"代表略失，"—"代表丧失。

表 6-15　复苏过程分期及鱼类行为表现

复苏分期	行为表现
第Ⅰ期	身体静止，呼吸恢复，鳃盖开始振动
第Ⅱ期	身体平衡及运动恢复
第Ⅲ期	平衡完全恢复，对外界反应恢复
第Ⅳ期	行为完全恢复正常

（2）常用麻醉剂　用于鱼类活体运输的麻醉剂（镇静剂）主要有：乙醚、巴比妥钠、MS-222（烷基磺酸盐间位氨基苯甲酸乙酯）、安定、复方氯丙嗪、碳酸麻醉剂、盐酸普鲁卡因、喹哪啶等。

（3）使用麻醉剂注意事项　在使用麻醉剂进行鱼类运输时，除了根据具体条件采取适宜的方法外，还应特别注意下列几点：

① 要充分了解所用麻醉剂的基本特点。以便经济实惠地选择和使用效果理想的麻醉剂，并最大限度地减少对运输鱼类的不利影响。

② 要确定适宜的麻醉有效剂量。对于麻醉剂有效浓度的定义，因麻醉剂种类、鱼种和使用用途而异，学术界尚无统一标准；但目前大部分学者都倾向于以同时满足"3 min 之内麻醉"和"5 min 之内苏醒"（Marking 等，1985）作为确定麻醉有效剂量的依据。

③ 要把握适中的麻醉深度。大量研究表明，第Ⅱ期深度镇静期（视觉、触觉丧失，呼吸频率略减，平衡感正常）是运输的适宜时期。若是进入深度麻醉，鱼体将失去平衡，沉到

容器底部，增加与容器壁的冲撞机会，并会使水质迅速恶化，或相互挤压造成鱼体窒息死亡。

④ 要注意所用麻醉剂的合法性。不可选用国家明令禁止或限制的麻醉药物；并要注意药物残留及运输对象的食用质量安全；例如，MS－222 已通过 FDA（美国食品药品监督管理局）认可，但 FDA 同时要求经 MS－222 麻醉的食用鱼必须经过 21 d 的药物消退期才可在市场上销售。

（七）活鱼运输新技术动向

1. 模拟冬眠系统运输

美国怀俄明大学正在开发一种新的用模拟冬眠系统运输和保存活鱼的方法。他们提出了一种冬眠诱导系统的构想，包括一种把鱼类从养殖水槽转移到冬眠诱导槽的装置，然后将鱼转入一个温度维持在 0～4 ℃ 的冬眠保存槽里，或是送入运输低温容器中的转运箱里，使其温度也保持在 0～4 ℃，当鱼类上市时再放入苏醒槽里，由于休眠鱼类的肾功能降低，其排尿量非常少，可不需水循环。利用现有的免疫接种技术可以很容易把冬眠诱导物质注入鱼体或直接应用渗透休克方式使其处于冬眠状态。

2. 切断脊髓止动运输

日本用高速运转的 2 mm 钻头来切断鱼的脊髓，切断脊髓的鱼放回水中仍能呼吸，除头部和胸部外都不能动，这样可以减少消耗，将鱼放入可充氧气的冷却保温箱中，用卡车进行长途运输。在运输中应充氧，包括淋浴法（循环水淋浴法）、充氧法、充气法和化学增氧法等。

3. "冬眠" 无水运输

2006 年，菲律宾的一家水产养殖公司推出了一种新技术，可以实现无水运送活鱼。该技术实际上是使用一种特殊方法让鱼 "冬眠"。到达目的地后把 "冬眠" 的鱼从塑料泡沫箱中取出，然后放在容器里，鱼进入水中能立刻醒过来。经过冬眠处理，活鱼就能够 "沉睡" 9 h 左右，鱼的成活率达到 95% 以上。用这种方式运输活鱼可以节省 75% 的运输费用。该项技术在食品安全方面已得到了菲律宾政府渔业部门的肯定。

第三节 提高活鱼运输成活率的措施

活鱼运输中存在的主要矛盾是鱼体耗氧量与水中溶解氧量之间的矛盾，也就是较多的鱼与较少的水之间的矛盾。因此，提高活鱼运输成活率的关键就在于合理调和这对矛盾，应在确保鱼体质量的前提下，设法增加溶解氧量，尽量降低耗氧量，重点实施下列措施。

一、做好充分准备

1. 确定运输方式

根据运输计划及实际条件选择方便、适用、高效的运输方式（如水运、陆运、空运），并提前与有关部门（如机场）商定落实运输的相关事宜。

2. 备齐运输器具

运输所需的各类器具必须事先配备齐全，并应认真仔细检查，如有损坏和不足，应及时修补、添置；陆运时，应选择性能良好的车辆，并提前进行检修、保养，以免运输途中发生抛锚事故。

3. 了解沿途水源

开放式运输时，应事先了解沿途水源、水质情况，联系并确定好换水地点。

4. 做好人员配置

运输人员应具有高度的责任心（最好有过运输经历），并应做到职责分明，互相配合。

5. 增强鱼类体质

运输苗种时，除了质量上应选优外，通常还应提前 2 d，对待运苗种进行拉网锻炼，以减少其排泄物，增强耐运力。

6. 制定相关预案

在落实好装卸、起运、衔接等环节相互配合和"人等鱼到，塘等鱼放"的同时，对运输途中可能发生的突发事件要有应急预案，以应对人力可为的意外情况，确保万无一失。

二、确定适宜密度

在活鱼运输中，装运密度的合理与否将会直接关系到运输效率。密度太高，会因缺氧导致成活率下降；密度太低，浪费人力、物力，提高运输成本。因此，在运输实践中，应根据运输方式、运输对象（种类和规格等）、运输器具、运输条件（水温、水质等）、运程长短等具体因素，综合确定合理的装运密度。这是提高运输成活率的重要保证。

此外，活鱼运输的装运密度通常可以鱼体总重量与水体体积之比值为参考指标，并应根据鱼的规格大小及状态有所区别。对于稚、幼鱼，运输时的鱼水比不宜超过 1：3；亲鱼可按 1：（2～3）运输；但小个体稚鱼需要将鱼水比降低为 1：（100～200）（Pecha et al.，1983）。在换气良好、水温 8～15 ℃、运输时间 1～2 h 的情况下，建议运输的鱼水比为：商品鲤 1：1，鲤亲鱼 1：1.5；商品虹鳟 1：3，虹鳟亲鱼 1：4.5；狗鱼亲鱼 1：2，草食性鱼类 1：2。其他鱼类的装运密度可基本以此按类参考。

三、选用优质水源

为了确保充足的溶解氧，运输用水应满足水质清新、溶解氧丰富、含有机物和浮游生物少、中性或微碱性、无毒无臭等优质指标。为此，在实践中应尽量选择未被污染的天然河水、湖水或库水作为运输水源。如果确需使用井水、自来水等其他水源，则应先按前述方法进行必要的预处理。

四、加强途中管理

在运输途中，运输人员除了经常检查尼龙袋有无破损或观察鱼有无异常反应，以便及时发现问题及时应对补救外，重点应从补充溶解氧、减少耗氧及改善水质等方面加强全程管理。

1. 补充水中溶解氧

对于开放式运输，途中可以采取换水、击水、送气、淋水、晃动、注氧等方法使运输水中的溶解氧得到不断补充。

（1）换水 运输途中，若发现鱼浮头，应立即换水，以补充水中的溶解氧量。但换水时，应注意以下几点：

① 换水量不能超过原水量的 2/3，以免因水温、水质剧变导致鱼不适而损伤。

② 换水时应先将容器内的水部分换出，再轻缓地加入新水，切忌将新水直接冲入，以免鱼体因受水冲击而损伤。

③ 所换之水必须水质清新、溶解氧丰富，未受各类污染。

④ 新水与原水的温度、盐度及其他水质因子不能差异过大，如水的温差，对鱼苗和鱼种分别不能超过 2 ℃和 5 ℃。

（2）击水、送气和淋水　在换水困难的情况下，可根据条件采取击水、送气和淋水的方法以增加水中溶解氧。

击水时，击水板不能打击水面，而应置入水中缓慢升降，以免鱼体受伤。

送气时，应注意气量不宜过大、时间不宜过长，以能激动全部水量的 1/3～1/2、鱼不浮头为度，尤其在运输鱼苗时，如果充气过猛，易伤鱼体；时间过长，鱼会因长时间顶水消耗体力，易造成死亡。

淋水时，水珠力求细小，由高处缓缓滴落，以充分接触空气达到增氧目的。

（3）晃动水面　通过适度振荡运输容器，可使其中的水面时有波动，增大与空气的接触面，从而达到增氧目的。但要注意晃动力度，以免过猛伤及鱼体。此外，在水体表面放置网状的浮板，通过其不断的慢速回转，也能达到使水面振荡的效果。

（4）化学增氧　向水体投放适量的特定化学物质常可达到快速增氧的效果，如滴加过氧化氢。Huilgol 和 Patil（1975）曾指出：过氧化氢可作为鲤仔鱼运输的氧源，水温 24 ℃时将 1 滴过氧化氢溶液（6％，1 mL＝20 滴）加入 1 L 水中可以使溶解氧升高 1.5 mg/L，而 CO_2 和水体 pH 没有变化。

（5）直接注氧　如有条件，可通过压缩氧气瓶及与之连接的气管适时向运输水体直接注入纯氧，增氧效果更为理想。

2. 减少水体耗氧

（1）先行"去黏""清肚"　运输前应对鱼进行拉网锻炼，使其在锻炼中完成"去黏"和"清肚"，以减少运输途中的分泌和排泄，为降低耗氧打下基础。

（2）及时清除污物　在运输途中经常检查容器底部，一旦发现水底有粪便、残饵、死鱼等物沉积，应及时采用皮管虹吸法将污物悉数吸出，并适量补充新水，以减少耗氧因子。

（3）采取冰袋降温　因为鱼的活动及其耗氧随水温升降而增减，因此，可通过适度降温，以使鱼在途中的耗氧减少。一般做法为：在运鱼水体中加放冰袋使水温降至 5～10 ℃，并尽量选择当日的低温时段启运。但采用此法时，应注意以下几点：

① 降温运输不适合鱼苗。因为鱼苗体质嫩弱，对水温变化反应敏感，降温不当易影响其生长发育；而且当水温低于 12 ℃时还会导致鱼苗大批死亡。

② 冰应以袋装形式放置。如果把冰直接放入水中，会因低温或接触造成鱼体局部冻伤擦伤。因此，应将冰先置入适宜的塑料袋内，然后再将袋放于水中，以使冰在袋内缓慢溶化、逐渐降温。

③ 放养时要缓慢调节温差。采用此法运输的鱼种，在运抵目的地放养前，应先通过缓慢添加当池水来逐渐缩减温差，待水温趋于近似且鱼体表现正常后，才可放鱼入池，以避免因水温剧变导致死鱼。

3. 改善水质状况

除了溶解氧之外，水中二氧化碳、pH、氨等其他水质因子的变化，也会对运输鱼类的成活产生负面影响，因此，应在前述常规措施预防的同时，考虑采取下列更有针对性的改良方法：

（1）投放适宜药物　在换水不便或无其他条件时，可在水中添加某些药物，以抑制水中细菌的活动，减轻水中污物的腐败分解，如添加硫酸铜，使水成 0.7 mg/L 浓度，或添加氯化钠（食盐），使水成 0.5% 的浓度，有利于提高运输成活率。

（2）采取缓冲吸附　在长途运输过程中，必要时可使用一些缓冲剂，如三羟甲基氨基甲烷，可以调节水中的 pH，消减二氧化碳积累的不利影响，使水体酸碱度保持适宜。此外，为防止水中氨的可能积累，可选用氨吸附剂，如沸石粉，能降低水中的氨浓度。研究表明，添加 14 g/L 的沸石可以将非离子氨控制在 0.017 mg/L 以下，而不加沸石的水体非离子氨浓度可达 0.074 mg/L。

📝 思考题

1. 简述活鱼运输的意义，活鱼运输成活率的主要影响因素。
2. 有水湿法运输适合哪些鱼类，为什么？
3. 麻醉运输技术要点有哪些？麻醉程度可分几期？
4. 简要回答怎样提高活鱼运输的成活率。

第七章 鱼类越冬

我国疆域辽阔，地处中低纬度，从南到北横跨热带、亚热带、暖温带、温带、寒温带等几种不同的气候带。据统计，我国北方几个省历年池塘越冬的鱼种平均死亡率达 20％左右，个别地区有时甚至高达 100％。因此，保证鱼类安全越冬是我国北部地区养鱼生产的重要环节。

第一节 越冬水体的基本特性

越冬水体是鱼类越冬的场所，其环境条件的优劣将直接关系到越冬鱼类的安全，尤其在冬季寒冷而漫长的北部地区。而了解越冬水体的理化特性及生物学状况，据此采取有效措施，是提高越冬成活率的基本前提。

一、物理特性

（一）水深

各种水域在封冰后，不冻层（冰下水体）的水位变动主要取决于冰层厚度和渗漏流失（与堤埂土质保水性相关）。一般随着温度的降低，冰层增厚，冰下水位便会逐渐下降，水体体积趋于缩减。

（二）水温

水体表面封冰后，冰下水温通常出现垂直分层现象（表 7-1），近冰层水温一般在 0 ℃左右，向下逐渐增高，如水深达 1.5 m 以上，底层水温可保持在 4 ℃左右。冬季鱼类一般集群在温度相对较高的深水处。如果采取循环水或补水等增氧措施，冰下水温的自然垂直分布将被打破，底层的水温可降低至 0.2 ℃，当停止注水后，虽然水温会自然回升，但底层一般很难再达到 4 ℃。

表 7-1 冰下水温垂直分布情况

（依雷慧憎等，1981）

冰下水深（cm）	水温（℃）	冰下水深（cm）	水温（℃）
表层	0.4～0.8	100	2.8～3.8
20	1.0～1.4	120	3.4～3.8
40	2.0～2.4	140	3.6～3.9
60	2.3～3.5	300～400	4 左右
80	2.4～3.8		

（三）透明度

水面封冰后，透明度的大小主要取决于浮游植物的丰歉，而此时水温低，且缺少营养盐，浮游植物的生物量总体趋于下降。因此，冰下水层的透明度通常比明水期大，一般在

50～100 cm。但有时有的越冬池因金藻、衣藻、小球藻等浮游植物大量繁殖，透明度也会低至30 cm以下。透明度与浮游植物现存量呈负相关。例如1979—1981年冬季哈尔滨地区越冬池的透明度（y，cm）（22～139 cm）与相应的浮游植物生物量（x，mg/L）间的回归式为：

$$y=83.91-0.72x \quad (n=153, r=0.435)$$

（四）冰下照度

在正常情况下（冰上积雪厚度50 cm以上的除外），冰下水层都会有一定的照度。照度的大小与冰的透明度和积雪的厚度密切相关，而与冰的厚度关系较小。

明冰（流水状态下形成的冰）光亮明晰，并有折射作用，无论厚薄，透光率均可达30%以上，最大为63%，冰下照度值在晴天中午前后最高，可达1万～2万lx。而乌冰（死水冻结或雪后冰面上有水时形成的冰）透光率较差，厚度3～5 cm的乌冰，透光率仅为10%左右，冰下最大照度值约3 000 lx。

在水面封冰时，如果冰层不厚且无积雪覆盖，冰下的照度通常远高于藻类的补偿点（常为300 lx左右），光合作用仍可不同程度地进行着。如黑龙江省一些越冬池封明冰时，甚至冰下1～2 m深的水层，照度仍有3 000～10 000 lx，接近某些藻类的最适光照，一昼夜产氧量常在1 mg/L以上，最高达2.71 mg/L，浮游植物量可达10 mg/L以上。而当冰层由厚的乌冰组成或冰上长期覆雪时，透光率将大大降低，如覆雪20～30 cm，透光率仅为0.15%，冰下最大照度值不过30～100 lx，此时浮游植物净产量将转为负值。由此可见，覆雪冰下的照度难以满足藻类正常生长的需要，而明冰和不太厚的乌冰下的照度则可以保证绝大部分藻类的正常繁殖（绿藻、硅藻、甲藻光合作用的最适照度分别为5 000～7 000 lx、11 000～22 000 lx和2 700 lx）。

二、化学特性

（一）溶解氧量

1. 封冰水体溶解氧的来源

冰下水体的溶解氧完全来源于浮游植物、沉水植物等绿色植物的光合作用。据测定，哈尔滨地区实行生物增氧的越冬池，冰下水层光合作用毛产氧量最大为12.45 mg/(L·d)，最小为0.21 mg/(L·d)，平均为2.34 mg/(L·d)。这虽然比夏季要低得多，但在耗氧量很低的冬季，此数值还是相当可观的。

2. 封冰水体溶解氧量的变化特点

水中溶解氧在封冰期的变化趋势取决于浮游植物的日产氧量和生物、底质等日耗氧量的平衡状况。如果浮游植物产氧量多于生物呼吸等耗氧量，则池水的溶解氧量就会逐日增大；反之，水中的溶解氧量就会逐日减少。在同样的情况下，明冰因透光性强于乌冰和覆雪冰，其下水层产氧量也多于后两者。通常，冰下水体光合作用产氧量 [y，mg/(L·d)] 与水体中浮游植物生物量 [x，mg/(L·d)] 呈正相关关系：

$$y=0.803+0.040\,8x \quad (n=107, r=0.80)$$

通常，浮游植物较少的池塘自封冰后，由于耗氧量大于光合作用产氧量，水中的溶解氧量将逐日减少，至溶冰前其溶解氧往往低于3 mg/L或更低。而浮游植物较多的越冬池，如果冰的透光性较大，则光合作用产氧量随光照强度变化，有时多于耗氧量，有时略少于耗氧量，水中的溶解氧量可大体保持在较高的水平。有的浮游植物多且光照条件好的越冬池，由于产氧量多于耗氧量，余氧在冰下逐日积累，至春节前后水中的溶解氧量甚至能达到过饱和。

3. 封冰水体溶解氧的消耗

（1）水呼吸耗氧　水呼吸耗氧是指水中浮游植物、浮游动物、细菌和腐殖质等的耗氧。哈尔滨地区越冬池水呼吸耗氧量变幅为 $0.04\sim3.76$ mg/(L·d)，平均值 0.82 mg/(L·d)，占毛产氧量的 16%。水呼吸耗氧量（y，mg/L）和浮游植物现存量（x，mg/L）呈正相关：

$$y=0.379+6.32\times10^{-3}x \quad (n=105,\ r=0.50)$$

（2）底质耗氧　底质耗氧是越冬池氧气消耗的一个重要方面，其数值可达 $0.37\sim0.45$ g/(m²·d)。若以 2 m 水深计，则池水所承担的耗氧量约为 0.17 mg/(L·d)，这比培育期底质耗氧（肥水池每平方米每日耗氧可达几克至十几克）要低得多，但在越冬池产氧水平也比较低的情况下，此值也是不可忽视的。底质耗氧不主要取决于底泥的厚度，而在于泥表层淤积物的性质和泥的密实程度。

（3）鱼类和大型动物耗氧　鱼种在低温（$1\sim4$ ℃）下的耗氧率因种而异。据牛鲁棋（1980）测定［耗氧率单位：g/(kg·h)］，鲢为 0.031 g/(kg·h)，鳙 0.013 g/(kg·h)，草鱼 0.036 g/(kg·h)，三种鱼混合（7∶1∶2）0.03 g/(kg·h)［比俄罗斯常用的当年鲤鱼种的低温耗氧率 0.014 g/(kg·h) 约高一倍］。越冬池大型浮游动物主要是桡足类。剑水蚤在水温 $2\sim3$ ℃时的耗氧率为 33 mg/(g·d)，若剑水蚤密度为 1 mg/L（约为 30 个/L），则相当于每天每升水要承担 0.033 mg 的耗氧量。

4. 封冰水体的现存溶解氧量

越冬池现存氧的增减取决于产氧和耗氧的差值。若越冬池耗氧率取水呼吸 0.60 mg/(L·d)，鱼种和大型浮游动物 0.39 mg/(L·d)，底质耗氧 0.17 mg/(L·d)，共计 1.16 mg/(L·d)。产氧若取高值 1.77 mg/(L·d)，除去总耗氧，尚余 0.61 mg/(L·d)，在这类越冬池中现存氧将逐渐上升；若全池平均光合作用产氧量取低值 0.58 mg/(L·d)，则不足耗氧，尚差 0.58 mg/(L·d)，这类池塘现存氧量将逐日下降。

5. 封冰水体溶解氧量的垂直分布及昼夜变化

越冬池冰下各水层的溶解氧量不同，其垂直分布情况与池水透明度有密切关系。多数越冬池通常表层溶解氧量多于底层。但在某些鞭毛藻（光甲藻）占优势或冰的透光性强、池水透明度大、底层浮游植物多的浅水池塘中，光照可直接射入底层，整个水层的浮游植物都能正常进行光合作用，则就有可能出现底层溶解氧量高于表层的逆分布现象（表 7-2）。

表 7-2　大连水产学院金州养殖试验场越冬池溶解氧量的垂直分布

（李永函等，1979）

池号	水深（m）	透明度（cm）	水层	溶解氧（mg/L）	浮游植物 生物量（mg/L）	浮游植物 优势种
502	1.4	29	表层	18.4	7.66	小球藻
			底层	23.2	76.58	
403	1.1	57	表层	10.6	7.99	衣藻
			底层	13.2	15.84	
501	1.4	47	表层	10.2	26.23	菱形藻
			底层	11.2	25.64	

越冬池溶解氧量的昼夜变化通常不大，其表层变幅一般仅为 0.9～2.4 mg/L，比夏季（8～12 mg/L）的变化要小得多。

（二）有害气体及 pH

封冰后，水较深、淤泥及有机物较少的水体，气体状况较好；而水较浅、淤泥及有机物较多的水体，气体状况较差。

一般而言，由于水中有机物的氧化分解及水生生物的呼吸作用而产生二氧化碳，但因水体与大气隔绝，水中产生的二氧化碳会不断积累、逐日增多，如黑龙江省条件较差的泡沼，3 月下旬二氧化碳含量可高达 174 mg/L。而越冬池中二氧化碳的积累会破坏池鱼的气体代谢。在缺氧的情况下，二氧化碳的增多会加速鱼类的死亡。当水中二氧化碳含量超过 60 mg/L 即会对鱼有害（提高氧阈），超过 200 mg/L，便可致鱼死亡。同时，由于水中二氧化碳的积累，水体 pH 会逐渐降低，由弱碱性渐变为中性或弱酸性。因此，池水中要保持一定数量的浮游植物，利用其光合作用以降低二氧化碳对水质的影响。

此外，在缺氧的情况下，由于还原细菌的作用，水中的硫酸盐会被还原成硫化氢，有机物（蛋白质）的不完全分解也会产生硫化氢，使水中硫化氢含量逐渐增多。作为一种有毒物质，硫化氢对鱼类有极强的毒性，即使含量极微也会造成鱼类中毒死亡。而且，硫化氢容易氧化，在氧化过程中会消耗水中氧气（1 mg 硫化氢氧化需消耗水中 1.4 mg 氧）。因此，在产生硫化氢的水体，溶解氧量会迅速下降，导致恶性循环。谨防水体缺氧，是消减硫化氢产生及其毒害作用的有效措施。

（三）溶解盐类

实行生物增氧的越冬池，由于浮游植物的消耗，氮、磷含量不会很高。如哈尔滨地区越冬池氨氮含量变化在 0～2 mg/L，平均 0.2～0.5 mg/L；硝态氮平均 0.1～0.2 mg/L；亚硝态氮很少，通常检不出；活性磷平均 0.04 mg/L，许多池塘亦检不出。

三、底质特性

越冬水域的底质对水的化学成分有一定的影响，尤其是封冰后，底质对水中气体状况和 pH 等水质因子的影响就更大，因为底质中的有机物分解会消耗氧气，放出二氧化碳，同时也会产生硫化氢，从而使水中气体组成发生改变，并促使 pH 降低。黑龙江省水产科学研究所根据底质的性质（自然泡沼淤泥量等），将越冬水域分为全淤化、半淤化和未淤化三类。越冬试验证明，前两类水体自 12 月至翌年 1 月出现缺氧现象，二氧化碳聚集较多，pH 下降较快，鱼类越冬有危险，只有第三类水体才可作为鱼类越冬池。另据杨凤、雷衍之（1998）对进行生物增氧的鱼类越冬池底泥低温（4℃）状态下的研究，底泥吸附性氨态氮含量平均为 0.194 mg/g，有效磷平均为 0.039 4 mg/g，有机物平均为 25.7 mg/g；间隙水中氨态氮（$NH_4^+ - N$）含量为 5.31～38.4 mg/L，平均 14.0 mg/L，占无机氮总量的 99.1%。活性磷酸盐（$PO_4^{3-} - P$）含量为 0.111～0.632 mg/L，平均 0.301 mg/L；在无扰动条件下 $NH_4^+ - N$ 的释放速率为 32.0～88.4 mg/(m²·d)，平均 50.4 mg/(m²·d)，$PO_4^{3-} - P$ 不释放或微量释放。在微流水条件下 $NH_4^+ - N$ 和 $PO_4^{3-} - P$ 的释放速率显著提高，其平均值依次为 84.4 mg/(m²·d) 和 4.31 mg/(m²·d)；越冬中期底泥耗氧率平均为 434 mg/(m²·d)。研究表明在补施磷肥的情况下，适量的底泥对鱼类在进行生物增氧的越冬池中安全越冬是有好处的。

四、生物特性

我国北部地区冬季寒冷，水中生物种类和数量普遍减少。总体而言，此时水中除鱼类外，尚有部分底栖动物和水生昆虫，大型维管束植物大都枯死。

1. 浮游植物

与明水期相比，冰下浮游植物的特点是种类少、生物量不低、鞭毛藻种类多。东北地区越冬池常见的优势种群有光甲藻、隐藻、小球藻、壳虫藻、眼虫藻、棕鞭藻、黄群藻、鱼鳞藻、兰隐藻、针杆藻和菱形藻等，连同一些罕见种类在内，也不过 30 余个属。而明水期间在这些地区比较常见的浮游植物就多达 50~60 个属。显然，这是由于许多喜高温和强光照的蓝藻、大型绿藻等被冰下苛刻的生态条件所淘汰。据测，哈尔滨地区实行生物增氧的 14 个越冬池中浮游植物平均生物量高达 38.8 mg/L，和夏秋季（约 40 mg/L）没有明显差异。

2. 浮游动物

冰下浮游动物主要有轮虫（多肢轮虫）和原生动物，而枝角类在冬季处于滞育状态，很少出现。轮虫种类较多，出现率最高的是犀轮虫、多肢轮虫和几种臂尾轮虫。原生动物常见种类有侠盗虫、接柄毛虫、喇叭虫、钟形虫、草履虫、似袋虫等。桡足类主要是剑水蚤及其幼体。根据对哈尔滨地区 14 个越冬池的测定，浮游动物平均生物量为 6.21 mg/L，约为浮游植物的 1/6，其中轮虫占 80%（仅犀轮虫就占 70%）。轮虫，特别是犀轮虫生物量高，是冰下浮游动物的主要特点。犀轮虫对低温水体有极强的适应力，其生物量有时可高达 143.2 mg/L（2.7 万个/L）。

第二节　越冬鱼类的生理状况

一、越冬期鱼类的摄食

越冬期间，不冻水层温度为 1~4 ℃，大多数养殖鱼类很少摄食、活动性减低、新陈代谢减缓、生长缓慢或停止。而草食性鱼类在越冬池有天然饵料的条件下，整个越冬期均可少量摄食，其肠管充塞度一般变化在 2~3 级；其他鲤科鱼类在越冬期一般摄食很少；室内越冬的鱼类仍可少量投喂。

二、鱼类体重的变化

一般地，在我国南方地区，冬季水温较高，鱼类仍会摄食少量食物，体重也会有所增长；而在北方地区，冬季寒冷，鱼类很少摄食，其新陈代谢活动的能量来源于体内积存的营养物质（主要为脂肪和蛋白质），因此，鱼类经过一个冬季到翌年春天，体重大都会有一定减轻，鱼体内的脂肪消耗常在 50% 以上。

在静水越冬池中，滤食性鱼类在越冬后体重略有增加，而吞食性鱼类越冬后体重有不同程度的下降，这可能与天然饵料的存在与否有关。在乌克兰地区体重 2~5 kg 的草鱼在缺少植物的越冬池中越冬（10 月至翌年 4 月），体重减轻 5.7%；而同样体重的草鱼和鲢在有水草且氧气状况较好的水域中越冬，由于在越冬前期和末期水温较高时有食可摄，体重几乎没有变化，有的甚至还略有增加。鱼种规格大且肥满度高，则越冬力强，越冬效果好；但温度过低时，情况可能刚好相反。

三、鱼体组织成分的变化

Sykora 和 Valenta（1982）发现，在 10 月至翌年 3 月鲤肌肉和肝中总脂和胆固醇减少了 20%～30%，而脑中的却很少减少；10—11 月饱和脂肪酸减少较多，不饱和脂肪酸减少较少，而 12 月至翌年 3 月则相反。影响这种变化的因素及与越冬鱼死亡之间的关系，尚待深入研究。

四、不同鱼类抗低温和缺氧的能力

越冬鱼类对冬季低温及缺氧的抵抗力存在种间差异。多数鲤科和鲑科鱼类在 0.5 ℃ 以下会冻伤，低于 0.2 ℃ 时开始死亡，鲈形目鱼类长期在水温低于 7 ℃ 的水中会死亡。塘鳢具有特殊的抗寒和抗缺氧的能力，当水中几乎没有氧或冻到底的情况下还能短时生存；其次是鲫、乌鳢等，它们对低温及缺氧的适应力也较强，在溶解氧很低的情况下也可存活；再次是鲶、鲤，它们耐缺氧的能力要强于草鱼、鳙、鲢等鱼类。

五、鱼类的耗氧速率

越冬期间，鱼体消耗的多寡，一方面取决于取食和消化状况，同时还与其代谢强度的大小有关。越冬鱼类的耗氧量与鱼的种类、规格、运动情况及水温等因素有关（表 7-3）。

表 7-3 2 龄鲢、鳙、草鱼耗氧率与温度、体重的关系

（依陈宁生、施璟芳，1955）

项目	草鱼				鲢			鳙		
体重（g）	102	30.0	62.2	38.9	212	130.7	118.0	151	74.0	172.3
水温（℃）	8～8.2	22.0	26.4～26.9	29.3～30.6	8.2～8.5	27.3～28.2	28.2～28.7	6.4～7	26.3～27.9	28.2～29.0
耗氧率 [mg/(g·h)]	0.012	0.238	0.172	0.204	0.037	0.210	0.264	0.026	0.191	0.161

总体而言，养殖鱼类冬季耗氧率仅为夏季的 1/10～1/5。因此，只要适当选择优良越冬水体和采取补氧措施，就可避免缺氧死鱼事故的发生。

六、越冬鱼类的氧阈

不同养殖鱼类对溶解氧的致死浓度（氧阈）存在一定差异。陈宁生等（1955）在 pH 7.0 左右、水温 23～24 ℃、CO_2 10～24 mg/L 的条件下对全长 12～18 cm 的几种养殖鱼类的氧阈进行了试验，结果如表 7-4 所示。

表 7-4 几种主要养殖鱼类的氧阈

（依陈宁生、施璟芳，1955）

种类	鲢	草鱼	鲫	青鱼	鳙
氧阈（mg/L）	0.79	0.59～0.99	0.59	0.58	0.23

该试验结果显示，几种主要淡水养殖鱼类的氧阈不尽相同，鲢最高，鳙最低，但波动范围不大（0.23～0.99 mg/L）。越冬池溶解氧过低会使鱼类窒息死亡，但溶解氧过高也会使池鱼代谢异常，患气泡病而死亡。

第三节　鱼类在越冬期间死亡的原因

鱼类在越冬期间死亡的原因很多，且多数死亡往往是某个因素主导、多个因素协同的综合作用结果。因此，为了有效预防此类死亡，首先必须对可能的致死原因及其彼此关系进行全面而具体的剖析，为制定有效措施奠定基础。

一、池水严重缺氧

1. 池水清瘦

水中营养盐缺乏，浮游植物数量少，加上冰透明性差，光合作用产氧量不抵耗氧量。

2. 池水过肥

水中有机物过多，大量分解耗氧，且水呼吸耗氧量大。

3. 透光性差

扫雪不及时，冰面大量覆雪或水体面积过小，光照条件差，光合作用强度弱，产氧量不足。

4. 水位太浅

土壤保水力弱，池塘渗漏大，封冰后水位下降过大，造成水浅缺氧。

5. 水体污染

生活污水、工厂废水及矿物质多的水流入池塘，大量耗氧而引起缺氧。

二、鱼种质量差

一般规格适中、体质健壮的鱼种，越冬前体内脂肪占体重的4%左右，蛋白质占12%左右，能满足越冬期间的代谢消耗，抵御恶劣环境条件的影响，越冬成活率高。而个体小（10 cm以下）、体质差的鱼种，体内积存脂肪等营养物质少，在漫长的越冬期间不足生命活动所需的能量消耗，难以补偿因管理不善而加大体耗所造成的身体亏虚，容易导致因身体衰弱而死亡。据黑龙江省东京城鱼种站试验，当年家鱼种，体重5～10 g的越冬成活率为48%，20～30 g的为82%，30～50 g的为86.5%，50 g以上的为94.2%。由此可见，适当增大鱼种规格（25 g左右，即13.3 cm以上）有利于提高越冬成活率。此外，鱼种体质差，其抵抗疾病及不良环境的能力就差，染病机会就会增加，因而也容易引起死亡。偏肥的鱼种含水量过多，缺乏必要的锻炼（可能还缺乏必需脂肪酸），在越冬水温偏低时，也会造成死亡。

三、鱼体受伤染病

在拉网并塘过程中操作不慎，造成鱼体鳞片、鳍条、鳃丝擦伤或脱鳞，容易使病菌入侵感染疾病，在越冬期间发病而死亡。

鱼种受伤或体质不佳，在越冬期间常会感染水霉或车轮虫、指环虫、斜管虫等寄生虫或患竖鳞病，某些病毒性鱼病如鲤春病等在冬末、初春亦时有发生，导致越冬鱼类的死亡，尤以春季融冰前后发病率较高。如 1986 年融冰期吉林数万千克鲤鱼种死于鲤春病，1988—1989 年冬辽宁朝阳水库鲤鱼种死于竖鳞病的就有近万千克。有时气泡病也可导致越冬鱼类的死亡。

四、水温过低

冰下水温通常在 4 ℃以下，此时某些养殖鱼类基本停食，其生命活动全靠体内蓄积的营养物质维持，如鱼体瘦弱不仅难以在漫长的结冰期内生存，而且极易感染疾病；0.5 ℃以下的长期低温还能冻死某些鱼类。即使在不结冰的水域，某些移植鱼类遇致死低温时也会死亡。一般，当水温降至 0.2～0.5 ℃时，鱼体就会冻伤乃至冻死。

五、管理不善

1. 重视不够

不重视日常巡查，疏于管理，对水中溶解氧、鱼类活动及水位变化等情况心中无数，或发现问题后没有及时采取补救措施，拖延时日致使不必要的死亡。例如，越冬池渗漏、池水过浅或冻到底，导致鱼类全部死亡；越冬池老化、不清淤、水质差、水位浅、耗氧因子多而导致缺氧死鱼；清淤不彻底，野杂鱼多，引起缺氧；春节前后没有定期检查溶解氧，在溶解氧不足时未能及时采取补救措施，致使缺氧死鱼；等等。此外，我国南部地区冬季不封冰或仅短期结一层薄冰，水温较高（7～10 ℃），池鱼仍能摄食，如果不适量投饲施肥、不认真管理，也会发生死鱼或鱼体瘦弱多病。

2. 措施不当

在越冬管理中，技术措施不当，也会导致适得其反的结果。例如，在有大量越冬鱼种的渔场，由于并塘和停食较早，造成越冬后期的消瘦死亡；只重视打冰眼，不重视扫覆雪，致使透光性差而光合作用不强，鱼因缺氧而死；补水失误，将污水补入池中，造成严重缺氧死鱼；拉网操作不慎致鱼体受伤，感染疾病，造成鱼类因伤病而死；盲目连续用药，造成环境条件恶化、药物中毒等使鱼死亡；长时间搅水，使水温迅速降至 0.5 ℃以下，鱼被冻晕、冻死；越冬末期当池水溶解氧过高（20 mg/L 以上）时，未能采取注水降氧措施，致使鱼患气泡病而引起死亡等。

第四节　提高鱼类越冬成活率的措施

为了提高鱼类的越冬成活率，除了应有优质鱼种的基础保障外，还必须根据越冬水体的环境条件、越冬鱼类的生理状况及其越冬死亡的主要原因，提供安全越冬的条件，制定切实可行的措施，并加强贯穿全程的管理。

一、抓好越冬鱼种的选育

培育体质健壮的大规格鱼种，是提高鱼类越冬成活率的有效前提。鱼体健壮肥满，耐寒抗病能力强，经得起越冬期的饥饿及基础消耗，对缺氧环境也具有较强的适应力，因此，越冬死亡率低而成活率高。

越冬鱼种规格最好在 20 g/尾以上。为此，秋末冬初临近培育结束之时，应特别注重合理投饲，改善饲料质量，尽量多喂含高脂肪、高蛋白质的优质饲料（最好能专门配制越冬饲料），以满足鱼类大量摄食、积蓄脂肪以供越冬消耗的需要。

并塘越冬前，还应对鱼种进行必要的锻炼，以排除鱼体内过多水分，增强鱼种体质。同时，应尽可能地进行全面的鱼病检查，以相应药物进行必要的浸泡消毒处理，避免水霉感染。常用消毒药物及其使用剂量见表 7-5。

表 7-5　越冬鱼种常用消毒药物及其使用剂量（10 ℃）

（黑龙江省技术监督局，DB23/T 131—91）

药物名称	浸泡剂量	浸泡时间（min）
晶体敌百虫、硫酸铜、硫酸亚铁合剂（4∶5∶2）	1 375 mg/L	0.5～1
食盐水溶液	5%	5
漂白粉溶液	10 mg/L	25
高锰酸钾溶液	20 mg/L	30
硫酸铜溶液	8 mg/L	25

对于受伤掉鳞的亲鱼，可在伤口处抹涂紫药水或磺胺软膏、青霉素软膏（青霉素 160～320 万单位加凡士林 500 g）等。

二、提供安全越冬的条件

温水性鱼类，如鲢、鳙、草鱼、青鱼、鳊、鲂、鲤、鲫等，在冬季不结冰或封冰时间极短的南方地区，一般可以安全自然越冬；但在年封冰期长达百余天的黄河以北地区，则需采取人为越冬措施，利用已有条件和创造条件相结合，视实际情况及可能性，选择提供室内外流水、深水网箱和静水池塘等越冬条件，其中以较深的静水池塘越冬为目前最通行的方法。

暖水性鱼类，如鲮、罗非鱼、露斯塔野鲮、革胡子鲶、麦瑞加拉鲮、淡水白鲳、尖吻鲈等，耐寒力较差，在我国多数地区都难以自然安全越冬。因此，创造适宜的环境条件，保证其在冬季自然水温低于其生存极限（致死低温）的地区安全越冬，是发展这些鱼类异地养殖的重要生产环节。但因气候条件等差异，各地目前对此类鱼所采取的越冬方式不尽相同，主要可视当地冬季长短及水温高低而定，通行的方法是为这些鱼类提供塑料大棚、玻璃暖房、引用温泉水、工厂余热水，利用锅炉加热等越冬条件。其中以温泉水或工厂余热水作热源、结合塑料大棚或玻璃暖房保温的方式，越冬效果最为理想。

三、采取切实可行的技术

（一）温水性鱼类越冬的技术

1. 静水池塘越冬

将养殖鱼类置于池塘等静水的水体中越冬。溶解氧量是决定安全越冬与否的主要限制因子。为使水体不缺氧，生产上常采取生物增氧等措施，即利用某些喜低温和低光照的浮游植物进行光合作用以提供稳定而充足的氧源。主要技术措施如下：

（1）选好池塘，做好清整　作为理想的越冬池，其位置宜背风向阳，最适水深为 1.1～

1.8 m，池底淤泥应少（最厚不超过 20 cm），无水草或少水草，不漏水。

对于水源丰富的越冬池，应在放鱼前 10~15 d（哈尔滨地区大约在 9 月中旬），将池水排干进行常规修整，然后每 667 m² 用 50~100 kg 生石灰或 4~5 kg 漂白粉进行彻底清塘，尽量清除野鱼杂草。暴晒 3~5 d 后即可注水备用。

对于池水难以排干或因缺水源而必须用部分原塘老水的越冬池，可将原塘水适当排除（1/2~2/3），先进行鱼体锻炼，然后每 667 m² 用生石灰 20~30 kg 或漂白粉 1.0~1.5 mg/L 化水全池泼洒；如果是无鱼的空池，则清塘用药量可酌增。而对于不排水的坐塘越冬池，也应在越冬前进行鱼体锻炼，并少量泼洒生石灰（每 667 m² 10~15 kg）和漂白粉（0.5~1.0 mg/L），以调节水质。

（2）选好水源，调好水质　越冬池的水以深井水为佳，河水或水库水亦可，但有工业废水或大量生活污水流入的水体不能用作越冬水源。注水时，可同时引进部分富含浮游植物的肥水。如果选用水温过高的泉水，应先行适当冷却。如果是老水，则应处理后再回注。对于准备原池越冬的鱼池，注水前应当搅动底泥，以排除池底过多的还原性物质，降低封冰期的耗氧。越冬池用水应符合《渔业水质标准》。

深水越冬池（最大冰厚时冰下平均水深超过 2 m），要尽量灌注井水、河水或库水，使池水在封冰前注满并保持清瘦，透明度以 80~100 cm 为好。而浅水越冬池（最大冰厚时冰下平均水深不足 1.5 m），可灌注井水，同时添加部分老水，使注水后的透明度在 50~80 cm 范围之内。越冬期间，以维持透明度 48~66 cm 和浮游植物量 50~25 mg/L 为最适。

对于一些营养盐含量极少的越冬池，应在 12 月以打冰眼挂袋的方式追施无机肥培养浮游植物，可按 1.5 mg/L 有效氮和 0.2 mg/L 有效磷，将硝酸铵和过磷酸钙（或相应的氮和磷肥）混合装入稀眼布袋，每 667 m² 的药量分装 5~10 袋，挂在冰下。挂袋深度应超过最大冰厚（哈尔滨地区为 0.8~1.0 m）。在封冰前的 3~5 d 内，全池泼洒 1.5~2.0 mg/L 的敌百虫，防止越冬期轮虫的大量出现。

（3）适时并塘，合理密度　越冬鱼类并塘应适时，具体时间应因地而异，一般可以水温 10 ℃左右为宜，不要低于 8 ℃。拉网并塘时，动作要精细，避免因鱼类体表受伤在越冬期间感染各种皮肤病，造成死鱼事故。

越冬池的放鱼密度应根据水中溶解氧量、鱼体大小、鱼的种类、水面大小及类型、管理措施等具体条件而定。通常，深水越冬池放鱼密度宜为 0.3~0.4 kg/m³（相当于 2.5 m 水深放 0.75~1 kg/m²）。而浅水越冬池（包括坐塘越冬池）可为 0.5~0.75 kg/m³（相当于 1.5 m 水深放 0.75~1.1 kg/m²）。另据黑龙江省多年的实践经验，较为适宜的放养密度为：流水越冬池放 0.5~1 kg/m³，即每 667 m² 放体长 10 cm 的鱼种 4 万~8 万尾或体重 2.5~3.5 kg 的亲鱼 100~180 尾；底质好并可补水的静水越冬池可放 0.3~0.4 kg/m³，即每 667 m² 可放上述规格的鱼种 2 万~3 万尾或亲鱼 50~80 尾；而不能补水的完全静水越冬池最多放 0.3 kg/m³，即每 667 m² 可放上述鱼种 2 万尾或亲鱼 50 尾。

2. 流水越冬

将温度适合和富含溶解氧的泉水、河水或水库底层水不间断自行流经越冬池（一端进水，另一端排水），使鱼类在流水环境中度过低温季节。池水交换量同补给水的含氧量与池鱼的密度有关。据俄罗斯的资料，在水中溶解氧量为 8 mg/L 时，每 10 万尾鱼种需要的补水量为 2 L/s，池水交换周期控制在 12~20 d 或稍长一些时间。交换周期太短会导致水温偏低；反之，则有可能出现溶解氧问题。若水中溶解氧量有保障，流水越冬的放鱼密度可大至 1 kg/m^3。日常管理除了应注意水温、溶解氧变化外，还应特别注意注、排的水量不宜过大，否则会使鱼过度顶水逆游而导致鱼体瘦弱。

3. 网箱越冬

选择溶解氧丰富、水深合适的水库、湖泊等大中型水体设置网箱，使鱼类在水下适宜的自然环境中度过低温季节。放鱼密度视水中溶解氧量而定，一般为 5～10 kg/m^3。网箱应设置在水温 1 ℃左右的水层，盖网离水面 1.5 m，避开冰冻层和生物附着层。

（二）暖水性鱼类越冬的通行技术

利用自然条件，配建保温设施，引用天然热源或利用人工加热，保温、供热或两者相结合，使鱼类在非自然环境中安全度过其难以自然度过的低温时段，主要用于亲鱼和鱼种越冬，目的在于保种以确保养殖生产的可持续发展。越冬密度视池塘条件而定，对于静水越冬池，每立方米水体的亲鱼放养量，在没有增氧设施的条件下，通常为 1.5～2.5 kg；如果配有增氧设施（如增氧机或空气压缩机），则可增至 4～5 kg；对于流水越冬池，每立方米水体亲鱼放养量，在微流水条件下，一般可放 7～9 kg；如果流水量较大，则可增至 10～15 kg。至于小规格鱼种，其越冬密度宜低于亲鱼，一般为亲鱼放养量的 60%～70%。

1. 塑料大棚越冬

（1）全覆盖塑料大棚　适合宽度不大（20 m 左右）的池塘。越冬池宜建在低于地平面、避风向阳、水质较好、水电方便的地方。一般池为长方形，长 20～25 m、宽 2.5～4 m、深 2 m 左右。池底为沙壤土，池壁高出地面 5～10 cm。全池用钢管支撑起拱形框架，上盖两层塑料薄膜，再覆一层大网目网衣，以防止大风将薄膜掀起，四周底部可用泥将薄膜密封。棚顶距地面 1～1.5 m。如在池塘北岸外围建一堵挡风墙，则保暖效果更好。为防止棚内水质变坏，在晴暖的白天，应将大棚两端的薄膜各掀起 2～3 m，以通风换气，待日落前再将薄膜盖严。遇阴雨严寒天气，水温降至 17 ℃以下时，应用红外线灯泡、电热棒加热或输入热蒸汽，使水温维持在 17～20 ℃。利用塑料大棚越冬池，可利用太阳能来增温，但必须备有增氧设备，也可通过搭棚时在塘底布设的多孔塑料管驳接到棚外的鼓风机来充气增氧，调节水质。

（2）半覆盖塑料大棚　当池塘宽度大于 20 m 时，再搭全覆盖塑料大棚往往操作不便。为此，可以在池塘北面设挡风屏障（风障），即用作物秸秆或泥土筑成 2～3 m 高的挡风墙，再在该风障内的池塘北面半个池塘用毛竹支撑起简易大棚。经如此处理，越冬池水温可比一般池塘高 4～6 ℃，在广东、广西采用此法可基本保证鲮安全越冬（鲮的致死低温为 7 ℃左右）。此外，越冬池四周应筑排水沟，以防止池外雪水流入池内而降低水温。

2. 玻璃暖房越冬

越冬池为水泥地，以面积 50～80m^2、水深 1.5～2 m 为宜。越冬池的四周围砌砖墙，以钢管支撑起“人”字形框架，顶上用透明玻璃遮盖而成越冬房。

3. 温泉水越冬

温泉水水温较高，不含有毒物质，有一定流量，经过拦蓄或建池可用于鱼类越冬。越冬池分水泥池和土池两种。水泥池面积 200～500 m^2，土池面积 500～3 000 m^2，水深 2 m 左右，形状多样。长方形池一端设进水口，另一端靠底部处设排水、排污口；如果是圆形池，则由中心点排水、排污。温度达 40～50 ℃的温泉水，要建调温池，以备降低泉水温度。低于 20 ℃的泉水要加设塑料大棚覆盖越冬池。如果冬季水温能经常保持在 25～35 ℃，罗非鱼、革胡子鲶等暖水性鱼类不但可以安全越冬，还能生长、繁殖。

4. 工厂余热越冬

越冬鱼池建在余热水或蒸汽的出口处附近，池一端设进水口，另一端设排水、排污口。在蒸汽的排出管口处设一金属网罩，防止越冬鱼游进管口烫死。在引入蒸汽或余热水时要控制水温，维持在 20 ℃左右。如果采用室外越冬池，最好能搭建塑料大棚进行保温。

思考题

1. 冰下水温变化有哪些特点？冰封水体溶解氧的来源和消耗与非冰封水体有何不同？

2. 越冬期间鱼类的体重会有怎样的变化？如何减少鱼体"落膘"？

3. 造成越冬鱼类死亡的主要原因有哪些？简述提高鱼类越冬成活率的措施。

第三篇
主要经济虾蟹类增养殖

第八章 主要经济虾类的养殖

第一节 凡纳滨对虾的养殖

凡纳滨对虾（*Penaeus vannamei*），又称南美白对虾、白肢虾、白对虾。分类上属对虾属（*Penaeus*）、开放型对虾亚属（*Lito - penaeus*）。原产于秘鲁、墨西哥、厄瓜多尔等地，因其适温适盐范围广，成为世界养殖产量最高的三大优良虾种之一。国外从 20 世纪 70 年代起将其选为重要养殖品种，先后完成了种虾培育、交配、育苗和高密度养成的科研工作，实现了产业化生产。我国于 1988 年开始实验性引进，1994 年取得小批量人工育苗成功。1998 年起，广东、广西及海南等地沿海引进种虾与虾苗，开始规模化养殖。由于养殖效益显著，规模不断扩大。按照水域特点与养殖模式，常见养殖方式可分为海水池塘精养、循环水生态养殖、虾贝（蟹、鱼）混养、咸淡水养殖、淡水养殖、塑料大棚水泥池养殖等几种类型。

一、凡纳滨对虾的生物学特性

1. 形态特征

外形酷似中国明对虾，成体最长可达 24 cm，甲壳较薄，正常体色为浅青灰色，全身不具斑纹，步足常呈白垩状。额角尖端的长度不超出第 1 触角柄的第 2 节，其齿式为5～9/2～4；头胸甲较短，与腹部的比例约为 1∶3；额角侧沟短，到胃上刺下方即消失；头胸甲具肝刺及鳃角刺，肝刺明显；第 1 触角具双鞭，内鞭较外鞭纤细，长度大致相等，但皆短小（约为第 1 触角柄长度的 1/3）；第 1～3 对步足的上肢十分发达，第 4～5 对步足无上肢，第 5 对步足具雏形外肢；腹部第 4～6 节具背脊；尾节具中央沟，但不具缘侧刺（图 8-1）。雌性成虾不具纳精囊，为开放型外生殖器。

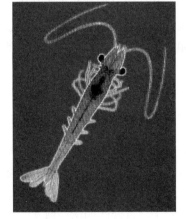

图 8-1 凡纳滨对虾

2. 生活习性

自然栖息于水深 1～72 m、水温 25～32 ℃、盐度 2～34 的海区。幼虾多生活在离岸较近的海域，至成虾时离开浅水区到离岸较远、水深 70 m 左右、水温 26～28 ℃、盐度 34 的较深海区生活，并在那里成熟、交配、产卵、孵化出幼体。等幼体长至与成虾形态一样的仔虾后，开始向河口、港湾等浅水海域游动并定居，经过几个月生长，至成虾时再回到深水海域生活。

3. 食性

属杂食性种，在自然海区，夜间活动频繁，白天则相对安静，甚至将身体腹部或全身潜藏在泥沙中，也不主动搜寻进食。在人工养殖条件下，白天仍会摄食投喂的饲料。对动物性饲料的需求并不十分严格，只要饲料成分中蛋白质含量在 20％以上，即可正常生长，因此可以利用植物性原料来代替价格比较昂贵的动物性原料，以节省饲料成本。过高蛋白质含量的食物对提高生长速度及养殖产量非但没有帮助，反而有负面效果。对饲料的消化效率较高，正常生长情况下，投饵量只占其体重的 5％（湿质量）；但在繁殖期间，特别是卵巢发育中、后期，摄食量会明显增大，通常为正常生长期的 2 倍。

4. 蜕壳与生长

所有甲壳动物一样，生长要经过多次蜕壳。幼苗阶段，水温在 28 ℃时每 30～40 h 蜕壳一次，数小时内新壳变硬；成虾阶段则每 20 d 左右蜕壳一次，1～2 d 变硬。雌虾成熟需要 12 周以上，平均寿命可以超过 32 个月。

5. 繁殖习性

由于是开放型纳精囊，其繁殖特点是雌雄亲虾性腺发育成熟后才交配，完成交配后数小时即产卵受精，产卵时间一般在 21:00 至翌日 3:00，烫切眼柄后的亲虾产卵后 3～5 d 又能性腺成熟，再行交配、产卵，产卵次数可达 15～20 次，但连续产卵 3～4 次后要蜕壳一次。

6. 养殖特性

① 耐盐性广。适宜盐度范围 3～40，最适生长盐度 10～25。②耐高温。耐受极限 43.5 ℃（渐变），适应水温 15～36 ℃，生长最适水温 25～32 ℃。③饲料蛋白要求低。25％～30％的蛋白含量即可满足其营养需求。④生长快。在水温 25～32 ℃，放养量合理和饲料充足条件下，幼虾经 70～80 d 养殖体重可达 15～20 g。⑤易养殖。性温和，自相残杀少，成活率高，适宜高密度集约化养殖。⑥离水存活时间长，适于长途运输、活虾销售。

二、凡纳滨对虾的种苗生产

凡纳滨对虾种苗生产技术已经比较成熟，已能按计划进行大批量生产。人工育苗主要技术环节包括亲虾的选择与培育、促熟与交配、产卵与孵化、幼体培育、虾苗淡化等。各环节相辅相成，只有抓好各个环节的工作，才能保证育苗的顺利进行。

（一）亲虾的选择与培育

由于是引进种，我国自然海区中没有分布，因此繁殖所需的亲虾一般从养殖群体中选留。在我国育苗期一般从 3 月开始，因此，亲虾有相当长的时间需要在室内培育池养殖。作为亲虾，应选择体表光滑无寄生虫、大小均匀、无病无伤、健壮、体重达 50 g 以上者。淘汰身体疲软、体色异常、黑鳃烂鳃和身粘异物以及有外伤的个体。有条件的育苗单位，应由检疫部门检疫不带特定病原的健康虾（即 SPF 亲虾）作为后备亲虾，这是培育健康虾苗的基础。

亲虾的培育在室内培育池中进行，最好雌雄分池培育，培育密度为 5～10 尾/m²。培育用水为经过沙滤的洁净海水，控制水温 26～28 ℃、盐度 27～32、pH 7.8～8.3，充气条件下饲养。光照为自然光周期，或日光照周期为 12 h∶12 h（亮∶暗），光照强度为 500～2 000 lx。亲虾培育期间，投喂营养价值高的活沙蚕、鲜牡蛎、鲜鱿鱼等优质饲料，以促进性腺发育，日投饵量为虾体重的 10％左右，以下次投饵前有极少量剩余为度。每天换水吸污，日换水量 1/4～1/2。

（二）亲虾的促熟与交配

为了达到批量繁育虾苗的目的，需要切除雌虾一侧的眼柄，促进性腺发育成熟。亲虾在室内培育一段时间适应培育池内环境条件后，即可进行单侧眼柄切除手术。术后亲虾放回原池培育。一般情况下，雌虾术后 3～5 d 卵巢开始快速发育，术后 7～10 d 性腺即可发育成熟。每天注意观察雌虾性腺发育情况及有无蜕皮等。通常切除眼柄后可延长蜕皮间隔时间，20～30 d 蜕皮 1 次。雄虾体长达 14 cm 后精荚即可成熟并能与雌虾进行交配。但雌虾只有在性腺发育成熟后才容易接受交配，并接纳精荚。因此，每天应将性腺已发育成熟的雌虾在中午之前挑出，同时选择 2～3 倍于雌虾数的雄虾一并放入产卵池中让其自然交配。凡纳滨对虾交配多在下午日落前后。交配时，雄虾排出精荚黏附在雌虾胸部第 4～5 对步足之间，交配后数小时，雌虾开始产卵，精荚同时释放精子，精卵在水中完成受精作用。为防止已经交配过的亲虾移动时造成精荚丢失，交配池同时作为产卵池，这样就不用移动亲虾。交配需要在有光条件下进行，可用 40～60 W 的日光灯照明。

在亲虾自然交配率较低的情况下，可考虑精荚人工移植。选取体型较大、第 5 步足基部乳白色精荚饱满的雄虾，以拇指和食指轻轻捏第 5 步足基部，精荚即可被挤出，注意精荚不要与海水接触。取雌虾，用纸巾轻轻擦干第 4～5 对步足之间的腹部（即开放型纳精囊位置），然后用镊子夹精荚黏附在纳精囊位置上，再小心将雌虾放入产卵池待产。为防止精荚脱落，产卵池内充气量要小，并保持安静。

（三）产卵与孵化

交配过的雌虾一般在前半夜产卵，一次产卵量 10 万～20 万粒。亲虾在繁殖季节培育条件适宜的情况下，可多次交配产卵。产后亲虾卵巢再次成熟的间隔时间为 3～5 d。因此，雌虾产后应小心将其捞出，并继续营养强化培育，促使它再次交配、产卵。

翌日黎明用 80 目筛绢网箱收集受精卵，先经 40 目筛绢网框滤除残饵、粪便等杂物后，用过滤消毒海水洗卵。然后，将受精卵放入孵化池孵化。孵化用水为过滤海水，池水中加入 2～10 mg/L EDTA，微充气条件下孵化，经过 12～14 h，即可孵出无节幼体。利用幼体的趋光性进行选优，移入育苗池培育。

（四）幼体培育

1. 无节幼体

培育密度以 10 万～15 万/m³ 为宜，池水位 0.8～1 m，水温 28～30 ℃，盐度 25～35，微充气条件下培育，约 32～35 h 发育至溞状幼体。

2. 溞状幼体

培育水温以 29～31 ℃为宜，盐度 25～35，微沸腾状充气，以单胞藻为主要饵料，若单胞藻不足可投喂微型配合饵料；溞状幼体 3 期起可加投轮虫。每日添加适量新水，到溞状幼体 3 期时加满池水。此期 4～5 d。

3. 糠虾幼体

培育水温以 30～31 ℃为宜，盐度 20～35，沸腾状充气，投喂轮虫、卤虫无节幼体、微型配合饵料等，日换水 20%～30%。此期 4～5 d。

4. 仔虾

培育水温以 31～32 ℃为宜，沸腾状充气，投喂卤虫无节幼体及成体、贝肉糜及微型配合饵料等，日换水 30%～50%。仔虾第 5 天后逐渐附壁或底栖。仔虾体长达 1.0 cm 时可出苗。出苗前 2 d 开始逐渐降低水温。

（五）虾苗淡化

仔虾第 5 天开始进入底栖、附壁生活，此时可开始淡化。开始几天，每天降低盐度 3～5，当盐度降至 5 以下时，每天降低盐度 1，每下降一个梯度，稳定 1～2 d 后再降，直到和养殖池的盐度一致。虾苗的淡化培育期间要保证饲料的数量与质量、适当增加换水量，保持池水水质良好。

三、凡纳滨对虾的池塘养殖

（一）池塘条件

养殖池塘应建在水源水质好、泥沙或沙泥底质的地方，面积 1 hm² 以内，水深 1.5 m 以上，进排水分开，配备增氧设施。有条件的，池底可设中央排水口，池堤用水泥护坡或塑料薄膜铺坡、铺底。南美白对虾养殖要求较低盐度，养殖池塘最好建在半咸水的内湾或河口地区以及淡水水源丰富、能调节盐度的地区，或者在养殖场附近打井，用配套设施引进淡水，有了较丰富的淡水资源就能按生产需要调节适宜的盐度，促进南美白对虾的生长。

（二）放养前的准备

1. 池塘清整

一是要清淤，对老塘或鱼塘改造的虾塘必须排干水，利用人工或机械将淤泥移出池外，对低位池塘而言，淤泥不能超过 10 cm，对高位池或中间有排污系统的，应彻底清除。淤泥过厚，在养殖过程中化学需氧量和生物需氧量太高，容易造成虾缺氧浮头。二是要晒池，封闭闸门，暴晒池底，最好在暴晒过程中翻耕一下池底，有利于底泥有机物的充分分解。

2. 药物消毒

放苗前 20 d，进水 10～20 cm，用药物对池塘进行消毒，杀灭致病微生物、小虾蟹等病原携带者和敌害鱼类。常用消毒药物及使用量为：①生石灰每 667 m² 池塘用 75～120 kg，化水后全池泼洒。②漂白粉（有效氯 25%～32%）50～70 mg/L。③二氧化氯 0.3～0.5 mg/L。④茶籽饼 10～15 mg/L。每次只使用一种消毒剂，间隔一定时间后可使用另一种消毒剂。

3. 进水培养基础饵料

基础饵料培养是充分利用虾塘的自然生产力，降低养虾成本的有效途径之一。由于基础饵料生物具有繁殖快、培养方法简易可行和营养效果明显的优点，因而成为养殖过程中不可缺少的生产环节。

放苗前 7～10 d，排干池水后进新水，进水口用 60～80 目筛绢网过滤，进水后水深 30～40 cm，施肥培养基础饵料，每次施肥量为：每 667 m² 池塘施氮肥（尿素等）3 kg，施磷肥（过磷酸钙等）0.5 kg。每隔几天施追肥一次，具体视池水色及饵料生物繁殖情况而定，使池水色保持黄绿色或黄褐色，并逐步加水到 70～80 cm，水的透明度控制在 30～40 cm。为避免饵料生物的单一性，应定期进水引入饵料生物，使对虾摄食的饵料生物多样化。虾塘内施肥要少而勤，做到"三不施"，即水色浓不施，阴雨天不施，中午、晚上不施。

（三）虾苗的选择与放养

1. 虾苗选购

优质虾苗的标准是：大小均匀，附肢完整，体长 1 cm 以上；游泳活泼，弹跳有力，逆流能力强，附壁现象明显；体表清洁，光滑透明，肌肉不混浊，全身无病灶；在仔虾 6 期及 10 期进行 2 次观察，生长正常，摄食旺盛。淡水地区的养殖用苗，需要在育苗厂进行 7～10 d 的淡化，出厂时池水盐度与养殖池塘的盐度相同。

提倡用科学检测技术选择优质虾苗，可取若干尾虾苗送专业部门进行流行病病毒的快速检验，也可购买诊断试剂盒自行检测，选择呈阴性（即不带病毒）的虾苗进行养殖。

2. 虾苗放养

一般水温稳定在 20 ℃ 以上的 5 月下旬以后为放养季节，以 23 ℃ 以上更为适宜。

放养密度与池塘条件、增氧设施、水源水质和养殖技术管理水平有关。条件较好的池塘，每 667 m² 放养规格 1 cm 的虾苗 4 万～5 万尾；一般土池塘每 667 m² 放养 2 万～3 万尾；高位池精养池塘，每 667 m² 放养 6 万～10 万尾。

虾苗的运输宜在上午或傍晚或夜间进行，一般采用尼龙袋加水充氧，装在泡沫箱内运输。

虾苗运到养殖池塘后，应将苗袋直接放入池水中漂浮 20 min，使袋内水温与池水水温相接近，然后解开袋口，让池水慢慢进入袋内，再提起袋角，将虾苗缓缓放入池中，应在虾塘的上风头放苗，不要在迎风头放苗，要避免在浅水处或闸门附近处放苗，避免在中午太阳暴晒时或雨天放苗。

放苗后应留出 100 尾虾苗放在池塘中的一个小网箱里暂养 1 周，计算其成活率，并以此作为饲料投喂量计算依据以及确定是否需要补苗。

（四）饲料及投饲管理

1. 饲料的选择

养殖前期，池内基础饵料丰富时，可以先不投喂，随着基础饵料的消耗，逐渐投喂一些蛋白质含量高的优质饲料，如无病原体的鲜活饲料、自制的幼虾饲料和一些饲料公司专业加工的配合饲料；中后期则选用相应蛋白质含量的专用配合饲料，有条件的也可根据配方自制配合饲料鲜投，间隔投喂添加有维生素 C、免疫多糖、中草药等的饲料。

2. 投饲量及投饲方法

投饲量要根据虾的个体大小与数量、健康状况、生长情况、天气变化、水环境状况、池内饵料生物和竞争生物的数量、残饵数量等因素灵活掌握。通常情况下，虾的饱胃率达到 80% 即可。

低密度养殖情况下，虾苗放养后 10～15 d 内以摄食池中基础饵料为主，可以不投或少投饲料；而高密度养殖情况下（包括中间暂养）则宜在放苗后第二天开始投饲。投饲量可按虾体重计算，3 cm 规格的幼虾，日投饲量为虾总重的 8%，以后逐渐减少，虾长至 10 cm 以后，日投饲量降为虾体重的 2%～3%。放养虾苗 15 d 后，在池四周池底设置几个底面积 1 m²、高 10～15 cm 的检查网（即食台），定时检查网内饲料剩余情况，确定次日同一餐次的投饲量。一般虾体长 5 cm 以前投饵后以 2 h 吃完为宜，体长 5～8 cm 的 1.5 h 吃完为宜，体长 9 cm 以后以 1 h 吃完为宜。

幼苗期投饲应全池均匀泼洒，体长 3 cm 以后应沿池四周离池壁 2 m 处均匀撒投，日投饲 2～4 次。投饲原则为：傍晚后和清晨前多喂，烈日条件下少喂；投饵 1.5 h 后，空胃率高（超过 30%）的适当增加投喂量；水温低于 15 ℃ 或高于 32 ℃ 时少投喂；天气晴好时多投喂，大风暴雨、寒流侵袭（降温 5 ℃ 以上）时少喂或不喂；对虾大量蜕壳的当日少喂，蜕壳 1 d 后多喂；池内竞争生物多时适当多喂；水质良好时多喂，水质变劣时少喂；池内生物饲料充足时可适当少喂。

（五）养成期灾害性天气的应急处理

凡纳滨对虾养殖过程中对气候具有高度敏感性，发病死亡高峰主要出现在 6—7 月的梅雨季节以及 8—9 月的台风季节，暴雨等恶劣天气也可使水温、pH、盐度和溶解氧等因子发生剧变，引起藻类大量死亡，导致凡纳滨对虾因胁迫产生应激反应，诱发急性感染，进而引起虾大量死亡。

针对灾害性天气的危害程度，可采取以下措施用于减缓恶劣气候的危害和损失：①台风、暴雨来临前，尽量提高虾池水位，避免大风搅浑池水。②暴雨后及时排出虾池表层淡水，再开增氧机增氧，同时混合上、下水层，如水体 pH 明显偏低，可泼洒生石灰水。③出现藻类大量死亡，应立即添加新鲜海水并进行施肥培水。④将高浓度光合细菌或芽孢杆菌喷洒至沸石粉或沙上，撒入池中，沉入池底后可改善池底生态环境。⑤泼洒二溴海因、活性碘等对浮游植物杀伤力小的消毒剂，要注意不能与有益菌同时使用。

（六）收获与运输

1. 收获

凡纳滨对虾经过 75～95 d 养殖，平均体重达 50～60 尾/kg 时便可以收获。收获的方法有锥形网排水收虾法、虾笼收虾法、电拖网收虾法等。一般先在闸门处安装锥形网放水收虾，待池水位降到 50～80 cm，再用电拖网收获，在虾拖网的底网前装置电线，拖拽的同时放电，使虾受刺激跳出、入网口中而被捕获。面积较大的虾池，用锥形网放水收虾效率高、效果好，经过几次反复进排水收捕，可将池中虾基本收净。

淡水池塘中养殖的凡纳滨对虾，由于壳较薄，活体运输时因受挤压易导致死亡，最好在起捕前 10～15 d 开始逐渐增加池水的盐度，咸化一段时间使虾的壳增厚，壳色变鲜亮，肉味变鲜美，从而提高活虾运输成活率与市场售价。

2. 活虾运输

一般采用桶或水槽盛装海水、装虾、充气、用卡车运输。载重量 4 t 的卡车可放长 90 cm、宽 60 cm、深 100 cm 的虾桶 8 个，虾桶可用合成木板制成，顶面加盖；每个虾桶可装 8～10 个长方形虾筛，虾筛高 10 cm 左右、长宽与虾桶的规格相符，筛框的四壁为木板、上下底为直径 0.5～1 cm 网目的网片。每辆活虾运输车需配备充气机 2 台，每个虾桶放 2～3 个散气石，充气增氧。装虾时，每个虾筛可装活虾 10～15 kg，每辆载重量 4 t 的卡车一次可运活虾 500～800 kg。一般运输 10 余 h，成活率达 90% 以上。注意装运活虾的海水要求清新，盐度与养殖池相同或高出 2～3。若加冰适当降温，可获得更好的运输效果。

四、凡纳滨对虾的大棚养殖

大棚养殖具有较好的保温避雨效果，有利于降低对虾发病率，提高成活率；有利于促进对虾快速生长，缩短养殖周期；可增加养殖茬数，提高产量；能有效错开成虾销售高峰期，反季销售，达到增产增效目的。

（一）养殖设施

1. 大棚

宜采用钢混结构、伞式钢绳结构等，顶部采用塑料薄膜或玻璃钢瓦覆盖，透光率85%～90%。大棚要求既能保温又可以部分开启通风，大棚四周应有能阻拦蟹类等敌害生物进入的设施。

2. 养殖池塘

形状正方形或长方形，有效水深 2.5～3 m，面积在 0.1～0.3 hm²，以 0.13 hm² 大小最佳。池壁宜为混凝土结构或铺设地膜，池壁坡度为 1：（0.75～1）。池底向排污孔方向倾斜，坡度 2%。

3. 配套设施

配备进排水、加热增温、底部管道增氧或纳米增氧管盘、水面增氧机、备用发电机组、尾水处理等设施与设备。

（二）放苗前的准备

1. 清整消毒

养殖前对养殖池进行清整，并使用漂白粉 50～100 mg/L 进行消毒。上一季曾暴发流行性疾病的，每 667 m² 池塘先使用 60～75 kg 生石灰干法清塘，进水后 7 d 后再使用 50～100 mg/L 漂白粉进行消毒。

2. 进水

养殖用水在沉淀池里经 24 h 沉淀后，用 15～60 mg/L 漂白粉消毒，曝气 24 h 后，经 80 目筛绢过滤后抽入养殖池塘，控制水位在 80～100 cm。

3. 放苗前水质调控

每 667 m² 池塘全池泼洒 EM 菌 2 500 mL，隔天再泼洒一次，用量减半，1 周后池水透明度在 50～60 cm，即可放苗。

（三）放苗

1. 放苗时间

浙江地区未配备加热锅炉的，第一茬放苗时间一般为 3 月下旬，第二茬放苗在 7 月下旬至 8 月初。配置加热锅炉的，第一茬放苗时间一般为 2 月底至 3 月初，第二茬可在 8 月初至 8 月中旬。

2. 水环境要求

养殖池透明度为 50～60 cm；水温 20 ℃以上，育苗池与养殖池水温差小于 2 ℃。恶劣天气时不宜放苗。

3. 放苗密度

第一茬每 667 m² 15 万～20 万尾，第二茬每 667 m² 10 万～15 万尾。采用分级养殖的养殖池，一级池（标粗池）放苗时在正常放苗密度上可增加 6～8 倍，对虾生长至 3～5 cm 时及时分池。

（四）投饲

1. 投饲量

配合饲料日投饲率为对虾体重的 3%～5%，实际操作中应根据对虾尾数、平均体重、体长及日摄食率，计算出每日理论投饲量，再根据摄食情况、天气状况，参考饲料厂推荐的投饲率，确定当日投饲量。

2. 日投喂次数及比例

虾苗入池第二天开始投饲，养殖初期以撒投在池塘四周为主，中后期全池均匀投饲。放苗后第一个月内日投饲 1～3 次，各次投饲量基本相同，傍晚略多；放苗后第二个月内日投饲 3～4 次（时间 6:00、10:00、16:00；或时间 5:00、10:00、16:00、21:00），每次投饲量占日投饲总量的比例建议分别为：30%、30%、40%；25%、25%、20%、30%。分级养殖的，放苗后每天投喂 3～4 次，投喂时间为 5:00、10:00、16:00、21:00，可根据实际情况调整。分池后投喂与单批养殖池相同。

3. 摄食检查

每个养殖池设置 1～2 个饲料台，通过观察饲料台残饵量多少来判断对虾摄食情况，所投饲料在 1.5 h 内摄食完为宜，提前摄食完的需适当增加投喂量，延迟摄食完的需适当减少投喂量。

4. 饲料添加剂的使用

对虾体长超过 3 cm 后，可在饲料中加入维生素 C、免疫多糖等添加剂。

（五）养殖管理

每日早、中、晚各巡池一次，观察对虾活动、分布、摄食及饲料利用情况。每 10 d 测量对虾生长情况一次，包括对虾体长和体重，每次测量尾数应大于 50 尾，根据对虾的生长速度，结合各项管理措施，判断对虾生长状况，及时调整和改变管理措施。

每日测量水温、盐度、溶解氧、pH、透明度等水质指标，定期测定氨氮、亚硝酸盐等指标，为水质调控提供参考。对苗种投放、饲料、渔药等养殖投入品使用情况进行记录。

（六）尾水处理

可因地制宜采用物理、化学、生物方法处理养殖尾水，达标排放。具体参照工厂化养鱼尾水处理技术。

（七）起捕

1. 起捕规格与时机

根据市场需求，对虾达到 120～150 尾/kg 的规格以上即可适时起捕。

2. 方法类型

虾笼：一般在池水水温较高、虾活动频繁、捕大留小时使用，每次放笼时间不宜超过 2 h。

拉网：在虾池池底平坦，淤泥少，一次要求起捕量大时采用。

干池：在换茬或养殖季节结束时，池中存虾不多的情况下进行干池捕捞。

五、养殖过程的水质调控及病害种类和防治

（一）养殖过程水质调控

1. 池塘养殖水质调控

（1）养殖前期水质调控　养殖前期水体中的浮游动物摄食浮游植物，虾苗摄食浮游动物。为了给虾苗提供充足的生物饵料，要定期施肥补充藻类生长所需要的营养成分，尽量平衡微量元素，做到营养均衡。肥料选择和施肥量可根据当地实际情况决定。养殖前期要保持水质呈现"肥"和"活"的特征。可以培养小球藻等进行全池泼洒，以保证虾苗有充足的饵料。

（2）养殖中期水质调控　放苗 30 d 后，虾苗转向摄食人工配合饲料为主。此时期浮游生物在虾塘中主要起调节水体的作用，因此必须控制浮游生物的生长。随着对虾个体的生长，投喂量不断增加，池内残饵也会相应增多，加上虾的粪便和池内浮游生物尸体形成有机物，使养殖水体富营养化。此时期应适量换水，并定期使用微生物制剂调节水质，保持水质稳定。

（3）养殖后期水质调控　养殖后期，随着投饵量的增多，虾的粪便不断增多，加之浮游动植物的老化死亡，造成水色变浓，池底有机物增多，虾池污染加重，此时要特别注重水质调控。每隔 7 d 左右使用一次微生物制剂调节水质；定期排污，并进行底改，少量使用氧化消毒剂；合理使用增氧机搅水、曝气、增氧，根据实际情况掌握开机时间；要科学投饵，控制投饵量，不留残饵。池水透明度控制在 35～40 cm，每隔 20 d 左右使用生石灰 1 次，每 667 m² 10 kg，使 pH 稳定在 8.2～9.0，提高养殖水体钙含量，为对虾蜕壳生长提供保证。

2. 大棚养殖水质调控

（1）控温 浙江地区整个养殖期间水温宜控制在 22～32 ℃。养殖第一茬前期气温较低时，要及时覆盖大棚薄膜，必要时启用加热锅炉；大棚养殖池水温稳定在 22 ℃以上时关闭加热锅炉；气温达到 28 ℃以上，要及时通风，当水温持续超过 32 ℃时，去掉薄膜。

（2）换水 养殖前期以逐步加水为主，水深达到 2 m 之前，每天加水 5～10 cm，每天排污 1～3 次。水位达到 2 m 后开始换水，早期换水 10～20 cm，之后随着虾生长和气温升高，加大换水量。中期每次换水 20～30 cm，后期每次换水 30～40 cm。个别水色过浓的池塘换水量可增大，使池水保持清爽，透明度保持在 30～45 cm。

（3）微生物制剂的使用 整个养殖过程中均可使用微生物制剂，以芽孢杆菌制剂、EM 菌、光合细菌为主。其中芽孢杆菌制剂使用前需使用相同质量的红糖进行充氧活化 5～6 h。在虾苗放养 1 个月内，每 7～10 d 按照每 667 m² 500 g 和 1 000 mL 使用芽孢杆菌和 EM 菌制剂。1 个月后，每 10 d 使用一次。需每 7～10 d 使用底质改良剂。

（4）增氧机的使用

第一茬养殖：放苗后 20 d 内，每天黎明前及中午开启底增氧 2 h；放苗 20 d 后，增开水车式增氧机 1～2 h，阴雨天增加开机时间和次数；放苗 35 d 后，除投饵时暂停 1～1.5 h 外，全天开启空压机进行底增氧和开启水车式增氧机进行水面增氧。

第二茬养殖：除投饵时暂停 1～1.5 h 外，放苗后全天开启底增氧；放苗 20 d 后，增开水面增氧 1～2 h，阴雨天增加开机增氧时间和次数；放苗 35 d 后，全天开启底增氧和水面增氧。采用分级养殖的标粗池全天开启底增氧。

（二）主要病害种类和防治

养殖生产中病害主要有白斑病、虹彩病毒病、传染性皮下和造血组织坏死病及桃拉病等病毒病，急性肝胰腺坏死病、细菌性红体病及丝状细菌病等细菌性疾病，虾肝肠胞虫病及固着类纤毛虫病等寄生虫性疾病，"玻璃"虾苗病。其主要病原、病症及预防措施见表 8-1。

表 8-1 凡纳滨对虾主要病害种类和防治措施

病名	主要病原及病症	防治措施
白斑病	病原：白斑综合征病毒。病症：病虾活力下降，体色变淡，鳃发黄，肝胰腺肿大、糜烂；头胸甲易剥离，头胸甲、尾部甲壳上可看到白色斑块，严重者白斑连成片。发病虾几天内大批死亡	养虾池在放养虾苗之前必须彻底清淤消毒；虾苗放养前必须经检测无特定病原；养殖用水须经过滤、消毒处理；养殖过程中，每隔 10～15 d 交替使用生石灰 10～15 mg/L 和二溴海因 0.2～0.3 mg/L 进行池水消毒，泼洒沸石粉每 667 m² 20～30 kg 和有益微生物，以保持水质良好、稳定；定期在饲料中添加维生素 C 0.2%～0.3%、复合维生素 0.2%、免疫多糖 0.1%～0.2% 和鱼油 1%～2% 等，增强对虾体质、免疫力及抗病力。做好生物安保，避免近缘甲壳类混养模式以防交叉感染；提倡生态化的鱼虾贝混养；及时集污排污
虹彩病毒病	病原：血细胞虹彩病毒。病症：病虾游水、趴在池塘四周，空胃空肠，肝胰腺发白萎缩，软壳，体色发红，生长滞缓，伴有大量死亡	
桃拉病	病原：桃拉病毒。病症：红须，红尾，体色变成茶红色，虾体消瘦，甲壳变软，在水面缓慢游动，肠胃空，活力差	
传染性皮下和造血组织坏死病	病原：传染性皮下和造血组织坏死病毒。病症：病虾表现为慢性矮小残缺综合征，患病稚虾可出现额角弯曲、变形，触角鞭毛皱起，表皮粗糙或残缺	

（续）

病名	主要病原及病症	防治措施
急性肝胰腺坏死病	病原：携带 *Pir* 毒力基因的副溶血弧菌及弧菌。病症：病虾空肠空胃，肝胰腺萎缩、发白等	不放养 *Pir* 基因阳性的苗种；定期泼洒二溴海因、生石灰、有益微生物防病
细菌性红体病	病原：副溶血弧菌、鳗弧菌、溶藻弧菌、哈维弧菌等。病症：病虾体发红，在水面漫游，旋转游动或垂直游动，摄食减少甚至停止，空肠空胃，肝胰腺萎缩、发白等	放养苗种应进行弧菌数量检测，养殖用水应沉淀、过滤、消毒。其他措施参考急性肝胰腺坏死病
丝状细菌病	病原：毛霉亮发菌及发硫菌等丝状细菌。病症：鳃丝被大量菌丝附着、缠绕，交织成网状，并吸附大量污物，严重影响鳃呼吸、运动和摄食能力；丝状细菌与纤毛虫共同寄生于虾卵，会严重影响卵孵化率	用生石灰或漂白粉消毒，保持良好水质，可预防该病发生；苗池接种培养小球藻等调控水质，降低该病发生风险
虾肝肠胞虫病	病原：虾肝肠胞虫。病症：刚感染时无明显症状，生长缓慢，随病程发展肝胰腺萎缩、发软，严重时肠道发炎，个别病虾排白便	养殖前彻底清塘消毒；若虾苗检测阳性应放弃养殖；应购买检疫合格的优质虾苗
固着类纤毛虫病	病原：固着类纤毛虫病。病症：表现为黑鳃，附肢、眼、体表全身均呈灰褐色的绒毛状，离群独游，蜕壳困难，易引起继发性感染而死亡	适量换水，合理投饲，防止水质过肥；增氧，保持池水溶解氧充足；用蜕壳素或茶籽饼 $10\sim15$ mg/L 促进蜕壳；用 $10\sim20$ mg/L 沸石粉全池泼洒，改善池水环境
"玻璃"虾苗	病原：病毒或细菌引起的虾苗全身透明或半透明的新疾病。病症：虾苗空肠、空胃、肝胰腺萎缩褪色，导致全身透明或半透明，又称"玻璃苗"。P5 期虾苗淡化时，出现症状，$3\sim4$ d 后虾苗可大量死亡	加强规范化育苗操作，每个环节严格消毒，切断传播途径；做好水质生态调控，减轻虾苗应激反应；用有益菌泼洒和内服，提高虾苗体质，促进虾苗正常生长

第二节 日本囊对虾养殖

日本囊对虾（*Penaeus japonicus* Bate）又称日本对虾，俗称花虾、蓝尾虾、蚕虾，日本称之为车虾，我国台湾俗称为斑节虾。日本囊对虾自然分布很广，澳大利亚、坦桑尼亚、印度、菲律宾、日本及红海、我国长江口以南海域都有分布。其肉质鲜嫩可口，具有耐低温、活力强、耐干力强等优点，已成为越来越多的国家和地区的重要养殖对象。日本人有喜食活虾的习惯，蓄养活虾有近百年的历史，20 世纪 60 年代开始企业性池塘养殖生产，但由于沿海水面所限，养殖年产量一直在 $2\,000\sim3\,000$ t。80 年代中期我国沿海也试养成功，目前从海南至辽宁沿海已形成规模生产，并日益扩大。

一、日本囊对虾的生物学特性

日本囊对虾甲壳光滑无毛，身体上有十几条棕色和蓝色相间的横带，附肢黄色，尾肢后部色泽鲜艳。日本囊对虾甲壳较中国明对虾厚，且有花纹，因此性腺发育和成熟情况不易看清楚（图 8-2）。

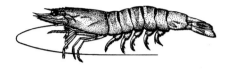

图 8-2 日本囊对虾

它的生活习性与食性如下。

1. 生活习性

（1）盐度 属于广盐性虾类，适盐范围为 15~34，对盐度突变很敏感，会引起大量死亡。胚胎期的适应盐度是 27~39，溞状幼体适盐范围较窄，仔虾适盐性可达 23~47。

（2）温度 适温范围较广。适温范围为 10~32 ℃，生长最适温度范围是 20~30 ℃，耐温范围是 4~38 ℃，但水温高于 32 ℃生活不正常，8~10 ℃摄食减少，5 ℃以下开始有死亡。

（3）溶解氧 对水体中溶解氧含量的反应比较敏感，在养殖过程中要求溶解氧在 4 mg/L以上，低于此值，虾体上下浮动，甚至窒息。

（4）栖息与活动 在自然海区的栖息水深从几米到 100 m，主要分布在 10~40 m 海区。在自然海域，自仔虾期就潜沙，涨潮时出来觅食，退潮后潜入浅水的沙中。当体长达 2.5~3 cm 时，逐渐改为晚上活动觅食，白天潜入沙中。日本囊对虾潜沙深度随个体大小而异，一般潜伏在沙面以下 1~3 cm。

日本囊对虾长到 10 cm 左右，移向深海，它的洄游期在春末夏初及秋季两次，春末夏初游向浅海产卵，冬季游向 70~100 m 深海越冬。日本囊对虾的渔获量在新月及满月时最大。

2. 食性

日本囊对虾以摄食底栖生物为主，兼食底层浮游生物。其胃内含有 16 个动物类群，经常出现 13~15 个类群，主要是摄食小型底栖无脊椎动物，如小型软体动物、底栖甲壳类及多毛类、有机碎屑等。要求食物蛋白质含量达 50%~60%。人工养殖中主要投喂小型低值双壳类、杂鱼及配合饲料。

二、日本囊对虾的人工育苗

（一）亲虾培育

1. 亲虾来源与暂养密度

亲虾大部分来源于自然海区，浙江及以北地区多从台湾、广东、福建等省海洋捕捞中调运。也有少部分从人工养殖的日本囊对虾中选择，一般选择个体大、健壮的亲虾，经过越冬后供育苗使用。日本囊对虾亲虾暂养密度一般为 6~10 尾/m²，密度过高会影响对虾性腺发育。

2. 光照要求与水温控制

亲虾暂养需弱光，亲虾暂养室可挂黑色窗帘或黑色薄膜将池上口盖严，控制光照强度在500 lx 以下。日本囊对虾暂养培育水温要比中国明对虾高：一般情况下日本囊对虾入池初期先控制水温为 22~24 ℃，最后升温至 25~26 ℃，最高不超过 28 ℃。

3. 饵料投喂与水质管理

日本囊对虾亲虾饵料与中国明对虾基本相同，主要有沙蚕、蛤类、鱼肉等。饵料投喂量为体重的 5%~8%。一般隔天换水 1 次，每次换水量为池水的 1/3 左右。一般 3~4 d 吸污清池 1 次。

4. 性腺促熟技术

将亲虾从暂养池中取出，用烧热的镊子烫除一侧眼柄，伤口用碘酒涂抹后，放入亲虾促熟池。促熟池预先用高锰酸钾消毒，清洗干净后加水放虾，暂养水温升至 25～26 ℃、每天升温不超过 0.5 ℃，盐度可控制在 27～30。坚持每天观察亲虾的性腺发育情况，但尽量少惊动亲虾。促熟池的投饵、换水、清污等日常管理与暂养期间相同。

(二) 产卵、孵化

1. 育苗前准备

育苗池使用前一般使用漂白粉或高锰酸钾进行浸泡、刷洗和消毒。药物浸泡 3～5 h 后，即可用清新的海水冲洗干净。然后引入新鲜海水，进水量一般占全池的 2/3 为宜。进水时采用 150～200 目筛绢网过滤，并将水温升至 27～28 ℃。产卵多在夜间进行。要保持黑暗，调节充气量，使其达到水面呈微波状为宜。

2. 产卵亲虾的选择

主要看性腺发育程度，一般性腺发育至 V 期的亲虾可选择作产卵亲虾。Ⅲ期卵巢为橘黄色，Ⅳ期卵巢为黄绿色，V 期卵巢为墨绿色，肉眼观察可见卵巢与肌肉分离清晰。

3. 移放亲虾与产后处理

亲虾多在夜间产卵，所以不宜过早将亲虾移入产卵池或池中网箱中产卵，以免影响水质。一般在 17:00—18:00 将产卵亲虾用 200 mg/L 甲醛溶液浸浴 2 min 后移入产卵池。每平方米放产卵亲虾 10 尾左右，产卵时不要惊动亲虾。

次日早晨先及时检查产卵情况。若产卵量（受精）已达到要求，立即将亲虾全部移走。若数量不足，应及时将产完卵的亲虾移走。待全部产卵完毕后，捞出水中污物，将水池加满水，进行孵化。

4. 孵化

温度仍保持在 27～28 ℃ 即可，并要维持产卵时的充气量，经 18 h 左右孵化出无节幼体。取样计数，一般在傍晚进行。用 150 目网箱，通过虹吸方法收集幼体，移入幼体培育池。收集幼体时要避免幼体受到损伤。

(三) 幼体培育

1. 无节幼体

幼体培育池应在虾卵孵化的同时进水，接种和培养硅藻等单细胞藻类。培育条件要求水深 1～1.2 m，水温 (28±1)℃，充气量要求微波状，pH 8.0～8.8，盐度 27～30。无节幼体经 6 次变态，3 d 左右发育成溞状幼体，该阶段不需投饵。

2. 溞状幼体

当幼体发育到溞状幼体时，开始进行人工投饵，主要有酵母、藻粉、配合饵料及轮虫、卤虫幼虫等，该阶段一般不换水，可定期加水。每次 10～20 cm，若需换水，换水量不得超过 15%，经 3～4 d 可发育到糠虾幼体期。

3. 糠虾幼体

糠虾幼体以投喂卤虫、人工微粒、虾片等动物性饵料为主，单胞藻保持适量并逐步减少。该阶段换水量为 20%～30%，充气量占总水体量的 2% 左右（充气处呈沸腾状），经过 4 d 左右发育成仔虾。

4. 仔虾培育

仔虾期以动物性饵料为主。前期以投喂卤虫幼体为主，日投喂量为 70～100 个/尾，卤虫幼体不足时可搭配其他配合饵料，后期有条件时可喂卤虫成虫，日投喂量为仔虾幼体体重的 150%～200%。卤虫不足时，可用绞碎的鱼肉、蛤肉或蛋羹代替。投饵量要根据仔虾胃肠饱满情况来调整，以满足仔虾对饵料的要求。此阶段日换水量为 1/2～2/3，充气调至 2.5%，水温仍保持在（28±1）℃，盐度 30～40。虾苗出池前 3～4 d 应逐渐降温，出池时降至自然水温。

三、虾池建设及放养准备

（一）虾池建设要求

1. 蓄水池配比

蓄水池的蓄水量应占全部养虾池总用水量的 30%，蓄水池的地势应高出养殖池，以便在正常情况下向虾池自流供水。蓄水池既能蓄水，又能沉淀海水，在防病除菌上有独特作用，能有效地改善水质。

2. 池堤高度的要求

防潮堤即外堤，应具有较强的抗风防潮能力，其高一般高于历史最高水位 1 m 以上，堤上宽 6 m 以上，迎海坡为 1:（3～5），内坡为 1:（2～3），视土质情况决定坡比。虾场的内堤不要太高，一般比虾池最高水位高 40～50 cm 即可。

3. 养殖池标准

虾池建设应科学、合理。池形以长方形为宜，长宽比为（4～8）:1。其长要与进水方向和最强季风风向一致。面积与水深：日本囊对虾养殖面积以 0.67～1.34 hm² 为宜，虾池水深不低于 1.5 m；池底要求平整，不需挖沟。每个虾池建进、排水闸各 1 个，闸门可较中国明对虾池窄一些，可建直径 40～50 cm 的水泥涵管闸。排水闸底应低于池底最低处 20～30 cm，以便将池水排干。

4. 外封闭内循环水系统的建设

通过虾池内的进水渠、排水渠和蓄水池进行水循环，从而增加水中溶解氧量，改善虾池水质环境。这对于海区水质较差时不进水、防止病害发生有一定的作用。

5. 进行二茬养殖的养殖单位应建造塑料大棚培育早苗

一般第一茬在 5 月初放苗，到 7 月中旬体长长到 8～9 cm。收获之后，再放上虾苗，从 7 月中旬到 10 月初（或 9 月下旬）还能养出体长 9～11 cm 的对虾。第一茬只有早放苗、放大苗，才能掌握养殖的主动权，因此必须采用塑料大棚控温培育早春大虾苗技术。棚址应选择在沙泥质、避风向阳、靠近水源、交通方便、供电有保障的地带。一般每立方米水体可放苗 800 尾左右，即每 667 m² 水面放 40 万～50 万尾虾苗，一般暂养到体长 3 cm 的虾苗成活率为 50%～60%。可以此推算所需塑料大棚的面积。

（二）放养前的准备

1. 养殖池清整

出虾后利用大潮将虾池冲洗数次，然后排净池内积水、封闸、晒池，维修堤埝，清除池中污泥与杂质。开春后应反复洗池数次，彻底洗净池底。然后用生石灰，每立方米水体用量为 0.5～1 kg，均匀撒入池底，然后进水，以能淹没石灰为度；或用漂白粉，每立方米水体加入有效氯含量 25％～30％的漂白粉 30～50 g。

2. 进水培饵

虾池药物消毒 2～3 d 后即可进水。进水之前应安装滤水网，避免清池后仍有敌害生物进入池内；首次进水十分重要，一般早春水较好，水深 0.8～1 m，考虑到渗漏和蒸发，放苗时水深能保持 60～70 cm 即可。

繁殖饵料生物既可充分利用虾池的天然生产力，降低养虾成本，又有利于防病。繁殖饵料生物一般在放苗前 15～20 d 开始，进水后立即施肥。随着浮游植物的繁殖，应有计划地向虾池内放活钩虾、蜾蠃蜚、沙蚕、拟括螺等饵料生物，使其在虾池内繁殖生长。更好的方法是进水前向虾池内投发酵的有机肥，每 667 m² 50～75 kg，有机肥肥效稳定持久，繁殖底栖生物饵料丰富，水质稳定，对虾成活率高，生长快。

四、虾苗放养与养成管理

（一）虾苗放养

1. 放养条件

能放养虾苗的养虾池应已培殖了饵料生物，水深在 60～70 cm，透明度为 30～40 cm；虾池水温应稳定在 14 ℃以上；与育苗室的盐度差不超过 3～5；pH 保持在 7.8～8.6；天气晴好。此外尚需对育苗场育苗情况有基本了解，认真观察虾苗状况，选择虾体肥大、个体整齐、游动活泼、反应灵敏、不粘脏物的健壮虾苗，虾苗体长以 0.9～1 cm 为宜。

2. 放养密度

日本囊对虾苗放养密度主要根据虾池标准、虾池底质、池水深度、水源日交换能力，商品虾规格及出售方法，计划养殖茬数、单产等决定。真正达到精养标准、清池彻底的虾池，放养 1 cm 虾苗时，一般每 667 m² 放苗量以 1 万～1.5 万尾为宜。配备有增氧机的虾池，放养量还可适当增加。而对于一些标准低、采取粗养的虾池，每 667 km² 水面一般放苗 5 000 尾左右。

3. 虾苗中间培育

一般将 1 cm 左右的仔虾，暂养在小池中或大池的一角，经过 20～30 d 的培育，长到体长 3～4 cm 大规格虾苗，然后放入养成池。

（二）养成管理

日本囊对虾分布于池底，因此投饲必须均匀。日本囊对虾白天潜沙，大多不摄食，所以晚上应多喂，一般每天 3 餐，早晨、傍晚和凌晨各喂 1 次。在饲养中应注意以下几点。

1. 采用监测网观察对虾情况

监测网可用于观察饲料消耗、虾体健康、成活率及池底情况等。监测网用密网片制成，四周有不超过 5 cm 高的舌网，以粗铁丝为骨架，圆形监测网面积为 0.4～0.5 m²，方形监测网面积为 0.64 m²。监测网需要量随虾池大小而定，一般 1 333 m² 水面的虾池用 6 个监测网，2 000 m² 水面虾池用 8 个监测网。饲料应浸湿后放在监测网中，然后慢慢沉入池底。监测网的放饲量，在养殖初期放 20～30 g，以后随投饲量的增加而逐渐增加。通过对监测网的认真观察，可分析对虾摄食情况、投喂量、对虾成活率高低等，以不断改进饲养管理。

2. 合理投喂

合理投喂就是按对虾生活、生长的生理需要投喂。合理投喂的目的是既要使对虾吃饱吃好，又不多投入，以降低饲料成本。为此应注意坚持夜间投喂为主，做到傍晚多喂，凌晨适当，早晨少喂，傍晚、凌晨、早晨的投料比例为6∶3∶1；坚持少食多餐；认真检查监测网，饲料吃光时多喂，残料多时少喂；大量蜕皮的当天少喂，蜕皮1 d以后多喂；池内生物饵料多（透明度小）时少喂，反之多喂；虾池内竞食生物多时适当多喂；水温超过30 ℃少喂，但要勤喂；强风、暴雨和寒潮袭击时少喂或不喂，好天多喂；饲料交替混合投喂，比单一喂一种饲料好；一定要保证饲料质量，不能投喂变质饲料。

3. 水质管理

水质是影响日本囊对虾生长和产量的重要因素。水质好坏直接关系到养虾的成败。因此，搞好水质管理是养虾中的头等大事，抓好了这一管理内容就掌握了养虾的主动权。养虾场必须配备必要的水质监测仪器，力求能监测水温、盐度、溶解氧、透明度、pH等。大虾场还应能对化学需氧量、硫化氢浓度、部分重金属含量，以及浮游植物密度，病菌定性定量分析等项目进行监测。

日本囊对虾养成期间水环境的指标要求是：水温16～30 ℃（渐变），最低不低于13 ℃；盐度20～35（渐变）；pH 7.8～8.8，溶解氧4 mg/L以上，透明度40～50 cm，化学需氧量6 mg/L以下，氨氮0.6 mg/L以下，底层硫化氢含量不超过0.01 mg/L。

（1）控制水深 主要是调节水温，放养初期，为了使水温能上升快一些，池水深度可控制在60～70 cm。到6月底7月初当水温升至25 ℃左右，为了使对虾有适宜的空间，水深应逐渐增到1.2 m。在高温季节，池水越深，底层水温就越低，此时为了控制水温不超过30 ℃，应尽力增加水深。高温期过后，为了使虾池有适宜的水温，水深应回降到1.2 m左右，9月中旬之后，为了保持底层有较高的水温，应尽量增加水深。

（2）换水措施 当外海水质好、虾池水质差时，要通过换水改善水体环境。在换水中，应将自然海水经沉淀后入池，一般先在蓄水池中沉淀72 h以上，然后根据各虾池的需要进水。在换水中要做好水质监测工作，日换水量不要过大，一般不超过10%。为了提高换水效率，可采取如下措施：先排水，后进水；白天排水，夜间进水，但高温季节的中午不要把水排得太浅；晴天少换，阴天多换；池内有机物含量少时少换，含量大时，特别是浮游动物和有害的浮游植物多时多换。

（3）添加光合细菌 光合细菌不仅能有效降低虾池氨氮含量，而且能改善虾池生态环境，减少发病率，提高产量。放养前2～3 d每667 m²用5 L菌液全池泼洒，以后每15～20 d追施1次，用量相同，菌液中含菌量不应低于8亿个细胞/mL。

4. 日常管理

要想做好日本囊对虾病害防治工作，必须加强日常管理。

（1）巡池 巡池是了解对虾动态和虾池环境的必要做法，每天巡池不能少于4次，即白天1次，夜间3次，在巡池中要观察水色、饲料消耗情况、对虾行动情况及池底颜色和检查底质味道。同时还要对堤埝、闸门、闸框、闸网进行仔细检查，如发现问题，立即采取措施。

（2）注意池水有无分层现象 日本囊对虾习惯栖息于池底，容易形成底层池水静止倾向，若连续几天平静天气，则虾池底层容易形成静止状况。这样会抑制池水的循环，产生池水分层现象，在盛夏无风多雨季节，雨水留在表层，当表层水温比底层水温高时，也容易形成底层静止和分层现象。在池水分层的情况下，池底几乎没有氧气。发生这种情况时，日本囊对虾白天也会出沙，栖息在池底，到晚上成群游于水表层，活跃地出现于水面。对此应立即采取措施，有增氧机的，可开动增氧机，没有增氧机的虾场可通过换水、土法搅动水等方法，改变池水分层状况，增加底层水溶解氧量。

（3）除害　如果在养成期间发现虾池中有较多害鱼，应想法除掉，一般采取钓捕和网捕，如果害鱼数量较多，捕不净，也可用茶籽饼杀鱼。一般施用量为每立方米水体不超过10 g。将茶饼碾碎，经过一夜浸泡，第2天泼洒，尽可能将水位排低一些。最好在上午进行，菜籽饼撒下后1～2 h就见死鱼，4 h以后可注水。

（4）记好养虾日常记录　天气状况、水质情况、放养情况、对虾摄食情况、换水情况、对虾活动情况及发生的重大事情，责成专人认真记录，以便在养虾实践中丰富养虾经验，不断提高防治虾类病害的知识和能力。

五、成虾起捕及活虾运输技术

1. 成虾起捕

日本囊对虾主要是活虾出售，因此出虾前要了解市场信息，掌握好出虾时机，才能获得好效益。出虾方法：一般用迷笼网出虾，网具由网身和网墙两部分组成。网身为长圆锥形，网1∶1方形，渐变成圆形，在网身中有几个用网片制成的倒须，使对虾只能进、不能出，网袖末端留着口，即下网时扎上口，出虾时打开口。网墙是宽1.5 m、长5～10 m的网片，用竹竿固定。这种网一般插在虾池的四角或对虾集中地，在角上插网时，将网墙从池边沿着角平分线插下（在池边插网时沿着池边垂直方向插网墙），在网墙末端插上网身。对虾沿着网墙进入网身，最后入网袖。一般2 000～3 000 m² 水面的虾池用4～6套网。

2. 活虾运输技术

日本囊对虾具有较强的生命力，活虾离水后，依靠鳃内剩留水分中的氧气和空气中的氧气进行呼吸，仍能生存较长时间，其运输方法有两种。

（1）干运法　一般运往国外或国内远距离时采用此法。运输前将虾放入10～12 ℃的低温水池中暂养（一般在冷冻厂的加工间进行），养虾池一般水温较高，因此对虾出池后应预先在准备好的水池中降温，即采取梯级逐渐降温法，并在包装前用0 ℃低温水麻醉。降好温后，将虾装入纸盒，一般1个纸盒装1 kg虾。先将纸盒底铺上经过冷冻的锯末，一层锯末，一层虾，每层虾都应排列整齐，避免重叠。注意，最下层和最上层及四周都应铺满锯末，使虾不能活动，若气温高，为使盒内保持一定的低温，还应在最上层锯末的上面放上小冰袋，最后将纸盒封严，再用胶带纸封口，纸盒包装好后将10个纸盒装入一个泡沫塑料包装箱内。装好后盖严，封好胶带纸，然后装入最外层纸包装箱内，用胶带纸将最外层纸包装箱封好，最后用冷藏汽车运到机场，空运至目的地。

（2）水运法　一般500 km之内的较近距离采用水运法。主要运输工具是汽车，各种货车都可用，按运虾量多少而定，一般用加长双排座汽车，货多时用大型货车，车上装玻璃缸水槽（或铁水槽），水槽可根据车况专门加工，一般为立式长方体，槽底有排水管能自动排水。在水槽内装置一层层网箱，网箱用木板制成，长方形网框（略小于水槽），网箱的木框高15 cm左右，网用网目为1 cm的聚乙烯网片制成，网箱里装虾。一层一层摆入水槽内，上层网箱的底为下层网箱的盖，最上层用网片盖严。充气用微型直流充氧机，以汽车发动机电瓶为电源，通过气管、散气石向水里充气。散气石放置在水槽底部，从底向上充气。水温在可能情况下降低至 12～18 ℃，以保证运输成活率。用这种方法运活日本囊对虾，较干运法省工、省事、成活率高、简便易行，一般情况下载重量 2 t 的加长双排座车，1 次可运 200 kg 活日本囊对虾，500 km 之内，运输 8～10 d，成活率可达 100％，国内区域运输多用此法。

第三节　罗氏沼虾的养殖

罗氏沼虾（*Macrobrachium rosenbergii*）是一种大型长臂淡水虾，又名马来西亚大虾，原产于东南亚地区，以泰国、马来西亚等国家养殖最多。1976 年，广东省水产研究所（现中国水产科学研究院珠江水产研究所）从日本引进罗氏沼虾，1977 年中国水产科学研究院南海水产研究所人工繁殖了第一批罗氏沼虾苗，此后在广东、广西、江苏、浙江、北京、上海等地推广养殖。目前，罗氏沼虾已经成为渔农养殖的高产高值优质的新种类。

一、罗氏沼虾的生物学

（一）形态特征

罗氏沼虾体躯肥壮粗短，由 20 个体节组成，头部 5 节，每节有 1 对附肢。额角较长，末端向上弯。齿式为 12～15/10～13，头胸甲上有胃上刺、触角刺和肝刺。腹部的外骨骼形成腹甲，腹部第二节的侧甲覆盖于第一节和第三节侧甲之上。

罗氏沼虾体色呈淡青蓝色，间有棕黄色斑纹，雄性第二步足特别发达，多呈蔚蓝色。头胸部较粗大，腹部自前向后逐渐变小，末端尖细（图 8-3）。

图 8-3　罗氏沼虾
A. 雄性　B. 雌性

（二）生物学特性

1. 栖息习性

罗氏沼虾幼体发育阶段，生活在具有一定盐度的咸淡水中。当幼体变成虾苗，一直到成虾和抱卵亲虾，均生活在淡水中，喜栖息在水质清新、有一定水生植物的水体底层，怕强光和直射光，喜夜间活动觅食。罗氏沼虾的适温范围为 18～32 ℃，最适温度范围是 25～30 ℃，当水温低于 14 ℃或高于 38 ℃时都会导致其死亡。罗氏沼虾对溶解氧要求较高，当水中溶解氧低于 1 mg/L 时会窒息死亡，低于 2 mg/L 时食欲下降，生长受到抑制，水中溶解氧最好能在 4 mg/L 以上。

2. 食性

罗氏沼虾不同的发育阶段，对食物的要求是不同的。初孵溞状幼体至第一次蜕壳之前，以自身卵黄为营养物质，经第一次蜕壳以后，开始摄食浮游植物或浮游动物。在人工育苗中，主要是投喂丰年虫无节幼体。随着个体逐渐长大，还可摄食部分煮熟的鱼肉碎片、蛋黄碎屑等细小适口的动物性饲料；至幼虾后，变成杂食性。淡化后的幼虾主要摄食水生昆虫的幼体、动植物碎屑、小型甲壳类、水生蠕虫等。到了成虾阶段，食性更杂，小鱼、小虾、软体动物、水生昆虫、鲜嫩的水生植物、藻类等都可摄食。人工养殖时可以投喂人工配合颗粒饲料。

3. 蜕壳

蜕壳贯穿于罗氏沼虾的整个生命过程。幼体发育、变态都通过蜕壳来实现。每进行一次蜕壳，幼体就进入一个新的阶段。幼虾和成虾每蜕壳一次，躯体各部就迅速长大一次。雌虾在产卵以前，必须进行一次蜕壳，这时雌虾活动能力较弱，并具有接受雄虾交配的要求，雄虾则伺机追尾交配。

4. 繁殖习性

罗氏沼虾性成熟的生物学最小型，据国外有关资料报道，雌性为体长 8 cm、体重 12 g；雄性为体长 10 cm、体重 25 g。在人工条件下，虾苗经 4～5 个月的饲养，部分可达性成熟。性成熟的亲虾个体中，雌雄虾在外形上各自具有不同的特征。每年产卵期为 4—11 月，以 5—8 月为产卵盛期。而在人工控温的情况下，可使罗氏沼虾提前或延续产卵。亲虾在产卵前交配，交配时雄虾排出的精荚黏附在雌虾第四、五对步足基部之间。雌虾在交配后 24 h 产卵，产出的卵与精荚放出的精子相遇，完成受精过程。受精卵由黏膜相连形成葡萄状，紧紧黏附在腹足的刚毛上孵化，约 20 d 完成胚胎发育，孵出溞状幼体。孵出的幼体已是溞状幼体后期，能主动游泳。游泳的姿态是头向下，作倒退运动，类似对虾糠虾幼体的运动姿态，具有趋光性。幼体从孵化到变态为幼虾，要经过多次蜕皮。林绍方将溞状幼体分为 8 期，宇野宽等则分为 11 期。罗氏沼虾各期幼体的主要特征及生活习性见表 8-2。

表 8-2　罗氏沼虾各期幼体的主要特征及生活习性（26～28 ℃）

幼体期	培育时长（d）	平均体长（mm）	主要特征	生活习性
Ⅰ	1～2	1.73	眼无柄，第二触角鞭未分节，步足 3 对，尾节与第六腹节未分开	浮游生活，游动时，整个身体呈倒置向后运动。有明显趋光性和集群性。不摄食，以卵黄为营养
Ⅱ	3～4	1.87	眼有柄，有眼上刺，步足 5 对	开始摄食，可投喂卤虫幼体
Ⅲ	5～6	2.18	额角背齿 1 个，第二触角鞭 2 节，尾节与第六腹节分开	卵黄消失，大量摄食
Ⅳ	7～8	2.58	额角背齿 2 个，触角鞭 3 节，尾肢内、外皆具刚毛	集群和趋光性有所减弱
Ⅴ	9～10	2.87	额角背齿 2 个，触角鞭 4 节，尾节出现侧刺 1 对	食量增加，喜食鱼肉碎片
Ⅵ	11～12	3.88	腹肢雏芽出现，尾节侧刺 2 对，触角鞭 6 节	个体差异明显
Ⅶ	13～14	4.29	腹肢芽延长分成内、外肢，皆缺刚毛，额角背齿 2 个，触角鞭 6 节，尾节侧刺 2 对	生活习性如前期

（续）

幼体期	培育时长 （d）	平均体长 （mm）	主要特征	生活习性
Ⅷ	15～16	4.73	腹肢的外肢有刚毛，内肢无。触角鞭7节，额角背齿2个，尾节侧刺2对，第一、第二步足具不完全的螯	出现向后倒退，呈直线运动，又喜集群和弹跳
Ⅸ	18～19	5.48	腹肢内外肢均具刚毛，内肢内侧出现棒状附肢。第一、二步足出现完全的螯，触角鞭9节	向后倒退的直线运动更加明显，喜弹跳
Ⅹ	20～21	6.18	额角背齿3～5个，触角鞭11～13对	争食现象明显，趋光性强
Ⅺ	2～325	6.85	额角齿约11/2，触角鞭15节，尾节侧刺为1对，体色淡化	出现垂直旋转运动，即将变态为幼虾
仔虾	25～27	6.54	额角齿11/5～6，触角鞭32节或更多，尾节具背刺2对	水平游泳，底栖生活，杂食性

二、罗氏沼虾的种苗生产

（一）亲虾的选择和越冬培育

1. 亲虾的选择

应选择个体大、肥壮、活泼、无病无伤、体色鲜艳、附肢完整、体上洁净、无寄生物的罗氏沼虾。一般雌虾个体要求体长9 cm以上，体重25 g以上；雄虾个体要求30 g以上。在繁殖季节，亲虾雌雄比例以4∶1或5∶1为宜，可维持性成熟亲虾进行正常的交配和产卵受精，取得较高的受精率和孵化率。由于雄虾死亡率较高，在选留越冬亲虾时，雌雄之比应以（2.5～3）∶1为好。亲虾放养前，先对亲虾进行药物消毒，杀灭可能从成虾养殖池塘中带进病原体。据陈丕茂（2000）的研究，在亲虾入池之前，采用灭菌灵或消毒丹（二氯异氰脲酸盐制剂）20～30 mg/L充气消毒10～30 min，或用福尔马林160～200 mg/L充气消毒5～10 min，效果良好。

2. 亲虾越冬

罗氏沼虾为热带虾类，在我国大部分地区不能自然越冬。每年应结合成虾收获，选留亲虾入越冬池越冬，可因地制宜采用室外尼龙薄膜棚越冬池或室内越冬池。亲虾入池以前，池子要用生石灰、漂白粉等物进行消毒，然后进水待放养亲虾。每平方米越冬池放亲虾11～12只。

亲虾入池后，要做好控温、增氧和充水、投饲料和吸污管理。越冬水温要求控制在18～22 ℃，气温较低时，可用农用发热丝通电加温。越冬期间池水溶解氧要求在3 mg/L以上，当连续长时间低温、无法换水、溶解氧下降时，要用电动气泵充入空气。在天气较暖和的日子，趁天气暖和，排走部分旧水，注入部分新水。越冬期间的投饲管理很重要，原则是既满足亲虾摄食，保证亲虾本身新陈代谢和正常生长、性腺发育的需要，又不因残饵多而污染水质，每天投喂量一般可掌握在亲虾总重量的6%。

3. 强化培育

为争取在天气回暖后，及早有虾苗放养，延长大田养殖商品虾的时间，孵化前1个月，要对亲虾实行强化培育，促使亲虾性腺发育成熟。要用人工加温办法逐渐提高越冬池水温，最后稳定在 26～28 ℃，水温提高，亲虾新陈代谢和摄食能力也大大提高，投饲料量要随之增加，除投喂人工配合颗粒饲料外，要补充一些动物性饲料。同时，要增加充气的次数和时间，使水中溶解氧提高到 4 mg/L，并灌注部分新水，保持水质清新。

（二）亲虾产卵和孵化

1. 亲虾产卵

罗氏沼虾自然产卵的时间从 4 月上、中旬开始。在人工控制条件下，产卵期可以提前。经过一段时间强化培育的亲虾，性腺发育渐趋成熟，当卵巢颜色已经变成枯黄色并占满了头胸甲的背部，即进行产卵前蜕壳和交配，交配后 24 h 内产卵，即成为抱卵虾，间隔数天将抱卵的雌虾从强化培育池内移出，放养到孵化池内准备孵化。

2. 受精卵孵化

孵化期间既要保证虾卵孵化所需的外界条件，又要做好抱卵虾的饲养管理工作。每天要投喂较好的动物性饲料，以第二天早上稍有剩余为宜，经常吸去污物残饵。抱卵亲虾对溶解氧的要求比一般亲虾高，孵化期间要不断地向培育池充气，使池水溶解氧接近饱和状态。孵化适宜水温为 24～30 ℃，最适水温为 26～28 ℃。在早春季节，水温较低，要求人工加温。孵化后期要逐步加入海水，使池水盐度达到 12～14，让溞状幼体一孵出来，就能在适宜的盐度中生活。当一部分抱卵虾的受精卵孵化后，每天早晨用 40 目平板网收集溞状幼体，放入育苗池培育。一般可收集 7 d 左右，7 d 后将受精卵未孵化的抱卵亲虾移出，放入正在孵化的抱卵亲虾池。然后清洗、消毒、进水，再放抱卵亲虾进行受精卵孵化。

（三）虾苗的培育与淡化

1. 培育池

培育池用砖石建造，四壁和底部抹上水泥，要求尽量光滑。池底要有一定坡度，深的一端设排水孔，浅的一端池壁上部设进水口，与来水槽相通。小培育池以面积 4～6 m²，水深 0.8～1 m 为宜；大的以面积 20～30 m²，水深 1～1.2 m 为宜。罗氏沼虾育苗池除安装进水管道、蒸汽管道、充气管道外，还应铺设预热水管道、淡水管道。放苗前消毒清池后，加预热水 40～60 cm 待用。

2. 培育用水

幼体的培育须在有一定盐度的水体中进行，盐度以 12～14 为宜。沿海育苗厂用天然海水与淡水混合配制而成；内陆没有海水，可人工配制，配方为：每吨清洁淡水中，加氯化钠（原盐）10 kg、工业用硫酸镁 3 kg、氯化钙 360 g、氯化钾 180 g、溴化钾 20 g（或不用）、硼酸 120 g。将上述成分充分搅拌，完全溶解后使用。在幼体培育规模较大的情况下，培育用水宜在专用的配水池中统一配制，加热至规定温度，贮存备用，然后从配水池通过预热水管道引入培育池。

3. 幼体培育密度

幼体培育密度，应根据设备条件和管理水平设定，一般为 10 万～20 万尾/m²。在管理良好条件下，可培育出淡化虾苗 5 万～10 万尾/m²。

4. 饵料投喂

刚孵出来的幼体靠自身卵黄营养维持生存，此时可以不投喂，经过 2～3 d 第一次蜕皮后，进入第 2 期溞状幼体时开始摄食，可以投喂丰年虫无节幼体，投喂量可掌握在每立方厘米水体有 5～10 个丰年虫无节幼体。由于潘状幼体阶段主动摄食能力弱,水中悬浮的丰年虫无节幼体适当多些,有利于幼体摄食。用丰年虫无节幼体效果比较好,但有时丰年虫来源不足,当幼体进入第五、六潘状幼体期后,可在使用丰年虫的同时,加部分胶囊微粒饲料(B.P 粉),或蒸熟后再用筛绢过滤的蛋品和鱼、贝肉碎片。每天投喂 3 次,其中一次在晚上投喂。

5. 培育管理

培育过程中要不断充气和加温,要求水中溶解氧达到 6.0 mg/L,氨态氮控制在 0.8 mg/L 以下,水温稳定在 28～30 ℃,pH 为 7～8,最高不超过 8。幼体培育过程中要蜕壳变态,而且在密度较大的情况下育苗,残饵和排泄物较多,水质容易恶化,要注意经常吸污,一般开始培育前 4～5 d 不吸污,以后隔天吸污一次,中期每天吸污一次,后期每天吸污两次。与此同时,应根据水质情况适时换水,每次换水量为 1/3～1/2。后期由于人工饵料投喂增加,水质污染加重,应每天换水一次。发现水质恶化还应进行倒池。换水或倒池均应注意水温和盐度的稳定。要注意做好其他管理工作,防止霉菌感染,幼体培育池和用具要事先用漂白粉或高锰酸钾水溶液消毒,饲料配制要清洁。培育期间用五倍子和大蒜头等中草药轮流药浴,可收到较好的防病效果。培育条件适宜的话,幼体经变态成为仔虾,所需时间约为 25 d。

6. 虾苗淡化

当 90% 以上幼体变态完毕,营底栖生活时,就可以进行虾苗淡化。虾苗淡化是吸走部分海水,加入部分淡水,逐步使培育池水全部变为淡水。为了保证淡化虾苗质量,淡化过程不应太短,最好在 48 h 内完成。加入的淡水的水温与原培育用水的水温要接近,避免温差过大,幼体无法适应,影响出池率。

(四) 虾苗的中间培育

淡化后的幼虾,即可在淡水中生活,其生活习性与成虾相似,但体长只有 7～8 mm,体质较弱,摄食和抗病能力较差,条件许可的话,最好先经过约 20 d 中间培育,让幼虾长到体长 2 cm 以上,再放养到大塘养殖,效果将会更好。

1. 中间培育设施

虾苗中间培育可用水泥池、土池和网箱等,要求易于捕捞幼虾。水池面积 10～100 m²,水深 70～80 cm。网箱面积 5～10 m²,高 1.0～1.2 m,网箱露出水面 0.2～0.3 m。土池面积 200～300 m²,水深 1 m 左右,土质要好,池壁坚固,保水性好。

2. 中间培育前准备

主要是消毒和进水。水泥池用高锰酸钾或漂白粉消毒。土池用茶籽饼或生石灰常规清池。用水可为江河、水库、池塘或井水等清洁水源,并进行沉淀,用网过滤后入池,防止病原、敌害生物侵袭。土池经 7～10 d 施肥培育水质后,可放虾苗。

3. 放养密度

室外水泥池放养淡化苗以 250～300 尾/m² 为宜。室内幼体培育池强化培育,可放虾苗 4 000～5 000 尾/m²;池塘网箱培育可放养 3 000 尾/m²。每 667 m² 土池放养 15 万～20 万尾。

4. 培育管理

饵料是幼虾取得营养物质的主要来源。培育期间可投喂花生麸粉、黄豆粉、鱼肉碎片等饲料，每天投喂量可掌握在幼虾总重的 15% 左右。分上午、下午、夜间三次投喂。用黄豆粉喂养，培育效果比较好。平时要注意保持水质良好，及时清除残饵或网箱壁杂草（藻）。在池底投放一些隐蔽物，如瓦管、砖块、竹筒、挂网等可以减少互相残食或遇敌害侵袭。同时要建好拦鱼设备，防止杂鱼等入池残食或争饵。水泥池要充气增氧，经常清除污物残饵，防止水质恶化。

（五）虾苗运输

一般采用尼龙袋充氧、密封、包装运输。常用尼龙袋容量约 25 L，装水量为 8～9 kg，充氧后，在水温 25～28 ℃条件下，其运输幼虾数见表 8-3。

表 8-3　罗氏沼虾尼龙袋充氧运输数量（尾）

幼虾类型	运输时间（h）		
	4～6	7～9	10～12
淡化虾苗	8 000	6 000	5 000
幼虾（2 cm）	3 000	2 500	2 000
幼虾（3 cm）	1 500	1 000～1 200	600～700

三、罗氏沼虾的养成

将淡化虾苗或经过中间培育的虾苗饲养成商品虾的过程称为罗氏沼虾的养成阶段。根据罗氏沼虾各阶段的生物学特性，采取相应的配套技术措施，促进快速生长，获取成虾养殖高产、优质、高效。目前主要的养殖形式有池塘养虾和稻田养虾。

（一）罗氏沼虾的池塘养殖

1. 虾塘条件和清整

罗氏沼虾成虾塘塘底要求比较平坦，有一定淤泥，但不宜过多，以利于捕捞商品虾和减少虾池有机耗氧。塘基要密实，以减少敌害藏匿。每口池面积 2 700～5 400 m²，水深 1.5～2 m，水源充足，水质良好，排灌方便，以利随时冲注新水，排出旧水。进排水口要设拦网，以防止敌害进入和罗氏沼虾逃走，并做好增氧和防浮头准备。

放养虾苗前 15 d，要进行虾塘清整、消毒、施基肥和种植轮叶黑藻等工作。先把塘水排干，再在距塘基四周 2 m 处开出宽 0.6 m、深 0.4 m 的回形沟。在塘底种植轮叶黑藻，行距 7 m，棵距 1 m，每棵 3～4 株。株高露出水面，以接受阳光，促进早生快发。接着每 667 m² 施大草或发酵粪肥 150～250 kg 作基肥。施肥后第 4 天，每 667 m² 用茶麸 25 kg 和漂白粉 6 kg 混合清塘，也可以用茶麸 35 kg 和生石灰 45 kg 混合清塘，清除野杂鱼虾、水蛇、蝌蚪、水蜈蚣等敌害。清塘后 7～8 d 药效消失，经试水安全后，即可放养虾苗。清塘后到放养前，如发现水蛇、青蛙等敌害进入，要及时捕捉；如有水蜈蚣、蝌蚪等敌害重新繁生，每 667 m² 用 35～40 kg 茶麸重新清塘，对杀灭水蜈蚣、蝌蚪等敌害有效，对虾苗无毒害作用。清塘和种植轮藻是成虾养殖的重要环节，消毒不彻底，则敌害多，罗氏沼虾成活率低，杂虾繁生，大量摄食塘中饵料，影响罗氏沼虾生长速度。轮藻如长不起来，则难以控制水质，水质不稳定，要经常换水。

2. 虾苗放养

虾苗放养，各地时间有迟早之别，一般在水温 18 ℃以上便可放苗。放养密度要根据虾苗规格、池塘条件、放养季节、饵料肥料丰歉、养殖技术高低确定。若密度过大，则虾的生长速度慢、长势差，收获时个体较小，容易缺氧浮头，甚至泛塘致死。若密度不足，则不能充分发挥虾塘的生产潜力。一般每 667 m² 放 0.8 cm 规格的淡化后虾苗 2.0 万～2.5 万尾，搭配 0.25～0.5 kg 鳙、0.1～0.2 kg 鲢各 30 尾。搭配的鱼类应在虾苗放养 15 d 后才能放养。如果放养经过中间培育的体长 2～3 cm 的虾苗，每 667 m² 可放 0.8 万～1.2 万尾。放养虾苗要同步，而且规格尽量整齐一致，以免互相残食。放苗操作要小心，顺风放苗，沿塘边慢慢放入。6 月以前可浅水直接放苗，6 月以后，由于水温升高，虾塘需加水到 1 m 深，然后放苗，以免高温热死虾苗。放苗时间一般在 8:00—9:00 或 16:00—17:00。

3. 投饵与施肥

罗氏沼虾自下塘放养之日起，就要进行投饵。放养刚淡化后个体较小的虾苗，放养后可投喂黄豆粉，用水调成糊状，沿池边泼施。1 个月后，可投放配合颗粒饲料。若放养的是已经中间培育的 2 cm 以上虾苗，放养后就可投喂配合颗粒饲料。配合颗粒饲料要求粒径 3 mm，在水中成型时间能达 2 h。投喂配合饲料总量为虾总量的 5%～7%，分 8:00—9:00、16:00—17:00、21:00—22:00 3 次，按 3∶3∶4 的比例沿塘边四周撒投。并根据虾塘水质情况，施放适量肥料，培养虾塘中浮游生物，供虾摄食。虾蜕壳需要一定量的钙质，结合水质管理，每 667 m² 每次用 10 kg 生石灰，不定期施放，溶于水全池泼洒。

4. 日常管理

做好水质管理工作。放苗后 15 d，开始逐步提高水位，到 6 月底转入高温季节时止，水位要提高到 1.5～2 m。投饵施肥要视虾摄食情况和天气、水质灵活掌握。剩料少、水质清新良好、天气晴朗，可以正常投料。否则，应减少投料量或停止投料。高温季节尤其气压较低、阴雨连绵的天气，要及时开动增氧机，防止缺氧死虾。虾塘基面作物地严禁使用六六六、敌百虫等农药，以防雨水连同残药一起流入虾塘，引起虾中毒死亡。应勤检查塘基和进出水口，发现蛇鼠穴洞或漏洞，要及时堵塞，防止虾逃逸。

5. 收获

收获时间主要视水温而定，水温降至 18 ℃时，罗氏沼虾活动减弱，摄食减少，生长缓慢，必须收获。收获方法：一是平时捕大留小，用手抄网在塘边捕捞；二是干塘收获，先清除轮叶黑藻，用疏鱼网把混养家鱼捕起，然后把塘水排至 50～60 cm，用二密网捕虾上水。塘底平坦，起捕率可达 70%，最后干塘分段捕捉。收获虾放入网箱等暂养时，将软壳虾分开，以免被硬壳虾残食。

（二）罗氏沼虾的稻田养殖

我国稻田养虾，是在长期的稻田养鱼生产实践中发展起来的一项稻田养殖新技术，历史虽短，但生产潜力很大，发展前景很好。对于充分利用稻田的水土、光热等自然资源，提高农业生产综合经济效益，实现农业增产、农民增收，具有重要的现实意义。

1. 养虾稻田的要求

养虾稻田，要有充足的无污染水源，排灌方便，保水性能好；稻田面积在 1 334～2 000 m²，实行垄稻栽培法。沿着稻田四周边缘，开挖环形深沟，与田埂相连，沟宽 1.0～1.2 m、深 0.8 m。稻田中间开挖若干条浅沟，宽 0.5 m、深 0.3～0.4 m，呈"十"字形或"井"字形，与深沟相连。这些水沟，统称为虾沟，是虾活动的主要通道。在稻田的排水端开挖一个小水池，称为虾池，与深沟相连接，池深 1 m 左右，虾沟与虾池面积约占稻田面积的 1/10。是虾的主要栖息场所。将开挖虾沟和虾池的泥土用于田埂加固，并加高、加宽，使田埂高达 0.5 m、宽 0.8 m 左右。田埂除了起到防洪防涝保水保肥作用外，还可以在田埂上种植瓜菜、豆类和芋头等，增加稻田的综合经济效益。在养虾稻田的进出水口处，设置栏栅、拦网，以防止罗氏沼虾随水逃逸，也避免野生鱼虾类或其他敌害生物进入稻田，确保养虾安全。

2. 清田消毒与培养饵料生物

在虾苗放养之前半个月左右，进行清田消毒。将虾池、虾沟及田间的污物和废弃物品清除干净，引进新水，用生石灰对虾池、虾沟进行消毒，方法与池塘消毒相同。经过药物消毒之后，田水呈微碱性，适宜饵料生物和虾苗生长。待清塘药物毒性消失之后，及时施放肥料，培养浮游生物，为虾苗提供天然饵料。由于饵料生物的生长繁殖，田水将逐渐呈淡黄绿色。此时，应及时进行虾苗放养。

3. 虾苗放养

稻田养虾要不失时机地掌握好养殖季节，尽量延长虾的生长期，提高养虾产量。因此，既要抓紧时间进行放养，又要避免低温放养造成损失，通常是在稻田水温稳定在 20 ℃ 以上放养虾苗较为适宜。在早稻插秧前后，可以先在虾池内进行虾苗培育，经 20 d 左右，虾苗体长达 2 cm 左右，秧苗也返青了，这时虾苗进入虾沟和田间放养。在有条件进行虾苗培育的地方，应直接放养较大规格而且规格一致的虾苗，对于提高养虾成活率和产量、质量都有好处。放养密度一般是每 667 m² 放养经淡化的虾苗 3 000～4 000 尾；体长 2 cm 以上的虾苗是每 667 m² 2 000～2 500 尾。经 4～5 个月饲养，每 667 m² 可产虾 20 kg 左右。也可以根据各地的实际情况，放养密度适当增加或减少。

4. 日常管理

要加强水质管理。在虾苗放养之后，要注意保持稻田内有较深的水位，不仅虾池、虾沟内要灌满水，稻田中间也要保持水深 15 cm 左右。经常观察虾的活动情况，及时注入新水，更换田水，使水质清新、溶解氧充足，避免虾缺氧浮头。稻田养虾，以投饵为主，摄食天然饵料为辅。在虾苗培育阶段，以投喂蛋品、黄豆粉、鱼粉等为主；虾体长达 2～3 cm 之后，以投喂人工配合颗粒饲料为主，适当投喂其他动物性饵料。投喂方法与池塘养虾相似。在虾池、虾沟适当放养水生植物，如水浮莲、水葫芦等，也可投放一些竹枝，供虾栖息、防止阳光直射和起到躲避敌害的作用。平时要注意稻田内卫生，去除污物残饵，不投喂霉烂变质的饲料，防止水质污染和病害蔓延。

5. 处理好稻虾关系

水稻在一定的生长发育阶段，必须定时放干田水，进行晒田。此时，要注意养虾用水，做到田面水干，虾沟、虾池水满，并加强水质管理，保持虾的正常生长。在水稻栽培过程中，遇到病虫害，必须施放防治药物时，应尽量选用高效低毒农药。在喷药时，应注意将药物喷洒在水稻茎叶上，避免农药直接喷洒入水中，必要时，还可暂时加深水位，或尽快更换田水，以降低入水药物浓度，避免虾中毒。养虾稻田施肥，应以施基肥为主、追肥为辅，以有机肥为主、化肥为辅，少用或不用化肥追肥，以防伤虾。

6. 收虾

在稻田中养虾，历时 4～5 个月，可以达到商品虾规格。一般体重长到 15～20 g，应及时捕捞上市。捕捞的原则和方法与池塘养虾基本相似。在进行稻田养虾捕捞操作时，先排放田水，使所有虾都集中到虾沟和虾池里，随后用密网捕捞，将绝大部分虾捕起，最后将虾沟和虾池水排干，将虾全部捕起。通过网箱暂养，做到鲜活虾上市。

四、罗氏沼虾的疾病防治

随着罗氏沼虾养殖面积的扩大、集约化养殖的发展，虾病蔓延逐渐增多。目前发现罗氏沼虾病害14种，其中细菌病5种、真菌病1种、寄生虫病6种、非寄生虫病2种。近年来，各地在罗氏沼虾苗种繁育和成虾养殖过程中，发现的病害种类越来越多，危害性越来越大，特别是白肉病（暂定名）给罗氏沼虾人工养殖带来了严重的威胁，造成了重大损失。由于虾病传染源复杂和多样、传播快、来势猛，一旦暴发，治疗难度很大。因此，对于虾病，要立足于以预防为主、防治结合，预防才是根本措施。要在清除传染源、切断传染途径、改良养殖生态环境、控制病害暴发流行等方面下功夫。

第四节　日本沼虾的养殖

日本沼虾（*Macrobrachium nipponensis*）是我国和日本特产的淡水虾类，也是我国江河、湖泊、水库、池塘等淡水水域习见的虾类，俗名有河虾、青虾，隶属长臂虾科、沼虾属。日本沼虾营养丰富，味道鲜美，既可鲜食，又可加工成各种虾制品，是深受欢迎的名贵水产品。特别是我国太湖出产的日本沼虾，历来享有盛名。

日本沼虾以往都是野生，我国从1958年开始养殖日本沼虾，但真正实现日本沼虾规模化养殖，则是20世纪90年代以后。日本沼虾养殖投入少、成本低、见效快、效益好，且一年可养两茬，一般池塘、稻田养殖日本沼虾，投入产出比能达1∶2，每667 m² 利润在1 000元以上，经济效益非常明显。

一、日本沼虾的生物学

（一）形态特征

日本沼虾体形长圆筒形，大多呈青绿色，带有棕色斑纹。整个身体由头胸部和腹部两部分构成。头胸部粗大，往后渐细，腹部后半部更为狭小。额角位于头胸部前端中央，上缘平直，末端尖锐，上缘具11～15个细齿，下缘具2～4个细齿（图8-4）。

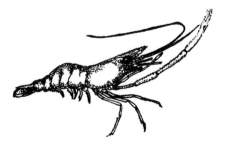

图8-4　日本沼虾

日本沼虾的整个身体由20个体节组成，头胸部13节、腹部7节。除最后一个体节即尾节以外，每个体节都有一对附肢。头部各节附肢分别特化为第一、第二对触角，为嗅觉和触觉器官；大颚与第一、第二小颚组成口器。胸部前3对为颚足，后5对为步足。第6腹节的附肢演化为强大的尾扇，起着维持虾体平衡、升降及后退的作用。在额角的基部两侧有1对复眼，横接于眼柄的末端，能自由活动。

雌、雄之别在于雄性第2对步足特别强大，长度为体长的1.2～1.7倍；雄性生殖孔位于第5对步足基部内侧，雌性生殖孔则在第3对步足基部内侧；雄性第二腹节的内肢具雄性附肢，雌性则无。

（二）生物学特性

1. 栖息习性

日本沼虾从淡水到低盐度的河流下游都能生存。喜栖息在水流较缓、有一定水生植物和淤泥的河流、湖泊和池塘中，栖息深度一般在 1～2 m。日本沼虾怕强光照射，喜夜晚活动觅食。春季水温较低，大多数分布在沿岸浅水地带，夏季水温升高，则移居深水区域，冬天水温下降，其活动能力减弱，逐渐转移到水下的草丛或石砾等可以藏身的地方越冬。

2. 食性

日本沼虾的食性很杂，主要摄食自然水域中浮游生物、底栖植物、有机碎屑和植物碎片。人工养殖的日本沼虾，除摄食上述天然饵料外，还喜食人工投喂的豆浆、黄豆粉、麸皮、豆饼、豆腐渣、酒糟、螺肉、鱼肉、蚯蚓和人工配合饲料。摄食方式是用螯足钳住食物，撕碎后送入口中。日本沼虾 4—7 月摄食强度大；12 月进入越冬阶段，则很少摄食。

3. 蜕壳与生长

日本沼虾的蜕壳可分为变态蜕皮、生长蜕壳和生殖蜕壳。从溞状幼体开始直到稚虾阶段，中间要经过多次蜕皮，通常称为变态蜕皮。从幼虾到成虾，伴随着虾体的长大而不断地发生蜕壳，称为生长蜕壳，在一般情况下，幼虾每隔 7～11 d 蜕壳一次，而成虾需要 15～20 d 蜕壳一次。随着蜕壳的完成，日本沼虾的断肢也可再生。雌虾为繁衍后代在与雄虾交配之前进行的蜕壳，称为生殖蜕壳。雌虾在每一次交配之前都需蜕壳，在一个生殖季节内，雌虾可蜕壳 8～9 次。

日本沼虾体长一般为 30～80 mm，5 月孵出的仔虾长到 10 月，体长可达 40～50 mm，体重 2.5～4.5 g。未成熟的日本沼虾，雌雄虾生长速度是一致的，但达到性成熟时，雄虾生长速度要比雌虾快，如当雄虾最大体长达到 47 mm、体重 2.5 g 时，雌虾体长 35 mm、体重 1 g。

4. 繁殖习性

日本沼虾稚虾约经 4 个月生长发育就性成熟并能产卵，繁殖季节是 4—9 月。由于雌虾没有纳精囊，所以，交配是在产卵之前进行的。雌虾生殖蜕皮时，活动能力较弱，并具有接受雄虾交配的需求，雄虾则伺机尾随交配。水温 20～25 ℃，交配后 7～28 h 即可产卵。产卵适宜水温是 18～28 ℃，雌虾抱卵数随个体不同而有所差别，少的为一两百粒，多的可达 5 000 粒，一般为 2 000 粒左右。产出的卵附着在游泳足的刚毛上，靠游泳足不断扇动，使卵粒周围的水微微流动，促进受精卵的孵化，并清除污物和未受精卵。从孵化后到长成幼虾，要经过变态过程，幼体完成整个变态过程需蜕皮 8～9 次。体长的增长、形态的变化，都是伴随着蜕皮而产生的，每蜕皮一次，幼体就进入一个新的生长时期。幼体变态阶段对环境条件变化很敏感，特别是在孵化后进行第三次蜕皮时极易死亡，死亡原因可能与食性转变有关。

二、日本沼虾的种苗生产

（一）亲虾采捕、选留与运输

亲虾一般捕自天然水域，最好是湖泊中的抱卵虾或性腺发育成熟的雌虾和雄虾，人工养殖的成虾也可选留。亲虾选留的标准是：个体大、最好规格在 4 cm 以上、体表光洁、附肢齐全、活泼健壮、性腺宽大饱满发育成熟或抱卵数量大。雌、雄比要达到 4.5∶1。亲虾选留的数量，通常可根据需要日本沼虾虾苗的数量和育苗技术水平来确定。一般每千克抱卵虾，可培育出 20 万尾虾苗。若要生产 1 000 万尾虾苗，则需选留抱卵亲虾 1.6 万～1.8 万尾，重 50 kg 左右。

亲虾运输可采用双层尼龙袋充氧装箱运输。尼龙袋盛水 1/3，可使用池塘、湖泊清洁水，也可使用曝气 2 天后的自来水，将亲虾计数后放入袋内，充气后扎紧袋口就可装箱启运。运输的亲虾最好先行暂养，停止喂食使其空腹，暂养的目的一是淘汰体质差的个体，二是减少运输途中亲虾排泄物对水体的污染。装虾密度可视运输时间长短而控制在每袋 40～80 尾。

（二）育苗的水质与环境要求

湖水、池塘水、井水、低盐度海水、盐卤配制的咸淡水均可用于日本沼虾的育苗。培育用水需要一定盐度（不低于 2），有利于提高育苗成活率。

育苗期间的环境要求为：亲虾产卵孵化期间的水温控制在 26～28 ℃为宜，幼体培育水温可在 28～30 ℃，溶解氧要求 5 mg/L 以上，pH 7.2～8.0，光照 1 000～3 000 lx，氨氮小于 0.2 mg/L。

（三）幼体饵料

单细胞藻类、轮虫、丰年虫或卤虫幼体；人工制作饵料包括豆浆、蛋黄、蛋羹等

（四）幼体培育

日本沼虾幼体培育目前有池塘培育、室内流水槽培育、水泥池培育、池塘放置网箱培育和池塘直接培育等方法。其中池塘培育虾苗，具有培育技术成熟、生产规模大、成本低等优点，是目前培育日本沼虾苗的主要方法。

1. 池塘培育

池塘培育虾苗，培育池的面积以 667～1 334 m² 为宜，池形要求长方形、东西向，采光性能好；池埂坚实，池坡比为 1∶(2.5～3)；池底平坦，淤泥较少，虾池保水深度为 0.8～1.2 m。在池中央开挖一条宽 1 m、深 0.2～0.3 m 的集虾沟，用于排水捕捞虾苗虾种。池塘育苗前要干池暴晒，清整消毒，种植轮叶黑藻，设置人工虾巢。用 60～80 目尼龙筛绢网过滤进水。然后在池塘中放置网箱，每只网箱面积 1～2 m²，箱高 0.8～1.2 m，每平方米放养抱卵虾 0.75～1.2 kg。采用流水方式培育，幼体孵出后，取出亲虾，然后让幼体自然逸出网箱进入池塘。也可在虾塘中直接放入抱卵虾或性腺发育好的雌、雄虾，每 667 m² 可放养抱卵虾 8～10 kg，雌、雄比例 2∶1 或 3∶1。不管哪种方式，幼体孵出 2 天后开始投喂豆浆，以后尚可投喂大麦粉、菜饼、鱼糜，也可适量投些鸡粪，维持池水透明度在 40 cm 左右，视水质状况用换水方式调节水质。

2. 流水槽培育

水槽容积一般 0.2～0.3 m³，是进行小水体、高密度育苗的一种方式。幼体培育密度 200 尾/L 以上，采用低盐度海水育苗，将净化去氯后的自来水掺入天然海水中，降低其盐度，调节成盐度 6～8 的育苗用水，通过生物滤池流入水槽，使水得到净化。

将采收的抱卵虾经过暂养放入槽内孵幼，在幼体孵出的第二天开始投喂卤虫幼体，当幼体变态至第 V 期后，可投喂鱼肉做成的蛋羹等人工饵料，少投勤喂，每日 5～6 次。幼体培育前期流水速度应缓一些，随着幼体发育进程而逐渐加快。在育苗期间，应每天定时排污、增添部分新水，幼体发育进入后期尚需在槽中悬挂网片，以利幼体附着栖息。

在水温控制在 (29±0.5) ℃的情况下，18～19 d 幼体可完成变态而成仔虾，在培育池中

再经 6～7 d 饲养即可成为虾苗而出池放养。在形成仔虾时，应开始逐步淡化，使之适应淡水生活，以便虾苗运输后直接放养到淡水水域。

3. 水泥池培育

采用室内水泥池培育，培育前先进行水泥池清洗消毒，然后进水待用。挑选卵子即将孵化的抱卵亲虾放入置于水泥池中的网箱内孵幼，孵出的幼体穿越网目进入池中培育。水泥池内放置的网箱数目，应视水泥池大小及网箱规格而定，但不要拥挤，要有利于操作，网目大小以孵出的早期幼体能穿越网目为度，网箱内放入的抱卵虾数量需根据网箱规格确定，一个 100 cm×50 cm×60 cm 的网箱可放抱卵虾 100～200 尾。

如需培育大规格苗种，也可采取室内水泥池和室外土池结合的培育措施。在室内水池培育成的仔虾，利用光诱捞出并移到室外土池进行中间培育，放养密度为每 667 m² 40 万～60 万尾，土池需先清池、过滤进水、施肥繁殖饵料生物，待虾苗体长达到 1.5～2 cm 时，即可起捕分塘，进行成虾养殖。

三、日本沼虾的养成

目前主要的养殖方法有网箱养殖、池塘养殖和稻田养殖。日本沼虾的稻田养殖可参考罗氏沼虾的稻田养殖。

（一）网箱养殖

网箱养虾容易管理，起捕方便，单产较高。

1. 网箱构造

网箱用聚乙烯网布缝制，箱底和箱壁可选用 24 目/m² 的网布，箱口要有 0.4 m 的密网布，以防日本沼虾攀爬逃走，多做成长方体。网布四边系于网纲上，上纲四边系于用毛竹制成的箱架上，靠箱架把网箱撑开并浮在水中。网箱在水下四角系以绳索，固定在水下，使网箱在水中保持一定的形状。网箱在水面四角系以绳索，固定在岸上，网箱的高度视放养水深而定，以 1.8 m 左右为宜。网箱面积要适宜，太大则安装困难，管理不方便；太小则虾的活动空间不足，而且单位水体网箱的造价高。每个网箱面积可在 67 m² 左右。

2. 网箱放置

网箱放置地点要求水质比较清新，天然饵料较丰富，有微流水，风浪少，有一定的遮阴物，以减少强光照射。每 4～5 个网箱连成一行，每箱间距 4～5 m，每行间距 5～6 m，箱内放养一些可浮生在水中的植物，如水浮莲，以供日本沼虾栖息。

3. 虾苗放养

准备工作做好后，即可放养虾苗。要求放养虾苗规格尽量一致，水质较好、饵料丰富，放养密度可以高些，一般每 667 m² 网箱可放养 8 万～10 万尾。虾苗放养后，要注意检查成活情况，若发现死虾较多，要及时补足。养殖初期水温较低，并且虾的重量较小，网箱入水部分可以浅些，可掌握在 1 m 左右。以后，随着水温升高，虾的总重量增加，网箱入水部分要逐步加深。入夏水温高，光照强，要把网箱沉到最大允许深度。

4. 饲料投喂

网箱内的天然饵料一般不能满足日本沼虾生长的需要，必须补充部分人工饲料。日本沼虾是杂食性的品种，可投喂的饲料种类较多，动物性饲料包括蚕蛹、蚌肉、蚯蚓等，植物性饲料包括糠麸、玉米粉、黄豆粉等。动物性饲料要与植物性饲料结合使用，饲料营养成分中必须有一定量的钙质，以满足日本沼虾生长的需要。有条件的地方，最好能使用配合饲料。放养初期每 667 m² 每天可用黄豆粉 1.5 kg，用水调成糊状全箱施放；半个月后可增到 1.8 kg；1 个月后可用配合饲料或其他适合日本沼虾食性的饲料投喂，投放量随虾的增重而增加，并视水质、天气和虾的摄取情况灵活掌握，一般可掌握在虾总重的 3%～4%。日本沼虾个体较小，投放饲料要先破碎或制成 2 mm 圆径的颗粒饲料。

5. 日常管理

要经常巡箱看水，检查网箱有无破漏，防止虾的外逃，及时清除箱内野杂鱼和敌害。每半个月左右要洗刷一次网箱，把附着在网眼上的污物和藻类刷去，促进箱内水体的交换。

（二）池塘养殖

日本沼虾养殖塘，一般以面积 667～2 000 m²、水深 1～1.5 m 为宜。塘底为泥沙底，有一定淤泥，但不宜过多。塘的周围有一定的遮阴物体，以减少强光照射。进排水口设置栏网，防止野杂鱼混入池塘及日本沼虾逃走。养殖面积较大时，要在塘头设管理房，以便经常性地管理和观察虾的动态。

1. 虾塘清整

一般 3 月初把塘水排干，在塘底靠塘边 2～3 m 处，开出宽 0.6 m、深 0.4 m 的回形沟。虾塘进水 50～60 cm，塘底距边 1/3 处种一圈轮叶黑藻，株距 8 m，每株 10～15 条，露出水面，以利接受阳光，早生快发，为沼虾提供栖息环境。每 667 m² 用漂白粉 6 kg、茶麸 25 kg（茶麸要选破碎或粒状，用水浸泡一夜）清塘，清除野杂鱼虾、蝌蚪和水蜈蚣等敌害。清塘后约 1 周，药力消失才可放虾。

2. 养殖方式

日本沼虾一般是在水底爬行或攀爬在水生植物上，游泳能力不强，为充分利用水体，可与某些家鱼混养，如鲢等，但不可与肉食性鱼类混养。养殖方式有全年养殖和分期养殖两种。全年养殖是 5—6 月放养抱卵虾和雄虾，每 667 m² 放抱卵虾（或性腺发育良好的雌虾）500～800 只、雄虾 300～500 只，养到翌年 4—5 月为止。分期养殖是一年分两期养殖，首期 2—3 月放养隔年孵化的虾苗，到 7 月起捕，接着放养抱卵虾和雄虾；或者 5 月放养当年繁育的虾苗，养到 10—11 月，收获后再养鱼（培育冬鲩）。

3. 投饲施肥

为保证日本沼虾有丰富的天然饵料，虾塘要适当施肥。肥料应选择肥效持久稳定的有机肥，如厩肥、堆肥和混合性肥等，不宜施纯无机肥，纯无机肥会引起蓝绿藻的大量死亡，恶化水质，造成日本沼虾缺氧死亡。日本沼虾晚上活动比白天强，因此，宜在傍晚投饵。若一天投饵两次，则傍晚投饵量占日投饵量的大部分。日投饵量应视虾塘水质、食场残饵多少而定。水质好、日本沼虾摄食力强、残饵少，要多投一些，否则要少投。投饵的品种可参照网箱养虾所用品种，尽量利用日本沼虾喜食的当地饲料资源，加工配制成配合颗粒饲料，提高饲料利用率，降低成本。

4. 日常管理

严防虾因缺氧浮头，应定期向虾塘注入新水，一般隔天注入一次，水中溶解氧量不低于 3.0 mg/L，透明度为 30 cm 以上。要在凌晨早巡塘、细观察。一旦发现虾爬岸，立即注入新水或开动增氧机。保持一定水色，若水质太瘦，应施以腐熟的畜禽粪便，及时捞出过多的水草。注意除害。一般每月一次，用扦夏花鱼种网全池扦捕，除去各种杂鱼类。还要想办法捕杀池中水蛇、水老鼠、水鸟等。

四、日本沼虾的收获

日本沼虾经过一段时间（约 3 个月）养殖，就要分期分批选捕出规格较大的商品虾，降低水体中日本沼虾的密度。因为单位水体内虾的密度增加到一定限度，就会影响虾的生长速度，而且，在人工养殖条件下，虾的生长速度快，较早繁殖的虾会有成熟产卵的可能，而使虾的密度难以控制，必须及时收获。另外，日本沼虾的寿命只有 14～15 个月，如果是 5—6 月孵化的幼虾，到翌年 7—9 月就会死亡，必须在这一生命期限之内收获，以免日本沼虾自然死亡，造成损失。

网箱养殖的收虾方法，是把网箱收捞到水的上层，带水把长到 2 g 以上的个体选捕上来，然后把网箱沉回水中继续养殖。以后再次选捕，直到全部养成出箱。

池塘养殖日本沼虾，可用竹编小虾笼诱捕。虾笼中放入一些花生饼等饲料为诱饵，傍晚放笼下水，次日清晨起笼，也是捕大留小。到期全部收获，可干塘捕捉。

第五节　螯虾的养殖

遍布全世界的淡水螯虾，种类很多，进行池塘和稻田养殖已有近百年的历史。苏联早在 20 世纪初期就开始了淡水螯虾的增养殖；而澳大利亚是淡水螯虾的主要产地，又是近 20 年来淡水螯虾养殖发展最快的国家；美国是淡水螯虾养殖最有成效的国家，除了食用外，主要用作钓鱼饵料。

我国的螯虾养殖开始于克氏原螯虾。20 世纪 90 年代初期引进了原产于澳大利亚东北部热带地区的红螯螯虾；90 年代中期，我国又从澳大利亚引进亚比虾，1995 年前后引进麦龙虾。目前，克氏原螯虾养殖已成一定规模，引进的 3 种螯虾试养都获得了成功，其中红螯螯虾在水稻田混养达到了较大规模。

一、螯虾的生物学特性

(一) 形态特征

1. 克氏原螯虾（*Procambius clarkii*）

克氏原螯虾身体适中，粗壮结实，全身由头胸部和腹部两部分构成。头胸部粗大，呈圆筒状；腹部短小，背部稍扁；额角呈三角形；前 3 对步足呈螯状，后 2 对步足呈爪状；第一对螯最大，是进攻和御敌的重要武器；雄性第 1、2 腹肢具交接器，雌性第 1 对为单肢型。

克氏原螯虾和其他甲壳类动物一样，体表包裹着一层几丁质的外骨骼，很坚硬，能起到保护内部柔软肌体和附着筋肉的作用。各体节之间以薄而坚韧的膜相连，使体节可以自由地活动，见图 8-5。

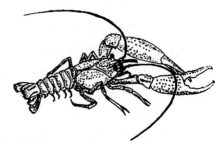

图 8-5　克氏原螯虾

2. 红螯螯虾（*Cherax quadricarinatus*）

红螯螯虾体色为褐绿色，俗称澳洲小青龙。体表光滑，整个身体由头胸部和腹部两部分构成。体躯比较肥壮，外披一层坚硬的几丁质外壳。有 5 对步足，第一、二、三对步足为螯状，第一对步足特别强大，尤其是雄性螯足更为发达，且螯的外侧顶端有一膜质的鲜红带，雌性则没有；第四、五对步足呈爪状。雄性生殖孔开口在第五对步足基部，雌性生殖孔开口在第三对步足基部，见图 8-6。

图 8-6 红螯螯虾

3. 亚比虾 （*Cherax destructor*）

亚比虾体色多样，从黑绿色、棕色、棕绿色、棕红色、蓝色，直到白色。其体表光滑，整个身体由头胸部和腹部两部分构成。与其他淡水螯虾不同的是，尾肢没有中间刺，额角没有边刺（或侧刺），胸部龙骨在第三、第四对步足之间微翘起。一般常见个体重为 60～100 g，最大体重可达 300 g。

4. 麦龙虾 （*Chorax tenuimanuis*）

麦龙虾为淡水螯虾中个体最大的一种。形态特征与上述几种螯虾基本相似。

澳大利亚三种淡水螯虾的主要生物学特性可参考表 8-4。

表 8-4 澳大利亚三种淡水螯虾的主要生物学特性

类别	亚比虾	红螯螯虾	麦龙虾
水的情况和对温度的忍耐度	水清混不论，溶解氧高低皆可，水温度 1～38 ℃，盐度为 25	水清混不论，溶解氧高低皆可，水温 5～42 ℃，pH 6～8.5，盐度 24	水清，溶解氧高，为 6.5 mg/L，水温 5～32 ℃，pH 7～8.5，盐度 17
摄食	摄食碎屑和活的动物	摄食碎屑	摄食碎屑和活的动物
生长与蜕壳	15 ℃以下几乎不长，生长期同繁殖期，幼虾 10 d 蜕壳 1 次，年轻成虾每年蜕壳 4～5 次，成虾年蜕壳 1～2 次	20 ℃以下时几乎不生长，蜕壳期为 3—9 月，2 龄时个体重 250～300 g	1 龄体重 45 g，2 龄时体重 120 g
性成熟年龄	少于 1 年	少于 1 年	2～3 年
繁殖	仲夏至仲秋	春天、秋天、冬天	春天、初夏
怀卵量	30～450 粒，平均 350 粒	40～1 400 粒	95～900 粒
孵化	3 周（23～24 ℃）	3～4 周（春季），2 个月（冬季）	3～4 个月
发育	2～3 周为稚虾阶段		1 个月为稚虾阶段
繁殖频率	每年 2～3 次	每年至少 4 次	每年 1 次
最大个体	280 mm、320 g	400～600 g	380 mm、2.5～2.7 kg

（二）生物学特性

1. 栖息习性

螯虾对环境适应性强，在江河、湖泊、沟渠及池塘、稻田中均能栖息繁衍，离水一段时间也不会死亡。还有些种类生活在海洋中，常攀缘在水草、石块和其他固体上。白天多潜于洞穴中，夜间出洞觅食、蜕壳和交配。同性之间好斗，互相保持一定距离，以触角不能触及为准。螯虾营底栖爬行生活，靠第二至第五对步足协同完成。不善于浮水游泳，稍遇惊吓，即弹跳躲避。

2. 食性

螯虾的食性因发育阶段而异。刚孵出的幼体以其自身卵黄为营养；第一次蜕壳后开始摄食浮游植物及小型枝角类幼体、轮虫等；经 4～5 次蜕皮后，可摄食小型枝角类和桡足类；幼体变态结束则转为杂食性。成体螯虾为杂食性，主要以小型甲壳类、软体动物、水生昆虫幼体、藻类、豆类、谷物和有机碎屑等为食，而水生植物、陆生植物嫩的茎叶，在饥饿情况下，也能被蚕食。

3. 蜕壳与生长

螯虾主要靠不断蜕皮进行生长发育。其蜕皮的先兆是甲壳颜色失去光泽变暗，而且螯足基部及胸部的膜变得柔软。开始蜕皮的螯虾身体侧卧弯曲成 V 字形，胸部和腹部的结合部产生裂孔，从这时开始 5～20 min 蜕出。蜕皮后迅速吸收大量水分，以增加体长和体重。美洲龙螯虾蜕皮一次体长约增加 15%，体重约增加 50%。

4. 螯虾的繁殖

（1）繁殖习性　螯虾一般在秋季交配，通常是在刚蜕皮的软壳雌虾与硬壳雄虾间进行。交配时雌虾的背部靠着水底，雄虾用附肢将雌虾紧紧抱住，同时以交接器将精荚输送到雌虾的腹面，并粘在凹陷的腹板上，交配时间为 15～60 min。螯虾在第二年春、夏季才产卵受精，这时雌虾将身体仰起，用螯足支撑整个身体，腹部向内侧弯曲，不断摇动游泳肢，卵由生殖孔排出，并由腹肢基部关节内分泌出一种液体，溶解精荚，释放精子，进行受精。受精卵黏附在游泳肢的刚毛上，尾扇弯曲至腹下，以保护受精卵。整个产卵过程一般为 10～30 min。螯虾的抱卵期与水温有关，如克氏原螯虾在 18～20 ℃条件下，孵化需 30～40 d；水温为 25 ℃时，需 15～20 d。红螯螯虾，水温 29 ℃，孵化时间 31 d；水温 24 ℃，45 d。

（2）幼体发育　螯虾的卵为圆球形，卵直径 1.5～2.5 mm，原生质仅分布在卵的表面，为典型的表面卵裂。螯虾的无节幼体期是在卵内度过的。所以螯虾的幼体发育大为简化，由卵直接孵化出糠虾幼体。淡水螯虾第一、二期幼体仍依附于母体的附肢上，整个幼体发育需经十几次蜕皮，才变为幼虾。海产螯虾的糠虾幼体以全部步足具有特别强化的外肢为特点，经三次蜕皮，变态为体形与成体基本相同的幼体。第 1～3 期幼体营浮游生活，至第 4 期幼体转入底栖生活，再经几次蜕皮变为幼虾。

二、克氏原螯虾的种苗生产

（一）亲虾的选留与培育

1. 亲虾的选留

克氏原螯虾的性成熟年龄约在 9 个月到 1 周年，体重一般在 25～30 g/只。为此，要根据养殖规模和需要的虾苗数量，选留足够的亲虾。选留的亲虾，要求体质健壮、体形标准，规格在 25～30 g/只，附肢完整、无病无伤、活力较强。选留的时间，既可在当年的 11—12月，也可在翌年的 4—5 月。雌、雄虾可按 2∶1 或 1∶1 的配比选留，当年选留亲虾规格可相对小一些，而 4—5 月选留，则要求规格大一些，且要求规格整齐。

2. 亲虾的培育

选留的亲虾，要进行专池培育。可选择面积 1 334～2 667 m²、水深在 0.6～1 m、进排水条件较好的池塘作为亲虾培育池。彻底清池消毒，并在池内放置一些网片、竹筒和无毒塑料筒等，供克氏原螯虾亲虾栖息隐蔽用。通常 11—12 月选留的亲虾，每 667 m² 可放养 100～150 kg；4—5 月选留的亲虾，每 667 m² 可放养 80～100 kg。亲虾放养后，要加强饲养管理，冬季要防止水面结冰和敌害侵袭，自 3 月开始就要投喂人工饵料，饵料应以鱼肉、螺蛳蚬蚌肉以及屠宰场下脚料等动物性饵料为主，并加喂一些维生素含量高的青绿饲料，鲜饵料的日投喂量 3 月为池虾体重的 2%～3%，4 月提高到 4%～5%，5 月增至 6%～8%。同时还要加强水质管理，以促进亲虾的性腺发育。

（二）克氏原螯虾的幼体培育

1. 亲虾的交配、产卵和孵化

亲虾的交配、产卵和孵化既可直接在培育池中进行，也可在 4 月底 5 月初，将亲虾起捕上来，按雌、雄比 3∶1 放入专池进行交配、产卵、孵化和采苗。通常当水温上升到 20 ℃以上时，亲虾就开始交配产卵，6—7 月形成产卵高峰期，受精卵经 40～50 d 孵化，幼体就可脱膜而出。

2. 幼体培育

幼体孵出后，可利用其趋光性进行灯光诱集，用密网将幼体捞出，放入培育池中，密度为 10 万尾/m²。培育阶段充气增氧，控制水温为 (28.5±0.5)℃，定期排污换水，每次换水 1/3。幼体第一次蜕皮后投喂卤虫无节幼体，投放密度为 5～10 个/mL；第五次蜕皮后逐渐搭配熟鱼肉碎片、蒸熟的蛋黄碎片等。经 22～25 d，幼体完成变态，从浮游生活转为底栖生活，即可进行中间培育或放养。

（三）克氏原螯虾的苗种培育

1. 苗种培育池

土培育池面积以 667～2 667 m² 为宜，长方形，东西向，水深 50～60 cm，靠近水源，建好进排水渠道。有条件的地方，也可建水泥培育池，每口池面积 8～10 m²。

2. 苗种放养

仔虾放养前，每 667 m² 培育池用生石灰 75 kg 化开后全池泼洒，彻底消毒；每 667 m² 培育池施腐熟的畜禽粪肥 300～500 kg，用以培育浮游生物等基础饵料，供仔虾放养后摄食；进水要用筛绢网过滤，严防敌害生物进入。准备工作做好后，即可选择晴天早晨或阴雨天进行虾苗放养，一般每 667 m² 可放规格为 0.8 cm 以上的仔虾 10 万～15 万尾。饲养管理水平高的也可多放，反之则应少放。要求同一培育池放养的稚虾规格要一致并一次放足。

3. 培育管理

克氏原螯虾仔虾以轮虫、枝角类和桡足类等浮游动物为饵，故要施足基肥，适时追肥，培育基础饵料供仔虾摄食。随着仔虾的长大，要及时泼洒豆浆，1 周后可用鱼肉、螺蛳蚬蚌肉或蚯蚓等，并适量加一些嫩的植物茎叶，经粉碎加工成糊状，每天上午、下午各投喂 1 次，以傍晚 1 次为主，日投饵量为在池仔虾体重的 8%～12%，实行定质、定量、定时投喂，使虾苗吃饱吃好，促进生长。要视水质变化定期换水，一般 7～10 d 换水 1 次，每次换水 1/3。同时，要定期泼洒一些生石灰，以调节水质。使池中溶解氧保持在 5 mg/L 以上，pH 约为 8.5，水的透明度在 30 cm 以上。要在培育池内栽植一定数量的水生植物，池边铺设瓦片、竹筒等，以增加仔虾栖息隐蔽场所。同时还要做好清除敌害工作，为仔虾的快速生长创造一个良好的生态环境。

（四）幼虾的捕捞与运输

仔虾经 25～30 d 的精心培育，规格达到 3 cm 左右，成为幼虾，即可出池进行商品虾养殖。

1. 幼虾的捕捞

捕捞前，要把隐蔽物撤除，然后用手抄网在水生植物下抄捕，反复多次，再用夏花鱼网围捕，最后干池捕捉。捕上来的幼虾，集中用网箱暂养，待其恢复体力后，进行自养或出售。

2. 幼虾的运输

用泡沫塑料箱（80 cm×60 cm×20 cm）运输，箱内放少量水草和适量水，每箱装苗 600 尾，运输的成活率一般达 95%。也可用其他容器装运。

三、红螯螯虾的种苗生产

（一）亲虾的选留与培育

1. 亲虾培育池

以面积 0.3 hm² 的土池为宜，水深 1.3 m 以上，设进排水口，设 4 个饵料台，配备 2 台增氧机。池塘底部设置水草、PVC 管、网片等隐蔽物，约占池塘面积的 2/5。亲虾入池前 20～30 d 进行暴晒，用生石灰等进行干法清塘消毒，生石灰用量为每 667 m² 150 kg，消毒 7 d 后，用 100 目筛网过滤进水。

2. 雌雄鉴别

雄虾的大螯大，并有一块明显的红色斑纹，第五对步足基部有一对乳突状生殖棘；雌虾螯足较小，在第三对步足的基部有 1 对生殖孔。

3. 亲虾选择

选择体长 15 cm 以上、重量 80 g/尾以上、健康无病、附肢完整光洁、色泽鲜艳、活动力强的性状优良的个体作为亲虾，雌雄比例为（3～4）∶1。

4. 亲虾饲养

10 月中旬后亲虾提前入越冬池培育，控温在 18～20 ℃，培育密度为 3～5 尾/m²，根据红螯螯虾的昼伏夜出活动习性，每天以傍晚投喂为主，占日投喂量的 70% 以上，日投喂量占虾体重量的 5%。饲料以鳗鱼饲料、新鲜小杂鱼为主，因为鳗鱼饲料蛋白质含量在 40% 左右，可以满足亲虾越冬对营养的需求；并加投一定量的植物性饵料，如麦片、南瓜等。水质要求：溶解氧量保持在 5 mg/L 以上，pH 在 6.5～8.3。

5. 繁殖期

红螯螯虾繁殖时间较长，从 4 月开始至 10 月结束。繁殖适宜温度为 22～30 ℃，最适水温为 24～28 ℃。受精卵呈橘黄色。产卵受精后，其卵由母体携卵孵化，红螯螯虾一年可以产卵 2～4 次，养殖一年内可达到性成熟，当温度高于 20 ℃时其生殖腺开始发育，每年的 4—10 月为产卵旺季，亲虾一年繁殖两季，第一季为 4—6 月，5 月是繁殖高峰期，第二季为 8—9 月。

（二）幼体培育

1. 孵化与幼体培育设施

10 m² 以上各种规格的玻璃钢桶、塑料桶、镀锌板帆布鱼池等，以及水泥鱼池都可用。

使用前使用 15～20 mg/L 的高锰酸钾浸泡 3～4 h。每 1～2 m² 放一个充气石，24 h 不间断充气。底部投放一些隐蔽物如 PVC 短管或用塑料丝扎成束等，避免相互残杀。

2. 产卵孵化

孵化期间，依据抱卵虾卵的颜色深浅分池产卵孵化，每平方米放抱卵雌虾的尾数根据个体大小、抱卵量和育苗密度等确定。产卵孵化后，及时将亲虾捞走，避免其残杀苗体。也有将抱卵虾置于孵化池内有隐蔽物的孵化网箱中，孵化的幼体直接进入孵化池，然后将孵化箱移出即可。

3. 幼体培育

亲虾捞走后，幼体可原池培育也可投放于育苗池培育，水深 50 cm，培育密度 2 万～3 万尾/m²。控制水温在 28～30 ℃，其他操作基本同克氏原螯虾的幼体培育。若无室内培育设施，则在土池中设置 60 目筛绢网箱，每个网箱规格为 2 m×1 m×0.6 m，网箱底部投放一些隐蔽物。孵化后 3 d 不投饵，主要摄食水中桡足类、小型枝角类等；3 d 后投幼虾 1 号饲料或幼鳗配合饲料，每天投 4～6 次。待幼体从浮游生活转为底栖生活时，可直接放养，只是成活率较低；若经中间培育，也称苗种培育或大规格苗种培育，一般来说放养成活率较高。

（三）室内工厂化苗种培育

1. 育苗池及设施

同幼体培育要求。

2. 幼苗放养

室内苗种培育，虽然设施较完善，但放养密度不宜超过 1 000 尾/m²，适当稀养有利于缩短育苗时间和提高成活率，在此密度下一般成活率可达到 50%～70%。

3. 饵料投喂

育苗开始前 3 d，可用蒸蛋＋鱼肉浆四边泼洒投喂，逐步替换用粗蛋白含量为 44%～46% 的虾用开口饵料和卤虫投喂，日投饵 3～5 次，当仔虾长到 2 cm 以上时，即可投喂颗粒饵料，投饵量为存虾体重的 15%，并根据水温、摄食和生长情况适当增减。

4. 水质控制

每隔 3 d 监测一次水质变化，要求水质清新，最好在微流水下。避免过量投饵，残饵、粪便沉积要及时清除。采用泼洒腐殖酸钠的方式来调节水质，每 5 d 泼洒钙产品和活菌调水剂。

当幼虾长到体长 3 cm、体重 1 g，即可放入池塘或水稻田养殖成虾。为了保证成活率，也可将虾苗在培育池内继续稀养，使虾苗达到 2 g 以上再放养。

（四）室外土池苗种培育

参照克氏原螯虾的土池苗种培育技术。

四、螯虾养成

（一）池塘养殖

1. 池塘条件与清整

池塘要求水源充足，水质良好，进排水方便，面积以 2 000～3 335 m² 为宜，水深 0.8～1.2 m，而且进排水口要有拦网，以防敌害。利用池底 25%～30% 左右的面积种植水草，供其避敌栖息。前期水草未长出，可用陆生植物扎成草把放在离塘埂 1.5 m 处，每隔 3～5 m 放一把，每 667 m² 放 20～30 把。4 月中旬纳水 0.2～0.3 m，每 667 m² 用漂白粉 8～10 kg 与生石灰 70～80 kg 混合稀释后，全池泼洒，以杀死敌害生物。5 月中旬施肥繁殖饵料生物，提高螯虾放养成活率和早期生长速度。

2. 虾苗放养

虾苗的放养分冬放、夏放和秋放。冬放一般在 11—12 月进行，以放养当年不符合上市规格的大虾种为主，虾种的规格一般为 100～200 只/kg，每 667 m² 放养量为 1.4 万～1.8 万尾，成活率一般可达 90%。经过 6～7 个月的养殖，至翌年 6 月上市，每 667 m² 产量 300～400 kg，且可与亲虾的培育选留结合起来。夏放以放养当年孵出的第一批仔虾为主，放养时间为 7 月中下旬。仔虾的规格为 0.8～1.2 cm，每 667 m² 放养量为 3 万～4 万尾，成活率一般可达 50%左右。商品虾规格为 20 g/只，11 月上市，每 667 m² 产量一般可达 300～400 kg。秋放以放养当年培育的虾苗和虾种为主，放养时间为 8—9 月，虾苗规格为 0.8 cm 以上，每 667 m² 可放养 2.5 万～3 万尾；虾种规格为 3 cm 左右，每 667 m² 放养 1.5 万～2 万尾，成活率可达 80%。以翌年 6—7 月起捕上市为主，每 667 m² 产量可达 300～500 kg。

苗种放养时要注意：冬放应选晴天上午进行，夏放和秋放应在晴天早晨或阴雨天进行，避免阳光直射，注意温差不要过大。在放养之前，苗种要用 3%～5%的食盐水浸浴 10 min，以消灭虾体上的病虫害和致病菌。另外，饲养螯虾的池塘，可适当混养一部分鲢、鳙和异育银鲫，充分利用水体空间和饵料资源，改善虾池水质状况。

3. 投饵与施肥

虾苗和虾种放养阶段，应通过施足基肥，适时追肥，培养大量轮虫、枝角类和桡足类等浮游动物，以及水生昆虫幼体，供仔虾和虾种下塘后捕食；6—8 月是螯虾体长增长期，投喂饲料要充足；9 月中旬以后是螯虾体重增长时期，要增加动物性饲料的投喂量，越冬之前和早春，是螯虾越冬和性腺发育阶段，需要提供大量营养，此时则应以投喂动物性饵料为主。饵料投喂一天 2 次，以晚上一次投喂为主。日投饵量，鲜活饵料为池虾体重的 8%～12%，干饵料或配合饲料为 3%～5%。

4. 日常管理

要按照螯虾生长育肥对环境条件的要求，管好水质，保持虾池溶解氧在 5 mg/L 以上，pH 为 7～8，透明度在 40 cm 左右；坚持每天早、晚各巡池 1 次，检查塑料薄膜防逃墙是否破损，防止螯虾逃跑，清理污物、杂物，保持水质清新；注意要始终保持有 1/2 面积的水草，设置网片和竹筒等，增加栖息隐蔽场所。螯虾大批蜕壳时，要严禁干扰，一切操作都要小心仔细，饵料投喂做到质优量足，严防因缺饵引发相互残杀。同时，还要做好疾病敌害防治工作，确保螯虾生长顺利。

5. 收获

螯虾商品虾的上市时间，一是每年的 6—7 月，二是每年的 11—12 月。6—7 月捕捞的商品虾，为冬放的虾种，上市规格较大，数量较多。11 月捕捞的商品虾，为当年仔虾养成的商品虾，规格相对小一些。捕捞工具主要有地笼网、手抄网等。通常先用工具捕捞，最后再干池捕捉。由于螯虾成虾可较长时期离水不死，因而捕上来的成虾，可立即装入泡沫塑料箱，箱内放一些水草，保持湿润环境，立即运往市场销售或运往加工厂加工。

（二）稻田养殖

稻田养殖鳌虾，是淡水鳌虾养殖的一种重要形式，美国早在 20 世纪 60 年代就已开始。目前有两种方式，一种是水稻-鳌虾双收制，另一种是单收制，只收鳌虾不收水稻，水稻仅仅是鳌虾的饲料。我国水稻面积有 13 332 万 hm^2，气候适宜，条件优越，发展稻田鳌虾养殖潜力很大。

1. 养殖鳌虾稻田要求

选用中低产稻田、一熟稻田，附近水源充足、无污染；壤土土质，保水保肥性能好，要求通电、通路；面积以 0.7～1.33 hm^2 为宜，最好集中连片开发，产业化经营。

选用养鳌虾的稻田，其内侧四周开挖养虾沟，沟宽 4～8 m、深 1～1.5 m，沟坡比可按 2.5∶1 规划。再根据田块面积大小，在稻田中间开挖几条田间沟，沟宽 1 m、深 0.6 m。养虾沟面积可占稻田总面积的 10%。开挖出来的土，用于加高加固田埂，在田埂上用塑料薄膜搭制高 30 cm 的防逃设施。

2. 消毒施肥培水

稚虾或虾种在放养之前，一是要用生石灰等药物彻底清沟消毒，每 667 m^2 养虾沟的生石灰用量为 75 kg；二是要施足基肥，每 667 m^2 稻田养虾沟可施腐熟的畜禽粪肥 500～800 kg，用以培养基础饵料；三是要移栽好水生植物，设置一些瓦片、竹筒等，增加鳌虾栖息隐蔽地点，尽量减少鳌虾打洞。

3. 虾苗放养

虾苗放养通常有夏秋放和冬放之分。夏秋放养，通常在 8—9 月进行，虾苗（0.8 cm）每 667 m^2 养虾沟可放养 1 万～2 万尾，虾种每 667 m^2 可放养 0.8 万～1.2 万尾；冬放，主要在 12 月至翌年 1 月进行，每 667 m^2 可放养虾种 0.8 万～1.2 万尾。还可采取两茬虾的养殖模式：第一茬在 7—10 月放养日本沼虾；第二茬在 11 月至翌年 5—6 月放养鳌虾。同时，还应在养虾沟内混养一部分鲢、鳙和异育银鲫等鱼类。

4. 成虾的饲养管理

主要有饵料投喂和水质调控。稻田中的天然饵料比较丰富，饵料投入比池塘养殖少，9—11 月日投饵量为在池沟虾体重的 6%～8%；冬季每 3～5 d 投喂 1 次，日投饵量可按在池沟虾体重的 2%～3%；4—6 月，日投饵量可增至 8%～10%。饵料的种类应因地制宜。水质管理需注意三点：第一是由于稻田水位较浅，水质变化大，8—10 月要坚持定期换水，每次换水 1/3。第二要定期泼洒生石灰水，每 15～20 d 泼洒 1 次，以调节虾池水的 pH 和硬度。第三要妥善处理好水稻晒田、防病治虫用药与鳌虾生长育肥的关系。

5. 收获

同池塘养鳌虾的收获方法。

（三）室内单体养殖

红鳌鳌虾生产大规格商品虾，可采用室内现代化单体养殖，养殖技术可参照锯缘青蟹的单体养殖。

思考题

1. 掌握蜕壳、变态、精荚、纳精囊、抱卵虾、虾苗淡化、中间培育、淡化养殖等基本概念。

2. 简述凡纳滨对虾、日本囊对虾的主要繁殖生物学特征。

3. 简述凡纳滨对虾属于哪一种纳精囊类型与其他对虾有何不同点。

4. 简述凡纳滨对虾、日本囊对虾的工厂化育苗技术。

5. 简述凡纳滨对虾的淡化养殖技术，日本囊对虾养殖技术。

6. 简述罗氏沼虾与日本沼虾的繁殖生物学特性。

7. 简述罗氏沼虾工厂化育苗的工艺流程。

8. 简述罗氏沼虾池塘和稻田养成方法，日本沼虾的网箱养殖和池塘养殖技术。

9. 简述螯虾的繁殖习性与特点，螯虾的种苗生产技术与养成技术。

第九章　主要经济蟹类的养殖

第一节　中华绒螯蟹的养殖

中华绒螯蟹（*Eriocheir sinensis* Milne‐Edwards），属甲壳纲、十足目、方蟹科、绒螯蟹属，又称河蟹、螃蟹、毛蟹、稻蟹、大闸蟹等，是一种海水中繁殖、淡水中生长的洄游性甲壳动物，主要分布于东部各海域沿岸及通海的河流和湖泊。其形态特征是：头胸甲呈圆方形，后半部宽于前半部；胃区有6个对称的突起；额宽，分4齿，前侧缘具4个锐齿，末齿最小，引入一隆线，斜行于鳃区外侧。螯足，雄比雌大，掌节内外均密生绒毛，绒螯蟹由此得名；步足，以最后3对较为扁平，腕节与前节的背缘各具刚毛。腹部雌圆雄尖（图9-1）。

图9-1　中华绒螯蟹

中华绒螯蟹是一种著名的食用蟹，其营养丰富、风味独特，自古来人们就视它为水产珍品。但自20世纪50年代以来，随着我国农田水利基本建设的发展，沿江沿海大量兴修的闸门、水坝等水利设施，隔断了中华绒螯蟹的洄游通道，加上水体污染、生态破坏等多种其他原因，导致了中华绒螯蟹的自然产量大幅度下降。为此，从20世纪70年代开始，我国的众多科研单位、渔政部门为恢复中华绒螯蟹资源、满足市场需求而进行了不懈的努力和大量的研究工作，并已在人工育苗、增殖放流等方面取得了可喜的成果；与此同时，中华绒螯蟹的人工养殖也在全国各地纷纷兴起，取得了较好的社会效益和经济效益。

一、中华绒螯蟹的生物学特性

（一）栖息习性

中华绒螯蟹喜欢栖息在江河、湖泊水底、岸边，以打洞穴生活，洞深20～80 cm，洞与地面成10°左右的斜角。潜居洞穴里、石缝间或水草丛中。白天蛰伏洞中，夜晚出来活动觅食。生长快，适应性强。对pH的要求以偏碱性为好，一般7.5～8.5。适宜的生长水温为15～30 ℃。对水中溶解氧的要求与鲤、鲫相似，一般在3 mg/L以上即可。中华绒螯蟹还具攀缘的习性，所以在人工养殖时，养殖池需有防逃设施，以防逃逸。

（二）食性

中华绒螯蟹食性广，是杂食性动物，偏重于动物性。喜欢吃死鱼虾、腐败的动物尸体、螺、蚌、水蚯蚓、昆虫及其幼虫等动物性饲料，但是中华绒螯蟹摄食植物性饲料要比动物性饲料来得容易，因此，在食物的比重上，往往是以植物性为主，多为岸边植物，如浮萍、丝状藻类、水花生、水葫芦等，也吃农作物，如蔬菜、禾苗、谷类等。中华绒螯蟹消化力强，贪食，食量大，饱食后多余的养料便贮存在蟹黄中。中华绒螯蟹的忍饥能力也很强，在缺食情况下，十天半月不进食也不会饿死。温度对中华绒螯蟹的摄食有直接影响，当温度在 10 ℃以上时，摄食强度大，胃中往往呈半饱满和饱满状态。水温在 10 ℃以下时，代谢功能减弱，越冬时蛰伏于洞穴中，不吃食。

（三）生长

中华绒螯蟹的生长过程是伴随着幼体蜕皮、仔幼蟹或成蟹蜕壳进行的，幼体每蜕一次皮就变态一次，也就分为一期。从大眼幼体蜕皮变为第一期仔蟹始，此后每蜕一次壳，它的体长、体重均作一次飞跃式的增加，每只大眼幼体从 6～7 mg 的体重长至 250 g 的大蟹，需要蜕壳数十次，而每蜕一次壳都是在渡过一次生存大关。

（四）繁殖习性

性成熟阶段，中华绒螯蟹对温度、流水和渗透压等外界环境因子的变化十分敏感。每当晚秋季节，随着水温的骤降，中华绒螯蟹便开始蠢蠢欲动、纷纷从养育地"外逃"向海洋进行生殖洄游（即所谓的"西风起，蟹脚痒"），其性腺在迁移过程中日趋成熟。

1. 发情与交配

中华绒螯蟹交配产卵的盛期集中在 12 月至翌年 3 月上、中旬，海水盐度的刺激及必要的温度是中华绒螯蟹交配产卵的必备条件，分别以盐度 15～25 和 8～12 ℃ 最为适宜。性腺成熟的中华绒螯蟹一接触海水环境，就会出现交配现象（虽然在淡水有时也会交配，但不能产卵）。中华绒螯蟹系硬壳交配，并有多次重复交配的习性。交配时，雄蟹首先追逐接近雌蟹，经双方短暂"格斗"后，雌雄腹部相对呈现"拥抱"姿态（俗称"抱对"），抱对短则几分钟，长可数天，视性腺成熟度而异。接着，便开始交配，雄蟹将一对交接器的末端紧紧地贴附在雌蟹的雌孔上，将精子贮存于雌性的两个纳精囊内。中华绒螯蟹交配历时几分钟至一个小时左右不等。

2. 产卵

完成交配后，雌蟹在水温 10 ℃ 左右的条件下，经 7～16 h 后即开始产卵。雌蟹产卵时，大多用步足爪尖着地，抬高头胸部，腹部有节奏地一张一合地扇动，卵随之从生殖孔中产出，先堆集于雌蟹腹部，由腹肢内肢的刚毛穿破卵膜后黏附于刚毛上，同时卵的外膜被拉长形成卵柄，在刚毛上形成似葡萄串的卵群。这种腹部携卵的雌蟹，通常称为抱卵蟹。

雌蟹的怀卵量很大（随个体大小而异），并可多次抱卵。一只体重 150～200 g 的雌蟹，第一次产卵时的怀卵量一般在 40 万～60 万粒，甚至能高达 90 万粒左右，但同一只中华绒螯蟹在第二、三次产卵时，抱卵数量将呈明显递减。在人工繁殖时，抱卵蟹的平均抱卵量可采用抽样法测算，即在蟹群中抽大、中、小三档规格的样本，剪下卵块称重，按 1.8 万粒/g 计算。

3. 胚胎及幼体发育

中华绒螯蟹的受精卵黏附在雌蟹腹部附肢的刚毛上完成孵化过程，其胚胎发育需要经历卵裂→原肠期→眼色素形成期→心跳期→孵化前期→孵化等时期，自抱卵至孵出溞状幼体视水温不同约需 1 个月时间。

在自然条件下，雌蟹抱卵可长达 3～4 个月之久。抱卵初期，受精卵常处于低温条件下，胚胎发育基本处于停滞状态，直至开春随着水温逐渐回升，胚胎发育才随之加速。受精卵的颜色也由刚产出时的紫色或赤豆沙色逐渐变淡，直到卵群变成淡灰色、光亮透明，胚胎心跳达每分钟 200 次左右时，幼体破膜而出，完成孵化过程。由于中华绒螯蟹受精卵的整个胚胎发育过程受到母体的良好保护，因而孵化率很高，常可达 90% 以上。

从受精卵破膜而出（孵化）的幼体呈水蚤状，为Ⅰ期溞状幼体，体长 1.6～1.8 mm，体重 0.13 mg 左右，在水中营浮游生活，其经过 5 次蜕皮成为大眼幼体，俗称蟹苗（图 9-2）。此时，幼体体长已增至 5.0～5.5 mm，体重约 5.0 mg，并逐渐由咸淡水向淡水过渡，再经 1 次蜕皮即成为Ⅰ期仔蟹，形态似成体，并开始底栖生活。此后，中华绒螯蟹的个体生长、形态变化、生殖器官发育以及断肢再生等生命体征，均将与蜕壳相伴。在正常情况下，中华绒螯蟹一生将蜕壳（蜕皮）18 次。

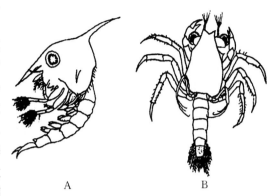

图 9-2　中华绒螯蟹溞状幼体和大眼幼体
A. 溞状幼体　B. 大眼幼体

二、中华绒螯蟹的种苗生产

我国现行中华绒螯蟹人工种苗的生产方式大致有以下 3 种：一是远离海边的内地人工配制海水工厂化育苗，由于成本较高，很难大范围推广；二是天然海水人工育苗，随着能源成本的提高及蟹苗价格回落，已淡出生产；三是露天天然海水土池育苗，虽环境较难控，因投资少、风险小、生态似天然、蟹苗质量好，成为种苗生产的主要形式。

（一）露天土池育苗

1. 亲蟹准备

（1）亲蟹选择　供人工繁殖的亲蟹，可于秋末冬初（11 月中旬前后）从捕获的成蟹中按下表所列标准进行逐个选择（表 9-1）。

表 9-1　繁殖用亲蟹的选择标准

项目	基本指标
体色	青背、白肚、金爪、黄毛，符合长江水系中华绒螯蟹的主要特征
体重	雄蟹宜为 150～200 g/只；雌蟹宜为 125～150 g/只
附肢	两螯八足齐全，八个步足的趾节未受磨损、无外伤
背甲	背甲厚实，个体肥壮，性腺发育良好
活力	两螯、八足有力，反应敏捷，行动及翻身迅速
体表	体表洁净、无畸形、无附着生物、无寄生虫

（2）亲蟹运输　将选好的亲蟹按背部向上、腹部朝下、附肢自然收拢的体位，平放于湿蒲包或密眼网袋内，层层压紧，一般每包（袋）可装亲蟹 10～15 kg，扎紧包（袋）口（勿使蟹在其中自由爬动）；然后将蟹包置于竹筐或泡沫箱，以免受压晃动。运输途中要防止风吹、雨淋、日晒和高温；同时要避免强烈颠簸和通气不良。在气温 3～15 ℃的条件下，能进行历时 2～3 d 的长途运输，成活率可达 90%以上。

（3）亲蟹培育　亲蟹运抵目的地后，为保证其顺利越冬以及日后的交配、产卵，应将亲蟹雌、雄分开，散放于淡水池塘（土池）进行专池培育。

亲蟹培育池面积不宜太大，以 1 333～3 335m² 为宜（可视亲蟹数量选定）；水深应在 1 m 以上，池坡比以 1：（3～4）为好；池塘四周应围建防逃设施（高出地面 50 cm），进、排水口也应设置防逃网，材质以不易被蟹咬损为准（如金属或塑料网片）。放蟹前，每 667m² 池塘应用 75 kg 生石灰全池泼洒清塘。

亲蟹培育的放养密度，通常可根据具体条件而定，一般每 667m² 放养 250～500 kg 不等（2 000～2 500 只）。培育管理的重点在于抓好投饲、换水和防逃工作。每天于傍晚沿池边投喂适量的生鲜小杂鱼、贝类及谷物、菜类等饲料，投喂量以吃而不剩为标准，并随水温变化进行调整（至多不超过亲蟹总体重的 10%）。同时，应每隔 7～10 d 换水 1 次，以保持良好的水质，以利于亲蟹发育。水温高时，应适当增加投饲数量和换水次数。平时，要经常检查防逃设施，防止亲蟹逃逸。

2. 人工促产及抱卵蟹培育

当池水温度达到 10 ℃左右时（长江流域为 1—3 月），便可开始人工促产，即按适当比例将雌雄亲蟹同时放入一定盐度的海水，任其自行交配并完成产卵。

交配池，日后将兼作抱卵蟹培育池，面积宜为 667～1 333m²，四周围建防逃设施；底质以少污泥、硬沙质为好，可在池底设置若干供抱卵蟹栖息的隐蔽物（瓦片、竹帘、竹筒等）。促产前，池塘经生石灰消毒后，注洁净海水至水深 1 m 左右，盐度 8～33 均可，但以 20 左右、波动不大为最佳（太高，出苗淡化费时；太低，遇春雨会降至不适）。然后，将亲蟹按雌雄比 3：1 的比例，以每平方米 3～5 只的密度放入池内。通常，自亲蟹入池的次日起，雌蟹即陆续抱卵（塘边可观察到沿池巡游的抱卵蟹），1 周后，抱卵蟹已可占池内雌蟹总量的 70%～80%，约经 15 d，所有雌蟹可基本完成抱卵。此时，应及时干池将雄蟹悉数捕出，以免重复交配导致抱卵蟹伤残或死亡。雄蟹捕出后，经重新注水，即可开始抱卵蟹的专池培育。

由于抱卵蟹怀抱受精卵，肩负着养护胚胎发育的使命，其生死存亡将会直接关系到受精卵胚胎发育的顺利与否。因此，做好抱卵蟹的培育实际上也就是确保受精卵的孵化，两者统一的关键在于：既要为抱卵蟹提供充足的食料，确保其营养充分、体质健壮，又应通过经常换水保持水质清新，为受精卵顺利发育提供生态保障。

抱卵蟹培育的投饲管理可参照亲蟹培育，但水质管理应有所强化。一般应根据水质变化做到每 3～4 d 换注新水 1 次，尤其在培育的后期，最好每天午后冲水 1～2 h，以增加水体溶解氧、促进中华绒螯蟹胚胎发育。此外，还应注意海水盐度的变化，避免骤升骤降，以免造成胚胎死亡。

抱卵蟹培育的时间与其受精卵的胚胎发育速度相关，主要取决于水温的高低（表 9-2），且要求培育水温不宜过低，也不宜过高，如水温低于 8 ℃时，胚胎发育极为缓慢，而水温高于 25 ℃时，胚胎孵化率降低。

表 9-2 中华绒螯蟹胚胎发育速度与水温的关系

（依赵乃刚）

平均水温（℃）	12.6	14.3	15.3	16.6	17.7	21.7
孵化天数（d）	54	43	34	28	24	17

3. 幼体孵化

抱卵蟹经过 1 个月左右的培育，受精卵发育已近尾声，不日将会很快孵化。此时，应注意经常检查抱卵蟹的胚胎发育状态，如果发现腹部所怀卵粒绝大部分呈透明状，镜检见胚胎眼点出现和心脏跳动，表明胚胎已发育至原溞状幼体阶段；如果发现胚胎心跳已至 150～180 次/min，应立即将抱卵蟹捕捉出池，按每笼 15～20 只的密度装入竹编专用蟹笼（高 50 cm，底部直径 50 cm，笼内空间约 0.1 m³）或相似规格的塑料笼，经带笼消毒后，集中吊挂于一个育苗池中。待每立方米水体幼体数量达到 6 万～8 万只，即依次将蟹笼悉数移往另池继续孵幼，直至布苗全部结束。采取集中孵幼，不仅可弥补抱卵蟹发育不同步的不足，确保一个池塘在 12 h 之内达到预定的放苗密度，而且可以防止幼体在育苗阶段因发育时相不齐而自相残杀，确保幼体变态同步，提高幼体成活率，是获取育苗高产的重要环节。抱卵蟹放散幼体大多在晚间进行（偶尔白天下午也会）。幼体放散时，观察可发现抱卵蟹猛力扇动腹部向水中成批排放出 Z_1 幼体。因此，夜间必须检查守候，一旦池中幼体数量达到预定密度，应将蟹笼及时移往另一池子。育苗池中溞状幼体的密度可在开增氧机的情况下，采取沿池四周设多个点取样计数的方法加以推算确定。幼体孵化结束后，亲蟹随笼取出，如不育二茬苗，即可作出售处理，幼体留在池内待育。

4. 人工育苗

即幼体培育，其主要任务是将 I 期溞状幼体（Z_1）保质保量地培育成大眼幼体（M）。成功的关键是要把日常管理工作自布苗结束开始贯穿于整个育苗过程，重点突出水质调控、合理投饲、增氧搅水和病害防治等。

（1）水质调控　育苗早期（Z_1～Z_2）做到定期适量泼洒豆浆，必要时补充施放无机肥料（磷肥为主或复合化肥），同时应视水质变化适时适量添加新水；培育中期（Z_3）开始逐渐更换老水，加换水量由少及多（表 9 - 3），确保池水"先浓后清"，始终富含一定量的天然饵料生物，并使水体的总氨氮和亚硝态氮分别控制在 1.5 mg/L 以下和 0.5 mg/L 以下。

表 9 - 3　中华绒螯蟹幼体培育各发育阶段的适宜换水量

发育阶段	Z_1～Z_2	Z_3	Z_4	Z_5～M
日换水量（%）	只加不换	20%左右	30%左右	40%～50%

（2）合理投饲　育苗期间的饲料投喂力求"勤、全、足、匀"：即要做到日投次数多，饲料品种全，每次喂量足，全池泼投匀。具体而言，育苗池一昼夜应投饲 6 次以上；根据幼体的食性特点（Z_1 主食单胞藻，Z_2、Z_3 轮虫，Z_4、Z_5 卤虫幼体，M 卤虫成体），结合生产实际及供饵条件，饲料品种可以单胞藻（褐指藻、角毛藻、扁藻、小球藻等）、轮虫、卤虫无节幼体作为主体饵料，在其数量不足时适量辅以冰鲜桡足类、贝肉鱼糜、鱼肉蛋羹、配合饲料、虾片藻粉等人工饲料；并应做到日夜有别，夜间尽量投喂活体饵料，以防幼体缺氧；投喂数量可视幼体饱食程度灵活调节；通过全池泼洒均匀投喂，确保池中所有幼体均能吃饱吃好，健康发育，同步变态。

（3）增氧搅水　结合气候变化，合理使用增氧机械；做到投饲期间定时开机，晴天午后重点开机，半夜之后灵活开机，力求使溶解氧水平维持在 4 mg/L 以上；充分利用增氧机的搅水曝气功能，维持上下水层水温、溶解氧、pH 等水质因子基本均衡，并及时曝除 H_2S、NH_3 等有毒有害气体，以有效减少水质与投饲之间的矛盾。

（4）病害防治　中华绒螯蟹幼体培育期间，由于生产方式高度集约化，幼体处于频繁的蜕皮变态过程中,食性不断变换,对环境条件的变化相当敏感,耐受能力较弱,因此必须加强病害防治。其中,重视日常管理,是预防病害发生的重要措施,因为改善生态条件,维持良好而稳定的水质,不仅可促进幼体的健康发育,而且也有利于预防条件性致病因子的侵袭。育苗用水、育苗池和育苗工具,使用前均必须先用漂白粉、生石灰进行消毒除害,杜绝外源病害入池。抱卵蟹进池前,应连蟹带笼用万分之一的新洁尔灭药浴 15~20 min,以杀灭各类致病菌、纤毛虫等。育苗过程中,应勤查水质、病害和摄食情况,发现异常立即查明原因,及时采取应对措施。聚缩虫是中华绒螯蟹土池育苗中危害较大的纤毛类原生动物,常出现在水质过肥、水体老化或底泥较多的池塘。幼体体表大量寄生时,会造成幼体背刺发红或断裂,蜕壳不遂而死亡。此病一经发现,即需加强换水,并采用 5~10 mg/L 茶粕或 0.5~1 mg/L 的硫酸锌全池泼洒;也可用 10 mg/L "虾蟹保护剂" 杀之。如果发现弧菌病,可用抗生素等药物治疗。

(5)淡化出池　溞状幼体经过 5 次蜕皮变态成为大眼幼体,其在形态及生活习性上均与溞状幼体有较大的差异,游泳方式已由原来的弹跳变为平游,离水时还能爬行,形似蜘蛛,捕食非常凶猛,缺乏适口饵料时会捕食 Z_5 幼体及个体弱小或新生的大眼幼体充饥。由于刚变态的大眼幼体体质较弱,还不能适应淡水生活,需经过几天的暂养、淡化,方可出池。因此,做好淡化工作既是土池育苗的最后生产环节,也是育苗优质、高产、高效的最终保证,必须十分重视。一般,当池中 Z_5 幼体有 90% 左右变态成大眼幼体时,即可开始每日分次向池内加注少量淡水进行先期适应性淡化,2 d 后,可于夜间采用灯诱法将池中的大眼幼体悉数捕出,集中分养于小型网箱(3 m×3 m×1.5 m)或水泥池。网箱淡化时,幼体密度上限宜为 1 000 g/m³ 左右,而水泥池的淡化密度可高至 2 000 g/m³ 左右。淡化期间每日分 4~6 次添加淡水,日降盐度 2~4,并在池水盐度达到出苗要求后稳定 1~2 d。与此同时,应在做好以增氧为重点的全程水质管理的同时,参照育苗池的投饵总量,采取少量多餐的方式投饵,日投喂 8 次,以避免因投饵不足而导致大眼幼体自相残杀或体质变弱(投饵应在加淡水之后,切忌饱食淡化)。如此经 4~5 d 淡化,当水中盐度稳定在 2 左右时即可准备出苗。

(二)大棚土池育苗

由于室内水泥池控温繁育蟹苗成本较大,而露天土池育苗又易受气温、降雨、暴风等外界环境的影响,为此,浙江、江苏等省沿海地区开展塑料大棚土池育苗,即在土池育苗的基础上,借鉴室内育苗的保温、充气、活饵料培养等技术,减小气候环境的不利影响,提高单位水体的育苗产量。

三、中华绒螯蟹仔蟹培育

仔蟹培育是中华绒螯蟹人工养殖的第一个环节,它是将蟹苗经 20~30 d 培育使之蜕壳 3~5 次成为 Ⅲ~Ⅴ 期仔蟹的生产过程,其成败直接影响后续的各个生产环节。利用土池培育仔蟹,具有造价低、管理方便、水质稳定、易于推广等优点,是目前生产上最常用且效果最好的一种方法。水温较低地区或进行早繁苗培育,可以采用在土池上搭建大棚保温。

(一)土池培育仔蟹

1. 土池条件

新开或改建土池,形状以东西向长方形为宜,池底平坦,池埂坚固,埂坡比 1:(2~3),面积 333~667 m²,池深 1 m 以上(可保持水深 0.6~0.8 m)。在埂面四周,用尼龙薄膜、塑料板等材料围筑高约 0.5 m 的防逃围栏。

2. 相关准备

（1）选购优质蟹苗　优质蟹苗应符合品系纯正、苗体健壮、规格均匀、体表光洁、色泽一致、活动敏捷、滤水性好的要求；且苗龄已达 6 日龄以上，淡化历时超过 4 d，盐度降至 3 以下，并已维持 1 d 以上。

（2）做好清塘消毒　蟹苗放养前 10～15 d，应用生石灰对土池进行彻底清塘消毒，水深 0.1～0.2 m 时，每 667 m² 用生石灰 80～100 kg，溶水后全池泼洒，以清除池内的敌害生物和致病因子，为蟹苗下塘准备安全舒适的生存空间。

（3）施肥培育水质　放苗前 3～5 d，每 667 m² 水面可施牛粪等腐熟粪肥 200～300 kg，或施化肥，以繁育天然饵料生物，为蟹苗下塘准备适口的优质饵料。

（4）移栽适宜水草　在池内移栽轮叶黑藻、苦草、水葫芦、水浮莲等水生植物，数量以能覆盖水面 1/2 左右为宜，为蟹苗栖息准备良好的生态环境。

3. 蟹苗放养

蟹苗放养应在自然水温上升并稳定在 15 ℃以上进行，放苗时间宜选择在晴天的早上或傍晚，尽可能避开暴风雨天气。放苗时，应先将运抵的蟹苗连箱浸入池水后即提出水面静置，或用池水喷淋后静置 5～10 min，如此重复 2～3 次，待蟹苗适应池水后，再在池面的上风处，把蟹苗连箱沉在水面，任其自行游入池中。放养密度一般可控制在每 667 m² 16 万～80 万只。

4. 饲料投喂

培育期间，应根据蟹苗及仔蟹的食性变化及时调整食物种类及投喂方法，以做到合理投饲，确保适宜、适口、适量。蟹苗入池初期，施肥培育的天然饵料是其主要食物。如果发现天然饵料不足，则应从其他水体捞取红虫（水蚤）进行补充。为确保食料充足，每天还需全池泼洒豆浆，用量为每 667 m² 1.5～2 kg，并视风向在蟹苗密集处适量多泼。蟹苗蜕壳成Ⅰ期仔蟹开始，应根据仔蟹喜在岸边浅水处活动的习性，做到每天沿池边投喂豆饼、麦麸、米糠、水蚯蚓、鱼糜、蛋羹等沉性糊状饲料，每 667 m² 投喂量 2.5～3 kg，并逐渐增至 5 kg 左右。每天投饲两次，上午占总量的 1/3，傍晚 2/3。

5. 日常管理

重点在于防止水质恶化，防止水温骤变和防止病害侵袭。具体要求：每天早、中、晚各巡塘 1 次，仔细观察水位、水色、水质等变化，认真检查蟹苗及仔蟹生长、蜕壳、摄食等情况，发现问题及时补救；并应在巡塘中随时清除池内残饵和池面杂物，保持环境清洁卫生；同时，要认真预防暴风骤雨或烈日暴晒等极端气候影响，设法清除青蛙、蝌蚪、水鼠、水蛇等敌害。

针对土池培育水温不易控制的特点，应尽量通过及时调节水位来控制适宜水温，并通过经常换注新水来改善池塘水质。一般放苗时，池水深度以 0.3～0.4 m 为宜，进水应用 40 目筛绢网布过滤，以免野杂鱼及敌害生物随水而入；3～5 d 后，开始注加新水，每天加注 0.1～0.2 m，直至水深达到并稳定在 0.6～0.8 m。此后，视水质等变化进行适量换水，每次以换注原池水量的 1/3 左右为宜；但当发现仔蟹大批蜕壳时，水位宜适当降低，以免因水深压力大导致蜕壳仔蟹窒息夭亡。

6. 仔蟹捕捞

常用方法有水流刺激法、灯光诱捕法、诱饵抄捕法、放水网捕法、抄网抄捕法和徒手摸捕法等多种。其中，利用仔蟹喜在上午（8:00—9:00）和傍晚（16:00—17:00）大量附着于水草的习性，采用抄网抄捕最为实用。方法是：在仔蟹培育池中投放水葫芦、水浮莲、水花生等水生植物，平时均匀地将饵料撒投在这些水草上，使仔蟹养成群集其上觅食或栖息的习惯；捕捞时，只要用抄网在草下抖动几下，仔蟹即会散落网中而被捕出。采用此法捕捞数天，起捕率可达 85% 以上。

（二）水泥池培育仔蟹

采用水泥池培育仔蟹，具有建池占地少、放养密度大、成活率高、容易捕捞等优点；但基建投入较大，管理要求较高，目前此法已很少采用。

四、中华绒螯蟹的扣蟹培育

扣蟹培育是将Ⅲ～Ⅴ期仔蟹培育至翌年 3 月底前后经历 7 次以上蜕壳成为 1 龄蟹种（似纽扣大小，每千克 100～200 只）的生产过程。由于培育时间长、蜕壳次数多、个体发育快（增重 800～1 600 倍）、对环境条件要求较高，扣蟹培育是目前中华绒螯蟹养殖过程中最为重要的生产环节，也是培育效果最不稳定的一个环节。

（一）土池培育扣蟹

1. 土池条件

培育扣蟹的土池（蟹种池）宜选建在水源充足、无污染、进排水方便、交通便利的地方，产地环境质量符合渔业生产标准。蟹种池形状以四角略呈弧形、向阳面大的东西向长方形为佳，面积以 1 334～2 000 m² 为宜。全池应分设深水区（不超过 2 m）和浅水区（0.15～0.4 m）。在浅水区可栽种水草，以供幼蟹隐蔽及栖息，减少自相残杀。进排水系统分设在池塘长向两端，并在出水口安装牢固的防逃网罩。

2. 相关准备

（1）围建防逃设施　在池埂四周选用塑料板、石棉板、玻璃、薄膜等材料围建一个高约 0.5 m 的防逃设施，以防在天气闷热、水质不良、雷阵暴雨等异常情况下逃蟹。具体围栏材料可在经济、适用的前提下，因地制宜选用。

（2）池塘清整消毒　池塘清整包括干池、清淤、平整池底、加固加高池埂、补洞筑漏、修缮进排水口，并进行池底暴晒，以利于底质矿化。药物消毒一般在仔蟹放养前 10～15 d 进行。每 667 m² 蟹种池干塘常用生石灰 75～100 kg，加水溶化后全池泼洒，并于次日用铁耙或扫把耙扫将石灰与底泥混合。若采用漂白粉带水清塘，则水深 1 m 时，每 667 m² 用含氯 30% 的漂白粉 10～15 kg，化水后全池泼洒。

（3）移栽水生植物　移栽时，应尽量做到浮水植物和沉水植物兼顾、合理搭配，以获取最佳效果，如在池底撒播苦草等草种或直接移栽，在埂坡上移栽水花生，在水面移养浮萍、水葫芦等。各类水草的移栽量以能覆盖池塘水面的 1/3～1/2 为宜。

3. 仔蟹放养

根据当地气候条件，仔蟹放养时间一般可选在 5 月底至 6 月中旬。放养前，先对待放仔蟹进行测样、称重计数，然后按每 667 m² 2 万～5 万只的密度进行放养；并应注意同池放养的仔蟹力求规格一致，做到一次放足，以确保仔蟹群体蜕壳同步，减少自相残杀机会。同时，需严把仔蟹质量关，以长江品系为首选，且应体质健壮、无病无残；对于购自外地，尤其是购自沿海地区的仔蟹，除应加强病情检疫，注意盐度差异外，放养密度可适当增大，以求保险。

4. 培育管理

（1）合理投饲　按照"四定"（定质、定量、定时、定位）和"四看"（看天、看水、看季节、看蟹活动)原则,在整个培育过程中,饲料应以豆粉、豆渣、面粉、水草等植物性饲料为主,适量辅以动物性饲料。其中,夏秋高温季节,动、植物性饲料比例以控制在 3∶7为宜;其他季节可为 4∶6。如果池内底栖生物丰富,且仔蟹规格较大,平时可不投或少投动物性饲料,仅需在越冬前(10 月后)适量投喂杂鱼、螺蚌肉即可。日投喂数量一般可控制在池蟹体重的 3%～4%(天然饵料)或 2%(配合饲料)左右。除专用配合饲料应适当增加钙质,其他饲料均应用面粉混合成湿颗粒状,定点均匀撒投在池塘的四周浅水处,以利于观察摄食情况及调整投喂数量。

(2)池水调控　放养初期,池塘水位以 0.6 m 左右为宜。此后,随着水温的上升,逐渐添加新水以使水位增加至 1.2～1.5 m。冬季水位宜保持在 1.5 m 左右,以使底部水温相对稳定。平时,可视水质及水温变化进行适时适量换水,每次换注水量 0.2～0.5 m,先排后注;并应及时清除池内残饵杂物、病蟹死蟹,防止水体污染,确保环境卫生。如出现水质过肥、蓝藻大量繁殖,可按每立方米水体泼洒 1 g 漂白粉杀除,或移放浮萍加以覆盖灭除;必要时,可定期泼洒光合细菌等生物净水剂,确保良好的生态环境。

(3)日常防范　重点应以坚持每天勤巡塘、认真检查、观察记录为前提,做到及时预防、及时发现、及时补救。平时可结合巡塘,经常检查防逃设施,确保完好无损;并应随时设法灭鼠除害(泥鳅、黄鳝等),同时加强防病、防盗等工作。

5. 扣蟹起捕

扣蟹起捕主要集中在开春之后,并应尽量在新年第一次蜕壳之前完成,以免捕捞伤蟹或影响蜕壳生长。传统的捕捞方法主要有在进水口张设地笼网、在水草下用网抄捕、利用水流排冲捕捉、干塘后徒手摸捕等,但效果均非最佳,起捕率不高,且伤残蟹较多。为此,在实践中,可综合传统的适用技术并结合设饵诱捕以提高捕捞效率、减少损伤。具体做法为:将若干盛有水草且放有小鱼虾或动物内脏等熟饵的草袋、编织袋或黑色塑料袋投入池中,将袋口撑开。在饵料香味的诱使下蟹很快就会自动进入袋中而乐此不返,因为袋内既温暖黑暗、适于隐蔽,又有美食可餐、有水草可栖。这样,只需定时收捕即可。一般每晚可以收捕 3 次以上;如此持续 3～4 个晚上,诱捕可告完成。采用此法,简便易行,省时省力;以夜间气温 10～15 ℃时采用效果最佳,但低温时不宜。

(二)稻田培育扣蟹技术

利用种稻水田培育扣蟹是在确保水稻高产的同时,兼育出优质扣蟹,具有明显的生态效益和经济效益,是农业增收、农民致富的一条有效途径,值得推广。

1. 稻田改造

培育扣蟹宜选择环境安静、水源充足、水质清新、无农药及工业污染、排灌方便、涝不淹、旱不干的一季早熟或中熟稻田。为保水保肥和防蟹掘洞逃逸,土质以黏土或壤土为好,pH 7.5～8.5。田块面积以 2 667～3 333 m² 为宜。

根据养蟹要求,在稻田内侧沿四周开挖环沟,上宽 4～6 m,底宽 1.5～2 m。若田块面积较大,除环沟外,还应开挖数条呈"十"或"井"字形的田间小沟,宽 1～2 m,深 0.4～0.6 m;并在田块的一角或中央开挖一个长 40 m、宽 5～10 m、深 1.2 m 的长方形暂养池,用密眼网布团团围住。开挖沟、池的面积以占稻田总面积的 10% 为宜;挖出的土可用于加宽加固加高田埂。在埂面上,用塑料薄膜等适用材料围建高约 0.5 m 的防逃围栏。注排水口应用砖石砌成,并安装双层密眼铁丝网作栏栅,以防野杂鱼及敌害生物入田和田蟹外逃。

2. 水稻栽种

养蟹稻田宜选择耐肥力强、秸秆坚硬、不易倒伏、抗病虫害的丰产水稻品种。实施宽行条栽，行株距 24 cm×12 cm。

3. 蟹苗放养

水稻栽插活棵后即可适时放养。按每 667 m² 稻田 0.3～0.5 kg 的放苗量，先将其集中投放于围栏的田中暂养池内，经 1 个月左右的培育，待蟹苗达到 V 期仔蟹时，再撤去网围，任仔蟹自动进入大田觅食生长，直至 100 只/kg 左右的大规格扣蟹。

在蟹苗放养前，应事先做好进水、消毒、栽草、施肥等准备工作。进水需用密眼网布过滤；注水至 0.1 m 时，每 667 m² 用 150 kg 生石灰对环沟、暂养池进行泼洒彻底消毒，杀灭田中的鳝、鳅、鳌虾等敌害生物及致病因子，并尽量设法捕杀青蛙、蝌蚪及田鼠；同时，应在环沟、田间小沟及暂养池中移栽适量水生植物；并按每 667 m² 200～300 kg 的用量施放腐熟粪肥，以培育浮游生物和底栖生物。

4. 培育管理

蟹苗入池后，投饲应以红虫、鱼糜、蛋羹、豆饼浆、麸皮糊等为主，每天投喂 4～6 次，总投饲量为蟹苗体重的 100%～200%。自 V 期仔蟹开始，可逐渐改投麦芽、麦片、南瓜、蔬菜等植物性饲料为主，适量投喂鱼糜、小虾等动物性饲料，日投喂量控制在蟹体重的 8%～10%，分 1～2 次投喂，以傍晚为主。10 月后，为确保蟹种积贮营养以利安全越冬，应适当增加动物性饲料的投喂量。

培育期间，应坚持每天早晚各巡田一次，重点检查防逃设施、进排水口，清除敌害生物、残饵杂物，观察田蟹活动、水质变化等。在正常情况下，稻田中水深保持 5～10 cm 即可，但须视水质状况经常更换，以确保环境良好，促进田蟹健康发育；同时，应重视防病、防洪、防风、防暴雨等项工作。

5. 扣蟹起捕

稻田捕捞扣蟹比较困难。目前生产上常用的方法有：借助手电筒夜间在浮草中用小捞网抄捕；利用扣蟹顶水习性，用水泵冲水，在田面上捕捉；在环沟、田间小沟和暂养池内张设小型地笼；抽干沟、池水，夜间借助手电筒在坡上捉，白天在沟中摸；挖掘洞穴捕捉等。但无论采用何种方法，均难以将田中的扣蟹捕尽。因此，翌年即使不再放养，仍可有一季不错的商品蟹收获。

（三）防止扣蟹性早熟

扣蟹培育中有性早熟个体出现，甚至高达 30%。通过常年控制水深在 1 m 左右，盛夏高温季节增加水深至 1.5 m 左右；水草面积达到总水面的 1/3～1/2 等措施，以减少生态积温。荤素兼顾、合理搭配，同时确保"两头多、优、精，中期少、粗、青"的投饲原则；以及控制适当密度（蟹苗每 667 m² 12 万～16 万只，V 期仔蟹每 667 m² 3 万～5 万只）等以控制营养过剩。始终保持培育水体环境卫生、水质清新、透明度适中、溶解氧充足、钙质丰富等精细管理，从而加速中华绒螯蟹的生长，避免因环境恶化导致中华绒螯蟹性早熟的发生。

五、中华绒螯蟹的商品蟹饲养

商品蟹饲养通常是指将上年培育的扣蟹或当年培育的仔蟹饲养成符合市场需求的食用商品蟹的生产过程。从养殖周期看，商品蟹饲养有当年养成和两年养成之分。但从市场需求及经济效益综合比较看，两年养成的商品蟹规格大（雌性 150 g 以上、雄性 200 g 以上），更具优势和竞争力。从养殖类型看有池塘养蟹、稻田养蟹、河沟养蟹、草荡养蟹、水库养蟹等形式，其中，池塘养蟹、稻田养蟹及湖泊围栏养蟹已成为目前商品蟹饲养的主角。

（一）池塘饲养商品蟹技术

池塘饲养商品蟹是目前中华绒螯蟹养成的主要类型之一，可分为池塘专养和鱼蟹混养两种形式。在池塘专养商品蟹时，为改善水质，防止环境恶化，也可搭养少量不同规格的鲢、鳙等。

1. 池塘专养商品蟹技术

（1）蟹池条件　商品蟹饲养池（成蟹池），一般应选择在水土环境质量符合无公害生产标准、地势不旱不涝、交通便利的地方开挖或改建。从中华绒螯蟹习性、饲养管理及捕捞操作等方面考虑，成蟹池面积以 $0.67\sim1.33$ hm^2 为宜，形状以东西长南北宽（3∶2 或 5∶3）的长方形为好；池深 2 m 左右，坡比 1∶3 以上，池底留淤泥 $0.1\sim0.15$ m，以利于水草及底栖动、植物生长繁殖；在池底四周开挖宽、深均为 $0.3\sim0.5$ m 的环沟，并在池中央纵横开挖数条深 $0.3\sim0.5$ m、宽度不一的小沟，或在池中心用黏土堆垒 $1\sim3$ 条与池塘长埂平行的岛状土墩，以利于中华绒螯蟹掘洞穴居和移栽水草。

（2）防逃设施　要在池塘四周用塑料板、白铁皮、玻璃、尼龙薄膜等耐用材料围筑牢固可靠的防逃围栏；也可采用砖砌或水泥预制板围砌成永久性的水泥防逃墙（但成本相对较高，且占地较多）。从经济实用、简单易行角度考虑，尼龙薄膜可作为首选材料之一。根据质量，薄膜可单层或双层。如能在薄膜防逃围栏外侧，再用尼龙网片和竹木桩围筑一道网墙，则效果更好，不仅防逃更有保证，而且可更有效地防止陆生天敌入侵。在进排水口，也应采用适宜材料做好防逃设施。

（3）水草移栽　"要想养好蟹，应先栽好草"。养蟹池内有无水草及草量多少对养蟹的成败至关重要。养蟹池内的水草，具有充当饵料、净化水质、调节水温、栖息隐蔽、提高品质等多种作用。移栽水草是确保中华绒螯蟹正常生长和获取高产的重要措施。为此，在蟹种放养前，应设法在池底及坡面栽植适量的水生植物，方法可选用栽插法、抛入法、移栽法、培育法、插种法等。在水面还可移放浮萍、水葫芦等浮水植物。

（4）清塘消毒　养蟹池塘，无论是新开塘，还是经养塘，在蟹种放养前均需彻底清塘消毒，具体方法可参照扣蟹培育。

（5）蟹种放养　商品蟹饲养所需的蟹种可以自己培育，也可向外地选购，但若有条件尽量做到自育自养，以确保质量及按计划生产。采购蟹种时，应严把质量关和数量关，重点要了解产地环境、蟹种品系，最好从淡水地区选购，以品质纯正的长江天然蟹种或长江人繁蟹种为佳，要求规格每千克 $100\sim200$ 只、大小整齐、肢体完好、活动敏捷、无伤病畸形；同时还应注意蟹种的离水时间尽量不要太长，切忌酷热或严寒之时及大批蜕壳之际收捕、购运蟹种。放养密度可视环境条件、管理水平及预期产量而定。如环境水源充足、饵料丰富、管理水平较高，单位水体计划产商品蟹 50 kg 以上，每 667 m^2 可放养 $500\sim800$ 只；如水源不足、环境条件较差、缺饲料少技术，则密度可减至每 667 m^2 $300\sim400$ 只（单产在 25 kg 左右）。此外，放养密度也可根据蟹种规格及商品出池要求，结合环境条件及管理水平加以确定（表 9-4）。蟹种入池时，除自育的蟹种就近放养外，购自外地的蟹种均应事先进行池水适应。方法是将蟹种在池水中浸泡 $2\sim3$ min，取出静置 10 min 左右，再浸泡，如此重复 $2\sim3$ 次，即可在近水边将蟹放出，任其自行爬入水中。

表 9-4　蟹种规格、出池规格要求与放养密度

蟹种规格（只/kg）	出池规格要求（g/只）	每 667 m² 放养密度（只）
80～120	125 以上	800～1 000
120～300	100～125	1 000～1 200
300～500	125 以上	600～800

（6）饲料投喂　目前，中华绒螯蟹养殖所用的人工饲料包括植物性饲料、动物性饲料和人工配合饲料三大类，常用品种有豆饼、花生饼、玉米、小麦、地瓜、南瓜、麸皮、米糠、瓜果、蔬菜、小杂鱼、鱼粉、螺蚌、动物内脏及自制或专用配合饲料等。一般动物性饲料主要用于饲养的前期和后期，中期高温季节以青饲料为主。除黄豆、玉米、小麦等投喂前需煮熟外，其他各种饲料一般无须加工，但以多种饲料混合为好。日投饲量可控制在池蟹总重的 8%～10%，以傍晚投喂为主；投喂应遵循"四定"原则，并结合"四看"结果，及时调整投喂品种及投喂数量。

（7）日常管理　商品蟹饲养的日常管理工作主要包括巡塘、防逃、防除病害、调控水质（经常加注新水，每 15 d 全池泼洒生石灰 1 次，用量为 20～25 g/m³）及保护软壳蟹（软壳蟹收取集中暂养，待其壳转硬后再放回原池）等。

2. 精养鱼池混养商品蟹技术

根据混养的基本原理，实行鱼蟹混养是提高池塘养殖经济效益的有效途径。河蟹排出的粪便、剩下的残饵可以培肥水质，促进饵料生物繁殖，有利于鱼类摄食；而鱼类通过充分利用水体及饵料资源，改善池塘环境条件，又有利于河蟹生长。此外，河蟹以行动迟缓的病鱼、死鱼为食，还可起到防止病原传播和减少鱼病发生的作用。所以，鱼蟹混养是值得推广的养蟹新模式，具有较大的生态效益和经济效益。

实行鱼蟹混养，宜选择 667 m² 产鱼 500 kg 以上的精养鱼塘，四周围建防逃设施。根据河蟹喜清新水质的特点，适当调整鱼种放养结构，不放鲤鱼、青鱼。在鱼种按常规密度放养的同时，于 5 月下旬或 6 月上旬每 667 m² 放养大规格扣蟹 100～200 只（或蟹苗 100～150 g）。要求蟹种规格整齐、健康敏捷、集中放养、一次放足。

蟹种放养后，除做好鱼塘管理外，应在池边移栽适量水草，为河蟹蜕壳、栖息提供安全隐蔽的场所；同时，应于每天傍晚为河蟹投喂适量饲料，确保其吃饱吃好、快速生长。

（二）稻田饲养商品蟹技术

稻田饲养商品蟹主要包括放种养成和育种养成相结合两种类型。其中，放种养成是在水稻插种返青后直接放养扣蟹饲养成商品蟹；而育种养成相结合是在水稻栽种前利用早繁苗在田中暂养池内培育仔蟹，待水稻插种返青后，将暂养池中的仔蟹放到大田直至当年养成商品蟹。

1. 田块选择

商品蟹饲养宜选择环境安静、通电通路、靠近优质水源、环境无污染、黏土底质、保水性强、不旱不涝的田块，面积 3 335～6 667 m² 均可；既可利用单个田块养蟹，也可集中连片开发。

2. 田间工程

沿田埂内侧四周（距埂 1～2 m）开挖宽 4～6 m、深 1 m 的环沟，再在田间开挖"井"字形或"十"字形小沟，宽、深各为 1.5 m 和 0.6 m，小沟间距 5～10 m。要求环沟与小沟彼此相通，面积占整个田块的 10%，将挖沟取出的田土用于加高加固加宽田埂，使田埂高

度达到 0.6 m 左右,面宽 0.5~1 m,底宽 1.5~3 m,埂坡比 1:2 左右。多余的田土堆于沟边用以护坡。养蟹稻田的用水应与其他农田分开,采用高灌法单独建造进水渠道,选用直径 0.4 m 的水泥涵管相连或用红砖等其他材料砌成,以引水入田;而排水则可利用农田原有排水渠道。进排水渠闸门处的地基要压实夯牢、不留缝隙。进排水口要用密眼铁丝网或网片封住,以防中华绒螯蟹外逃和敌害入侵。

3. 防逃设施

可用多种材料制作,但以塑料薄膜和塑料板最为常用。若选用塑料薄膜,其宽度应为 0.7 m 左右,沿田埂四周围拦,底部埋入土内 0.1 m 以上,高出埂面约 0.6 m,用木桩或竹桩支撑固定,厚塑料薄膜对折挂在铁丝上,用木夹子夹住,下端入土 15~20 cm。

4. 水稻栽插

水稻应选栽全生育期较长、耐肥秆硬、抗病虫害、产量高、品质好的品种。稻田应在秧苗移栽前施足基肥,一般每 667 m² 施牛粪 200~300 kg,或经发酵的饼肥 100~200 kg;并应针对性地普施一次高效低毒农药。然后选择健壮秧苗,采用浅水和宽行密株栽插,每 667 m² 1.5 万~3 万穴,具体可视蟹种放养密度增减。

5. 蟹种放养

蟹种放养一般在稻田秧苗返青后进行。放养前,每 667 m² 用 75 kg 生石灰对稻田,尤其环沟及各小沟进行彻底消毒;进水须用密眼网过滤。消毒后,移栽适量水草。蟹种规格宜为每千克 100 只左右,先用 3% 纯盐水溶液浸泡 3~5 min,以杀灭蟹体上的有害生物及致病因子。放养密度可视预期产量及管理水平和环境条件而定,一般每 667 m² 稻田可放养蟹种 600~1 000 只,并可搭养少量鲢、鳙鱼种。

6. 饲养管理

稻田饲养商品蟹的管理工作包括饲料投喂、水质调控和日常管理等项内容。

(1) 饲料投喂　在饲养过程中,应坚持每天投饲 2 次(8:00—9:00 及傍晚各投 1/3 和 2/3);日投饲总量可控制在田蟹重量的 5%~10%。饲料种类应随季节变化及中华绒螯蟹营养需求进行调整:①4—5 月,向稻田的环沟及支沟内投放 200~400 kg 活螺蛳,让其自行繁殖以供中华绒螯蟹食用,并适量投喂煮熟的小麦、玉米等植物性饲料。②5—6 月,逐步增加投饲数量,同时在水面投放适量浮萍等漂浮植物。③7—10 月,以水草、南瓜、山芋等植物性饲料为主,适量增喂蚌肉、杂鱼、动物内脏等动物性饲料。④11 月以后,投饲量可随水温下降而逐渐减少,并以精饲料为主,辅以适量动物性饲料。

(2) 水质调控　养蟹稻田的水质管理要有全局观念,既要考虑中华绒螯蟹的需要,也要顾及水稻的生长,关键要做到根据季节、气候、水质变化及水稻搁田治虫要求来通盘调节水位,设法减少或缓解蟹稻之间的用水矛盾。一般秧苗栽插时,田内水位保持在 0.1 m 以上即可。此后,随着水温上升及秧苗生长,逐渐加高水位至 0.2~0.3 m。搁田时,采取短时间浅搁。搁田结束即将田水加深至原水位。治虫用药时,如有需要也可将田水临时加高。稻田的水质主要通过换水调控。通常从 5 月开始,每隔 10~15 d 换水 1 次。高温季节(28 ℃以上)每隔 2~3 d 换水 1 次;每次换水 0.15 m 左右,并注意温差不超过 5 ℃。换水基本原则为:水质好,少换;水质差,勤换。

(3) 日常管理　除水稻田间管理外,稻田养蟹还应坚持专人值班,做到每天早、中、晚各巡田 1 次,重点巡查防逃围栏有无破损、中华绒螯蟹活动有无异常、水质水位有无变化、田内水草有无不足等，发现问题及时采取解决措施；同时，可结合巡田及田间管理，随时清除残饵杂物及病蟹死蟹，设法驱除水鼠、水蛇、水鸟、水蜈蚣等敌害生物。

7. 蟹、稻收获

收稻捕蟹应遵循"适时、精收"的总体原则。收稻前，先排水搁田，使中华绒螯蟹随水位下降而进入沟内，待田块全部露出水面后，即可收割水稻。中华绒螯蟹捕捞可在割稻前7～10 d进行，但以水稻收割后捕捞为主。适用方法为：先在田沟内设置地笼，在田沟中用网抄捕，在围栏设施周边徒手抓捕；然后干水清捕；最后对穴居洞中的蟹进行挖捕。

（三）湖泊饲养商品蟹技术

我国的多数湖泊均适合中华绒螯蟹的生长育肥，是饲养商品蟹的理想场所。湖泊养蟹主要包括小型湖泊传统养蟹和大型湖泊网围养蟹两大类型。

1. 湖泊传统饲养商品蟹技术

（1）湖泊条件　养蟹湖泊一般要求水质清新、无污染，水位较稳定，溶解氧充足，天然饵料生物丰富。为便于饲养管理和捕捞作业，以浅水水草型湖泊为佳。

（2）蟹种放养　放养时间宜为11月下旬至翌年4月下旬。一般每667 m^{2}湖面放养每千克100～200只的扣蟹30～60只。放养时，让蟹种从船板上自行爬入多水草的水域。

（3）日常管理　此类湖泊养蟹一般不专门投饵，但如果湖泊水草及底栖生物不多，则应在7—9月的旺长季节适量补喂饲料，以确保中华绒螯蟹的正常生长。此外，在饲养期间应严禁在湖泊捞草、沤麻，以免伤害中华绒螯蟹，特别是软壳蟹；并应控制银鱼网、鲚鱼网、白虾网下湖作业；同时要注意进出水口的防逃，尤其在汛期。平时应注意防止敌害侵袭。

2. 湖泊网围饲养商品蟹技术

（1）水域条件　养蟹水域要求湖底平坦、风浪平缓、水质清新、溶解氧充足，周边无工业污染，水草覆盖率达1/3～1/2，底栖生物丰富，常年水位稳定并保持在1.5 m以上。

（2）网围设施　网围面积可大可小，具体可视资金、水域、管理水平等条件而定，以3.3～6.7 hm^{2}为宜。建围时，先在选定水域的四周每隔1～2 m打一竹桩或木桩或水泥桩；然后将网目为1～1.5 cm的聚乙烯网片固定在桩上，网片底部用石笼和地锚固定于底泥，上部出水1～1.5 m，顶端再装接0.5～0.7 m向内侧倾斜的倒网，呈"∧"形，以防止中华绒螯蟹上网外逃。网围建成后，应在放养蟹种前对围内水体用浓度7.5 mg/L的巴豆溶液泼洒消毒除害。

（3）蟹种放养　网围养蟹习惯在早春三月放养蟹种。但为了扩大入湖蟹种规格，提高养殖成活率，最好将每千克40～50只的蟹种先在湖边池塘内精心暂养2个月左右，然后再放养入湖。放养密度一般可控制在每667 m^{2}水体400只左右，并可搭养少量鲢、鳙鱼种和虾种。

（4）饲养管理　由于网围养蟹密度较高，除了合理利用水体内的天然饵料外，还应加强饲养管理，以获取优质高产。一般应于每天傍晚按蟹体重的5%～10%进行投饵，并应根据季节和中华绒螯蟹生长情况调整动、植物饲料比例，植物性饲料应做到先浸泡或熟化后投喂，动物性饲料要确保新鲜洁净、大小适口。平时，要经常巡检网围设施，加强水质管理，每隔20 d左右每667 m^{2}泼洒生石灰20 kg，坚持以防为主，做好防病工作。汛期、台风季节及中华绒螯蟹性成熟前后，更应重视巡查、防护网围和做好防逃。

（5）适时捕捞　湖泊中华绒螯蟹的捕捞时间应视中华绒螯蟹性腺发育程度及洄游时间而定。湖泊网围饲养环境条件优越，因而中华绒螯蟹生长快速，性腺成熟较早。长江中下游地区湖养中华绒螯蟹一般9月中旬前后即有相当部分开始攀网趋逃。因此，为提高中华绒螯蟹回捕率，可在 9 月中、下旬开始捕捞。但湖泊水深面阔，捕蟹相对较难。目前常用的捕捞工具有蟹簖（俗称"迷魂阵"）、单层刺网、撒网、拖网、蟹钩、地笼、蟹笼等，其中，以前两种工具结合作业效果较好。此外，合理利用中华绒螯蟹昼夜活动节律，在其一天的三个活动高峰期，即清晨（4:30—7:00）、傍晚（16:00—20:00）和午夜（22:00—24:00）进行捕捞，效果最为理想。

第二节　拟穴青蟹的养殖

拟穴青蟹（*Scylla paramamosain*），简称青蟹，俗名蝤（图 9-3）。各地名称不一，浙南地区叫蝤蛑，广东称膏蟹，台湾、福建叫红蟳，菲律宾称泥蟹。广泛分布于温带、亚热带和热带的海域，栖息在岛屿周围和港湾岩缝及浅海、滩涂、红树林沼泽地、围垦区、河口的泥滩等。

图 9-3　拟穴青蟹外形

一、生物学特性

（一）生活习性

1. 栖息与运动

青蟹生长于沙砾底、海滩和潮间带泥滩中，白天穴居隐藏，夜间活动。游泳足司职游泳，3 对步足司步行，受惊逃跑时步足和游泳足并用。青蟹步行和游泳都是横行的。

2. 对盐度的适应

青蟹对盐度的适应范围较广，渐变盐度，其适应范围可达 1~55，适宜盐度为 14~17，盐度高于 33 不适宜青蟹的生长，雨季盐度骤降到 5 以下，青蟹常打洞居住，以躲避不良环境。洞穴的大小、深浅与青蟹的大小和强弱有关，最深可达 1 m 多，每洞可藏 2~3 只蟹，雌蟹居多。

3. 对溶解氧及 pH 的要求

青蟹在水中溶解氧大于 2 mg/L 时摄食量变大，小于 1 mg/L 时反应迟钝、不摄食、浮头甚至死亡。蜕壳期对溶解氧要求更高，通常要大于 3 mg/L，若溶解氧不足就不能顺利蜕壳，甚至导致死亡。最适 pH 为 7.8~8.4。

4. 对温度的要求

青蟹生存水温为 7~37 ℃，生长适温 15~32 ℃，最适水温 18~25 ℃，15 ℃以下时，生长明显减慢。水温降至 12 ℃时，只在每天晚上作短暂活动，并加紧挖深洞穴，准备越冬；水温降至 10~11 ℃时，行动迟钝；水温降到 7~8 ℃时，则停止摄食与活动，整个身体藏匿在沙泥或软泥里，面向深水处而背向浅水处，只露出一双眼睛，进入休眠状态或穴居。如果水温再降低，就会引起青蟹死亡。

翌年春季，水温回升至 16 ℃以上时，青蟹开始活动与觅食，水温稳定在 18 ℃以上时，雌蟹开始产卵，幼蟹频频蜕壳长大。水温升高至 34~35 ℃时，出现明显不适状态，会将步足直立撑起身躯（俗称撑蓬），使腹部不与炎热的滩面接触，腾空乘凉或成群结队地爬到有红树林或芦苇丛的阴凉滩涂上避暑，或爬到隔网上避暑。水温升到 37 ℃以上时，青蟹不摄食。水温升至 39 ℃时，青蟹背甲出现灰红斑点，身躯逐渐衰弱死亡。

5. 食性

青蟹属杂食性，幼蟹时杂食性明显，摄食小杂鱼、红肉篮蛤与部分植物等，生长后期偏向肉食性，蜕壳期喜食软体动物。食物不足时，同类间也会相残，捕食蜕壳后壳尚未变硬个体。

6. 蜕壳

青蟹一生中大约要经历 20 次左右蜕壳，即幼体发育蜕皮 6 次，生长蜕壳 10 次左右和生殖蜕壳 1 次。

（二）繁殖习性

1. 繁殖季节

拟穴青蟹的繁殖季节较长，但因地而异，主要与水温有关系，其中浙江 5 月下旬至 6 月和 8 月下旬至 9 月是繁殖盛期。

2. 幼体发育

青蟹受精卵经 10 多 d 培育孵化后，破膜而出的幼体即为溞状幼体；溞状幼体阶段需蜕壳 5 次，故分为五期（$Z_1 \sim Z_5$ 期）；Z_5 经 4～5 d 培育变态为大眼幼体（M 期）；大眼幼体经过 1 次蜕壳变态，变成仔蟹（C 期）。

二、种苗生产

目前养殖的拟穴青蟹苗种来源主要有海区天然苗与工厂化人工培育苗两类，其中海区天然苗又包括大眼幼体和天然幼蟹。

（一）海区天然苗

1. 捕捞大眼幼体（蟹苗）

（1）蟹苗捕捞 拟穴青蟹产卵于盐度较高海区，孵化后的幼体变态成大眼幼体后逐渐移向河口和内湾盐度稍低环境中栖息，此时即是苗汛季节。蟹苗捕捞大多采用定置网、推辑网和手抄网三种。各地根据潮流、风浪的具体情况因地制宜选用。

（2）蟹苗鉴别 在捕捞的自然蟹苗中，常有其他短尾下目蟹类大眼幼体的混杂，需要鉴别和剔除。

（3）幼蟹的培育 幼蟹培育是指将天然海区捕捞或人工培育的蟹苗，强化培育成幼蟹的过程。经培育的幼蟹，个体增大，抵抗力增强，养殖成活率较高。

2. 捕捞天然幼蟹

天然幼蟹个体大小不一，要求捕捞幼蟹体质健壮、附肢完整、未受机械损伤和附着物少。浙江沿海幼蟹集中苗发期在 6 月至 7 月中旬（又称夏蟹、梅蟹）和 9 月中旬至 10 月上、中旬（称秋蟹），夏蟹可以当年直接养成商品规格，秋蟹要经过越冬后才能养成商品规格。青蟹捕后的露空时间要短，特别是夏季闷热高温的情况下更不宜露空，一般气温在 28 ℃以上时，不超过半天，25 ℃以下时不要超过 2 d，从捕获到放养时间越短越好。

3. 种苗质量鉴别与挑选

在当地海区自捕自养的蟹苗，因环境条件基本一致，露空时间短，一般成活率高。如果是经长途运输的种蟹，须经严格选择，淘汰病残蟹后方可放养，种苗挑选与鉴别的方法有如下几种：

（1）选择体质健壮的种苗 健壮苗的甲壳呈青绿色，十足齐全，躯体完整无损伤，感官反应灵敏，活动能力强，不易捕抓；游泳足和螯足不能缺少和伤残，步足缺少不能超过 3 个，如果步足断了一截或受伤，可把剩余的足肢在基节与座节之间的关节处折断，新的附肢会在短时间内再生出来，若不折除，残肢会流掉大量体液而造成死亡。凡甲壳、腹部和附肢有异色（如深蓝色、红棕色、铁锈色等）多为受刺、钩、晒伤的蟹苗，质量差，以不选用为好。

（2）无病　病蟹可以从步足基部肌肉的色泽来判断，其肉色呈蔚蓝色，肢体关节的肌肉不下陷，具有弹性者为健康苗，如肌肉呈黄红色或具白色斑点，肢体关节间肌肉下陷，无弹性，则不适宜用于养殖。

（3）剔除蟹奴　有少数蟹苗的腹节内侧基部寄生1个或多个蟹奴。蟹奴呈卵圆形，体质软，以吸取青蟹体内营养维持生活，影响被寄生青蟹的正常生长和发育，故选择时应及时将蟹奴剔除。

（4）蟹苗运输　盛装工具一般为硬箩筐或木箱。在底部铺一层湿草，摆上一层蟹，再覆盖一层湿草，使幼蟹不致碰伤。不要重叠太多，最后盖上硬框纱窗布，便于途中淋海水，提高运输成活率。

（二）人工育苗

1. 亲蟹选择与培育

（1）亲蟹来源　可采捕天然海区或人工养殖的亲蟹。由于各地水温不同，蟹成熟繁殖时间也不同。海南岛常年可以成熟；广东沿海常年可见到卵巢饱满的青蟹，除冬季外，全年均可见抱卵蟹，尤其3—4月和6—9月是繁殖盛季；福建厦门3—10月是繁殖季节。在台湾终年可产卵，但抱卵蟹在3—8月较常见；广西沿海繁殖期是3—10月；浙江、上海沿海多在5—10月。

（2）亲蟹选择　最好选择天然海区抱卵蟹或膏蟹，后者要交配过，卵巢已达锯齿缘；亲蟹个体要大（300 g/只以上）、蟹体健壮、活动能力强、附肢完整无损伤、体表无寄生物或寄生虫；腹节刚毛要齐全，便于黏附卵子。成熟卵巢的检查方法是在光下观察甲壳边缘无透明区，腹节上方与甲壳交界处、肛门处均附有卵。

（3）亲蟹培育　是指将较成熟的或已抱卵的雌蟹培育到抱卵直至孵化的过程。

底部4/5面积铺沙供亲蟹栖息，并用砖石等建成蟹屋供亲蟹匿居，1/5面积作为饵料台，饵料台和沙子之间设置堤坝。必要时在池顶搭遮光设施。培育土池的壁为石砌成或混凝土砌成，底质为沙泥或石砾，淤泥或腐殖质一定要少。池底向闸门的倾斜度较大，便于排、灌水，并可露空设滩。可采用涨落潮换水。

亲蟹放养量宜少不宜多，水泥池一般2只/m²以下，若密度大，则易"打架"，使蟹附肢脱落或受伤。若采捕池养的亲蟹，入池前需用高锰酸钾或福尔马林消毒。

饵料以新鲜的缢蛏或沙蚕等为主，每天傍晚投喂一次，投喂量以次日清晨略有剩余为宜。

培育盐度以25～32为宜，若盐度低于22，则雌蟹卵巢发育受到抑制。水温26～31 ℃为宜，水温低于20 ℃则摄食量减少，卵巢发育慢。水泥池培育应不断充气，保持氧气充足。每天及时清除残饵，并彻底换水，排干后干露1 h左右能刺激亲蟹早产卵，降低死亡率。

每天仔细检查亲蟹的状态，发现有抱卵蟹要及时捞入池中培养。在土池时间长，卵囊易附着脏物影响胚胎发育。

2. 抱卵与孵化

经过严格选择的膏蟹，必要时可切除眼柄，促使其提早产卵。水温25～32 ℃条件下，雌蟹经 4~12 d 产卵。亲蟹产卵多数在夜间，宜保持安静环境。白天或傍晚产卵是异常的，卵子无法附于腹节刚毛上，或者附着量很少，无培育价值。产卵后的雌蟹体质弱，饲养时要注意各种因素，否则会引起死亡。抱卵后的蟹入池前用过滤海水轻轻冲洗卵囊，并用 10 mg/L 高锰酸钾溶液消毒 2 min。抱卵蟹培育方法同膏蟹培育。雌蟹的怀卵量因地而异，一般 150~1 500 g 体重的个体怀卵量为 150 万~500 万粒。

常观察抱卵蟹胚胎的颜色变化，以做好孵化的准备。刚产的卵卵径为 0.23 mm。卵囊的颜色变化过程：橙黄→浅黄→浅灰→灰色→棕黑→黑或灰黑。灰黑说明胚胎要孵化。胚胎发育速度与水温关系密切，25 ℃左右，产卵后 19 d 左右才孵化；水温 30~32 ℃，10~12 d 便能孵化。当胚胎内的幼体心跳次数超过 100 次/min 时，要移入孵化池，待其自然孵化出幼体。在正常情况下胚胎多在 5:00—8:00 孵化。

3. 幼体培育

（1）布幼 为了减少污染，通常孵化与育苗分池进行。幼体趋光性强，在无充气情况下，集群于水的表层和上层。可利用这一点用塑料勺或围底筛绢将表层和上层幼体收集，放入育苗池培育。溞状幼体 I 期入池的密度为 2 万~5 万尾/m³。

（2）饵料 刚孵出的第一期溞状幼体即要摄食。早期饵料可用单胞藻、轮虫、双壳类的卵或担轮幼虫、藤壶的无节幼体以及蛋黄、对虾微囊颗粒饵料；中后期可用卤虫无节幼体、桡足类；渐过渡以肉糜为主。日投饵量要根据实际情况决定，每只幼体在各期主要饵料的日平均投喂量参考表 9-5。

表 9-5　每只幼体在各期主要饵料日平均投喂量

饵料种类	幼体期							备注
	Z_I	Z_{II}	Z_{III}	Z_{IV}	Z_V	M	C	
扁藻（万细胞）	3	5	7	2	0	0	0	视藻类浓度调整
轮虫（尾）	30	45	60	40	0	0	0	视残饵调整
卤虫（尾）	0	0	20	35	50	5	0	Z_V 投卤虫成体
牡蛎肉、虾肉（占幼体重，%）	0	0	0	0	0	250	350	

（3）水温 适宜水温为 25~32 ℃，30 ℃左右幼体发育更快，水温降至 22 ℃幼体发育慢，20 ℃可引起死亡。

（4）水质 盐度适宜范围是 23~35，最适是 27~32。pH 在 7.8~8.6 为宜。保持水质清洁，要注意换水量，前期少换，后期多换，并采用吸底，必要时要倒池。充气量可随幼体发育逐渐增加。

（5）光线 育苗中光线适当暗些，避免直射光。

（6）附着物 在幼体发育进入大眼幼体后，在育苗池中设置附着物，减少互残，提高成活率。

（三）幼蟹中间培育

大眼幼体培育至仔蟹 I、II 期放养密度为 3 000~3 500 只/m²；仔蟹 I、II 期培育至 V、VI 期蟹种放养密度为 450~600 只/m²。

幼蟹营底栖生活。为提高成活率，可在培育池底部放置人工遮蔽物，遮蔽物根据苗的不同规格需求进行选择和组合。遮蔽物主要有塑料仿生花草、塑料人工龙虾巢、天然牡蛎壳等。

幼蟹Ⅰ～Ⅲ期，选用蛋白含量高于40％的青蟹专用配合饲料，投喂前1～2 h用益生菌（乳酸菌、丁酸梭菌、蛭弧菌等）拌料，进行营养强化和防病。幼蟹Ⅳ～Ⅵ期，选用优质鲜活贝类和专用配合饲料搭配使用。鲜活贝类（如海瓜子等）在使用前，经淡水清洗、碘制剂消毒、小球藻强化、益生菌强化保护后投喂。此时适当降低盐度至15～20，能促蜕皮加快生长。中间培育过程中，若饵料充足、水质良好，则幼蟹生长迅速，培育10 d平均壳宽可达13 mm，平均体重可达5 g/只。

三、人工养成

（一）海水池塘养成

1. 场地选择与清塘

（1）场地选择　选择无污染源的内湾泥质或泥沙质的潮间带中潮区最为适宜。要求风浪小，潮差大，退潮后水深在0.8～1.5 m，以免小潮时蟹池不能注入新鲜海水而使水质变坏，导致青蟹大量死亡。pH 7.5～9.0为宜，海水比重以1.010～1.015最为适宜。附近应能方便地引入淡水，这样可以随时调节海水比重。

（2）清塘消毒　青蟹的养成，可以一年两季。第一季为4—6月，第二季8—10月。投苗前1个月排干池水后清淤除杂，晒池15 d左右，其间每667 m² 施25～50 kg生石灰浸泡。投苗前换水2次，当池水pH稳定在7.8～8.6时才能投放蟹苗。

2. 苗种放养

（1）放养规格及时间　夏苗放养一般在5—6月，规格为15～50 g（平均25 g），经3～4个月养殖后，当年能达商品蟹规格；秋苗放养一般在9—10月，规格在10～20 g，越冬养殖至翌年5—6月，可达商品规格。如越冬放养数量不足，可在翌年3—4月再补养50～100克蟹种。育肥养殖，一般9—10月收150～200 g且已交配的瘦蟹，养殖30～40 d可达膏蟹。

（2）放养密度　4～5月放养50～100 g/只海区越冬蟹，每667 m² 放200～500只为宜，如规格偏小可适当增加放苗密度，约2个月后可以轮捕。此时正是夏苗发季节，可以放养小规格夏苗，每667 m² 放养苗种数量以1 000～1 500只为宜。育肥养殖放养时间在8—10月，放养密度视环境条件可掌握在每667 m² 500只左右。若放养Ⅴ、Ⅵ期人工蟹种进行养殖，精养池密度可为10 000～12 000只/hm²，作为混养和轮养可为2 250～5 500只/hm²。

3. 饲养管理

（1）投喂饲料　青蟹各生长发育阶段的投喂量，应根据水温、水质、天气、季节和潮汐等环境因子，并结合蟹的摄食、生长和活动情况，合理制定。在大潮时或涨潮时，青蟹摄食量大，而在小潮或退潮时摄食量较少。大潮换水后，水质好，摄食增强，投喂量与平时相比可增加1倍；若遇多雨天、池水混浊或天气闷热，青蟹食量下降，这时要适当减少投喂量；水温下降10 ℃左右，青蟹觅食少或不觅食，要注意少投或不投饲。

一般而言，日投饲量（以动物肉鲜重计）可根据青蟹的甲壳宽与体重掌握在：甲壳宽4～5 cm的，日投饲量约占体重的30％；5～6 cm的约占体重的20％；7～8 cm的约占体重的15％；9～10 cm的占体重的10％～12％；11 cm以上的占体重的5％～8％。

（2）水质管理　水要澄清，温差、盐差不宜过大。冬季有阳光时退潮后池水应保持30 cm深左右，涨潮时水深应在1 m左右。寒潮时要提高水位，夏天水深1.5～2 m。为保持足够的水量和良好的水质，每3 d应换水一次。换水时间宜在早、晚进行，不宜选在炎热的中午，避免温差过大。另外还要保证池水清新、溶解氧充足。

（3）日常检查　主要是巡塘检查，观察活动吃食情况、有无残剩饵料、有无死病蟹情况发生、有无敌害、是否有逃逸迹象；看池塘水质的肥瘦及混浊度；及时检查防逃设施的完好程度和防逃效果。如有上述情况出现，必须立即采取措施。

（二）内陆盐碱水养成

1. 场地选择与清塘

（1）场地选择　选择在水源较为丰富的盐碱地为宜，要求水体盐度在 1 以上，pH 在 7.8～8.8（过高或过低可调至此区间），18 ℃以上水温全年有 3 个月以上，池塘土质不易渗水、周围无污染源，水源清新、理化因子稳定。

（2）清塘消毒　拟穴青蟹的养成，可一年一茬，时间为 5—10 月。投苗前池塘清淤除杂的方法与海水池塘养成相同，不同的是，内陆盐碱地池塘消毒后，在放蟹苗前需对养殖水体的关键离子进行调控，使 K^+ 浓度大于 80 mg/L、Ca^{2+} 浓度 100 mg/L 以上、Mg^{2+} 浓度不小于 200 mg/L、总硬度 800 mg/L 以上、总碱度约不超过 400 mg/L，待养殖水体稳定后，方可放苗入池。

2. 苗种放养

（1）放养规格及时间　内陆盐碱水具有一定的盐分，且大多数分布于黄河流域及以北，水温较低，且当地人喜食个体大的蟹，故内陆盐碱水养殖需放养淡化至适应当地盐碱水盐度的大规格蟹苗（C_5～C_8 期，平均 20 g），水温在 18 ℃以上可放苗，中秋前后水温低于 20 ℃开始起捕，一般养殖周期在 3～4 个月，当年能养成商品蟹规格，只重达 150～250 g。

（2）苗种淡化及运输　将 C_5～C_6 期蟹苗在室内水泥池进行淡化，采取底部增氧，芦苇等植物洗净后放入水泥池中作为人工隐蔽物。蟹苗入池前 1 h 充氧曝气，确保溶解氧量大于 5 mg/L，淡化过程中水温控制在 20～29 ℃，使用剂量为 5 mg/L 的聚维酮碘浸泡消毒蟹苗 15 min 后放入淡化池，稳定 6 h。淡化池中蟹苗密度控制在 70 只/m² 以内，蟹苗在初始盐度下适应 12 h 后降至盐度 12，然后以每 6 h 降 2 的速度降至盐度 8，再以每 6 h 降 1 的速度缓降至盐度 1，稳定 6 h 后淡化完毕，淡化全程在 72 h 内完成，成活率超过 95%。

蟹苗淡化完毕，用泡沫盒或木盒（长、宽、高分别为 45 cm、45 cm、10 cm）包装，泡沫盒四周设置通气孔，底部铺一层湿润的海绵垫，蟹苗包装密度约为 150 只/盒，湿度保持 90% 以上。包装完毕后及时运输，途中气温保持在 25 ℃左右，运输时间 8 h，运输成活率 97% 以上。

（3）放养密度　内陆盐碱水青蟹养殖以混养为主，青蟹一般作为混养搭配物种，淡化苗的放养密度一般为每 667 m² 500～800 只。

3. 饲养管理

（1）饵料投喂　内陆盐碱水养成青蟹的投喂方法与海水养殖大体相同，宜充分利用当地饵料资源，如小杂鱼、螺等，提倡使用专用配合饲料。

（2）水质管理　内陆盐碱水养殖水体管理方法与海水养殖基本相同，不同的是盐碱水养殖水体需进行离子调控，养殖过程用含 K^+、Ga^{2+}、Mg^{2+} 的肥料进行调水，使养殖水体 K^+ 浓度大于 80 mg/L、Ca^{2+} 浓度不低于 100 mg/L、Mg^{2+} 浓度不低于 200 mg/L 且 Ca^{2+} 浓度与 Mg^{2+} 浓度比在 1∶2 或 1∶3、总硬度 800 mg/L 以上、总碱度不超过 400 mg/L。一般每 7 d 调水 1 次，遇暴雨等特殊天气应及时调水至上述要求。每月泼洒生石灰 1 次，每 667 m² 用量约 8 kg。

养殖水体透明度宜控制在 30～40 cm，养殖全程不使用抗生素等违禁药品。水质其他日常管理同海水池塘青蟹养殖技术。内陆盐碱水分为硫酸盐型、碳酸盐型、氯化盐型及混合型，其中，碳酸盐型一般总碱度及 pH 较高，需要对水质因子总碱度和 pH 进行调节。以上数据检测使用养殖场常用的水质分析相关试剂盒即可。

（3）日常检查 内陆盐碱水养殖日常检查与海水养殖基本相同，不同的是前者还需检测养殖水体中关键离子的浓度，保证离子浓度达标，确保满足青蟹正常生长和发育需求。

（三）工厂化循环水单体养殖

1. 单体养殖意义

青蟹习性凶猛，池塘养殖过程中相残严重，往往导致成活率较低。单体养殖是在室内使用单个小空间（盒子）养殖单个青蟹的过程，以杜绝相残，可大幅度提高成活率至 80% 以上。随着工厂化循环水养殖系统的发展，近年来单体养殖盒往往与水处理装备及控温设备相结合，称为青蟹工厂化循环水单体养殖（图 9-4），可以通过水体循环利用减少废水排放，土地利用率高，可进行季节性暂养、育肥暂养、制

图 9-4 拟穴青蟹工厂化循环水单体养殖系统

备高经济附加值软壳蟹、亲体越冬等，具有较好发展前景。

2. 生产类型

单体养殖一般为阶段性暂养，根据生产目的可分为四类：其一青蟹育肥，即低价收购池塘或海捕的 150 g 左右瘦蟹，放入养殖盒中营养强化一段时间，等青蟹肥壮后出售，为节约成本，宜在自然水温 20～30 ℃进行；其二生产软壳蟹，即收肥壮青蟹至养殖系统中养殖，并进行营养强化促进其蜕壳，获得软壳蟹后出售，水温在 25～30 ℃效率高，此类养殖方式一般选取稍大规格肥的满度好的亚成体青蟹，以不小于 100 g 为宜，但也不宜过大，否则蜕壳周期过长；其三季节性暂养，在中秋节后青蟹大量上市、价格较低时收入，暂养至冬季出售以赚取季节差价或地区差价，此类生产方式一般选取性腺发育较好的成体雌蟹；其四亲体越冬，在秋季收取性腺发育良好的已交配雌蟹作为亲体放于循环水养殖系统内越冬，为翌年苗种培育做准备。各种生产类型使用的青蟹都可来自池塘养殖或海捕，要求体表洁净、附肢完整、不携带病原菌。

3. 养殖盒与水处理系统

拟穴青蟹工厂化循环水单体养殖系统一般由单体养殖盒和水处理单元组成。养殖盒材质一般为 PVC、PP 或 PE，颜色以蓝色为宜。育肥及生产软壳蟹过程中，养殖盒最好根据所养殖青蟹的规格设计，养殖盒底面积/其全甲宽的平方不宜小于 30，即养殖盒面积宜是蟹壳面积的 30 倍以上，否则会抑制青蟹的生长、蜕壳。养殖盒如使用底排水设计，需增加筛网等过滤装置，以防止被青蟹夹碎的饵料贝贝壳碎片流入，导致养殖系统阻塞。水处理单元一般由微滤机、蛋白分离器、紫外消毒装置和生物滤池等部分组成，其设计可参考鱼类养殖系统。

4. 养殖环境调控

对于育肥或生产软壳蟹，养殖盒内最好配备照明设备，11~18 W/m² 全光谱 LED 灯、12~18 h 光周期等对青蟹的生长具有一定促进作用，同时节律性光照能提高青蟹蜕壳的同步性。如使用白色养殖盒，最好使用青、蓝光作为光源。根据养殖盒的结构，可使用 LED 灯带作为光源，但最好做内嵌设计或保护性外壳，以防止青蟹夹碎。

季节性暂养和亲体越冬过程中，温度控制尤为重要。一般控制在 12~14 ℃较好，此温度下青蟹摄食较少，可不投喂，节约成本的同时有利于水质控制。温度过高青蟹代谢快，运动活跃，体重下降多，并容易诱发甲壳溃疡病；过低则会导致成活率下降。越冬期间弱光环境 [1~2 μmol/(m²·s)]、盐度 25 左右较好。

（四）耐盐碱水稻-拟穴青蟹综合种养

1. 综合种养意义

耐盐碱水稻-拟穴青蟹综合种养是一种新型的青蟹养殖模式，该模式一方面规避了单一种养造成的空间与资源的浪费，实现了"一水两用、一地双收"，提高了资源的利用效率，并获得可观的经济效益，带动农民增收致富；另一方面充分利用了青蟹和耐盐碱水稻之间的互利关系，通过生态系统内的生产者、消费者和分解者之间的分层多级能量转化和物质循环，实现了青蟹养殖无污水排放、无抗与水稻栽培不用农药目的，达到青蟹和海水稻绿色、稳定、高效生产。

2. 稻田设计、水稻栽培及苗种投放

稻田在养殖青蟹前应挖掘环沟供青蟹休息活动，环沟形状因地制宜、水深 1~1.5 m，面积不超过稻田面积的 10%，并在稻田和环沟四周设立防逃网，以防青蟹逃逸。环沟内应增加充氧装置，溶解氧过低时需及时开启。在耐盐碱水稻插秧前，在种植区施足肥料。耐盐碱水稻应尽早播种，稻秧间距 80 cm 左右，待耐盐碱水稻秧苗长到 50~60 cm 时，投放蟹苗，蟹苗密度为每 667 m² 2 000 只（体重规格 0.05 g 左右）。如投放大规格青蟹，密度应适当降低。

3. 养殖管理

海水稻秧苗初期，稻田里的水保持在 8~10 cm（稻株高 30 cm），防止水位过深影响秧苗的生长。待稻秧苗长到 50~60 cm 时，投放蟹苗，提高海水稻种植区水位至 30~40 cm，此时蟹沟内水深 130~140 cm。养种全程少换水，当大雨等引起盐度突降后，可选择高潮位期间向池内注入新水 5~10 cm，注水口用 80 目网袋过滤。养殖期间要关注盐度，根据耐盐碱水稻的耐盐能力，盐度控制在 2~6。盐度过高会抑制水稻产量，过低则会超出青蟹渗透压调节范围，导致成活率降低。

投喂配合饲料或低值贝类。每天投喂 2 次，早上的投喂量占总投喂量的 1/4~1/3，以傍晚投喂为主。投喂量视青蟹摄食情况增减。养殖全程不用药物，但每月泼洒生石灰 1 次，用量为每 667 m² 8~10 kg，这样既对池塘进行了杀菌、消毒，还为青蟹提供了钙质。在水稻收割前，可以通过反复进、排水的方式将青蟹诱集于蟹沟中，再收割水稻。

四、捕获方法

（一）溯水法

1. 抄网法

青蟹在闸口戏水，用长柄手抄网捞起膏蟹或肥蟹。青蟹夜间在池边戏水，也用此网捕获。

2. 捞网捕法

捞网是一种用竹框和网片构成的方形并有一把手的网具，它的大小随闸门的大小而定。当涨潮时，蟹随潮流逆水集中在闸门口处入网，将捞网提出水面即可。

3. 笼捕法

捕蟹笼用竹篾编成，呈长方形，其高度和宽度与闸门的高、宽相等。涨潮时将蟹笼放入闸门处，然后打开闸板，放水入池，蟹即逆流而来进入笼中。等笼中装满蟹或者平潮后，方将蟹笼提起而捕获。注意在起笼前要先关好闸门。

（二）诱捕法

1. 饵料诱捕法

一种是将饵料直接撒在池边，待青蟹上来摄食时，用小捞网罩捕，7—8 月的晚间采用此法效果好。另一种是先在罾网的网衣中间系上诱饵，然后把罾网放入蟹池，每隔一段时间提网捞捉入网青蟹。

2. 灯光照捕法

青蟹在夜间喜欢爬上池边或露水滩，可用灯光照明，再以抄网捕之或将池水排至 15 cm 左右，然后下池照明捕捉。

（三）干池法

1. 耙捕法

当潮水退至最低时，排水后下池捕蟹。使用的工具是 6 条 35 cm 长的铁枝，一端插入与铁枝等长的小圆木中做成蟹耙和一个椭圆形的小捞网。操作时从蟹池一端开始将耙慢慢地顺蟹池底向另一端耙动，遇到蟹时将蟹挑起，用捞网接住。

2. 干池手捉法

先将池水排干或排浅，然后下水用手捉，当手触及蟹体时立即用手指按住其背甲中央，青蟹即会将背前缘抬高，由此可得知其螯足的位置，再用拇指、无名指与小指捉住其背甲后缘，以免被钳伤。

3. 捅洞钩捕法

青蟹有挖洞穴居的习性，尤其是在寒冷季节，青蟹常潜居于洞穴中。此时，可将池水排干，用钩捅入洞穴，将蟹钩出捕捉。也可用铁锹等挖洞翻泥，再捕捉之。

第三节 三疣梭子蟹的养殖

三疣梭子蟹（*Portunus trituberculatus*）俗称梭子蟹、白蟹。其自然资源丰富，我国四大海区皆有分布，但多产于渤海、黄海与东海。我国从 1990 年开始有梭子蟹育肥暂养、副产品混养及人工养殖等报道，2000 年后梭子蟹养殖发展迅速，养殖面积与产量年年增长，每公顷产量能达 750 kg 左右，已成为海水养殖的主要种类。

一、生物学特性

（一）形态构造

头胸甲呈梭形，稍隆起，表面散有细小颗粒，胃区、鳃区各具 1 对横行的颗粒隆线。在中胃区有 1 个、心区有 2 个疣状突。螯足壮大，长节棱柱形，其前缘具 4 枚锐棘。前 3 对步足的前节、指节均较扁平，边缘多毛；第4步足为游泳足，腕节短而宽，掌、指节扁平如桨，各节边缘多毛。雄性腹部窄三角形，雌性未成熟时等腰三角形，长宽比约为1.75∶1；交配后逐渐呈半圆形，长宽比约为1.25∶1。其个体背面颜色不尽相同，与栖息环境相适应，栖息于沙底的颜色较浅，潜伏于海藻间的颜色较深；腹面灰白色（图9-5）。

图9-5 三疣梭子蟹外形

（二）生态与生长

1. 栖息

三疣梭子蟹栖息于浅海近岸的泥、沙泥或沙质底中，喜沙质和沙泥质。活动有规律性，随季节变化而有所不同。春夏季，常到近岸3~5 m的浅海产卵，春季以大型雌蟹为主，夏季以中小型雌蟹为主；初孵幼体和幼蟹在海边近岸处可发现，随着个体长大，逐渐趋较深水域摄食和活动；秋末冬初则逐渐移居10~30 m水深的海底越冬；在繁殖洄游或索饵洄游季节，梭子蟹常集群活动。

2. 环境适应性

三疣梭子蟹一般生活水温为12~32 ℃，生长最适水温为20~27 ℃；在水温14 ℃左右，摄食量开始下降，在水温下降至10 ℃时，就基本停食、潜入沙泥底越冬；水温下降至2 ℃时呈麻醉状，水温继续下降0 ℃左右，就会被冻死。它对盐度适应性广，可适应范围为10~35，生长最适盐度为20~35，繁殖最适盐度为16~26。耐干露能力较强，耐受能力与气温呈负相关、与湿度呈正相关；在相对湿度80%时，体重100 g左右的个体在气温20 ℃时可干露8 h不死、25 ℃时耐干时间为5~6 h，气温2~4 ℃时干露26 h成活率为87.8%。耐低氧能力较强，当水温为20 ℃、14 ℃、7 ℃时，溶解氧窒息点分别为0.56 mg/L、0.53 mg/L、0.38 mg/L；蜕壳时的耗氧量为平常生长所需耗氧量的5倍以上。

3. 食性

三疣梭子蟹属杂食偏肉食性，喜食底栖生物，如瓣鳃类、端足类、十足类和多毛类等，也摄食鱼类、动物尸体和水藻的嫩芽。养殖情况下，前期杂食性，除摄食浮游与底栖动物外，也摄食张网渔获物或配合饲料；中后期肉食性，基本上以张网渔获物或配合饲料为主。其摄食强度与水温密切相关，一般7—9月高温期摄食强度高，10月后次之，水温低于8 ℃，停止摄食。昼夜比较，以傍晚、夜间与清晨摄食量高。

4. 生长

三疣梭子蟹身体的增大是伴随蜕壳而进行的，每蜕1次壳称为1期。在蜕壳时，常躲藏在岩石之下或海草之间直到蜕壳完成，新壳变硬之后，才出来活动。

三疣梭子蟹从大眼幼体期（M）进入仔蟹Ⅰ期（C_1）后，生活习性发生较大改变，以游泳为主转变成以匍匐爬行为主，底栖习性逐渐形成。C_1~C_4期外形与成蟹仍有较大差异，壳长和壳宽比例较小，雌雄尚难以肉眼分辨，称仔蟹期。仔蟹阶段每次蜕壳需2~3 d，共需约12 d生长进入幼蟹期。C_5~C_7幼蟹期喜在水面上游动嬉戏，外形基本与成体相同，雌雄肉眼也能分辨，但外壳上的花纹仍不明显，称幼蟹期。该阶段每期蜕壳需4~6 d，约需15 d基本进入C_8期。C_8期以后外形、颜色、花纹已与商品成蟹一致，极少在水面上游动，多匍匐于水底，称为成蟹期。养殖幼蟹甲壳全甲宽（蟹左右两侧大刺尖端之间的距离）、甲壳长的相对增长率，以 6、7 月最高，分别为 68％、57％；体重增长最快时期为 7—9 月，每次蜕壳可增重 2.5～3 倍。

三疣梭子蟹从Ⅰ期仔蟹至性成熟，人工养殖雄蟹需蜕壳 8～10 次，成熟个体重 55.5～298.1 g；雌蟹需蜕壳 9～10 次，成熟个体重 83.0～390.9 g。交配期主要集中在 10—11 月，交配后的雌蟹当年不再蜕壳，翌年产卵繁殖后继续蜕壳生长。一般寿命为 2 年，很少超过 3 年。雌蟹有越过第三个年头再进行产卵者，而雄蟹在第二年交配后就基本死亡，养殖雄蟹当年交配后即部分死亡。

(三) 繁殖习性

1. 交配与卵巢发育

交配季节随地区和个体的年龄不同而有所差异。在东海，10 月至 11 月下旬水温为 21 ℃左右，是当年成熟蟹的交配盛期。在黄、渤海，4、5 月到初冬，凡是成熟的两性均可交配。在雌蟹蜕壳前，雄蟹追逐雌蟹，一般持续 2～5 d，有时长达 10 d；一旦雌蟹蜕壳两性即行交配。交配时雌蟹背部向下，步足收拢，腹部张开，雄蟹附于其上，用第三、四对步足将它抱住，将交接器插入雌蟹纳精囊内，将精荚输入。雌蟹在接受精荚后，纳精囊增大，经一段时间后逐渐硬化，变成硬的白色突起。雌性交配一般仅 1 次，所需时间 2～12 h。秋季交配后精子贮存于雌体的纳精囊内，一直到翌年春季。

交配后的雌蟹性腺发育迅速，一般在 11 月初离开沿海近岸之前卵巢已充满整个头胸甲（俗称红膏）。根据卵巢指数（GSI）、卵巢形态特征和组织学变化，可将梭子蟹第一次卵巢发育分为 6 期，详见第三章第三节所述。三疣梭子蟹第一次产卵孵化后，自然状况下会进行第二次产卵，此间不需重新交配，第二次产卵前卵巢发育时间为 1 个月左右。第二次卵巢发育可分为 4 期，详见第三章第三节所述。

2. 产卵与胚胎发育

三疣梭子蟹产卵时间各地不一，东海区一般为 4—6 月，渤海区一般 5 月开始。亲蟹产卵时处于安静状态，腹部不再紧贴头胸部的腹面，两者间隙约有 5 mm，同时用步足将身体撑起；卵排出后，并不先附着于生殖孔附近的腹部附肢刚毛，而是被送至靠近腹部末端的腹肢内肢刚毛处附着，外肢及原肢皆无卵附着；内肢刚毛光滑有利于卵的附着，外肢刚毛则密生亚一级刚毛，有利于卵的捧托和保护。排卵时，亲蟹若受惊吓，则中断排卵，未排出的滞留在体内，不再排出。梭子蟹抱卵量与雌蟹个体大小成呈正相关，一般每只抱卵量为 80 万～450 万粒；甲壳长 17.3 cm 的雌蟹抱卵量为 110 万粒，甲壳长 27.8 cm 的为 500 万粒。刚受精的卵直径为 0.33～0.38 mm，随着发育，卵径增大，孵化前约达 0.40 mm；平均湿重由 30 mg 增加到 50 mg。梭子蟹可多次产卵，首次抱卵孵化后，经 12～20 d 的人工强化培育，又可第二次产卵；个体大者可产 3～5 次，但每次产卵量逐渐减少，所产出的卵直径也逐渐降低。抱于亲蟹腹肢上的胚胎发育过程分为卵裂前期、卵裂、囊胚期、原肠期、卵内无节幼体期和卵内溞状幼体期；其外观颜色也不断变化，呈现黄色→橙色→茶色→茶褐色→黑色。在水温 19～24.5 ℃、盐度 28.5～31.0 下，胚胎发育所需时间为 15～20 d；在水温 12.0～19.8 ℃、盐度 20.0～25.0 下，胚胎发育所需时间约为 28 d。

3. 孵化出膜

当抱卵蟹卵内溞状幼体开始蠕动，心跳达每分钟 180 次以上时，幼体便孵化出膜。即将孵化出膜时，亲蟹所抱胚胎灰黑色、极易脱落，蟹腹部（蟹脐）由原来贴近腹部逐渐被胚胎推张开至最大位置，蟹腹部几乎与蟹壳在同一平面上。孵化出膜过程一般在夜间，以后半夜为多；孵化时，亲蟹将腹部向后方伸展，用螯足和步足站立向上挺起，急剧扇动腹部，帮助幼体出来，并不断变换场所，重复该动作。幼体孵化所需时间为 0.5～2 h。若水温低于 10 ℃，其孵化时间延长，孵出的幼体多畸形，数天内绝大多数死亡。

4. 幼体发育

三疣梭子蟹胚胎孵化出膜的幼体为第 Ⅰ 期溞状幼体（Z_1）。溞状幼体共分 4 期，由于低温或饵料不佳等环境条件不适等影响，可能出现第 Ⅴ、Ⅵ 期溞状幼体，即变态延缓现象。溞状幼体分期主要根据其第二颚足外肢刚毛数来区分，Z_1 至 Z_5 的刚毛数分别为 4、6、8、9～11、12～14。在水温 22～25 ℃时，Z_1 经过 10～12 d 发育变成大眼幼体（M），M 经过 5～6 d 的发育，变态成 Ⅰ 期仔蟹（C_1）。

二、种苗生产

（一）室内水泥池苗种生产

1. 亲蟹选择与运输

亲蟹常直接选择自然海区抱卵蟹，有时也选用未抱卵自然蟹或养殖蟹。一般海捕蟹优于养殖蟹，海捕蟹孵出的 Z_1～Z_4 幼体培育成活率高于养殖蟹，前者为 68.5％～98.6％，后者为 49.6％～92.5％；Z_1～M 的培育时间前者比后者短，前者需 14～18 d，后者需 15～20 d。

亲蟹选择标准：蟹体无病无伤、附肢齐全、活力良好、对刺激反应灵敏、体色正常、体表洁净、体重 300 g 以上；若选用抱卵蟹，要求其腹部卵块坚实紧收，卵块的轮廓、形状完整无缺损，胚体发育早期颜色为淡黄或橘黄色，色彩鲜明，抱卵量多。体色呈深紫色、第一对步足细长的紫壳蟹不宜作为亲蟹，因为该蟹产出的苗种生长慢，影响养殖产量。

亲蟹选好后，用橡皮筋绑住其大螯，防止其争斗和受伤。若短途运输，干运、水运皆可采用；若长途运输，常采用带水充氧运输方法。干运法就是在箱或桶中先铺一层木屑或湿毛巾，放一层亲蟹，然后其上再放一层木屑或湿毛巾，这样相间放置并包装；或在厚尼龙袋中放一些亲蟹后充氧扎紧（不盛水，只保湿），用车或船运输。带水充氧运输法就是用桶或帆布袋等容器，盛适量海水，放一定量亲蟹，途中用充气泵增氧。

2. 亲蟹培育与孵化

若选用未抱卵蟹作为亲蟹，一般在 12 月水温降至约 8 ℃时，将亲蟹移入室内越冬。越冬池须铺沙约 15 cm，铺沙面积为池底的 3/5；靠排水口处留空用于投饵、换水和清残。越冬室要用黑布遮光。入池前，将其浸泡在浓度为 5～10 mg/L 的甲醛水溶液中 5～10 min，以杀灭其体表有害生物；入池时，要注意越冬池内外的水温差。越冬时，放养密度控制在 2～3 只/m²，水温控制在约 12 ℃，持续曝气。

根据育苗生产要求，确定亲蟹促熟时间。一般每天升温幅度为 0.5～1 ℃，逐步升温至 20 ℃后，采用恒温培育，使亲蟹陆续抱卵。盐度 20～30。保持水质洁净，每 2～3 d 换水 1 次，有条件的设置循环流水为佳；定期清除沙层中的粪便和投饵区残饵。升温时适当充气，保证水体溶解氧充足。亲蟹抱卵后，将其挑出，另池培育。

若直接采用抱卵蟹作为亲蟹，入池前用相同方法消毒处理。入池培育时，先在原水温条件下稳定 1～2 d 后再逐步升温；水温升至 21～22 ℃后稳定，注意水温每天升幅不超过 1 ℃。培育密度一般 2 只/m²，池水溶解氧不低于 4 mg/L，光强控制在 500 lx 以下，投喂薄壳贝类与活沙蚕，日投喂量为亲蟹体重的5%～10%，并根据次日残饵多少调整投饵量；换水时清除残饵与死蟹，每隔10～15 d洗沙或倒池1次。每天观察卵色变化。

在抱卵亲蟹的采捕、运输中不能干露过长时间和受撞受伤，培育过程中温度、盐度要保持稳定，否则易引起卵块脱落或放散，即"流产"现象。卵色呈黑褐色时，需每天镜检膜内幼体心跳次数。卵内溞状幼体心跳达180次/min、卵内幼体额刺基部出现紫红色斑点时，就要准备布幼。

3. 布幼与选优

布幼前，将池子用漂白粉严格消毒，充气石不少于1个/m²，摆放均匀。池中水温调至22～23 ℃，接种单胞藻（小硅藻、三角褐指藻等）5万～10万个/mL。布幼宜采用吊笼法，控制溞状幼体密度在5万～15万只/m³。

选幼是保持水质与底质清洁的措施之一。对原池培育的，布幼结束后，停气5 min，用虹吸管把池底的污物与沉底不活泼的幼体吸出即可。对专池孵化的，停气，让大部分质量好、活力强的幼体聚于上层，再用相应工具将其移入育苗池培育；也可利用Z_1的强趋光性，采用灯诱法集幼。

4. 溞状幼体与大眼幼体培育

溞状幼体与大眼幼体培育日常管理工作见表9-6。要注意的是，育苗水温宜循序渐进，但最高水温不宜超过28 ℃，否则，其幼体虽生长速度加快，但成活率降低；水温也不宜低于20 ℃，否则会造成生长缓慢，蜕皮困难，成活率降低。

表9-6　三疣梭子蟹溞状幼体与大眼幼体培育日常管理

幼体期别	水温（℃）	盐度	pH	充气	日加（换）水量（%）	光照（lx）
Z_1	22～23	20～30	7.5～8.6	微波	加10～20	1 000～2 000
Z_2	23～24	20～30	7.5～8.6	微波	加10～20	1 000～2 000
Z_3	24～25	20～30	7.5～8.6	翻腾	换30～40	1 000～2 000
Z_4	25～26	20～30	7.5～8.6	翻腾	换40～50	1 000～2 000
M	25～27	20～30	7.5～8.6	激烈翻腾	换50～100	1 000～2 000

幼体培育时，换水量必须根据水质状况决定，避免水环境大幅度变化，一般换水前后水温温差不宜超过1 ℃。在大眼幼体期，可根据池底残饵和污物情况决定是否倒池；若需倒池，宜选择在溞状幼体全部变态成大眼幼体后的翌日，以避免伤害正处于变态期的幼体；倒池可用虹吸、网捞与排水集幼等方法。大眼幼体期换水，宜边排边加，防止幼体与仔蟹干露网上造成损失。

由于溞状幼体与大眼幼体趋光性较强，又喜集群，故要求控制一定的光照，但光照要求不严格，重要的是要保持光照均匀，尤其是晚上不能长时间局部开灯，避免溞状幼体局部趋光集群而造成局部缺氧、水质败坏而死亡，也避免大眼幼体大量聚集而造成残杀。

溞状幼体出膜后不久就开口摄食，适宜的开口饵料为单胞藻与轮虫。饥饿对梭子蟹初孵幼体的存活及主要生化组成有显著影响，其初孵幼体的初次死亡时间、50%死亡时间（T_{50}）、100%死亡时间（T_{100}）分别为2.5 d、6.0 d、9.5 d，饥饿3 d，幼体活力显著下降；饥饿期间，幼体的蛋白质和脂肪含量显著下降，幼体体内的总能量显著下降，最初24 h能量消耗最快。

各期幼体的参考日投饵量如表9-7所示，并根据残饵情况适当调整。大卤虫、冷冻桡足类和代用饵料要少量多次，尽量减少残饵。白天投饵量占日投饵量的70%，晚间占30%；而幼体发育到大眼幼体后则相反。

表9-7 三疣梭子蟹苗种培育各期的饵料品种与参考投喂量
（引自《海水名特优水产品苗种培育手册》，王春琳，2003）

饵料品种	Z_1	Z_2	Z_3	Z_4	M	C
单胞藻（个细胞/毫升）	10万～20万	15万～20万	适量	适量		
轮虫（个/毫升）	5～8	10～15	15～20	15～20		
代用饵料（$\times 10^{-6}$）	2～6	4～6	4～6	4～6		
卤虫（个/天，每只幼体）		5	10	20		
桡足类（个/天，每只幼体）				5～10	10～15	20～30
卤虫成体（按幼体重量）					150%～200%	200%
低值贝类或颗粒饵料（按仔蟹体重）						100%～300%

适宜的培育密度是育苗成功因素之一。若M期密度高于6万尾/m³，C_1期密度高于3万尾/m³，应分池培育。为了提供幼体更好的栖息环境，增加幼体捕食机会，防止互相残杀与提高成活率，在M出现的第三天，宜将准备好的网片挂于育苗池中。网片数量根据M密度而定，附着密度控制在单侧1 000只/m²以下。注意要固定网片，并且不要着底，以避免底膜泛起而败坏水质。另外，需加大充气量。

在苗种培育过程中，常出现$Z_1 \to Z_2$、$Z_4 \to M$、$M \to C_1$变态难现象。这3个敏感期变态难的原因，认为是亲蟹质量差、水质不佳或恶化、营养不良、机械损伤、致病生物感染等因素引起；相应的防治措施为选择优良亲蟹、水质控制在正常范围内、增加适口性强且营养丰富的轮虫与卤虫饵料、严格处理用水与合理用药，以减少病害的发生。

5. 出苗与运输

根据目前养殖者的接受程度，出苗规格定于C_1期以后比较适宜，至少在仔蟹变态完成后的第二天。仔蟹出池前2～3 h应停喂大卤虫等饵料，以免这些饵料混入仔蟹中，造成称量困难和影响运输成活率。

出池时，应先将附苗网片上的仔蟹抖于大盆内，动作要轻，尽量抖净。然后，适当调小充气量，用适宜网目的大抄网在上层捞取，捞上的仔蟹放置于大盆内水中，充气，准备称量。注意盆中仔蟹不要积压太多。抄网捞苗较困难后，开始用换水网箱排水，水位较低后可拔塞开阀排水，将底部苗用集苗箱接出。称量一般用重量法。

蟹苗常用尼龙袋带水充氧运输、泡沫箱运输、水车曝气运输等。尼龙袋中放少许海草或流丝网，利于仔蟹攀爬，防止结团残杀。每袋可放仔蟹50～100 g，视天气、运输距离、苗种大小适当增减。泡沫箱中铺放海水浸湿的稻糠或海绵；水车运输的桶中放充足流丝网。气温较高时，选择夜间运输，做好降温措施。短距离运输可选用泡沫箱干法运输，要保湿免雨淋。在气温35℃、袋中水温32℃时，尼龙袋充氧运输6 h，运输成活率在95%以上。6 h以上的长途运输可选用水车曝气运输。

（二）室外土池苗种培育

1. 土池设施与设备

育苗池塘呈方形，圆角，面积 $300\sim600$ m²，水深 $1.5\sim2.0$ m，池底为泥沙质、硬底，池沟略向排水口倾斜，整片池塘呈"非"字形排列，各池设有独立的进排水设施，边坡比 $1:2$。由于梭子蟹幼体喜集群、喜顶风逆流游动、喜靠边角，在培育池中常会有大部分幼体集中于池的上风一端，若风大则往往在下风一端，故为了防止幼体过于集中，造成局部缺饵、缺氧，土池的面积不能太大。蓄水池蓄水量为总育苗水体的 $1/3$ 以上。利用育苗池兼作种蟹暂养池。配供电与供氧设备。卤虫孵化池一般为砖砌水泥池，每只以 $2\sim4$ m³ 为宜，方形圆角、漏斗形底。用塑料薄膜保温，配备充气设施。每 667 m² 育苗池需配卤虫孵化池 $1.5\sim2$ m³。

2. 清塘与消毒

在生产前 20 d 或 1 个月进行，先用泥浆泵清除塘底污泥，再夯实、整修，保持内坡面平整，新塘要进水试漏。然后用 $1\,500\sim2\,250$ kg/hm² 的生石灰全池泼洒，再用 $8\sim10$ kg 漂白粉干洒塘壁池底。

3. 亲蟹选择与培育

一般直接采用春季自然抱卵蟹，选择标准、运输方法同室内水泥池育苗。按每 667 m² 育苗池配备 $8\sim10$ 只亲蟹。亲蟹培育一般放土池中吊笼暂养，每笼 1 只亲蟹，要求投喂蛏子等活体贝类，保持水质清新，水温、盐度、pH、溶解氧等指标处于正常范围内，且保持稳定。

4. 进水与布幼

育苗池进水时用 $80\sim120$ 目的尼龙筛绢袋双层过滤。第一次进水时间选择在清塘后的 $8\sim10$ d 或幼体出膜前 $3\sim5$ d，进水深度 $0.8\sim1$ m；进水后再用浓度 $50\sim60$ mg/kg 的漂白粉消毒，并每 667 m² 用茶籽饼 10 kg 杀灭杂鱼、鱼卵等敌害生物。采用每公顷 $30\sim45$ kg 豆浆（干豆计）发塘。

采用抱卵蟹集中孵幼定时检查的方法，即将受精卵颜色一致的抱卵蟹经 20 mg/L 新洁尔灭浸泡 40 min 或用 15 mg/L 高锰酸钾溶液浸泡 $20\sim40$ min 后，集中放养于同一培育池孵幼，每池放抱卵蟹 $10\sim15$ 只，当 Z_1 放养密度达 2 万～4 万只/m³ 时，随即将亲蟹移至另一池布幼。

5. 幼体培育

当 Z_1 孵出时，加注新鲜海水 $3\sim5$ cm，待大批幼体孵出，并达到计划布幼数量时，就开始投饵。由于 Z_1 期食谱极为广泛，饵料大小只要与口器相符，幼体皆能食。Z_1 期一般投喂活体轮虫、豆浆、藻粉、虾片或蛋黄等，日投喂豆浆 $15\sim22.5$ kg/hm²（以干黄豆计）、藻粉（或虾片）$3\sim4.5$ kg/hm²、蛋黄 $150\sim225$ 只/hm²，日投饵 $3\sim4$ 次；活体轮虫按育苗池中的数量加以补充，一般每天早上补充 1 次。Z_2 期后，直接投喂丰年虫无节幼体，一般日投喂量为 $15\sim22.5$ kg/hm²（以干卵计），并分 $3\sim4$ 次投喂；辅以蛋黄、虾片等代用饵料。Z_3 期至大眼幼体，丰年虫投喂量增至 $30\sim37.5$ kg/hm²，日投喂次数 $5\sim6$ 次，另外加投冰冻桡足类或大卤虫 $30\sim45$ kg/hm²，适量补充代用饵料（每天 $1\sim2$ mg/L）。Ⅰ期仔蟹可全部采用冰鲜卤虫。若能适时培育土池中基础生物饵料，效果更佳，但要做到"适时、适口、适量"。在 Z_2 阶段开始投喂虾蛄蛋白浆，增强幼体免疫机能，可显著地提高仔蟹的产量和出苗率。

梭子蟹幼体在蜕皮变态期间，对水质理化因素变化及有毒物质含量的耐受性明显下降。幼体的死亡通常发生在快要蜕皮或正在蜕皮及刚刚完成蜕皮过程的个体，因而，水质调控是土池育苗的一个重要措施。$Z_1 \sim Z_2$ 期幼体以加水为主，每日一次，每次 5～10 cm；Z_3 期后开始对培育池进行水体交换，每池换水量 10～20 cm，为使池水内幼体、饵料、上下水层溶解氧、水温等分布均匀，各池配备增氧机 1 台，电机功率 0.75 kW，每天开机 4～6 次，每次 0.5～1 h。整个幼体培育期间水温和盐度自然变化范围为 20～25 ℃和 18～25，pH 范围为 8.5～9.0，溶解氧 5 mg/L 以上，氨氮 0.035 mg/L。

每天检查幼体的生长发育情况，勤开增氧机，防止幼苗搁浅、集群和局部缺氧。防止漏水、漏苗，捕捉弹涂鱼等敌害生物。冷空气来临时适当加高水位，防止温差变化过大。

6. 出苗与运输

一般选择在晚上，采用灯诱方法。出苗规格、计数与运输等同室内水泥池育苗。

三、养成

（一）围塘养殖

1. 池塘要求

池塘可大可小，水深约 1.5 m。无论是单养或混养，最好用网布将池塘分隔成多个部分，围栏应高出水面 50 cm 左右，便于养殖或育肥暂养不同规格的蟹苗、蟹种或雌雄个体，减少残杀。池底较硬，或局部铺沙 10 cm 左右，高度与滩面平；也可在池底设置一些隐蔽设施，如坛、管、瓦片、草把、旧网（下端绑石块，上端穿绳固定，前后间距 5 m，左右为 1 m），以及插竹或树枝等；也可在养殖池中种植适量海草，种草面积少于 20%，利用其提供良好栖息环境，防止和减少互相残杀。池水能排干，便于收获，梭子蟹无钻洞和外逃能力，只要在进排水闸门内外用围网防逃即可。

2. 清塘除害

在放养前 7～10 d，彻底清污，提倡用浓度为 300～500 mg/L 的生石灰消毒，也可用 30～50 mg/L 的漂白粉，并用 15～20 mg/L 的茶籽饼浸出液清理野杂鱼等敌害生物。已混养其他品种的塘，应在混养品种放养前做好清塘工作。

3. 培养基础饵料

放苗前半个月，用 60 目筛绢过滤进水 30～50 cm，施肥培育基础生物饵料。施肥方法最好采用吊袋法，肥料最好选择 2 种（化肥、粪肥）以上，使水色呈黄绿色或黄褐色。有条件的可向塘内移入活体低值贝类及其他底栖生物，让其繁殖，为蟹提供优质天然饵料，同时又能清洁底质。肥水后，可在塘滩面适当放养花蛤、缢蛏、泥蚶、青蛤等双壳类苗种，放养密度酌情而定。

4. 放养季节

放苗时间各地因水温差异而有所不同。浙江地区目前放养时间基本集中于 5 月中旬至 7 月上旬，年底起捕。近年来有单位尝试 9 月放苗进行反季节养殖，到翌年 5 月之后起捕。

5. 蟹苗来源

目前基本上用人工培育苗。无论哪一期蟹苗，都以壳变硬时出苗为佳。宜选择同一批育出的苗，个体健壮、生活能力强、爬行迅速、反应灵敏、无病害、躯体与附肢完整无损。出苗时除尽杂质，保证运输成活率。室内苗与土池苗相比稍有差异，见表9-8，前者个体小、喜攀登，后者个体大、喜泥底、不善攀登。

表9-8 三疣梭子蟹室内人工苗与室外土池苗相关参数参照表

仔蟹龄期	C_1	C_2	C_3	C_4
甲壳长（mm）	4.2～5.0	6.9～7.7	11.4～12.5	15.3～17.3
室内苗个体重（g）	0.009～0.016	0.021～0.028	0.069～0.095	0.20～0.32
室内苗每千克数量（万只）	11.11～6.25	4.76～3.57	1.45～1.05	0.50～0.31
土池苗每千克数量（万只）	约4.3	约2.4	约0.90	约0.30

人工蟹苗质量与亲体有很大关系，若亲体体色偏黄色、头胸甲前后长度大及头胸甲上白色斑纹既多又大，则其蟹苗在养殖时生长快。

6. 中间培育（仔蟹期培育）

刚出厂的人工苗和规格较小的早期自然蟹苗宜进行中间培育，以增强对环境适应力，提高成活率。可选用600 m² 左右的蟹苗塘、虾塘，或直接在养殖池北岸向阳避风处用密网斜拉成"一"或"V"字暂养区进行培育，面积500～1 500 m²，池深0.8～1.0 m，池底无淤泥，可用斜插网片等作为隐蔽物，配充气设备，并设2～3个饵料台。仔蟹放养密度为30～60只/m²，按体重的100%～200%投喂经绞碎的鲜活饲料，日投喂3～4次；保持水温18～22℃，盐度21以上，透明度为30～40 cm，溶解氧大于5 mg/L。这样，经10～15 d培育至幼蟹期（C_5～C_7），便可起捕计数或直接拔网放入大塘养殖。一般中间培育成活率为70%～90%。

7. 放养密度

一般小苗（仔蟹期，甲壳长2～3 cm）每公顷放养3.75万～4.5万只/hm²，中苗（幼蟹期，甲壳长为6～9 cm）以2.25万～3.00万只/hm² 为宜，育肥蟹（成蟹期，甲壳长为10～13 cm）1.2万～1.5万只/hm²。养殖过程中，待雄蟹生长至重量100 g以上时，视机会陆续起捕出售。交配季节，控制雌雄比为4:1，以保证雌蟹不缺配、不漏配、红膏率高。

8. 水环境要求

水质的优劣直接影响着蟹的摄食与健康状况，影响蜕壳周期与成活率。养殖过程中要求水温17～30℃，最适为20～27℃；盐度为16～34，最适为20以上；pH为7.6～8.6；溶解氧大于5 mg/L；氨氮不高于0.5 mg/L；硫化氢不高于0.1 mg/L；透明度为30～40 cm，水位为1～1.5 m。盐度大于20、沙质底（或泥沙质）、平均水深1.5 m以上养殖区，成品梭子蟹体色好看，附肢干净，较接近天然蟹，商品价值较高。盐度低于13、泥质底、水深平均1 m左右养殖区的成品蟹，体色鲜艳度较差，附肢较脏，腹部发黄，商品价值较低。

9. 饵料种类与投喂

饵料种类常用的有低值贝类、小杂鱼虾、人工配合饲料等。据研究，以投贝肉效果最好，生长最快，投小虾类效果次之，投杂鱼生长效果最差；饵料系数以小杂鱼最小，仅为7，蓝蛤为25～30，贻贝为40。大的饵料要切碎，因梭子蟹有拖拉与撕食习性，若投大块（条）饵料，蟹拖饵至深水处，残饵会污染栖息地，且易造成缺氧。仔蟹期饵料早期以卤虫成体为主，后期以蓝蛤、鱼糜为主，日饵料量基本保持仔蟹总重的100%，白天占30%，晚上占 70%，分 3～4 次均匀投入池中。幼蟹期饵料以蓝蛤、小杂鱼、贝类肉为主，日饵料量为在池幼蟹总重的 70%～80%，早上投 20%，晚上投 80%。成蟹期饵料种类与幼蟹相同，日饵料量为在池成蟹总重的 30%～50%，并根据天气、水质、残饵、密度、蟹生理情况等作适当调整。7—10 月的适温期（20～27 ℃），梭子蟹食欲旺盛，生长快，应多投、足投；11—12 月，水温降低，投饵量宜减少；高于 35 ℃ 或低于 14 ℃ 少投；8 ℃ 以下不投。大潮汛蜕壳前后可适当增加投饵量，大批蜕壳时少投。水质差时少投，天气异常时少投或不投。

配合饲料营养全面，配方科学，水中稳定性好，根据蟹的不同生长阶段制成相应的粒径，适口性好，是今后发展的方向。以鲜活饵料为食转换成投喂配合饵料需要一个过程，先停喂鲜饵，几天之内不喂任何饲料，待蟹将池中食物全部吃光、处于饥饿状态、在池底四处寻找食物、把池水搅得混浊时，正是转换饲料的最佳时机，此时将鲜杂鱼冲洗干净、绞烂、掺上配合饲料并搅拌均匀，用手搓在一起，放置晾干 10～15 min，充分黏合后投喂。第一天鲜鱼与配饵之比为 5∶1，第二天为 3∶2，第三天为 1∶3，第四天即可完全转投配合饲料。

梭子蟹开始交配后，要投富含蛋白质和不饱和脂肪酸的优质饵料（如低值贝类、淡水螺蛳等），以达到雌蟹体肥膏满目的。

塘中梭子蟹并非均匀分布，往往集群并分布在深水的朝阳避风区，故在傍晚混浊区应多投；投饵要由粗到精，使强弱者尽量同步发育。梭子蟹索饵时通常沿池边和障碍物游泳，故可在池边及障碍物附近投饵，严禁将饵料投入蟹的潜伏区；并常检查池塘内残饵情况，及时修正投饵量，以免污染水质和败坏底质。

10. 防残杀

蜕壳期间与交配期存在残杀现象。防残方法：开沟，投隐蔽物；投足饵料；控制透明度 30～40 cm；控制放养密度；放规格整齐的苗；保持高水位；控制水质，尽量使其壳整齐。

11. 日常管理

每日早、中、晚各巡池一次，观察内容：水质情况；摄食与活动是否正常；是否有病害发生；养殖设施是否需要维修；水温、盐度、pH 与溶解氧等理化指标定期测量；定期进行生长测量，测量其甲长、甲宽和体重，检查增长情况以衡量养殖效果。

12. 病害防治

坚持"预防为主，防治结合，综合治理"原则。防病采用水质调节与营养、免疫力调节为主，主要预防措施有：彻底清淤消毒，放养优质种苗，适当混养贝类，使用增氧措施，保持良好水质，投喂优质饵料，定期用生石灰、二氧化氯或漂白粉等进行水体消毒，坚持益生菌拌料，高温期在饵料中加中草药、大蒜头等进行预防。必要时进行药物治疗。

13. 收捕

科学地收捕才能取得好的经济效益。养殖中期，应先捕部分雄蟹，保持交配期雌雄比为 4∶1，雌蟹留塘续养分批起捕。交配后宜雌雄分养，雄蟹育肥后出售；雌蟹自交配后性腺发育，一般在 50 d 后体肥膏好，体重在 250 g 以上，再视价格情况，大量起捕。起捕方法常见的有：笼捕法，用专用捕蟹地笼，笼内放杂鱼等饵料诱捕；流捕法，用流刺网流捕；耙捕法，蟹耙由 6 根 30 cm 长的铁丝扎在木柄上做成，利用浅水时下塘耙蟹；钓捕法，利用延绳钓挂上肉质较硬的小鱼而钓获；抄捕法，使用小抄网，将蟹抄捞入筐；清塘抓捕，塘内水放干，下塘徒手抓捕泥沙中潜藏的蟹。梭子蟹起捕后，用橡皮筋绑好，移入暂养池暂养待售。

（二）育肥（或育膏）养殖

育肥养殖是指在 8—10 月，放养大小为 10～20 只/kg 的瘦蟹，经强化培育成肥满度好的商品蟹的过程，若雌蟹已交配，宜雌雄分养。根据养殖方式不同，分为低坝高网育肥养殖、浅海网笼育肥养殖、池塘育肥养殖、室内"蟹公寓"式育肥养殖等。下面仅介绍养殖要点。

1. 低坝高网育肥养殖

（1）环境与设施　养殖位置应选风浪较小的内湾，潮差较大，有利于海水流动与交换，水质无污染，海水盐度为 10～28，pH 为 7.6～8.4。底质以沙泥底最好，以细沙为佳，适应梭子蟹的生活习性，浮泥淤积和黑色腐殖土的底质，不宜建蟹池。

低坝一般坝高 0.8～1.5 m，顶宽 1.0～2.0 m，底宽 5.0～8.0 m。在堤坝外侧用毛竹桩或水泥桩固定围网，围网埋入泥底 0.3～1.0 m，网高 2.4～4.2 m（高潮时高出水面 1 m 左右），两边用绳加固，建有水闸、溢水道及人进出的网门。

（2）技术要求　苗种规格宜大，甲壳长大于 6 cm，可选择中间培育的人工苗或海捕自然苗。养殖密度相对要低，每公顷不超过 1.5 万只。塘中应挖深沟，保持高温、退潮期间水温不高于 32 ℃。若养殖密度较高，需配备增氧机。其他养殖操作要求同池塘养殖。

2. 浅海网笼育肥养殖

（1）环境与设施　海区以潮流、风浪适中的港湾为宜，要求水深 10～20 m，流速低于 50 cm/s，底质沙泥质或沙质，以利打桩，水质较清洁，周围无污染源。

渔排式吊挂蟹笼养殖设施类同于海水网箱设施，每个网筐可挂 800～1 000 个蟹笼，每串叠放 8～10 只笼。蟹笼规格目前有 3 种，分别为直径 30 cm×高 15 cm、直径 35 cm×高 15 cm、直径 40 cm×高 15 cm，材料为塑料，笼上有盖与投饵窗。有的蟹笼中间一隔为二，可增加放养数量。

（2）蟹种收购与放养　从 8 月底开始收购自然海区蟹种，以笼捕蟹质量较佳，规格为 10～20 只/kg，较大规格的蟹种养殖生长较快，经济效益较好。每个笼放 1 只蟹。

（3）养殖管理措施

① 主要是投饵，还有观察蟹的活动情况，加固防逃、防偷。投饵在 8—10 月每天 1 次，11 月后每 2 d 或数天 1 次，水温降至 8 ℃时不投喂饵料。饵料主要为鲜活鱼、小虾。投饵宜在平潮或停潮时。

② 养殖笼清洗。由于养殖笼垂挂于海区中，极易附着各种生物及泥浆，通常气温高时每 10～15 d 清洗一次，气温低时可 20～30 d 清洗一次。发现空笼，及时补放蟹种。

③ 定期检查养殖笼是否牢固，有无破损。风浪大时，在底笼加沙袋压笼。

3. 池塘育肥养殖

（1）环境与设施　池塘同普通养蟹塘，底部放置防残隐蔽物，需配套增氧设备，包括水车式增氧和底增氧。

（2）蟹种收购与放养　蟹种来源和规格与浅海网笼育肥养殖相同。海区蟹到场后，暂时不解绑大螯，可在水泥池、小池塘或养殖塘边用网围隔出的一定区域内进行环境适应性暂养，2～3 d 后，挑选活力好、附肢健全的个体计数后解绑投放入养殖塘。

（3）养殖管理措施　前期饵料以低值贝类和新鲜杂鱼为主，之后可逐渐驯化投喂配合饲料。养殖塘内水体透明度 50～70 cm 为宜，相比人工苗养殖过程适当延长增氧机开启时间。

4. 室内"蟹公寓"式育肥养殖

近几年，随着工厂化养殖技术的迅速发展，逐渐兴起的立体公寓式蟹类养殖盒系统，称为"蟹公寓"。其养殖技术基本同拟穴青蟹的单体养殖。

（三）商品蟹活体暂养

该方式始于 20 世纪 90 年代初期，主要分布于福建、浙江一带沿海。商品蟹活体暂养是指从 10 月下旬起，收购从渔场捕获（不购拖网蟹，购笼捕蟹或流网蟹）或养殖场的已交配雌性商品蟹，此时蟹膏已比较丰满，利用小型土池、水泥池、浅海网笼、"蟹公寓"等暂养一段时间，一般暂养时间为 10～90 d，根据市场行情、季节差价或地区差价再起捕出售的过程。

1. 设施要求

暂养池有室内池与露天池两种。后者造价低，空间范围大，利于观察而广泛应用。一般建在海塘内侧背风处，有良好的进排水渠道，基础牢固；每个蟹池规格为 5 m×20 m 或 10 m×40 m，高 70～80 cm，池底斜度为 5%；进水管在高处，出水管在低处；一般铺沙 10～20 cm。若干只池连成一片。浅海网笼、"蟹公寓"同以上介绍。

2. 暂养技术要点

（1）消毒　在暂养前半个月应对沙和池底用生石灰、漂白粉消毒。

（2）收购　以笼捕海区蟹较好，要求逐只验收，蟹体清洁、含膏丰满、健壮、活泼、肢体完整、无机械损伤。蟹体离水运输时间不宜过长，一次收购数量过大的，要用活水舱运输，遇南风天收购会大大降低成活率。

（3）放养密度　暂养池以 4～5 kg/m² 为宜。浅海网笼、"蟹公寓"式暂养，每个笼或养殖盒放 1 只蟹。

（4）管理措施　由于暂养时段内水温低，少量投饵或不投饵。勤换水，水流要缓，日换水量前期为 2 倍，随气温降低可逐渐减少，宜在早上排水、傍晚加满水，水位在 50 cm 以上。水温低于 8℃时，要做好防冻工作。及时清除死蟹，以免影响水质。

思考题

1. 简述中华绒螯蟹仔蟹与扣蟹培育技术。
2. 简述中华绒螯蟹养殖过程与方法。
3. 简述拟穴青蟹生态习性及人工育苗技术。
4. 简述拟穴青蟹的养殖过程与方法。
5. 简述影响拟穴青蟹养成期生长率和成活率的因素。
6. 简述三疣梭子蟹的生态习性、生长与繁殖特性。
7. 简述三疣梭子蟹的育苗方法及各种育苗方法的优缺点。
8. 简述三疣梭子蟹的养殖方法及各种养殖方法的优缺点。

第十章　虾蟹类增殖

第一节　虾类增殖

虾类增殖的主要工作包括放流增殖与资源的科学管理两个方面，两者相辅相成，互有影响，只有两方面都进行积极工作，才能获得虾类资源的增长。

20 世纪 80 年代初期中国明对虾工厂化育苗技术取得突破，中国明对虾放流工作在全国沿海多海区展开。后因中国明对虾暴发了十分严重的白斑综合征，除北方有关海区继续进行放流增殖外，南方的一些海区停止了放流增殖，但中国明对虾放流增殖的成功经验对其他对虾放流增殖具有重要的借鉴意义。日本囊对虾也是一种放流增殖效果好的种类，80 年代在黄海海域，试放流了日本囊对虾苗，回捕调查证明，日本囊对虾不仅可以在黄海良好地生长，而且也可以在黄海越冬。这为黄海增加了一个新的高经济价值的虾种。日本囊对虾放流增殖工作有关海区年年在开展，都取得了较好的经济效益。此外南北沿海还试验放流了长毛明对虾、斑节对虾（*Penaeus monodon* Fabricius）、墨吉明对虾等，都有一定效果。

以上事实证明，虾类增殖是科学利用海洋生产力、建立"海洋牧场"，提高虾类产量的一个积极而有效的手段。

一、对虾资源的放流增殖

对虾的放流增殖是增加对虾资源的一种有效的手段。科学地进行苗种人工放流，不但可以增加其原栖息海区的补充量，恢复或增强资源量，而且可以通过人工放流工作，将对虾移植到新的海区，增加新的资源，提高海域的利用率。增殖放流是一项科学性较强的渔业工作，要有的放矢地进行，才能取得预期的经济效益，所以对如下一些问题，要进行深入地调查研究。

1. 放流增殖的条件

放流增殖必须具备一定的条件方可进行。不顾条件地盲目放流，不仅得不到好的效果，甚至会造成难以挽回的损失。所以，在进行放流增殖之前必须进行深入的调查，经过严谨的论证，才会收到预期的效果。

首先应考虑环境容量问题，每种生物在海洋生态系统中都占据一定的地位和空间，它的地位和空间决定了该生物的环境容量，超过这个容量或影响个体的生长和发育，会形成毁灭性的灾难。为此，进行放流工作之前应调查该种类历年的生产情况，查出减产原因，如属补充量不足，人工放流才有意义。同时也应考虑虾类空缺之后，有无竞争生物取代了虾的空间，在有生物取代情况下放流，也不会有好的效果。第二应调查该海域的食物链状况，调查敌害生物的种类和数量，调查饵料生物的数量及竞争生物的状况，从而确定是否适宜放流。第三在移植新的种类时，应根据该种的生态习性及生活习性，调查放流地区的环境条件是否适宜移植种类生长和繁殖，在该地区能否越冬和度夏，只有该环境能完全满足移植生物繁殖、生长、越冬和度夏条件，才能进行移植增殖放流工作。第四放流和移植的生物苗种必须是健康无病的，尤其不能带有传染病病原体，以免疾病的传播扩散。所以应对放流苗种进行传染病的检疫工作，绝对不能引入新的病原体，也不能放流带有危害性较大的病原体的虾苗。

2. 放流海区的选择

樊宁臣等（1986）报道了中国明对虾在不同海区标志放流的回捕结果，如表 10-1 所示，从其中可得知不同海区放流效果有显著差异。对虾主要产卵场渤海湾、辽东湾北部和莱州湾西部的回捕率较高，而莱州湾东部的回捕率较低。为此必须对放流场进行严格的选择，以提高放流的效果，综合各地经验，放流场所应能满足以下条件。

表 10-1　不同放流海区的回捕率
（樊宁臣等，1986）

年份	放流海区	种苗规格（mm）	放流尾数	重捕尾数	回捕率（%）
1985	莱州湾潍河口	40.1	26 913	30	0.11
1985	莱州湾黄河口	40.1	46 438	73	0.16
1985	辽东湾北部	46.9	50 777	765	1.51
1986	莱州湾潍河口	30~50	103 413	1	0.001
1986	渤海湾	30~50	46 679	408	0.87
1986	辽东湾	30~50	95 272	19	0.02

（1）海区与底质　虾类的共同习性是幼体和仔虾都具有趋岸性，即产卵多在近海区，但幼体和仔虾向河口、内湾移动，到仔虾期都在潮间带活动。然而不同的虾种还有不同的选择，中国明对虾多在泥或泥沙质海区活动，日本囊对虾则在细沙质海区或沙泥质海区。其共同点是都选择风浪较小的内湾或河口，潮汐明显、潮流通畅的海区。

（2）盐度　中国明对虾仔虾喜低盐海区，自然分布于半咸水区域，盐度 10~30 的区域多见，发现仔虾的大河口最低盐度为 0.86，最高盐度 27.21。日本囊对虾仔虾也分布于半咸水及其邻近沿岸，但盐度高于中国明对虾，对低盐耐受力为 4.2。因此只要不是集中的暴雨，日本囊对虾仔虾可以充分地适应潮间带的盐度变化。

（3）周围环境　放流场附近不应有大型盐场和养虾场的扬水站，以免放流的虾苗被损伤。

（4）应选敌害生物少的海区和季节　当年的鲈鱼苗、矛尾复虾虎鱼苗及小型虾虎鱼类、蟹类等都是仔幼虾的天敌，应尽量避开在这些生物较多的地区放流。

3. 放流数量的确定

放流虾苗的数量应根据海域补充量大小和饵料生物状况来决定，并不是放得越多越好，只有合理放苗，才能最大限度地发掘水域的生产潜力。例如在渤海这样一个内海和饵料生物有限的水域中，其放流量可参照渤海历年来最大的世代产量 11 亿尾，并把经过亲体和补充量模型（叶昌臣，1980）估算的最大世代补充量，相当于世代产量 12 亿尾，作为渤海对虾世代补充量的最高限额。历史上最低的世代产量只有不足 2 亿尾（1976 年）。在补充水平较低的年份，平均世代产量为 4 亿尾，这就需要补充 8 亿尾左右；在补充水平较高的年份，平均世代产量为 8 亿尾，但只能补充 4 亿尾。放流种苗的回捕率按 10% 计算的话，则在不同补充水平的年份，需要分别人工放流补充对虾苗种 40 亿～100 亿尾。

新移植的品种，只能根据当年放流苗种的生长状况，确定翌年的放流数量。

4. 虾苗的中间培养

樊宁臣等研究了中国明对虾不同规格虾苗放流的回捕率，结果如表 10－2 所示。

表 10－2 中国明对虾种苗不同放流规格的回捕率
（樊宁臣等，1986）

年份	放流海区	种苗规格（mm）	放流尾数	重捕尾数	回捕率（%）
1984—1985	辽东湾	35	36 408	125	0.34
1984—1985	辽东湾	52	30 000	345	1.16
1984—1985	辽东湾	63	34 369	713	2.07
1984	莱州湾	32	18 336	68	0.37
1984	莱州湾	40	18 394	121	0.66
1984	莱州湾	48	18 443	347	1.88
1985	莱州湾	32	26 110	177	0.68
1985	莱州湾	40	26 721	281	1.05
1985	莱州湾	48	27 148	364	1.34

由表 10－2 可看出放流苗种的回捕率与个体大小呈正相关，个体越大，回捕率越高。但是苗种越大，中间培育的成本也越高，考虑到两个方面的效益，我国放流中国明对虾苗种标准是体长 30 mm，时间限定在 6 月 15 日以前。在对虾育苗池培育这种规格的虾苗是有困难的，所以放流的中国明对虾苗都需经过中间培养，以增强其抗敌害的能力。中间培育方法与养殖的中间培育相同，一般是用 33 333 m² 左右土池培育，每 667 m² 放苗 20 万尾左右，培育 20 d 即可出池放流。

日本囊对虾与中国明对虾相似，虾苗规格越大成活率越高。日本囊对虾苗也可以像中国明对虾一样在池塘中进行中间培育，但由于日本囊对虾潜沙及游动范围小等原因，出苗时较为困难，为此需反复进行多次进、排水出苗。

5. 放流苗种的跟踪调查

跟踪调查的目的是了解放流虾苗的分布范围、移动路线、生长情况及放流效果（回捕率）等。跟踪调查必须具备两个条件，即首先应有适合的标志方法，其次是应根据放流种类生态习性选择捕捞方法。

标志虾类仍无理想的方法，樊宁臣等研究了中国明对虾的标志方法，对挂标志牌的方法比较满意。现将国内外通常采用的方法介绍如下：

① 剪尾肢法。利用剪刀剪去一侧尾肢，方法简便，成活率高。在短期内有较好的标志作用。但是由于幼虾具有较强的再生作用，一般经过 3 次蜕皮，15～20 d 便可复原，故不适于作长期标志。② 剪眼球法。剪去或用烧热镊子夹伤一侧眼柄，不仅方法简便成活率高，且眼球的再生能力较差，标志效果较好，缺点是不易被渔民注意，且易与眼球被网线勒掉的虾

相混淆。有时也能再生出一个小眼。③生物染色法。将无毒的生物染料注射到虾体肌肉内，可保持一定的时间。④标志牌法。最常用的是阿特金（Atkin）标志法，即借助缝衣针使尼龙线穿透虾的第一腹节中部，线的一端拴上标志牌。这种方法的优点是不影响虾蜕壳，成活率较高，发现率高；缺点是太小的虾不适于挂牌，如仅可对 3 cm 以上的中国明对虾使用，该法还容易使虾缠绕在海草、砾石及网衣上，进而增加死亡率和减少回捕率。标志方法如图 10 - 1 所示。⑤ 个体差异统计法。利用人工苗种与自然苗种个体差异跟踪放流虾苗的生长、洄游情况，也是常用的方法之一，对中国明对虾进行升温育苗可比自然虾苗提早 1 个月放流，放流后与自然虾苗体长有明显差异，然而这个差异随着时间的延长越来越小，2 个月以后差异就不显

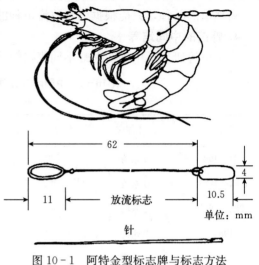

图 10 - 1　阿特金型标志牌与标志方法
（邓景耀，1990）

著。其优点是整个放流群体都是标志群体，故重捕的机会较大，特别适用于放流早期对资源补充量的评估。

6. 放流效果与评估

桧山节久（1975）报道了在日本山口县大海湾 1972—1974 年放流日本囊对虾的效果，概括如下：①1972—1974 年 3 年中共放流日本囊对虾苗 2 700 万尾，至 1974 年 11 月共捕获 43 万尾，平均回捕率为 1.6%。如果加上 1975 年春汛渔获，效果理应更好。②湾内回收率特别高，湾口外海渔场的回捕率仅为湾内的 1/10 左右。③天然潮间带放流时的放流量、回收率 A 为 1%～2%，定居尾数的回收率 B 大致稳定在 10%～20% 的范围内，可以认为这是在大海湾天然潮间带内直接放流的临界值。

以上试验说明，日本囊对虾放流是成功的。

80 年代中期开始了中国明对虾在全国沿海的放流工作。放流初期收到了显著的增产效果。辽宁省海洋岛渔场 1985—1991 年 7 年间共放流中国明对虾苗 76.39 亿尾，回捕率平均 7.8%，最高值 1985 年回捕率 13.59%，最低值是 1989 年 3.97%。使对虾产量由放流前 5 年的平均 200 t，增加到 2 418 t，增产 10 倍多。浙江省海洋研究所等单位在 1986—1990 年，在象山港共放流中国明对虾苗 83 092.69 万尾，回捕 756.3 万尾，平均回捕率为 9.1%，最高的 1988 年回捕率达 13.3%，不仅获得了经济效益，也使这个无中国明对虾记录的海区在放流增殖的年份正式形成一定数量群体。山东南部沿海 1984—1986 年放流虾的平均回捕率为 8.2%，3 年合计增产 4 768 t（刘永昌等，1992）。我国还在胶州湾、象山湾、东吾洋三湾进行了中国明对虾的放流工作，使象山湾、东吾洋形成了不同规模的对虾渔业。

进入 20 世纪 90 年代，尤其是 1993 年后，增殖的效果逐年下降，除了早捕、滥捕等原因外，还有一个不容忽视的原因，即放流虾苗带病而加剧了对虾的死亡。近几年来，由于重视中国明对虾的幼体培育以及检验检疫工作，使增殖放流的效果逐步回升。据报道，自

2010 年 8 月 20 日黄渤海增殖对虾开捕以来，烟台市约有 1 400 艘渔船投入中国明对虾秋汛生产。从回捕情况看，对虾资源量明显好于往年，规格大、分布广、品质好。据调查统计，仅莱州湾海域单船日产达 81 kg，最高日产 300 kg，渔获规格为每千克 20～40 尾，市场价格每千克 120～140 元。截至 8 月底，全市共捕获中国明对虾 700 t，产值 7 088 万元，经济效益 4 670 万元，创 1993 年以来烟台市中国明对虾捕捞产量最高纪录。

总之，放流增殖是增强海洋资源的有效手段，但也必须根据水域的生产潜力、环境容量等方面考虑，保持生物的生态平衡，放流工作才能取得最佳效益。

二、对虾渔业的管理策略

根据对虾生物学和资源学及渔业特点，对虾渔业管理基本上可以概括为两个问题：一是采取何种管理策略可以使对虾资源在自然条件允许下的高数量水平上自然波动，即研究在自然条件允许的情况下，增加资源的补充量问题，关键问题是亲体和仔幼虾管理；另一个问题是当世代数量已经形成之后，如何利用才能获得最佳的社会效益，即对秋汛对虾渔业的管理问题，也是如何利用和分配资源的问题。

1. 亲虾的保护

中国明对虾是一年生，一个世代，它的数量变动完全取决于补充量的波动。而补充量的多少除环境因素外，主要取决于亲体数量的多少。Beverton 和 Holt（1957）提出从卵子到形成补充群体，受两类自然死亡的影响，一类是与个体无关的自然死亡，另一类是与个体密度有关的自然死亡。如密度过大会产生空间和食物的竞争，使死亡增大。Beverton 和 Holt 假定，这种死亡与密度成简单的线性关系时有：

$$\frac{dN}{dt} = -(a+bN)\ N \qquad (10-1)$$

式中　N——群体数量；

　　　t——时间；

　　　a——与密度无关的自然死亡参数；

　　　b——与密度有关的自然死亡参数。

Beverton 和 Holt 在另外一些假定条件下，由式（10）导出亲体-补充量关系模型式如下：

$$R = \frac{A}{\beta + \alpha A} \qquad (10-2)$$

式中　R——补充量；

　　　A——亲体数量；

两个待定的参数 α 和 β 与式（10-1）中的参数有关。

$$\alpha = \frac{b}{a}\ (e^{a(t-t_0)} - 1) \qquad (10-3)$$

$$\beta = e^{-a(t-t_0)} \qquad (10-4)$$

式中　t——形成补充量群体的时间；

　　　t_0——开始生长的时间。

如果有一组符合式（10-2）要求的资料，估计出式（10-3）、（10-4）中的待定参数 α 和 β 后就可以应用。

叶昌臣等（1981）根据渤海对虾渔业特点和种群特征，把当年秋汛、秋冬汛和翌年春汛产量（即世代渔获量）作为补充量的一个相对数值，把春汛产卵亲虾的数量作为亲体数量的一个相对数值，根据渔业统计资料和生物学测定资料，把产量计成尾数，估算出式（10-3）、（10-4）中两个待定的参数值，即 $\alpha=8.205\times10^{-3}$、$\beta=4.256\times10^{-2}$。由一系列的计算得出，渤海对虾的最大持续产量所需的对虾亲体数是 1.996 亿尾，最大持续产量所需的补充量 9.673 亿尾，最大持续产量 7.677 亿尾，合 3.77 万 t。

还可以利用 Ricker 亲体-补充模型式（10-5）来计算亲体与补充量之间的关系。

$$R=Aae^{-\beta A} \tag{10-5}$$

由此式推导计算出渤海最大补充量所需的亲体数量为 0.689 6 亿尾，最大补充量为 6.201 亿尾，最大持续量所需亲体尾数 0.620 3 亿尾，最大持续产量所需的补充量为 6.167 亿尾，最大持续产量为 5.547 亿尾。两个模型计算出的数据相差很大，但都说明了补充量与亲体数量之间的关系。考虑到环境因素的影响，对虾亲体数量应保持在 0.65 亿尾的相对数量水平上。这个数字是 1961—1976 年 16 个世代亲虾平均尾数 0.274 5 亿尾的 2 倍多。近年亲虾数量进一步减少，这可能是渤海对虾减产的主要因素。

为了保护黄渤海对虾亲虾的数量，我国渔业管理部门已采取禁止春季在山东省成山头以北海域捕捞生殖洄游和产卵的亲虾。但从多年的实践结果看出，因秋冬汛和翌年早春捕对虾的中、日渔轮过多，作业时间长，导致残存进行生殖洄游的亲虾数量已经不多，所以单靠成山头以北海域禁捕生殖洄游和产卵亲虾，仍不能保证有足够的产卵亲虾。叶昌臣 1981 年曾建议，把春汛禁捕亲虾的海域扩大到开始生殖洄游的海域，即扩大到 35°N，这样才能保证有足够亲虾进入黄渤海的产卵场，以恢复和增加黄渤海对虾的产量。

2. 仔、幼虾的保护

对虾仔幼虾主要在河口、内湾的潮间带和潮下带生活，特别是仔虾 0.5~2.5 cm 期间主要集中在潮间带水沟及潮下带深水区，很易受自然和人为的危害。如前所述，人为的危害主要是盐场、虾场及电厂纳水，这些危害是可以避免或减轻的。据笔者经验，虾苗在潮间带的活动期是很短的，山东沿海主要在 6 月中旬到 7 月上旬的 1 个月内，对虾养殖场完全可以在此期之前纳足池水，而养殖初期也不需要换水，到 7 月下旬换水对虾苗的危害就很小了。盐场只要增大贮水能力，也可以在此期停止纳水，发电厂虽然不能中断纳水，但一方面利用海水冷却的电厂不多，另一方面，电厂多设在远离河口、内湾海区，此区域虾苗分布甚少，构不成威胁。沿海的小渔业对对虾苗的危害不容忽视，小推网、小拉网、捕捉糠虾的小滩网、捕捉毛虾的小张网都可捕到大量虾苗，在此期间应严格禁止作业。

自然灾害主要是 6—7 月的风暴及敌害生物，风暴可造成潮间带仔虾的死亡，敌害主要是分布于潮间带的鲈鱼苗及各种虾虎鱼的幼鱼及成鱼，常可见到它们胃内充满了对虾苗。因此以，如何防止敌害鱼的危害是值得重视的问题。

3. 对虾渔业的管理措施

对虾渔业的管理措施，首先是加强渔政管理队伍的建设，建全渔政管理机构，提高渔政人员素质，秉公执法，保证渔业法的实施。具体管理内容如下：①加强亲虾的保护。制定合理的保护方针，兼顾养殖与捕捞双方利益，限定捕捞亲虾数量，这是保护黄渤海对虾资源的当务之急。②保护虾苗资源。严格禁止滥捕虾苗，在虾苗集中于潮间带的 6 月，禁止盐场和大型虾场纳水。禁止捕捞幼虾的近海作业。③严格执行开捕期捕虾的规定。严禁偷捕和提早捕虾的作业，以保证对虾有足够的生长期。④限制渔船数量。避免盲目发展，严格执行捕虾许可证制度，以提高捕虾业的经济效益和社会效益。⑤改善繁育场条件。各流域的水利建设，使淡水入海量大幅度减少，加之工农业的污染，使产卵场条件受到严重的破坏。为了增加鱼、虾资源量，改善和保护产卵场条件更具有积极的意义。

第二节　中华绒螯蟹增殖

一、蟹苗放流

蟹苗放流是增殖中华绒螯蟹资源的一种行之有效的手段。中华绒螯蟹放流增殖已普及全国20多个省、直辖市和自治区，不仅增产效果显著，社会效益也很明显（表10-3、表10-4）。

表10-3　我国有关湖泊人工放流蟹苗的效果

湖泊	放苗年份	放苗（kg）	产出（万 kg）	1 kg苗产蟹（kg）	最差（kg/年）	最佳（kg/年）	投入/产出（元）	平均回捕率（%）	每667 m² 产量（kg）
花园湖	1971—1981	11 265	81.8	719.9	307	2 000	1∶30.6	5.07	5
沱湖	1973—1983	1 545.2	1 210	763	333	2 555	1∶71.7	4.09	—
白马湖	1971—1981	6 207	465.63	750.16	250	3 000	—	4.69	2.57
洪泽湖	1969—1981	29 307	1 321.15	450.8	200	1 000	—	2.87	0.37
太湖	1966—1981	38 100	345.24	122.3	45	2 000	—	0.68	0.08
梁子湖	1973	28	5	1 800	—	—	—	—	—
岱海	1975—1977	4.25	2	4 000	—	—	1∶32	—	—
大海子水库	1978	2.5	0.08	320	—	—	—	—	—
白洋淀	1979	525	3.448	657	—	—	—	—	—

表10-4　湖泊放流幼蟹的效果

湖泊	面积（m²）	放流量（kg）	规格（g/只）	每667 m²放流密度（只）	蟹捕获量（t）	起捕系数（倍）	每667 m²产量（kg）
移山湖	333万	1 485.0	2～6.2/2.8	106	17.0	11.3	3.4
虾子泾	200万	283.5	2～6.3/5.0	19	3.8	13.4	1.27
徐正湖	200万	491.0	2.5～4.2/3.1	20	3.75	7.5	0.47
红莲池	533万	111.0	6.3～8.3/7.1	2	0.316	2.8	0.011

注：起捕系数=捕获量/放流量。

蟹苗人工放流是将人工繁殖的蟹苗，通过运输直接或间接放养于湖泊、外荡、水库等天然水域，尤其浅水湖泊，水质清晰、水草丛生、生物饵料丰富，是中华绒螯蟹栖息生长的良好场所，在泥土筑成的堤坝附近则不宜放养蟹苗，以防中华绒螯蟹掘穴，造成水利隐患。

在生产实践中，蟹苗放流的回捕率并不高，通常都低于5%，回捕率不高的原因是多方面的，但损失最大的还在蟹苗阶段，因蟹苗个体小、不耐运输、适应和抵抗外界环境的能力较弱，一遇敌害和药害损失很大，为此在生产上已采取二级放养措施，即先将蟹苗放在小水体中强化培育成仔蟹或幼蟹，然后再放养至天然水域中，这样回捕率可提高到 15% 左右或更高一些。

为提高增殖放流效果，除了采取二级放养措施，还应确定合理的放苗密度和选择良好的放流水域及适宜的捕捞条件。

（一）放流密度

不同的放流密度直接影响中华绒螯蟹的生长和起捕的规格。不同的水域条件，尤其是饵料生物资源的多寡，应有不同的放苗密度。

适宜的放流量参考以下标准：①面积 666.7 hm² 以上草型湖泊，大眼幼体每 667 m² 放流量为 200～300 只。②面积 666.7 hm² 以下草型湖泊，大眼幼体每 667 m² 放流量为 1 000～2 000 只。③面积 666.7 hm² 以下草型湖泊，幼蟹每 667 m² 放流密度为 20 只，放流幼蟹的效果比蟹苗好。

（二）水域的选择

一般适宜放流增殖中华绒螯蟹的水域应具备如下条件：水质清新，不含污染，水中溶解氧量高；湖泊较浅，洪水季节的水深不超过 5～7 m，湖泊型的水库也应如此；各类水域的出水口以少为宜，这样便于管理；水域中水草及其他生物资源丰富。

（三）捕捞条件

放流后的起捕也是需要考虑的问题之一，有些湖泊虽有利于中华绒螯蟹生长，但并不具有适合捕捞的条件，因中华绒螯蟹的捕捞是基于中华绒螯蟹生殖洄游的习性，而洄游又始于水温下降、湖水流动等生态信号。秋季湖水下泄或开闸放水、湖水牵动，中华绒螯蟹顺流而下形成蟹汛，也就成为捕蟹的大好时节，而那些水位低于江河水位的沿江湖泊或进、出水口全无的地震构造湖，秋季河水不动，在这种情况下即使具备多种蟹具、采取多种方法也难以捕获，所以捕捞条件也是放流需要考虑的问题之一。

二、资源保护

中华绒螯蟹的资源保护包括自然资源保护和放流增殖资源的保护。

中华绒螯蟹自然资源，随着工农业经济发展，江湖建闸筑坝，中华绒螯蟹洄游通道受阻，生态平衡破坏；还由于捕捞强度无限增加，工业污水和农药化肥的影响，中华绒螯蟹自然资源量严重下降。因此，在目前还有一定自然资源的长江、瓯江等水域，保护性成熟的中华绒螯蟹和交配后的抱卵蟹以及中华绒螯蟹产卵场，就成为一项紧迫的任务。

中华绒螯蟹资源繁殖保护的措施，除了宣传贯彻《渔业法》，还需在每年 9—11 月限制对降河洄游中华绒螯蟹的捕捞量，确保有较大数量的中华绒螯蟹生殖群体降河到达产卵场；对中华绒螯蟹产卵场要划定禁捕区，制定禁捕期，严格禁止在产卵场捕捞成熟中华绒螯蟹和抱卵蟹；在蟹苗溯河季节，沿江湖泊要不失时机地开闸纳苗，在闸口捕获的蟹苗和江岸捕获的幼蟹只准用于放流和养殖，不准食用。此外，在渔政管理上要进一步完善中华绒螯蟹繁殖保护的法规。

对于放流增殖资源的保护，第一是加强渔政管理队伍的建设，健全渔政管理机构，提高渔政人员素质，秉公执法，保证渔业法的实施，科学地保护放流增殖资源。第二要规定禁渔期，如浙江常山县渔政管理站紧紧围绕"渔业增效、渔民增收"目标，调整中华绒螯蟹增殖方式，以前在7、8月只投放一次，现在3月提前增殖投放一批中华绒螯蟹苗之后，于8月3日又一次在常山江增殖投放十几万尾中华绒螯蟹苗，并加强管理，在幼蟹生长期间实行禁捕期，组织发动渔民分人分段监管，防止渔民私自偷捕幼蟹而影响经济效益，以提高中华绒螯蟹规格和产量。第三要规定增殖保护区，如浙江永嘉县规定增殖保护区的范围为：南至沙头镇潮际码头，西至碧莲镇邵园，北至岩头镇渡头，东至花坦乡黄村。第四是要保证增殖水域不受污染，检查、监测污水等排放状况，发现问题及时报告和处理。第五是对放流增殖的效果做出科学的评价，包括适宜的放流密度、放流规格、捕捞规格以及捕捞时期等方面，为翌年科学的放流增殖提供理论依据和实践经验。

第三节 梭子蟹的增殖放流

梭子蟹的放流增殖是增加、扩大资源、提高产量的有效措施。此项研究在国外开展得较早，尤其是日本。日本的三疣梭子蟹放流，随着苗种生产技术的发展，自1971年起，作为国家辅助事业实施，并在濑户内海开始了三疣梭子蟹的苗种放流，继之是日本海西区及东海，但以濑户内海的放流数量最多。1951年日本三疣梭子蟹的渔获量是4 208 t，以后渐减，1970年下降到年产997 t，放流后产量明显上升，1982年恢复到4 714 t，创历史最高渔获量。现在不断放流，产量继续上升，濑户内海增产最为显著。我国近几年来，随着梭子蟹人工育苗技术的进展，梭子蟹放流增殖渔业不断发展。

一、增殖场选择

梭子蟹放流增殖时，首先应对放流场的环境进行调查，选定适宜的放流场所。放流场选择的好坏对放流的效果有直接的影响，是放流成败的关键之一。在调查基础上，放流增殖区应尽量满足梭子蟹栖息生长的海况条件、摄食及渔业管理条件。

（一）海况条件

海况条件的选择要依据梭子蟹及其种苗的生活习性及生态特点确定。一般应选择在避风的湾口及内湾，要求为水质清净、潮流通畅、流速缓慢、有涡流、无严重污染的场所。

（二）饵料条件

放流增殖区必须具有丰富的饵料生物，这样才能维持良好种群的持续繁盛，也就是说，水质肥沃是选择海区的一个重要条件。

（三）渔业管理条件

放流区最好选择在少有或没有串网、流网、张网、笼作业的海区，对增殖区要严格管理，要选择当地渔民有积极性而又能严格管理的海区，否则，放流后会被人采捕而遭破坏。无能力管理，即使海区条件再好也达不到增殖的目的。放流后应设专门人员认真管理，应由潜水员及时调查了解放流后种苗的生活状态、数量变化及移动范围等。科研部门也应与其密切合作，共同做好此项工作。

二、放流增殖方法

（一）种苗规格

对不同规格种苗放流后的成活率，国内外有过研究，但目前尚缺乏系统资料。1974年日本广岛县在濑户内海进行 2 次放流，苗种规格分别为全甲宽 4～8 mm 和 6.5～11 mm。我国营口增殖实验站进行稚蟹标志试验时，苗种规格为甲长 9.5～31.2 mm（陈永桥，1991）。

（二）放流增殖方法

要搞好放流增殖并取得实效，首先，必须采取正确而有效的放流增殖方法，在选好合适的放流场之后应预先做好本底调查，调查得越细越好。其次，要对放流场生物的组成进行全面的调查，尤其要注意是否有敌害生物，对原有梭子蟹的生物量、分布密度、群体组成等要认真调查，尽量多取些点位，避免以点代面产生偏差。第三，还要对放流场的底质进行分析，观测底流的流向、流速等，放流场地选好后要用浮标做好标志，以备在放流时能找准场地。苗种可以在低潮线附近放流，也可以用小船在指定海区撒放。

（三）苗种标志方法

为研究梭子蟹放流后的生长、移动规律及成活率等，很有必要对放流的种苗进行标志。为便于读者参考，现将几种标志方法介绍于后。标志的方法有锚标法、标记号码法和冻伤法等，但随着蜕壳，附着的标志成为障碍，多数或者不顺利蜕壳而死亡，或者标志脱落，达不到标志的目的。现在，标志的方法得到改进，大大增加了标志有效性。这方面，日本的专家们做了许多工作。胜谷等在蟹的第二、四步足的底带和基节的交接部装上锚状标志装置，装有标志的成活率达到了 80%。针对标志装置位置是在可动部位的基部，高场念等对此进行了改良，将标志装置装在腹甲第七节。具体方法：剪下锚状标志的金属部分，以标志器装置在三疣梭子蟹腹甲第七节。在腹甲用电钻开直径 2 mm 的孔，插入标志器时，防止腹甲不规则破损。如条件良好的个体，此法相当有效，标志可长期存留。

陈永桥（1991）利用当年人工繁殖的仔蟹，经中间暂养，取第三期（C_3）到第六期（C_6）的仔蟹，作为实验材料，甲壳长为 9.5～31.2 mm，采用切除侧棘法、扎孔法和穿线法 3 种方法，进行标志方法实验。

1. 切除侧棘法

将一端的侧棘沿基部切去即可（图 10 - 2A）。

2. 扎孔法

将粗 0.55 mm 的针烧红，从背部鳃域扎 1 个孔，扎入深度以刚穿过甲壳为宜（图 10 - 2B）。

3. 穿线法

利用外科手术针（针粗 0.5 mm、线粗 0.35 mm），将尼龙线末端烧成直径约 0.7 mm 左右的小结，用针从腹部甲壳的接缝处，经鳃域穿透甲壳，然后将小结轻轻拉入体内，留在体外的标志线长 1.5 cm（图 10 - 2C）。

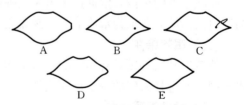

图 10 - 2　稚蟹标志方法示意图

（陈永桥，1991）

A. 切侧棘法　B. 扎孔法　C. 穿线法
D. 切侧棘法（第一次蜕皮后）
E. 切侧棘法（第二次蜕皮后）

分别用 3 种方法，各标志 20 只梭子蟹稚蟹。按不同方法和不同期别，同时分养在 1.5 m×0.8 m×0.35 m 的塑料水槽中，充分培养。

在水温 22～24 ℃的条件下，平均 6～7 d 蜕皮 1 次，标志后培养 15 d，全部蜕皮 2 次，15 d 中生长情况和成活率如表 10 - 5 所示。

表 10-5 不同标志方法梭子蟹生长情况与成活率

(陈永桥，1991)

标志方法	期别	开始时平均甲壳长（mm）	结束时平均甲壳长（mm）	平均增长长度（mm）	成活率（%）	备注
切除侧棘法	C3	10.1	18.3	9.5	25	切除侧棘法开始的甲壳长度即切除前后的长度
	C4	13.9	28.2	15.5	55	
	C5	19.6	37.0	18.7	75	
	C6	29.4	43.2	17.4	95	
扎孔法	C3	10.1	/	/	0	
	C4	13.9	28.0	14.1	30	
	C5	19.6	37.0	17.4	70	
	C6	29.4	44.0	15.5	85	
穿线法	C3	10.5	19.4	9.1	20	
	C4	14.2	29.6	15.6	55	
	C5	19.7	37.9	17.7	70	
	C6	29.6	45.2	15.7	90	
未做标志	C3	10.5	19.5	9.0	40	
	C4	14.2	29.8	15.6	60	
	C5	19.7	38.4	18.7	65	
	C6	29.6	45.2	15.6	90	

切侧棘法和扎孔法，操作十分简单，但经几次蜕皮后，标志逐渐消失，只能作为短时期的标志，大约 20 d。这两种方法，只能标志在左侧或右侧，统计回捕蟹的放流地点、时间及放流规格等数据，受到很大限制。穿线法操作虽较前两种方法烦琐，但可作长时期的标志，此法所用的标志线，可以采用不同颜色，或多种颜色相间，在其上面另做上其他记号，并标志在不同部位，能准确地区分出不同的放流地点、时间及规格等，为分析放流增殖效果提供可靠的资料。因此，对梭子蟹幼体标志效果较好的方法是穿线法。由于各种方法对 C_4 以上的个体影响较小，所以 C_4 可作为标志的最小个体。

三、栖息习性与生长

1974 年日本广岛县在濑户内海梭子蟹苗种放流后的栖息习性与生长情况，见表 10-6。

表 10-6 不同标志方法梭子蟹生长情况与成活率

放流后经过天数（d）	生长阶段		主要栖息场所	习惯的概述
	全期（龄）	甲宽（mm）		
0~10	1~2	4~8	1. 沉于放流地点底部，很少移动 2. 小潮干潮海滨线附近 3. 多集中于软泥带，潮间带水洼、石莼带	1. 昼间沉于海底，夜间起浮，行动活泼。自相捕食 2. 自力行动不活泼 3. 不附着于垂下物上 4. 有隐藏在隐藏物下的行动 5. 潜沙不活泼

（续）

放流后经过天数（d）	生长阶段		主要栖息场所	习惯的概述
	全期（龄）	甲宽（mm）		
10～20	2～3	7～12	1. 大部分同上 2. 多集中于小水沟 3. 小范围移动分散	1. 索饵活动变得活泼起来 2. 一般不潜沙 3. 把身体潜藏在隐蔽物下面 4. 夜间起浮，不活泼
20～30	3～5	10～25	1. 分布区域略有扩大 2. 集中于水沟、潮间带水洼、干潮海滨线附近 3. 泥质带	1. 潜沙行动变得活泼起来，但昼间也有露出行动的个体 2. 对付外敌的行动活泼 3. 甲壳与底质同色同花纹
30～60	4～9	15～55	1. 分布区域扩大至大潮干潮海滨线 2. 集中在水沟的趋势大 3. 沙泥及沙质带 4. 也分散到邻近海滩	1. 对付外敌特别活泼 2. 昼间大多潜沙 3. 水中活动敏捷
60～90	10～12	90～130	1. 迁移至非海滩的浅水区 2. 沙质带 3. 多在5 m等深线以内 4. 多集中在小河的河口区	1. 水中活动非常敏捷 2. 据推测在非海滩的行动相当活泼 3. 在刺网上雌雄成对的罹刺率高，交尾准备行动活泼 4. 采捕时雄的比例大
90～120	12～14	120～180	1. 多在非海滩的浅水区的倾斜面上 2. 多在砂、砂砾带，在泥质、软泥质带变得稀少 3. 从浅水开始向深水移动	1. 交尾行动活泼 2. 采捕的大多是软甲壳蟹 3. 雌雄比，雄的略多 4. 用刺网很易采捕到
120～150	14～16	160～220	1. 迁移至水深20 m以上的越冬场所 2. 在浅水区栖息的数量变得稀少 3. 沙质、沙砾质带	1. 用桁网、小型底拖网采捕得多。用刺网采捕困难 2. 据推测，大多潜沙 3. 停止蜕皮，甲壳硬化 4. 雌雄比，雌的多起来 5. 雌的卵巢（抱卵）发达

四、增殖场的建设与改造

梭子蟹放流场最好选择在适宜的海区。但因种种原因，这些适宜的海区往往在一些地区难以找到。这样的海区则要进行建设与改造。

养殖对产量的提高非常直观，放流对保护自然资源有非常的重要意义，需要长期的共同努力，采取人为的保护方法，使梭子蟹资源不致衰竭。

思考题

1. 掌握虾类增殖的条件、放流海区选择和放流量及其放流规格。
2. 简述对虾渔业的管理策略。
3. 简述提高中华绒螯蟹放流增殖效果的主要技术措施。
4. 掌握梭子蟹增殖场的选择、放流增殖的方法以及增殖场的改造。

第十一章 虾蟹塘的综合养殖

第一节 虾蟹塘混养贝类技术

虾蟹塘混养贝类的对象主要是滤食性的双壳类，主要种类有缢蛏、文蛤、牡蛎、蛤仔、扇贝、蚶类等，这些种类不但能滤食水中的浮游生物、有机碎屑等饵料，起净化水质的作用，而且有些种类的水管具有自切功能，可为虾蟹提供优质的新鲜饵料，促进对虾的生长。这里着重介绍虾蟹与缢蛏、文蛤、蛤仔和蚶类等混养。

一、虾蟹与缢蛏混养

一般虾蟹塘都可混养缢蛏，就养殖效果来看，底质以泥质或泥沙混合为好，水的深度1.5～2 m，比重范围在雨季不低于1.005，在旱季不高于1.020，在这个范围内比重偏低对缢蛏生长有利。对虾塘养缢蛏，不宜全部养殖，宜利用总面积的1/5～1/3，否则水质太清，不利于虾蟹的生长发育。

（一）蛏苗播种前的准备工作

混养缢蛏的虾蟹塘，蛏苗放养于中滩进行养殖，因此中滩必须经过整建才能养蛏，整建后的中滩场地，称为中滩蛏田或蛏埕。整建工作在放养前10～15 d进行，要经过翻土、耙土、平埕等步骤。用拖拉机或牛犁、齿耙翻耕，一般翻土深度30～40 cm，翻起的土块经细耙耙碎、耙平，同时拣去石块、贝壳、芦苇等植物根部及其他杂质。然后可进水关塘，让海水中的浮泥沉积在滩面上。在蛏苗放养前夕将埕面压平抹光，使中滩蛏埕变得松软、平滑，有利于蛏苗的潜钻穴居生活。

（二）蛏苗的播种

1. 播种时间

播种时间应在虾苗放养前，以早播为好。俗话说："正月播苗会赚钱，二月播苗一样平，三月播苗常亏本。"由于各地的气候寒暖和苗种大小不同，播种季节也有迟早，早的在阳历1月下旬开始，迟的4月底或5月初开始。

2. 播苗密度

播苗密度要根据中滩底质、季节迟早、苗体大小等灵活掌握。原则上底质沙多泥少、季节晚和苗体大的要多播，底质泥多沙少、季节早和苗体小的要少播。根据各地混养蛏子的经验，一般每667 m²（养蛏部分面积）播种1.0 cm左右蛏苗30 kg左右，即播蛏苗36万粒；播1.5 cm左右蛏苗45 kg左右，即播蛏苗20万～25万粒。蛏苗的大小和重量的关系见表11-1。

表11-1 蛏苗大小与重量的关系

壳长（cm）	0.5	1.0	1.5	2.0	2.5	3.0
规格（粒/kg）	50 000	12 000	5 000	2 400	1 400	760

（三）虾蛏混养塘的饲养管理

虾蛏混养塘的饲养管理，主要是对虾养殖的饲养管理。但因蛏苗放养得早，收获又比中国明对虾迟，所以饲养管理与单养对虾的塘有所差异。

1. 补放苗种

蛏苗播种后，由于种种原因，苗可能会有一些损失，为了保证播种密度要求，蛏苗放养的第二天，应及时观察挖穴潜泥情况，一般第二天若有 90% 的蛏苗挖穴下潜，则不需补苗，若发现大量死亡，要及时补上。

2. 虾苗放养前的水质管理

虾苗放养前水温较低，水位要求保持在 1.5 m 以上，大潮时每天或隔天利用潮差更换塘水 1/4～1/3。小潮时，可以加水或不换水。为节约生产成本，一般不采用机械提水。

3. 虾苗放养前除害和中期清除害鱼

对虾苗放养前 7～10 d，若塘内敌害生物较多，需要清塘时，一般在大潮期间刚开始落潮时，将塘内中滩干露，只毒杀环沟内的敌害，药水浓度加大，边清塘边捕除敌害，12 h 将塘内毒水放掉，待潮水涨后，放入新鲜海水即可。清塘时，时间一定要衔接好，以防蛏埕（田）干露时间过长，影响蛏子成活。

对虾塘常因筛绢（袖网）网破损以及太早更换滤网，导致敌害及卵子进入池内；或因投涨网捕的新鲜鱼虾时，带进活的敌害鱼蟹及卵子。因此，在养虾中期需清除害鱼。虾蛏混养塘，清除害鱼应选大潮水头潮，于午后开闸排水 1/2～2/3，蛏埕（田）于午后干露 3～4 h，此时组织劳力突击泼洒茶籽饼水，药液泼后 1～2 h 随涨潮开闸注入新鲜海水，进水越多越好。然后，按照潮汐涨落时间大排大进，连续排换至小潮不能进水为止。茶籽饼用量为 10～20 mg/L（温度高量少，温度低量多；盐度低适当提高浓度，盐度高降低浓度），塘水的体积容量要计算正确，如在投放茶籽饼过程中或全部投放完后，发现对虾有异常现象，应立即停止，检查原因，及时采取补救措施。

4. 平时盐度调节

暴雨过后应将上层淡水排除，干旱季节，可适当加入淡水，以维持蛏子生长发育所需的适宜的环境条件。

5. 对虾起捕后的水质管理

对虾收获后，缢蛏仍需继续饲养，前期以追施肥料育肥为主，即根据水体肥瘦程度，每 667 m² 施尿素 1～1.5 kg。12 月至翌年 2 月，冷空气频频南下，需蓄深水保温饲养。更换塘水时，仍需拦网，即不需将对虾养殖中后期使用的网目为 2～3 mm 的闸板网拆除。

6. 杂藻清除

冬春季繁生各种杂藻，尤其是浒苔覆盖埕面，会闷死缢蛏。所以要经常及时地将浒苔等杂藻清除掉。

（四）对虾塘中缢蛏的收获

1. 收获季节

蛏苗经过 7～12 个月养殖，壳长达到 5 cm 以上，每千克 120 只左右，就可起捕出售。根据蛏子个体大小、肥瘦程度，从当年 7 月开始就可收获，最迟至翌年蛏苗放养前。7—9 月收获蛏子，在大潮期间大换水时进行，换水时露出中滩，每潮可捕 2～3 h，每人可捕 15 kg 左右。10—11 月，虽然对虾已经起捕，但正值蛏子产卵前夕和产卵期，蛏子性腺丰满、肉味较差，12月至翌年1月正值产卵后，蛏子较瘦，商品价值低，所以第二次起捕蛏子时间以2—4月为好。

2. 收获方法

根据各地习惯和埕地土质不同，可分为挖、捉、钓3种。①挖捕。将塘水放干，先在蛏埕（田）一端每人挖1个深坑，深50～60 cm，人跳入坑中，用蛏刀或蛏锄依次翻土挖掘。挖土的深度，根据蛏体潜居洞穴深浅而定。边挖，边拣，边放入筐篓中。此法适宜于沙泥底的硬埕地。每人每日可采捕50 kg左右。②手捉。该方法适用于中滩底质较松软的对虾塘，可直接用手插入蛏穴捉取。捕捉时动作要轻快，以免蛏子受惊而降入穴底采捕困难。③钩捕。将蛏钩沿着蛏穴边缘顺着蛏壳外缘垂直插入至蛏体下端，然后旋转钩着蛏体提出埕面而取之。该法多在密度稀的塘中使用。对虾塘养蛏，蛏子一定要采收干净，尽量减少漏蛏。因为漏下的蛏子一般都要死亡，死蛏腐败会影响对虾塘底质。

以上介绍的几种捕蛏方法，功效都比较低，蛏子也很难收干净，为了提高捕蛏的功效，可以采取以下2条措施：①缢蛏在对虾塘中有吃不完的藻类和有机碎屑，可以用高密度养殖的方法解决，高于滩涂养殖密度2～3倍一般不成问题，这对起捕来说，不仅变得容易，而且功效也高。②在对虾塘底部铺设塑料膜隔层，泥层厚度30 cm以上，蛏子被有效地控制在一定深度内生长，起捕蛏子不受潮汐影响，也不必排干水，随时可以进行，不仅起捕方便，而且功效也高。

二、虾蟹与蚶混养

（一）虾蟹塘的条件

一般虾蟹塘都可以混养泥蚶、毛蚶。略有淡水流入，水深在1.2 m以上，海水比重在1.008～1.020，底质软泥混有沙质，人踏上去陷入10～30 cm，周围海区蚶种苗丰富等虾蟹塘，养殖蚶类效果更好。

（二）蚶苗播种

1. 播种季节

泥蚶一般是从收虾后开始放苗，将滩面暴晒数日后，进行翻耕与平整，使表面松软平坦，也修建成蚶畦。毛蚶苗播种时间较迟，一般在虾苗放养后进行，在5—7月。自然苗种也有随采随播。

2. 播种方法

用船和竹排，均匀地撒播于对虾塘中滩即可，环沟不宜放养。经对比试验，放养于中滩的毛蚶成活率、产量和产值都要高于环沟（表11-2）。

表11-2 对虾塘中滩与环沟养毛蚶试验结果对比

放养位置	每667 m² 放苗量（kg）	每667 m² 产量（kg）	规格（粒/kg）	成活率（%）	每667 m² 产值（元）
环沟	700（包括杂质）	417	140～160	46.88	250
中央滩面	450（包括杂质）	570	120～130	83.30	457

3. 播种量

400～440粒/kg泥蚶每667 m² 播种量150～200 kg。毛蚶播苗量因各地气候、苗种规格、苗种杂质量多少和对虾塘条件不同而异。一般放养壳长为0.5～0.8 cm的蚶苗0.5～0.7 kg/m²

（包括杂质和沙粒在内）。因蚶苗中所含的杂质量较多，每千克蚶苗中蚶苗的数量差异较大，为了确保准确，应对蚶苗取样计数，按每 667 m² 播种量 30 万～45 万粒，确定播种量。

（三）养成管理

管理是提高成活率的重要一环，为避免大量死亡，以提高产量和质量，特别是 7—9 月的高温季节，可结合对虾大换水进行干露滩面，为避免高温，最好在早晚进行，尽量排干滩水或保留滩水 30 cm 以上。不要出现盆子水，以免烫伤泥蚶、毛蚶。平时定期采集样品进行测量。对虾饵料不应投在养殖地段。对虾塘水质的各项指标，要定量进行测量等。

（四）蚶的收获与运输

5—6 月放养的毛蚶苗，养至对虾起捕，基本上可以达到商品规格。因壳色较黑，不宜立即上市，应继续养至春节前后采捕上市。春节前后上市，软体部肥满，血多味美，价格高，且气温低，可久藏远运。其收获方法为先将塘水放至露出中滩，用蚶耙将蚶集中，再耙入蚶袋中，并在环沟中洗净。洗净后再用蚶筛除去杂贝、死贝壳、鱼虾等杂物，便可装袋出运销售。毛蚶与泥蚶，装入麻袋、编织袋或草包后，用汽车、火车、船只等交通工具运输。在气温 10 ℃左右条件下，只要包装坚实，能保持潮湿、通气，一般半个月内不会死亡；但把蚶子放在地上吹风，即使气温低，4～5 d 就有部分死亡。包装禁用尼龙袋和塑料袋。毛蚶除鲜食外，尚可制成干制品、调味品和方便食品等。干制品在北方地区，都采用机械加工，效率较高。

三、虾蟹与蛤仔混养

蛤仔在我国有两种，即菲律宾蛤仔和杂色蛤仔。

（一）虾蟹塘的条件

水深 1.2 m 以上，沙砾、沙泥或硬质泥底，有一定换水量，水的比重在 1.010～1.025，且附近有较丰富的蛤仔苗源。

（二）播种技术

1. 播苗季节

白苗（壳长 5～7 mm 的蛤苗）一般在 4—5 月播种；中苗（壳长 15 mm 的蛤苗）一般在 12 月至翌年 3 月播种。也有在 6 月、7 月将大苗（壳长 20 mm 的蛤仔）放养于虾蟹塘中。

2. 播苗的方法

当蛤苗运到后，用船或竹排，将蛤苗均匀地撒播于对虾塘中滩平垄（即蛤埕）上，逐垄撒播，要避免播入环沟中。因塘中有水，所以也称带水播苗。

3. 蛤苗的规格与播苗量

混养用贝苗，可用人工苗，也可用自然苗，随采随播。远距离运苗时要有容器，用海水浸过的麻袋片盖好。播苗量随各地气候、对虾塘条件及苗的规格不同而异，一般按表 11-3 播苗。

表 11-3　播苗量与蛤苗规格、虾塘底质的关系

蛤苗种类	壳长（mm）	体重（mg）	每 667 m² 播苗量（kg）	
			泥沙底质（软）	沙泥底质（硬）
白苗	5～7	50～100	100	150
中苗	14	400	250	300
大苗	20	700	400	600

（三）养成管理

1. 补苗

苗种播种后，应检查成活率，若成活率较低，为了保证单位面积的产量，应及时补苗。

2. 虾贝混养期间管理

蛤仔与对虾混养期间，饲养管理措施与对虾养殖相同，要尽量做到水鲜水肥。7—8月，中期毒鱼方法与虾蛏混养塘相同。

3. 对虾起捕后的管理

对虾起捕后，要继续纳水蓄养贝类，经常更换塘水，强冷空气南下，要注意防冻，加深塘水。若发现敌害较多，可再次用药物杀除。对蛇鳗、须鳗等鱼类，每 667 m² 可泼撒氰化钠 5～7.5 kg 杀除。对蟹类、肉食性的螺类及野鸭等敌害，目前尚无有效或合法的药物毒杀灭防方法，只有采用不同方法捕捉或驱赶。

4. 及时清除藻类

冬春季正是浒苔等藻类繁殖季节，应及时清除，否则若覆盖垄（埕）面，会闷死蛤仔，甚至引起蛤仔大量死亡。

（四）收获与加工

1. 收获季节

对虾塘混养的蛤仔，待蛤仔壳长长到 3 cm 左右时即可开始收获，一直延续到蛤苗和虾苗放养之前。因蛤仔在繁殖季节（9—10 月）比较瘦，商品价值低，据此，以翌年 2、3 月至虾苗下塘之前结合清塘将蛤仔收获为好。

2. 收获方法

同于蚶类的收获方法。

3. 加工利用

蛤仔在福建除大部分鲜销外，也有加工制成咸蛤，其加工方法简单，每 50 kg 蛤加盐 1.5～2.5 kg，先后翻拌数次即成，然后用竹篓包装运销；蛤仔在浙江主要是鲜销；蛤仔在辽宁用蒸汽开壳取肉加工成蛤干出口。蛤壳磨成粉末可作饲料，或混入 30％鱼汤搅拌发酵，制成土化肥作山地底肥，肥效较高，蒸煮加工后的蛤汤，可浓缩作为调味品。

四、虾蟹与文蛤混养

文蛤肉质鲜美，深受国内外消费者喜爱，是出口的重要贝类。肉可食用，壳可做紫菜采苗器材及化妆品的容器。

（一）池塘条件与修整

池塘底质以细沙或粉沙为好，含沙率达 55％以上。池塘面积 2～3 km² 为佳，池内四周有环沟，中间为平台，水深 0.8～1.0 m，文蛤的养殖面积为池面的 1/3 以上，文蛤放养在平台上。放养前池塘应按常规消毒除害，播放蛤苗的滩面经过暴晒后，在播苗前 25 d 左右进行翻耕，翻耕深度 15～25 cm，播苗前 2～3 d 耙平。

（二）播种技术

1. 播苗季节与方法

文蛤放苗季节为 3 月底至 5 月初。放苗方法与蚶类、蛤类基本相同。

2. 播放密度

苗种一般可使用壳长 2～3 cm，重量为 500 只/kg 左右的 2 龄苗。每 667 m² 播苗量 400 kg，当年可长到壳长 5 cm 的商品贝。如苗种为 1 cm 左右的小苗，则每 667 m² 应播苗 40 kg，需养殖 2 年才能达商品标准。

（三）养成管理

管理方法基本同于上述混养贝类。

（四）收获与褪色

1. 收获

收获文蛤的季节和时间要根据国内外市场的需要和文蛤的生长状况来决定，有计划地适时采捕达到出口规格的文蛤。出口的月份一般是 9 月到翌年 5 月。所以文蛤起捕一般在对虾收捕之后，收捕前可在平台上每隔 1.5 m 打入一根粗 4～5 cm、长 60～70 cm 的木桩，由于文蛤具有向桩移动的习性，经过一段时间后可在木桩周围 30 cm 范围内收捕。

2. 褪色与净化

与对虾混养的文蛤，刚起捕时由于贝壳长期不干露，外表呈黑色，对文蛤的软体部没有影响，日本有些商人不介意这种壳色，而且把它作为含肉量高的标志，因此不必褪色。若要褪色，可在起捕后冲洗干净，在阴凉处干露 2～3 d，就会自然褪去黑色，也可选用无毒、无异味的弱氧化剂快速褪色。刚收获的文蛤，其外套膜与消化道内含有细沙，收捕后的文蛤还须经 20 h 的吐沙处理，才可包装销售。

第二节　虾蟹塘混养鱼类技术

虾蟹塘混养鱼类有两种混养方式。一种是全塘混养鱼类，即将鱼混养于全虾蟹塘，以对虾为主，混养 1～3 个鱼类品种，每 667 m² 可收获对虾 100～200 kg、鱼类 35 kg；以鱼类为主混养部分对虾比较少见。另一种叫工程化混养鱼类，也称工程化生态养殖，就是利用虾蟹塘的一角，构建气推式养鱼跑道进行高密度鱼类养殖，水质依靠原塘净化的一种生态式养殖，极大地提高了虾蟹塘综合利用的经济效益。

一、全塘混养鱼类

（一）环境条件

1. 面积

不同大小的混养有贝类等的虾蟹塘都可以混养鱼类，但面积以 0.67 hm² 左右为好，水深在 2～2.5 m，起码 1.5 m 以上，低于 1 m 的池塘不宜混养鱼类，由于水太浅，鱼类游动使池底浮泥上泛，水质变得混浊，影响鱼虾类呼吸。池塘堤岸的坡度以 1:（2～2.5）好。塘底平坦，略出水闸门倾斜，在出水口挖一只 5 m×5 m 的鱼溜。池塘方向东西向，长方形。

2. 条件

盐度在 3～30 范围内都能混养鱼类。pH 7.8～9.0，溶解氧 5 mg/L 以上。

3. 过滤网设置要求

在进水口的堤内外，各置过滤网布一块。进水采用启闭式闸门的，内层用 60 目筛绢做成袋状闸板网，外层用 40 目网布做成框架式闸板网，因为虾鱼混养塘中期不能进行施药清除害鱼，所以滤水网目要比单独养虾的密，以防野杂鱼卵子入内；出水口过滤网布在不同时期要采用不同网目的框架闸板网，前期 40 目，后期 20 目，并应有半圆形拦网；如果进水采用水泥涵管，内层用 60 目筛绢做成滤水袋，扎在进水管口，外层用 40 目网布制成框架闸门。

（二）放养品种、密度和方法

1. 放养前的准备工作

主要是虾蟹塘清整。虾苗放养前池塘清整包括两方面，首先是清淤修堤，整理塘底。其次是用药物清塘。其药物用量与清塘方法详见有关章节。

2. 虾苗放养

虾苗放养在鱼苗放养之前进行，尽可能放养人工早繁的虾苗，这样可增加生长期。鱼虾混养的池塘，虾苗的投放密度与单养对虾的塘基本一致，即每 667 m² 放养 0.7～1 cm 的虾苗 2.5 万～3 万尾，苗质差的需放 3 万～3.5 万尾；3 cm 暂养苗（或称标粗苗）可放 1.1 万～1.3 万尾；6 cm 暂养苗放 0.7 万～0.8 万尾。

3. 混养鱼类的放养

混养的鱼类，要能与对虾生活在一起，能适应在咸、淡水条件下生活的较适合的鱼类有鲻、梭鱼、遮目鱼、黑鲷等，3 cm 以上的鲻、梭鱼苗主要以池底腐败有机物和底栖硅藻等藻类为食；斑鰶鱼苗主要以底栖生物和浮游动植物为食。因此就它们的食性而言，在放养量适当的情况下，这几种鱼不但不会与对虾争食，而且可使对虾池内的食物链组成更趋完善，立体利用了对虾塘的天然饵料，即上、中、下的浮游动植物、有机碎屑和腐败有机物。这几种鱼对盐度和温度的适应性方面均与对虾相近，由于生长迅速，可与对虾同时起捕。这几种鱼放养后，只要掌握放养规格与放养时间，一般不会影响对虾的成活率。在低盐度养虾地区（盐度在 8 以下），可以混养大板鲫或异育银鲫，它们与罗非鱼等食性基本相似，同样可以达到净化水质、增加收益的目的。

混养鱼类的放养时间一定要掌握好，以避免鱼类对虾苗的伤害。放养时间并不是从季节来考虑，而是根据对虾规格大小、生长时间来掌握，即根据对虾苗躲避敌害能力来确定放养时间。一般来说，当虾苗长至 3 cm 以上时，即可放入鲻、梭鱼；对虾长到 6 cm 时，即可放入较大规格的鱼种，斑鰶苗种也在此时放入。

对虾与鲻、梭鱼及罗非鱼双品种或多品种混养时，每 667 m² 放鲻或梭鱼夏花 250～500 尾、鱼种 80～150 尾、斑鰶数十尾。这种放养模式，每 667 m² 可收获对虾 55～100 kg、商品鱼 50～100 kg。

鲻、梭鱼与对虾混养，在不影响对虾生长和产量的情况下，鲻鱼、梭鱼每 667 m² 产量在 35 kg 左右，放养密度以每 667 m² 120～150 尾（规格 4～5 cm）为宜。

对虾与异育银鲫或其他鲫鱼混养，每 667 m² 产量 25～35 kg，每 667 m² 放养 1～2 cm 苗种 100 尾。当虾苗长至 2 cm 左右时放养，成活率在 80% 以上，收获时每尾鱼重 0.30～0.35 kg。

（三）饲养管理

1. 饵料投喂

投喂的饵料种类就是各地常规采用的对虾饵料，如螺蛳、杂鱼虾、蓝蛤、糠虾、黄蚬、小麦粉、豆饼、对虾配合饵料等。鱼的饵料以植物性为主，如豆饼、糠麸、麦粉及鱼用配合饵料等。

对虾与鱼类混养，对虾的饵料充足时，鱼饵料不需另外投喂。混养虾塘的日投饲量均按对虾的预计日需饵量投喂。如果对虾的饵料不够充足时，需要另外投喂鱼类的饵料。投喂饵料量按鱼在 1 h 内能吃完为度。

投喂方法一般分上午、下午两次投完。在对虾饵料不够充足时，投喂饵料的方法是：提前 0.5～1 h 投喂鱼饲料，然后再投放对虾饵料，以减少互相争食，提高饵料的利用率。

2. 日常管理

日常管理的主要工作与常规鱼虾养殖日常管理一样，主要工作有换水、水色控制、增氧、早晚巡塘、防病、防浮头、防逃和防偷等。

（四）收获与暂养

鱼虾收获时，先收获对虾，由于对虾顺水游动，故以放水收虾为主，尽可能不拉网，以免刺伤对虾，通过几次进排水，就能将对虾基本收完，而鱼集中在池塘出水口的鱼溜中，然后再拉网或抽干水收鱼。为了提高虾塘的经济收益，待对虾起捕销售后，可将鱼类继续养殖在对虾塘中，或集中暂养在 1 个对虾塘中，然后分批捕捞，活鲜鱼上市，但要注意鱼类的致死温度，适时收捕，以防冻死，造成损失。

二、工程化混养鱼类

（一）环境条件

环境条件基本与整塘混养鱼类相同，但要求工程化养殖的混养有贝类等的虾蟹塘面积以 1.3～2.0 hm² 为宜，并最好选择塘的西北角，即坐北朝南。

（二）气推式养鱼跑道构建与设施

1. 气推式养鱼跑道构建

养鱼跑道区长 22 m、宽 26 m、高 2 m，内设五个跑道，每个跑道宽 5 m，可以定制安装或现场建筑（图 11-1）。现场建筑池底用混凝土浇平，用水泥砖砌跑道间隔墙，间隔墙用钢筋混凝土加固，南北进出口设置有拦鱼栅和防撞网的槽。出水口栏鱼栅外和滤网之间有下沉式残饵粪便沉淀区，加装底部吸尘式废弃物收集装置，将粪便残饵吸出到池塘外收集浓缩一体机。

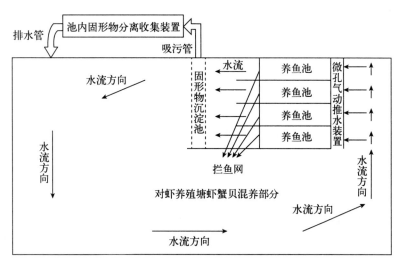

图 11-1　工程化混养鱼类示意图

2. 主要设备

配备 5.5 kW 罗茨鼓风机 1 台（有条件的另外备用 1 台），3 kW 涡轮增氧机 2 台，残饵粪便收集、浓缩一体机 1 台，发电机 1 台。

3. 水质在线监测

安装一套辅助水质在线监测系统，对各池的水温、pH、溶解氧进行持续监测，准确把握养殖系统的水质等变化，为投饵等各项管理措施提供数据。

（三）鱼种放养

1. 放养规格和时间

海水混养塘气推式养鱼跑道主要养殖大规格梭鱼，规格 0.5～0.75 kg，放养时间 4—5 月；淡水混养塘主要养殖大规格青鱼，规格 2～3 kg，放养时间 2—3 月。

2. 养殖密度

气推式跑道，就是利用气推原理，采用设置在进水口水中和跑道底部间隔设置的微孔充气管单向充气，将水推动，形成流水循环养殖。一个 110 m² 跑道可放养规格 0.5～0.75 kg 的梭鱼 6 000～8 000 尾，可放养规格 2～3 kg 的青鱼 1 200 余尾。放养时对鱼种要进行浸水消毒，一般用 5% 的食盐水浸洗鱼体 20 min，预防细菌性烂鳃、水霉病和一些寄生虫病。

（四）饲养管理

1. 饲料投喂

选择专用优质浮性饲料，4、5、6、10 月日投饲 2 次，投喂量为鱼体重的 2%～4%，投喂时间分别为 8:00—9:00、15:00—16:00，上午投喂量为日投喂总量的 40%、下午为 60%。7、8、9 月日投饲 3 次，投喂量为鱼体重的 3%～6%，上午投喂量为日投喂总量的 30%、中午为 30%、傍晚为 40%。由于水槽中溶解氧充足，下雨天气或轻微闷热天气不减少投喂量，除非特别恶劣天气适当减少投喂量。

2. 病害防治

"富含氧气"的流水循环养殖，一般很少有病害发生，若发现异常，分析原因及时对症预防和治疗。

3. 日常管理

保持水位在 1.8 m 以上。每月进行一次生长测定，勤观察水质变化和鱼类吃食、活动情况。高温天气注意天气突变，适当加高水位，做好应急预案。

4. 捕捞上市

一般在年底捕捞上市，可活鱼销售和冰鲜销售。

第三节 虾蟹塘综合养殖的轮养技术

虾蟹塘综合养殖的轮养模式，因各地的水温等环境条件差异而有所不同。浙江以南地区有养殖三茬或二茬的，即养殖二茬对虾和一茬日本囊对虾或脊尾白虾；浙江以北地区，过去曾养殖过三茬，即中国明对虾、长毛明对虾和脊尾白虾轮养，自从养殖南美白对虾以来一般采用南美白对虾与脊尾白虾或日本囊对虾轮养，也有与锯缘青蟹或三疣梭子蟹（育肥）轮养。浙江宁波地区也有池塘第一茬育中华绒螯蟹，第二茬育三疣梭子蟹苗，第三茬养南美白对虾。不同种类轮养的养殖技术，基本上与单一种类养殖一致，在有关章节中已做了介绍，这里着重介绍与脊尾白虾轮养技术。

脊尾白虾是我国特有的一种重要经济虾类，肉味鲜美，营养丰富，除鲜食外还可加工成虾米。当凡纳滨对虾在 9 月中下旬至 10 月上旬起捕结束后，根据脊尾白虾的生物学特性，可以利用对虾塘的空闲季节，进行第二或第三季脊尾白虾养殖，可以获得较高的经济效益。

一、脊尾白虾的形态特征及生物学特性

（一）形态特征

脊尾白虾体长 60～90 mm，甲壳薄，体透明，死亡后体呈白色，煮熟后除头尾部稍呈红色外其余部分都是白色，故名白虾。第二腹节侧甲覆盖于第一腹节侧甲外，前两对步足呈螯状，后三对步足呈爪状，第二步足三腕节约与掌部等长，指节的长度为掌部的 2 倍，额角上缘末端有附加小齿，基部呈鸡冠状隆起。脊尾白虾为抱卵虾，在繁殖季节，雌体腹部可见有受精卵（图 11-2）。

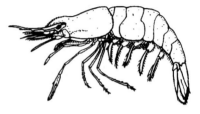

图 11-2　脊尾白虾

（二）生物学特性

1. 栖息习性

脊尾白虾生活在近岸的浅海中。对环境的适应性强，水温在 2～35 ℃范围内均能成活，就是水温低至 -3 ℃时也不会冻死；对盐度要求不严，盐度 3.87～30.00 范围均能适应。对低氧的忍耐能力差，当水体中溶解氧 1 mg/L 时，会出现浮头，低于 1mg/L 时，会缺氧死亡。

2. 食性与生长

脊尾白虾食性广而杂，凡遇到可食的东西都要摄食，不论是动植物，不论饵料死、活、鲜、腐，均能摄取，但喜食新鲜的鱼虾贝肉。脊尾白虾生长期短，生命周期最长不会超过 1 年，夏天从刚孵化的幼体长成 5 cm 以上的成虾只需 2 个月左右时间。

3. 繁殖习性

脊尾白虾繁殖力强，几乎全年都有抱卵虾，繁殖期一般出现在春、夏、秋 3 季，体长 5.5 cm 左右的雌虾便抱卵，6～7 cm 的亲虾，怀卵量在 2 000～2 600 粒，怀卵量随亲虾个体大小而异。受精卵在雌虾腹部内侧经过 1 周后，即能孵化为溞状幼体，再经过 7～10 d 的培育，亲虾再行蜕皮，以后又经 20～24 d 的饲养，又可产第二批卵，这样，亲体当年能产卵多次。

二、脊尾白虾的种苗生产

脊尾白虾由于繁殖能力强，可自行繁殖，加上我国沿海虾苗资源丰富，故在人工养殖时，常从浅海中收捕虾苗，进行养殖。

（一）虾苗的采捕

1. 苗汛季节

脊尾白虾在沿海各地分布广泛，但苗发的时间却因地区的不同而早晚不一，自然海区中的抱卵亲虾大多数是在大潮汛的农历初一至初三从受精卵孵化成溞状幼体，溞状幼体在水中漂浮 4～7 d，苗长到 0.7～0.9 cm，达 8 万～12 万尾/kg 时，即可适时采捕。一般白虾苗汛

1 年有 3 季，即春、夏、秋水温在 22～23 ℃时，在小水潮的农历初五至十一见苗，其春汛时间最长，约 3 个月。

2. 虾苗的鉴别

脊尾白虾个体大、生长快，具有以下特点：体白色，体形粗短，前粗后细，前 2 对前足有螯；额角鸡冠状，突起齿式 6～9/3～6；眼睛小、半圆形、眼柄较短；第一触鞭短，灰白色或蓝色。

3. 捕苗方法

最常用的方法是用小推网（即虾曳）捕苗。此法操作简单易行、效果好、成本低，一副虾曳（图 11-3）只需投资 30 元。网袋有疏、密两种，疏网（目大 0.5 cm）用在较深的水域（50～100 cm）捕大规格的苗种（2 000～4 000 尾/kg）；密网（30目）适合在浅水处（20～30 cm）推小苗（6 万～12 万尾/kg），捕苗应选风和日暖

图 11-3 虾 曳

的大潮汛期间，在此期间捕捞，日潮可产虾 10～15 kg。

4. 对虾起捕时收集白虾苗

对虾收获时，在装捞对虾的网袋下方的排水沟中，拦以较密的网和装上装捞网。这样较大的白虾和对虾一起入装捞对虾的网袋，小规格的白虾从装捞对虾的网袋中漏出被拦入下方的密网中。混在对虾中的小白虾应及时分拣出来，放入专设的网箱中；密网中的小白虾应及时收集，放养于暂养网箱中。

5. 净苗

捕上的白虾苗内，往往混杂有许多其他敌害鱼蟹类，如混入对虾塘中危害很大，必须将它们清除干净。具体方法有以下几种：

① 手捕法。对于较纯净的白虾苗，可用手捕捉敌害，逐个挑出。

② 窒息法。对鱼蟹类等敌害混入较多的情况，可将虾苗先倒入水桶，利用白虾苗耗氧量比其他鱼蟹大的特点，过一段时间后白虾因缺氧首先上浮，此时用密网捞海将白虾苗捞起。

③ 筛滤法。利用白虾苗个体小的特点，将含杂的白虾苗同时倒入筛箩内，浸入水桶里，让白虾苗穿过筛孔游出，再将木桶内虾苗倒入蟹苗箱内，将箱浸入虾池，让白虾苗自行游出。

④ 药物法。当虾苗混杂以害鱼为主的敌害生物时，可用药物毒鱼除害，用 2.5% 鱼滕精，按 0.5 mg/L 用量，或用茶籽饼 10 mg/L 的用量，将鱼杀死，再让白虾自行游出。

（二）虾苗的暂养与运输

虾苗捕获后必须分秒必争，马上运走。若不能及时运走，可在苗场附近深水处，设置活水网箱暂养。运苗时间最好选择在夜间或早晨，气温越低成活率越高。运苗方法有两种：

1. 湿运法

湿运法是虾苗离水后，保持一定的湿度和通气状况下运苗，这种方法既简便，又省力。运苗的工具可采用浅口的竹箩、竹簸箕，或将蟹苗箱（图 11-4）稍加改进也可装运白虾苗。运苗时，先将竹箩浸湿，底层铺一层薄薄的水草，淋上水后将虾苗均匀地摊上薄薄的一

层，然后再在虾苗上覆盖一层薄薄的水草。蟹苗箱装运，方法同上，虾苗上下也可用湿纱布，运输时可将几只箱叠在一起，肩挑每次可运 8～10 只。运输时要防止太阳暴晒，途中应保持虾苗箱湿润通气，一般 2 h 内成活率可达 80%～90%。

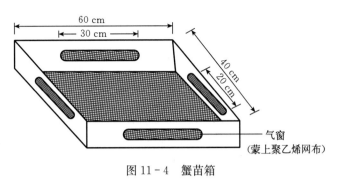

图 11-4　蟹苗箱

2. 水运法

采用水运，即虾苗在不离水的情况下运走。运时可在水桶内盛小半桶左右海水（25 kg），装虾苗 0.5～0.75 kg，2 h 内成活率可达 80%～90%。

上述几种方法只适用短距离运苗。长途运输必须要有充氧设备，也可采用尼龙袋密封充氧运输。

三、第二季脊尾白虾养成

(一) 虾苗培育或暂养

凡纳滨对虾起捕后，必须清害消毒才能进水放苗。而清塘后药物毒性消失时间至少 3 d，所以从虾蟹塘中筛选出来的虾苗，需要在一定水域进行暂养。另外，从自然海区采捕虾苗，也需要暂养，只有通过暂养，才能聚集一定数量虾苗，便于集中放养。

1. 虾沟或专塘培育

一个养殖场可以有计划地安排几只对虾塘稀养提早起捕，或利用中间培育池提早起捕，专塘培育白虾苗。

(1) 清塘　白虾的敌害较多，如虾虎鱼、四指马鲅、河鲀、鳗、鲈、青蟹、梭子蟹等，这些敌害生物极易混入对虾塘，务必在虾苗放养之前，将这些敌害生物清除掉。清塘药物以茶籽饼为好，该药只清除野害鱼类而对白虾无害。药物用量 15～20 mg/L，施用后药性 2～3 d 消失。清塘前应在闸门上安装好 60 目滤网，以防害鱼及其他水生动物卵子进入对虾塘。毒性消失后 2～3 d，即可过滤进水，水深控制在 60 cm 左右。

(2) 肥水培饵　一般来说，养过对虾的塘比较肥，不需施基肥，但需要施些尿素。水深 50 cm 的对虾塘，每 667 m² 施用尿素 0.5 kg、磷肥 0.1 kg，每隔 5 d 施 1 次，一般 7 d 后，水色变为浅黄绿色或浅褐色，这种水色以底栖硅藻种群数量占优势，虾苗比较喜食，一般透明度在 30 cm 左右。

(3) 虾苗放养密度　白虾放养时间最好在水色转变为浅绿色或浅褐色后，若时间不容许，清塘药物毒性消失后，就可放养。全长 0.5～0.7 cm 的白虾苗，每平方米放养 600～800 尾。

(4) 饵料投喂　施肥培养天然饵料的培育池，开始 7～10 d，可以不投饵，以后可投喂少量磨细的麦麸或四等粉，日投饵量为每 667 m² 0.5～1 kg，分早晚 2 次投喂。未经过肥水培饵的培育池，放苗后就应开始投饵，投饵量要比肥水培饵的池子略增。

(5) 饲养管理　饲养管理的主要工作是添加新水。虾苗经 15 d 培育，体长一般可达 1.5 cm；经 15～30 d 后，虾苗体长一般可达 2 cm 左右。在此期间经常加水，虾沟培育的，水加至近滩面；专塘培育池可加至 1.2 m 左右。

（6）白虾苗出池　放养的虾苗规格大小与成活率关系很大。如放养 0.7～1 cm 的虾苗，成活率较低；放养 2 cm 的白虾苗成活率较高。因此，当虾苗长到 2 cm 左右时，即可出池。一般采用末端带有网箱的袖网，计数后放入池内。

2. 网箱培育（或暂养）白虾苗

（1）网箱结构与设置　以毛竹作浮子，聚乙烯网（40 目）作网衣，箱底四周穿上绳并与竹梢、竹片的下端拉紧固定以代替沉子。为了降低网箱成本，增加水体交换，提高抗风能力，便于操作管理，网箱宜为长方形，规格为 10 m×6.67 m×1.3 m，安装成敞口浮动式，能随水体水位变化而自由升降。用毛竹 6 支，缚成 10 m×6.67 m 的长方形竹架。在竹架四角各打直径 5 cm 的圆形孔一个，每个孔内插入长 1.4 m 的竹梢一个，插入孔下 0.9 m。竹梢下端装上一个简易滑轮，箱底四角系绳分别通过滑轮拉紧后固定在竹架上。防逃网上口四角也系绳与竹梢拉紧固缚在竹梢的上端。箱竹架上每间隔 2～3 m 缚一根长 1.3 m 的厚竹片，竹片下端与箱底纲绳系缚，上端与防逃网上口纲绳拉紧后缚牢。紧靠箱四角各打毛竹桩一个，下端入泥，上端露出水面。然后将固定在网箱上的毛竹梢顶端与竹桩用绳套缚。使网箱沉入水下深 0.9 m，上部高 0.4 m 的防逃网露出水面。网箱放在对虾塘内以分散为好。安装后示意如图 11-5 所示。

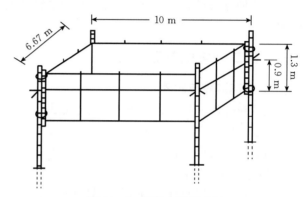

图 11-5　网箱安装示意图

（2）放苗密度　因网箱中的水体交换要比专塘培育池稍差，且面积小，所以密度要稀一些，每平方米放养 400～600 尾。

（3）投饵与管理　网箱培育白虾苗，放苗后即要投饵，饵料中最好掺入 20%动物性饵料，即在磨细的麦麸或四等粉中掺入小杂鱼虾粉或其他鱼粉，满网箱泼撒。每万尾白虾苗投喂 0.1～0.15 kg。

管理的具体工作是：勤巡逻、勤检查、勤刷箱、勤维修；防沉箱逃虾、防人为破坏盗窃、防大风翻箱，防野杂鱼入内以及水鸟、水老鼠的危害等。

（4）虾苗出箱　网箱培育的白虾苗，出箱比较容易，可以用捞海捞取，计数后入养殖池养殖。

（二）脊尾白虾的成虾养成

1. 清塘

第二季凡纳滨对虾收获后，必须抓紧时间立即清塘，其清塘方法与白虾苗培育池清塘方法相同，但进水的深度为 1～1.2 m。

2. 白虾苗放养密度

0.5～0.7 cm 虾苗每 667 m² 放养 1 万～2 万尾，也有的放 3.5 万～5 万尾；2 cm 以上大规格苗种每 667 m² 放养 0.6 万～1.27 万尾，也有的放 2 万～3 万尾。放苗的密度不宜过高，否则会影响商品率，即 6 cm 以上白虾所占的比例。如果白虾苗不能满足需要，也可放入从对虾塘或自然海区中捕捞的抱卵虾入池。

3. 饵料及投喂

（1）饵料种类　白虾的饵料主要靠池内原有残饵和藻类。由于白虾食性杂，池内饵料不足时，可采用农副产品加工的下脚料和水产品加工厂的废品，甚至养鸡场的鸡粪等作为饵料。饵料的种类有：植物类的谷粉、麦麸、米糠、四等面粉、番薯干、花生饼、菜籽饼、豆饼、豆腐渣、米饭、瓜果、藻类、嫩草等；动物类的虾皮末、小杂鱼、鲜鱼虾、河蚌、贝类肉、动物尸体、蚊蝇及蛆虫、幼虫、多毛类虫等。

（2）投喂量　平均体长 2 cm 左右的白虾，日投饵量为每 667 m² 1.5～2.5 kg；平均体长 3～4 cm 的白虾，日投饲量应增至每 667 m² 2.5～5 kg，并应根据条件许可，在植物性饲料中掺入 30％的虾皮末或杂鱼粉。每天的实际投饲量，应根据残饵量多少、饱食程度、天气好坏；水质好差及水温高低等因素来确定。如天气好多投，阴雨天少投或不投；水温适宜多投，水温不适宜少投。

（3）投喂方法　平均体长 2 cm 左右的白虾，主动摄食能力和游泳能力都较弱，往往随波逐流，因此投饵采用满塘泼撒。平均体长 3～4 cm 的白虾，生长速度加快，摄食能力也很强，为了不污染水质和不浪费饲料，投饲方法应从原来的满塘泼撒改为食台定点投饲。食台可以用竹团箕或木框筛绢布或化肥袋做成，规格为 60 cm×80 cm，食台位置应固定在塘坝与虾沟之间的沟边上，离水面 20～30 cm。食台数量按每 667 m² 1.5～2 个计算，设点要均匀。一天投饲量分早晚两次投喂，早晨占 1/3～2/5，傍晚占 3/5～2/3。

4. 饲养管理

俗话说，三分养、七分管，可见管理的重要性。

（1）水质控制　水质好坏直接影响白虾的生长与存亡。一般塘内的常见水色有黄褐色、黄绿色、淡绿色等，这些水色都是正常的。但当水体内绿藻大量繁殖呈现深绿色时会大量消耗氧气；出现酱油色说明水质过肥；水色由浓黑突然变清，说明水体含氧量剧降，这是泛塘的前兆之一。

保持良好水质的主要工作是添换水。白虾养殖过程中要多换水，通过换水来改善水质，带进丰富的饵料。一般每隔 5～10 d 换水一次，每次换水不要超过虾池总水体的 1/2。排水时应将底部闸底抽出，让污水从底部流出，因为排一半积在虾沟底的污水对改善水质起决定性作用。

（2）巡塘检查　巡塘应注意观察虾体摄食生长、水色、堤坝、进排水闸门、闸网等情况，遇到不良气候条件，尤需勤观察，以便及时采取措施。

（3）掌握生长速度　每隔半个月或 1 个月，测定一次虾体生长速度，以便掌握虾体生长情况，及时调整投饲量等。

四、脊尾白虾成虾捕捞

（一）适时轮捕

若在 10 月初放养不同规格或者大小不匀的苗种，一部分大的虾苗养至 10 月底 11 月初可达到 6 cm 左右的商品虾标准，如果不将大个体的白虾捕掉，就会出现大虾挤小虾、大虾压小虾，甚至互相残杀而影响产量。此时可进行轮捕，即捕大留小，充分发挥水体生产力，以促进小个体白虾的生长发育，提高虾塘产量。

收捕时先排出塘水，露出滩面，沟内保持满水，让白虾集中在沟内，然后用与环沟宽度相当的手推网或拉网（网眼大小为 2.5～3.0 cm），以捕捞 6 cm 以上的商品虾，让小虾从网眼中漏过，收捕时间不宜过长，也要防止沟底泥大量泛起而搅浑池水。

另一种适时轮捕的方法：采用四角板罾网，网目大小要刚好能捕获 5～6 cm 白虾，小虾能漏出。操作时选择迎风面，将网投入池底，再在网内四周撒上一些浮性饲料，如麦麸、虾皮之类，过不多久白虾便被诱入网中，此时将网扳起，将虾捕获，适用于少量白虾起捕。

（二）全塘起捕

彻底起捕白虾的方法有三种。

1. 放水收虾

这是最理想的一种起捕方法。收虾效果好，又省力，适宜于大规模收虾。放水收白虾的方法与放水收对虾方法相同，但网袋的网目要小一些，网目由 1.0～1.5 cm，逐渐缩至 1 cm。放水收白虾时，如果一次收不完，可以再放进水再收，反复 3 次便会收光。少量的剩虾，可以人工捕捉。

2. 拉网

对于没有放水收虾条件的对虾塘来说，大面积捕虾可用拉网。拉网是在虾沟内（即环沟）进行，虾沟要有宽度，至少在 6 m 以上，两壁坡度要缓。捕虾前应将滩面积水排干，只留沟中 60～70 cm 水深，然后用小拉网在沟内来回地拉网捕虾。操作时可分段进行，需 4～6 人参加，分左右两组，分别拉住两头上纲和下纲，向前拉进，到沟末端将虾收起。

3. 车水捕虾

这是一种实用的土方法。这种方法省成本，但费工，速度慢。捕虾时先将水尽量放干，剩下放不完的水用抽水机抽，到只剩下少量沟水时，架上车水机（或称水车），逐渐将水车干，虾随水经过水车槽流入另一头末端出口处网袋里。

五、脊尾白虾的仿生态养殖技术

近几年来随着虾蟹养殖难度的增加、风险增大，以及养殖业自身对海洋环境的影响，不少单位试验推广了仿生态养殖模式。所谓仿生态养殖就是模拟脊尾白虾生长繁育的生态条件，进行以脊尾白虾为主的"一次放养、多次补放、自繁自衍、多次轮捕"，以及混养贝类、蟹类等种类的养殖方法。目的是为了更加充分利用池塘生态系中物质能量流动规律，把池塘生物能量更大限度地发掘出来，取得经济效益、生态效益双丰收，倡导渔业和谐生产，其主要技术有：

1. 池塘清整与消毒

脊尾白虾仿生态养殖池塘，面积为 2 hm²，水深为 0.5～1.2 m，每次潮汛能进海水 10 d 以上。池塘清整与消毒一般为 3 月，消毒前放干池水，清除环沟淤泥，修补堤坝、漏洞，修理闸门，安装平板网、围网。准备工作完成后，进行贝类混养区耕作，其技术与虾蟹塘混养贝类技术相一致。

进苗前 15～20 d，排干塘内旧水，采用生石灰每 667 m² 75～80 kg 全塘（干塘）泼洒，进水 30 cm，浸泡 3～5 d，然后排出海水；再进海水 30～50 cm，用漂白粉（含有效氯 36%）全塘泼洒，2 d 后排出消毒海水。

2. 进水施肥培饵

清塘消毒后，安装 60 目（或 40 目）平板网（即进水网）进水 50～60 cm，每 667 m² 施用经发酵的有机鸡粪（颗粒状亦可）15～20 kg（方法：挂袋，1.5～2.5 kg/编织袋，缚塘内竹竿悬于水中），1 周后，开始加水，每日 5～10 cm，并追肥一次（每 667 m² 施有机鸡粪 5～10 kg），用以繁殖池塘内基础饵料生物。经 10～15 d，池水深度在 1.0～1.2 m，池塘水呈浅黄褐色或浅黄绿色，透明度在 30 cm 左右，即可放苗。

3. 放养种类与密度

放苗季节为 3 月，待池水呈浅黄绿色水系后，即可开始放苗入池。仿生态养殖一般每 667 m² 放养 200～240 只/kg 小白虾 0.5～1 kg。青蟹苗入塘时为拇指甲大小，每 667 m² 放养量 300～500 只，2 000～4 000 粒/kg 缢蛏每 667 m² 放养 4 万粒，400～440 粒/kg 泥蚶每 667 m² 放养 150～200 kg。

4. 饵料投喂

前期在脊尾白虾苗和抱卵亲本放好后停止进排水，并通过施肥培养饵料提高塘内藻类密度，同时适当投喂鱼虾肉糜和经搓洗的鸡蛋黄和豆浆，全池泼洒，蛋黄和豆浆的投喂量根据塘内天然饵料生物的丰度调整，使白虾孵化后有充足的饵料，以此提高虾苗成活率。中期逐步增加，主要投喂配合饵料，促进生长发育。后期主要是育肥，以投小杂鱼为主；随着水温降低减少投喂量，冬季水温降至 5 ℃以下，此时开始停止投饵。投饵阶段，每天分 2 次投喂，其中早晨投喂 30%，傍晚投喂 70%，日投喂量以 2～4 h 内吃光为宜。

5. 日常管理与防病

（1）添加水　入池后 1 周内加满水，以后每 3 d 换水一次，换水量为 10～20 cm；7—9 月高温季节，应加大换水量，换水 21 次，每次 30 cm。

（2）增氧　每塘配 4 台浮式增氧机。在高温期、气压低、连续阴天、天气闷热无风时，应增开增氧机次数与时间。

（3）巡池　坚持定时巡池，经常观察虾、蟹、贝的活动和摄食情况；发现有病、残、死虾、蟹、贝，及时诊断，找出问题，采取措施。

（4）疾病防治　疾病是影响养殖生产的重要因素。一旦发病，交叉感染速度快，病情难以控制。故平时应做好预防工作：每半个月使用一次生石灰或沸石粉，适当投喂药饵。

（5）记录　每个月捕获 10～20 尾虾、蟹、贝，测定其体长、体重，做好记录，以便根据虾、蟹、贝的生长情况，及时调整管理措施。

6. 轮捕

脊尾白虾采用轮捕方法，国庆节前至国庆、春节、第二年清明节等三次或者国庆节前至国庆、春节两次进行轮捕；蟹经 3～4 个月养殖，可捕大留小、捕肥留瘦陆续上市；蛏与蚶年底或年初一次性起捕。

思考题

1. 简述虾蟹塘混养种类及其养殖技术。
2. 简述虾蟹塘轮养技术及其种类搭配。

第四篇
主要经济贝类增养殖

第十二章　固着性和附着性贝类的养殖

第一节　牡蛎的养殖

牡蛎是软体动物门、瓣鳃纲、珍珠贝目、牡蛎科动物的通称，在我国已有2000多年的养殖历史，为四大养殖贝类之一。国内的主要养殖种类有长牡蛎（*Crassostrea gigas*）、葡萄牙牡蛎（*Crassostrea angulata*）等，闽、粤一带称蚝或蚵，苏、浙称蛎黄，山东以北称蛎子或海蛎子。

牡蛎是一类经济价值较高的贝类，干肉中含有蛋白质45%～57%、脂肪7%～11%，以及丰富的维生素A、B_1、B_2、D和E等，含钙量比牛乳和蛋黄高200倍。鲜蛎汤素有海洋牛奶之称，浓缩后称蚝油，蛎肉可鲜食，干品称为蚝豉，也可加工成罐头。

牡蛎除食用外，还有一定的药用价值，《本草纲目》记载了牡蛎有治虚弱、解丹毒、止渴等药用价值，牡蛎珠可治眼疾。从新鲜牡蛎中提取的低分子多肽活性物质能有效地抑制人的肺癌细胞和胃癌细胞的增殖，有一定的抗肿瘤效果。

此外，牡蛎的贝壳粉还可作为畜禽饲料的添加剂，以牡蛎贝壳粉为原料生产的土壤调理剂，可使农作物增产。贝壳可供制石灰、水泥、电石或作贝壳粉的原料。

牡蛎为世界性分布种，目前已报道100多种。世界各临海国家几乎都有生产，其产量在贝类养殖中稳居第一位。世界养殖牡蛎产量占牡蛎总产量的90%以上。各国对牡蛎的研究较多，苗种生产、养殖方法在各种养殖贝类中也最为完善。

我国牡蛎的天然苗源比较丰富，养殖牡蛎多采用半人工采苗的方法，其技术参见通用技术篇固着性贝类的海区采苗方法。北方种长牡蛎，以及它的杂交种、三倍体牡蛎和单体牡蛎等采用室内全人工育苗生产。

一、牡蛎的生物学特性

（一）主要形态特征

我国沿海有牡蛎20余种，主要的养殖种类有长牡蛎（太平洋牡蛎）、葡萄牙牡蛎（福建牡蛎）、近江牡蛎和密鳞牡蛎等（图12-1）。

牡蛎为翼形类，两壳不等，左壳大，右壳小，壳表粗糙，具鳞、棘刺等。铰合部无齿，或具结节状小齿。单柱类，二孔型，无水管、内韧带。由于种类不同，形态各异。

（二）生态习性

除寒带的某些特别地区外，热带、亚热带、温带和亚寒带都有分布，几乎遍布全世界。

适应能力强的福建牡蛎，分布地带从热带性气候的印度洋一直延伸到日本和我国亚寒带性气候的北部沿海，且多生活在海水盐度多变的潮间带。近江牡蛎广布于日本和我国北起黄海的鸭绿江附近，南至海南岛的东南沿海，栖息在河口附近海水比重较低的内湾。长牡蛎分布于我国南北沿海。密鳞牡蛎是广温狭盐性的种类，分布于我国南北沿海某些水域，适宜生

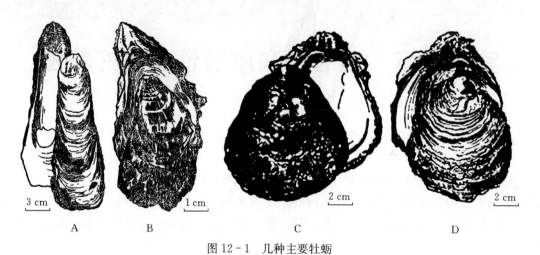

图 12-1　几种主要牡蛎
（仿戴国荣）

A. 长牡蛎　B. 葡萄牙牡蛎　C. 密鳞牡蛎　D. 近江牡蛎

存在高盐的海水里。

近江牡蛎一般在低潮线附近至水深 7 m 以内数量最多，在广西龙门港曾观察到从中潮线直至低潮线以下 20 m 水深处都有它的分布。福建牡蛎分布在中、低潮区及低潮线附近。密鳞牡蛎分布在较深的海区。长牡蛎的分布水层大致与近江牡蛎相同。

牡蛎营固着生活，以左壳固着于外物上，自然栖息或养殖场内的牡蛎，都由各个年龄的个体群聚而成。次年或第 3 年繁殖的后代，则以第 1 代或第 2 代的贝壳作为固着基，老的个体死去，新的一代又在其上面固着。结果，在许多自然繁殖的海区，海底逐年堆积起牡蛎的死壳和大量的生活个体，形成极其可观的牡蛎堆（蛎山）。

同一代的牡蛎彼此聚在一起生长，由于互相挤压，只得共同向上或向外部空间伸展，以适应个体体积的增长，有些仅以其壳顶部占有极小的面积固着，因此，牡蛎的外壳是非常无规则的。牡蛎群聚的习性给高密度养殖提供了可能。

各种牡蛎对海水盐度的适应性不同，是决定牡蛎水平分布和养殖场地选择的主要条件之一。长牡蛎和近江牡蛎生活的海水盐度范围很广泛，前者可以在海水盐度 10~37、后者可以在海水盐度 10~30 的海区栖息。长牡蛎在海水盐度 6.5 以下时，能生存 40 h，其生长最适海水盐度范围是 20~31。大连湾牡蛎和密鳞牡蛎对海水盐度适应范围较窄，一般在 25~34 的高海水盐度海区栖息。福建牡蛎分布在环境多变的潮间带，对海水盐度适应范围较广。

牡蛎对温度适应范围较广。我国南北近海的全年水温差别极其显著，北方冬季的水温可低至 1~2 ℃；在夏季，南方水温较高的潮间带附近可高达 40 ℃。这些水温相差悬殊的海区仍有牡蛎栖息。近江牡蛎、福建牡蛎和长牡蛎为广温性种类，在 -3~32 ℃ 范围均能存活，长牡蛎生长适温是 5~28 ℃。

由于分布的环境条件不同，牡蛎对海水盐度和温度的适应范围可产生某些生理上的具体差别。同一种类，一般说来，生活在南方的牡蛎对高温的适应性较强而对低温适应性较弱，相反，北方产的牡蛎对低温的适应性较强而对高温的适应性较弱。

牡蛎在幼虫期和成体期由于消化和摄食器官在发育的程度上有所不同，其食料种类和大小也有明显的差别，牡蛎胚胎发育至面盘幼虫以后，体内的卵黄物质消耗殆尽，需要摄取外界的营养物质以维持生命。由于滤食器官的发育还不完善，因此，只能摄食一些极微小的颗粒。单鞭金藻、等鞭金藻、小金藻、盐藻、扁藻、小环藻、微球藻、小球藻、三角褐指藻、隐藻等在培育牡蛎幼虫时也取得了成功。

（三）繁殖与生长

牡蛎满 1 龄性腺成熟，并开始繁殖。繁殖期因种类的不同而有差异，同一种类由于生活海区不同，繁殖期也不同，即使同一海区，由于海况条件的变化，不同年份繁殖期也有先后（表 12-1）。繁殖的方式有幼生型和卵生型两种。

表 12-1　不同种类牡蛎的产卵适温与繁殖期

种类	产卵适温	繁殖期
福建牡蛎	21～26.6	4—10 月（福建、广东）、5—10 月（浙江、江苏）、7—8 月（青岛、大连）
长牡蛎	24 以上	6—8 月
近江牡蛎	22～27	5—8 月（南海珠江口）、7—8 月（渤海黄河口）
密鳞牡蛎	21～23	幼生型

牡蛎生长可分为两大类型，福建牡蛎的生长基本上在 1 周年内完成，其中固着后的前 3 个月贝壳生长最迅速；长牡蛎、近江牡蛎、密鳞牡蛎则在固着之后的若干年内贝壳都可以不断生长，如南海珠江口的长牡蛎，固着时壳长约 300 μm，半个月达 0.7 cm，1 个月后平均壳长近 1 cm，1 周年达 6 cm，2 周年 8～9 cm，满 3 年可达 13～14 cm，满 5 年达 17～18 cm，满 8 年达 20～21 cm，最大个体可达 28～29 cm。

二、牡蛎的人工育苗

牡蛎的人工育苗是指牡蛎的繁殖、发生、幼虫培育、附着成苗都是在人为控制的条件下进行的全过程，常用于牡蛎杂交种、三倍体、单体牡蛎苗种的生产。以长牡蛎人工育苗为例介绍如下：

（一）亲贝选择与暂养

选择 2～3 龄，壳长 12 cm 以上，健康、无病、贝壳完整的个体作为亲贝，清除壳面上的各种附着生物，装入网笼，疏挂于肥沃海区精养。在临近产卵前 1～2 d，取回亲贝，放养于室内大水体中，放养密度 30～35 个/m²，每天投喂 2 次足量的单胞藻类，或适量豆浆、淀粉等饵料，促进性腺的发育和成熟。

（二）催产与孵化

常采用阴干、变温、流水的综合刺激方法。阴干时间 6～10 h，并结合清洗亲贝贝壳上的脏杂物，升温刺激的温度以超过常温 3～5 ℃为宜，流水刺激 1～2 h，流速 15 cm/s。

催产过程中，注意观察亲贝的排放情况，将多余雄贝去掉，防止精子过剩影响水质和胚胎发育。亲贝排放高峰过后，及时取出亲贝，静水让受精卵下沉，并根据受精卵下沉的情况，及时吸出上层水，注入新鲜海水，以达到洗卵的目的。

（三）幼虫培育

受精卵发育至担轮幼虫或面盘幼虫后，吸取孵化池上层 3/4 的健康幼虫用以育苗，弃去余下 1/4 的劣质幼虫。

幼虫培育密度以掌握在 20～50 个/mL 为宜。开始培育的 3～4 d 以加水为主，逐日加入新鲜沙滤海水。加满后，视幼虫发育情况，选用合适筛绢网进行换水。每天换水量为原池水的 1/4～1/2，至壳顶中期换水 1/2～2/3，壳顶后期 2/3～4/5，附着后可全换水。培育期间应及时进行池底吸污，并适时翻池。

饵料主要用角毛藻、金藻、扁藻等单胞藻，投饵量应根据饵料种类、密度及幼虫的发育阶段、幼虫密度、幼虫胃肠饱满度等情况随时作适当增减。

连续充气，每平方米放置 1 个气头（长 5 cm、直径 2～3 cm 圆形散气石），气量以 1 min 达到总水体的 1%～1.5% 为宜。

日常管理操作注意事项：及时进行池底吸污；换水前检查换水网箱是否破损；镜检幼虫摄食情况和生长速度，晚上要用手电筒检查幼虫的活动、数量和分布情况；监测水质，维持稳定的环境条件；发现问题，及时处理解决。

育苗用水水质要求和理化条件：海水盐度 20～30，最适海水盐度 23～26，育苗水温 22～29 ℃，最适水温 25～27 ℃，海水 pH 7.9～8.4，溶解氧 4.5 mg/L 以上，氨氮含量 0.2 mg/L 以下。

（四）附苗和稚贝培育

当浮游幼虫发育至 250～300 μm，眼点出现率达到 30% 时，就可以投放采（附）苗器。室内采苗器常用贝壳串、胶条绳、树脂纸板等。

1. 附苗器处理

将附苗器洗刷干净，太阳光下暴晒，使用前放入海水中浸泡 7 d，在投放之前用漂白粉（有效氯含量 5～10 mg/L）或高锰酸钾 10～20 mg/L 消毒，而后用沙滤海水冲洗干净。

2. 投放附苗器数量

主要取决于浮游幼虫多寡、要求附苗密度和附苗率。附苗率一般在 22%～30%，生产上以 1 个蛎壳（平均面积 40～60 cm²）附苗 20～30 个为宜。

3. 附苗量检查

注意附苗器阴阳面的附苗数量，及时进行附苗器的倒置工作，以使附苗均匀，便于今后的养成管理。

4. 单体牡蛎

用肾上腺素（溶液浓度 20 mg/L）处理眼点幼虫 1 h，用聚丙烯扁条包装带作采苗器，包装带每根长 50 cm，20 根编成一帘，每立方米水体投放 30 帘，折合长度 300 m。幼虫固（附）着后，随着生长对不同大小的稚贝进行脱基，脱基后即成单体牡蛎，装入网袋下海进行中间育成。

（五）中间培育和下海养成

人工育苗获得的稚贝，在土池或室内水池进行中间培育后即可下海养成。室内中间培育的工作大致与浮游幼虫培育相同，需加大换水量和投饵量。中间培育的稚贝至壳长 2 cm 左右，应及时分散附苗器，移入海区养成。

三、牡蛎的养成

牡蛎的养殖方法较多，较常见的有插竹养殖、底播养殖、条石养殖、立石养殖、垂下养殖等，随着养殖业的不断发展，前四种方法逐步淘汰，垂下养殖成为目前主要的养殖方法。

垂下牡蛎养殖法是目前国内外牡蛎养殖的先进技术，且有养殖周期短、产量高等优点，是我国牡蛎养殖业的发展方向。

（一）筏式垂下养殖法

适用于干潮时水深 4 m 以上，风浪平静的内湾。是目前牡蛎养殖的主要方法。

筏的结构大小因地而异，筏子通常用圆木或毛竹扎成 5 m×10 m，也有 10 m×10 m。每台筏子用 6～9 个浮桶或其他浮子作浮力，并以锚或桩固定在海底。将已附好苗的蛎壳串、橡皮条悬挂在筏子上进行养成，也可在筏上吊挂装有单体牡蛎的笼子进行牡蛎的笼养。

1. 吊绳养殖

见图 12-2。适合于以贝壳做固着基的牡蛎，其养成方式有两种：一是将固着蛎苗的贝壳用绳索串联成串或将固有蛎苗的胶条绳，中间以 10 cm 左右的竹管隔开，吊养于筏架上；二是将固着有蛎苗的贝壳夹在直径 3～3.5 cm 的聚乙烯绳的拧缝中，每隔 10 cm 左右夹 1 壳，垂挂于浮筏上。一般每绳长 2～3 m。也可利用胶胎夹苗吊养。

图 12-2 牡蛎的筏式吊绳养殖

2. 网笼养殖

利用扇贝网笼养殖。将无固着基的蛎苗或固着在贝壳上的蛎苗连同贝壳一起装入扇贝网笼中，在浮缆上吊养。

筏式养成一般每 667 m^2 放养蛎苗 10 万粒，以贝壳作采苗器，每 667 m^2 可吊养 1 万壳左右。蛎苗从 5—6 月开始放养，至年底收获，每 667 m^2 产量可达 5 000 kg 以上。

（二）延绳垂下养殖法

延绳系由 1 500 股聚乙烯单丝绞制而成，全长 96 m，两端打桩于海底，两头各为 30 m 长桩缆（具体应以满潮时水深 2 倍以上定桩缆长度），中间 36 m 为浮缆，每隔 1.5 m 缚 1 个直径 32 cm 的玻璃球，附着器吊距为胶条绳 0.4 m、贝壳串 0.5 m，1 根延绳可吊胶条绳 91 条、吊贝壳串 73 串。延绳间距为当地潮差的 1～1.5 倍。浮缆应与主流方向成 50°～60°偏角，形成拉流现象。该法的优点是有较大的抗风浪能力。

（三）棚架式垂下养殖

海区要求潮流畅通，流速 20～25 cm/s，有适量淡水注入，海区饵料生物及水温、海水盐度等理化因子适宜牡蛎养成。养殖区域选择在低潮区或小潮汛时能保持 2～3 m 水深的区域，海水透明度在 0.5 m 以上，涂面平坦，不能过软，涂质为沙质或泥沙质。

棚架由两行或多行对应平行的树桩（毛竹、石均可）及水平敷设的聚乙烯绳（或毛竹）组成，标桩行顺流设置，桩行中两桩距离为 3～4 m，行与行之间的相对距离为 1 m 左右，根据养殖场地确定桩的长度，一般为 3 m，也可视滩涂底质软硬而定，桩头大部分垂直打入涂中，上端露出滩面 0.6～0.8 m，在桩头的顶端，用 240 丝（股）以上的聚乙烯绳或毛竹把桩按行串联起来，桩行的两端用斜桩将聚乙烯绳固定，构成一个固定的低棚架。

将蛎壳采苗器的两端分别吊挂在养殖棚架的聚乙烯绳或毛竹上，苗串平挂略呈抛物线型，串与串之间距离 20～25 cm，并行挂养，苗串最低点离滩面 20 cm 以上。

四、牡蛎的收获

(一)收获季节

收获季节一般在蛎肉最肥满的冬季至翌年春季。牡蛎经养成达到一定的商品规格后，即可收获。福建牡蛎一般 1 龄就可收获。长牡蛎一般需 15～18 个月。近江牡蛎和大连湾牡蛎在饵料充足、水流畅通的海区，生长较快，一般 2 年左右就能达到商品规格。

(二)收获方法

垂下养殖的牡蛎，可将附苗器收回，运回岸上取肉。也可直接在船上采收牡蛎，单体牡蛎可以带壳销售。

第二节　贻贝的养殖

贻贝，俗称淡菜、海红、壳菜等，主要养殖种类有紫贻贝（*Mytilus galloprovincialis*）、厚壳贻贝（*Mytilus coruscus*）、翡翠股贻贝（*Perna viridis*），都属于软体动物门、瓣鳃纲、贻贝目、贻贝科（图 12-3 至图 12-5）。紫贻贝自然分布于我国北部沿海；厚壳贻贝主要分布于我国东南沿海；翡翠股贻贝分布于我国东南以南沿海。

贻贝营养丰富，味道鲜美，干制品称为贡干，是著名的海产珍品，也是人们喜爱的海味品。据分析，每 100 g 鲜贝肉含蛋白质 10.8 g、糖 2.4 g、灰分 2.4 g、脂肪 1.4 g，干制贻贝肉蛋白质含量高达 59.3%，还含有多种维生素及人体必需的锰、锌、硒、碘等多种微量元素。所含的蛋白质有缬氨酸、亮氨酸等 8 种必需氨基酸，含量大大高于鸡蛋及鸡、鸭、鱼、虾和肉类等必需氨基酸的含量。贝肉中含有人体所必需的脂肪酸，其饱和脂肪酸的含量较猪、牛、羊肉和牛奶等食品为低，不饱和脂肪酸的含量相对较高。

《本草纲目》记载，贻贝肉能治"虚劳伤惫，精血衰少，吐血久痢，肠鸣腰痛"。贻贝性温，能补五脏，理腰脚，调经活血，对眩晕、高血压、腰痛、吐血等症均有疗效，而治夜尿频吃贻贝效果甚好。贻贝中含有维生素 B_{12} 和 B_2，对贫血、口角炎、舌喉炎和眼疾等亦有较好的疗效，并有一定的医疗保健作用。

图 12-3　紫贻贝　　　　图 12-4　厚壳贻贝　　　　图 12-5　翡翠股贻贝

一、贻贝的生物学特性

(一)主要形态特征

贻贝左右对称，体前端为壳顶。前闭壳肌小，后闭壳肌大。有棒状足，不发达，由足丝腺分泌足丝，以附着于固体物上。呼吸器官是两对鳃瓣，由外套膜内壁延伸而成。由 2 对唇瓣及口、食道、胃、胃盲囊（晶杆囊）、肠、直肠等组成消化系统，性腺分布在内脏团块、腹嵴及左右 2 片外套膜上；左右各 1 个生殖孔，开口于生殖乳突上。

紫贻贝外壳紫黑色，有光泽。厚壳贻贝壳较紫贻贝厚重，壳表为棕黑色。翡翠股贻贝壳大，壳表呈翠绿色，有光泽。

（二）生态习性

1. 栖息环境

紫贻贝生活在低潮线以下 1～3 m 处。生长适温范围为 8～23 ℃，适宜的海水盐度范围为 17.6～24.2，生长快，繁殖力强。

厚壳贻贝分布于低潮线以下至 20 m 水深处，以 5～10 m 水层最多，生长适温范围 4～32 ℃，适盐范围 24.6～35.8，主要生长在有海浪冲击的岩礁上。

翡翠股贻贝分布于潮间带至低潮线以下 15 m，在南海以低潮线以下 1～2 m 水层为最多，适温范围为 20～30 ℃，适盐范围为 19.5～31.4。

2. 生活习性

幼虫阶段，依靠面盘在水中营浮游生活。发育到眼点幼虫时，以足丝附着在各种物体上的附着生活。从这个时期开始直到成贝阶段，如环境不适，可切断足丝，重新附着生活，但随着个体的增大，附着越来越稳定。

贻贝的幼贝和成贝，均依靠坚韧的足丝附着在各种物体上生活，在群体数量很大的情况下，往往会相互附着，重叠起来，成为厚厚的一层，每平方米可达数千个乃至数万个。

贻贝对环境条件具有很强的适应能力，可以生活在许多贝、藻类无法生活的工业污染区，而且个体越大，适应能力越强。忍耐温度、海水盐度变化的范围也很广。

3. 摄食习性

贻贝的食物成分中，以有机碎屑和硅藻为主，尚有纤毛虫类、动物卵、双壳类早期面盘幼虫和藻类丝状体等。贻贝不仅可以从海水中摄取颗粒状态及胶体状态有机物，还能从水中直接吸收营养物质。

（三）繁殖习性

紫贻贝的生物学最小型为壳长 1.6 cm；翡翠股贻贝为壳长 5 cm；厚壳贻贝壳长为 5 cm 以上。

贻贝的种类及所处的纬度不同，繁殖期也不一样。紫贻贝的春季繁殖期，福建至山东沿海均为 4—5 月，大连为 5—6 月；秋季繁殖期都在 9—10 月。翡翠股贻贝的繁殖期在 4—6 月和 9—11 月。厚壳贻贝的繁殖期在 3—6 月。

性成熟时，雌性贻贝外套膜上的生殖腺呈梅红色，雄性呈乳白色。在繁殖季节里，当亲贝受到外界环境变化的刺激，就大量排放精卵。壳长 4～10 cm 的紫贻贝，个体产卵量 30 万～1 500 万粒；壳长 5～12 cm 的翡翠股贻贝，个体产卵量 300 万～3 000 万粒；壳长 9～13 cm 的厚壳贻贝，个体卵量 1 000 万～2 500 万粒。

紫贻贝精子全长 35～60 μm。卵圆形，直径 60～74 μm。精卵在水中受精，经过 2、4、8、16、32 细胞期，进入桑葚期、囊胚期、担轮幼虫期、面盘幼虫期，然后变态为稚贝，分泌足丝附着在物体上。

二、贻贝的海区采苗

紫贻贝自然海区采苗区应具备以下条件：一是有养殖贻贝或贻贝自然分布较多的海区。二是不受工业污染、潮流稳定的内湾。翡翠股贻贝的采苗区应选择附近有亲贝自然分布的岛屿、港湾。厚壳贻贝自然采苗区要选择附近有亲贝自然分布，海水盐度24～33，水清流畅的海区。详细操作技术参见通用技术篇附着性贝类的海区采苗方法。

在贻贝采苗养殖生产过程中，当采苗器上的贝苗密度较大时，就要进行分苗疏养，以利贻贝生长，提高产量。分苗时期掌握在贻贝壳长达到1.5 cm左右时进行，此时贝苗的附着力最强。

三、贻贝的人工育苗

（一）育苗设施

贻贝人工育苗的设施主要由供水系统（抽水、蓄水沉淀、过滤设备、输水管道）、饵料培养室（单细胞藻类接种室、培养室）、育苗室（产卵孵化池、幼虫培育池、出水和充气设备）3个部分组成。

（二）选择亲贝

贻贝育苗应选择生长良好的亲贝。紫贻贝应选择壳长6～8 cm，稀挂疏养、生殖腺发育良好的亲贝。翡翠股贻贝和厚壳贻贝应选择壳长9～12 cm，生长在水流畅通、生殖腺丰满的亲贝。若生殖腺不够成熟，可采取每立方米海水精养40～60个亲贝，每日投入甘薯淀粉40～100 g，全量换水1次，约经13～14 d精养，亲贝经变温刺激，可排放精卵。

（三）人工诱导产卵与人工授精

采用阴干加流水、阴干加升降温刺激方法，能促使紫贻贝排放精卵。厚壳贻贝用阴干加流水和升降温刺激可促使排放精卵，阴干的时间10 h左右。翡翠股贻贝用日晒升温及升降温刺激，若1次刺激无效，可反复刺激，能促使翡翠股贻贝排放精卵。

贻贝排放精卵后0.5 h左右，应进行精卵混合。授精时精液不宜太多，一般1个卵子的周围有3～5个精子即可，过多精子会引起受精卵畸形分裂。精卵混合后0.5 h左右，当发现多数卵子出现受精膜或极体时，应及时洗去多余精子。当大部分的卵子沉淀后，即可用虹吸法或排水法，排去上、中层精液和沉淀较慢的破裂卵子，加入等量过滤海水，反复洗涤3～4次，把受精卵移到孵化池中。紫贻贝和厚壳贻贝的受精卵孵化密度为150～300粒/mL，翡翠股贻贝的受精卵孵化密度为50～100粒/mL，微量充气或轻轻搅动，使受精卵保持悬浮状态，其孵化率可达98%左右。

（四）胚胎发育

紫贻贝的受精卵在水温11～17.5 ℃，发育至眼点幼虫需要25 d，水温16～17 ℃只需要20 d。翡翠股贻贝的受精卵在水温18.5～25.5 ℃发育至眼点幼虫需要50 d左右，而水温在22～28.5 ℃只需要24 d。厚壳贻贝的受精卵在水温17 ℃发育至眼点幼虫需要35 d左右，而水温在18～21.3 ℃需要20 d。

（五）幼虫培育

第1次选优（幼）从担轮幼虫开始，把上浮的担轮幼虫用虹吸法移到培育池中培育，淘汰发育慢的担轮幼虫。第2次选优（幼）在面盘幼虫期，选优（幼）时应停止充气，把浮游在上层的面盘幼虫虹吸到低水位的育苗池中培育。

在胚胎发育的适温范围内，面盘幼虫的投放密度，紫贻贝 20～30 个/mL；厚壳贻贝5～10 个/mL；翡翠股贻贝 2～3 个/mL 为宜。

通常投喂的饵料有等鞭金藻、叉鞭金藻、角毛藻、三角褐指藻、扁藻等。投饵要掌握好密度。

育苗管理应做好水质观测、幼虫检查、换水、投饵、充气、清污等项工作。每日定时定点测定育苗池海水水温、溶解氧量、氨氮、pH 等，发现问题及时采取相应措施。每日取样镜检幼虫胃含物。若日平均壳长增长 10 μm 左右，说明其生长发育正常。面盘幼虫期时，每日加入过滤海水，育苗池的水位升高 10 cm 左右。进入壳顶幼虫期后，每日早晚各换水 1/4～1/2。幼虫附着后，改用粗滤水，采用全量换水。严格掌握投饵量。随着幼虫的发育，充气量逐渐增大，使水中含氧量保持在 4 mg/L 以上。如果发现面盘幼虫沉底集聚成棕色斑点，表明水中严重缺氧，应尽快充气和换水；每 2～3 d 用虹吸法吸取沉积在育苗池底部的幼虫排泄物及杂质等；或采用"倒池"的办法，将幼虫用筛网收集起来，移到另一育苗池中培养。

（六）采苗

采苗器必须是无味、无污染、无毒、轻便、粗糙、耐用、成本较低的旧海带苗绳或旧网片等为好。用旧海带苗绳或旧网片采苗，要经过 1～2 次清洗，暴晒 3～5 d。若用新的棕绳，应经过捶打、烧棕毛、浸泡、水煮、清洗、清除碱性和有害物质后，才能用于采苗。当育苗池中幼虫有一半进入眼点期，即可投放采苗器。投放采苗器要先平铺于底层，过 2～3 d 再垂挂池周壁，最后挂池中间。投入采苗器后，要逐渐加大换水量。

四、贻贝的养成

虽然紫贻贝人工育苗技术已掌握，但由于北方贻贝苗种价格较低，养殖用苗主要是从北方采自然苗来解决的。厚壳贻贝的养殖苗种主要依靠人工苗。

1. 苗种运输

苗种运输一般采用低温干运法。温度控制在 5 ℃左右，存活率较高，运输效果甚好。

2. 养殖海区选择

选择在浪小、流缓、透明度大、单胞藻饵料生物丰富的区域。浙江省目前主要养殖在泗礁、南麂海域。有些地方将贻贝与海带或羊栖菜等藻类混养，效果很好。

3. 养成附苗

贝苗附着后在采苗场暂养 3～6 个月，长至壳长 0.7 cm 以上时转移至养成场养殖。壳长 2 cm 左右的贻贝，就可以进行分苗附着养成。贻贝的分苗附着方法，北方多采用"簇夹法"，南方多采用"包苗法"。此外，还有流水附苗、缠绳分苗、散播附苗等方法。

（1）簇夹法　将采苗绳和浮筏上的贻贝苗成簇分开，每簇约 300 粒，按一定距离夹到生长绳上。

（2）网片包苗　把贻贝苗定量分散，用网片包于生长绳（旧自行车胎做成的胶胎绳或旧渔网绳）上，吊挂在浮筏上，4～5 d 后选择风浪较小的天气拆除网片。

（3）流水附苗　将生长绳平铺在水池底部，按放养密度在生长绳上散播贻贝苗，然后放入 20 cm 左右深的海水，2～3 d 后贻贝苗大都附在生长绳上，即可将生长绳移到浮筏吊养。

（4）缠绳附苗　将附有贻贝苗的棕绳切段，缠绕在胶胎做的生长绳上，吊养几天后小苗会逐渐移动分散附着在胶胎绳上。

（5）散播附苗　于风平浪静的天气，将厚壳贻贝苗剪掉足丝，均匀散播在低潮区的礁石上，盖上旧网片，周围用石块压紧，下个大潮期间贻贝苗牢固地附着在岩礁上，可收回网片。

4. 包苗

将贻贝苗从附苗器上扒下，按大小规格分档后，在设有凹形的半爿竹筒或半管状物上铺放筛网网片，将贻贝苗均匀地散放其上，再放上养殖用苗绳，包紧缝实后，下海挂养。约经 7 d 贻贝苗就能分泌出新的足丝附着，这时拆去筛网网片就可养殖了。

5. 养殖器材

（1）吊绳　140～180 股聚乙烯绳（直径 4～5 mm），长 0.8～1 m。

（2）养成绳　长 1.5～3 m，主要用直径 3～3.2 cm 聚乙烯网绳，将 3～4 根直径 1.2 cm 的红棕绳绞合成一根使用的红棕绳；以及将旧轮胎等橡胶割成 2.5～3 cm 宽度的胶皮带，2～3 条拧合在一起的胶皮绳。

（3）浮绠（筏身或大绠）　材料为聚乙烯、聚丙烯和聚氯乙烯等，直径 2～2.5 cm，浮绠有效长度 60～85 m。橛缆（橛绠）材料与浮绠相同，直径略粗于浮绠，其长度是养殖海区满潮时水深的 2 倍，与海底夹角 30°。在流急浪大的海区，橛缆与水深的比例可为（2.5～3）∶1。

（4）大桁　材料与浮绠相同，直径 3～3.6 cm。长度根据海流和水深而定，水深 15 m 以上，潮流较急的海区，为 35～45 m（浮绠行距 4 m）；水深 15 m 以内，潮流较缓的海区，为 50～65 m（浮绠行距 3.5 m）。

（5）串缆　材料与浮绠相同，直径 2～2.2 cm。长度与大桁相同。串缆间距 14～15 m。

（6）桩头（橛子）　用毛竹等材料制作而成。长度 2～4 m，直径 15～25 cm。每根浮绠和串缆两端各打 1 个桩头，流急浪大的海区串缆两端增加 1 个桩头。每台筏架 4 顶端各打 2 个桩头，流急浪大的海区每顶端可增加 1 个桩头。

（7）浮子（浮漂）　常使用的有泡沫浮子和塑料浮子。泡沫浮子外套用粗网衣，塑料浮子具有 2 个扣鼻，系于浮绠上。1 台浮绠可用浮子 20～50 个。

（8）网片与扎绳　宜用聚乙烯材料，网目根据贝苗大小而定。

6. 养殖区布局与日常管理

划分海区，每公顷为一个养殖单位。留出航道，区与区之间成"田"字形，区间距离 15～35 m。浮筏与主潮流或主风方向成 5°～10°角排列，养殖实际利用面积占水域面积的 15%～20%。

日常管理主要有以下几个方面。

（1）巡查　经常下海巡查，检查养殖筏架的是否牢固和苗种的生长情况，调节浮绠、大桁、串缆和橛缆松紧均匀，保持受力平衡，对拔桩、断绳及时补救。

（2）调节养殖水层　养成前期，少挂浮子，适当下降水层，减少其他生物的附着。养成中后期，根据生长情况，及时增补浮子。

（3）清除敌害　捕捉清除肉食性腹足类，诱捕肉食性鱼、蟹类，刷洗清除附着生物等。

（4）防台风　台风来临前，做好加固、转移等工作，亦可采取减浮、吊球、压石等方法，将浮筏下沉，待台风过后，再重新安置。

（5）应急处置　当毗连或养殖海区有赤潮或溢油等突发事件时，应及时采取有效措施，避免贻贝受到污染。如果贻贝已经受到污染，应就地销毁，严禁上市。

五、贻贝的收获

（一）收获季节

根据养殖规模、贻贝个体大小及肥瘦状况等统筹安排，一般采取收大留小，先肥后瘦的办法。如果是二茬养殖，可以边收获边挂养，这样既可充分利用海上筏架器材，又不会因为收的太早影响贻贝肥满，或养的太晚影响贝苗生长。

辽宁沿海 3—4 月和 11 月是最好的收获季节，此时干出肉率可达 6%～9%，最高可达 10%。山东沿海 1—3 月和 9—10 月收获最好，干出肉率为 7%～9%。浙江沿海一般在 6—10 月。

翡翠股贻贝经 1.5～2 年养殖，即可依据肥满度进行收获。广东收获翡翠股贻贝一般在 12 月至翌年 3 月，也有延长至 5 月的，制干率可达 5%～7%，鲜干比达（14～20）∶1。收获时贻贝壳长一般在 10 cm 左右，每千克约 12 个。

（二）收获方法

将养成绳从大绠上解下装船，运回岸上后，再将贻贝从养成绳上剥下来。另一种方法是在海上将养成绳提出水面，剥下养成绳上的贻贝，装入船舱中运回岸上，养成绳继续保留在筏架上，作采苗绳或后茬养殖用（图 12-6）。

（三）商品贻贝的运输

贻贝运输，要避免日晒，夏季运输不宜超过 1 d，冬季不超过 2～3 d。运输可水运，也可干运，以干运为好。长途运输，以夜间运输为宜，可用冷藏车，温度控制

图 12-6　贻贝的收获

在 5 ℃左右。贻贝除鲜销外，主要加工方法有熟干（制成品称为淡菜）、鲜干（制成品称为蝴蝶干）、冷冻贝肉等。

第三节　扇贝的养殖

扇贝隶属软体动物门、瓣鳃纲、珍珠贝目、扇贝科，其闭壳肌肥大、鲜嫩，含有丰富的营养物质，是国内外人们所喜爱的高级佳肴。扇贝闭壳肌加工后的干制品称为干贝，是珍贵的海产八珍之一。干贝氨基酸含量高达 71.53%，还含有丰富的脂肪、糖类、微量矿物质、核黄素和烟酸等，扇贝除鲜食和加工成干贝外，也可制成冻肉柱、有胃和无胃的冻煮扇贝肉和加工成扇贝罐头，加工干贝的油汤可浓缩成扇贝油精，是餐桌上良好的佐料。

发展扇贝养殖生产，可促进从海洋中索取动物蛋白，改善人们的食物结构。扇贝贝壳绚丽多彩，历来为人们所喜爱和收藏，更是贝雕的良好原料和贝类人工育苗的良好固（附）着基。

世界上扇贝的近缘种达 300 种，我国有 30 余种。当前我国利用扇贝闭壳肌加工制作干贝的种类有山东、辽宁出产的栉孔扇贝 (*Chlamys farreri*)（图 12-7），广东、海南和福建的华贵栉孔扇贝 (*Chlamys nobilis*)，从日本和朝鲜引进的虾夷盘扇贝 (*Patinopecten yesoensis*)（图 12-8）及从美国引进的海湾扇贝 (*Argopecten irradians*)（图 12-9）。

图 12-7　栉孔扇贝　　　　　图 12-8　虾夷盘扇贝　　　　　图 12-9　海湾扇贝

一、扇贝的生物学特性

（一）主要形态特征

贝壳中等大小，壳呈扇形，铰合部直，壳顶位于中央、等侧，壳前、后具壳耳，壳表有放射肋，生长纹明显。

（二）生态习性

以海湾扇贝为例。海湾扇贝自然分布于美国东海岸浅水区，1982 年引入我国。对温度、海水盐度适应的范围较广，水温 -1~31 ℃ 范围内均可存活，5 ℃ 以下停止生长，10 ℃ 以下生长缓慢，18~28 ℃ 生长较快。耐受海水盐度的范围为 16~43，适宜范围为 21~35。一般从商品苗（壳高 5 mm）到养成商品贝（壳高 5 cm）作业过程约需 5~6 个月。我国北方 4 月采卵培育的苗，当年 11 月下旬一般平均壳高达 5.3 cm、重 34.5 g。4 月底、5 月初采卵培育的苗，12 月上旬壳高达 5.2 cm、重 37.6 g。

一般高温期生长快，壳高月生长约 1 cm。在我国南方海区适于海湾扇贝生长的时间长，对海湾扇贝的养殖十分有利。

（三）繁殖习性

海湾扇贝为雌雄同体，性腺局限于腹部。精巢位于腹部外周缘，成熟时为乳白色；卵巢位于精巢内侧，成熟时褐红色。通常性腺部位表面具一层黑膜，在性腺逐渐成熟过程中，黑膜逐渐消失，精巢与卵巢便十分明了。

海湾扇贝生长发育较快，春季培育的苗种，养殖到秋季（壳高 5 cm 左右）性腺就成熟，并可以此为亲贝采卵培育苗种。生物学最小型为壳高 2.2 cm。

当性腺开始发育后，在控温条件下给予一定数量的饵料，能促进性腺提前成熟，排放精卵。在我国北方海域如胶州湾，海湾扇贝一年有春、秋两个繁殖盛期，春季为 5 月下旬至 6 月份，秋季为 9—10 月。秋季生殖期后，腹部透明，无精卵存在。

二、扇贝的人工育苗（以海湾扇贝为例）

（一）亲贝选择与暂养

1. 亲贝选择

选择壳高 5 cm 以上，个体健壮、肥满，鲜出肉率大于 30%，养殖死亡率小于 10%，贝体上附着生物少的个体作为亲贝。在秋季收获前稀养（每层笼 20 个左右），有利于亲贝在越冬时生长、发育。这样的亲贝营养基础较好，入池促熟后，成活率较高，育苗的成功率也较高。

2. 亲贝暂养

（1）积温　3 月上旬（水温 2～3 ℃）入池的亲贝，积温达到 450 ℃时成熟较好；在 3 月中、下旬（水温 4～6 ℃）入池时，积温达到 400～420 ℃就能成熟；4 月中旬（水温 10 ℃左右）入池的，积温 280～300 ℃就可成熟。

（2）饵料　小新月菱形藻、三角褐指藻等硅藻类是亲贝生殖腺发育的适宜饵料，如单细胞硅藻类不够，适当投喂一些代用饵料，如大型海藻（鼠尾藻）磨碎液、蛋黄（煮熟后用 300 目筛绢搓碎）、可溶性淀粉、酵母等。

亲贝的摄食量随着水温的升高而增加，在 10 ℃以前摄食较少，通常每天投喂 4～6 次，在 10 ℃以后，逐渐增加投喂次数，水温升到 18 ℃时，每 2 h 投喂 1 次，在 20 ℃恒温待产时，也是摄食量最大的时候，可以每小时投饵 1 次，每次都是 2 万个细胞/mL 左右，最高投饵量可以达到 60 万个细胞/mL。

（3）换水和充气　溶解氧大于 3 mg/L 水体，氨氮含量少于 2 mg/L，pH 在 7.8～8.3，化学需氧量少于 2 mg/L，亲贝的生殖腺能顺利发育。反之，生殖腺发育受阻，并且易引起早产。生产中在水温达 10 ℃以前，每天倒池换水一次，在 18 ℃恒温前，每天早晨换水 1/2，晚上倒池一次。在 18 ℃恒温后，采用换水或流水的方法改善水质，每天 3～4 次，每次 1/3 左右。连续微量充气有利于改善水质，提高亲贝的摄食量，增加水中的溶解氧。在 20 ℃恒温待产时，一般不充气，以免引起刺激而造成早产。

（二）催产与孵化

1. 获卵

采用逐笼成熟（有排放现象），逐笼倒池（升温 1～2 ℃）产的卵，孵化率高，幼虫的成活率也高，原池未成熟的亲贝可以继续促熟培养。分批成熟，分批获卵，不但能提高卵的质量，而且降低了亲贝的用量。通常每立方米培育水体暂养 30～40 个亲贝，就能满足生产的需要。

2. 孵化

亲贝在恒温促熟中往往在原池有少量排放的卵，第一次自然排放的卵质量较高，应该使其孵化，选幼培养。受精卵孵化的密度以 30～50 粒/mL 为宜，第一个产卵池应尽可能在 30 min 内结束排放，防止因精液过多，影响孵化率。在孵化池中加 EDTA 3～5 mg/L、土霉素等 1～2 mg/L，对孵化是有利的。在微量充气条件下，将大量的精液泡沫推向一端，然后用筛网捞出。

孵化水温 20～21 ℃，孵化时间为 28～30 h，孵化率一般为 30%～50%，但孵化率的高低与幼虫的存活没有直接的关系。

（三）幼虫培育

生产中，应注意以下的技术指标，提高出苗量。

1. 培育密度

培育密度不宜过大，一般面盘幼虫 15～20 个/mL，培育密度过大（如超过 25 个/mL），不但幼虫生长发育缓慢，而且会引起"面盘分解病"。

2. 培育水温

采用升温培育，有利于提高幼虫的活力。在水温 20 ℃获卵、孵化，21 ℃选幼培育，以后每 2 d 升温 1 ℃，23 ℃恒温培育，24 ℃附着变态。为保持水温上升，适当提高室温，比水温高 2～3 ℃（暖气），对幼虫生长发育是有利的。在培育过程中，发现幼虫上浮差，可采用提高室温或者适当降低 0.5～1 ℃水温的方法，能增加幼虫上浮能力。

3. 饵料

等鞭金藻是目前海湾扇贝幼虫生长发育的最适饵料，无论是单一投喂，还是和扁藻、硅藻等混合投喂都能使幼虫顺利发育、附着变态。单一投喂等鞭金藻，幼虫日生长 10 μm 左右，选幼后第 9 天出现眼点，第 10 天投放附着基。混投（等鞭金藻占 50％以上）的效果与其相似。

等鞭金藻的投喂量随着幼虫的生长、发育逐渐增加，通常开口饵料为 0.5 万个细胞/mL，以后每天增加 1 万个细胞/mL，当总投饵量达到 5 万～6 万个细胞/mL 时不再增加，待幼虫附着变态后再逐渐增加。上述的投饵量分为 4～6 次投喂，每次少投，每天多投几次，对幼虫的生长是有利的。

（四）附苗

聚乙烯网片或红棕绳编制的棕帘，按常规处理后，使用前 2～3 d，用 0.06％的 NaOH 浸泡 24 h，然后用过滤海水摆洗 2～3 遍，至水色清澈透明，测水质的 pH 为 8～8.3 后即可使用。投放前用 10 mg/L 青霉素浸泡 0.6 h，这样处理后的附着基较清洁，易附苗，当眼点幼虫的比例达到 20％～30％时倒池，投放底帘（占总附着基量的 10％左右），然后投放附着基。

附着基的投放数量，通常为每立方米培育水体投棕帘 300 m，聚乙烯网片段 2 kg 左右。在流水过程中投放附着基，幼虫不容易出现下沉现象。如果附着基投放后幼虫下沉，采用流水 0.5 h（流量约 1/2 培育水体）和降低光照强度（50 lx 以下）后，幼虫往往会重新浮起。在附着过程中，要适当降低室温，与水温相同，便于幼虫分布均匀，从而提高单位水体的附苗量。

水温 23～24 ℃下，眼点幼虫的觅寻期与附着基种类有关，投放棕帘时幼虫的觅寻期 2～3 d，投入聚乙烯网片时可达 4～6 d，在附着变态期间，每天施加青霉素 3～5 mg/L，有利于提高变态率。

（五）稚贝的海上过渡

稚贝经过 10～15 d，壳高 500～600 μm，可移到对虾养成池或海上继续养育，直到培育成商品苗（壳高 0.5～1 cm）售给养成单位。将出库苗养育到商品苗过程称之为稚贝的海上过渡。

1. 定量计数

可随机取下一段长 5 cm 的苗绳，如果是聚乙烯网衣则剪下 2～3 个扣，放入烧杯中，加海水，加少量碘液或甲醛，用镊子充分摆动，使附着基上的稚贝落入杯底。取出棕绳或网衣，静置片刻，将上层多余水倒出，再用吸管吸取稚贝，在解剖镜下定量。最后计算出单位长度（棕帘）或单位重量（规则网衣可利用扣节计数）附着基的附苗量，再根据总数便可算出总附苗量。底帘的附着基，应单独取样计数，若数量太少，可忽略不计。

2. 海上过渡方法

（1）网袋　采用 20～60 目窗纱网制成，小者长 30～40 cm、宽 20～30 cm，大者长 60～75 cm、宽 35～40 cm。装袋时，将采苗棕帘（约 5 m 长）装入袋中，若采苗密度过大，可在袋内追加一部分洗净的空白网衣。网衣采苗每袋可装网衣 100 g 左右。网袋绑扎在直径 0.5 cm 左右的聚乙烯垂绳上。垂绳一般长 3 m 左右，袋与袋之间不应碰撞，为防缠绕，垂绳下面应有沉石。

（2）网笼　利用一般养殖扇贝的网笼，笼外套 40～60 目聚乙烯网，将苗帘置于每层隔盘中。为了疏散密度，每层隔盘中增投少许网衣。由于网笼支撑较好，保苗率高于网袋。

3. 苗种运输

运输一般采用干运法，运输的时间不宜超过 6 h。运输中应注意以下问题：运苗时间应在早、晚进行，长距离运苗时，应选择在夜间运输；在运苗前应提前将海带草用海水充分浸泡，装苗前，先用海水将车、船冲刷干净，然后铺上海带草；装苗时一层海带草，一层贝苗，最上层多放些海带草。装完后，用海水普遍喷洒一次，直到车底流下清水为止，然后盖上篷布。篷布和苗之间留有空隙，保持空气流通，避免篷布挤压贝苗，有条件的可用双层塑料袋装冰少许，以保持低温和湿度。运输贝苗前应关注天气预报，组织好人员，做好各项准备，苗运到后立即装船挂苗，尽量缩短干露时间。雨天或严冬季节一般不适合苗种运输。

三、扇贝的中间暂养（中间育成）

中间育成又称贝苗暂养，是指将壳高 0.5～1 cm 的商品苗育成壳高 2～3 cm 左右幼贝（亦称贝种）的过程。

（一）中间暂养的一般方法

1. 暂养海区选择

应选择水清流缓、风浪小、饵料丰富的海区或利用扇贝养成海区。

2. 暂养时间与分苗

贝苗大多达到 0.5 cm 以上时，将 0.5 cm 以上者筛出，装入暂养笼中；小于 0.5 cm 者继续在网袋中暂养，过段时间再进行筛选。贝苗壳高达 2 cm 以上，应筛选分苗，入养成笼养成。

早分苗是缩短养殖周期非常重要的措施。分苗时应尽量在室内或搭篷操作，防风吹、日晒。筛（网目可大于养成笼网目）的动作要轻，应在有水条件下筛苗，避免贝苗受伤死亡。应经常更换海水，水温不要超过 25 ℃，保持水质新鲜。分苗时要拣去敌害生物。海湾扇贝在 7 月下旬至 8 月上旬暂养结束。

3. 中间暂养的方法

主要有网笼、塑料筒和网袋育成。

（1）网笼育成　圆形网笼，直径 30 cm 左右，6～7 层，每层间距 15 cm，网目为 4～8 mm。壳高小于 1.5 cm 的苗种，每层放 500 个。壳高大于 1.5 cm 的苗种，每层放 200～300 个。一个 60 m 长浮绳可挂 100 笼。

（2）塑料筒育成　塑料筒长 80 cm，直径 25 cm，用网目 4～8 mm 的网片包扎筒的两头。每筒放壳高小于 1.5 cm 的苗种 1 000 个，或放壳高大于 1.5 cm 的苗种 300～500 个。每 3 个筒为 1 组，一个筏长 60 m 的浮绳可挂 50 组。挂于 1.5 m 深的水层。也有将上述塑料筒钻孔，孔径 1 cm，孔距 5 cm，行距 10 cm，可以增加水流交换机会，适于培育较大苗种。

（3）网袋育成　这种方法利用自然海区半人工采苗袋或人工育苗过渡的网袋，长 40～50 cm，宽 30～40 cm，网目大小为 1.5～2 mm，每袋装苗种 300～500 个，每串挂 10 袋，每个浮缴挂 100～120 串。

4. 育成期间的海上管理

海上中间育成是缩短养殖周期的关键，应及时分苗，合理疏养，助苗快长。暂养水层一般在水深 2～3 m。暂养期间要经常检查浮缴、浮球、吊绳、网笼等是否安全，经常洗刷网笼，清除淤泥和附着生物。

（二）扇贝套网笼育成法

扇贝套网笼法是利用大网目养成笼外套小网目廉价聚丙烯挤塑网育成扇贝的方法。将扇贝提前稀疏分苗，从而促进了扇贝生长，提高了产量，并适时将外套网脱掉，清除了笼外附着物，节省了小网目养成笼，减少了分笼次数，降低了劳动强度，增加了经济效益。

套网笼法是扇贝个体小于养成笼网目（2.5～3 cm）而大于外套网目（1～1.2 cm）时，便将扇贝提前稀疏分苗，改变了过去先在小网目笼中高密度放养，然后逐渐稀疏到大网目笼中养成的传统方法，充分发挥了扇贝个体生长潜力。特别是海湾扇贝，由于生长快，生长期短，足丝不发达，在笼或袋中分布不均匀，往往堆积在一起，影响成活与生长。

套网笼法减少了分笼次数，可一次分苗，一次养成，扇贝存活率提高 5% 以上。套网笼法不仅可清除网笼上的附着物，而且因不倒笼、晒笼，提高了养成笼的寿命。

四、扇贝的养成

（一）海湾扇贝的养成

1. 养殖条件

一般为近海区域，选择浪小、水下暗流弱、海水清澈、透明度高、无污染、海水深度在 10～20 m、海水营养盐含量较高、浮游藻类丰富、敌害生物少的海区。

2. 准备工作

绳筏为 24 股亚麻绳索或者直径 5 cm 粗的尼龙绳索，长度为 100 m，两端用两根长 2 m 的粗槐木桩固定，上端设置塑料或空心玻璃浮标，每隔 0.5 m 用细尼龙绳拴一个 8～10 层的专用扇贝笼，隔 20 cm 系一浮标，保证绳筏浮在水面上。行距超过 5 m，便于船只在养殖区内穿行。

3. 放苗

一年可以放苗两次，成本低，风险小，易于操作。第 1 次在 5—6 月，第 2 次在 9—10 月。每年的 2—3 月和 8—9 月逢大汛潮期间，在扇贝笼中放苗，每层放苗 20 粒左右，共投放 8～10 层，把放苗后的扇贝笼运到养殖场，小心地拴在养殖绳索上。海湾扇贝耐高温，生长速度比较快，年初放苗，当年收获。

4. 养成管理

（1）除敌害　敌害生物有寄居蟹、海盘车、大型海藻、海菜等，要勤出海，多观察，随时捞取挂苗的扇贝笼及尼龙绳笼查看，清除附着在上面的敌害生物或异物。

（2）防风浪　多巡视，防风、防盗、防人为破坏。

（3）勤洗笼、刷盘　细观察，勤刷笼，清除海藻等异物，当扇贝长到一定规格时，及时倒笼，促进其健康生长。

（二）虾夷盘扇贝的养成

1. 底播增殖（放流增殖）

选择沙泥底质渔场，清除敌害生物；播苗密度为 8 粒/m²，每 667 m² 播苗 5 500 粒；播苗时间为当年 11 月下旬至 12 月上旬，或翌年 3—4 月；增殖时间为 17 个月，壳高可达 8 cm 以上。

2. 浮筏养殖

浮筏式垂下养殖，将贝苗按一定密度装在适宜的容器中，按一定距离和适宜水层吊挂于设置在海上的浮筏（缒）上进行养成。

虾夷盘扇贝成贝不能分泌足丝附着，在养殖时必须采取防逃措施，根据所采取的防逃方法，可采用下面几种方式养殖虾夷盘扇贝。

（1）吊耳养殖　此法日本曾经采用，其做法是用小钻头在长到一定壳高（一般 3 cm 以上）的贝苗前耳基部钻一小孔，用聚乙烯绳或尼龙线按 2 cm 间距穿成串，每串 5～10 个，然后按 6 cm 间隔系在粗的绳索上，吊养在浮筏上。这种方法成本低，但操作费工，在风浪较大的海区也容易被掰断前耳或拧断耳绳，造成损失。

（2）衣袋网养殖　是用一定大小网目的聚乙烯网衣片，缝成口袋状苗袋，将贝苗装进口袋（一袋一个），再用线缝好袋口然后将其吊挂在浮筏上。这种方法抗风浪能力强、成活率高，但成本较高、操作烦琐，又易附杂贝杂藻。

（3）灯笼网笼养殖　是目前扇贝养殖中普遍采用的一种养殖方法，网笼结构与三级育成网笼相同，唯其养殖网笼塑料圆盘孔目较大（直径 2 cm），网目也较大。这种养殖网笼抗风浪能力强，而且水流通畅，扇贝生长快，存活率高，操作较方便，但一次性投资大。在养成期间，要掌握放养密度、分苗时间和加强管理工作。

放养密度既要考虑到扇贝的正常生长，又要考虑到最大限度地利用养殖器材。密度过大造成扇贝堆积挤压或互相咬合，影响生长，甚至引起死亡；密度过小又会造成养殖场器材的浪费，提高成本，降低效益。以每层（圆盘直径 34 cm）放养 15 个，每隔 1 m 距离挂养一吊是比较合理的。

虾夷盘扇贝生长适温为 5～20 ℃，在北方海区，4 月以后，随着海区水温的逐渐回升，虾夷盘扇贝生长速度也随之加快，为了不错过快速生长期，应在年前的 11—12 月将苗分完。

由于是一次性分苗养成，因此在养殖期间，只要经常出海检查浮筏、吊绳、浮力等安全情况，及时做好各种加固工作，防止推挤、沉筏、掉吊和绞缠，在杂贝、杂藻繁殖季节，及时洗刷，保持水流畅通，冬天注意做好防冰工作，根据海区透明度和水温情况调整养殖水层。

（三）华贵栉孔扇贝的养成

1. 养成海区的选择

选择风浪较小、潮流畅通、饵料丰富、周年海水盐度变化不大、远离河口，同时应考虑到架设海上设施和管理操作的方便。

2. 养殖设施

目前主要用各类筏式养殖。

3. 贝苗养殖

贝苗养殖是指从贝苗下海养至壳高 3 cm 的养殖阶段。养殖期约 4 个月，常采用笼养法。在贝苗附着器外套以长网笼或收苗后用各类锥形笼养殖，一般锥形笼底宽 33 cm，贝苗的放养密度是每笼 200～1 000 个。贝苗的壳高长至 1 cm 左右时，每笼放 100～200 个；壳高 2 cm 时，每笼放养 50～100 个，养苗期间管理工作要经常检查、分苗、分笼、换笼和除害等。贝苗养殖常见的敌害生物有涡虫、蟹类、荔枝螺等。洗苗、分笼及换笼等操作要小心、轻快、避免阳光暴晒或露空时间过长。贝苗的养殖水层宜尽量深吊，切莫露空。

4. 成贝养成

成贝养殖是指从 3 cm 左右的贝苗养至 7 cm 以上成贝的养殖阶段。养殖期一般为 1.5 年左右。常用柱形多层网笼。

养殖密度为每笼放养 25～50 个。养殖期日常管理工作主要是调节养殖水层、清洗贝笼以及清除贝体附着物及换笼等。常见的附着生物种类有薮枝螅、海绵、藤壶、牡蛎、海鞘、珊瑚虫、石灰虫、多毛类等。防除敌害应立足于勤检查，及时发现及时清除。成贝宜尽量养殖于较深的水层，但应防止网笼沉底，以免磨损和受敌害侵袭。

五、扇贝的收获

海湾扇贝生长速度较快，每年分两茬收获，一般 11—12 月和 2—3 月收获，当扇贝壳高达 5～8 cm 时扇贝最肥美，即进入收获期。收获时，用专用刀具将附着扇贝的尼龙绳筏割下，准备加工或直接销售。如干露超过 7 d 后，扇贝容易因脱水而死亡。

虾夷盘扇贝分苗时如果贝种个体较大（壳高 3 cm 以上），经过 1 年半的养殖，壳高可达 10 cm 左右的商品规格标准，收获时间主要根据出丁率和出肉率最高的季节来确定。出丁率高的时间为 5—7 月，其中以 7 月最高，而出肉率最高，也就是最肥满的时间为 3—5 月，如果加工贝丁，以 5—7 月收获为宜，而销鲜则最适收获时间为 3—5 月。

人工养殖的华贵栉孔扇贝养殖 1 年至 1 年半，其壳高达 7 cm 以上时便可收获。收获季节应选在干贝率较高、对扇贝繁殖影响小的月份，一般在春季收获，繁殖期应禁止收获。

由扇贝的闭壳肌制成的扇贝丁味道鲜美，是难得的海珍品，备受人们的喜爱。制作工艺简单，放入盘中冷冻，保鲜销售，十分畅销。扇贝除鲜食外，大量用来制作干贝。此外，还可把扇贝加工成罐头及鲜冻扇贝柱出售。

第四节　珍珠的养殖

珍珠是一种有机宝石，自古以来一直被人们视作奇珍。珍珠与玛瑙、水晶、玉石一起并称我国古代传统"四宝"。

我国是世界上最早利用珍珠的国家，《诗经》《山海经》《尔雅》《周易》中也都记载了有关珍珠的内容。珍珠按照成因，分为天然珍珠和人工养殖珍珠两类，天然珍珠主要是指在贝体内自然形成的珍珠，习惯上又把养殖珍珠分为海水珍珠和淡水珍珠，我国淡水珍珠主要产于华南各省的湖泊，浙江省诸暨是有名的珍珠之乡。海水珍珠主要产于广西、广东和海南。

珍珠是由某些如珠母贝类、蚌类的软体动物所产生，因异物渗入壳内，成为"珠胚"而形成珠状颗粒，这种珠状颗粒会因分泌物的包裹而成为越来越大的珍珠。一般而言，珠蚌越老，珍珠也越大，所以历来有"老蚌生珠"之说。

珍珠的主要成分是碳酸钙，约占总量的82%～93%。此外，还含有4%～14%的角蛋白和2%～4%的水分，以及10余种氨基酸和多种微量元素。珍珠的硬度为3，比重为2.71，折射率为1.53～1.68，珍珠用谷令（grain）计量，1谷令约为0.0648克。珍珠晶体呈珠状或矛头状垂直排列，形成放射状的珍珠层，在光线的作用下，这些放射状的珍珠层会产生虹彩光泽，即珠光。珍珠的价值取决于珍珠的大小、圆度、光泽和形状等。

一、珍珠的成因（珍珠形成的生物学原理）

（一）外因

珠母贝类、蚌类等软体动物的外套膜，受到异物（如沙粒、寄生虫等）侵入的刺激，受刺激处的表皮细胞以异物为核，陷入外套膜的结缔组织中，陷入的部分外套膜表皮细胞自行分裂，形成珍珠囊，珍珠囊细胞分泌珍珠质，层复一层地把核包被起来，即形成珍珠。以异物为核称为"有核珍珠"。

（二）内因

外套膜外表皮受到病理刺激后，一部分进行细胞分裂，发生分离，随即包被了自己分泌的有机物质，同时逐渐陷入外套膜结缔组织中，形成珍珠囊，珍珠囊分泌珍珠质，形成珍珠。由于没有异物为核，称为"无核珍珠"。

（三）人工育珠原理

现在人工养殖的珍珠，是根据上述原理，用人工的方法，从育珠蚌外套膜剪下活的上皮细胞小片（简称细胞小片），与蚌壳制备的人工核一起植入蚌的外套膜结缔组织中，植入的细胞小片，依靠结缔组织提供的营养，围绕人工核迅速增殖，形成珍珠囊，分泌珍珠质，从而生成人工有核珍珠。人工无核珍珠，是对外套膜施术时，仅植入细胞小片，经细胞增殖形成珍珠囊，并向囊内分泌珍珠质，生成的珍珠。

二、主要产珠贝的生物学特性

生活在海洋中的珍珠贝科和生活在江河水域中的蚌科软体动物，是生产珍珠的主要类群（图12-10、图12-11）。

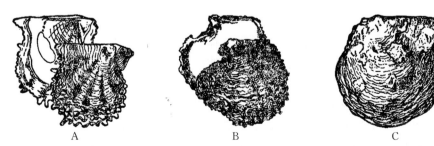

图12-10　海洋中几种主要珍珠贝（仿戴国雄）

A. 马氏珠母贝　B. 珠贝母　C. 大珠母贝

A   B   C

图 12-11 淡水中的主要几种育珠蚌（仿蔡英亚）
A. 三角帆蚌 B. 背角无齿蚌 C. 褶纹冠蚌

（一）主要形态特征

1. 马氏珠母贝（*Pinctada martensi*）

又称合浦珠母贝是重要的海水养殖贝类和生产珍珠的主要母贝。分布在广西、广东和台湾海峡南部沿海一带。20 世纪初日本首先用作母贝养殖。60 年代中国成为马氏珠母贝养殖珍珠的出口国。

贝壳呈斜四方形，背缘略平直，腹缘弧形，前、后缘弓形。壳内面珍珠层较厚，坚硬有光泽。角质层灰黄褐色，间有黑褐色带。马氏珠母贝生活在热带、亚热带海区，自然栖息于水温 10 ℃以上的内湾或近海海底，水深一般在 10 m 以内。成体终生以足丝附着在岩礁石砾上生活，适宜水温范围 10～35 ℃，海水盐度为 16～35。0.5 龄开始性成熟，先为雄性个体，经性转换成雌性个体，也有少数是雌雄同体的。

养殖马氏珠母贝主要用于生产珍珠。贝壳也是贝雕的良好原料，贝肉细嫩味美。

2. 大珠母贝（*Pinctada maxima*）

又称白碟贝。碟状，个体大，一般壳长 25～28 cm 左右，最大者壳长 32 cm；体重 3～4 kg，大者达 10 kg，是珍珠贝中最大的一种，也是世界上最优质的珍珠贝。属热带、亚热带海洋的双壳贝类，在中国是南海特有珍珠贝种。所产珍珠颗粒大，色泽好，价格高，是名贵装饰品，有极高的经济价值。

3. 珠贝母（*Pinctada margaritifera*）

别名真珠贝。暖海底栖贝类，壳左右大小不等，常左壳比右壳大，壳之长宽略相等。壳之长度与高度差不多相等，通常长、高为 6～7 cm，大者可大于 10 cm。前耳突大而短，后耳突长。壳面黄褐色，具黑色放射条纹。生长纹明显。具有密生鳞片，易碎断，近壳顶处较为平滑。壳内白色或带淡黄色，富有珍珠光泽。壳缘较薄，呈黄褐色，铰合处平直，有 1～2 个主齿。韧带细长，褐色。闭壳肌痕大，略呈耳形，几乎位于壳之中央。壳顶位于前端，距离近。足小，能生足丝线，于右壳前面之小孔伸出，附着于岩礁上。主要分布于海南岛及广东其他沿海地区。

4. 三角帆蚌（*Hyriopsis cumingii*）

我国特有种。壳大而扁平，壳质较厚、坚硬，壳后背缘向上伸展，呈三角形。三角帆蚌的细胞小片，离体存活时间较长，具有很强的嗜核性，因此不但移植成活率高，而且增生成囊（珍珠囊）的速度快，产优质珠比例较高。三角帆蚌产珠质量上乘、珠质光滑细腻、色泽鲜艳、形状较圆，但珍珠生长较慢。

5. 褶纹冠蚌（*Cristaria plicata*）

背缘向上扩展成鸡冠状，具特别明显的皱褶。成珠快，珍珠长圆形，白色或粉红色。养殖珍珠产量高，但珠质粗糙，光质亦稍差。

6. 背角无齿蚌（*Anoclonta woodiana*）

壳呈圆形而膨突，壳薄，珍珠层多显蓝光。壳形较长，体高较小。产珠质量尚好，多呈粉红或桃红色。但因壳薄、肉多、操作不便，生产上多不采用。

（二）生态习性

大珠母贝在国外分布于澳大利亚沿岸、西太平洋沿岸的东南亚国家附近；在我国分布于海南省沿海，雷州半岛、西沙群岛沿岸海域。喜栖息在珊瑚礁、贝壳、岩礁沙砾等底质海区，以足丝营附着生活。栖息水深可达 200 m，以 20～50 m 为最多，栖息水温范围为 15.5～30.3 ℃，最适水温为 24～28 ℃，水温降至 13 ℃时，基本停止活动。

三角帆蚌喜流水环境，一般栖息在泥质、沙质、石砾底质的江河、湖泊和池塘中，pH 7～8。褶纹冠蚌和无齿蚌 pH 5～9.5 均能生存。主要滤食水中的浮游生物、细菌及腐屑等，食物大小约 20～80 μm，每天的滤水量 40～100 L。

三、海水珍珠培育（以马氏珠母贝为例）

（一）珍珠贝的人工育苗

1. 亲贝的选择和培育

选择 2.5～4 龄、贝壳完整、形态端正、贝体健壮、厚度大、生长旺盛、贝壳珍珠层为银白色、无病虫害和性腺丰满的成贝。

在秋季选出第 2 年需要的亲贝，雌雄分开，深吊疏养，至初春进行浅吊育肥，提倡进行室内人工加温育肥，争取早育苗、早下海。

雌雄亲贝应分别选取不同地域、不同海区的远缘贝，避免近亲繁殖造成种质退化。有计划地从小贝开始选择生长快、个体大、贝体厚、没有病害的贝培育为亲贝。

2. 诱导催产和人工授精

（1）人工诱导催产　人工诱导法可用温度刺激、露空阴干、光照和温度结合、电流刺激、改变海水盐度、改变海水 pH、氨水刺激、氨水注射、生殖产物刺激等。

常用阴干变温结合氨海水刺激法，亲贝阴干 2～3 h，在海水中加氨水（0.005％～0.007％），用加热海水调节温度，让亲贝置于 29～30 ℃水温下浸泡 20～30 min，然后换入常温海水。

（2）解剖法人工授精　若人工诱导法不能达到目的，则采用解剖法进行人工授精。

（3）孵化密度　根据气温和水温而定，一般控制在 50～60 个/mL 以内。

3. 幼虫培养日常管理

（1）幼虫培养密度　下池前，培苗池预先放好 1/3 左右的过滤海水，然后再把幼虫移入，密度以 D 形幼虫 20～40 个/mL 为宜。

（2）加水和换水　3 d 内每天加适量新鲜过滤海水，第 3 天加满。第 4 天开始换水，D 形期换水量为 1/3，随着个体长大逐渐增加到 1/2～2/3。每天加水前测定海水比重和温度，海水比重不低于 1.018 0，换水温差不超过 2 ℃。

（3）投饵　每天上午换水后及下午（15:00—16:00）各投 1 次。在 D 形幼体阶段投饵要少而精。投饵量见表 12-2。

表 12-2　马氏珠母贝幼虫不同发育阶段每天投饵量

发育阶段	亚心形扁藻（个细胞/mL）	湛江等鞭藻（个细胞/mL）	干酵母（mg/L）
D 形幼虫期	300～500	200～500	0.04～0.10
壳顶初期	500～1 000	600～1 000	0.10～0.15
壳顶中期	1 000～1 500	600～1 000	0.15～0.20
壳顶后期	1 500～2 000	600～1 000	0.20～0.15
附着的幼苗	2 000～3 000	1 000～3 000	不投
幼苗至收苗	3 000～4 000	不投	不投

（4）充气　用空气压缩机连续充气。

（5）其他管理工作　每天要检查和观察幼虫的活动、摄食及生长发育情况，做好记录，保持水质良好，防除病敌害。

4. 附着器的选择和投放

附着器最好使用颜色较深的塑料板，如黑色或红色的，附着器需在过滤海水中浸泡 7 d，然后用 5 mg/L 漂白粉或高锰酸钾消毒，方能使用。当 20% 左右的幼虫出现眼点时，即开始投放附着器。每立方米水体投 100～150 片，在 3～4 d 内分 2～3 批投完。

5. 收苗

贝苗附着后 20～30 d，稚贝达 2～3 mm，达到商品规格才可收苗。要求收苗当天即分笼下海养殖。

（二）珍珠贝的管养

1. 场地选择

选择防风条件好、潮流畅通、浮游生物丰富的海湾中部或风浪不大的湾口。养殖水层冬季水温不低于 12 ℃，夏季水温不高于 31 ℃。海湾中最好有适量淡水注入，但雨季海水比重不低于 1.015 0。

竹筏养殖的最低潮时水深 5 m，浮子延绳养殖的最低潮时水深 7 m，固定垂下式养殖的最低潮时水深 2 m；底质为沙或沙泥；敌害生物少；没有工厂或城市污水的不良影响。

2. 管养技术

（1）贝苗（壳长 3 cm 以下）　管理上要做到勤检查、勤防除敌害，勤清洗贝苗及笼具，适时疏养换笼。贝苗大小悬殊时，要做到大小分养，最好采用浮筏式养殖。

（2）中小贝（壳长 3.1～6.9 cm）　做好疏养换笼工作，清除附着物促进生长，力争在短时期内养成大贝。

（3）大贝（壳长 7 cm 以上）　这是珍珠贝养殖又一重要阶段，决定着提供插核大贝的数量及质量，一定要选择水流畅通、饵料丰富，能防风、防寒、防热、防淡、防虫害等条件较好的场地，利用合适水层进行管养。

（4）休养贝　休养的目的是让施术贝恢复健康，防止施术贝的死亡，通过休养，使珠核在移植小片形成珍珠囊之前不发生或少发生位置移动，以防止脱核和素珠、畸形珠的发生。

休养期为 20～25 d。休养场地要求风平浪静、水流畅通，水温和盐度变化较小，水深（最低潮时）在 3 m 以上，底质较硬，水温相对较低，最好采用浮筏式养殖。休养笼用双圈网笼，笼底套网布，吊养在 2.5 m 以下水层，放养密度比同类型贝稍为增加。

（5）育珠贝　是珍珠养殖成败最后阶段，加强育珠贝的健康管理和抓好珍珠的品质管理，掌握最适宜养殖水层，勤清理附着物、污泥，操作时，动作要轻快。露空对间要短，不得拿到陆地上清贝。

（三）术前处理

主要避免由于生殖腺饱满和繁殖期过后贝体衰弱而造成植核效果差。采用促进性腺成熟提前排放精卵和繁殖期过后来取得施术贝，再经过休整期。休整期一般为 7 d 左右。休整时应视贝的具体情况采取不同的措施，让贝体得到适当恢复才能进行施术。

（四）插核

插核时间应在每年 3 月，水温升到 18 ℃ 以上时进行。在插核过程中，如水温超过 31 ℃，海水盐度低于 20 时应暂停作业。

1. 排贝、栓口

排贝前 14～21 d 要清除附着物，排贝时先洗去浮泥。排贝时间一般为 2～4 h，排贝时间不足，不能强迫开口栓贝。用流水密排等方法时要注意缩短时间。栓口要做到既能看清核位，方便操作，又不损伤闭壳肌。

2. 手术贝和小片贝的选择

手术贝以 3～4 龄为宜，壳长在 7 cm 以上。小片贝以 2 龄为宜，壳长 4 cm 以上，贝壳内面珍珠层为虹彩色或银白色，外套膜厚薄适中，边缘色素和白斑不多，贝体健壮。

3. 小片的制备

小片制备的程序是：取片→平铺于湿纱布上→抹片→切成长条形→在聚乙烯基吡咯烷酮（或其他药品）和红汞混合液中浸泡 3 min→切成正方形→过滤海水养片→使用。

4. 插核

① 确定切口位置。贝体右侧刀口应在足的基部（即黑白交界处）。贝体左侧（插下足核位时）刀口应在距足基部 1 mm 处，刀口呈弧形，宽度略小于珠核直径，刀口要薄，注意不要割伤足丝腺，手术时，刀口部位要注意清洁卫生。

② 通道的宽度略小于珠核直径，深度不得超过核位。

③ 核位。有左袋、右袋、下足。

④ 送片时小片针要刺在小片前端 1/3 处。小片的外侧面（正面）一定要全部紧贴在珠核上，小片应粘在珠核后方肠道或缩足肌相对的一侧。

⑤ 送核。当珠核进入刀口之后，用小号送核器将珠核送到核位。

⑥ 植核量按贝的大小和珠核规格而定，一般 8～10 mm 珠核每个贝插 1 粒，8 mm 以下珠核可插 2 粒。

（五）施术贝的休养和珍珠的采收

珍珠贝在植核时受到较大的创伤，如果处理不当，会造成死亡。因此，手术后需要十几天至一个月时间的休养，以利施术贝伤口愈合，恢复正常生理活动。

珍珠收获前，先对育珠贝抽样检查。如果测定珍珠层厚度达到标准，即可开贝收珠。

四、淡水珍珠的培育

（一）蚌的采捕、运输和暂养

1. 采捕

蚌的采捕一般在早春和晚秋（水温 15～20 ℃）进行。此时温度适宜、空气湿润、湿度大，蚌离水存活时间较长，也便于运输和管理。采捕的方法有网拖、耙子扒、脚踩等几种。采捕所得的蚌应及时分类运输。

2. 运输

将蚌浸水数小时后，装入竹篓或袋中，盖以浸湿的水草或其他物，以保持一定的湿度，用车船运输。此法成本低、装运量大，时间不宜超过 3 d。用活水船运输，成活率较高，装运量一般为每吨位装蚌 1 000 kg。

3. 暂养

蚌经运输后进行暂养，暂养池水深 1.5 m 左右，水质要求肥而净，有微流水条件更好，暂养密度为每 667 m² 800～1 500 kg。采用吊养或底养。吊养法成活率高，蚌体质恢复快，取用方便，但花费劳力较多。底养法即直接将蚌撒入池塘或河沟养育。

（二）人工繁殖

1. 繁殖习性

三角帆蚌繁殖季节在 4—8 月，以 5—6 月为盛期。水温 20～28 ℃时亲蚌排幼最旺盛。褶纹冠蚌 1 年有 2 个繁殖季节，春季 3—5 月和秋季 9—11 月，其中 4 月和 11 月是排幼盛期。

进入繁殖季节时，雄蚌排放精子，经输精管送入鳃上腔，然后随出水孔排出，进入雌蚌。雌蚌将成熟卵自生殖孔送入内鳃水管，然后进入外鳃水管，与精子相遇受精，受精卵在外鳃水管孵化，经卵裂、桑葚期等，发育成为钩介幼虫，然后脱离蚌体，寄生在鱼的鳃和鳍上，经一段时间的寄生，发育形成幼蚌，脱离宿主。

2. 蚌苗繁育

（1）性别特征　同龄雌蚌个体较雄蚌大，壳也较宽厚，雌蚌的内脏团丰满、色深，雄蚌内脏团小而呈乳白色，雌蚌的鳃丝细而密，雄蚌较粗而疏。

（2）亲蚌的来源和成熟度判定　可直接从育珠蚌中挑选，也可在每年 2 月，选择 4～5 龄的壮健蚌，以 1∶1 或 1∶2 的雌雄性比配组，吊养到繁殖季节，再行选择使用。

以鳃叶的膨大程度和色泽深浅来判定成熟度。成熟度好的亲蚌，鳃叶膨大，呈棕色或橘黄色，褶纹冠蚌呈紫黑色，若用细针刺育儿囊，能带出较长的细黏丝。

（3）寄生鱼　一般用体长 8～10 cm 的鳙或 14～18 cm 的黄颡鱼作为寄生鱼，其他鱼种也可使用。

（4）采苗、脱苗　成熟钩介幼虫的采集称为采苗。主要方法有静水法采苗和流水法采苗 2 种。

脱苗，即收集从宿主鱼体上脱落的幼蚌，方法分静水法脱苗和流水法脱苗 2 种。

（5）幼蚌培育　有水泥池流水培育、网箱分级培育和池塘直接培育等方法。

（三）育珠植片（核）操作手术

1. 手术季节

育珠植片操作手术，一年四季均可进行，适宜水温为 10～30 ℃，尤以 18～25 ℃最佳，即 3—6 月。最佳插核季节与珍珠囊形成速度的关系见表 12 - 3。

表 12 - 3 插核季节与珍珠囊形成速度的关系

季节	水温 （℃）	珍珠囊形成时间 （d）	有机质的分泌 形成时间（d）	珍珠质的沉积时间 （d）
春季和初冬	13～15	25～30	约 30	40～45
初夏	18～20	20～30	30	40
夏季	30～35	10	10	15
初秋	22～25	15～20	20	25
秋季	18～20	18～25	25	30

2. 手术蚌

（1）蚌种与规格 各种河蚌都可用作育珠蚌。从手术操作及产蚌的质与量考虑，以三角帆蚌和褶纹冠蚌为最好，是目前主要的育珠蚌种。制片蚌应选择 2～3 龄的壮健蚌。育珠蚌可选择 2～4 龄的壮健蚌。育有核珍珠的育珠蚌应选择体长在 14 cm 以上的壮健蚌。

（2）蚌种挑选标准 外形完整，壳色鲜艳，生长线间距较宽，提离水面时喷水力强，闭壳肌弹力 500 g/cm^2 以上，体内无寄生虫，肠道充盈，晶杆体粗壮等为壮健蚌的标志。

3. 手术工具

育珠手术工具见图 12 - 12。

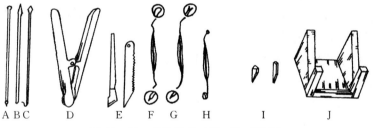

图 12 - 12 育珠手术工具（仿王晓清）

A. 送片针 B. 开口针 C. 钩针 D. 开壳器 E. 切片刀 F. 通道针 G. 有核珠送片针 H. 送核器 I. 木塞 J. 手术架

制片工具有开壳刀、剪刀、镊子、切片刀及玻板、盛水盆、滴药瓶、毛巾等。插片工具有开壳器、固定塞、开创针、送片针、压鳃板、手术刀等。有核珠工具有通道针、送核器等。再生珠工具有顶叉针、挖珠针等。

对于在外套膜上开创、送片时的送核工具，要依据育珠蚌的不同规格，选用不同尺码的开创针号，这是确保产生优质珍珠的关键。

4. 术前暂养

是指对准备施行手术的蚌进行术前强化培育。方法是将蚌放入肥而净的水体中吊养，以增强蚌体质，提高手术成活率和成珠速率。暂养时间根据水温、水文条件和生产安排酌定。

5. 无核珍珠的操作手术

（1）制片 从制片蚌外套膜的边缘膜上剥取外表皮组织，切制成细胞小片。手术程序：

剖蚌→分膜→取小片条→切成小片。

小片的厚薄、大小、形状与珍珠质量密切相关，尤其关系到成珠的速度和珠形。

（2）制片方法和珍珠质量的关系　制成的小片，应尽快插入育珠蚌外套膜结缔组织内，离体时间越短，活力越强，形成珍珠囊越快，分泌机能也越强，珍珠沉积量也越多，珠粒大产量高。制片蚌和插片蚌以年龄较轻为好。小片形状以正方形为好。片小圆率高，片厚以0.8 mm适宜。

（3）保养　保养是离体小片生存的必需条件，也是人工调控成珠速度和珠色的重要环节。用合理的保养液处理小片，可提高成珠速率20％以上。

目前国内所用的保养液有金霉素、青霉素、氯霉素、胰岛素、卵磷脂、聚乙烯吡咯烷酮（PVP）、氯化钴、氯化镁、氯化锰、亲鱼康、磁化水、活化水、葡萄糖酸钙等。对每种保养液的作用和效果，如何作出正确的评估，仍需进一步研究。

（4）植片　把制好的细胞小片，插送到育珠蚌的外套膜结缔组织中。方法分直插和横插两种，二者在效果上差异并不明显，但目前国内广泛采用横插方法。手术程序：排蚌→开壳→加塞→洗膜→植片。植片数量视蚌体大小而定，一般每只蚌植40片左右，体长14～16 cm的蚌可植50片左右。植片部位以中、后端为好，易形成饱满优质珠。但应注意中央膜背部有条动脉线应避免触及（图12-13）。

（5）种间的小片异植　种间的小片异植，是提高不同蚌种资源的利用及调节珠质的一项

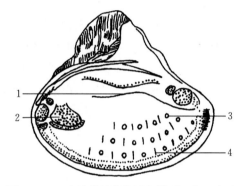

图12-13　小片移植的位置与排列（仿王晓清）
1. 鳃线　2. 唇瓣　3. 小片　4. 伤口

有效措施。种间的小片异植育珠技术在某种程度上具有一定的实用价值。

（6）提高插珠小片质量的技术要点　①制片蚌要求体质健壮、代谢机能旺盛、年轻无病。②小片要有一定厚度，有利于提高珍珠的圆度和光滑度。凡薄片插入后，易拉长蜷缩成一团，活力差，所以形成的珍珠长形（米形）多，皱纹也多，但小片过厚又会影响珍珠的光泽。③操作时注意不损伤细胞小片，在用海绵擦洗镊子时，易碰伤珍珠基质，所以要轻轻擦洗，最好不擦洗。④处理细胞小片不要用清水，要求使用抗生素，可用金霉素0.1％药液，既有抗菌作用又能使小片处于平衡渗透的环境，不损细胞活力。⑤保持小片的一定形状和规格，细胞小片形状一般应采用略正方形，规格为0.3 cm×0.5 cm或0.4 cm×0.6 cm（三角帆蚌）和0.6 cm×（0.8～1）cm（褶纹冠蚌）。⑥防止细胞小片污染（指用水、工具、毛巾等育珠工具）、细胞小片干死（不要暴晒）和风吹、柴火烟熏，这些都会影响小片生命力。

（7）无核珍珠形成的过程　无核珍珠形成的过程分7个时期。①伤口愈合期。插片后伤口愈合，与水温有关，水温在10 ℃以上需15 d，水温在20 ℃以上需5～7 d。②囊袋形成期。在水温15～20 ℃，养殖10 d，小片与育珠蚌外套膜融为一体，成袋状，小片中心稍有发硬后。③珠胚形成期。在水温15～20 ℃条件下，经30 d养殖就形成薄片状珠胚。④珍珠形成期。养殖5～7个月育珠蚌就形成不规则的珍珠。⑤珍珠增厚期。育珠蚌养殖一夏一冬后，随着气温上升，珍珠质分泌旺盛，层层相叠，使珍珠层厚度增加，并变得光滑。⑥珍珠

成圆期。育珠蚌经 2 个夏天，即养殖至翌年 10 月，珍珠已成圆状，表面显得光滑，色泽较好。此时可采收珍珠，若三角帆蚌珍珠生长较慢应再养一年采收。⑦珍珠衰老期。育珠蚌若不及时采收，则分泌机能衰退，分泌棱柱质增加，珍珠表面日益显得没有光泽，影响珠质。育珠蚌的养殖年限一般 2～4 年。

（四）有核珍珠的操作手术

1. 蚌种与规格

以三角帆蚌为例。一般选择 5～8 龄的蚌较好。制片蚌的适宜体长规格是 10～15 cm，育珠蚌的体长 15～20 cm 较好。体质标准同无核珍珠。

2. 术前准备工作

准备工作包括：① 工具。见无核珠部分。② 珠核。以贝壳为主，也可用石蜡、塑料、石子、金属、玻璃等。贝壳一般取用背瘤丽蚌、佛耳丽蚌的壳作原料。塑料珠粒因取材方便，所以也较常用，但产出的珠粒较轻，经济价值稍差。③ 制备。正圆形珠核分大、中、小三种规格。贝壳珠核制备程序：切胚→归方→打角→研磨→除色→漂白→抛光→洗涤→消毒。④ 漂白。一般用过氧化钠（Na_2O_2）双级漂白，反应过程维持弱碱性。⑤ 抛光。在热酸中进行，提高制光效果。⑥ 洗涤。用 1%～1.5% 皂水浸渍，搅拌 20～30 min，再用冷水反复冲洗，至 pH＝7 止。⑦ 消毒。可在沸水中处理 3 min，或在 70～80 ℃热水中浸 30 min。⑧ 珠核的特殊处理。有着色处理等，近年还有磁化珠核、活化珠核、荧光珠核等。

3. 细胞小片的制备和保养

① 制片。方法同无核珍珠制片方法，但基质要适当加厚些。② 规格。为珠核径的 1/3 或核表面积的 1/10～1/8，一般取 2 mm 左右，过大易产尾巴珠和污珠。片形有方形、长方形和三角形，以方形为好。③ 保养。保养液同无核珍珠。

4. 植核数量和部位

① 数量。视蚌种、规格而定。一般体长 15～25 cm 的三角帆蚌，最多植 20 粒左右，其中两侧外套膜各植 6～8 粒，内脏团植 2～4 粒。② 部位。是决定植核成败的关键。外套膜的边缘膜区是植入中、小核的部位，核径 4～6 mm 左右，其中以后半部尤为适宜，外套膜的中央膜区亦相同。内脏团中的性腺侧区是可植大核的部位，核径 8～10 mm。

5. 植核季节与操作步骤

（1）季节　以秋季较为适宜，此时性腺尚处稳定期，有利于作业。

（2）步骤　①送核。把手术蚌开好壳口，放置在手术台上，用拨鳃板使鳃和内脏团贴在另一侧，蘸水清洗送核部位。用开口针开口，再用通道针向伤口伸入通道。通道长要求 1 cm 以上，以便送核。送核时，一手持钩钩破外套膜表皮，轻微拉起伤口，使之成裂孔，一手持送核器，蘸水把核吸上，并嵌入伤口。送核器退出后，用通道针将核由通道口推至通道底，核离伤口不得小于 1 cm，否则核会逸出。② 贴片。核被固定后，用送片针挑起小片，由伤口通道送到核的上方，送核手术完成。以上手术过程为核先放手术，此外还有核后放手术、核片同放手术和滚核推片手术。③ 固核。主要防止移植的珠核在创口未愈合前从通道中脱出。固核方法较多，通常用的有倒膜法、倒放法、平放法等。

6. 有核珠手术注意事项

① 细胞小片严格控制在 2 mm 以内，否则易出尾巴珠、污珠、皱纹珠等。② 育珠蚌个

体要在 5~8 龄，体长 10~15 cm。幼龄蚌个体小、肉薄，不易手术，且手术后易穿袋，留核率低或附壳珠多。③ 伤口的大小和通道的宽度要与核的直径相适应，小片方能平正地紧贴于核面。④ 小片正面（紧贴蚌壳的一面）一定要平正地紧贴珠核面。

（五）象形珍珠操作手术

附壳象形珍珠的操作步骤：① 模胚。用贝壳、石蜡等制成定型模胚，经漂白、抛光、洗涤、消毒处理而成。② 制片。取模胚 1/15 或 1/2 大小的小片贴附模胚，同时移植外套膜结缔组织中。③ 固模。用倒膜法。

（六）手术蚌的休复

1. 休复环境

要求水质清新，有微流水条件，水面 1 333~3 333 m^2，水深 1.5 m 以上，透明度 25~30 cm，pH 6~9，无生物敌害。

2. 休复后蚌的体质

鉴定指标同术前蚌。

3. 休复期限

一般经 12~15 d，创口已基本愈合，蚌体得到恢复，即可移至育珠水域进行培育。

五、珍珠培育的饲养管理

（一）水域选择

凡能养鱼水面都可作为养蚌水域，特别是水面宽阔、水流畅通、氧气充足、饵料丰富的水域，更适宜作育珠蚌养殖区。水域环境以水深 1.5~3 m、透明度 30~35 cm、pH 7~7.8 为好。

1. 水质肥、活、嫩、爽

"肥"一般是指浮游植物量以 20~100 mg/L 为宜；"活"即水色随光照、温度而有变化，活水反映隐藻等鞭毛藻类较多、蓝藻较少；"嫩"则表示藻类细胞处于增长期，不呈污浊状；"爽"指水色不过分浓、浮游生物繁殖恰当。

2. pH

三角帆蚌适宜范围是 7~8.5，最适范围 7.5~8，褶纹冠蚌适宜范围 5~9，最适范围 6.5~8。

3. 水化学指标

氨氮 0.4~2.0 mg/L，磷酸盐 0.4~1.6 mg/L，硫酸盐 40~180 mg/L，硅酸盐 10~14 mg/L，镁 18~55 mg/L，钙 10 mg/L 以上。

4. 珍珠中微量元素种类和含量与珍珠色泽及水质的相互关系

珍珠中主要含有碳、镁、钙、钠、硅、硼、铝、铁、锰、钛、锌、铜、锶、镍、钴、钾、锂、镱等元素。但不同种类的蚌和不同水域产的珍珠其含微量元素的种类、含量有一定的差异。银色珠含铜和锌；金色珠含铜、锌（铬）、锰；粉红色珠含铜、锌、钴（铬）、（锰）；黑色珠含铜、锌、钴、镍、（铬）、（锰）等微量元素较多些。珍珠色彩不同，与含微量元素的种类和含量有关。珍珠中微量元素的来源与育珠水域中饵料和水体中所含微量元素的种、量密切相关。因此，如何选择所含微量元素种类和含量，最适宜珍珠生长，且珠色美丽的水域作为育珠场，值得今后进一步探讨。

（二）养殖方式

1. 吊养

用竹或木棍打桩，其上用杂竹或绳索作横栏，将育珠蚌顶翼或冠部钻孔，用尼龙线单只或几只穿结，吊在固定的横栏上或固定在可移动筏架索上，每串吊蚌数一般 2～4 只，蚌间距 12～15 cm，串间距 50～60 cm，串吊育珠蚌离水面距离视不同季节而定，一般 15～30 cm。

2. 笼养

将育珠蚌放入悬吊在筏架上用尼龙线编结的网笼（夹）内，放蚌数量以蚌不叠积，并有适当间隙为原则，网笼（夹）间距应保持 65 cm 左右。

以上两种方式统称为垂吊养殖法，总的放养密度一般为每 667 m² 水面 800～1 000 只，若水流畅通、水质肥沃，可适当增加放养量。

3. 底养

将育珠蚌直接插放在养殖区底部，此法简便，但对育珠蚌的生存、生产及珍珠质量不利，故目前较少采用。

4. 鱼蚌混养

是充分利用立体水面，实现以蚌养鱼、以鱼肥水、以水养蚌、以蚌育珠共生互利的有效养殖方式。无论是吊养、笼（夹）养或底养，均可采用此法。

（三）管理措施

1. 日常管理

主要包括管水和理蚌两个方面。

根据育珠蚌的不同发育阶段，采取不同的水质调节措施。在创口愈合期，珠囊形成期和采收前的珍珠成圆末期，应以保证水体充足的溶解氧量和清新的微流水为主。在珠胚形成期除维持适当光照、溶解氧和 pH 外，调节水质肥度则是至关重要的一环。

理蚌既要对术后蚌的死亡及脱片、吐核等进行及时处理，同时在一年中还要根据水温、光照等因子的变化，适时地调节育珠蚌挂养深度，以使蚌体能有最佳生存和生长的环境。

2. 季节管理

主要是根据四季的水文、水质变化调节蚌的挂养密度、深度以及控制水的肥度。夏季光照较强，水中溶解氧量变幅大，应适当稀养，并下吊至水深 35 cm 左右处，同时定期注入新水；冬季水温偏低，应保持育珠池水深在 2 m 以上，并将蚌下降至深水处，但不能触及池底。春、秋两季的各种环境条件最适宜育珠蚌的生长，故应将蚌提升至距水面 15 cm 处挂养。水的肥度对育珠蚌生长影响较大，夏季可适当施些无机肥，但要注意水中溶解氧量的变化。春秋两季以施发酵的有机肥为主，要少量多次，宜在晴天进行。

3. 病害防治

以防为主，防治结合。在确保养殖水域环境条件适宜的前提下，养殖区力求与外界隔绝（水源、蚌源、工具等），并定期实施防病害措施。在夏秋季水温偏高时期，每月可用生石灰或漂白粉等消毒一次，同时要经常注入新水。每年冬季要清除塘泥，并清塘杀灭有害生物，应尽量避免从外面引进蚌源，以防带入病原。一旦发现蚌病，须及时清除病蚌和死蚌。

常见蚌病有：烂鳃病、烂足病、水肿病、肠炎病等。治疗细菌性蚌病一般可用杀菌灵、高锰酸钾、食盐、生石灰等进行注射、浸浴或全池泼洒。侵袭性病原引起的蚌病用硫酸铜、硫酸亚铁等进行喷淋、浸浴治疗。对病因不明的蚌病，应从调整水体环境和水质元素等方面着手，加强生态环境防治。

六、珍珠的采收

（一）海水珍珠的采收

1. 收获时间

一般在 11 月至翌年 2 月。冬季或低温条件下，珍珠贝分泌珍珠质速度减慢，珍珠质表层比较细致、光滑、光泽较好，因此是采收珍珠的最好时间。

2. 收珠方法

收珠前，应抽样检查珍珠层的厚度，按照国际珠宝惯例，所收获的各种规格的商品珍珠，其珠层厚度有如下标准：细珠的珠径 2.6～4.9 mm，珠层厚 0.3 mm；小珠的珠径 5.0～6.4 mm，珠层厚 0.5 mm；中珠的珠径 6.5～7.9 mm，珠层厚 0.8 mm；大珠的珠径 8.0 mm 以上，珠层厚 1.0 mm。抽样检查后，若发现珠层太薄，达不到商业要求的标准，可适当延长育珠期。

从海里取来育珠贝后，用开贝刀从腹缘开口处插入贝体内，割断闭壳肌，露出软体部，用镊子或刀轻轻地插入育珠袋，小心地从袋中取出珍珠。

3. 收获量

珍珠的收获量，一般以 1 万个育珠贝收获珍珠量多少来表示。每 1 万个育珠贝的珍珠收获量，最高者达 11.15 kg，最低为 4.85 kg。

4. 处理及保存

刚收获的珍珠，表面附有海水、体液和污物等，若放置过久，会使珍珠表面的胶质状碳酸钙和有机质发生凝结，珍珠质变暗，被氧化变质，影响质量。因此，采收之后应及时进行处理。药用珍珠，采收后不宜用化学制剂处理，仅用清水和盐水洗净擦干即可。

（1）一般洗涤　将收获的珍珠及时放入清洁的淡水中浸泡，用香皂水和淡水洗净后擦干保存。为彻底洗去珠面附着物的剩余黏液、污物，收获的珍珠经清水洗涤后，可用盐水浸泡 5～10 min，接着用细食盐混合珍珠（比例为 2∶1）揉擦，再经香皂水和清水多次漂洗，最后用毛巾或绒布打光，晾干后保存。

（2）药剂洗涤　较差的珍珠可用含量为 0.15%～0.2% 的十二醇硫酸洗涤，然后用清水洗净，擦干后保存。表面光泽暗淡或有污点的珍珠，可用 3% 浓度的 H_2O_2 洗涤，然后用清水洗净擦干后保存。所有经处理、晾干后的珍珠应装入洁净的布袋中，封口后置于橱柜里保存，切勿放置于潮湿的地方。

（二）淡水珍珠的采收

1. 育珠时限及采收季节

育珠时限根据蚌种饲育环境而定。培育无核珠，三角帆蚌养殖三夏三冬采收较好。褶纹冠蚌两夏一冬即可采收。培育有核珠，植小核的养殖周期一般为 1～2 年，植中核、大核的则需 1.5～3 年。采收宜在秋末、冬初进行。

2. 采收方法

（1）剖蚌取珠　用刀割断前、后闭壳肌，露出外套膜及软体部，用镊子将珍珠从珍珠囊中挑出。

（2）活蚌取珠　方法同植片（核）手术。将蚌开口固定，用开创针将珍珠从珍珠囊中挑拨出来，育珠蚌放回池水中休复，养殖两年后即在原珍珠囊中形成再生珍珠。也可在挑出珍珠后，将适当核径的珠核植入，经一年后则产生有核珍珠。

3. 珍珠一般处理

采收的珍珠应及时处理，以免珠面附着的黏液和组织残液因氧化或干燥而蒙上白色薄膜，影响珍珠质量。

处理方法：可将珍珠浸入饱和食盐水中 10 min，或用二倍体积的食盐揉擦后，用温清水浸洗，以充分浸出食盐，然后反复用清水漂洗。也可用温和弱碱性肥皂水洗涤，用清水反复冲洗。此外，过氧化氢对珠面有较强的去污力，稀盐酸和十二醇硫酸钠液对提高珍珠光泽度具一定的作用。珍珠经一般处理后均可显示出其天然的色泽与光彩，但限于目前的养殖水平，除 15%～30% 的优质珠不需加工便可投放市场外，较大部分珍珠尚需进一步加工，以作为半成品或原料出口。

思考题

1. 掌握长牡蛎人工育苗工艺流程；掌握福建牡蛎半人工采苗技术；掌握牡蛎的养殖方法。

2. 掌握贻贝的海区采苗技术，贻贝的分苗附着方法和养殖技术。

3. 掌握海湾扇贝人工育苗工艺流程以及扇贝稚贝的海上过渡技术，扇贝中间暂养（中间育成）的方法和技术、扇贝的养成方法。

4. 简述珍珠的成因，了解育珠贝（蚌）的种类，熟悉马氏珠母贝的育珠工艺流程。

5. 了解有核珍珠、无核珍珠的操作过程。

第十三章　埋栖性贝类的养殖

第一节　泥蚶的养殖

泥蚶（*Tegillarca granosa*）俗称血蚶、贡蚶、瓦楞蛤、粒蚶等，隶属软体动物门、瓣鳃纲、蚶目、蚶科，是我国传统的滩涂养殖贝类，也是浙江、福建、山东和广东等省的主要养殖种类。泥蚶肉味鲜美，营养价值高，含有大量蛋白质、维生素 B_1、维生素 B_2 和多种微量元素，是滋补佳品，佐酒名菜。蚶壳，又称瓦楞子（中药名），可作药用，有消血块、化痰积之功效。

泥蚶广泛分布于印度洋及太平洋上的印度、斯里兰卡、马来西亚、泰国、越南、菲律宾、澳大利亚、日本、韩国及中国。在中国分布于山东半岛以南沿海。

1970 年，泥蚶全人工育苗在浙江省首获成功，1993 年浙江省海水养殖研究所首次突破工厂化大规模培育，至今，泥蚶人工育苗技术已在全国各地推广，泥蚶苗种供应已能满足需要。

目前的泥蚶养殖主要采用蓄水养殖和虾塘混养。泥蚶收获期在 11 月至翌年 3 月，平涂养殖一般每公顷产量为 2.25 万～5.25 万 kg，蓄水养殖一般每公顷产量为 7.5 万 kg，高的可达 9 万～10.5 万 kg，具有较高的经济收益。

一、泥蚶的生物学特性

（一）主要形态特征

泥蚶（图 13-1）贝壳坚厚，两壳相等，中间膨胀，呈卵圆形。壳顶凸出，尖端向内卷曲，位置偏于前方；壳顶间的距离远。壳表面白色，被有褐色壳皮，放射肋 18～21 条，肋上有明显的颗粒状结节。壳内面光滑、灰白色，边缘具有与壳面放射肋相应的深沟。铰合部直，齿细密。

（二）生态习性

泥蚶对海水温度和盐度变化的适应能力较强，在温度变化范围为－2～36 ℃，盐度 10.42～31.43 的海水中均能正常生活，其最适生长条件是水温 15～30 ℃、盐度 13.04～

图 13-1　泥　蚶

23.56，属广温、广盐性底栖贝类。但是当大量淡水流入养殖场，海水盐度急降至 5.17 以下，时间长也会引起泥蚶死亡。蚶苗在低盐度海水中一般可存活 3 d，而成蚶则可存活 6 d 以上，当盐度过低时，泥蚶则向泥下层潜伏。

泥蚶的活动能力较差，只能依靠足在滩涂上爬行，营穴居生活，无水管。多栖息在风浪较小、潮流畅通的内湾及河口附近多泥沙的中、低潮带。泥蚶稚蚶栖息于 1～2 mm 深的涂泥表面，成蚶潜入泥下数厘米处，以壳的后缘在涂面形成水孔，进行呼吸和摄食。

泥蚶为滤食性双壳类，涨潮后张开双壳，由鳃纤毛的摆动形成水流，滤取海水中的食物。滤取过的食物经鳃纤毛沟送到唇瓣入口。其摄食强度受水温、潮汐和饵料等因素的影响。在最适温范围内，温度越高摄食量越大，温度下降，摄食强度减弱直至停止摄食；只有涨潮后方能摄食，退潮后则无法滤水取食。一般在有淡水注入的内湾或河口附近，由于海水中饵料丰富，泥蚶生长较快。泥蚶摄食的饵料种类依不同海区和季节而异，在胃肠内含物中绝大部分是硅藻，如小环藻、圆筛藻、舟形藻等占食物成分的95%以上，悬浮在海水中的有机碎屑、桡足类附肢、藻类孢子等也能够被摄食。

（三）繁殖习性

卵生型，雌雄异体，体外受精。在浙江省以南海域的泥蚶达到性成熟一般需1年多，北方则需2周年。雌雄性别可从生殖腺的颜色来鉴别，性腺充分成熟时，覆盖着整个内脏块，雌性腺呈橘红色，雄性腺呈乳白色或淡黄色。

泥蚶的产卵量较大，一个壳长3 cm的雌蚶一次可产卵340余万粒。繁殖期在我国沿海因地而异，山东沿海为7—9月，盛期是7月下旬至8月上旬；浙江沿海为6—9月，盛期是7月；福建沿海为8—11月，盛期为8月下旬；广东、广西沿海有两个繁殖期，4—5月和9—11月，盛期为下半年的10月初。

泥蚶属多次成熟、分批排放类型，每次间隔约15～20 d。产卵多在大潮汛末期，可持续1～2 d。精卵在海水中受精发育，其胚体发育需要经过一段浮游生活期，而后下沉到涂面，变态附着成稚贝，转入底栖生活。当壳长达到220 μm左右时，壳缘部开始出现放射肋，壳长超过240 μm后，壳表放射肋已十分清晰，近似成体壳形。

泥蚶生长较慢，寿命较长。其生长速度与水温、饵料、养殖方式、潮带及年龄等均有密切关系。由于水温、饵料等条件的影响，泥蚶生长有明显的季节差异。在最适水温范围内，水温越高，摄食量越大，生长速度相对来讲就快些；生活在低潮带或生活在中、高潮带围塘蓄水养殖的泥蚶，浸没在海水中的时间长，饵料较丰富，摄食时间长，生长较快；生长速度在3龄之后逐年下降。泥蚶养殖一般不超过3年。

二、泥蚶的人工育苗

（一）亲贝选择与暂养

在泥蚶繁殖季节，直接到蚶塘中挑取2～3龄的泥蚶。要求泥蚶个体大小整齐，规格为160～200颗/kg，挑选性腺发育好的个体作为亲贝。选取后的亲贝可直接催产，在浙江沿海，时间一般在6月中旬至7月上旬。

也可以在2—3月挑选个体大小为200～300颗/kg、健康有活力的成蚶，养于条件好的虾塘或采用塑料大棚保温，升温培育，可比自然海区的泥蚶成熟期提早30 d左右。也可选择个体大小合适、健康的成蚶移入室内水泥池中培养，培养密度以1 kg/m² 以内为好，每天换水1～2次，水深0.5 m，投喂单细胞藻类及配合饵料，通过控温、升温，进行促熟培养，池底铺有软泥则更好，这种方法培育，可人工控制育苗时间，但此法操作较麻烦，成本较高。

（二）催产与孵化

采用阴干，结合流水刺激诱导产卵效果最好。催产池内加入沙滤海水，水位0.5～1.0 m，并加入3～5 mg/L的EDTA - 2Na、0.5～1.0 mg/L的土霉素。把阴干8 h以上的亲贝移入催产池中（面积 30～40 m² 的池，准备亲贝 10～15 kg），置于网布或竹帘上，铺平放好。然后使用功率大小合适的水泵使池水循环流动，流水刺激亲贝 1～2 h，亲贝开始排放精卵，随时观察精卵排放情况，防止精子过量，控制卵子密度，及时移走亲贝，然后加水至池满，同时追加 EDTA-2Na 和土霉素（或青霉素）。受精卵孵化密度一般控制在 10～20 个/mL。

在催产池进行原池孵化，用 40～60 目筛网捞掉池中的泡沫等脏物，直至池水变清为止。孵化水温 27～30 ℃，海水盐度 18.30～23.66。一般 5～6 h 后发育至担轮幼虫，15 h 后发育至面盘幼虫，投喂金藻类作为开口饵料。

（三）幼虫培育

用 400 目筛绢网把正常的、上浮能力强的面盘幼虫，从孵化池移入幼虫培育池中进行培育。在培育用海水中加入 3～5 mg/L 的 EDTA-2Na 和 1 mg/L 的青霉素。面盘幼虫培育密度控制在 20～50 个/mL。每天换水 2 次，每次换原池水的 1/3～1/2，直至变态期。

面盘幼虫期投喂金藻，至壳顶幼虫后期可加投角毛藻、扁藻等。日投喂 2～4 次。投饵量根据幼虫肠胃饱满程度来调节控制，要求幼虫肠胃饱满度达到半胃以上。每次投饵量不宜过大，必要时增加投喂次数来补充。另外，尽量投喂新鲜藻类，不投老化、受污染的藻类，尤其在幼虫培育前期更应注意。

幼虫培育理化条件：光照 500～1 000 lx，水温 26～30 ℃，海水盐度 18.30～23.56，pH 7.8～8.2。在日常管理中如发现幼虫下沉数量多，或水体中有大量原生动物、轮虫时，应及时倒池。

（四）附苗、稚贝培育

一般经过 10 d 左右的培育，发育至壳顶幼虫后期，当 30% 左右的壳顶幼虫出现眼点后，即可投放海泥，此阶段的壳顶幼虫大小为壳长 180～200 μm。

选取中、高潮带的滩涂海泥，进行暴晒处理后，再进行 180 ℃ 烘干处理 1～2 h 或用高锰酸钾 20 mg/L 处理 0.5 h 后备用，现在常采用将海泥经 200 目过滤后再煮沸待用。

用 200～300 目筛绢网将海泥洗入稚贝培育池中。池水水位一般 0.3 m，海泥厚度控制在 2～3 mm，静置 12 h 以上，然后排掉 20 cm 池水，再慢慢加水至水位 0.5～0.6 m。把要变态附着的幼虫移入稚贝培育池中，控制幼虫数量在 5～20 个/mL，当附着稚贝密度达到 100 万颗/m² 左右时，将水中未附着的幼虫移入另池继续附着。这样有利于提高附着变态成活率，同时缩小苗间的大小差异，便于管理和苗的出售。

稚贝培育阶段一般水位控制在 0.4～0.5 m，每天换水 2 次，每次换原池水的 1/2～2/3。一般 2～4 d 更换一次底质，将苗与泥一同冲出，在洗苗桶中洗去软泥及杂物，称重记录后均匀撒于另一稚贝培育池中。根据稚贝培育的情况，采取分池或并池来调整稚贝培育密度。

投饵及管理：每天换水后投饵，投饵量根据池中残饵多少来控制，切勿过量投饵。经常取苗检查稚贝肠胃饱满度、活动能力、生长情况及存活率。

蚶苗的出库：一般蚶苗规格达到壳长 1～3 mm、200 万～500 万个/kg 时可移入土池或滩涂中暂养，蚶苗出库规格的大小直接影响暂养成活率。

三、泥蚶的中间暂养（蚶苗培育）

中间暂养是指把蚶砂培育成蚶豆的过程。蚶砂即指刚出库的人工培育稚贝或采捕到的壳长 2～3 mm 的稚贝，一般 10 万～100 万颗/kg。蚶豆为两种，一种是蚶砂经过 5～6 个月的养殖，壳大如绿豆，规格为 4 000～10 000 颗/kg；另一种是蚶砂经约一年的养殖，壳长达 1～2 cm，规格为 300～800 颗/kg，亦称中蚶。

由于泥蚶苗源、培育场所、培育方法、销售市场等因素不同，泥蚶苗种培育方法、技术略有差异，其基本过程如下。

（一）培育场地

蚶砂个体较小，不喜移动，防御敌害能力较弱。故应选择环境稳定、饵料丰富、敌害生物较少的场地进行筑塘培育。蚶砂培育塘面积 67～667 m² 不等，塘底挖深，挖出的涂泥筑成堤坝，堤坝高 40～50 cm，使塘内可蓄水 30～40 cm，塘底抹平，灌上水，等待播苗。培育塘可在风平浪静、水流缓和、底质适宜的中潮带上层或高潮带下层的滩涂上，也可在高潮带围塘（虾塘）内挖筑。有的培育塘在塘底铺上筛绢网、周围围以网片，以防蚶苗受敌害或机械损伤。埕地消毒后，在播种前 1～2 d 用小钉耙耙松，并用压板压平，插好标志，等待播苗。

（二）苗种来源

可选择人工繁育的泥蚶稚贝或采捕天然蚶苗作为种苗培育的苗源。

1. 人工繁育稚贝

一般要求稚贝活力好、死壳少、大小均匀，颜色为浅绿或浅黄褐色，并带有肉色的苗种。壳长在 0.5 mm 以上，一般 200 万～2 000 万颗/kg。浙江沿海的人工繁育苗种一般在 6 月中旬至 9 月出苗。

2. 天然蚶砂

浙江沿海一般从 8 月开始，下涂刮集自然苗进行培育。天然蚶砂刮集后应立即带上岸进行净苗。一般是在大木盆里盛 1/2～2/3 海水，盆里放置米筛，把竹箩里的蚶砂和其他杂质一起倒入米筛里，双手拿米筛在木盆上下左右震动。苗细漏入盆内，杂质留在米筛上倒掉。一部分漏入盆里的杂质可利用蚶砂重，易沉底，细小杂质轻，经加水搅拌会上浮的特点加以分离，这样反复几次就能把苗洗净。

（三）蚶苗运输

蚶砂的运输最好在冬季和初春的低温季节进行。人工苗出库一般在夏秋季，故应选择在晚上气温较低时运输，一般先把稚贝水分甩干，用筛绢网包紧后，用空调小车快速运至培育场。中蚶运输也不宜耽搁过久，要求当天运到，防止日晒、雨淋，运到后立即播种。

（四）播种

蚶砂或蚶豆运到培育场后应及时均匀播种。一般将培育塘灌满水后撒播。人工培育出库苗因个体较小，应特别注意用少量多次方法力求撒播均匀，也可在苗中掺入颗粒均匀的细沙，以利播苗均匀。

播苗密度应根据培育技术、条件、蚶苗大小等因素综合考虑。一般出库苗规格为 600 万～1 000 万颗/kg，播苗密度从 5 万颗/m² 开始（或每 667 m² 4～6 kg），随着个体增大，逐步调整至 1 万颗/m²。蚶砂至蚶豆培育过程中，从 1 万颗/m² 开始，逐步调整至 1 000 颗/m²。

（五）日常管理

蚶砂体小力弱，对不利环境的抵抗能力较差，故应切实做好管理工作，要有专人管理，经常检查，发现问题及时处理。培苗期的主要工作是防灾除害，定期清场疏散，做到网不倒、堤不塌、不积水、无敌害，减少培苗期的死亡率，促进蚶苗顺利成长。

经常下涂巡查塘堤有无漏水或倒塌。保持塘堤光滑，塘内蓄水 30~40 cm。每隔 15 d，在大潮汛期间进行搬塘一次，即排干塘水，把苗全部收集起来，在盛有淡水的木盆里用米筛进行筛选，时间控制在 0.5 h 以内，并除去敌害生物，如玉螺、青蟹、梭子蟹及其他杂贝和杂藻等。经过筛选，进行分塘培育，一部分苗可重新放回原塘，有条件的可修筑若干预备塘，以便轮流搬塘。

农历十月中下旬，气温显著下降，水温也降到 10 ℃ 以下，为防止蚶苗受损，第一，要经常检查塘堤有无漏水，发现漏水及时堵住，使塘内保持一定水位。第二，要防水鸭，到了秋天，水鸭会成群结队飞至苗区，吞食蚶苗，危害很大，危害期从农历十月至翌年清明节前后，预防方法采取在越冬塘四周和上面用网围盖，防止其侵入。第三，要防淡水，雨水多时，要注意越冬塘内海水盐度，尤其在下大雨后，第二天就要下涂检查，如发现塘水海水盐度太低，要立即排干塘水，待新鲜海水涨到再注满。第四，次年清明节前后，水温回升，蚶苗又开始生长，原来暂养的密度已显得过密，故应及时进行分疏。

蚶苗穴居在滩涂表层，通常壳长 0.5~0.6 cm 的蚶苗，潜泥深度约 0.5 cm，此后随着个体的增长而逐渐加深。蚶苗在幼小阶段还有水平移动现象，尤其是壳长在 0.1 cm 以下的蚶砂，移动能力最强，这时要注意蚶砂是否分布均匀，防止因过于密集而移出场外。

四、泥蚶的养成

目前泥蚶的养殖方法主要有蓄水养殖和虾塘混养。

（一）泥蚶的蓄水养成

山东的蓄水池，浙江、福建的蚶塘都是蓄水养成场地。一般构筑在内湾的高、中潮带。涨潮时海水可漫过堤坝，退潮后可根据需要在塘内蓄存一定深度的海水。其优点是可以利用蚶田养成方式所不能利用的高潮带，以扩大养殖面积。塘内蓄水，泥蚶摄食时间长，生长快。蚶塘水温较稳定，可防止炎热或严寒造成的泥蚶死亡。但面积较小，建造投入较大。蚶塘的形式各地不一，在浙江多为方形，也有圆形，而福建沿海则多见长方形，亦可随地形而异。

1. 方形蚶塘的结构

包括堤坝、环沟、缓冲堤、水口及塘面等，面积较小，333~3 333 m²，堤高 1.0~1.5 m，堤基宽 3.0~4.0 m，堤顶宽 0.8~1.5 m，应分几次构筑，可使塘堤坚固耐用。环沟是坝内环绕塘面四周的水沟，可引潮水进塘面，同时使坝上冲刷下来的泥土沉于沟内，沟宽 0.5~1.0 m，深 0.5 m。缓冲堤是建在水口内侧的一条土堤，作用是防止潮水直接冲向塘面，一般堤高 0.5 m、底宽 1.5 m、堤面宽 0.5 m，长度不定。现在浙江沿海使用的方形蚶塘大多省去该堤。水口是潮水进出蚶塘的路径，并起控制塘内水位的作用，可用石料构筑。水口不设在向潮的一方，水口外挖一条水沟，以便纳水和排水。塘面应稍低于塘外的滩面，使塘内经常能蓄水 0.3~0.5 m。

2. 圆形蚶塘的结构

结构基本与方形蚶塘相同，但另设有进水沟和排水沟。进水沟长 2~3 m，在潮大流急的地带，进水口要大，必要时可设两个进水口。排水沟宽 0.6~0.7 m，亦可用水泥管代替。平时堵塞，需要调整水深或清除敌害时再打开。

3. 长方形蚶塘的结构

闽南一带俗称鱼埭，面积较大，有数亩（1 亩≈667 m²）至数十亩。位于高潮带，建筑三面环水，一面靠岸，亦可四周皆环水。塘面岸边向排水管边作倾斜。为了操作方便，一般将塘面划分成若干畦，畦间开沟，沟宽 0.5 m、深 0.3 m，与环沟相通。塘内蓄水深度约 0.5 m。

由于面积大，堤坝设有多处进排水闸门，海水一般不漫坝入池，而是通过闸门进排水。另外，在构筑池塘时还应注意底质，应选择不渗水的泥质底，以防池塘渗漏水。

4. 成蚶养成播种

（1）播种时间　各地不尽相同，一般在 5—6 月。

（2）蚶塘涂面整理　蚶塘筑好后，应用小钉耙耙松涂面，再用耥板把涂面耥平，用清塘溶液喷洒涂面及灌入鱼、蟹洞内，清除敌害生物。放养前，再用小钉耙耙松、整平涂面，即可播苗进行蓄水养成。

（3）种规格及播苗量　养殖成蚶的播苗密度，既受海况条件限制，又因种苗规格而异，各地相差较大。决定播种密度的原则，应该是既能充分利用海涂的生产能力，又不影响泥蚶的生长。播苗量太大，由于饵料不足，定会妨碍泥蚶的生长；播苗量太少，又造成塘面的浪费，影响单位面积的产量，一般成蚶养成播苗量如表 13-1 所示。

表 13-1　一般成蚶养成的播苗量

蚶苗规格（颗/kg）	每 667 m² 播苗量（kg）
300～400	900～1 000
400～600	700～800
600～800	600～700
800～1 000	500～600
1 000～1 200	400～500

浙江南部养大蚶的一般苗种规格为 400～800 颗/kg，每 667 m² 放养 20 万～40 万颗；养中蚶的一般苗种规格 2 万～4 万颗/kg，每 667 m² 放养 50 万～60 万颗。

（4）播苗方法　一般采用干潮播苗。选择在大潮期间，早晚退潮时进行，在干潮时排干塘水，把蚶苗均匀地撒播在塘面上，注意不得重播或漏播，放苗后，再蓄水养成。

（5）养成管理　养成期间应加强蚶田（塘）的管理；禁止人为践踏，保持蚶田（塘面）平整；经常测定养成场地的海水温度及盐度，注意其变化；观察泥蚶活动及生长情况，并做记录，发现问题及时解决；管理人员还应做好以下工作：① 防塌。在蓄水养成条件下，应经常下海巡回检查塘坝、闸门安全情况，特别是在大风浪时要注意堤坝有无塌方、漏洞、漏水现象，发现问题及时做好修补工作，在高温和小潮水期间更要确保蚶塘安全，否则会影响泥蚶的正常生长，甚至引起死亡。② 防洪防淡。在台风、雨季及大暴雨时，因洪水注入，常会引起蚶塘内海水盐度突降，故雨后应及时排干塘水，涨潮时纳入新鲜海水，防止塘水盐度过低引起泥蚶生长障碍或死亡。在平滩养成状态下，发生洪水注入，可在蚶田的上端修分洪坝或排洪沟，把洪水引开，或在雨季到来之前，将泥蚶移到外海区养殖，雨季过后再搬回原地，广东等地称之为"过港"。③换水调节水位。每半个月换水一次。在大潮汛换水时，利用排水露滩之机，下涂检查泥蚶生长情况，整理、填平涂面，疏通排水沟，清除鱼、虾、蟹、螺及浒苔等敌害生物。如涂质不好，可从排水沟刮取"泥油"泼到蚶埕上，改善底质，促进泥蚶生长。根据气候变化情况，及时做好水位调节工作，春、秋季天气暖和灌浅水，一般水位控制在 30～40 cm；夏季炎热、冬季严寒灌深水，一般水位控制在 60～70 cm，防止高温、严寒影响泥蚶正常生长。④及时疏养。一般每年应疏散 1～2 次，疏散后的密度一般为原来放养密度的 3/4～4/5。⑤耕滩松土。养成期间，经常用钉耙等耙松滩面或池塘面的泥土，可以清除杂藻，排除污物，疏松土质，有利于饵料生物的繁殖，从而促进泥蚶的生长。也可根据情况在蚶塘内施肥培饵，每半月一次，大潮汛换水后进行，每 667 m² 施肥量为氮肥 1 kg、磷肥 0.1 kg。

（二）泥蚶在虾塘混养

见虾蟹与蚶混养。

五、泥蚶的收获

（一）泥蚶的收获

泥蚶壳长达 2.5 cm 以上，规格 60～120 粒/kg 时，即达到商品规格，此时便可开始收获。收获季节大多在冬春季。北方一般在 11—12 月收获，南方收获季节较长，11 月至翌年 4 月初均可收获，其中以冬季 12 月至翌年 1 月，蚶肉最为肥满鲜嫩，血多味美，且气温低，易于贮存、运输。泥蚶在繁殖季节虽然也很肥满，但口味欠佳。蓄水养成的产量一般在每 667 m² 5 000 kg 左右，高的可达 6 000～7 000 kg。

（二）收获方法

用蚶耙在船上抖淘捞起，边抖去泥沙边捞起泥蚶，这种方法不受潮水限制，只要水的深度可使船行进，任何时候都可进行收获，而且收获的蚶质量也较好。福建、浙江是用蚶耙、山东用铁刺耙，在退潮后将蚶集中，再放入蚶袋或筛子中洗净，并除去杂贝、死贝壳等杂物，即可鲜销或加工。

泥蚶离水后，在气温 11～13 ℃条件下，贮存 15 d 以内不致死亡。但要用麻袋或草包将蚶装好，每包 50 kg，包装要严实，同时又要透气，不能用尼龙袋。长途运输，可在途中适时喷淋海水，以保持湿润，防止泥蚶大量死亡。

第二节　缢蛏的养殖

缢蛏（*Sinonovacula lamarcki*），俗称蛏、蜻，广泛分布于我国南北沿海滩涂，是闽、浙两省贝类养殖的主要种类，具有悠久的养殖历史。缢蛏肉味鲜美，营养丰富，除鲜食外，还可制成蛏干、蛏罐头等；肉有滋补、清热、除烦、止痢等药用功效，壳可用于治疗胃病、喉痛等，有广阔的销售市场。

缢蛏的养殖生产具有成本低、周期短、产量高、收益大、管理简便、生产稳定等优点，是沿海水产养殖的优良品种。缢蛏的苗种生产直接影响着缢蛏养殖业的发展，优质、稳定的苗种来源是保证养殖业发展的基础。

一、缢蛏的生物学特性

（一）主要形态特征

缢蛏（图 13-2）贝壳呈长方形，壳质脆薄，两壳不能完全紧闭。壳表面具黄褐色壳皮，环绕壳顶呈同心圆排列的为生长纹，春夏季生长快，生长纹排列稀疏，秋冬季生长速度慢，生长纹紧密。自壳顶起斜向腹缘有一条微凹的斜沟，形似被绳索勒过的痕迹，故得名缢蛏。

图 13-2　缢蛏

（二）生态习性

缢蛏喜栖息在风浪平静、潮流畅通、底质松软、有淡水注入的潮间带中、低潮区的内湾，营穴居生活。随潮水涨落在洞穴中作升降运动。海水淹没时，上升至洞口，伸出进出水管，进行呼吸、摄食、排泄等活动，潮水退落后，则降至洞穴的中部或底部。其潜穴的深度，随缢蛏大小、体质强弱、底质软硬及季节的不同而有变化。潜居深度一般为壳长的 5～8 倍。缢蛏个体大、体质强壮，底质松软、水温较低时，潜居较深，反之则较浅。根据滩涂上进出水孔的大小和两孔间的距离，可以判断缢蛏的大小和肥瘦。若滩面上进出水孔明显，并在出水孔周围有泥土隆起，说明缢蛏健壮，反之则说明生长不好。

缢蛏在洞穴中倒立生活，前端向下，后端朝上，1 个洞穴内不会出现 2 只蛏子。成年蛏一般不轻易离穴。若环境条件突变，则会迁居另处生活。一般来讲，稚贝迁居能力较强，随着年龄增长，其迁居能力减弱。

缢蛏为广温、广盐性种类，生活在北方的缢蛏能忍受冬季 -3～0 ℃ 的低温，南方的缢蛏在 39 ℃ 水温下仍能存活一段时间。生长的适宜水温为 15～30 ℃，在适温范围内，温度越高生长越快。正常生长繁殖的海水盐度范围为 6.49～28.8，在此范围内，海水盐度偏低有利于生长。

平涂养殖的缢蛏，1 龄个体壳长可达 4～5 cm，最大可达 6 cm，2 龄缢蛏可达 6～7 cm；蓄水养蛏，当年大苗可养到壳长 6～7 cm；自然生长的缢蛏，到第 4 年可达 8 cm，5 年以上可达 12 cm。缢蛏满 1 龄后，壳长生长明显减慢，软体部的生长加快。冬季基本不生长，春季开始生长，夏季生长最旺，秋季生长逐渐减慢。5—7 月贝壳生长最快，7—9 月软体部生长最快。

（三）繁殖习性

缢蛏为雌雄异体，雌性性腺呈淡黄色，雄性性腺呈乳白色，随着发育，逐渐充满整个内脏团，并延伸至背部和足的基部。1 龄性成熟，性比接近 1:1。

繁殖季节因地而异，北方早于南方。辽宁沿海缢蛏繁殖期在 6 月下旬，山东在 8—9 月，浙江、福建 9 月下旬至翌年 1 月，一般在水温降至 25 ℃ 左右时产卵。缢蛏每年有 4 次集中产卵期，每次相隔半个月，精、卵排放量以第 1 次和第 2 次最多、质量最好，以后几次排放量逐渐减少。产卵多在大潮汛期间，一般在退潮时、黎明前 2～3 h 内。

精、卵排出体外后，在海水中受精发育，在适宜条件下（水温 21 ℃ 左右，海水盐度 22～25），受精卵经 7 h 50 min 发育成担轮幼虫，20～22 h 发育成面盘幼虫，再经过 7～10 d 的浮游生活，开始变态，下沉附着成为稚贝，潜入泥沙中开始穴居生活。

二、缢蛏的人工育苗

（一）亲贝选择与暂养

挑选壳长 5 cm 以上，外表完整、体质强壮、生长正常、活力强、性腺发育好的 1～2 龄缢蛏，养于饵料丰富的自然海涂或土池内。随时检查亲贝的性腺发育程度。一般在 9 月下旬至 11 月上旬（即秋分至立冬）进行分批产卵，多在农历初三、农历十八的前后 2～3 d 内，根据这一规律，结合性腺成熟度的观察，确定催产日期。

（二）催产与孵化

常用催产方法是阴干与流水相结合，先将亲贝阴干 6～8 h，然后移于水泥池底或吊挂于池中，流水 2～3 h，催产时适宜水温 19～28 ℃，海水盐度 10～26，0.5 kg 性腺饱满的亲贝，催产 1 次可获 3 000 万～7 000 万个担轮幼虫，每立方米水体以放置 1～1.5 kg 亲贝较合适。

成熟精卵在海水中受精，在水温 21 ℃、海水盐度 22 的条件下，受精卵发育约经 7～8 h，即孵化出膜营浮游生活，孵化中也可开展洗卵及选优等工作。

（三）幼虫培育

浮游幼虫的培育密度以 30～50 个/mL 为宜，每天换水 1 次，每次换水量为原水体的 1/3～1/2，饵料以扁藻为主，兼投牟氏角毛藻等。为防止水质污染，幼虫下池后 3～4 d 彻底清池 1 次，至变态期再清池 1 次。浮游幼虫适宜生存环境是：水温 12～29 ℃，海水盐度 7.79～23.56，pH 7.8～8.6，光照 200 lx 以下，水质新鲜、水温适宜、饵料充足的条件下，从面盘幼虫至附着变态需 5～8 d，壳长日平均增长 12～20 μm。

（四）附苗

进入匍匐期，必须及时投放附着基，附着基采用经 25 号筛绢（200 目）过滤的软泥，处理后使用（底泥处理方法与泥蚶附着基处理方法相同）。体长 0.5 mm 以下的稚贝，培育密度以 40 万～50 万颗/m² 为宜，随着生长，应及时降低培育密度或将稚贝移入土塘（池）中继续培育。

稚贝饵料以扁藻最为常用，并可兼投自然海区的油泥或培养的底栖硅藻等，减少光照，使浮游单胞藻下沉利于稚贝摄食。每隔 3～5 d 更换 1 次底质。

三、缢蛏的半人工采苗（围塘整涂附苗）

根据缢蛏的繁殖规律和缢蛏苗喜欢附于新土上的习性，对缢蛏繁殖的海区滩涂底质进行人工改造，使缢蛏苗附着在人工修筑的苗埕上，从而采到大量的缢蛏苗。由于围垦、环境污染，平涂养殖逐步淘汰，造成种源缺乏，围塘整涂附苗，沿海各地已经很少采用，但尚有个别生态环境较好的滩涂仍在采用。

（一）围塘整涂

围塘时间应根据当地海区的具体情况而定，内湾港底油泥沉积缓慢的海区，白露过后即可开始；油泥易涨的海区，围塘时间可适当推迟。一般说来，以缢蛏幼虫附着前能沉积15～20 cm 厚的新油泥即可。新挖的苗塘要根据地形、位置做好规划，以利挖塘和计算蛏苗产量，每塘面积约 50～70 m²，筑塘时，把塘底泥全部挖出（深 20～30 cm），堆在四周筑堤，堤底宽 1.5～2 m，堤岸高 70 cm 以上，风浪大的海区堤岸适当加宽加高，每塘靠近排水沟处留一缺口（水口），一般宽 1 m 左右。塘堤筑好以后，翻耕塘内涂泥 20 cm 左右，耙烂涂泥，一次耙不烂的，关上水口浸泡几天再耙第 2 次，力求精耕细作，使涂泥细腻柔软、稍平。由于塘内涂泥下挖 20～30 cm，因此每两排塘之间必须开一条宽 1 m 左右的进出水沟，延伸到浦沟或底涂，使各塘关排水便利，确保涨落潮水流畅通。

老（旧）塘整涂附苗的工序与新塘相同，群众根据经验总结出：老塘附苗稀拉，新塘附苗密麻。因此塘底老泥要全部挖掉，经过翻耙和平整塘底，修好堤坝，关上水口沉积新泥，才能获得较好的附苗效果。

（二）放水平涂附苗

根据附苗预报的通知要求，及时做好采苗工作，严格掌握放水时间。放水太早涂质易老化，放水太迟缢蛏苗已附着。准确的附苗预报也是正确掌握放水平涂附苗的关键。

为提高附苗密度，在秋末冬初，气候干旱、油泥少的情况下，放水附苗时涂面应保持平坦，退潮后稍带"水足"为宜；如遇多雨水年份，塘内涂泥呈稀糯糊状，放水时涂面可做成略带"马路形"，苗塘出水口及塘外沟道应更畅通些。放水附苗时，塘底要求保持平整、柔软、湿润、新鲜，看上去水汪汪。

附着1个月后，涂面上出现蛏孔，就可直接看出附苗效果。蛏苗塘附苗密度高，生长一般比较缓慢，到了放养季节有些还达不到放养规格。为提高缢蛏苗的产量和质量，可以把苗塘里的苗淌起来，移到潮流畅通、饵料丰富的中潮区，加快缢蛏苗生长。

（三）连续平涂提高附苗密度

塘内放水附苗以后，涂泥表面易陈旧老化，而附着初期的稚贝极不稳定，喜迁往新鲜的涂面。因此，在稚贝大移动期间，每隔1～2d用秧田耙在涂面上来回推抹2～3次，破坏涂面的老化层，使之新鲜，这样，稚贝不仅不迁移，其他地方的稚贝也会向该涂面迁移附着。根据调查，连续平涂的缢蛏苗产量要高于一次平涂塘缢蛏苗产量近一倍。为使连续平涂取得较好效果，应注意作为连续平涂的苗塘，涂泥必须是柔软、湿润、油泥厚的涂面，干巴巴的涂面不宜连续平涂；连续平涂时间应自稚贝大批下沉附着后2～3d开始，每天或隔天平涂1次，共7～8次；连续平涂的操作必须十分细心，以免损伤已附上去的稚贝，一般在潮水刚退时进行，涂面水汪汪，既便于操作，又可使稚贝少受损伤；平涂工具要适宜操作，秧田耥与涂面接触的一面，有一定的粗糙程度，便于在平涂时破坏老涂面。

（四）蛏苗塘的管理

自9月围塘蓄水停泥开始，直至翌年3月蛏苗收获，根据不同的季节及缢蛏苗生长发育的不同阶段，及时采取相应的管理措施。

1. 附苗前的苗塘管理

主要是防止围塘漏水，确保塘内积蓄一定深度的海水。同时要做好防护工作，严禁进入附苗塘内拘捕鱼、虾，以免损坏涂面，塘堤倒塌。

2. 附苗期的苗塘管理

由于塘内积水全部排出，故要防止塘堤倒塌，及时护理被潮流冲坏的进出水口和涂面，遇到附苗涂面干燥无油泥时，把水口稍加高些，使附苗塘在退潮后能保留薄的水层，防止老化干裂，反之，若涂面稀烂油泥多，可将水口开低一些，使在退潮后塘内积水尽快排出。

3. 附苗后的苗塘管理

除了经常下涂巡查管理以外，还需关注涂质。附着20余d的稚贝，在涂面出现小孔时，要求涂质软而不烂，退潮后蛏孔能展开来。如果涂质稀烂蛏孔展不开，蛏苗就会逐渐减少，群众称为"半塘积水半无收，全塘积水工白丢"。因此，必须在稀烂、积水的涂面四周开一条小沟通往涂外，使涂质逐渐结实起来。

附着30d以后，幼贝基本稳定下来，如遇气候干旱油泥少，会影响蛏苗的生长速度，这时就要做好关水口工作。位于高潮区的苗塘，小潮水期间关水口 3～4 d，可改善涂质。寒冬腊月结冰期间，若要关水口保暖，就得满水；若不关水口，退潮后涂面不能积水，防止冰冻。

四、缢蛏的养成

缢蛏的养殖方法目前主要有蓄水养殖和虾塘混养（与对虾、鱼类混养）。由于围垦和环境污染，过去蛏埕（平涂）养殖的传统方法基本被淘汰。

（一）蓄水养蛏

高潮区滩涂由于位置高、潮水淹没时间短、油泥少、涂质硬，除了产苗区围塘整涂培育蛏苗外，尚有大片滩涂没有利用，可以因涂制宜，进行蓄水养蛏。

1. 蓄水土池的修建

土池面积因地而异，小则 333 m²，大则 3 333～6 667 m²。池面积太小，夏季退潮后水温升高快，不利于蛏的生活；土池面积太大，则管理不太方便。堤岸在 12 月至翌年 1 月的小潮水时修筑，用池内涂泥堆积筑堤，筑堤太迟，堤岸泥土不结实，蓄水后容易倒塌。土池面积大，堤岸相应宽大些，一般面积为 667～1 333 m² 的土池，堤岸底宽 2～2.5 m、高 1～1.5 m。根据池面积大小，设 1～2 个进出水口，池内四周沿堤底附近挖一条宽和深都是 1 m 左右的环形沟，池内涂面划成 3 m 宽的蛏涂块。

2. 播种

为了在繁殖季节前达到商品规格，做到当年起捕，要求蛏苗质量好、个体大。小苗在惊蛰至春分放养，大苗放养不超过清明节；每 667 m² 放养小苗约 20～25 kg，大苗 40～60 kg，每 667 m² 蛏苗量要达到 25 万～30 万个。

3. 管理

每天下涂巡查，严防漏水、崩堤。每逢大潮水，放水 1 次，捕捉池内鱼、虾，清除敌害，平整涂面（盖汪），更新水质，促进生长。换水要选择晴天进行。蓄水深度 30～40 cm，夏至以后气温高，蓄水深度可保持在 50 cm 以上，退潮后水温上升慢，适合蛏的生活，环堤沟保持畅通，也能起到调节水温的作用。蓄水养殖一般在中秋节前收完，若留池时间长，则繁殖季节蛏死亡率高，且管理需要工时多，故不宜作 2 年收成。

4. 蓄水养蛏的优点

可以充分利用高潮区的荒芜滩涂；蛏子生长快、质量好，可实现稳产、高产，产量一般比平涂养殖增高 40% 左右；苗种存活率高，苗种省，成本低，与平涂相比，可节约苗种 40% 左右；蓄水养蛏，蛏的洞穴较浅，起捕方便；蓄水养蛏需要筑堤，管理要勤，需要工时多。15 d 换水 1 次，能捕获一些小鱼、虾，可以弥补多费工的费用。

（二）虾塘混养（与对虾、鱼类混养）

详见第十一章第一节、第二节。

五、缢蛏的收获

当年放养的蛏苗当年收获称 1 年蛏或新蛏，一般可达 4 cm 左右，继续放养到第 2 年的称 2 年蛏或旧蛏。体长可达 7 cm 左右，蛏子很少有养 3 年的。收获季节由于地区不同和各地食蛏习惯不同而有差异，1 年蛏在 7—8 月开始收成，2 年蛏在 3—4 月。收获方法依靠挖捕、钩捕等手工操作。缢蛏起捕后不能久藏，除了大量鲜销外，还可制成咸蛏、蛏干等。

第三节 文蛤的养殖

文蛤（*Meretrix meretrix*），属软体动物门、瓣鳃纲、帘蛤目、帘蛤科，为蛤中上品，其肉味鲜美，被誉为"天下第一鲜"，深受世界各地消费者喜爱。文蛤是中国、朝鲜、日本常见的经济贝类。我国沿海各省均有出产，其中，辽宁、江苏沿海的资源尤为丰富。

文蛤肉含 10% 的蛋白质、1.3% 的脂肪、2.5% 的碳水化合物及大量的钙、磷、铁、维生素，贝肉除熟食外，还可做成干制品或做罐头。文蛤贝壳光滑且有美丽的花纹，可作为盛装药品或化妆品的容器，还可作为高标水泥的原料。近年来我国紫菜养殖业大发展，也可用文蛤壳作为紫菜丝状体的培养基质。

一、文蛤的生物学

（一）主要形态特征

文蛤壳形近似于心脏形，前端圆，后端略突出。壳外表面平滑，后缘青色，壳顶区为灰白色，有锯齿状褐色花纹，花纹排列不规则，随个体大小而有变化。壳缘部为褐色或黑青色。文蛤的体色与生活环境有关，在含泥量较多的海区，文蛤壳色变黑变深。铰合部外面有一黑色外韧带连结双壳，起张开双壳的作用。文蛤壳上的生长线不很明显，但能由此看出壳生长的层次（图 13-3）。

图 13-3 文 蛤

（二）生态习性

文蛤是广温、广盐性贝类，地理分布较广，在朝鲜、日本、越南、巴基斯坦、印度和中国都有分布。文蛤分布于受淡水影响的内湾及河口近海，如我国辽河口附近的营口海区，黄河口附近的莱州湾海区，长江口附近的吕泗、嵊泗近海蕴藏量均很大。此外，全国沿海的一些内湾和河口附近几乎均有分布。

文蛤多分布在较平坦的沙质海滩中，含沙率 50%～90%，以 60%～80% 为最好。幼贝多分布在高潮区下部，随着个体生长，逐渐向中低潮区移动，成贝分布于中潮区下部，直至低潮线以下水深 5～6 m 处。

营埋栖生活方式，依靠足的伸缩活动潜钻穴居，栖息深度较深，可达 10～20 cm。壳长 2～3 cm 的文蛤穴居深度约为 8 cm，壳长 4～6 cm 的文蛤则为 12 cm 左右，栖息的深度随个体的增大而加深。

文蛤是广温性贝类，分布于温、热带，北方的文蛤可耐受结冰的严冬，南方的文蛤能抗盛夏酷暑，温度低达 -5.5 ℃、高至 30 ℃ 时，均能正常存活。最适宜文蛤生长的水温是 15～25 ℃。

文蛤属半咸水贝类，对海水盐度的适应性较广。在 15～28 盐度范围内，均能正常生活。当盐度低于 6 时，短时间内不会死亡，但对生长有较大影响，文蛤在盐度 2 的低盐海水中浸没 96 h，死亡率达 50%。

文蛤具有随着生长，由中潮区向低潮区或潮下带移动的习性，渔民称之为"跑流"现象。跑流的文蛤壳长一般在 1.5 cm 以上，以 2～3 cm 的文蛤移动性最强。壳长 5 cm 以上的文蛤移动性较差，只是在天暖流急的情况下偶有移动。

文蛤活动的季节主要在春秋两季，即 4—5 月和 6 月。在大潮汛期间的夜间及黎明时活动较多，冬季文蛤潜钻较深，此期一般不移动。文蛤虽有移动习性，但如能在适宜场所放养，移动范围并不会太大。据试验，在大潮干潮线以下水深 30 cm 处放流的文蛤，1 年后大多数文蛤在放流地点周围 200 m 范围内可重新捕到，因此，在大面积养殖时，其活动范围一般不会越出放养区。

（三）繁殖习性

文蛤雌雄异体，一般两年性成熟，成熟的性腺分布在内脏块周围，并延伸至足的基部。雄性性腺呈乳白色，雌性性腺呈浅黄色。

文蛤的繁殖期因地区、水温的差别而不同。山东省约在 7—8 月。江苏省启东沿海文蛤在 6—7 月产卵，6 月下旬及 7 月初为产卵盛期。广西的文蛤繁殖盛期在 5—7 月。繁殖期水温一般在 20 ℃ 以上，最适水温为 21.5～25 ℃。

文蛤性腺成熟时，内脏块表面基本上被性腺遮盖，鲜肉与鲜壳比达到 1∶4 以上，或者干肉与干壳比达 1∶10 以上。卵子产入海水中呈圆球形，江苏南部文蛤的卵子直径平均为 85.8～87.2 μm，辽宁为 60～90 μm。文蛤卵是沉性卵，在初级卵膜之外还有一层透明的次级卵膜。精子头部直径约为 3 μm。

产出的精、卵在海水中受精。在水温 26.5～33 ℃、盐度 26～29、pH 8.19～9.25、光照 2 000～4 000 lx 的人工育苗条件下，受精卵一般经过 30 min，出现第一极体，40 min 出现第二极体，接着纵裂成 2 个大小不等的细胞，1 h 后进入 4 细胞期，再经过桑葚期、囊胚期，此时开始出现缓慢的转动，6 h 后进入担轮幼虫期。12 h 后进入面盘幼虫期，此时面盘已经形成，游动活泼，在水中集群呈云雾状上浮。面盘幼虫包括直线铰合幼虫、初期壳顶幼虫、后期壳顶幼虫，最后发育成稚贝、幼贝。

二、文蛤的人工育苗

（一）亲贝选择与暂养

选择健壮、性腺丰满的 4 龄以上贝作为亲贝。亲贝最好放养在自然海区或对虾养成池中，促进成熟。

（二）催产与孵化

阴干 5～7 h，然后于常温海水中流水刺激 3～5 h，再将亲贝放进 0.15%～0.25% 的氨海水中浸泡，在水温 26.5～28.5 ℃、盐度 20～25、pH 8.40～8.90 条件下，亲贝在氨海水中反应敏感，经过约 30 min 左右，雄性先排精，雌性相继产卵。此法催产率可达 80%。采用阴干刺激、流水刺激、反复升温刺激亦可收到较好效果。

采用沉淀法洗卵 2～3 次，以提高孵化率。受精卵在 27.5～33 ℃ 的温度条件下，12 h 左右即可达到面盘幼虫期。

（三）幼虫培育

幼虫培育的密度一般为 10～50 个/mL，培育水温不超过 26 ℃，盐度 25～30，pH

8.0～8.3，溶解氧 5～6 mg/L。

文蛤育苗正处于高温季节，饵料以牟氏角毛藻、等鞭金藻等高温种为主，混合投喂饵料时，金藻与角毛藻的比例为 1∶3。面盘幼虫期投喂饵料的密度为 1.8 万～2 万个细胞/mL，随着幼虫的生长发育，逐渐增加投饵量。日投饵 3～4 次。

幼虫培育中的充气、换水、清底、倒池、幼虫观测同常规贝类人工育苗。

（四）附苗、稚贝培育

卵受精后 6 d 进入附着变态期。第 9 天完成变态发育成稚贝。当幼虫发育到 234 μm×216 μm 时，面盘开始萎缩，停止浮游而行底栖生活。这时，壳顶突出稍靠前方，钙化后壳不透明，在很短的时间内就进入泥沙中生活。

变态后的稚贝需用足丝附着在沙粒上，如果池中无适宜的附着基，稚贝足丝相互粘连成团，影响稚贝的呼吸、摄食和活动，不久即造成稚贝的大量死亡。

一般在卵受精后 7 d 开始投沙，厚度以 0.5 cm 左右为宜。沙取自中、高潮区，经水洗，用 120 目筛绢分析筛选，经高温煮沸杀菌处理，除去有机污物后即可使用。

稚贝在室内经过 40 d 的饲育，壳长可达 1 mm，室内水池环境已不适合其生活，此时可移到滩涂上修建的池塘中培养。稚贝在池塘中经 20 d 的培养，壳长可达 2 mm 以上。

三、文蛤的围网养殖

（一）养殖场地的选择与修建

1. 养殖场地的选择

应选择风浪较小，潮流畅通，生物饵料丰富，水质优良，远离污染源，底质为沙质或沙泥质，含沙率 60％～80％，滩面平坦宽广，盐度 15～28 的中、低潮海区建场。

2. 场地翻耕

经过多年养殖的文蛤场必须进行底质改良。具体做法：大潮低潮位时组织人力使用铲或锄头，将表层 10～15 cm 的底质翻起，利用潮汐变化使底质得到有效冲刷。视底质淤积情况，一般翻耕 1 次，若底质淤积严重，可翻耕 2～3 次。

3. 蛤场建设

（1）围建防逃设施 严密围建养殖场地是保证养殖过程中文蛤不流失的关键。一般养殖场地围双层网，内层网目 2.5 cm，外层网目 4 cm。围建场地的木桩有 2 种规格：一种长 1.5～2.0 m，直径 6～8 cm，用于扶持网片；另一种为长 40 cm、直径 3.0～4.5 cm 的短桩，用于固定埋下的网片及场地内拉线打桩。

（2）埋网方法 沿预定场地边缘挖深 25～30 cm 的沟，将网的边经绳索拉直放入沟内，每隔 0.8 m 沿沟内绳索打入一短桩固定，将网拉直埋上沙土，此时网高出滩面 0.7～1.2 m，用长桩在网的两边以"人"字形错开并斜插入沙滩中 50～60 cm，桩距 1.5 m。用穿过网片的绳索以"8"字结缠紧在长桩上维持与网片相同的高度。

（3）养殖场地拉线 场地拉线的作用就是借以"割断"形成的粘波带，阻止文蛤因移动而向围网边大量集群。拉线的方法：在场地内垂直于潮流方向平行打短桩，以"井"字形拉线，线距滩面 3～5 cm。场地内拉线后，文蛤大部分集中在线下、桩下、网边，整个养殖场地内的文蛤分布相对均匀，而不拉线的场地，则有大量文蛤密集在低潮位的围网边，这种情况不利于文蛤摄食、呼吸，有碍文蛤正常生长，甚至造成文蛤死亡。

（二）蛤苗放养

1. 苗种选择

选择潜沙能力强、体表光亮、无损伤、无病态的文蛤苗，规格为 140～200 粒/kg。以本地苗为主，外地种苗要求产苗地水质接近养殖场环境。

2. 放养密度

放养密度根据文蛤养殖场所处潮区而定，中潮区播放规格 140～200 粒/kg 的苗种，每 667 m² 播 400 kg 左右；低潮区蛤场则播放 140 粒/kg 以内的蛤苗，每 667 m² 播 88 kg。

3. 播苗

一般在涨潮前进行播苗，苗种要均匀播在滩面上，若气温较高，应选择在阴天或黎明、黄昏时进行。已经损坏或死亡的苗种不要播入养殖场，播苗时操作要轻，以免损伤韧带和贝壳而影响养殖成活率。

（三）养成管理

退潮、大风浪或台风、暴雨后，要及时检查木桩和围网是否倾倒或破损，发现倒下及时扶起加固，发现网破裂及时修补，以免造成文蛤逃逸；发现有泥沙或淤泥冲入场地，要及时清理；风浪冲滚使文蛤成堆，密度太大，要及时疏散，尤其是夏季高温季节更要注意，以免造成文蛤死亡；对敌害生物如鱼类、蟹类、鸟类、棘皮动物等要经常采捕或驱赶，及时清除已经死亡的文蛤，防止污染滩涂；做好日常水温、比重、水质等监测记录工作，定期测定文蛤生长情况，发现问题及时采取措施处理；做好防偷、防抢、防人为干扰和船只停泊等工作，保持场地安静。

四、文蛤的收获

文蛤长到 5 cm 以上时，便可收获。除繁殖期（6—8 月）外，其他时间均可采捕，一般采捕盛期在春秋两季。收获的主要方法是潮间带干潮后用铁耙耙捕，浅海用底拖网拖捕。

采捕后需经过"吐沙"处理。"吐沙"处理方法很多，如将文蛤盛于网笼中（如养扇贝的网笼），垂挂于虾池中、浅海的浮筏下或盐场蓄水池的筏架下，在水温 20～25 ℃的条件下，约经 20 h，即可将沙吐净，也可利用专门设施，进行"吐沙"处理。

文蛤除鲜销外，还可加工成原汁整壳真空小包装、烤制干品和蛤油等多种产品。

第四节　蛤仔的养殖

菲律宾蛤仔（*Ruditapes philippinarum*），俗称蚬子、砂蚬子、蛤仔、花蛤，属软体动物门、瓣鳃纲、帘蛤目、帘蛤科，我国沿海的资源蕴藏量较大，从辽宁省至广东省沿海均有分布。每 100 g 鲜肉含粗蛋白 5.2 g、粗脂肪 1.8 g、灰分 1.3 g、水分 84.6 g、糖类 1.5 mg、琥珀酸 0.33 mg。蛤肉营养丰富、味道鲜美，颇受人们的喜爱。贝壳（中药名称为蛤仔壳）、肉（蛤仔肉）还可药用。菲律宾蛤仔一般鲜食，可用蛤仔肉制成多种菜肴。菲律宾蛤仔具有生长快、人工养殖方法简单、生产周期短、投资少、收效大等特点，是我国主要养殖贝类之一。目前养殖的主要苗源为人工苗，有一定量的垦区土池培育的蛤仔苗，形成了南育北养的格局。为了更好地保护菲律宾蛤仔的自然资源，采捕自然苗和半人工育苗受到了限制。

一、蛤仔的生物学特性

（一）主要形态特征

菲律宾蛤仔贝壳呈卵圆形，两壳相称。壳顶稍突起。小月面宽，椭圆形。韧带长，突出壳面。壳顶至前端边缘的距离，约等于贝壳全长的 1/3。两壳铰合部各有主齿 3 枚。壳表具褐色斑点及花纹。贝壳颜色与花纹多变，一般幼贝色彩丰富，老成个体贝壳灰褐色，有较深色的斑点或带纹。壳内面灰白色，或略带紫色（图 13-4）。

图 13-4 菲律宾蛤仔

（二）生态习性

栖息在内湾或港湾两旁，在风平浪静、潮流畅通、流速 40～100 cm/s，经常有淡水注入的中、低潮区沙泥底质的滩涂上栖息。适温能力强，可在 5～35 ℃范围内正常生活，适宜的海水盐度范围为 5～35。喜欢生活在含沙量比较多的底质中，以含沙量为 70%～80%的沙泥底最适宜生长。穴居生活，以足部的伸缩活动，穴居在潮间带沙泥底质中，其穴居的深浅随着个体大小和季节不同而异，一般栖息深度为 3～10 cm，随着潮汐涨落而做上下升降活动。耐干能力强。

生长和环境条件有密切的关系。一般在河口附近的海区，饵料生物丰富，摄食时间长，生长较快。生活潮区高低对生长也有很大的影响，一般生活在低潮区的个体摄食时间长，生长较快。蓄水养殖条件下，生长比自然海区的个体生长快得多，而且软体部较肥满。一般以4—9 月生长速度最快。从年龄来看，1～2 龄个体生长最快。

（三）繁殖习性

雌雄异体，1 龄性腺成熟，排放精卵，繁殖后代。生物学最小型为壳长 2 cm。繁殖季节随地区不同而异。辽宁为 6—8 月，山东为 7—9 月，福建沿海一般是 9 月下旬至 11 月中旬，以 10 月的寒露、霜降为繁殖盛期。

性腺分批成熟并排放精卵，每 15 d 左右为 1 个周期，每年排放 3～4 次，以第 1、2 次的排卵量最大，产卵较集中。雌雄比例接近，外观很难辨别雌雄，只有在繁殖季节，可从其生殖腺的颜色来区别，一般雄性性腺呈乳白色，雌性性腺呈浅米黄色。

怀卵量和产卵量，与亲贝生活在不同养殖区及亲贝个体大小有着密切关系。一般怀卵量为 200 万～600 万粒，个别个体可达 1 000 万粒以上。

沉性卵，卵径为 74.78 μm。精子全长 55～57 μm，在海水中受精后，细胞开始分裂，经桑葚期、担轮幼虫、面盘幼虫，至壳顶幼虫，趋光性开始减弱，体色变淡黄，壳顶隆起明显，足部发达，幼虫开始下沉，在埋面上匍匐。再经 1～2 d 的发育，变态为初期稚贝，刚变态的初期稚贝近圆形，壳长 194～220 μm，壳高 178～194 μm，体色金黄色，足部发达，此时移动性大，足部分泌足丝，黏附于沙粒等物体上，有群栖现象。从受精卵发育至刚变态的初期稚贝，需经 11～12 d 的培育。

（四）生长特性

刚变态的初期稚贝，经 7～8 d 的发育，壳长可达 400 μm。经 37～40 d 的发育，壳长可达 1 400 μm。经 60 d 发育，壳长可达 2～4 mm。经 5～6 个月的生长发育，壳长可达 0.5～

0.8 cm。养至冬至，壳长可达 1～1.4 cm。

二、人工育苗

（一）室内人工育苗

1. 育苗设施

包括育苗车间，育苗池，藻类培育车间（一级保种间、二级大桶培养室、三级水泥池繁育车间）。进排水设施及其他电、气设备和设施。

2. 育苗用水

直接抽取海区水作育苗用水，经沙滤后入蓄水池备用，盐度 25～31，水温 18～26 ℃，淡水直接抽自天然蓄水池，育苗期间均保持 24 h 连续充气。

3. 藻类培养

湛江叉鞭金藻、牟氏角毛藻，采用三级培养法，一级保种在恒温车间的 5 L 三角瓶中，二级扩种采用白色塑料桶（规格 25 L、150 L、1 000 L）封闭式培养，三级培养直接在育苗水泥池进行。

4. 亲贝使用及检查

自然海区亲贝，用海水将表面污物反复冲洗 2 次，放入水泥池暂养 2 d，清除破损和死亡个体；随机选择部分亲贝进行性腺发育检查，雌性呈乳白色，雄性呈淡黄色，用针刺破生殖腺，卵或精液会流出，放入海水中可散开，卵细胞呈现颗粒状，精细胞呈现云雾状，则性腺发育良好。

5. 亲贝暂养促熟

将处理后的亲贝均匀撒在水泥池中，底部铺沙 15 cm，约 5 kg/m²，水深 80 m，连续充气。每日换水 1 次，并投喂湛江叉鞭金藻、牟氏角毛藻等单胞藻饵料，每日投喂 2～3 次，定期排水清除死亡亲贝，清理残饵等废物。

6. 亲贝催产

将催产用亲贝置于通风处，干露 6～8 h 后均匀投入催产池，曝气加流水刺激 2 h 后亲贝大量排卵排精，完成受精过程。

7. 孵化选育

亲贝产卵后边加水边用虹吸的方法进行分池，取 5 mL 培育水体，用 300 目筛绢网过滤后浓缩计数，孵化密度控制在 25～30 只/mL，在 D 形幼虫后期开始选育，用不同目数筛绢网袋选育健壮幼体，剩余直接淘汰，分批次移入幼虫培育池，培育密度控制在 15～20 只/mL。连续微充气。

8. 幼体培育

浮游幼体培育前期投喂湛江叉鞭金藻，后期混合投喂湛江叉鞭金藻和牟氏角毛藻；湛江叉鞭金藻细胞浓度控制在 2 万～3 万个细胞/mL，牟氏角毛藻细胞浓度 8 万～10 万个细胞/mL，投饵次数为 2～3 次/d，换水采用隔日倒池法；当幼体壳长达到 220 μm 以上时，即将进入附着阶段，附苗池底铺沙 5 mm，沙子规格为过 60 目，幼体培育过程中，水温 23～25 ℃，盐度 24～30，连续充气。

9. 幼体附着

附着池附着前 2 d 开始准备，用 60 目筛绢网过滤后的细沙作为附着基，附着池铺沙厚度 5 mm，细沙用 20 mg/kg 三氯异氰脲酸浸泡 24 h，等量硫代硫酸钠中和，用干净海水冲洗后备用。幼虫发育到匍匐幼虫时开始附沙培育，3～5 d 后 80% 浮游幼虫下沉潜沙，开始附着变态，剩余幼虫壳长多为 240～300 μm，5 d 后只有少量浮游于水面，采用直接排水法进行排换水，进入稚贝培育阶段。

（二）室外土池培育各种规格苗种

1. 稚贝和幼苗培育

稚贝壳长至 350～400 μm，出现单水管，450 μm 时稚贝利用双水管进排水，通过鳃过滤水体中的单胞藻，稚贝爬行活跃，足伸缩良好，此时生长明显加快，消耗生物饵料量随之增加，人工培育饵料的数量已经无法满足其生长需求，此时要移入土池培育。移入土池前，向土池泼洒光合细菌、培藻素等药物进行培藻。

当浮游幼虫发育到下沉变态，刚进入底栖生活时，称为初期稚贝。从初期稚贝培育到砂粒幼苗（壳长 1.5～4 mm），称幼苗培育阶段，需经 50～60 d。稚贝和幼苗培育时间长，情况复杂，如果管理不善，则死亡率很高。因此必须采取如下管理措施。

（1）保持水质新鲜　初期稚贝培育，仍然采用细目网滤水，每日土池交换水量为 10～20 cm 水深或是更多的水量。当稚贝生长到壳长 0.5 mm 以上时，可以采用粗号网（孔径为 0.5 mm）滤水，保持水质新鲜，同时也增加海区天然饵料生物，以供稚贝摄食。

（2）繁殖底栖硅藻　小潮期间，降低水位至 1.2 m 左右，以增加土池底部的光照，且每隔 2～3 d，晴天时施尿素，加速底栖硅藻等饵料生物的繁殖，使水色保持黄绿色或绿色。

（3）防治生物敌害　敌害有虾类、青蟹、鲻、浒苔等，应严防因滤水网衣破损而带入敌害生物。敌害出现时，要定期排干池水，驱赶、抓捕敌害生物。

发现浒苔生长，应及时用漂白粉毒杀，或用增加水深、降低透明度的办法，把浒苔消灭在萌芽阶段。如大量繁殖起来，应立即组织劳力，勤捞勤除。

2. 砂粒苗培育

从砂粒苗培育至白苗（壳长 0.5～0.8 cm），此阶段称为砂粒苗培育，需经 5～6 个月。

养殖砂粒苗的海区应在风浪较小、埕地稳定、潮流畅通、流速 10～40 cm/s、海水比重 1.016～1.024、不受洪水威胁、生物敌害少的内湾中潮区沙泥底质的海区中。管理措施同上。

3. 白苗培育

白苗养至冬至，壳长可达 1～1.4 cm，称为中苗。壳长 2 cm 左右的移植苗，称为大苗。其管理措施基本同上。

（三）苗种收获与运输

1. 收苗方法

根据养殖户要求，达到一定规格的蛤仔苗就可刮苗进苗筛内在水中淘洗收苗。

2. 苗种规格

白苗壳长 0.5 cm；中苗壳长 1 cm；大苗壳长 2 cm。每一规格的苗种，大小应均匀，无破损，健壮，活力强。

3. 苗种运输

车运时以竹篓装苗，每篓 20 kg 左右，以不高出篓面为宜。篓与篓之间紧密相靠，上下重叠时，中间隔以木板，防止重压死亡。船运时舱内放置竹篾编制成的"通气筒"（高 70～

80 cm，直径 30 cm），苗种围着"通气筒"倒入舱中，以利于空气流通，防止舱底的苗种窒息死亡。要注意当天采收、当天运输；遵守"通风、保湿、低温"三原则，防晒、防雨淋。

三、土池人工育苗

具体操作可参照通用篇第三章第四节"四、贝类土池人工育苗技术"，其各种苗种规格培育、收获和运输同于人工苗的室外苗种培育。

四、养成

（一）养殖场地选择

风平浪静，潮流畅通，地势平坦，无工业污染，退潮时干露时间不超过 4 h，底质无污染，含沙量为 70%～90% 的中、低潮区，水质应符合《渔业水质标准》的规定；海水盐度 15～33；流速 40～100 cm/s。

（二）滩涂改良

连续多年养殖的滩涂，底质老化，需进行翻滩改良。翻出的泥沙经过潮水多次冲洗和太阳暴晒使腐殖质分解，同时整平滩面，捡去敌害生物及杂物。受洪水冲击、淤泥过厚的滩涂，采用投沙等方法，使淤滩变稳定。

（三）播苗

白苗一般在 4—5 月；中苗在 12 月或翌年春天播苗，大苗在产卵之前播苗。根据地理位置不同而不同。北方沿海 4—5 月播苗，南方沿海 3 月或 9—10 月播苗。高温期和寒冷季节不播苗。播苗密度与苗种规格、底质、场地条件的关系见表 13-2。

表 13-2　播苗密度与苗种规格、底质、场地条件的关系

苗种类别	规格		每公顷播苗量（kg）			
			泥沙底质		沙质底	
	壳长（mm）	重量（mg）	中潮区	低潮区	中潮区	低潮区
白苗	5～10	50～100	1 875	2 625	2 250	3 000
中苗	14	400	5 250	6 000	6 000	6 750
大苗	20	700	7 500	7 500	9 000	10 500

（四）养成管理

1. 移植

小苗一般撒播的潮区较高，经 6～7 个月养殖后，个体增大，应移到较低潮区养殖。

2. 成贝养殖

选择潮流畅通、风平浪静、有淡水注入、盐度在 16～26、退潮时干潮时间不超过 4 h、底质以沙为主（含沙量 70%～90%）的中低潮区滩涂作为养殖场地；投苗前，首先填平滩面坑洼，捡除滩面杂物，底质较硬时要翻松，接着在受洪水影响的滩面一侧筑堤导流，堤宽 30～40 cm、高约 25 cm，同时顺潮流方向把滩面整成宽 3 m（长不定）的畦，然后在投苗的前 7 d 使用药物对滩面进行消毒，杀灭敌害生物；投苗时，壳长 1 cm 以下的贝苗在退潮时直接撒于滩面（干播法），每 667 m² 滩面用量 125～200 kg（沙质底滩或低潮区的用量高些，下同），投苗时间在 4—6 月。壳长 2 cm 以下的贝苗在潮水退前于船上撒到水面（湿播法，

需提前在滩面插上标志），让其沉下至底滩，每 667 m² 滩面用量 500～700 kg，投苗时间在 12 月至翌年 4 月。

3. 防灾、防敌害

养成期间经常检查，若发现危害严重的敌害生物，应及时清除；防止漂油污染和其他污染物流入养殖区。

五、收获

繁殖季节前收获。北方在春末夏初，南方从 3—4 月开始，9 月结束。收获时壳长不小于 3 cm。

思考题

1. 简述泥蚶人工育苗工艺流程、中间暂养（蚶苗培育）技术、泥蚶的养成方法与技术。

2. 简述缢蛏人工育苗技术、半人工采苗（围塘整涂附苗）技术、养成技术及病敌害和防治措施。

3. 简述文蛤的人工育苗技术、文蛤的养成技术、文蛤的吐沙处理。

4. 简述菲律宾蛤仔的室内人工育苗技术室外土池苗种培育技术。

第十四章　腹足类的养殖

第一节　鲍的养殖

鲍俗称鲍鱼，隶属软体动物门、腹足纲、前鳃亚纲、原始腹足目、鲍科，肉味鲜美、营养价值高，自然资源量少，更是珍稀食品，为海产八珍之首。贝壳称石决明，是传统中药材；从鲍肉中提取的鲍灵素，对肿瘤细胞有较强抑制作用；鲍还可用来培育鲍珠，价值相当高。

鲍在世界上分布很广，种类近 90 种，其中主要经济种类有 10 余种。主要产地有中国、日本、朝鲜、韩国、南非、新西兰、澳大利亚、墨西哥和美国太平洋沿岸等海域。我国分布的主要种类有皱纹盘鲍（*Haliotis discus hannai*）、杂色鲍（*Haliotis diversicolor*）等。

20 世纪 80 年代开始，我国鲍的养殖成为继海带、紫菜、贻贝、扇贝、对虾之后的又一重要的新兴海水养殖业，在 90 年代飞跃发展，现已覆盖了全国有条件养殖的省份。最近，在辽宁、山东、福建还相继培养出三倍体的皱纹盘鲍和杂交鲍。

一、鲍的生物学特性

（一）主要形态特征

皱纹盘鲍（图 14-1）螺层 3 层，缝合线浅，壳顶钝。壳边缘有一排突起，末端有 4～5 个开口，呈半管状，紧靠突起的外侧有一条与突起平行的凹沟。壳面绿褐色，壳内面有绿、红、白相间的珍珠光泽。主要分布于中国、日本和朝鲜半岛，最大壳长可达 15 cm。

图 14-1　皱纹盘鲍

（二）生态习性

鲍的自然海区栖息场所，一般是海水澄清、盐度较高（30 以上）、潮流畅通、富有海藻的岩礁海域。多栖息于岩礁裂缝、石棚洞穴之中，喜群聚在不易被阳光直射和背风、背流的阴暗隐蔽处，常足面向上吸附，地形越复杂越多。栖息水深依种类不同而异，从潮间带至水深百余 m 处皆有分布。皱纹盘鲍多分布于 15 m 水深以内，以 2～6 m 处最多；杂色鲍分布于 20 m 以内水深，以 3～10 m 处最多。

鲍是昼伏夜出的贝类。鲍的摄食量、消化率、运动距离和速度、呼吸强度以夜间为大，成鲍的活动范围不大，皱纹盘鲍 10 个月仅移动 100～150 m，盘鲍一年移动 180 m，杂色鲍一年只在 30～50 m 范围内活动。

鲍有明显的季节性移动，冬季水温低则向深水移动，春夏季水温上升则又向浅水移动。当台风来临，海况发生变化时，又会向深水方向移动。在繁殖季节有向浅水移动和聚居现象。

鲍为摄食而运动比较明显，一般都是在日落开始寻觅饵料场，摄食时间在夜间和凌晨，白天则回归到洞穴栖息，但在饥饿时，白天夜晚都能摄食。鲍具有归巢习性，对进行人工放流增养殖是相当有利的，其回捕率相当高。

成鲍为杂食性动物，食料种类以褐藻类为主，兼食红藻、绿藻、硅藻、种子植物及其他低等植物，并杂食少量动物。对饵料具有主动选择的能力，以裙带菜、巨藻嫩叶及海带的被摄食率最高。

鲍壳颜色与饵料种类不同有密切关系，尤以幼鲍更为明显。鲍肉的营养成分与饵料成分也有一定关系。目前有关鲍的人工配合饵料不论是在幼鲍或成鲍的培育中都得以广泛应用，其主要成分是藻粉、鱼粉和维生素等。除了蛋白源外，人工配合饵料还应加入 1%～5% 的脂肪、淀粉，20%～30% 的褐藻胶、海带粉，以及各种维生素和矿物质。

（三）繁殖习性

黄海、渤海的皱纹盘鲍在水温 20～24 ℃ 的 7—8 月开始繁殖，南移福建后在水温 21～24 ℃ 的 4—5 月繁殖。从日本引进的盘鲍在福建沿海春、秋季有两个繁殖期，以秋季为盛期。

种群组成中，雌性稍多于雄性，3 龄左右开始繁殖。皱纹盘鲍产卵时的生物学最小型为壳长 45 mm。

性成熟时，掀起足及外套膜即可分辨雌、雄。鲍在排放精、卵时，雌、雄个体均将贝壳上举下压，然后急骤收缩肌肉，借此把精、卵从出水孔排出体外。雄鲍在几小时内可多次排精，雌鲍在几小时内经 3～4 次大量产卵，即可产完。壳长 8 cm 以上的雌鲍可产卵 120 万粒，多的可达 200 万粒以上。

二、人工育苗

（一）亲贝选择与暂养

选择人工养殖 3 年以上的性腺成熟的鲍，或者在产卵前采捕天然鲍进行池内暂养催熟，或在繁殖期采捕天然成熟亲贝。进行池内暂养催熟的鲍，时间应在产卵季节前 3 个多月为佳（一般在 2 月中、下旬）。暂养密度 2～3 kg/m² 为宜，每天应投足饵料，饵料量为体重的 10%～20%，充气量保持在每立方米水体 12～30 L/min。开始暂养时，每天升温 2 ℃，直至达到 20 ℃，然后保持恒温培育。光照强度为 150～200 lx。雌雄亲贝比应为 2∶1。

（二）催产与孵化

催产的方法有多种，常用的有：

1. 变温刺激法

将培育水温升高 3.5～7 ℃，以每 10 min 上升 0.5～2 ℃ 为好，雄鲍先排精，然后雌鲍产卵。

2. 暂养自然产卵

将亲贝暂养于培育水池，性腺充分成熟后会自行排放精、卵，这样收集培养的幼虫成活率最高。

3. 紫外线照射法

傍晚选好亲贝，将亲贝足部朝上，用浸过海水的纱布覆盖其上，阴干 10 h 后，将雌、雄分开，注入经紫外线照射并升温至 20～23 ℃ 的海水中暂养，每小时全部换新鲜照射的海水一次，换水后保持安静和黑暗环境，一般 2～4 h 后，便可产卵排精。

其他催产方法还有神经节悬浊液注射法、氯化钾溶液注射法、过氧化氢海水浸泡法和活性炭过滤海水浸泡法等，均可获得大量的精、卵。

亲贝产卵排精后应立即取出，卵子受精时周围有 1～3 个精子就足够，故受精后要洗卵，以排除多余精子和杂质，保持孵化海水的新鲜。受精卵沉入池底后，用搅拌器或玻璃棒轻轻地搅拌，使受精卵分布均匀而避免相互重叠粘连，影响胚胎发育。也可使用流动海水反复冲洗，直至胚胎孵化。孵化密度一般掌握在 15～20 粒/mL，孵化期间要经常换水。

（三）幼虫培育

皱纹盘鲍受精卵在 18～22 ℃条件下约 10～14 h，可孵化出膜。刚孵化的担轮幼虫具有趋光性，可利用这一特点进行幼虫的选优，将孵化池中、上层的健壮、正常的幼虫移入幼虫培养池中。培育密度 10 个/mL 以内为宜。

培育浮游幼虫阶段应注意保持水质清新，每天换水 3～4 次，每次换水量 3/4 以上。换水时可用过滤棒、过滤鼓等，利用虹吸原理换水。幼虫培育用水需加 1～3 mg/L 的 EDTA-2Na，以防重金属离子对幼虫的毒害作用。

鲍担轮幼虫依靠体内的卵黄来满足发育的需要，进入面盘幼虫后期才开始吞食少量的单胞藻和有机碎屑。发育至围口壳幼虫后，便以发达的吻部频繁伸缩活动，以舌齿舔食基面上的底栖硅藻。进入上足分化幼虫后，其摄食量显著增大。鲍匍匐幼虫以扁藻、金藻、底栖硅藻类等易消化、富有营养的单胞藻为食，随着个体的发育，逐渐摄食较大型的硅藻类。

幼虫经过 2～3 d 的培育进入底栖生活，因此及时地为附着生活的稚鲍提供充足、合适的饵料，加强培育管理是育苗生产的关键所在。

进入稚鲍期，主要摄食附着性的硅藻、小型底栖生物和微小有机碎屑、质地柔软的藻类的配子体和孢子体等。

稚鲍的第一呼吸孔形成（壳长 1～3 mm）时是食物转换的关键时刻。在壳长 2 mm 时，需要有附着硅藻的饵料面积 10～25 cm² 才能顺利生长；最近采用冷冻裙带菜薄片喂养稚鲍，其成活率达 88%，而且长至 5 mm 壳长的速度比投喂附着硅藻饵料的稚鲍快。稚鲍长至 5 mm 以上，便可直接投喂柔软的浒苔、裙带菜幼体。1 cm 以上的幼鲍与成鲍一样，摄食各种海藻和含有石灰质的有孔虫、石灰藻等，否则生长不良。

（四）附苗

采苗器可用塑料薄膜、透明塑料板和有机玻璃片等透光性强的材料制成。生产上多采用聚乙烯塑料薄膜。一般框架可用细竹、塑料管、外包塑料的铁丝等材料制成，规格为 20 cm×40 cm×50 cm。框架上等距离（2～8 cm）地扎着塑料线绳，上下穿过塑料薄膜可成为波纹架式采苗器，也可斜夹插薄膜片或别的附苗板，而成为片架式采苗器；只用目字形框子，一边固定住薄膜片，则成为游离式采苗器。

采苗器的材料在制作前应用海水充分浸泡和冲洗，制成采苗器后，应在采苗前约 2 个月放入饵料培育池中，让底栖硅藻大量地附着其上。采苗器在投放前 1～2 d 应清除桡足类等生物，毒杀桡足类可用 2～3 mg/L 的敌百虫。在面盘幼虫后期投放采苗器。

（五）稚贝培育

采苗器上的匍匐幼虫，密度过高时须及时分养。随着幼虫的发育生长，代谢能力增强，摄食量大，密度应逐渐降低。

鲍第一呼吸孔形成（壳长 1～3 mm）时，是鲍食性转变的关键时刻，饵料解决不当往往会引起稚鲍的大量死亡。因此必须及时地补充饵料，一是通过繁殖原饵料板上的硅藻，二是投入新的预备饵料板。还可结合投喂冷冻裙带菜丝，以增加稚鲍的营养，促进生长，提高成活率。

三、幼鲍的中间培育

可利用网箱、玻璃钢水槽等进行露天流水培育，投喂配合饵料或褐藻类。由于幼鲍长至 6～7 mm 壳长以后逐渐转为负趋光性，因此应投放深色的聚氯乙烯或无毒的玻璃钢制成的波纹板，并在板上钻一定数量的直径 2 cm 的圆孔，使幼鲍白天可躲入板下避光，晚上爬出活动、觅食。波纹板表面应光滑，以使剥离幼鲍时幼鲍不易受伤。

利用网箱进行幼鲍中间培育的密度，幼鲍壳长 5 mm 左右的以 4 000～5 000 只/m²，10～20 mm 的以 3 000 只/m² 为宜。

四、鲍的养成

鲍的养殖方式有多种，有底播养殖（又称自然增殖）、筏式笼养、工厂化养殖和坑道养殖等，无论哪种养殖方式，选择清新水质尤为重要。

（一）自然海水养殖条件

海藻繁殖，饵料丰富；水清流畅，海水盐度稳定，全年保持在 26 以上的海区；底质为岩礁石块；海区无工业污染、敌害生物少，且冬天无封冻、春天无流冰的海域为宜。

（二）苗种运输

一般短程、短时采用干运法，而远程、长程则采用湿运法；运输通常采用塑料板作为鲍附着基，放置于洗净消毒的硬质容器中，对运输的鲍要经选择暂养，以提高运输成活率。干运法鲍密度要合理，不相互挤压，保证高湿度、低温度，定时淋水，防止日光直射和雨淋，放在通风阴凉处，定时运到目的地。湿运法机泵要保证正常运转，要有充足的海水，密度疏，不重叠，水流量大，温差小，并及时清除粪便杂物，若运输时间过长，要投少量饵料。

到达目的地，一定要经过一段时间暂养，使其恢复活力方可剥离分养，对伤鲍可采用降低水温、紫外线杀菌或药物等方法处理。

（三）养殖方法

1. 海底养殖（自然底播养鲍）

将 2 cm 左右的幼鲍放置于养殖笼中，配 10%～30% 体重的饵料，封闭好置于海底；也可将幼鲍直接放置在自然条件较好的海区（增殖），进行自然底播养鲍，依靠自然生长的海藻作为饵料，人为加以管理。

底播养鲍的优点是饵料投入少，节省人力、物力，养殖成本低。缺点是受自然环境影响大，生长期短，养殖周期长，受敌害生物侵袭严重，回捕率低等。因此在管理上要求经常潜水，清除敌害生物，如鱼类（鳗、鲷科鱼类）、章鱼、海星、海胆及蟹类等，以保证鲍有一个安全的生长环境。

2. 筏式养殖

将幼鲍放置于鲍养殖笼中，然后固定在浮笼上养殖，定时投饵，清除粪便、杂质、残饵，洗刷污泥，疏通水流。其优点是可以利用海上海带、扇贝、牡蛎等的养殖筏架，节省投资费用；水交换条件优良，溶解氧充足，可以节省抽水、充气费用；投喂的饵料易保持鲜度；管理工作量小。但也存在一些不足，受自然条件如大风大潮影响较多，有时台风易导致筏架损失；由于受到自然海区牡蛎苗、玻璃海鞘附着，要定期清除或更换网具；日常管理受灾害性天气影响多；安全性能差。

此方式适合海况较畅通，无污染，牡蛎、玻璃海鞘、杂藻附着较少，不受或受台风影响较小，并且海湾中潮带、裙带菜、鼠尾藻丰富地区使用，如山东胶东等地。

3. 池塘养殖

条件具备的地区，可在陆地建池，采用流水和充气养殖。池塘养鲍是指在适宜的岩礁地带人工建造池塘并投入苗种进行鲍养殖的方式。

4. 工厂化养殖

通过建具备冷却、供热系统的鲍养殖室，实现能控制水温的养殖方式。其优点是占地少，便于集中管理，生长快，生长周期短；鲍的工厂化养殖，从育苗到养成商品，能全程人工控制；水环境不受天气、海况等外界因素的影响，冬季的升温水经处理后可循环利用；养殖的集约化程度高，单位面积产量、效益都很高；鲍的投喂、换水、观测、防病等操作管理更方便。存在的问题有厂房设施投资费用高，资金回收期相对较长，管理工作量大；养殖密度大，水质监控难度大，易发生病害；养殖技术、病害防治技术要求较高。

五、鲍的收获

鲍的笼养、工厂化养殖收获方法简便，从养殖网箱中或养殖笼上直接剥离即可，自然海区养殖鲍的采捕一般安排在夏秋期间的水温较高季节，便于潜水作业。一般掌握在规格达9 cm左右，每20个可达1 kg重。收获的鲍多以鲜销为主，也可加工成干品或制成罐头。

第二节　泥螺的养殖

泥螺（*Bullacta exarata*），又称麦螺、梅螺、黄泥螺等，广泛分布于我国南北沿海潮间带滩涂，尤以江、浙沿海产量最高、品质最好，是我国沿海的小型经济贝类，其肉味鲜美、营养丰富，具有很高的食用价值，据分析，泥螺含有丰富的蛋白质、脂肪、灰分及微量元素等，其足部和肝部所含的人体必需氨基酸含量占氨基酸总量的54.17%和46.78%，两者氨基酸配比接近联合国粮食及农业组织（FAO）和世界卫生组织（WHO）共同制定的最优蛋白质最高标准，含有除色氨酸外的其余各种必需氨基酸，并具含量较高的谷氨酸，因此其风味鲜美、可口。我国沿海人民很早就开始食用泥螺，作为海味珍品，除盐渍、酒渍等传统食用方法外，还可用新鲜泥螺蒸、煮、炒、烧汤等，别具风味。除食用外，还可入药，旧称"吐铁"，具有补肝肾、益精髓、润肺、明目、生津等功效，经盐渍、酒渍之泥螺能治疗咽喉和肺结核等症。

我国20世纪50年代开展的围海造田和60—70年代围塘养虾的大力发展，使泥螺赖以栖息生存的沿海大片潮间带滩涂丧失殆尽，泥螺产量锐减（70—80年代），市场售价急剧上升。80年代末期浙江省率先开始泥螺的养殖及品质改良工作，目前泥螺养殖已在全国沿海滩涂大面积推广，极大地丰富了人民群众的菜篮子。

一、泥螺的生物学特性

（一）主要形态特征

泥螺属软体动物门、腹足纲、后鳃亚纲、头楯目、阿地螺科。体呈长方形，拖鞋状。身体柔软，极肥大，不能完全缩入壳内。腹足肥大，约占身体全长的 3/4，贝壳卵圆形，全长开口。口位于身体前方正中，形成口球。头盘内有交配器构造，分为刺激器和阴茎两部分。刺激器末端有一肥厚的肌肉质帽状鞘（也称刺激器鞘），鞘内有刺激器，其末端有小钩，刺激器之后有一弯曲的管状物，向后逐渐变细。刺激器下方有一肌肉质较厚且硬的阴茎（与刺激器相连），其后有精卵沟及摄护腺，在交配时，交配器从阴茎孔中伸出行交配作用。

（二）生态习性

广泛分布于西太平洋沿岸半咸水域的潮间带滩涂，属广温、广盐性种类，对环境条件的适应能力较强。

生活的底质属泥沙底和软泥底。营底栖匍匐爬行生活，退潮后在滩涂表面匍匐爬行摄食。雨天或天气较冷时多以头盘挖掘泥沙而潜于泥沙表层，不易被发现。春、秋季节太阳出来后涂温上升，爬出泥层在涂面上摄食，夏季烈日暴晒下极少爬出滩涂表面，而晚上滩涂则出现大量泥螺。

为舐食性腹足类，摄食时翻出齿舌在涂泥表面舐取食物。食性杂，饵料的主要种类为底栖硅藻，如舟形藻属、菱形藻属、布纹藻属、斜纹藻属、圆筛藻属、脆杆藻属等，此外还有大量的有机碎屑、泥沙及小型甲壳类、无脊椎动物的卵等，胃内容物组成与自然海区饵料组成无大差异，对食物没有严格的选择性。浮游幼虫摄食水体中浮游的单细胞藻类，仅对食物颗粒大小有选择性，对食物种类无明显选择性。

（三）繁殖习性

雌雄同体、异体受精种类，交配后每一个体可产出胶质卵群（俗称泥螺蛋），由卵柄固着在滩涂上。

性成熟年龄为近 1 龄，前一年繁殖出的幼螺到翌年 6 月性腺已趋成熟，浙江沿海泥螺的繁殖季节为 3 月底到 11 月下旬。在繁殖季节里，当两个个体相遇时，先相互靠拢，在原地缓慢地旋转，其中一个个体先伸出刺激器刺激另一个体的贝壳，另一个体亦伸出刺激器刺激对方，与此同时伸出阴茎，接着进行交配。从野外观察结果看，从互相靠拢、旋转到真正交配约需 5 min，交配时间约需 15 min，整个交配过程约需 20 min，交配完毕后两个个体自然分开。泥螺从交配到产卵所需的时间为 4 d 左右。产卵时，泥螺的头盘和两性孔露出泥面，后半部则埋在泥中，先从两性生殖孔中产生出 1 个很薄的胶质袋，然后向袋中排放卵子和胶质填充物，均匀地散布在袋的内壁，袋的中心在很多卵群中没有卵子，当排卵完毕后即产生卵袋的胶质柄，并且一边产卵一边埋入泥中，这样，卵柄就埋在泥中，把卵群固着在泥中。整个产卵过程约需 1 h，泥螺常将卵群产在水沟、水潭或小水洼边，保证退潮时周围有水，不至于长期干露而发生卵子死亡，交配过的一对泥螺均能产卵。

新产出的卵群呈透明状，球形，卵群的胶质团为三级卵膜。卵群在海水中呈悬浮状，能随水流而飘动，卵群的体积 1.6～6 mL，一般来说，大个体所产的卵群大，卵子的数量也多，但卵群的大小与卵子含量并不完全成正比例关系，每个卵群中的含卵量是不同的。通常每个卵室内只含 1 个卵，也有发现空卵室的，泥螺排出的卵子均为受精卵，绝大多数卵子都能正常发育，也有的不发育。

二、泥螺的种苗生产

目前泥螺养殖的苗种来源主要依靠自然海区的野生苗，土池育苗仅能提供少量苗种，室内人工育苗成本太高而仅停留在小规模试验阶段。

采捕野生苗，一般采用类似于养殖蛏或蚶用的淌苗袋，用聚乙烯单丝织成，在泥螺苗密集处，小心轻轻刮取，边刮边淌，并用海水洗净，去除杂质。

三、泥螺的养成

近几年来，泥螺养殖得到极大发展，养殖方法逐渐更新，更趋经济、合理，养殖技术不断改进。目前主要养殖方法有滩涂粗放养殖、滩涂低网围网、滩涂高网围网、滩涂筑堤（坝）养殖、土池（塘）养殖、盐田养殖等，各有利弊。

养殖技术的关键是管理，合理放苗，合理施肥、用药，及时收捕是提高产量的有效保证。

（一）养殖场地

选择风浪小、潮流畅通，流速缓慢、地势平坦、涂面稳定的潮间带中、下区滩涂。滩涂以泥多沙少、含油泥多（即底栖硅藻丰富），有机碎屑含量多为好，尤以咸淡水交汇的内湾更佳。滩涂底质较硬、油泥少的地区，或废弃的盐场，经过蓄水改良底质、施肥培养基础饵料等一系列工序，亦可用于泥螺养殖。沙质或沙泥底质，无法筑坝、蓄水的地区养殖泥螺，须经过暂养吐沙工序，以改良品质。江苏以北沿海养殖泥螺多采用此方法。

（二）建造养殖田

1. 筑塘养殖

一般面积在 $3\,333\sim6\,667\ m^2$，以养殖户适宜管理为宜，四周筑土坝（高 $20\sim40\ cm$），使塘内在退潮时积水 $20\sim30\ cm$，堤坝宽度因地制宜，硬涂堤坝可稍窄，软涂堤坝则应稍宽，一般堤宽 $1\sim2\ m$。养殖涂面在养殖前要进行浅翻，约 $20\sim30\ cm$，将涂块捣碎、耙平，捉除敌害生物及杂物，再用平板推平、推光，使涂面平坦，涂泥细腻、光滑。

2. 滩涂养殖

在软泥滩涂，由于滩泥软，难以筑堤、蓄水，可进行围网养殖泥螺，采用 $18\sim20$ 目的聚乙烯或普通塑料纱窗网，网内距围网 $1\ m$ 处挖一条宽 $1\ m$ 左右的蓄水环沟，深 $20\sim30\ cm$，可防泥螺出逃。

（三）苗种及苗种运输

苗种起捕后，经海水冲洗干净，无杂质，壳色略带黄色为好，切不可购买经淡水浸泡或打过药的苗种。早春适宜运输的苗种大小规格为每 $500\ g$ 几千至几万粒。

苗种运输可采用塑料袋外套编织袋、海蜇桶或箩筐内套塑料袋装苗种并扎紧口袋，或封住桶口，运输途中防日晒、风吹，置于阴凉处，一般 $2\ d$ 内可保证苗种存活率 90%，船运苗种稍平稳，车运应注意路面不平整造成的大幅度震动，泥螺苗放置厚度不能超过 $20\ cm$。

（四）苗种放养

1. 清涂、清塘

放养前必须彻底清涂、清塘，清塘在放苗前 $3\ d$ 进行，选择晴朗天气。清塘也有采用对虾塘的清塘办法，用药量相同。

2. 播苗方法

可采用蓄水播苗，也可干涂播苗。将泥螺苗种放于盆内，用海水轻轻搅拌后均匀撒播即可，放苗在2—3月为好，苗种规格1万粒/kg，放苗最好在大潮期间进行，有较长的干露时间。在涨潮前1 h应停止播苗。

3. 放苗密度

放苗密度与涂泥质量、管理技术等有关，切不可盲目增大放苗密度，放苗量以每667 ㎡ 6万～7万粒为宜。按成活率（收捕率）60%计算，每667 ㎡可收新鲜泥螺90 kg（100粒/kg）。

（五）养殖管理

每天巡塘或下滩涂，观察泥螺的生长情况，围塘养殖的要勤于观察塘内水色、水位，及时修补堤坝，及时换水。冬季气温低，蓄水可深些（30 cm），春季水温回升，蓄水可相应浅些（10～20 cm），换水时结合晒涂，促进底栖硅藻的繁殖，小潮水时，通过施肥（氮1 mg/L、磷0.1 mg/L）培育藻类，促进泥螺生长。及时捕捉敌害生物，也有用药物打虫的，一般10 d左右1次。在风浪等引起塘内浮泥淤积过多，或涂面高低不平时，利用换水干塘露滩机会或退潮时，下滩将涂面抹平，将涂泥抹匀。养殖后期，应密切关注泥螺生长情况，注意滩涂底质变化、气温条件及风向等。繁殖前期泥螺极易集体逃跑，此前应开始收捕，避免繁殖季节泥螺品质变差，且产卵后泥螺极易死亡，会影响养殖产量。

早春养殖注意寒潮、冷空气侵袭，养殖后期则要防范病害。

四、泥螺的收获与去泥精

（一）收获季节与方法

泥螺苗经60～90 d养殖，一般在5月即可收捕，涂质好的滩涂，规格可达200～250粒/kg，一般在达到300粒/kg规格左右时即可开始收捕。6月放养的泥螺苗，至8—9月可陆续起捕，当地俗称桂花泥螺，品质稍差，产量亦偏低。

起捕常用手工捉捕，捕大留小，也有用手抄网或小船拖网起捕的，拖网后破坏涂面，不利于泥螺生活、生长，一般情况不采用。端午节后，尤其炎热天气，泥螺在白天极少爬到滩面上，可在晴朗无风的夜晚捕捉夜泥螺，相对而言，夜泥螺个体稍大。

（二）去泥精技术

泥螺品质优劣主要是以胃内泥精含量多少来衡量的，而泥精多少又与泥螺所生活的环境条件有关。一般而言，软泥底质、油泥丰富的滩涂所产的泥螺，体大肉肥质软，且体表多黏液，而底质为沙泥、涂面硬、油泥少的滩涂所产的泥螺质硬、黏液少，腌制成的咸泥螺色黑、质差。

1. 优质滩涂暂养吐沙

选择底质柔软、油泥丰富、水流畅通、风浪小的优质养殖滩涂，作为泥螺吐沙、提高品质的暂养基地。

将含沙的泥螺，按30～50个/㎡密度，放养于优质滩涂上，按照放养密度、个体大小、滩涂油泥多寡及潮水通畅程度、水温等因子决定吐沙时间，一般情况15 d即可收捕，品质明显改良。水温低、风浪大、油泥量少的海区则宜适当延长暂养时间。

2. 土池暂养吐沙

土池规格一般为 12 m×8 m，蓄水深 20～25 cm，可利用沿海废弃的盐田，池底及四周铺设一层网布（聚乙烯纱窗缝合制成），暂养土池附近要有良好的海水水源，并配备好供水设备。每平方米土池可投放含沙泥螺 4～6 kg，撒播前应在土池内注满水、撒播后流水换水，12 h 内换水量 200%，以消除泥螺黏液，并能保持海水中有充足的溶解氧，使泥螺有一个良好的生存环境。在盐度 15～30、水温 25～30 ℃，一般经过 24～36 h 的暂养即可吐尽泥沙（吐沙率 95% 以上）。

使用过的网布经清洗、暴晒后可继续使用。暂养时应及时挑拣已死亡的泥螺或碎壳泥螺，关注气象预报，谨防暴雨。海水盐度过低，可采用换水、泼洒盐卤或食盐的办法来提高海水盐度。

3. 网箱暂养吐沙

网箱规格 4 m×2 m×0.3 m，网衣用聚乙烯材料（20 目）缝制而成，底部网衣设置多条纲绳，以便绷平绷紧，网箱设置在有一定水位和一定水流的虾池或进、排水渠，网箱长边正对水流方向，网箱用木桩或水泥桩固定，网口高出水面约 10 cm，每平方米网箱可放 6～8 kg，撒播要均匀，不能有堆积现象。

4. 暂养吐沙注意事项

吐沙泥螺个体大，吐沙季节温度高，因此必须注意运输时间不可太长，为避免高温，应尽量晚上运输。吐沙泥螺起捕、播放操作要小心，严防损伤；土池吐沙和网箱吐沙的泥螺必须达到一定规格；严禁收淡水浸泡及打过药的泥螺，否则不能吐尽泥沙并影响成活率；吐沙过程中，可采用取样解剖方法检查吐沙是否完全、彻底；泥螺吐沙后，经清洗、消毒后即可销售、加工、腌制或酒渍。

思考题

1. 鲍有哪些养殖种类？简述鲍的人工育苗工艺流程、鲍的养成方法和养殖技术以及干鲍的加工技术。

2. 简述泥螺的苗种生产技术、泥螺的养殖技术及其去泥精技术。

第十五章　贝类的增殖

贝类增殖，是指在一个较大的范围内，通过一定的人工措施，创造适于贝类繁殖和生长的条件，增加水域中经济贝类的资源量，以达到增加贝类产量的目的。增殖和养殖相结合是世界各国发展贝类生产的共同道路，实践证明，这种方法在我国也是行之有效的。我国的贝类增殖从 20 世纪 80 年代中期开始，获得了较好的经济效益。

第一节　增殖的种类

适合贝类增殖的种类较多，主要有以下几类。

1. 牡蛎类

长牡蛎，固着生活于低潮线以下至 20 m 深的岩石上，我国沿海有分布。近江牡蛎，栖息在低潮线附近至水深 7 m 的半咸水海区，以左壳固着生活，有群居习性，广泛分布于我国南北沿海。福建牡蛎，固着生活在潮间带中潮区的岩石上，我国南北沿海均有分布。

2. 贻贝类

贻贝，用足丝附着栖息于低潮线附近至水深 10 m 左右的浅海，自然分布于我国黄渤海，为人工养殖种类。厚壳贻贝，以足丝附着栖息于低潮线以下至 20 m 水深的浅海中，分布于我国黄海、渤海和东海。翡翠股贻贝，用足丝附着生活，多栖息于水流畅通的潮间带低潮区至水深 5～6 m 处岩石上，见于我国东海南部和南海。

3. 扇贝类

栉孔扇贝，以足丝附着栖息于低潮线以下至 60 余 m 的岩石或贝壳上，主要分布于黄渤海。嵌条扇贝，栖息于水深 50 m 左右浅海泥质海底，分布于我国南北沿海。

4. 蚶类

泥蚶，生活在潮间带至浅海的软泥质或泥沙质海底，并常发现于河口附近，我国南、北沿海都有分布。毛蚶，生活于浅海泥沙质海底，我国沿海有分布。魁蚶，生活在潮间带低潮区至浅海软泥或泥沙质海底，分布于我国黄海、渤海和东海。

5. 蛏类

缢蛏，埋栖生活于河口或有少量淡水流入的内湾泥或泥沙质底，广布于我国沿海，为我国重要养殖贝类。大竹蛏，埋栖于潮间带中、低潮区和浅海的泥沙滩，我国南、北沿海有分布。小刀蛏，生活于潮间带至水深 100 m 左右的浅海区，我国沿海有分布。

6. 蛤类

文蛤，埋栖在潮间带中、低潮区及浅海区细沙层中，我国沿海习见种。青蛤，埋栖生活于潮间带泥沙质海底，我国南北沿海习见种类。菲律宾蛤仔，埋栖生活在潮间带低潮区至数米水深的沙、泥及泥沙质海底，我国南北沿海均有分布。等边浅蛤，栖息于潮间带中、低潮区至浅海的沙质中，我国沿海均有分布。江户布目蛤，埋栖生活于潮间带高、中潮区有石砾

的泥沙中，埋栖较浅，我国沿海均有分布。日本镜蛤，埋栖生活在潮间带中区至浅海水深
50 m 的泥沙滩中，我国南北沿海习见种类。

7. 其他双壳类

栉江珧，以足丝附着生活于低潮线以下至水深 20 m 的浅海泥沙质海底，见于我国沿海。
四角蛤蜊，埋栖生活于潮间带中、低潮区至浅海的泥沙滩中，我国沿海习见种。西施舌，埋
栖于潮间带低潮区及浅海的沙滩中，我国南北沿海均有分布。彩虹明樱蛤，埋栖生活在潮间
带低潮区至潮下带细沙或泥质的浅水水域，我国黄海及东海沿岸有分布。

8. 鲍

皱纹盘鲍，匍匐生活，栖息在低潮区至数十米深的岩石质海底，产于我国北部沿海。

9. 其他螺类

泥螺，匍匐栖息于内湾潮间带中、低潮区的泥沙滩上，广泛分布于我国南北沿海。方斑
东风螺（*Babylonia areolata*），生活在数米至数十米水深的沙泥质海底，分布于我国东海、
南海。管角螺，生活在浅海十余 m 至 50 余 m 水深的泥沙质海底，分布在我国东、南沿海。
贝壳可作号角。细角螺，生活在十余 m 至 70 m 水深的泥沙质海底，产于我国东海和南海。
红螺，生活于浅海数米水深的沙泥海底，见于我国东海和南海。角蝾螺，生活于低潮线至潮
下带水深 10 m 的岩石海底，我国浙江以南沿海有分布。齿纹蜒螺，生活在潮间带高、中潮
区的岩石间，分布于我国浙江以南沿海。微黄镰玉螺，栖息于潮间带中、低潮区的沙质、泥
沙质或软泥质滩涂，广泛分布于我国南北沿海。斑玉螺，生活在潮间带中、低潮区的泥沙或
泥质海滩，全国沿海有分布。扁玉螺，生活于潮间带低潮区至浅海的沙质或泥沙质海底，全
国沿海有分布。疣荔枝螺，生活在潮间带中、低潮区岩礁底间，我国沿海习见种。瘤荔枝
螺，生活在潮间带中、低潮区附近的岩石间，为东海习见种。黄口荔枝螺，生活在潮间带
中、低潮区至 20 m 深的岩礁间或砾石间，见于全国沿海。

10. 头足类

曼氏无针乌贼，游泳型贝类，见于我国东南沿海。短蛸，栖息生活于潮间带中、低潮区
至浅海的泥质海滩，我国南北沿海有分布。长蛸，沿岸底栖肉食性种类。生活于潮间带低潮
区至浅海的泥质海滩，我国南北沿海均有分布。

第二节　主要经济贝类的苗种放流、移植与驯化

一、人工苗种放流

随着经济贝类人工育苗技术的提高，突破了增殖放流所需的大规格苗种培育技术，使一
些经济贝类的增殖放流成为可能。

在天然资源比较少的情况下，由于亲代数量少而且比较分散，繁殖量少，子代数量不
多，资源量难以上升。为了增加子代的数量，过去采用集中亲贝的方法，在资源较少的情况
下，要集中大量的亲贝，受到较大的限制，加上湾形、潮流、底质、生物等因素对浮游幼体
和幼贝的集散及成活率的巨大影响，如果没有足够数量的亲贝和优良的环境条件，一般是难
以在短期内取得预想的结果的。随着贝类人工育苗技术的进展，采用人工育苗放流的方法，
就可以克服上述困难。将人工孵化的贝苗培育到一定规格之后，选择适宜的环境进行放流，
才有可能在较短的时间内取得预想的结果。

进行人工育苗放流时应注意，在室内培育的贝苗如果没有达到适当的规格和经过适当的锻炼，就直接进行放流，贝苗往往一时难以适应，造成大量死亡。为了取得较好的放流效果，最好能将贝苗在放流海区或与放流海区环境条件相类似的地方，培育至壳长达 2～3 cm，即成大规格贝苗，再进行放流较为理想。

二、经济贝类的移植、驯化

1. 经济贝类的移植

由于工农业的发展，一些海区的环境条件发生了比较大的变化，导致原来生活在这些海区的贝类不能生存，为了开发利用这些海区就必须从外地移入一些新的种类；另一些海区的理化条件已好转，前阶段由于条件恶化而绝迹的某些贝类，现在又有可能得到恢复，也有必要进行移植或驯化工作，因而通过移植、驯化新的贝类提高海区经济贝类的产量，也是贝类增殖的一个内容。

移植是将贝类从原来生活的海区，迁移到与原海区的环境条件基本相同的新海区。由于环境条件的变化不大，因而能够在新的海区中进行正常的生长、繁殖。移植经济贝类在国内外已有许多成功的例子，取得了较好的效果。

新海区能不能移植某种经济贝类，首先应对准备进行移植的海区的理化条件、生物因子进行调查，然后从经济价值比较大的贝类中进行挑选，作为移植的对象，如没有合适的对象，应在满足主要要求的前提下，选择那些生物学特性与移植海区的环境条件差别不大的种类作为移植对象。

移植对象的规格选择，一般以移植亲贝较有利，大个体对环境的适应能力较强，不容易受敌害生物的侵袭，同时能繁殖后代，这样可以较快查明移植工作的效果。

移植的时间应根据移植对象的生理条件和移植海区的环境条件来确定。一般来说，应该选择在移植对象对运输的耐力和对环境条件变化的适应能力较强，以及移植海区的环境条件变化最小的时期进行移植。对于一般贝类来说，夏季不宜进行移植，首先因为夏季气温高，贝类代谢旺盛，离水的时间较长就会造成大批死亡，其次是贝类处在繁殖期或刚过繁殖期，对环境条件的变化适应能力较弱，再次是海区的环境条件变化较大，所以移植的时间以春秋两季为宜。

移植数量的多少取决于两个主要因素，首先是移植对象对环境适应能力的大小和环境因子抗阻的大小，其次是移植对象的繁殖力和成活率。若移植对象对环境的适应性强，繁殖力强，成活率高，环境因子阻抗小，则移植的数量可以少一些。反之，则移植的数量要相应增加。当然移植工作的成败主要取决于被移植对象对新海区环境条件的适应程度，数量多一些，可以较快地看出效果来。

在移植时应严格防止将原海区中的病害与移植对象一起带入新的海区。由于移植带入新病害造成严重损失的例子在水产方面已不鲜见。如果将新的病害带入新的海区，其后果是很难预料的。进行移植前应对移植对象原栖息海区病害情况进行调查，尽量不从有病害的海区取得移植对象，若不得已要移植有病害的海区品种时，则应充分做好病害的清除和检疫工作。

移植之后应对移植贝类的分布、生长、繁殖、数量的变化等方面进行系统的观察，以查明移植的效果和确定应采取的措施，禁止对移植种类进行捕捞，直到形成有经济价值群体。

2. 经济贝类的驯化

贝类适应新生活环境的过程称为驯化。经过驯化之后贝类能够在新的海区生长、繁殖。在适应的过程中，贝类发生了种的属性的获得性变异，导致了遗传性的改变。经过驯化的贝类已与原来的贝类不同，成为新的种类，贝类的这一过程可以是自动的，即借助于某种偶然的机会进入新的分布地区，并自行适应新分布区的环境；也可以是人为的，即在人类的控制或辅导下经历这一过程。

驯化生物主要是通过人类的干预，有目的、有计划地辅导生物适应新的生活环境，这些方法从理论上来说，也适用于贝类的驯化。但是驯化一种生物并不是一件轻而易举的工作，尽管贝类的驯化工作有很大的价值，但由于技术水平的限制，要开展这项工作还存在不少困难，有待今后不断努力。

第三节　增殖资源的养护

贝类增殖资源的养护的主要措施，包括封海护养、合理采捕、防灾除害、改良增殖场、保护海洋环境等。

一、封海护养、合理采捕

在一定的水域内进行封海护养，限制采捕规格、采捕季节及采捕强度等。

贝类的采捕规格，应根据贝类的性成熟年龄、生长率和死亡率等因素而定。在贝类达到性成熟之后采捕，可以保证一定数量的贝类继续繁殖。贝类生长到一定年龄后，群体所增加的重量与自然死亡的重量相平衡。因此，贝类的采捕规格应限制在性成熟以后。

贝类合理的采捕季节应根据贝类生长繁殖特点而定。应在贝类充分利用当年海区的适温生长期和饵料条件后，肥满度最大，对繁殖影响最小的时期进行采捕。因此，在贝类的适温生长期和繁殖期内应当禁止采捕。贝类合理的采捕强度应在不降低贝类群体补充量的前提下确定，以使采捕量与贝类的年增长量相适应。在实际生产中，还应采用轮捕法限制采捕强度，即将一定的海区划分为若干个小区域，进行分区轮捕。对贝类资源量急剧下降的海区，必须进行封海护养，待资源量回升后再进行采捕。

不同海域，不同种类，采捕规格、采捕季节和采捕强度都是不一样的。李明云等对象山港黄墩支港菲律宾蛤仔的种群动态及其繁殖保护措施的探讨结果认为，黄墩支港的蛤仔群体组成以2龄贝为主，占87.5%。体重（W）与壳长（L）之间关系为：$W=0.149\,1L^{3.259\,0}$。其生长适合于 Ligistic 自然生长方程，壳生长曲线的拐点为 25.31 月龄，其生长速度能反映生长过程的变化特征，合理捕捞的生物学指标应以生长转折点以后较为适当。主要采捕 2.78 cm 左右大规格的 2 龄贝和 3 龄贝。黄墩支港蛤仔资源实际结算量为 9 243 t，理论估算量为 9 640 t，合理捕捞量估算为 3 500～4 000 t。采捕季节规定为 4—8 月为宜。

二、改良增殖场、保护海洋环境

环境条件是决定贝类能否定居和繁殖后代的重要因素。

因此在增殖贝类时，应根据海区条件和特点，选择相应的增殖种类，才能取得明显的效果。对条件较差的海区，可通过改良，人为创造条件，使之适于贝类的附苗和生长，从而达到贝类增殖的目的。改良增殖场环境的内容，包括改良滩涂底质、投放人工鱼礁、防除敌害、防止水质污染等。对于滩涂贝类而言，在半人工采苗时，可在含泥量较多的海滩，采取整滩、投沙等办法以增加贝类附苗量。在水流太急的海区，可采用插树枝、竹枝，修堤坝等办法以减缓流速，增加贝类附苗量。对过硬或老化的滩涂可用耕耙的办法耙松滩涂底质，促进底质中有机物的分解氧化，从而有利于贝类的生长。

在海岸浅海用水泥砣、石块等物建筑人工鱼礁，不仅对增殖贝类，而且对鱼、虾、藻类的增殖也有良好的效果。人工鱼礁可以直接增加贝类的栖息场所和藻类的着生场所，而繁茂的藻类又有利于贝类的附着和聚集。人工鱼礁还有利于贝类的索饵和增加海水肥度。

三、敌害防治和防止水质污染

防除敌害是为了防止贝类受敌害生物的侵袭。贝类的敌害生物很多，如肉食性鱼类、蟹类、螺类、海星类、涡虫类以及赤潮生物、细菌和微生物等。

贝类被敌害生物侵食所造成的损失是很惊人的。海星一天连吃带损坏的牡蛎可达 20 个；斑玉螺对贝类的危害也相当大。日本某些蛤仔增殖场，由于驱除了斑玉螺而增产 30％～40％。

防除敌害的方法主要是诱捕、设置人为障碍或进行生物防除等。另外，在沿岸滩涂挖排洪沟，修筑防洪坝等，可以防止滩涂受洪水冲刷对贝类的危害。

防止水质污染，是保证贝类正常生长、繁殖的重要措施。引起水质污染的原因大体上可分为两大类。一类是自然污染：如火山爆发的火山灰和随着岩浆流放出的热能及某些有毒的物质，或由于浮游生物的大量繁殖而造成的赤潮，一般说来这类污染是比较少的；另一类是人为的污染，主要是各种工厂和矿山的生产废水、废渣、废气以及大城市下水道排出的生活污水，以及由于农药的大量使用，农田中排出的水也成为污染物之一。

人为的污染对鱼贝类的危害，早在 70～80 年前就已陆续出现，随着工农业和城市的发展，危害情况也日益严重。

水质污染对贝类资源的影响是多方面的，最容易引起人们注意的是对贝类本身的作用，有毒的溶解物质或悬浮的颗粒能直接对贝类造成危害，而有些物质本身并无毒性，但它们却能改变海水的溶解氧量等性状，造成不适于贝类生活的环境。污染的危害也有间接的方面，有时污化物的性质或污化过程对贝类本身并不产生严重的影响，但它却能通过破坏贝类的饵料基础或生长基损害贝类资源。污染的另一个危害是影响产品的价值，有些污化物会使贝类带有一种不受欢迎的味道，因而使产品的价值显著下降，在被下水道排水污染的海区，有时由于贝类带有传染病病原体，或贝类体内所富集的有毒物质的浓度超过卫生标准而被禁止出售。

因此选择贝类增养殖区时应避开有污染的海区，尽力避免贝类增殖场水质遭受污染。防止水质污染，除了禁止工业、生活垃圾及污水中有毒成分排入海区外，还应采取积极措施，开展对工业、生活污水的净化处理。此外，在选择贝类增殖场时也应避开有污染的海区。

四、增殖效果监测

在人工放流某种增殖对象的海区，定期抽样监测增殖对象的体长、体重增长速度，并观察分析其与同期天然种群成长速度的差异；采用各种追踪的方法，如用标记的方法，调查其洄游、分布和最终回捕率；通过捕捞记录，调查其产量、质量等判断人工放流增殖的经济效益；采用潜水观察、采集等方法（主要对浅海增殖对象），调查其生态环境变化，等等。

📝 思考题

1. 简述贝类增殖的主要种类，放流、移植、驯化的技术。
2. 简述贝类增殖资源的养护措施及其效果监测。

第五篇
其他水产经济动物养殖

第十六章　海参、海胆的养殖

第一节　海参的养殖

海参属棘皮动物门、海参纲，全世界有 1 100 多种，在我国已报道的有 100 多种，其中可供食用的约有 21 种，主要种类有刺参（*Stichopus japonicus*）、绿刺参（*S. chloronotus*）、花刺参（*S. variegatus*）、梅花参（*Thelenota ananas*）等，其中，以盛产于我国辽宁、河北、山东沿海的刺参为最佳品种。

自古以来，我国就把刺参作为珍贵的海产品，列为海产八珍之一。刺参除含有丰富的蛋白质、碳水化合物外，还含有丰富的黏蛋白及多种氨基酸，尤其是含有防衰老的酸性黏多糖（硫酸软骨素）。最新研究还证明，刺参的酸性黏多糖还具有抗肿瘤及抗凝血的作用，并能够增强机体的免疫功能。因此，海参既是美味佳肴和保健食品，又是药用价值极高的海洋药物。但长期以来，只重捕不重养，造成自然资源逐渐枯竭，市场供不应求。

我国对刺参的开发利用已有近千年的历史，20 世纪 50 年代以来，随着自然资源的逐渐减少和人民生活水平的不断提高，对海参的需求量与日俱增，自然产量远不能满足需要量。70 年代以来，刺参人工育苗技术日趋完善，到 80 年代中期，刺参的人工育苗技术已形成较为系统的操作规范，并实现了大规模的工厂化生产水平。在此后的十几年里，我国辽宁、山东、江苏以北海区的刺参增养殖业取得了长足的进展。

由于海参本身的行动缓慢，加上移动范围比较窄，因此是一种理想的增殖品种。在我国北方地区早已开始应用海参的放流增殖、投石增殖、移植增殖等多种方法，同时也进行了多种方式的养殖生产。

一、刺参的生物学特性

（一）主要形态特征

刺参体为蠕虫或腊肠状，前端有口，后端有肛门，体壁较厚（经济种类），皮肤内埋有无数微小的石灰质骨片，其形状规则而美丽，是分类上最重要的特征。消化管为长管状，在体腔内回折 2 次，用肠系膜连在体壁，当海参受到刺激或遭到攻击时，内脏器官会从肛门里射出，以抵抗和缠结侵犯它的敌人。

刺参的身体大小、颜色、肉刺的高矮及多寡等，常随产地和生活环境的不同而不同。生活在岩石底和水温较低地区的个体，肉刺常较高，体壁也较厚。身体一般为栗褐色，带有深浅不同的斑纹，也有个体呈绿色、赤褐色、紫褐、灰白、白色等颜色。体长可达 40 cm，一般为 20 cm 左右。产于辽宁、河北、山东沿岸浅海，为食用海参中品质最好的。曾用名仿刺参，俗称沙巽（图 16 - 1）。

绿刺参，又名方柱参，南方种类，产于海南岛南部和西沙群岛。体呈四方柱状。生活时体色浓绿或墨绿色、或略带青黑色，肉刺顶端为橘红或橘黄色（图 16 - 2）。

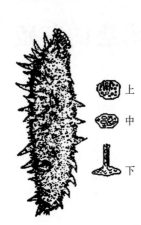

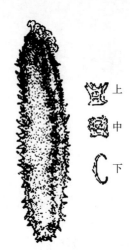

图 16 - 1　刺参的外形图

（小图为桌形体骨片，上、中为老年个体骨片，
下为幼体骨片）

图 16 - 2　绿刺参的外形图

（小图为刺参骨片，上、中为老年个体骨片，
下为幼体骨片）

　　花刺参产于广东以南沿岸浅海，又称方参、白棘参，体略呈方柱形。体色变化很大，通常为深黄色，带有深浅不同的橄榄色斑点，肉刺末端带有红色（图 16 - 3）。

　　梅花参，个体最大，一般体长可达 60～80 cm，生活时充分展开可达 1 m 左右。体色鲜艳，背面橙红色，带有黄、褐色斑点，腹面红褐色。每 3～5 个肉刺基部相连呈梅花瓣状，故名。分布于南方海域，是南方食用海参中最好的一种（图 16 - 4）。

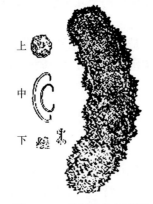

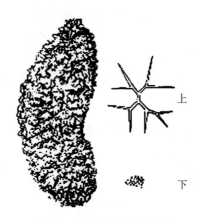

图 16 - 3　花刺参的外形图

（小图为刺参骨片，上、中为老年个体骨片，
下为幼体骨片）

图 16 - 4　梅花参的外形图

（小图为刺参骨片，上为老年个体骨片，
下为幼体骨片）

（二）生态习性

　　刺参在自然海区多栖息于潮下带的岩石与泥滩的结合部，尤其以礁石的背流较静且隐蔽处和有海藻、海草丛生处为多。

　　刺参主要以其触手摄取海底表层泥沙中的硅藻、海藻碎片、原生动物、贝类的幼贝、桡足类、虾蟹蜕皮的壳、腐殖质、细菌等，一般白天活动不活跃，摄食量较少，夜晚则非常活跃，摄食量也较大。

在水温 1.8～32 ℃范围内，成体可正常生活，对低温的耐受能力比对高温的强。其适宜的海水盐度范围为 20～35，最适范围为 26～32。刺参的生长受水温和摄食的制约，呈现周期性的变化。一般 6 月底产卵发育的稚参，至 10 月末平均可长至 2～2.5 cm，1 周年的刺参平均体长约为 13.3 cm，3 周年的刺参体长为 17.6 cm。

（三）繁殖习性

刺参为雌雄异体，但在外形上难以区分其性别。雌性生殖腺为橘红色，雄性生殖腺为乳白色或浅黄色，生殖腺位于食道悬垂膜的两侧，呈多歧的管状分支结构。

刺参的繁殖季节与水温有密切的关系，开始产卵的水温为 15～17 ℃，产卵盛期的水温为 17～22 ℃。由于地区不同，各地水温的回升及变化也不尽相同。刺参的繁殖季节各地不同，据记载，烟台、威海等地的刺参繁殖季节为 5 月上旬至 6 月末，北戴河为 5 月中旬至 7 月初，青岛地区为 6 月初至 7 月中旬，大连为 6 月末至 8 月中旬。

刺参的排精、产卵多在晚间，几乎都是雄性先排精，然后雌性开始产卵，两者相隔时间为 10～60 min。一般排精的时间可持续 5～10 min，雌性产卵一般 1～3 次，每次可持续 5～15 min。大个体成熟刺参平均每头一次产卵 660 万～700 万粒，人工蓄养的刺参平均每头一次产卵量为 200 万～300 万粒，产卵量的多少，与饲育条件及刺激产卵的因素有关。

刺参的精卵在水中受精，受精的成功与否关键在于精、卵的成熟度，未成熟或过熟的卵都不能受精。受精后 15～20 min 排出第一极体，受精卵经过早期的胚胎发育、耳状幼体、樽形幼体、五触手幼体发育阶段而成为稚参（表 16-1）。

表 16-1　刺参的胚胎发育

发育阶段	受精后时间	大小（μm）
出现第一极体	15～20 min	
出现第二极体	45 min	受精后直径 106～133
2 细胞期	1 h 50 min	
囊胚期	7 h 5 min	186～199
原肠期	28 h 35 min	长为 220，宽为 170
小耳状幼体	40～48 h	长 350～400
中耳状幼体	4～5 d	长 410～460
大耳状幼体	6～7 d	长 800～900
樽形幼体	8～9 d	长 320～410
五触手幼体	10～11 d	长 540 左右
稚参	11～13 d	长 600 左右

二、刺参的人工育苗

（一）亲参的选择、采捕和运输

刺参亲体要求体重在 250 g 以上，体长 25 cm 以上，无伤残、无排脏。刺参亲体的个体大小与产卵量、卵子的质量均有密切的关系，经测定，刺参的性腺重量与体壁重（约为体重的 1/2）成正比（表 16-2）。刺参亲体的采捕应在其产卵盛期前的 7~10 d 进行，即当自然水温达 15~17 ℃时采捕为宜。刺参亲体采捕过程中，应避免与油污接触，尽量减少对刺参亲体的机械刺激和损伤。海上采捕的刺参亲体应保持良好的水质环境，注意经常换水，并避免阳光的直接照射。

表 16-2　刺参的性腺重与体壁重的关系

体壁重（g）	性腺重（g）
80~120	5.6
115~200	17.6
130~255	34.7
255	98

刺参亲体采捕后，应尽早运回育苗场，以船运为好，运输时间尽量选择在凌晨或夜间，尽量避免在中午运输。运输过程的水温应控制在 20 ℃以下。

（二）刺参亲体的蓄养

在刺参亲体入蓄养池前，应对其进行挑选，将已排脏及皮肤破损、受伤的个体剔除，以免在蓄养中继续溃烂，并影响其他个体。在水温为 18~20 ℃的静水蓄养条件下，放养密度为 70 头/m³ 左右，水温超过 20 ℃，应适当降低蓄养密度，一般为 50 头/m³ 左右。刺参亲体蓄养密度过大，将导致水体溶解氧量下降，如果刺参亲体长期处于低溶解氧环境中，容易出现不正常的行为，表现为躯体卷曲，在水表面沿池壁不停爬行，将躯体前半部举起，左右摇摆，同时性腺的发育也将受到影响，难以正常排放成熟的精、卵。

蓄养期间，为保持蓄养水体的洁净和溶解氧量，每天早晚各换水 1 次，每次换水量为原池水的 1/3~1/2，及时清除蓄养池底的污物及粪便，随时注意观察刺参亲体的活动情况，当发现刺参亲体有产卵、排精的预兆时，应及时做好产卵前的准备工作。

（三）刺参亲体的人工促熟

在刺参亲体采捕不便的地区或为了提早育苗，提高参苗的规格，延长参苗当年的生长期，目前多数采用刺参亲体室内升温促熟的技术，使刺参亲体能提前 30 d 左右成熟、产卵。

在刺参亲体入池后的前 3 d，一般不宜立即升温，待其生活稳定后开始升温，日升温 0.5~1 ℃。当水温升至 13~15 ℃时，应恒温培育，直至预定采卵前的 7~10 d，使水温升至 16~18 ℃。据试验，当累计积温达 800 ℃以上时（历时 50~60 d），刺参亲体的性腺即可成熟，并可自然排放。

在亲参促熟过程中，应连续充气，每天上午全换水 1 次，换水温差应严格控制在 1 ℃以内，换水的同时应彻底清除粪便及残饵，应及时清除溃烂的个体。促熟期间，一般投喂人工配合饵料。一种配方为鼠尾藻 80%，鱼粉 15%，甘薯粉 5%。

（四）诱导亲体产卵

亲体自然排放精卵一般在夜晚，通常是雄性先排精，0.5~1 h 后雌性开始产卵。一头雌参可陆续产卵 45 min 以上，一次产卵一般在 100 万粒以上，多者可达 400 万~500 万粒。

诱导亲体排放的方法主要采用升温诱导法，使水温较原水温升高 3~5 ℃，或用阴干流水刺激法，亲体阴干 0.5~1 h，再用流水缓慢冲流 40~50 min，然后注入新鲜海水。

（五）受精卵的孵化与幼体选育

亲体产卵、受精后，在洗卵时要注意洗卵水的温度应与原水温保持一致，受精卵孵化的密度为 10 粒/mL，孵化期间，每隔 0.5 h 搅池 1 次，在水温 20 ℃ 条件下，经 24～26 h，幼体即可从卵膜中孵出，并浮游于水体的上层（图 16-5）。此时，应将浮游于中上层的幼体（小耳状幼体）选入培育池中进行培育。选幼可用虹吸法、网箱浓缩法、拖网法或撇取法。

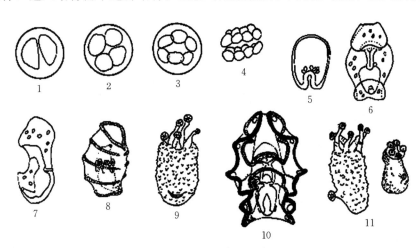

图 16-5 刺参的发育

1. 2 细胞期 2. 4 细胞期 3. 8 细胞期 4. 16 细胞期 5. 原肠胚期 6. 初耳幼虫期 7. 初耳幼虫侧面观 8. 樽形幼虫期 9. 五触手幼虫期 10. 大耳幼虫背面观 11. 稚参

（六）幼体的培育

幼体的培育密度应控制在 0.4～1 个/mL。在幼体刚选育的 1～2 d，可每天加水 10～15 cm，以后每天换水 2 次，采用网箱换水，每次换水量为原池水的 1/3～1/2，当发育至大耳状幼体时，应清底 1 次。

适宜耳状幼体的饵料为湛江叉鞭金藻、三角褐指藻、牟氏角毛藻、小新月菱形藻等，根据幼体的不同发育阶段，投喂量有所不同：小耳状幼体为 1 万个细胞/mL，中耳状幼体为 1.5 万个细胞/mL，大耳状幼体为 2 万个细胞/mL，每天投喂 2 次。

幼体生长发育的适宜温度范围为 17～26 ℃，最适宜温度范围为 18～22 ℃，水温低于 15 ℃ 或高于 30 ℃，都会影响幼体的发育。在变态过程中，日温差应小于 1 ℃。幼体对海水密度的适宜范围为 26.2～32.7，育苗期间溶解氧应保持在 5 mg/L 以上，适宜的酸碱度在 8.10～8.30，避免直射光的照射，适宜的光照度为 1 200～1 600 lx。

当幼体发育至大耳状幼体后期时，正常的幼体即变态为樽形幼体，在樽形幼体后期，生活方式从原来的浮游生活逐渐转入底栖生活。因此，当水体中出现大量的樽形幼体时，应及时投放附苗基。

附苗基可采用聚乙烯塑料薄膜、聚乙烯波纹板及瓦片、石板、石块等。附苗基在投放之前应洗刷干净，然后在附苗基上附一层底栖硅藻。附苗基的投放时间一般在大耳状幼体后期或幼体中已有 20% 左右的幼体变态为樽形幼体时较为合适，过早或过迟均会影响幼体的变态率。

（七）稚参的培育

五触手幼体沉落于附苗基上不久，即生出第 1 个管足，刺参的发育即稚参的阶段。

稚参在 2 mm 以内以摄食附苗基上的底栖硅藻为主，并可适当添加少量的浮游单细胞藻，如三角褐指藻、小新月菱形藻、骨条藻等，有时投喂鼠尾藻磨碎液效果也较好。其投喂量为 10～25 g/m³（稚参初期），体长 2～5 mm 的稚参，日投喂 2 次，每次为 25～40 g/m³；体长 5 mm 以上的稚参，日投喂 2 次，每次为 40～60 g/m³。投喂时，要将藻液均匀泼洒入池，并停止充气约 30 min，待藻液均匀沉落至附着板上后，再继续充气。

稚参附着后，必须不间断充气，但充气量不宜过大，一般控制在 30～40 L/(h·m³)。在稚参培育早期，每天换水 2 次，每次换水量为原池水的 1/3，换水前若附着板上的排泄物较多，则可轻轻晃动附着架，使排泄物落于水中。在后期，特别是投喂鼠尾藻磨碎液时，水质容易败坏，因此目前多采用流水方法进行培育。每天的流水量为培育水体的 3～4 倍，每天流水 4 次左右，每次 1～2 h。当水温较高、投饵量偏多、水质发生混浊时，应加大换水量，使培育水体中的溶解氧含量不低于 5 mg/L。

三、刺参的室内水泥池中间育成

大规格的参苗可以提高放流和养殖的成活率，而且种苗规格越大，生长越迅速。在室内水泥池利用网箱上铺黑色波纹板的办法进行参苗的中间育成效果较好，成活率达到 85%，而且最大个体可达 12 cm。

（一）中间育成条件

中间育成池规格为 5 m×0.9 m×0.6 m，底面积为 100 m²，可养参苗 25 万头以上。网箱规格为 0.85 m×0.85 m×0.3 m，由网眼为 0.5 cm 的双层网衣制成，向此网箱中加入 2 块 0.7 m×0.5 m 的黑色波纹板。

海水比重 1.020～1.024，pH 8.10～8.30，水温 13～14 ℃，所用海水系砂滤后、经沉淀池沉淀的海水。

（二）苗种投放

利用当年育成的 1 cm 左右的个体，按 3 000 头/m² 的密度养殖。经过一个冬季的养殖，到翌年 3 月时，多数个体在 3 cm 以上，最大个体可达 12 cm。

（三）培育管理

每天投喂人工配合颗粒饵料 1 次，时间为 15:00 点左右，按参苗体重的 5%～10% 投喂，具体应根据前一天的摄食情况而定。投饵前，最好将颗粒饵料在水中浸泡 2～3 h。

由于培育期间参苗粪便较多，所以每天清理之后全换水 1 次。网箱中残饵及粪便每天清除 1 次，清洗时可将网箱轻轻抖动，使网箱中的残饵及粪便直接落入池底，波纹板要洗刷干净，隔 3 d 清底 1 次，清底时网箱移入它池。

每天注意观察参苗的活动状态。正常个体从外观上看，体表干净、无黏液、自然伸展不抱团，且棘刺坚挺的个体为正常个体；在摄食方面，第 1 天投下的饵料在第 2 天吃得较干净，且粪便较干呈条状。应不断剔除不正常的个体，以防传播疾病和污染水质。

四、刺参的养成

（一）养殖环境

潮流畅通、水质清新、无污染、无大量淡水注入、有大量海藻生长的岩礁地带，适宜刺参生长。底质对海参的生活起重要的作用，底质为泥质或烂泥底质的，可进行如下改造。

1. 底质不太软烂的虾池

（1）投石法　条状投石，长度不限，宽 0.5～1.0 m，条与条间距 2.0～3.0 m；堆状投石，每隔 0.5～1.0 m 堆石 1 堆，每堆高 0.5 m 左右；满天星投石，即随意往虾池投放石块。

（2）人工参礁　一般用水泥制作，参礁制作原则是多孔、多层次，便于刺参藏匿和栖息，大小以便于搬运为宜。有空的参礁，孔径 10 cm 左右，便于刺参的栖息与采捕。

（3）其他材料　亦可投掷一些树枝、树杈、树桩、筐篓等，不但有利于刺参的栖息，而且木质腐蚀后可作为刺参的饵料。

2. 稀软底质的虾池

必须人为地创造悬空的底质以适宜于刺参的生长，可采用水泥柱、石柱、竹筒等，打立排桩，然后用铁丝和尼龙绳连接，再把筐篓、轮胎、瓦片、树枝、竹制品、人工礁等吊于绳索上，吊物接近底部即可，要密集成片；或用接近底部的矮桩，将绳索和旧网片架起一个层面，投放上述材料即可。

（二）刺参的养成过程

1. 参苗的运输

参苗的运输可采用湿法和干法两种。湿法是把参苗放在帆布桶或其他容器中，加海水，充气泵充气；或将参苗放在塑料袋中，加海水，充氧气后将袋口扎紧，然后进行运输。干法是将参苗放于塑料或其他箱子中，箱底铺放海带草、脱脂棉，上铺用海水湿透的纱布，参苗均匀平放，上盖纱布，装车时将箱子堆垛，用苫布盖好后运输。

2. 参苗的来源

刺参养殖苗种的来源有三种。第一种为秋苗，即人工培育的当年苗种，体长 2～4 cm，每 667 m² 投放 0.5 万～1.0 万头，成活率一般为 10%～40%，1.5～2.0 年可收获；第二种为春苗，即上年人工培育的苗种经越冬，个体大小在 6 cm 左右，每 667 m² 放养 4 000～8 000 头，成活率一般在 70% 以上，翌年夏眠前可全部收获；第三种为自然苗，规格为 50～60 头/kg，每 667 m² 放养 2 000～3 000 头，早春投苗，成活率可达 90%，入冬前可收获 80% 以上。

3. 参苗的放养

参苗的放养方法有两种。一种为直接投放法，将参苗按一定的密度直接投放到人工海礁上；另一种是网袋投放法，尤其是 1 cm 左右的参苗，其附着力和活动力都很差，如直接投放到人工海礁上，将造成大量死亡。可将参苗装在 20 目的网袋中，每袋装 100～200 头，网袋中放入小石块，以防参苗漂浮和移动，放在人工海礁上，网袋口敞开，让参苗慢慢从网袋中爬出。

4. 养殖水体

养殖水体的水深一般为 1.0～3.0 m，尤其在夏季多雨季节和冬季结冰期要多纳水，以维持适宜的温度。同时应经常换水，以保持清新的水质，并随个体增大加大换水量，每天换水量不少于 10%。有条件的地方可以用增氧机增氧，用水泵进行内循环，日增氧或内循环 2～3 次，每次 2～3 h，以夜间实施为主。

5. 饵料投喂

放养密度较大时，单投喂天然饵料参苗生长慢、周期长，要适量投喂一些酒糟、虾糠、海带、裙带、底栖硅藻、鼠尾藻、粗淀粉、小杂鱼粉等。投喂的原则是宁少毋多。每天投饵量占参体重的 5%～10%，每天投饵 1 次，时间在黄昏前后，快速生长的适温期多投饵，夏眠和水温 5 ℃以下不投饵。

（三）成参和参苗的质量标准

成参和参苗的质量标准是成参养成或购置参苗的重要依据。成参标准：个体粗壮，体长与直径比例小，肉刺尖而高，基部圆厚，肉刺行数 4～6 行，行与行排列比较整齐，颜色以灰褐色居多，皮厚出成率高，而绿皮参质量差，皮薄出成率低。参苗标准：体态伸展粗壮，肉刺尖而高，色泽艳，头尾活动自如，运动快，伸展自然，摄食快，排便快，排便不黏而散。凡发现体态色暗而黏滑、肉刺秃而短、活动慢而无力、粪便黏的参苗均要进行药物治疗。

（四）疾病的防治

1. 烂皮病

该病由饵料污染、有机物污染、油污染、无机物污染、重金属及 pH 波动过大、水质淡化（盐度小于 17）等原因引起。治疗方法：潜水员下水收集刺参，并放入水泥池单独饲养，按每立方米饲养水体取五倍子 4～5 g，煎汁取液，全池泼洒，对防治烂皮病有疗效；化学污染和有机物污染要停止换水，加强内循环，污染解除后方可换水；雨季大量淡水注入时要加盐使盐度保持在 18 以上。

2. 桡足类等引起的病害

投喂新鲜的海泥或鲜鼠尾藻磨碎液时，一定要提前 2 h 施 5 mg/L 的晶体敌百虫，杀死其中的桡足类和猛水蚤。池水中有桡足类时，施 2～3 mg/L 的晶体敌百虫，过 5～6 h 大换水。

3. 肠炎

肠炎的治疗方法是施用 2～3 mg/L 的土霉素，每个疗程 3 d。

4. 赤潮、黑潮、黄潮

三潮必须提前预防，水深 1.5 m 左右时按每 667 m² 均匀泼撒生石灰粉末 40 kg，生石灰粉末沉底变为白色，对海参无害。也可用 2～4 mg/L 的甲醛或次氯酸钠，均匀泼洒，可使水体营养化消失，且对刺参无害。以上两者结合使用效果更好，但不可混合使用。

五、海参的收获

海参的收获采用轮捕轮放的方式，每年留小捕大，根据存池量每年补充参苗。

刺参可鲜食，即用开水闷烫 2 h，冷却切片后加调料即食。采捕的成参在头背部切割 3～4 cm 的小口，排出内脏，用淡水煮透，用饱和盐水腌制，几天后再用盐水煮透，此为水参；如制干，再加盐煮透，用草木灰吸水，晒干即可。刺参的生殖腺和参肠营养丰富，可腌制加工。

第二节 海胆的养殖

海胆属棘皮动物门、海胆纲，我国迄今已发现的海胆种类有 100 多种，其中能形成规模性渔获产量，并具有一定经济价值的经济种类不足 10 种，主要有光棘球海胆（*Strongylocentrotus nudus*）、紫海胆（*Anthocidaris crassispina*）、马粪海胆（*Hemicentrotus pulcher-*

rimus）等。

海胆是一种食用价值、药用价值、科研与教学价值都比较高的经济海洋生物。海胆的生殖腺味道极其鲜美，营养也很丰富。其蛋白质中蛋氨酸的含量很高，鲜味较独特，在中国、日本、马来半岛以及欧洲的地中海沿岸和南美洲等许多沿海国家或地区被认为是一种美味的海产品。尤其在日本，海胆的生殖腺及其加工制品被视为最名贵、最美味、最高档的海产品，市场价格高，消费量也大。

由于自然资源日益下降，所以海胆的人工育苗和增养殖业迅速发展。我国以前主要养殖本地自然种，20 世纪 90 年代从日本引进虾夷马粪海胆，因其具有不易发病、饵料来源广、成本低、生长速度快、生产管理操作简单、经济效益高等特点，现已成为主要养殖种类。养殖形式上，采用海胆与海带、裙带菜套养，不仅可以更加有效地利用浮筏养殖的生产潜力，提高海胆的产量与经济效益，而且两种生物之间的代谢产物在一定条件下也具有互补作用，有益于维护与改善海区的生态环境。

一、海胆的生物学特性

（一）主要形态特征

海胆的体外被有石灰质的外壳，壳上生有许多可动的棘，行似刺猬。

光棘球海胆（*Strongylocentrotus nudus*）属正形目、球海胆科，口面比较平坦，围口部稍向内凹，反口面稍微隆起，顶部呈圆弧形。成体体表以及大棘的色泽均呈黑紫色，大棘针形，较粗壮，表面常带有极细密的纵刻痕。

紫海胆（*Anthocidaris crassispina*）属正形目、长海胆科，壳呈黑紫色，大棘针形，长而粗壮，表面光滑，末端尖锐。本种与光棘球海胆极其相似。

马粪海胆（*Hemicentrotus pulcherrimus*）属正形目、球海胆科，成体体表大多呈暗绿色或灰绿色，棘的颜色变异较大，色泽以暗绿色居多，但灰褐色、赤褐色、灰白色、白色的棘亦时有发现。大棘短而尖锐，着生比较密集。

（二）生态习性

海胆的生活水域多为岩礁及砾石底质的海底，分布水深大多为潮间带至水深 30 m 的浅海水域，马粪海胆的自然分布水深要比其他经济海胆类偏浅，多见于水深 4 m 的沙砾底质浅水域。

海胆以管足和棘刺捕食，并以口中一构造复杂的咀嚼器切碎食物而吞食。海胆主要以海藻为食，包括海带、裙带菜、羊栖菜、马尾藻、石花菜、石莼等，尤其喜食上述海藻的幼苗，同时也食鱼虾类的尸体。

（三）繁殖习性

海胆在繁殖季节有相互集聚成群，进行繁殖活动时雌雄个体的生殖产物集中排放的习性。在自然海区，当某一局部海域有少量海胆开始排放生殖产物时，常常会诱发该海域的同种海胆大量地排放精卵。海胆在繁殖期间聚集成群并且集中排放精卵的习性，对于提高其卵的受精率、增强繁殖效果，无疑是十分有益的。对于大部分种类的海胆，其繁殖活动还有一定的水温要求，因而，这些种类的海胆都有比较固定的繁殖水温和相对稳定的繁殖季节。但是，海胆的繁殖活动与环境因子的关系要比其他水生生物更为复杂。

海胆的栖息水层越深，生殖腺的指数越低。同一海区栖息的海胆，壳径越大，其生殖腺指数越高,不同种类的海胆一年中生殖腺指数最高值的出现时间是各不相同的,因此其繁殖季节也各不相同。马粪海胆的繁殖季节在 3—4 月,光棘球海胆的繁殖季节在 6 月中旬至 7 月中旬。在同样的水深,水温及底质条件也相类似的情况下,海藻越繁茂,海胆的个体也越大,生殖腺指数也越高。

海胆的产卵量比较大,一般壳径为 3~4 cm 的马粪海胆,其产卵量为 300 万~500 万粒,卵径大小在 110~120 μm;而壳径在 6~8 cm 的光棘球海胆的产卵量为 400 万~600 万粒,卵径在 110~130 μm。其前期发育如图 16-6 所示。

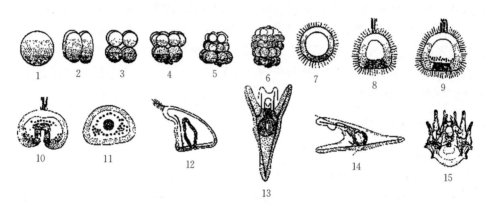

图 16-6 海胆的发育

1~6. 早期卵裂 7. 囊胚切面观 8. 原肠作用开始 9. 小分裂球内陷后形成间叶 10. 原肠形成并以原口与外界相通 11. 横切面 12. 幼虫腹面变平,同时骨针开始由初级间叶泌成 13~14. 长腕幼虫的腹面观和侧面观 15. 海胆的长腕幼虫

二、海胆的人工育苗

(一)亲海胆的采捕与暂养

马粪海胆的采捕时间在 3—4 月,一般在 4 月上旬较适宜,此时水温为 13 ℃左右,采捕的规格应为壳径在 3~4 cm。光棘球海胆的采捕时间为 7 月至 8 月下旬较宜,此时水温为 22 ℃左右,采捕规格应为壳径在 6~8 cm。作为亲体的海胆,要求外形完整,无损伤。

马粪海胆的暂养密度为 100 个/m³ 水体左右。暂养期间投喂海带、石莼等藻类,暂养过程可采用自然水温。也可适当升温至 15~16 ℃进行促熟,暂养期间要及时换水,一般早、晚全换水 1 次,换水时将水排尽,并将粪便与残饵冲刷干净。

光棘球海胆的产卵期间正值夏季高温季节,应采用流水法暂养促熟,以免水质恶化,一般光棘球海胆的暂养时间不宜过长。

(二)产卵、受精与孵化

性腺成熟后的海胆,采捕后在暂养池中可以自然排放精卵,一般在 19:00—21:00,常可见有海胆爬至池壁上,雄海胆从生殖孔处排出白色烟雾状的精液,雌海胆从生殖孔处排出的卵子呈橘黄色绒线状,散开后逐渐沉入池底,雌海胆产卵可持续 15~30 min,若所产的卵呈块状下沉而不散开,可能是未成熟的卵。为了有计划地安排人工育苗,也采用人工诱导产卵的方法,即将矿泉水瓶离底 20 cm 去掉,然后用 0.3% 高锰酸钾溶液消毒并冲洗干净,然后加满孵化池海水。用 0.5 mol/L 的氯化钾溶液从围口膜处用注射器注射 1.5~2.5 mL,然后反口面向下骑在瓶口上，5～10 min 即分别排卵与排精；1～2 min 后，用 1～2 只雄海胆精液与 1 只雌海胆的卵子，倒入消毒准备好的大的塑料桶中，搅拌均匀。

在暂养池中自然排放的精卵，在池中即行受精，这些受精卵应及时采用虹吸的方法吸出，经洗卵后，投入孵化池中进行孵化。采用人工授精的，人工授精后 0.5～1 min 即可举起受精膜，人工授精成功后要及时洗卵，以除去多余的精子，操作在 30 min 内完成，然后入孵化池中孵化。

马粪海胆受精卵的孵化密度为 50 粒/mL 左右，光棘球海胆一般为 20～30 粒/mL。孵化的适宜海水盐度为 30 左右，马粪海胆在水温 14～17 ℃下，经 22 h 即可孵化出膜，光棘球海胆在水温 23～24 ℃下，经 10 h 即可孵化出膜。

（三）幼虫培育

海胆刚从卵膜内孵化出时，尚处于囊胚阶段，因此，幼体的选育应在胚胎发育至棱柱幼体时开始进行。此时，健壮的幼体均浮游在水的表面，用拖网法或虹吸的方法将幼体定量选育至培育池中培养。马粪海胆的培育密度应控制在 2～3 个/mL，培育密度超过 3 个/mL时，发育速度显著减慢。光棘球海胆的培育密度，一般控制在 1 个/mL 左右。

每天换水 2～3 次，每次换水量为 1/3～1/2，采用网箱换水，网箱筛绢的网眼对角线应小于幼体的宽度，在四腕长腕幼体前采用 260 目网箱，六腕幼体采用 200 目或 150 目网箱，八腕幼体采用 120 目网箱。

培育过程中，一般采用微量充气的方法，每 2 h 充气 10～15 min。也可采用静水培育的方法，每小时用搅水耙搅动池水 1 次，搅动时动作一定要轻。

海胆幼体的趋光性较强，培育环境的光线不宜过强，一般应控制在 300 lx 以内。水温和盐度按照当时海水的水温和比重，控制在适宜的范围之内。

在海胆幼体阶段较适宜的饵料种类有小新月菱形藻、等鞭藻、叉鞭藻、角毛藻等，其中以角毛藻的投喂效果最好。开始投饵量 0.5 万个细胞/mL，至八腕幼体逐渐增加，可投 6 万个细胞/mL，特别应注意的是在变态前要加大投饵量。饵料短缺时可添加海洋红酵母，用水稀释投喂。

（四）附着基的投放及稚海胆的培育

海胆幼体发育至八腕长腕幼体后期，在其左侧出现前庭复合体（海胆基）时，应及时投放附着基，促使幼体顺利变态附着为稚海胆。附着基的种类与刺参育苗时所用的相似。如用聚乙烯波纹板、聚乙烯薄膜等，并预先接种上底栖硅藻，也可自然海区采集，将波纹板挂海区 3～5 d，冲洗一下就可投放。附着基的投放数量一般为池底面积的 10 倍左右，每立方米水体投放已出现前庭复合体的幼体 60 万～80 万个。当变态为稚海胆后，应投喂鼠尾藻磨碎液和适量的单细胞藻（如角毛藻、金藻等）。当变态为稚海胆后，应改为流水培育。

稚海胆在波纹板上长至 2～5 mm 时，波纹板上的底栖硅藻基本已被摄食干净，此时将稚海胆用软毛刷剥离。剥离后的稚海胆置于网箱中培育，网箱的规格一般为 60 cm×50 cm×30 cm，网箱内放入黑色波纹板，以便稚海胆的附着，稚海胆的密度应控制在 1 万～2 万个/箱（壳径 5 mm 以内）和 0.2 万～0.6 万个/箱（壳径 5～10 mm）。在此期间可投喂褐藻、红藻、绿藻的幼苗，从饵料的效果来看，以褐藻类为最好。

当稚海胆的壳径达 0.5～1.0 cm 时，即可下海养殖，壳径达 1.5～2.5 cm 时则可直接底播增殖。

三、海胆的人工养成

国内外的海胆人工养殖方式主要有海上筏式养殖与陆上工厂化养殖。

（一）海上筏式养殖

1. 海区选择

养殖海区选择在水流畅通、水质清澈、盐度较高，无工业污染、无淡水径流，水深 10 m 以上，冬季无冰冻水层的海区。同时应选择海藻自然生长旺盛，易于设置浮筏的海域。

2. 养殖器材和养殖水层

利用扇贝养殖筏架就可进行日本虾夷马粪海胆养殖。养殖笼可以利用扇贝养殖笼或鲍养殖笼，以鲍养殖笼为佳。

养殖水层一般控制在 4～5 m 水深为宜，高温期控制在水深 6～8 m。。

3. 养殖密度

养殖密度根据养成笼及苗种个体大小而定。一般养成期间视生长情况需要换 2 次不同规格网目的网笼。采用鲍笼的最终养成密度 60～65 枚/层，采用扇贝笼最终养成密度 10～12 枚/层为宜。

4. 养殖饵料与投喂

饵料主要为鲜海带、裙带菜或马尾藻、石莼、浒苔等藻类。高温期间或鲜菜不足，可用淡干海带做补充饵料。

投喂饵料根据苗种个体大小、增长速度和水温升高的快慢灵活掌握，一般每 2 天投饵 1 次，高温期间饵料要少投、勤投，投饵同时要清除笼内残饵，防止污染。

5. 养殖管理

海上生产要以单船定人管理为单位。采用鲍养殖的台筏一般为单船 2 人管养 10～12 行台筏，采用扇贝养殖的台筏可管养 8～10 行台筏。也可兼管所需藻类的养殖台筏。

（二）陆上工厂化养殖

陆上工厂化养殖的养殖条件及其产品收获期的可控性强，有不受季节和气候等限制的优点，且海胆的生长快、产量高，可以在天然海胆采捕淡季供应市场，提高商品价格，丰富市场供应；其缺点是设施投资较大，养殖成本相对偏高。

1. 养殖水源

养成可用发电厂冷却用海水，或用水质稳定的地下深井海水。保证每日流水 10 倍量。水温保持在 12～21 ℃，盐度 26～36。

2. 设施与放养量

室内设置立体流水式聚氯乙烯水槽，每个水槽的规格 240 cm×60 cm×30 cm。

每个水槽不同壳径海胆合理的放养数量为：1.0 cm 左右的 5 000 个；2.0～2.5 cm 3 000 个；3.0～3.5 cm 左右 2 000 个；5.0 cm 左右 300 个。

3. 饵料与投喂

饵料为石莼（约占 20%）、海带和裙带菜（约占 80%）。每天投喂海胆体重 5% 左右的海藻。

4. 日常管理

保持室内黑暗。及时清除粪便，经常检测水温、水质，保持良好的养殖水质条件。定期测定海胆生长情况和进行规格分选和分养，放养量根据实际情况而定。管理、分选、倒池等操作要仔细，另外在海胆运输中应轻拿轻放、避免颠簸，以免造成损伤和死亡。

人工养殖海胆从苗种长到商品大小需时 18 个月。

思考题

1. 简述海参的养殖种类，刺参的人工育苗技术，刺参的养殖方法与养殖技术。
2. 简述海胆的养殖种类，海胆的人工育苗技术，海胆的养殖方法与养殖技术。

第十七章　乌贼、蛸类的养殖

第一节　虎斑乌贼的养殖

一、生物学特性

（一）形态及地理分布

虎斑乌贼（*Sepia pharaonis* Ehrenberg，1831），隶属于软体动物门（Mollusca）、头足纲（Cephalopoda）、乌贼目（Sepiida）、乌贼科（Sepiidae）、乌贼属（*Sepia*）。虎斑乌贼主要由头部、腕足部和胴部组成。其中胴部呈盾形或袋状，胴部背面直至头部背面具有横条斑纹，且颜色较为鲜艳，形如"虎斑"，故称之为虎斑乌贼。雄性个体的胴部背面直至头部背面具许多较密的鲜艳横条斑，雌性个体的斑纹偏向两侧，较稀疏不太明显，且颜色偏灰色（图 17-1）。

图 17-1　虎斑乌贼

虎斑乌贼是一种浅海底栖性动物，其主要分布于 35°N—30°S，30°—140°E 的印度-西太平洋热带水域，包括红海海域、波斯湾、阿拉伯海、也门海、安达曼海、中国南海、东海、台湾地区沿海及日本沿海、印度尼西亚东部和南部、澳大利亚北部沿海；主要分布于近岸至水深 130 m 处；在我国东海、南海每年繁殖季节由深海区向浅海区域生殖洄游，至浅水区（5~20 m）聚集成群进行繁殖产卵。

（二）饵料与摄食习性

虎斑乌贼具典型掠食性、肉食性，喜食活饵，对食物没有明显选择性，主动掠食各种中、上和底层甲壳类、小鱼及其他游泳动物，所摄食种类基本上与该海域出现优势鱼虾种类相一致，食性组成主要取决于海域饵料生物种类及其易得性。初孵幼乌贼需食活体饵料，胴长 2.5 cm 前主要摄食活体糠虾和卤虫成体，饵料大小 0.3 cm 以上为宜；胴长 2.5 cm 以上，人工养殖下经驯化可摄食冰鲜鱼虾，以虾类为佳。摄食量大，幼乌贼每天可摄食其体重 40%~60% 的饵料。摄食行为上，能摄食飘动和下降的饵料，较少摄食沉底饵料。生殖期间，雌性摄食量大于雄性，这与雌性产卵消耗了大量能量有关。虎斑乌贼以凶猛、暴烈著称，有同类相食的习性，也会猎食身体 1/3 大小的饵料。

（三）栖息与生长习性

虎斑乌贼具暖水性，浅海底栖型，栖息于约 100 m 以上海域，喜弱光环境，但有趋光特性。在自然海区白天栖息于海底，晚上游至水域上层。室内水泥池养殖时，喜欢闭目栖息于池底，白天饥饿或受到刺激时才游动。

虎斑乌贼最长寿命约 5 年，雌性寿命通常为 1 年，雌性 1 年性成熟，交配产卵后大多死亡。生长快，养殖条件下一年最大可达 2 kg。对环境因子变化较为敏感，不适宜时表现异常、四处游动、喷墨、腕抽搐等现象。其适宜生长水温 18～33 ℃，温度低于 18 ℃时，乌贼停止摄食；其适宜生长盐度 21～33，难以承受盐度大幅变化，幅度不宜超过 6。

(四) 繁殖与发育习性

虎斑乌贼繁殖季节一般为 1—4 月，其中 3 月是繁殖高峰期。雌雄异体，繁殖时有较复杂的繁殖行为，如求偶、争偶、交配、伴游护卫及产卵行为等。在求偶过程中，雄性主动，通过体色变得异常鲜艳，带有荧光，裙摆展开，4 对腕张开等行为向雌性示爱，并不让其他雄性竞争者接近。雌性对追求的雄性有选择性，从外形来看，大个体雄性更受雌性青睐。配对成功后，除非一方死去，另一方才会重新寻找新的对象，在生殖策略上属于"一夫一妻制"。交配方式以头对头相抱姿势，一次交配时间为 30～120 s，交配-产卵-再交配-再产卵循环进行，不受昼夜的影响。产卵过程中，雄性伴随在雌性周围。产卵类型为间歇性终端产卵，分批产出。产卵结束后，雄性没有明显护卵行为，也很少出现死亡，雌性则大部分死亡。自然条件下虎斑乌贼常把像葡萄串一样的受精卵粘在一些珊瑚礁石、大型藻类、不规则岩石壁等上面。人工条件下塑料网框、绳子、塑料小管，甚至池壁突起都可能是粘卵位置。个体怀卵量和产卵量与胴长、纯体重、缠卵腺重成正比，自然海区的产卵量每只 1 500～3 000 粒，而养殖的则少些。

虎斑乌贼为体内受精，体外发育，胚胎发育都在卵膜内进行。胚胎呈葡萄状，乳白色，半透明，表面光滑富有弹性，为直接发育类型，幼乌贼孵化出膜时通常卵黄囊耗尽。虎斑乌贼胚胎发育规律和出膜后幼乌贼特性与大多数乌贼种类基本相似。关于乌贼类胚胎发育阶段划分，不同学者不尽相同，但大多是基于形态特征变化而定，胚胎发育需 20～30 d。

二、人工育苗

(一) 场址与设施

一般水产育苗场基本上可满足需求。

(二) 亲体培育

培育亲体前 3 d，用 5 g/m³ 的高锰酸钾消毒亲体池。亲体池宜设在僻静处，上面盖遮阳网，保持光照强度 150 lx，水深 1.0 m，水温保持 22～24 ℃，盐度 28～30，pH 8.1～8.3。雌雄比 1∶1，培育密度为 0.5 个/m²。每天 8:00 和 16:00 各投一次，上午为冰鲜小杂鱼，下午为虾类，每次投至亲体不再进食为止。每 2 d 换水 1 次，换水量 80%，同时清理池中脏残物。每天定时观测水温、盐度、pH、溶解氧等因子，若发现异常，及时采取相应措施处理，并检查亲体健康与产卵情况。有死亡亲体及时取出，每 5 天宜采集附卵基上受精卵。

一般海捕亲体在 2—4 月，养殖亲体在 12 月开始出现追逐、交配。亲体培育时宜选择大池，四周最好设置软质防碰网；一旦发现有交配行为，应尽快放置附卵器，以网目为 27 mm、大小 30 cm×40 cm 的聚乙烯有框网片为佳，附卵器密度为 1 个/m²，网

图 17-2　虎斑乌贼成串的葡萄形受精卵

片下绑小石头，使附卵基与池底保持约10 cm间距；充气头密度为 0.25 个/m²，气头距池底约 5 cm（图 17-2）。亲体交配后，雌体一般于数小时或 1～2 d 后产卵。若未及时放置附卵基，雌性会表现出急躁不安，胡乱产卵、附卵，有的产在池底。

（三）受精卵孵化

孵化池中均匀布充气石，一般充气头 1～2 个/m²。孵化装置以圆形塑料筐（直径 0.6 m，高 0.2 m，筛孔直径≤0.5 cm）四周加泡沫浮于水上层。受精卵入池前 1 d 将池子和孵化装置用 80～100 g/m³ 漂白粉或 450～500 mL/m³ 次氯酸钠彻底消毒。孵化用水为自然海水，经沙滤、筛绢过滤，为操作方便，保持高水位。孵化时宜将附卵器上的卵一粒粒采摘下来，平摊在孵化装置内，也可直接将附卵器吊挂在孵化池中。孵化密度宜在 9 个/L 以下，最适 6 个/L。孵化适宜水温 21～30 ℃，最适 24～26 ℃，适宜盐度 24～35，最适盐度 27～30，溶解氧＞4 mg/L，pH 7.8～8.4，孵化过程中避免阳光直射，微充气；孵化前期每隔 5～7 d 换水 1 次，孵化后期每隔 2～3 d 换水 1 次，换水量为 50%～60%。

（四）苗种培育

苗种培育池面积宜≥20 m²，水深 0.6～1.2 m，池内布散气石 1 个/m²。培育适宜水温 21～30 ℃，最适 24～27 ℃；适宜盐度 24～30，最适 26～28；pH 7.6～8.6，氨氮宜小于 0.5 mg/L，溶解氧大于 6.5 mg/L；光照宜≤2 500 lx 以下，避免阳光直射。放苗密度宜 300～500 个/m²。

初孵乌贼（1～2 日龄）可投喂体长 0.3 cm 以上活卤虫幼体，也可直接投喂活糠虾，投喂量为幼乌贼体重的 5%～10%；3 日龄（胴长 2.5 cm）幼乌贼投喂活糠虾，投喂量为幼乌贼体重的 12%～15%。幼乌贼生长至胴长 2.5 cm 以上时，可开始饵料驯化，投喂大小≤2.0 cm 冰鲜小鱼虾，投喂量为幼乌贼体重的 10%～20%，经过 3～5 d 驯化，幼乌贼便可摄食冰鲜饵料。育苗前期微充气，后期加大充气；育苗前期日加水 10 cm，后期每天吸污并换水 1 次，日换水 1/2～3/4，隔 15～20 d 倒池 1 次。

（五）出苗与运输

1. 出苗

虎斑乌贼出苗规格根据养殖饵料丰富度可适当有差异，若基础饵料丰富的土池或海区网箱养殖，放苗规格可在胴长 2.0 cm 左右，若基础饵料匮乏的室内水泥池养殖，最好放养已饵料驯化的胴长为 2.5～3.5 cm 大规格苗种。

出苗最好选择阴凉天气和早晚进行。若育苗池与养殖塘水温差≥2 ℃、盐度差≥3，出池前 2～3 d 宜过渡处理，水温隔 12 h 升降 1 ℃，盐度升降 2。出苗时预先准备 1 池清水，将培育池水排至 30 cm 后，用软抄网带水集苗至圆塑料网筐，立即移至准备好的池子，进行数量清点，按个计数，每筐装同样数量。

2. 包装与运输

虎斑乌贼具喷墨习性，不宜采用帆布桶充气等方法进行运输，否则只要有一只乌贼喷墨，就会将整桶染成黑色，导致全军覆没。一般采用尼龙袋充气包装为宜。规格 35 cm×35 cm×40 cm 的尼龙袋一般放苗 50～100 只，随后放入 48 cm×48 cm×25 cm 的泡沫箱中。苗种运输宜选择阴凉天气和早晚进行，气温超过 25 ℃时，在每个泡沫箱中放 1 个冰瓶。每袋放苗密度与苗种大小、运输时间和水温相关，个体越大、运输时间越长、水温越高，密度就越稀。如运输时间≤3 h，包装密度宜 30～50 个/包；运输 3～5 h，包装密度 20 个/包；

运输时间 5～10 h，包装密度 10 个/包；运输时间 12～20 h，包装密度 5 个/包。

三、人工养成

虎斑乌贼人工育苗技术取得突破之后，其人工养殖在浙江、福建等地已展开，因其生长迅速，活体销售市场认可度高，有广阔的发展前景。目前生产上已有水泥池养殖、网箱养殖、室外土池养殖三种方式，其中以室内水泥池养殖成活率最高，可达 70% 左右，生长最快，120 d 可达 400～550 g。

（一）室内水泥池养殖

1. 场址和配置

靠近海边，水质良好，附近无污染源，海水盐度稳定，且全年不低于 25，pH 8.0～8.2，水温不超过 33 ℃，最好是台风登陆少的地区，周围不靠近工业区和居民区为宜，环境相对安静为好。交通便利，供电充足。需配备增氧、加热、照明等设备，最好配有小型冷库以贮饵料，且有水质分析和生物监测设备。

2. 养殖车间

养殖车间顶部最好为玻璃钢瓦或彩瓦，并配置遮阳网以调节室内光照，避免阳光直射，有通风换气装置。养殖水泥池长方形或圆形，面积 30～100 m² 为宜，池深 1.5 m 左右，配备增氧、控温、排污、水处理等装置。

3. 苗种来源

目前虎斑乌贼苗种大多来自利用野生亲体培育出的人工苗种，少数利用养殖亲体培育出的苗种。苗种放养规格胴长 2.0～3.0 cm 为宜，最好以胴长 2.5 cm 以上且已能摄食冰鲜饵料的苗种为佳。

4. 养殖用水

用水取自无污染海区，经过暗沉淀、沙滤、臭氧消毒或由筛绢布网袋过滤的自然海水，盐度常年变化不大，保持在 25～33。

5. 苗种放养

放养前 3 d，养殖池用 100～300 g/m³ 漂白粉进行消毒，然后用过滤水冲洗干净。苗种入池时，先将装有苗种的尼龙袋放于水面漂浮 0.5～1 h，待其慢慢适应池内水温后，再倒入池内；或者把尼龙袋内的苗种倒置在塑料桶内，慢慢添加池中水，使其逐步适应养殖池内的水温与盐度。养殖密度如表 17-1 所示。可根据实际情况进行适当调节。一个养殖池应尽量保持苗种大小齐整。

表 17-1　虎斑乌贼室内养殖放养密度

胴长（cm）	养殖密度（只/m²）
2.0～3.0	200～300
3.0～6.0	100～200
6.0～8.0	50～100
8.0～11.0	20～50
>11.0	10～20

水产经济动物增养殖学

6. 养殖管理

虎斑乌贼能在水温15～33℃下生存，生长适宜温度18～33℃，水温越高，生长速度就越快。养殖水温低于18℃或者高于33℃虎斑乌贼基本不摄食。养殖过程中，宜保持水温稳定，防止水温短时间内过度变化。

虎斑乌贼是典型的狭盐性物种，在盐度20～33下生存，适宜生长盐度21～33。因其对盐度变化尤其敏感，故养殖过程中保持盐度稳定尤为关键，盐度日变化不能超过3。若盐度差大于5时，应少量换水或者不进水。在台风下雨天，提前做好蓄水工作，雨后换水时尤其注意盐度的变化。pH宜控制在7.8～8.3，溶解氧保持在5 mg/L以上，氨氮浓度低于1.8 mg/L。池水要求清澈见底，有利于乌贼摄食。

虎斑乌贼对声音和光照颇为敏感，宜保持养殖环境安静，保持光照1 000 lx以下，避免阳光直射。若室内光照过强，可利用遮阳网调节。光照过强会导致其性早熟影响养殖效益。

养殖过程主要投喂冰鲜小杂鱼虾和软颗粒配合饲料。不同生长阶段，对饵料大小有着不同要求，饵料需求量也不同。各期饵料种类与投喂量见表17-2。由于乌贼一般摄食会动的食物的特殊行为，所以要保持一定的水深，有利提高食物在水中运动的时间，增加被乌贼摄食的机会，水位前期为80～120 cm，后期为60～80 cm为宜。

表17-2　虎斑乌贼不同阶段的饵料种类与投喂量

胴长（cm）	饵料种类	饵料大小（长×宽）（cm）	投饵量占体重比（%）
3.0～7.0	冰冻小杂鱼虾	(1.5～2.5)×(0.3～0.8)	15～20
7.0～11.0	冰冻小杂鱼虾	(2.5～4.0)×(0.5～1.5)	10～15
11.0～15.0	冰冻小杂鱼虾	(4.0～8.0)×(1.0～3.0)	8～10
15.0以上	冰冻杂鱼虾	(5.0～10)×(2.0～5.0)	5～8

投喂方式采用少量多次，2～4次/d，投喂饵料时，一般先用海水或自来水将冰冻小杂鱼虾解冻、化开，用筛网将细小杂质剔除，再用海水冲净，采取先快后慢原则，直至虎斑乌贼吃饱不再抢食为止，需要做到定时、定点。停饵0.5～1 h后，宜及时把池底残饵捞出。

养殖过程中需保持良好的水质，日换水1次，换水量为80%～100%，若发现有喷墨现象应及时换水。因乌贼饱食后喜伏地安静生活，底质清洁与否直接影响养成率，每天换水前，用200目的底抄网将池底残饵和杂物捞出。

养殖一段时间后，虎斑乌贼会出现大小差异，会严重影响小个体乌贼摄食与生长，特别是饵料不足时还易引起互相捕食。一般隔10～15 d翻池1次，翻池时将池水排至离池底20 cm左右，用排网将乌贼赶至池一角，将塑料盆或塑料网筐浮在池水面，用手抄网尽快将乌贼捞起放在其中，体重小于100 g，可用塑料网筐不带水直接快速移至另一新池；若体重大于100 g，最好将乌贼捞至塑料盆中，带水移至另一新池。

另外宜每天观测记录水温、盐度、透明度、饲料状况等，特别注意水质、水色及乌贼活动情况，发现池中有死亡乌贼，应立即捞出，分析原因。

7. 收获与运输

一般经3～4个月饲养，体重可达约0.5 kg，可以上市。收获方法同分养操作。活体以

436

尼龙袋充氧包装运输为宜。包装密度以 1 只/包为宜，外套黑塑料袋或泡沫箱，运输最好选用空调车，运输温度控制在 20 ℃左右，运输时间≤20 h，成活率可达 90％以上。

（二）池塘养殖

1. 场址和配置

养殖场宜选于附近海域盐度 25 以上，盐度稳定，水源充足、水质清新无污染，排灌方便之地。养殖池深 1.5～2.5 m，面积 667～6 667 m² 为宜，每口池应有完整的进、排水系统，分设在池的两端，池底平坦，土质坚实、底质好，尽量避免酸性或碱性土壤池底；坡度比 1∶(2～2.5)，且池塘最好是水泥护坡。在池塘四周、中间设有投饵台，投饵台上方要配置照明设施以便晚上灯诱乌贼与活饵，且周围环境尽量保持安静。

2. 放养前期工作

苗种放养前 1 个月，养殖池进行清整与消毒，方法见第一篇。清塘处理后，放养前 10～20 d 做好蓄水工作，培养基础饵料，接种糠虾或普通虾苗，每 667 m² 放养 10 万～15 万尾虾苗作为虎斑乌贼的贮备活饵料，水深 1.2～2 m，每天 6∶00—6∶30 投喂虾料，每 667 m² 投喂量开为 2.5～3.5 kg，每天增加 0.25～0.33 kg，最大投饵量 7.5 kg。

3. 苗种放养

若基础饵料丰富，可选择健康、活力好胴长 2 cm 的虎斑乌贼苗种。因个体小可提高运输密度，降低运输成本。放养时，首选阴天，如果天气比较炎热，选择早晨或晚上放苗。大塘内水温不宜低于 22 ℃，放苗时间福建、广东一带沿海 5 月中下旬，浙江地区 5 月下旬至 6 月中旬为宜，夏季最好能在养殖池顶加盖一层遮阳网，以防水温过高。放苗前须测量塘水盐度，若盐度差超过 3，须采取过渡办法。同样要注意池水与运输用尼龙袋内水温差异，可用尼龙袋浮于池水中和添加池水逐步过渡。塘养密度以 3 万～7.5 万尾/hm² 为宜。

4. 养殖管理

养殖过程中，避免水环境变化过大而使乌贼受到惊吓，出现喷墨现象。水温控制在 22～33 ℃；盐度控制在 24～30 并保持稳定，如遇特殊情况不能换水，可不投饵料以减少水质败坏的影响；池水透明度控制在 30～40 cm，水色清至淡黄色，pH 宜在 7.9～8.2，溶解氧不低于 5 mg/L，氨氮含量不高于 0.1 mg/L；水深控制在 1.2～1.8 m，高温期宜保持高水位且尽可能多换外海清凉新鲜的海水，使水温保持在 33 ℃以内。换水前先测量池水和进水的温度和盐度，慎防养殖池中水温和盐度变幅过大，导致乌贼不适而喷墨。宜根据实际情况确定换水量，养殖前期规格较小，对环境的适应能力较差，适当减少换水量；随着乌贼生长，投饵量增加，残饵及排泄物增加，可适当加大换水量和换水频率，必要时可以采用流水法。

在池塘四周分设饵料台，投饵开始时动作宜慢、少量；若基础饵料丰富，放苗后 1 周内可少量或不投饵，经过 5～8 d 适应性投饵后，可正常投喂。投喂时间选择早上天亮后和下午天黑前，晚上投喂前 15～30 min，可打开投饵点的灯以吸引乌贼和浮游动物汇集。投喂须做到定时、定点，饵料种类、大小和投饵量随着虎斑乌贼的生长不断调整，参见表 17-2。若发现乌贼的生长参差不齐，个体相差悬殊，说明饵料生物投喂不足，应加大投喂量。待乌贼饱食 1 h 后，用抄网将池底的残饵和乌贼排泄物尽量清除干净。

养殖过程中，宜每天定期巡查，观察乌贼的摄食和活动情况，做好生产记录，如出现乌贼摄食量减少或乌贼壳浮在水面的量增多，宜作出相应处理。须重点关注天气等因素引发池水盐度、水温的变化。隔 10～15 d 测量乌贼的生长情况，取样与测量的方法，可采用地笼网捕捉乌贼，一般选择在清晨或下午太阳下山后进行，在地笼网内放少许冰鲜小杂鱼虾，将网放在塘内，0.5～1 h后起网捞出乌贼，测量胴长可用圆规和尺子将乌贼放在湿毛巾上进行，体质量可用带水减量法测量。

5. 采捕和运输方法

塘养捕捞活乌贼，可采用采捕笼。起捕前1～2 d停止投喂饵料，采捕时在特制采捕笼内放些冰鲜杂鱼虾，将采捕笼放置在投饵台附近水域，放0.5～1 h后，1人将采捕笼拉起，另1人用抄网将笼内乌贼捞出，带水放至网箱或塑料桶。活乌贼产品可采用尼龙袋充氧运输。

（三）网箱养殖

1. 海域的选择

虎斑乌贼海上网箱养殖应选择风浪较小、水下水流平缓、浮游与小型游泳动物丰富的港湾、内海。水质良好，符合《渔业水质标准》；水温不超过32 ℃；盐度≥25且稳定；水流缓慢，海区流速以低于0.3 m/s为好，如水流过大，需要有阻流措施，也可与养鱼结合，四周网箱养鱼，中间网箱养乌贼；水深要求6 m以上，足够的水深有利于残饵与排泄物排出网箱，同时防止底部杂物对网箱的磨损。

2. 网箱的规格与设置

养成网箱一般采用规格为3 m×3 m×4 m或6 m×6 m×4 m，网眼大小随胴长变化而变化，胴长3 cm和15 cm，网目分别为0.7 cm和3 cm，网目大小随着乌贼的生长逐渐加大。为避免乌贼擦伤，网衣材料应选择质地较软的聚乙烯网布。挡流网用1.2寸镀锌管焊接加工成3.5 m×3.5 m×5 m的方形框架。网箱设置地点应尽量避免人为干扰的地方，避开航道和码头，同时保证人员和生产便利。

3. 苗种放养

放苗季节一般为每年5—7月，宜放胴长2.5～3 cm、已能摄食冰鲜饵料的健康苗种，早晨或傍晚投放，同一网箱规格要求整齐。放养密度根据网箱内水流畅通情况及苗种规格来决定，一般每箱养1 000～2 000只为宜。

4. 饲养管理

目前饵料大多以冰冻小杂鱼虾为主。人工投喂宜定时、定点、定质和定量。一般每天早晚各投一次，投喂采取先快后慢原则，视饱食为止，尽量避免人员走动。不同规格虎斑乌贼与投喂不同规格饵料关系参见表17-2。

养殖过程中，宜不定期分选，分级养殖，保持合理密度。分选操作要减轻应激反应，不要引起乌贼喷墨，宜在海区小潮，清晨或傍晚进行。网箱上最好加盖遮阳网，利于减少大型海藻等的附着和降低水温。及时清除附着物，保证网箱内外水流畅通，视情况不定期移箱换网，一般隔20～30 d换洗一次。换洗网箱时，新换的网箱以就近原则为佳，乌贼翻箱时最好用桶等容器带水运送，不要用抄网直接离水操作，避免乌贼喷墨造成死亡。

要坚持每天早、中、晚3次检查乌贼生长和活动情况，若发现乌贼在表面游动较多，一般是饥饿或水环境不适造成，需立即投喂，若乌贼摄食不积极，就可能是其他原因，尤其闷热天气，特别注意凌晨巡视工作，防止缺氧。

5. 采捕与运输

一般网箱养殖3～4个月，虎斑乌贼就能达到商品规格（250～500 g），采捕最好选阴天或早晚进行，采捕时可将网箱一侧绳子解开，拉起，将乌贼集中赶至一处，直接用抄网捞起。如果活体运输最好不要离水，可采用尼龙袋充气打包运输，为防止喷墨，最好外套黑色塑料袋或泡沫箱。

第二节　长蛸的养殖

一、生物学特性

（一）形态特征及地理分布

长蛸（*Octopus variabilis*），俗称石柜、望潮，隶属于头足纲、八腕目、蛸科、蛸属。其肉质鲜美，蛋白质和脂肪含量较高，为浙江沿海蛸类中的主要经济种。我国历来有食用长蛸的传统，随着社会经济的发展和人民生活水平的提高，近些年长蛸的消费呈逐年上升势头，价格稳中有升，市场前景广阔。但是，由于近海污染日益严重、捕捞过度，长蛸的天然资源逐渐衰退，捕捞量日益减少。

长蛸按外形分为头部、足部和胴部。头部较发达，两侧有一对发达的眼睛，具眼睑。头顶部中央有口，由两枚颚片和齿舌组成，形如鹦鹉的喙，强大有力，能轻易撕碎蟹壳；足部包括腕和漏斗两部分。八只腕着生于口的四周，以腕间膜相连，第1腕最长，腕式为1＞2＞3＞4，雄性右侧第3腕茎化，长度仅为左侧对应腕长度的一半。腕吸盘2行，无柄。漏斗是头足类一个很特殊的运动器官，由足部特化而来，长蛸借助漏斗提供的动力进行长距离运动。漏斗也是粪便、卵和墨汁的排出通道；胴部卵圆形，体表光滑，具极细的色素斑点。最外层为外套膜，肌肉质，包裹内部的呼吸系统、消化系统、生殖系统等。

长蛸为浅海性底栖种类，多栖息于浅海沙质底、泥底或岩礁处。春秋两季繁殖，繁殖时从内湾深水区向浅水区移动，或从潮下带向潮间带移动。分布于日本群岛海域、渤海、黄海、东海、南海。浙江沿海常见，有一定的数量。

（二）栖息与生态习性

长蛸营底栖生活，主要以腕在海底爬行，中远距离运动时以漏斗喷水前进；喜钻泥穴居，以长而有力的腕部挖穴栖居，岩礁间也有采获。冬季在潮下带或沿岸深潜，春季向低潮线以上移动，夏秋之交，可上达潮间带中区。晚秋，随着水温降低，新的世代移往潮下带或沿岩潜居。室内暂养表现为喜阴怕光，耐干露能力强。

养殖条件下，长蛸喜栖于砖、瓦、石块下，以瓦片为最佳隐蔽场所；喜欢泥质底，有钻泥打洞现象；适宜盐度为16～27，最适盐度为18～24；适宜温度范围为10～31 ℃，最适温度为12～27 ℃；适宜 pH 为6.2～9.7，最适为6.7～9.2。

长蛸有变色的习性，正常体色一般呈黄褐色，在水质恶化的情况下体色会逐渐变白；在受到外界干扰刺激时，颜色会变黑，个体小的长蛸较个体大的变色为深；没有干扰刺激时，逐渐恢复原来体色。

（三）摄食习性

以底栖小型蟹类和贝类为食，觅食时通常在海涂上用腕的尖端试探海涂上的洞穴，若遇到双壳类便用腕捉住，拉开双壳，吞食其肉。若捉到蟹，常用腕间膜把它包裹起来，撕开其胸腹之间的连接部位，掠食其肉。长蛸有自食其腕的现象，饵料不足时，长蛸会吃掉自己的腕充饥。当营养充足后，被吃掉的腕又会长出来，通常比正常腕要小一些，且活动不太灵活。长蛸还有互相残杀的习性，养殖密度过高时，同类之间经常发生打斗，伤口易感染溃烂，最终导致死亡。长蛸等头足类又是金枪鱼、海鳗、鲨鱼等的食物，当其受到攻击或受到惊吓时，漏斗口会喷墨，使周围海水变黑，借机逃跑。而墨汁本身具有一定的毒性，可以麻醉敌害。

（四）繁殖与生长习性

长蛸繁殖主要集中于4—6月，交配先于产卵季节2～3个月，交配时雄体把它的茎化腕插入雌体的外套腔内，精荚通过茎化腕的输精沟被送到雌体输卵管口处。精荚破裂，精子进入雌体，贮存在输卵管腺的贮精囊内，以待排卵时完成受精作用。

长蛸一般将卵产在黑暗的地方，如贝壳、岩石缝隙、洞穴内。怀卵140～160个，分批成熟，分批产出。产出的卵长茄形，长21.1～22.1 mm，直径7.0～7.9 mm。每一串卵有几十粒，晶莹剔透，形如葡萄状，十分好看。雌蛸产卵后会停止进食，专心护卵，在长达一个多月的时间里，不停地用腕抚摸、冲洗卵子，保持良好环境，直至幼蛸孵化出来才慢慢死去。

刚孵出的稚仔，全长3 cm左右，各腕长度的差异甚为明显，与成体的特征已很接近。生长迅速，半年后全长可达20 cm，第2年春天全长可达30～40 cm。

二、人工育苗

目前，我国长蛸养殖规模不大，以福建为主，养殖所用苗种大多来自浅海滩涂采捕的天然幼蛸，苗种来源不稳定，规格不一，影响了成活率及经济效益。因而，长蛸的人工养殖大面积推广，有赖于人工苗种繁育的突破。

（一）亲体培育

长蛸一般产卵前2～3个月就已完成交配，5月选择质量好、活力强、性腺发育成熟度高的雌性长蛸作为亲体即可。短距离采用干法运输，长距离运输要采用塑料袋带水充氧法，内置小网片以便其附着。亲体放于水泥池中暂养，暂养池中放置瓦片等隐蔽物，其间投喂招潮蟹、厚蟹、小杂蟹等，饵料不足时投喂虾类或蛏子；每天吸污，换水60%，不间断充气，待亲体性腺成熟。自然水温22～26 ℃，盐度20～26。

（二）孵化池设置

在孵化池中放水约50 cm，池中设置若干高度为70 cm左右的孵化网箱。孵化网箱的上端由铅丝围成直径为30 cm的圆圈，并用绳索把铅丝圈吊起来，下端以直径为30 cm的塑料板作为底板，铅丝圈与底板之间用尼龙网围成近圆筒形网箱，围网的网眼大小要以既能防止孵化出的幼蛸逃跑，又能使水体交换良好为宜；孵化网箱中横放有端口直径为20 cm的泥罐，供亲体栖息孵化。孵化网箱的上端口高于水面至少15 cm。池上方用黑色遮阳网盖光，保持弱光环境。以上孵化网箱提供给亲蛸以适当的活动空间，又能经常进入泥罐内隐蔽，使长蛸似在自然环境中生活（喜钻洞避光）；还可防止雌性长蛸逃跑或受到其他雌蛸攻击而不安定或相互残杀。

（三）产卵与孵化

长蛸于产卵前几天逐渐停止进食，在产卵及孵化期一直不进食，因而，可根据其摄食情况与胴部大小，判断其是否即将产卵。待长蛸亲体摄食量明显减少时，把亲体移入每个孵化网箱中，一个孵化箱放入一只亲蛸。水温控制在25～30 ℃，盐度22～26，适当缓慢换水、吸污和充气。为了让亲体安静地产卵，在其产卵过程中尽量避免打扰，否则亲蛸会停止产卵，甚至将原来产出的卵吃掉。亲蛸分 2 次或多次将体内的卵产出，产出的卵呈乳白色长葡萄状，由绿色斑状分泌物粘于泥罐内侧，有时也会产在泥罐外侧。

长蛸有护卵行为，它产卵后一直守护在卵群旁边，直到幼蛸孵出。在亲蛸护卵期间，不间断微充气，孵化池水温控制在 26～31 ℃，每天缓慢换水 50%～60%，控制池水温变化在 1 ℃内，尽量降低对未出膜的幼蛸或胚胎的刺激，降低幼蛸提前破膜率。该条件下，胚胎发育正常，经 40～45 d 就能孵出幼蛸，孵化率高，孵化出膜后的幼蛸活力良好，发育完善。幼蛸出膜时不带卵黄囊，颜色灰黑，受惊扰时可以喷墨；吸盘发育良好，可以吸附到泥罐壁上，孵化出 1 d 后可以观察到幼蛸苗内脏团呈棕红色或暗红色。

（四）幼体培育

孵化 40 d 以上，幼蛸相继出膜，刚孵化出的幼蛸如图 17-3 所示。幼蛸出膜期间，宜每天观察孵化网箱，用柔软小捞网将孵化出膜的幼蛸移入设有隐蔽管的幼蛸培育池中培育。隐蔽管由直径为 5 cm，长度为 20 cm 的 PVC 管做成，可为幼蛸提供良好栖息环境。在幼蛸开口摄食期间，投喂小蟹苗（大小以幼蛸能抓住为准）最好，其次投喂糠虾、大卤虫、蜾蠃蜚。水温控制在 26～30 ℃，盐度 24～26，水位 30～40 cm，日换水量 100%，遮阳、微充

图 17-3　孵化出的幼蛸

气，经常吸污。经 25～30 d 的幼体培育，幼蛸胴长达到 2.0～2.7 cm，其体重为 5.0～8.0 g，即可出苗。

三、人工养成

（一）水泥池暂养

鉴于长蛸的市场价格波动较大，夏秋季相对便宜，冬季尤其是春节期间价格较高，可利用秋冬季闲置育苗场设施进行长蛸育肥暂养，以获得地区差价与季节差价，拓宽近海渔民增收渠道。

1. 暂养条件及环境因子

利用秋冬季闲置的育苗水泥池，长蛸钻洞能力较强，排污孔要设置防逃网。水泥池上部用双层黑色遮阳网遮盖。池底布充气石 0.5 个/m²，气泵增氧。池底设 PVC 管、瓦片、瓦罐作蛸巢，暂养用水为经过沙滤的海水。放养前水泥池、蛸巢、充气设备均用高锰酸钾消毒。

2. 采购及放养

9—11 月，根据市场价格逐批收购，选择颜色灰黑、反应灵敏、无断腕、体表无伤痕、未经淡水浸泡的长蛸。用尼龙袋充氧或塑料桶充氧运至育苗场。采用规格为 40 cm×70 cm 的尼龙袋运输，密度以 20～40 只/袋为宜；采用塑料桶运输，宜气泵持续充氧，且桶上部套尼龙网，防止长蛸逃逸。运输过程中要避免强光直射、高温及剧烈震荡，以免长蛸喷墨，影响运输成活率。运至育苗厂后用 5 mg/L 的高锰酸钾浸浴 5 min。按大、中、小三种规格分

开放养，放入暂养池时注意轻拿轻放，切忌将长蛸直接扔入池中，避免刺激喷墨，体质下降。放养密度为 14～17 只/m²。

3. 暂养管理

（1）饵料及投喂　投喂招潮蟹、小杂蟹等低价值蟹类（蟹体重 3～6 g/只为宜），饵料不足时以鲜活缢蛏代替。长蛸食量小，同化效率高，每天投喂一次，投喂时间安排在傍晚时分，每只长蛸投喂 1～2 只小蟹。若发现长蛸有自食其腕的现象，说明饵料不足，需及时增加投饵量。若第 2 天小蟹剩余较多，酌情减少投饵量。水温较低时，长蛸摄食活动降低，减少投喂量，当水温低于 11 ℃，停止投喂。长蛸捕食蟹时，迅速用腕及腕间膜将其包裹，用鹦鹉状喙将蟹壳咬碎后进食。食物利用率很高，蟹腿内的肌肉组织也能被吸食干净。

（2）水质调控及光照调节　长蛸耐受能力较强，自然水温暂养，无须加热，盐度控制在 17～26，pH 控制在 7.4～9.0。水泥池内水位保持在 60～100 cm。每两天换水一次，每次更换 30%～40%。换水时掌握慢进慢出的原则，水温变化应控制在 ±1 ℃，以免水环境变化过大刺激长蛸喷墨。当出现连续降雨等恶劣天气时，减少投饵量且暂停换水，待外界水环境稳定时再换水。清理残饵、吸污安排在换水当日的上午，将蟹壳、长蛸粪便、死蛸及时清理出来，避免水质变坏。长蛸喜欢黑暗环境，强光环境下焦躁不安，暂养期间用双层黑色遮阳网覆盖水泥池，保持弱光环境；遮阳网在晚秋、冬季也可起到保温的作用。

（3）病害防治　长蛸暂养目前还未发现大规模暴发疫病，暂养期间坚持"以防为主，防治结合"。放养前对暂养设施和长蛸进行全面消毒，暂养期间定期用高锰酸钾溶液消毒。及时清除残饵、粪便及死蛸，避免水质腐败。暂养过程中发现极少数个体体表有溃烂现象，是由于长蛸相互打斗受伤，病菌感染所致。发现病蛸及时移出，单独放入水泥池饲养。每立方米水体取五倍子 4～5 g，煎汁取液，全池泼洒，对防治体表溃烂有良好的效果。

（4）日常管理　实践发现，长蛸昼伏夜出，晚上出来觅食，短距离活动时以腕在池底爬行，长距离活动时以漏斗喷水后退。每天晚上宜巡池一次，观察长蛸摄食情况，确定第 2 天投饵量；每天上午观测暂养池及蓄水池内的水温、盐度、pH，特别注意异常水质；每天检查排污口及防逃网，防止长蛸逃逸；发现死亡个体时及时捞出，分析死亡原因，统计死亡数量，做好暂养日记，发现问题及时解决。

（5）暂养注意事项　长蛸生性好斗，同类互相残杀。在暂养池内要尽可能多地布置蛸巢，提供栖息避敌场所。长蛸捕食蟹喜欢将其拖进巢内进食，给残饵清扫带来很大不便。吸污时要注意全面彻底，不留死角，定期清洗更换蛸巢。暂养期间，同一池内发现规格较大或较小的长蛸时要及时捞出，移入对应池内，避免打斗，造成不必要的损失。

（二）网箱养殖

1. 海区的选择

选择海水盐度 22～28、污染少、水质稳定且优良、退潮至最低时水深能保持超过 4.0 m 且波浪较小的海区。

2. 网箱制作与设置

规格如同传统养鱼小网箱，网目根据养殖长蛸规格不钻出而定，并缝制盖网，盖网中央留有一个便于投喂饲料的口。网箱按顺潮水的方向以"品"字形排列。

3. 养成管理

长蛸放入网箱前须用 5 mg/L 的高锰酸钾浸浴 5 min，应挑选规格一致的个体放入同一网箱。每口网箱的投放数量一般体重 40～50 g 的个体放 400～500 只，体重 50～100 g 个体放 300～400 只，体重超过 100 g 的个体放 200～300 只。

饵料品种以新鲜小杂蟹、小杂虾为主，日投饵 2 次，采用人工手撒，沿网箱四周投喂，投饵量按长蛸总质量的 8％～10％，并根据实际情况适当增减。应每日早晚检查网箱牢固性和安全性，尤其发现摄食量减少的网箱要检查是否有破孔，每日在投饵前将网箱内残饵或杂物清理干净，死亡长蛸要及时捞出，仔细观察长蛸生长和摄食情况。

养殖 15～20 d 网箱需清洗一次，保持水流畅通，同时进行一次筛选分养，以便减少自相捕食也有利管理。养殖 2 个月后，成活率可达 70％～80％。

（三）长蛸的装瓶养殖

1. 养殖环境条件及苗种来源

同网箱养殖。

2. 养殖设施

采用容量为 1.25 L 的塑料瓶作为长蛸养殖瓶，在瓶身上钻直径 3 mm 左右的小孔 150 个以上，养殖瓶经彻底清洗消毒。

3. 装苗养殖

每个养殖瓶装入 1 尾长蛸苗种，旋紧瓶盖，吊挂在网箱内养殖。装苗时小心操作，以防损伤苗体。避免雨淋和强光暴晒。每个 3 m×3 m×3 m 的网箱放长蛸养殖瓶 200～300 个。

4. 日常管理

春秋季节每天投饵 1 次，冬季水温低，长蛸食量小，每 3～4 d 投饵一次，每次投喂体重 5 g 左右的小蟹子 1～2 只。投饵前把瓶内残饵倒出，经常冲洗瓶身，防止小孔被杂质污泥堵塞。养殖时间过久，瓶孔被堵，瓶内外水交换缓慢，可以倒瓶。

思考题

1. 简述虎斑乌贼的繁殖和摄食有何特殊性。
2. 简述虎斑乌贼人工育苗及养殖技术。
3. 简述长蛸的繁殖习性与人工育苗技术。

第十八章　两栖类与爬行类的养殖

第一节　蛙的养殖

经济蛙具有较高的营养滋补价值。蛙肉质细嫩，味道鲜美，是一种高蛋白质、低脂肪、低胆固醇的动物食品，蛙卵的营养价值更高，被誉为"黑色食品"；同时蛙肉性凉、味甘，具有清热解毒、壮阳利水、补虚止咳、活血消积、健胃补脑之功效；林蛙油（雌性林蛙输卵管干品）更是一种驰名中外的贵重药材。另外，蛙在工业、农业和教学科研上的应用也十分广泛，尤其是蛙作为农业、林业的天然卫士在生态农业发展和自然生态维护上有着不可替代的作用。

一、常见经济蛙类的生物学特性

1. 牛蛙

牛蛙原产于北美洲。体大粗壮，成蛙个体重可达 1 kg 以上，最大可达 2 kg，因其叫声似黄牛，故名牛蛙。

牛蛙肤色随着生活环境而多变，通常背部及四肢为绿褐色，背部带有暗褐色斑纹；头部及口缘鲜绿色；腹部灰白色，咽喉下面的颜色随雌雄而异，雌性多为白色、灰色或暗灰色，雄性为金黄色；后肢趾间蹼直达趾端（有别于其他蛙类）（图 18-1）。

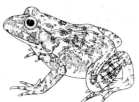

牛蛙 *Rana catesbeiana*　　黑斑蛙 *Rana nigromaculata*　　棘胸蛙 *Rana spinosa*　　虎纹蛙 *Rana tigrina rugulosa*

图 18-1　常见经济蛙类

牛蛙属大型静水水栖型食用蛙，具有群居性，常常是几只或几十只群居共栖。牛蛙生性好动，善跳跃，但怕惊扰，畏光，昼伏夜出。牛蛙蝌蚪最适生长水温为 23～25 ℃；成体最适生长温度为 25～30 ℃。当温度低于 15 ℃时不摄食；水温低于 9 ℃时便进入冬眠状态；水温超过 35 ℃时，蝌蚪和成蛙陆续死亡。牛蛙一年性成熟。产卵期在每年 4—9 月，6—7 月为盛期。一年多次产卵，一般可达 4～6 次。繁殖期间，牛蛙一般在安静、背风、有水草的水域抱对产卵。拥抱大部分在下半夜进行，一般需 1～2 d，有时长达 3 d。产卵量 1 万～2 万粒，多的可达 3 万～5 万粒。精卵水中受精。受精卵 3～4 d 孵化为蝌蚪，蝌蚪期 1～3 个月。

牛蛙环境适应性好，繁殖力强，生长速度快，食性广泛且食量大，具有明显的竞争优势。

2. 美国青蛙

美国青蛙学名沼泽绿蛙，原产于北美洲，是继牛蛙后我国引进的又一食用蛙。成蛙个体比牛蛙略小，一般个体重 400 g 以上，最大可达 1 kg。背部呈淡绿色或绿褐色，上有点状斑纹；腹部灰白色；背部有明显纵肤沟；皮肤较牛蛙光滑。

美国青蛙属大型静水水栖型蛙。与牛蛙相似，也喜群居。但其耐寒力和抗病力较牛蛙强。适温范围较广，在 1～37 ℃ 范围内均可正常生活，不需进行冬眠或夏眠。最适生长温度为 18～32 ℃，14 ℃ 以下摄食减少，0 ℃ 以下则进入洞穴中冬眠，第二年春天温度回升到 10 ℃ 以上时，便开始活动觅食。美国青蛙性情温顺，不善跳跃，不怕惊扰，易防逃，易管理。肉味略优于牛蛙，商品性好，市场价格比牛蛙高。是一种较牛蛙更适合人工养殖的蛙种。美国青蛙性成熟年龄为 1～2 年，在一定条件下，1 龄体重达 300 g 以上，即达性成熟，1 龄成熟的美国青蛙（体重 300～350 g）怀卵量达 0.5 万～1.5 万粒。

3. 黑斑蛙

俗称青蛙、田鸡等。成蛙个体在 8～10 cm，雄蛙体较小。背面皮肤略粗糙，背侧褶明显；体腹面光滑。体背颜色变化很大，有淡绿、黄绿、深绿、灰绿或灰褐等，其上散布数量不等的黑斑；背侧褶金黄色或浅棕色；沿背脊有一浅色脊线；股后侧有绛红色云斑；体腹面乳白色（图 18-1）。

黑斑蛙是我国常见的静水水栖型经济蛙。常栖息于水田、池塘、湖沼等静水水域附近，白天隐蔽在农作物、水生植物、草丛石块间，夜间活动能力强，受惊后跳入水中；气温在 10 ℃ 以下时冬眠于泥土下。黑斑蛙主要以昆虫和小型动物为食，如稻飞虱、稻叶蝉、纵卷叶螟、稻苞虫、蝗虫、浮尘子、蟋蟀、蝼蛄、天牛、蚁类等，同时也捕食少量蚯蚓、蜘蛛、鱼苗及小型蛙类等。性成熟年龄 1～2 龄，每年 3 月下旬至 7 月上旬为繁殖季节，其中 4 月下旬至 5 月中旬是产卵高峰期。卵彼此粘连成团状，产卵量在 2 000～5 000 粒。受精卵 3～4 d 孵化成蝌蚪，2 个月左右变态为幼蛙。

4. 棘胸蛙

棘胸蛙俗称石蛙、石鸡等，是我国特有的大型经济蛙。成体一般体长 12 cm 左右，体重 200～400 g，雄大雌小。棘胸蛙背面乌黑，腹部呈灰白色，或赤白色。皮肤粗糙，背部、头、四肢、体侧布满圆疣，疣上还有分散的小黑棘。胸部有大团刺疣，刺疣中央有角质黑刺，故名棘胸蛙（图 18-1）。

棘胸蛙属流水水栖型蛙类。生活于海拔 100～1 500 m 的山涧溪流中，昼伏夜出，喜冷凉气候。极善跳跃，通常居高临下一跃可跳 1～2 m 远。棘胸蛙捕食的方法很奇特，遇到食物，常四肢紧抱而吞食。有的棘胸蛙常趁烈日当空的中午仰身晒太阳，白腹朝天，四肢伸直，好像死了一般躺在岩石上面。如小鸟或小山鹰乘机冲下来啄食"死蛙"，棘胸蛙便会趁机紧抱猎物，滚到岩下的深潭中，溺死小鸟，慢慢吃食。棘胸蛙夏季产卵，卵大如豌豆、雪白如珠。10 月后进入冬眠。棘胸蛙很爱干净，凡是有污物或被污染的山涧溪河绝对找不到它的踪迹。

5. 虎纹蛙

虎纹蛙俗称水鸡、田鸡等，是国家二级保护野生动物（仅限野外种群）。虎纹蛙是蛙类中体形较大而粗壮的一种，雌性比雄性大，体长可超过 12 cm，体重 250～500 g。它的皮肤极为粗糙，头部及体侧有深色不规则的斑纹。背部呈黄绿色略带棕色，有十几行纵向排列的肤棱，肤棱间散布小疣粒。腹面白色，也有不规则的斑纹，咽部和胸部还有灰棕色斑。前后肢有横斑，形似虎纹，故得名（图 18-1）。

虎纹蛙属于南方静水水栖型经济蛙，常生活于丘陵地带的水田、沟渠、水库、池塘、沼泽地等。白天多藏匿于石洞和泥洞中，仅将头部伸出洞口，如有食物活动，则迅速捕而食之，若遇敌害则隐入洞中。雄性还占有一定的领域，不能容忍其他同类在其领域中活动。虎纹蛙除食用昆虫、蚯蚓、多足类、虾、蟹、泥鳅，以及动物尸体等外，还大量摄食泽蛙、黑斑蛙等蛙类和小家鼠，确似蛙类中的"猛虎"。虎纹蛙的繁殖期为 5—8 月，冬眠苏醒后，立即进行繁殖活动。产卵量 2 000～3 000 粒。

6. 中国林蛙

中国林蛙广泛分布于中国北部。俗称哈士蟆、油蛤蟆、红肚田鸡等。外形极像青蛙，平均体长 5 cm，雌蛙较大。皮肤上有很多细小痣粒，背侧褶不平直。肤色随季节而变，秋冬为褐色，夏季则为黄褐色，鼓膜处有三角形黑斑，四肢背侧有显著的黑横纹。腹面皮肤光滑，乳白色，衬以许多小红点。

中国林蛙属草丛陆栖型蛙类。4 月下旬至 9 月下旬，生活在阴湿的山坡树林中，9 月底至次年 3 月间营水栖生活；冬季群集在河水深处的大石块下进行冬眠。以多种昆虫为食。食物主要为鞘翅类昆虫，亦有少数的蜘蛛类动物。性成熟年龄 2～3 龄，每年 4 月中旬至 5 月初是繁殖季节。8～20 d 孵出蝌蚪，1 个月完成变态。抱对个体在完成产卵后休眠 10～15 d。

林蛙"油"为雌性林蛙的输卵管和卵巢等的干品。林蛙"油"历来作为向皇室进贡珍品，清朝时被列为"上八珍"和"八大山珍"之一。养殖中国林蛙已成为发展山区经济的重要产业之一。

7. 泰国虎纹蛙

原产于泰国，又名泰国青蛙。泰国虎纹蛙最早是海南省从泰国引进的，是继美国青蛙之后引进的又一新的食用蛙品种。泰国虎纹蛙成年体重一般 250～500 g，大的可达 650 g。外观酷似本地蛙。泰国虎纹蛙生长速度与美国青蛙相仿，一般饲养 80～90 d 即达到 200～250 g。

二、蛙的养殖场选择与建造

（一）养殖场址的选择

养蛙场应选择在有水陆环境、安静、温暖、植物丛生、浮游动植物与虫类繁多的场所。地面最好稍向东南方向倾斜，以便阳光直射面大，光照强，地温、水温上升较快；水质优良，无污染；水源充足，排灌方便，水位应能控制自如；土质以壤土为好；饵料来源丰富、方便；交通、能源和生活设施便利。

（二）蛙池的设计与建造

养殖池依据蛙的养殖生长阶段可分为亲蛙池、产卵池、孵化池、蝌蚪池、幼蛙池和成蛙池。各类蛙池基本结构类似，可以是进排水设施完善的土池或水泥池，池内包括水区和陆区，水面下 10 cm 设置食台，池内可种植一些水生和陆生植物，池顶设置遮阴篷和灯光设施，池周有围栏设施。由于不同生长阶段的蛙生活习性有差异，故不同养殖池各有特点。

1. 亲蛙、成蛙和幼蛙池

亲蛙、成蛙和幼蛙池形态与结构相仿。亲蛙池一般以土池为好，池深 1.5 m，水陆比

1：1。成蛙池和幼蛙池可以是土池（图 18 - 2）或水泥池（图 18 - 3），池深 60～80 cm，成蛙池水陆比 3：1，幼蛙池陆地面积可适当减少。

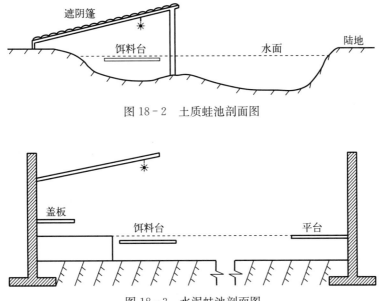

图 18 - 2　土质蛙池剖面图

图 18 - 3　水泥蛙池剖面图

2. 产卵与孵化池

产卵池应有浅水区，浅水区水深 15～25 cm，池内要种些水生植物，模拟天然生态环境条件，以利繁殖。

孵化池面积 1～2 m²，用砖石水泥砌建，也可使用相应大小的塑料箱，池壁高 60 cm，保持水深 20～40 cm。池底铺沙土厚约 6 cm。

3. 蝌蚪培育池

一般以长方形居多。面积 10～20 m²，水深 40～60 cm。池壁为泥质或砖石水泥结构，池壁坡宜小些（约 1：10），以便蝌蚪吸附其上休息，并便于蝌蚪变态为幼蛙后登陆。池中设置一个饵料台，池内种些漂浮水生植物，如水葫芦等，为蝌蚪的栖息创造良好的条件。蝌蚪池周围建围墙，以防敌害侵入。

4. 围墙的建造

蛙类善跳、游、钻、爬，故必须设置防逃围墙，同时它也可起到防止天敌入侵的作用。围墙一般高 1.2～1.5 m，埋地 30 cm 深。围墙可以是竹木墙、砖围墙、瓦楞板和尼龙网等。

三、蛙的人工繁殖

（一）蛙种选择

首先要区别雌雄成蛙。雌雄成蛙的区别一是雄蛙的鼓膜发达，而雌蛙的鼓膜很小；二是雌蛙咽喉部位呈白色，而雄蛙咽喉部位呈蛋黄色或金黄色。然后，要选择 2～3 年生的生活力强、质量好、无损伤、无疾病、善跳跃游泳、性情活泼的成年蛙。雌蛙要腹部膨大。产卵池中的雌雄比例一般为 1：1 或 4：3。

（二）发情产卵

蛙类发情期在 4—5 月，一般雄蛙要比雌蛙早 7～15 d。发情期间，雄蛙鸣叫次数增加，追逐行为频繁。成熟雌蛙也会不时徘徊在浅水区依恋在雄蛙左右，有时也会发出应和声。交配时，雄蛙骑在雌蛙背上进行"抱对"，一般在下半夜进行。"抱对"时间长短不一，通常为 1 d 左右。"抱对"时要避免人为惊动。在雌蛙排卵同时雄蛙射精，形成体外受精。蛙类对产卵的环境要求不高，只要水温达到 20～30 ℃的水域都可顺利产卵。在产卵池中放一些水草对产卵有利。产卵过程持续 30 min 左右，一般在清晨。雨后 2～3 d 后是产卵高峰。

（三）孵化

产卵后 0.5～2 h 内及时将蛙卵连同水草捞出，放到孵化池内孵化。卵要平捞平放。孵化池水深 40 cm 左右，水温 23～25 ℃，4 d 左右即可孵出小蝌蚪。

（四）蝌蚪的饲养管理

初孵蝌蚪全长 4～5 mm 左右，体腹卵黄囊大。此时只能作短暂的游泳，休息时靠头部的马蹄形吸盘吸附附着物。3～4 d 后，卵黄囊吸收完毕，蝌蚪开始摄食外界食物，一般经 80～100 d 饲养，蝌蚪变态成幼蛙。

1. 蝌蚪的饲喂

由于初孵蝌蚪活动能力弱，一般先在小型培育池培育 7～10 d。孵出 3～4 d 开始人工投喂饵料，可将熟蛋黄用 40 目的纱布过滤后全池泼洒投喂。每 3 000～5 000 尾蝌蚪每天喂 1 个蛋黄，早晚各喂 1 次。

饲喂 4～5 d 后，蝌蚪可转入蝌蚪池饲养。下塘前 7 d 左右，先要进行养殖水质的培育，向池内注入新水，并投放经腐熟发酵过的禽畜肥、绿肥等基肥培肥水质，每 667 m² 放基肥 500 kg。若需快速肥水，可用碳铵等标准化肥，每 667 m² 施 1.5～2.5 kg，加水稀释后泼洒。做到"肥水下塘"。在饲养期间，还要根据水质情况追施绿肥或粪肥，每 667 m² 施 5～15 kg。

饲料可用粉状饲料。如蝌蚪全价配合饲料、豆渣、麦皮、米糠、鱼粉、蛹粉、肉骨粉以及熟鱼肉或屠宰场的下脚料等。投喂量：7～30 d 内，每 1 000 尾蝌蚪日投饵 40～70 g，动物性饲料占 60%，植物性饲料占 40%；30 d 后到变态，每 1 000 尾蝌蚪日投喂 400～700 g，动物性饲料占 47%，植物性饲料占 53%。饲料要搓成团状，投在食台上。每天喂 1 次，下午 16:00 左右进行。

2. 蝌蚪的管理

（1）及时扩池，保持合理的放养密度　密度与蝌蚪池中的水质、饵料、活动范围、生长速度有直接关系。合理的放养密度，能提高成活率，有利于蝌蚪的生长发育。一般情况下，刚孵化至 10 日龄蝌蚪的养殖密度以 2 000～2 500 尾/m² 为宜；10～20 日龄以 1 000～1 500 尾/m² 较合适；30 日龄后，为 500～800 尾/m²；45 日龄至变态的放养密度以 300～500 尾/m² 为宜。可根据养殖条件，在蝌蚪饲养期间进行 2～3 次扩池稀疏，保证蝌蚪正常生长。

（2）及时换水，保持水质清新　蝌蚪池要求水质"肥、活、嫩、爽"。水中溶解氧量应高于 3 mg/L，盐度小于 2，pH 6.6～8.2。当发现池水有气泡或水质有臭味时，要立即更换新水。一般每隔 10 d 换水 1 次。天气久旱炎热，池水中的残饵剩料易发酵变质，污染池水，应每天清除饲料盘内的剩饵，并每隔 6～7 d 换水 1 次。一般换水量为 1/4～1/2。

（3）应对季节变化，做好防暑与越冬工作　蝌蚪的适宜的水温为 23～30 ℃，春、秋季池水深以 30～40 cm 为宜，以利于提高水温促进蝌蚪生长；当夏季水温达到 35 ℃时，影响蝌蚪生长；达到 38～40 ℃时，将引起蝌蚪死亡。因此，在盛夏高温时要搭设遮阴篷，并适当加深水位，勤换新水。换水时要注意水温差异不要太大，由于白天在烈日之下水体温度高，换水宜在晚上进行。

一般从 11 月至翌年 3 月为蝌蚪的越冬期，在此期间，应使池水深保持 1 m 以上。这样底层水温可保持在 5 ℃左右，即使表层水冻结、积雪，蝌蚪也能安全越冬。

3. 牛蛙、美国青蛙蝌蚪的培育

精养 4—5 月孵出的蝌蚪，当年养成商品蛙。采取增温、增加放养密度以及增加饲料中动物性饲料的比例等方法，加快蝌蚪生长，加速其变态。一般在 6—7 月可变态，再经过 100 d 左右培育，体重可达 200 g 左右，当年即可上市。

强化培育 6—7 月孵出的蝌蚪，培育大规格幼蛙，提高越冬成活率。通过强化培育使之在 8—9 月完成变态。变态后的幼蛙应稀放精养，多喂鲜活饵料。一般在越冬前体重可达 50 g 以上，能安全越冬。

控制变态，培育大规格蝌蚪。生产实践表明，蝌蚪的越冬成活率大大高于幼蛙，尤其是小规格的幼蛙，其越冬成活率一般不足 1/3，即使成活，大多体弱多病当年很难育成商品蛙。越冬后的大规格蝌蚪会迅速变态，生长速度甚至会超过年前变态的幼蛙。7 月以后孵出的蝌蚪，生长期不足 100 d 即进入越冬期。若完成变态，则幼蛙越冬成活率很低。因此，应减少动物性饲料的投喂，以植物性饲料为主，增加蝌蚪脂肪的积累；在蝌蚪池上方搭遮阴篷，并经常加注水温较低的河水以降温。适当稀养，促进蝌蚪生长，使其充分发育到翌年 4—5 月才变态。此时，蝌蚪体长可达 12 cm 以上。变态后幼蛙个体大，体质好。年底可养成 250 g 以上商品蛙。

四、蛙的人工养成

生物学意义上的幼蛙指蝌蚪完成变态登陆后至性成熟前的蛙，饲养阶段的幼蛙体重一般小于 100 g。

（一）幼蛙的饵料与投喂

幼蛙喜食的活饵主要有蚯蚓、蝇蛆、小鱼、小虾及蜻蜓、蝗虫、蝼蛄等昆虫。经驯食诱导后，也摄食颗粒饲料、蛹、鱼、虾等。刚变态的幼蛙，只吃活动物，故必须投入活饵料，并逐渐训练吃死饵。1 月龄的幼蛙投喂的活饵与死饵之比为 2∶1；1.5 月龄幼蛙为 1∶1；3 月龄可全部投喂死饵。投饵量以上次投入的饵量吃完为宜，要酌情掌握。一般来说，随着幼蛙的生长和水温的提高，投饵量要逐渐增加，通常日鲜活饵投喂量为幼蛙体重的 5%～15%，折合干料约为 1%～3%。每日定点（饵料台）投饵 1～2 次。

（二）幼蛙的饲养管理

1. 及时分类、分池管理

幼蛙生长发育快，个体差异大。为更科学地饲养管理，避免大蛙吃小蛙，每养殖一段时间后要依个体大小分类、分池管理。养殖密度要适宜，一般刚变态的幼蛙，放养密度为 100～150 只/m²；体重 20 g 左右的幼蛙，放养密度为 50～80 只/m²；体重 35 g 以上的幼蛙，放养密度为 30～50 只/m²。

2. 控制水温、水质和湿度

幼蛙适宜的水温为 23～30 ℃，如水温高于 30 ℃，则必须采取降温措施，如部分换水，加盖凉棚等。池水深 5～10 cm，一般不超过 30 cm，有利于提高水温，便于换水。要经常清除剩余饵料，捞出死蛙及腐烂的植物、浮膜等异物，定期消毒，以保持清洁。种植作物，保持陆地潮湿。

3. 多种形式做好越冬管理工作

在气温降至 10 ℃，水温 6 ℃左右时，幼蛙进入冬眠状态。具体做法如下。

（1）洞穴越冬　在幼蛙池四周挖掘松土，并在向阳避风、离水面 20 cm 的地方挖几个直径 13 cm、深 1 m 的洞穴，洞穴要保持湿润，但不能让池水淹没洞穴。幼蛙在入冬前会自动钻入洞穴越冬。

（2）塑料棚越冬　在幼蛙池离水面 30 cm 高处，覆盖塑料薄膜保护牛蛙越冬。如外界气温降至 0 ℃以下时，薄膜上可再盖一层稻草帘。晴天则掀开草帘以使阳光射入增温。开春气温上升，则逐渐揭开塑料薄膜，使空气流通。

（3）深水越冬　入冬前，将幼蛙池的水位加深至 1 m 以上，幼蛙会自行钻入泥底越冬。

（三）成蛙的饲养管理

体重达 100 g 左右的幼蛙可作为成蛙饲养。当年体重达 250 g 的成蛙可作为商品食用蛙。也可选择体重 300 g 以上的性成熟成蛙作为亲蛙留种培育。

1. 饲喂

成蛙的个体大，摄食量多，一般以膨化颗粒饲料为主食，可搭喂杂鱼、猪下脚料等动物性饲料。投饵量应依据成蛙实际食饵量而定，日投喂量为蛙体重的 5% 左右。通常每天黄昏前投喂 1 次。还可在池中悬挂诱虫灯，夜间引诱趋光性昆虫供蛙捕食。投饵要定时、定点（饵料台）。

2. 放养密度

成蛙的养殖密度一般为 30～50 只/m²，密度大小随成蛙体型大小及养殖管理水平、水温、水质等因素而酌情调整。

3. 管理

成蛙的管理，与幼蛙基本相同。成蛙的摄食量大，排泄物也多，应经常更换池水，一般每隔 2～3 d 换水 1 次。成蛙活动能力强，善跳跃，故应特别注意围墙的维修工作，防止外逃。

第二节　大鲵的养殖

大鲵（*Andrias davidianus*）属两栖纲、有尾目、隐鳃鲵科。因其叫声似婴儿啼哭，故俗称"娃娃鱼"。世界上现存隐鳃鲵科种类有三种：中国大鲵、日本大鲵和美国隐鳃鲵。中国大鲵是我国特有的、品种最优的、世界上现存最大的两栖动物，主要分布于长江、黄河及珠江中上游支流的山溪中，尤以四川、湖北、湖南、贵州、陕西等省为多。

长期以来，由于生存环境丧失、栖息地破坏以及过度利用，大鲵的种群数量急剧下降，分布区成倍缩小，处于濒危状态。大鲵属于国家二级保护野生动物（仅限野外种群）和《濒危野生动植物种国际贸易公约》（CITES）附录Ⅰ物种。国家除广泛建立大鲵自然保护区外，还积极鼓励开展大鲵的增殖和养殖。大鲵养殖业是一项新兴的产业，也是一项发展潜力巨大的朝阳产业。

一、大鲵的生物学特性

（一）外部形态特征

大鲵成体体长为 50～100 cm，最大可达 150 cm 以上，体重 50 kg 以上。身体由头、躯干、四肢及尾四部分组成（图 18 - 4）。头大平扁；前端口裂宽大；眼小、无眼睑。躯干平扁；体两侧各具一条纵肤褶。四肢粗短，前肢四指；后肢五趾，趾间有蹼迹。尾短侧扁，末端钝圆（图 18 - 4）。大鲵皮肤裸露，光滑湿润，富有皮肤腺；疣粒小而成对。背部体色常因环境的改变而变化，一般以棕色为主，还有暗黑色、红棕色、褐色、浅褐色、银白色和金黄色等，腹部色浅；身体背腹面均有不规则黑色或深褐色的各种斑纹。

图 18 - 4 大 鲵

（二）栖息习性

大鲵栖息于海拔 200～1 200 m，水质清凉的山溪洞穴中，气候温凉湿润、植被繁茂。大鲵畏强光喜阴暗，喜静怕惊，喜清怕浊。昼伏夜出，但夏秋闷热天也有在白天上岸觅食的习性。成鲵多数单栖活动，幼鲵有时三五成群栖息于石缝和洞穴之中。其适应温度为 15～22 ℃，水温低于 8 ℃时，大鲵行动迟缓，4 ℃以下进入冬眠。

（三）摄食与生长

幼鲵以食小型无脊椎动物如小蟹、水蚤、昆虫幼虫等为主；成鲵则以摄食泥鳅、蛙类、中华绒螯蟹和小鱼为主。成鲵生性凶猛，捕食方式为"守株待兔"式。食物缺乏时，还会出现同类相残的现象。大鲵耐饥能力强，停食两个月体重基本不减少，一年不进食也不会饿死。在人工养殖条件下，它能以动物尸体、内脏为食；通过驯食，也能摄取人工配合饲料。

初孵幼体全长 3～4 cm，体重不到 1 g；次年全长可达 10～15 cm，体重 20～30 g；第 4～5 年全长可达 40～50 cm 左右，体重 1 000 g 左右。人工养殖条件下，以 2～5 龄时的生长速度为快，尤其是 2 龄期为最快。大鲵寿命长，最长可达 100 多年。

（四）繁殖习性

大鲵一般在 4～5 龄性成熟。生殖季节一般为 5—10 月，以 7—9 月为产卵繁殖盛期。在繁殖季节，大鲵常发出类似娃娃的叫声，雄性先打扫洞穴，引诱雌鲵进入。产卵一般在夜里进行，雌鲵一次可产卵 400～1 500 枚，卵径 5～8 mm，卵包于透明的卵囊内，成念珠状卵带，雄鲵在水中排精，完成受精。雄性大鲵有护卵的习性。受精卵在水温 18～22 ℃的情况下，经 45 d 左右孵化出幼体。

二、大鲵驯养繁殖和经营的申请

（一）大鲵《驯养繁殖许可证》的申请

根据《中华人民共和国野生动物保护法》《中华人民共和国水生野生动物保护实施条例》

和《中华人民共和国水生野生动物利用特许办法》等有关法律、法规的规定，从事大鲵驯养、繁殖的单位和个人，必须先取得省渔政部门核发的《中华人民共和国水生野生动物驯养繁殖许可证》。申请材料中必须包括：大鲵亲本来源证明材料、供货方的省级《经营利用证》、农业农村部对大鲵亲本的子二代的鉴定文件。

取得《驯养繁殖证》的单位或个人，应当严格按照相关规定进行驯养繁殖，对大鲵亲体、成体和幼体逐一编号，建立包括大鲵性别、体重、体长、年龄、代系和健康状况等内容的资料档案。

（二）大鲵《经营利用许可证》的申请

大鲵《经营利用许可证》的申请材料中必须包括：大鲵亲本来源证明材料、供货方的省级《经营利用证》、农业农村部对商品大鲵的子二代的鉴定文件。因医药生产申请利用大鲵及其产品的，必须提供省级或省级以上医药卫生行政管理部门出具的证明材料。因教学、科学研究申请利用大鲵及其产品的，必须由所在院校或科研院所提供证明材料。

可用于经营利用的大鲵及其产品限于以下范围：①人工驯养繁殖的子二代及子二代以后个体。②人工驯养繁殖的子一代大鲵经省级专家组鉴定为不孕不育的个体。③人工驯养繁殖的子一代大鲵经省级专家组鉴定为伤残且不可康复个体。

三、养殖场地的选择与建造

（一）养殖场址的选择

养殖大鲵的场址应选择阴凉、避风、潮湿、冬暖夏凉的地方，以环境安静的郊区为宜。生态养殖场最好建在大鲵的原生地，周围植被茂盛。

养殖场水源充足方便、水温较稳定、水质清洁无污染。可以用自然山沟的山泉水、天然溶洞水、地下水等作为养殖水源。pH 为 6.5～7.5，自然水源的水温在 0～25 ℃范围内，其中 10～22 ℃的水温时间在 5 个月以上。

生态养殖场应选择大鲵适宜繁殖区的海拔（200～1 500 m），山区山势巍峨，石灰质基岩遍布。峪溪逶迤，河床多石质，砾穴、溶洞、潭池、漫滩、瀑布随坡势梯级跌落，比降达 6%～12%。植被茂密，覆盖率在 80%以上。水源丰富，枯水季节流量在 0.3～0.4 m³/s 以上。四季气候分明。

（二）养殖池的设计与建造

大鲵养殖池可分为蝌蚪阶段的稚鲵池和幼鲵、成鲵及亲鲵阶段的养殖池。后者结构类似，统称为大鲵养殖池。

稚鲵池可采用水泥池（1 m² 左右）或采用长方形的塑料盆（60 cm×40 cm×20 cm）。一端进水，另一端排水，水深 15～20 cm。

大鲵养殖池形状有方形、长方形、圆形、椭圆形、八角形和环道形等，以长方形设计为常见（图 18-5）。池壁用水泥浆抹平滑，光滑无毛刺，最好贴瓷砖，以防大鲵擦伤。池壁顶端设檐，向池内伸出 10 cm，作为大鲵的防逃设施。池底一般用混凝土铺平，由一侧向另一侧倾斜，倾斜度为 2%左右，以便于排水。进水管装在池上方，排水管装在池的最低处。池底四周建造洞穴，洞穴面积为池面积的 1/3～1/2，洞穴高 50 cm。幼鲵池面积较小，可用石块或砖堆成可拆除的临时性洞穴。池中可放鹅卵石、砾石或溶融性石块，以增加水体矿物质含量。室外饲养池周围种树木遮阴。池内还可搭建休息台或食台。

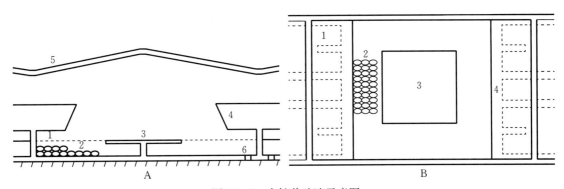

图 18-5　大鲵养殖池示意图
A. 剖面图　B. 俯视图
1. 洞穴　2. 卵石　3. 食台（休息台）　4. 檐　5. 顶棚　6. 出水孔

面积的大小可按实际养殖条件选择。稚鲵池面积一般为 $2\sim5$ m^2，池壁高 60 cm，水深 $10\sim30$ cm；成鲵池面积 $10\sim50$ m^2，池壁高 1.2 cm，水深 $20\sim50$ cm。

新建水泥池一定要充分去碱。大鲵是一种怕碱动物，当池水中 pH 大于 9 时，会造成死亡。

四、大鲵的人工繁殖

大鲵苗种的繁殖，是大鲵资源保护和开发利用的重要基础和先决条件。自 20 世纪 70 年代末湖南省率先取得大鲵人工繁殖成功以来，大鲵的繁殖技术不断进步，为大鲵资源的保护与开发作出了重要的贡献。

（一）亲鲵的选择与培育

1. 亲鲵的雌雄鉴别

亲鲵在非繁殖期，雌雄较难区别。在繁殖季节，可通过泄殖孔和体形鉴别雌雄，准确性较高。

（1）泄殖孔特征　雄性泄殖孔椭圆形，比雌性略大，边缘有一排外突的小白点，外围有两片橘黄色橘瓣状物，围合成向外凸的椭圆形隆起圈。雌性泄殖孔近圆形，略向内凹，边缘无小白点和椭圆形隆起圈。用泄殖孔外形来判断大鲵性别准确率可以达到 95%，但这种鉴别方法受季节的局限。

（2）体形外观　在相同规格中，雄性头部较大，特别是头宽通常大于体宽。雌性头宽明显小于体宽，头部的线条比较柔和，没有明显的突起与隆起。后腹膨胀而松软，腹褶短小。

总之，不管在哪个阶段、使用哪种方法，肉眼观察的方法不可能达到 100% 的准确率。因此，驯养单位应在实践验证的基础上做好记录，建立档案。

2. 亲鲵的选择

人工养殖条件下，雄性 4 年能达到性成熟，雌性稍晚些。选作亲鲵的大鲵应是达到性成熟的壮年大鲵，年龄在 6 龄以上、体重在 $2.5\sim7.5$ kg，体质健壮，无病、无伤、无残。雌雄比例为 1∶1 或雄略多于雌。催产时，要求雌鲵腹部膨大而柔软。

3. 亲鲵的培育

（1）产前培育　产前培育主要任务是促使亲鲵性腺健康发育、成熟。这一阶段主要工作有：①调控水温。开春时，自然水温较低，要使水温升至 18～23 ℃，从而使亲体早摄食，积累丰富的营养满足其性腺发育需要。临近繁殖时，往往是夏季，自然水温较高，要采用降温办法将水温控制在 18～20 ℃。②调节光照。使亲鲵池光线暗弱，初期控制光照在 500 lx 左右，产前亲鲵池的光照应严格控制在 300～500 lx。③调节水质。使池水矿化程度高、硬度大、透明，保持清新。④合理投喂。保证充足的饵料，饵料要求营养丰富，优质、新鲜。

（2）产后培育 这一阶段亲鲵培育的目的是补充大鲵营养，使产后体虚的亲鲵迅速恢复健康。培育主要工作是调控水温和投饵。水温调控分两个阶段，首先是将水温控制在 18～23 ℃，使亲鲵大量摄食，储备充足营养越冬；然后是将水温降至 10 ℃以下，使亲体进入冬眠。冬季冬眠能使亲体翌年性腺正常发育。饵料投喂是以人工配合饲料为主，在配合饲料中还要添加 0.5%维生素。

（二）人工催产

1. 催产亲鲵的选择

临近繁殖季节，亲鲵表现兴奋，雌鲵腹部明显增大，外观较丰满，摄食比盛食期明显减少。用手摸雌鲵的腹部，雌鲵腹部膨大而柔软，有饱满松软感觉；如有硌手感觉则不宜催产。另外，性腺成熟度好的亲鲵生殖孔特征表现为开阔，生殖孔边缘呈现红润，对于不太红润的亲鲵要加强培育。成熟雄鲵精液镜检表现为精子数量多，成单个，稍加水滴，精子头尾能微微摆动或向前游动。

性腺发育较好的亲鲵经催产打针后，发情时间正常、产卵时间集中、卵球大小一致、卵膜吸水速度快、卵膜坚韧度大。

2. 亲鲵的催产技术

（1）催产剂及其注射 大鲵催产激素可根据精、卵成熟的具体情况选用。主要的催产剂有：蛙脑垂体；鲤鱼脑垂体；促黄体素释放激素类似物（LHRH - A）、绒毛膜促性腺激素（HCG）、无鳞鱼专用激素注射液。

催产剂的剂量也要根据亲鲵性腺的成熟情况而定。常用的催产剂配方及剂量为每千克体重注射：①蛙脑垂体 2～3 个＋LHRH - A 5～50 μg＋HCG 500～1 000 IU。②鲤鱼脑垂体1～2 个＋蛙脑垂体 1～2 个＋LHRH - A 5～50 μg＋HCG 500～1 000 IU。③LHRH - A 2～50 μg＋HCG 500～1 200 IU。注射溶液量是根据大鲵个体大小不同而定，一般 0.5～1 mL/kg 体重。一般成熟较好的亲鲵，注射剂量可少些；如成熟度较差的，注射剂量就应加大。高剂量注射会对大鲵造成影响，剂量超过亲鲵的耐受力时，会造成亲鲵死亡。

一般采用一次注射法。注射部位为后背侧肋间沟，进行深度注射以穿过肌肉层为宜。

（2）效应的时间 亲鲵的产卵效应差异较大，其范围是 50～180 h。成熟越好的亲鲵效应时间越短。不同催产剂的效应时间也有所不同。水温越高，效应时间缩短，水温每升高 1 ℃，效应时间约减少 10 h。在水温 15～22 ℃时，成熟大鲵药物注射 2～7 d 后产卵、排精。从产卵的顺利与否判断卵的质量，以注射后 3～5 d 产的卵质量为佳。

（三）人工授精

当雌鲵在池中开始产出卵带时，即用布蒙住雌鲵眼睛，将其轻轻放入布担架内，一人用手将尾部轻轻向上托起，另一人一手端搪瓷脸盆，另一只手轻托卵带，让卵带徐徐自然落入盆中，不可用力猛拉卵带，以免卵球变形。盆中有一定数量的卵后，挤取精液覆盖于卵带上，加 3～5 mL 清水，缓缓摇动，使精卵充分结合。5～10 min 后加入少量清水，30 min 后换水两次，即可分盆进行孵化。挤卵时，盆中不能有水，避免阳光直射。

雄鲵的精液可预先保存。在 9 ℃冰箱中，存活时间为 127 h；23～24 ℃室温时，无光条件下的保存时间为 18 h；自然光线条件的保存时间为 13 h。

(四) 人工孵化

1. 孵化方法

(1) 静水孵化　将受精卵放到塑料盆中，每盆装卵 50～100 粒。通过换水使胚胎缓慢地翻动，以免长时间不动而发生胚体"贴壳"的不正常现象。

(2) 微流水孵化　可在微流水的长方形水泥池或孵化环道内设置孵化箱孵化。孵化箱一般为聚乙烯网布制作而成，以底面积不大于 0.5 m² 的长方形或正方形为宜。每箱放受精卵 100 颗，均匀放置。受精卵始终处于漂浮状态，有充足的溶解氧进行孵化。

2. 孵化管理

(1) 水质、水流管理　孵化用水要求水质清新，溶解氧充足，无污染，无敌害，水要清澈见底，水温（20±1）℃。对蓄水池中孵化用水要进行过滤、沉淀和消毒。静水孵化需每天换水 5～6 次。换水时，水温差不超过 2 ℃。

流水孵化要控制流速，一般以 20 cm/s 为宜。流速过小，卵容易沉底堆积，缺氧憋死；流速过大，易使卵黄膜破裂，合适的流速应该是将卵冲起，接近水面时下沉。如果卵还没到水面就沉下去了，说明流速过小；如果卵始终在水面滚动翻腾，说明流速过大。

(2) 受精卵管理　①防止卵膜早破。过熟或者还没有成熟的卵子弹性差、卵膜薄，受外力作用时易发生破裂。当胚胎发育到尾芽期以后，就会有一些卵子的卵膜出现皱褶现象，这类卵子易黏附在滤水纱网上，常常因为洗刷纱网时操作不慎或水流过大而引起卵膜早破，胚胎提前出膜。这些早出膜的胚胎由于失去了卵膜的保护，而发育成畸形怪胎。生产上常用 0.1 mg/L 高锰酸钾溶液浸泡受精卵。经过高锰酸钾处理的卵膜较为牢固，不易破损，能有效地防止提前脱膜。②防止受精卵水霉病。大鲵卵易患水霉病，因此在卵进入孵化器前。可用 $0.5×10^{-6}$ 亚甲基蓝溶液浸泡卵 3～5 min，连续 1～2 次，能起到预防作用。③防止孵化箱网眼堵塞。脱膜后，卵膜难以溶解，易堵塞纱网。所以，对纱网要勤观察、勤洗刷。未破膜时，每隔 1 h 刷 1 次；估计快破膜时每隔 30 min 刷 1 次；发现有幼苗破膜后，每 10～15 min 刷 1 次。幼苗出膜高峰期要随时刷洗。

(五) 大鲵的胚胎发育和稚鲵发育

1. 胚胎发育

大鲵的成熟卵球较大，其直径为 6～7 mm，受精后，在水中其外包膜与胶体膜吸水膨胀，卵的外膜直径可达 16～17 mm。在水温不超过 20 ℃时，大鲵受精后经 24～32 h 出现第一次卵裂。第一次卵裂后 36 h，进入多细胞期。60 h 后，胚胎的分裂球成多层排列，即形成囊胚层，大鲵的囊胚在形态上不同于鱼类，未出现细胞堆叠得很高的囊胚层。囊胚层下包十分缓慢，将近 100 h。165 h 后，进入原肠胚。189 h 后，胚孔将近封闭，胚胎的背壁上开始现出一个宽阔增厚的神经板，为神经板期。284 h 后，胚体的后端腹面出现一个稍微突出的部分，即尾芽。422 h 后，胚体头部出现鳃板芽。550 h 和 880 h 后，分别出现前肢芽和后肢芽。从受精卵卵裂开始至胚胎脱膜而出的孵化期约经 907 h。

2. 稚鲵发育

(1) 卵黄囊营养期　刚孵化的大鲵幼体，其体长为 2.8～3.1 cm，身体的背部、尾部及头部均分布有许多黑色素细胞，呈灰黑色，此时卵黄还未消失，在幼体的腹面仍带有长葫芦状的黄色卵黄囊。口尚未开，不能进食，营养来自卵黄。

从孵化到卵黄囊消失需 28～30 d。这个阶段其形态的主要变化有如下几点：①黑色素细胞增多，体表逐渐变成灰黑色。②卵黄囊日渐变小以至最后消失。③幼体孵出后头几天内当其游动时身体方能平衡，但因无平衡器，当其静息时身体多为侧卧，14 d 后大鲵幼体在水中方能保持平衡。④幼体逐渐长大，孵化后的第 8 天幼体长为 3.3～3.7 cm；孵化后的 28 d，其幼体长为 4.3 cm。⑤幼体孵出后的第 6 天其前肢芽开始分叉，只有一个分叉口；幼体孵出的第 8 天其前肢芽出现两个分叉口；幼体孵出的 14 d，前肢分为四指。⑥幼体孵化后 28 d，后肢芽出现分叉，卵黄囊几乎消失，此时幼体全身为棕黑色，其尾部已宽大有力，有较强的游泳能力。

（2）开口摄食期　出膜后 35～50 d，开始以摄食外界饵料为营养。此时胚体全长 4.5～5 cm，体重 0.8～1.3 g，消化器官已形成，但胆汁清淡，吞食的食物还不能充分消化，排泄的粪便残渣中还有食物残体存在。指的分化基本完成，但后肢仍只四趾。身体已能保持平衡，四肢可在水底作缓慢爬行。

（3）稚鲵定型期　出膜 70～80 d，全长 5～8 cm，体重 2～5 g。此时除尚有外鳃外，其外部形态和内部构造已基本形成。触觉敏锐，但视力差，已有惧光特性。稚鲵虽有外鳃，但每隔 1～2 h 要将头伸出水面进行气体交换。

五、大鲵的养成

大鲵生长有明显的阶段性，并有变态过程。在养殖生产中，常划分为稚鲵、幼鲵和成鲵等不同养殖阶段。

（一）稚鲵养殖

稚鲵属于大鲵蝌蚪阶段，主要营鳃呼吸（有外鳃器官），年龄 1～2 龄。

1. 引苗

大鲵苗种要选择规格整齐，体质完好无伤、无畸形，色泽鲜艳的稚鲵，可用氧气袋装 1/5～1/4 的新鲜水运输。运输中，要保证水中要有足够的氧气，水的溶解氧在 4 mg/L 以上。换水时要注意温差不能超过 1 ℃，温差大则易导致稚鲵死亡。

大鲵幼苗与蝾螈和小鲵在形态上很相似。养殖户在购买大鲵苗种时应通过正规单位，谨防受骗。大鲵幼苗、蝾螈和小鲵的鉴别见表 18-1。

表 18-1　大鲵幼苗、蝾螈和小鲵的鉴别

特征	大鲵幼苗	蝾螈	小鲵
行动	迟缓		敏捷
体色	全身同色	腹部有红色斑纹	全身同色
尾巴/全长	1/3	1/3	1/2
眼	不凸出		凸出明显
四肢	短小	较长	较长
指、趾	前肢四指，后肢五趾	前肢五指，后肢五趾	前肢五指，后肢五趾

2. 稚鲵培育

（1）稚鲵的放养　在放养前，养殖池要用漂白粉或敌百虫或其他药物消毒，苗种用 3％～4％食盐水浸泡 15～20 min，或用硫酸铜、硫酸亚铁合剂（5：2）5～7 mg/L 浸泡 5～10 min，或用亚甲基蓝 0.5 mg/L 浸泡 5 min。

放养密度在初期可以 30～50 尾/m² 为宜，随着稚鲵的生长逐步稀疏。

（2）稚鲵的饲喂　在稚鲵的卵黄囊营养期（约 1 个月）无须投饵，主要工作为水质管理。

在稚鲵发育 28～30 d 后，卵黄完全消失。此时其消化系统已基本形成，则可"开口"摄食。开口饵料以冰冻赤虫为宜，也可投喂水蚤、昆虫幼虫、鱼、肉浆等易消化的水鲜饵料。赤虫最好是人工培养并经过清洗、消毒和紫外线照射，可在冰箱里长期保存。投饵时先将赤虫解冻，再用 1％食盐水消毒半小时后投喂。忌用从野外污水沟捞取的带有细菌的赤虫，否则易导致幼鲵腹水病的发生。投喂量以 1 h 内略有剩余为宜，在水温 18～22 ℃时，每隔 1 d 投饵 1 次；水温在 15 ℃左右时，每隔 2 d 投饵 1 次；水温在 10 ℃左右时，每隔 3 d 投饵 1 次。投喂时间以每天 17：00—18：00 为宜。

稚鲵培育到 4 个月时，即可投喂切碎的虾肉，每天可投喂 1～2 次。投喂前用 3％～5％的食盐水浸泡 2～3 min。

稚鲵 6 个月以后，可投喂去头小虾，或将小鱼去内脏、洗净后切条（0.5 cm×0.2 cm）投喂。

饲养 1 年后，面临大鲵重要的发育变态时期，也是大鲵各种组织器官重要的发育时期，应加强投饵，保证营养丰富。可以投喂鲤肉片（1 cm×0.5 cm）。

饵料投喂前，均需用 3％～5％的食盐水浸泡 2～3 min。

（3）稚鲵的培育管理　①日常管理。稚鲵培育日常管理的主要环节是水质和温度调节以及疾病预防。稚鲵呼吸依赖于水中的溶解氧，因此要求水质清新，溶解氧 4 mg/L 以上。平时要定期做好滤水材料清洗，对蓄水池水的卫生严格把关，控制养殖用水的微流状态。水温应控制在 18～20 ℃，可采用电热棒、水温调控仪和空调等进行调节。在稚鲵培育过程中，要保持培养池的清洁卫生，及时清除盆内杂物及排泄物。对患病稚鲵要及时捞出，进行单独隔离防治。此阶段的主要病害为水霉病，要求每隔 5～7 d 用水霉净 0.5％水溶液全池浸泡，以抑制水霉病的发生。②分类饲养。稚鲵在饲养过程中，其生长速度不尽一致，个体大小会有差异，为了达到快速成长的目的，应在饲养过程中，进行定期分类饲养，尤其是对个别体小、生长慢的个体，要实行单独饲养，加强饵料、水质的管理，以求达到均衡快速生长的目的。饲养 1 年，体重一般可达 100 g 以上，大的可达 150 g 以上。

（二）幼、成鲵养殖

一般 2 龄大鲵外鳃消失，用肺呼吸空气中的氧气。通常把 2～3 龄大鲵称为幼鲵，3～4 龄大鲵称为成鲵。

1. 鲵种的放养

放鲵种前要对饲养池及鲵种本身进行消毒，消毒方法同稚鲵养殖。同池放养的鲵种规格要一致，以避免相互残杀。室外池放养密度一般 1～3 尾/m²，室内池一般 3～7 尾/m²。大鲵生长除与环境、饵料有关以外，与放养密度也有一定关系，密度低的平均体重净增长及体重的增长率都高于密度高的，养殖密度越高，饲料系数也越大。

2. 大鲵的饲喂

大鲵属肉食性动物，主要摄食活饵料，如蟹、蛙类、水生昆虫、鱼类、蛇及动物残块等。人工养殖条件下更喜欢摄食新鲜的死饵料，但饵料质量要好，要新鲜，且应避免饵料单一。实验证明，用鱼类作饵料，平均饵料系数为 2.33，而用猪、牛、羊、鸡肉及屠宰场下脚料等畜禽肉类作为饵料的饵料系数为 2 左右。利用配合饵料养殖大鲵也能取得很好的效果。据报道，配合饵料养殖大鲵的生长速度比动物饵料快 30% 以上。饵料系数也有明显差异，人工配合饵料饲养幼体或成体的饵料系数分别是 3.2 和 2.8；动物饵料饲养幼体或成体的饵料系数分别是 5.3 和 4.8。另外还发现，当饵料中蛋白质含量高于 50% 或低于 40% 时，都影响大鲵的生长发育。另外，在饵料中添加 1% 的花粉可使大鲵的生长速率提高 5%~8%。

3. 大鲵的养殖管理

（1）日常管理　管理是大鲵养殖过程中重要的一环。主要工作包括勤巡池、勤观察，记录其生活情况，发现问题及时解决。大鲵多在夜间觅食，活动迟缓，捕食过于活跃的动物饵料有一定困难，应对这些饵料作适当处理，使之活动减缓，以利于大鲵捕食。调节水质。要求水温适合、水质清新无污染。大鲵对 pH 改变敏感，要求有一定的流水为好，水质变浊则要换新水。分级饲养。经过一段时间的养殖，大鲵个体差异较大，应及时分池，以免出现因争食而相互咬斗、造成伤亡。大鲵逃逸能力最强的时间是暴雨、雷电之时，应保持防逃设施完善。

（2）季节管理　大鲵的生态适应和生长存在着明显的季节性变化。在开春时，气温回升但多变，此时大鲵的活力增强，活动频繁，体能消耗也随之增大，疾病传播也开始频繁。抓好大鲵养殖的"温差关、营养关、防病关"是工作的重中之重。夏季气温高，食物和水质容易败坏。故夏季应把好"水质关、防暑关、饵料保质关"。入秋后水温开始下降，大鲵吃食又逐渐旺盛，是大鲵生长的黄金时期，应当加强营养强化管理。冬季水温下降到 10 ℃时，大鲵进入越冬期，此时大鲵摄食量减少，活动减弱，为了提高大鲵的生长速度，人为提高水温，促使其快速生长。

第三节　鳖的养殖

鳖，又称甲鱼、团鱼等，隶属于爬行纲、龟鳖目、鳖科。世界上，鳖科共有 6 属 23 种。主要分布在亚洲、非洲和美洲部分地区。我国仅有 2 属 3 种，即鼋属（*Pelochelys*）的鼋（*P. bibrom* Owen）和鳖属（*Trionyx*）的中华鳖（*T. sinensis* Wiegmann）和山瑞鳖（*T. steindachneri* Siebenrock）。

中华鳖在我国大部分水体中均有分布，其中尤以长江流域各水域中最为普遍。中华鳖具有相当高的营养价值和药用价值，历来被人们视为名贵补品，是目前养鳖业的主要养殖对象。山瑞鳖的形态与中华鳖相似。它们之间的主要区别是山瑞鳖头颈基部和背盘前缘具大而密集的疣粒，背甲部有较多突起，体后部裙边宽大，其上的疣粒（结节）大而密。山瑞鳖一般个体比中华鳖大，生长也较快，最大个体达 9~10 kg（表 18-2）。山瑞鳖属亚热带种类，12 ℃以下即潜伏在水底淤泥中冬眠，20 ℃以上才结束冬眠，外出活动。山瑞鳖主要分布在广东、广西、云南、贵州等地，数量稀少，属国家二级保护野生动物（仅限野外种群）。

表 18-2　中华鳖和山瑞鳖形态比较

项目	中华鳖	山瑞鳖
行动	较敏捷	较缓慢
体型	较扁薄，个体较小	较肥厚，个体较大
颈部	基部无大瘰疣	颈部两侧各有一团大瘰疣
背部	绿色，无黑斑，无疣粒，较光滑。后半部的边缘较窄而薄	深绿色，有黑斑，具疣粒，以后半部的边缘上较多，背甲前缘有一排粗大的疣粒。后半部的边缘较宽厚
腹部	白灰色，有的带黄白色	白色而布满黑斑

一、鳖的生物学特性

（一）外部形态特征

鳖体椭圆形或圆形，体盘扁平（图 18-6）。背腹具甲，背甲和腹甲之间有韧带相连。背甲卵圆形，骨质化程度不高，有柔软的革质皮肤覆盖，两侧边缘具肥厚的胶质肉边，称为"裙边"。腹甲表面光滑。头圆锥形。吻延长成类管状，称为"吻突"。颈呈圆筒状，肌肉发达，伸缩自如，伸长时可达甲长的 80%，收缩后可全部缩入甲壳内。四肢粗短有力，各有 5 趾，趾间有蹼。1～3 趾有锋利的爪，突出于蹼

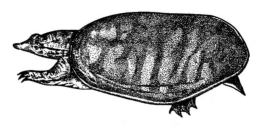

图 18-6　中华鳖

外。四肢均可缩入甲壳内。尾粗短，末端呈锥形。尾的长短是区别雌雄的主要标志之一。体色与生活环境有关，通常为墨绿色、黄褐色、暗黑色等；成体腹面大多灰白色或黄白色，幼体呈浅红色。

（二）生态习性

1. 栖息环境

鳖是以水为主的水陆两栖爬行动物。在自然环境中鳖喜欢栖息在环境安静、阳光充足、水质清爽的溪河、湖泊、水塘里，尤其喜欢集群栖息于泥沙底质的浅水处。鳖的喜静怕惊，喜阳怕风，喜洁怕脏的栖息特性可概括为鳖的"三喜、三怕"。另外，鳖属于低耐盐的淡水生物，安全盐度为 1.1。

2. 生活习性

（1）季节适应　鳖是变温动物。其较适宜生长水温 25～33 ℃。在适温范围内，鳖活动积极、摄食旺盛。夏季水温升至 35 ℃以上时，鳖的活动明显减弱，常群居于阴凉处或深水处避暑，这种现象称为"伏暑"。冬季来临时，水温降至 15 ℃时，食欲明显减退，甚至停食。水温 10 ℃时，鳖一般潜埋于深水水底的泥沙中冬眠。翌年春，水温回升至 15 ℃以上时开始复苏。

（2）呼吸规律　鳖的主要呼吸器官为肺，故在平时生活中主要通过肺呼吸吸取空气中的氧气。一般每隔 3～5 min 需浮出水面，伸出吻尖呼吸一次。温度越高，出水呼吸频次增加。如遇环境突变或特殊情况，鳖可在水中长时间潜伏，时间可达 6～16 h。长时间潜伏时，鳖主要利用辅助呼吸器官（咽喉部的鳃状组织）与水体进行气体交换。在冬眠时，则几乎全部

依赖辅助呼吸器官吸取水中溶解氧用以维持微弱的新陈代谢。

3. 摄食与生长

（1）食性　鳖是以动物性饵料为主的杂食动物，食性范围广。野生稚鳖主要捕食水中的大型浮游动物（枝角类、桡足类）、鱼虾苗、水生昆虫及水蚯蚓等，也摄食少量植物碎屑。成鳖主要摄食螺类、蚬类、蚌类、鱼类、虾类等，也摄食蔬菜和水草。人工养殖时，蚯蚓、贝类、鱼糜、蚕蛹、肉食加工厂的下脚料等搭配瓜果、蔬菜、青草、野菜等都是比较理想的饵料。同时鳖也喜食全价配合饲料。

（2）摄食方式　鳖是通过其锐利的爪和敏捷的头颈猎取食物的，食物经上下颌特化的角质喙压碎，再由下颌前缘与口角附近的唾液腺分泌唾液润滑食物进行吞咽。多数鳖的食物来自水中。捕食行为多为候食和偷食，在其有效摄食范围内，食物大多在劫难逃。同时，鳖又具有非常强的耐饥能力。鳖可在较长时间内，通过降低自身的新陈代谢、以自身积蓄的营养来维持生命活动。

（3）生长特性　鳖的寿命很长，通常在 30 年以上。但在自然环境中，鳖的生长较缓慢。在我国的长江流域，鳖的快速生长期（6 月下旬至 9 月上旬）不到 3 个月。在自然条件下，达到 500 g 以上的商品鳖需 4～5 年的饲养时间。在我国的南部地区（如广东、广西、湖南和台湾等地），鳖的生长期相对较长，可在 2～3 年内达到商品规格。在人工控温养殖时，打破了鳖的冬眠习性，从而能大大加快鳖的生长速度，仅用 1～2 年即可达到商品规格。鳖的生长速度也与年龄、性别、健康程度有关。

4. 生殖习性

鳖是卵生动物，雌雄异体，体内受精，体外胚胎发育。

（1）性成熟时间　不同地区鳖性成熟年龄不同。在我国华北和东北地区，鳖性成熟年龄为 5～7 龄，华中和华东为 4～5 龄，华南和台湾地区为 2～4 龄。在温室养殖时，鳖的性成熟时间大大缩短，一般 2 年即可达性成熟。通常性成熟的最小个体为 500 g 左右。

（2）发情与交尾　每年当水温回升到 20 ℃以上时，鳖开始发情交配。长江地区一般为每年的 4—5 月，整个交尾期可持续至 9—10 月。发情交尾主要在水中进行。先由雄鳖急游发情，追逐雌鳖，在浅水处与雌鳖缠绵，互咬裙边，到调情高潮时，雄鳖爬在雌鳖的背上，骑背紧拥，雄鳖将其尾部的交接器插入雌鳖泄殖腔内射精完成交尾。交尾后自行分开。发情追逐戏水的时间一般为数小时，交尾过程为 5～10 min。休整 2～3 周后，鳖可再行交尾，一般一年可交尾 2～3 次。

（3）受精与产卵　交尾后精子在输卵管上端与卵子结合完成受精过程。雌鳖在输卵管的基部有一受纳精子的结构，鳖的精子在该结构内能存活长达 5 个月以上的时间。即使在翌年生殖季节无交尾的情况下，储存于雌鳖输卵管内的精子仍可再与卵子结合受精。在通常情况下，交尾后 3 周开始产卵。长江流域 5 月中、下旬开始产卵，6—7 月为产卵高峰期，8 月中、下旬结束；华北地区一般 6—8 月开始产卵；在广东南部、台湾和海南等地，3 月下旬至 10 月下旬鳖均能产卵。在增加光照和控温的温室里，鳖可全年产卵。产卵通常在下半夜和清晨进行。产卵雌鳖在探头确认安全后爬岸进入产卵场，选择安静、隐蔽并能保温、保湿的沙地，用前肢或后肢挖洞，将卵产于其中。产卵时，随着亲鳖有节律地收缩，卵顺着尾柄徐徐滑入洞穴。在洞穴内分 2～3 层排列。产卵完毕，雌鳖用后肢将沙土盖没洞穴，再用腹甲将沙土压平，然后离去。整个产卵过程持续 1～2 h。挖坑埋卵是鳖抚育后代的环境适应，这样既可使鳖卵免受到太阳光的直射，防止水分的蒸发，又可防御敌害侵袭。

（4）产卵次数与产卵量　鳖属于一年多次产卵类型。其产卵次数、产卵个数及卵的大小与亲鳖年龄、个体大小、营养条件和气候因素等有直接关系（表18-3）。一般一只雌鳖每年可产卵3～5批。前后两次产卵的时间间隔一般为2～3周，短为1周，多至月余。雌鳖平均生殖力30～50粒，每次产卵数平均为15～20粒，少时数粒，多则30～40粒。一般说来，年龄大、个体大、营养条件好的怀卵量多，产卵次数、产卵个数也多；反之则少。但老年个体产卵量会减少。有资料介绍，鳖开始产卵的最低水温为21.3℃，产卵的最适水温为28～32℃。当水温超过35℃时，产卵量显著减少或停产。卵子的质量以壮年亲鳖（2～3 kg）的卵子为好，尤其是第1～2批产的卵质量最好。鳖卵为淡黄色或乳白色，球形，有较硬的钙质卵壳，卵径一般为1.5～2.5 cm，卵重为3～6 g。

表18-3　雌鳖个体大小与产卵数量和质量的关系

雌鳖体重（kg）	产卵次数（次）	产卵量（粒）	卵重（g）
0.5～1	2～3	10～40	3～4
1～1.5	3～4	30～60	4～5
1.5以上	4～5	50～80	5～7

二、鳖的人工繁殖

（一）亲鳖的选择

1. 亲鳖的选留

选留亲鳖有两个途径，自繁自育和从野生鳖中选留。自繁自育一般从早期育成的750 g以上成鳖中选择体质健壮、无伤病、裙边肥厚、发育良好的雌鳖加以精心饲养，体重达到1 500 g以上即可选作为亲鳖。

野生鳖中亲鳖最好选留自不同地区，以免近亲繁殖。对收购、引进、自己捕捉的亲鳖要严格挑选。亲鳖的外观标准为：体形正常、甲盖圆高；皮肤有光泽；背甲后缘革状皮肤（裙边）较厚，有一定坚硬度；肥满度好，活泼健壮，行动敏捷，完整无伤。

在自然环境条件下，亲鳖的体重和年龄越大，产卵量和卵粒也越大，稚鳖的孵化率和成活率也越高。一般要求体重在1 500 g以上。

2. 雌雄鉴别

雌雄鳖在稚、幼阶段较难区分，体重达到200 g以上后，则较易区分。雌鳖体形较厚；背甲为较圆的椭圆形；尾短粗，较柔软，几乎不露出甲盖外。雄鳖体形较薄；背甲为较长的椭圆形；尾细长而硬，末端常露出甲盖外（图18-7）。

（二）亲鳖的培育

1. 亲鳖培育池

亲鳖是指性腺发育成熟、能交配产卵繁殖的种鳖，亲鳖培育池则是用来饲养种

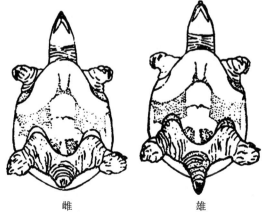

雌　　　　　雄

图18-7　中华鳖雌雄鉴别

461

鳖的（图 18-8）。亲鳖需在池内常年培育，在池底越冬，并在池岸上产卵，因此对亲鳖培育池的要求较高。

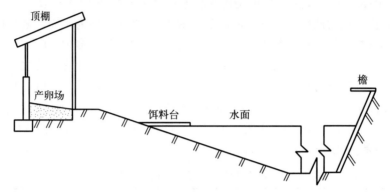

图 18-8 亲鳖池南北断面图

亲鳖池要求环境安静，背风向阳，防盗条件好。面积 2 500～4 000 m^2；东西向长方形，长宽比为 5：3，水深 1.5～2 m。池底平坦，并向出水口一侧倾斜，坡降为 0.5%～1%；池底有 20 cm 厚的泥沙。

产卵场一般位于亲鳖池西北侧的池埂上，因此其他三面池埂要用 2.5 m 长的 5 孔板护坡，5 孔板与池底的夹角为 60°～70°。上端用水泥板作压檐防逃。出檐宽 20～30 cm。产卵场一侧为压实的土坡，坡比为 1：3。产卵场高出水面 50～70 cm。产卵场的面积一般为培育池面积的 5%～6%，其内铺粒径为 0.5 mm 的细沙，沙层 30～35 cm。产卵场的外侧建防逃墙，高度 50 cm 以上。墙内侧用水泥抹光，其顶部用水泥板压成出檐。

食台可用水泥板或玻璃钢作为材料，设在产卵场一侧的水面上。食台还可兼做晒台，也可用毛竹等材料搭成屋架形，浮于水面，每个晒台约为 4 m^2，每 1 000 m^2 设 1～2 个晒台。

2. 亲鳖培育的技术

（1）亲鳖放养　亲鳖放养密度主要根据个体大小而定。一般个体体重为 1～2 kg 的，密度以 1 只/m^2 为宜，体重超过 3 kg 的，以每 2 m^2 放 1 只为宜。各地还可根据环境条件、管理技术水平等灵活掌握。由于鳖具有一次受精多次产卵习性，精子能在雌鳖输卵管中存活半年之久。因此，雌雄比例可为为 5：1。

（2）亲鳖的饲喂　加强产前、产后的营养可以提高亲鳖产卵数量和质量并可促使其尽快转入下一个产卵周期，有利于安全越冬及翌年提前交配产卵。

亲鳖的饵料应以新鲜的动物性饲料为主。产卵前及产卵期间最好能多投喂富含蛋白质、维生素、矿物质的饵料，少投含脂饵料。可以新鲜的鱼、虾、螺、蛙、蜗牛、蚯蚓搭配少量蔬菜，产卵期间鳖体需钙量增加，注意投喂含钙食物。产卵后应多喂富含蛋白质和脂肪的食物。

投饵应做到"四定"。春季，当水温在 15～16 ℃ 时，亲鳖从冬眠中苏醒，可开始少量喂食，可每隔 3 d 左右诱食一次。水温达到 20 ℃ 以上时，每日上、下午各投饵一次。每日投饵量应根据饵料质量、水质、水温变化等决定，配合饵料投喂量一般为亲鳖体重的 0.3%～0.5%，投喂新鲜饵料，以 2 h 内基本不留残饵为准。饵料应投放在专设的食台上。腐败变质的饵料绝对不可投喂。

（3）亲鳖培育的日常管理　亲鳖池的日常管理应做到"四防"，即"防病、防逃、防敌害、防盗"，具体应按"四查""四勤"进行管理：①查食场，勤做清洁卫生工作。每天早晨巡塘时，检查食场，并将鳖未食尽的残饵及时清除，洗净食台。②查防逃设施，勤修补。每天检查防逃设施，发现漏洞及时修补好。③查水质，勤排灌。为保持亲鳖池水质清新，应经常排出下层老水，加注新水，以改善水质，防止病害。④查病害，勤防治。发现病鳖、伤鳖，及时隔离治疗，以免相互传染；发现蛇、鼠、蚂蚁窝等应及时清除。

（三）产卵与孵化

1. 产卵管理

在鳖开始产卵前要做好产卵场的整理工作，即增添新沙，捣碎沙块，疏松平整，适当洒水，保持7%～8%的湿度。气候十分干旱时，可模拟人工降雨促进产卵。阴雨天要搭棚防止雨水浸泡产卵场。产卵场应对水蛇、鼠类、蚂蚁等能残害鳖卵的敌害生物采取预防和消灭措施。在亲鳖产卵期间，应保持产卵场绝对安静，严禁人为的影响。

2. 鳖卵的孵化

雌鳖产卵后立即离开产卵场，没有守卵护巢的习性。目前，鳖卵的孵化有室外简易孵化、室内人工孵化等方式。

（1）室外简易孵化　室外简易孵化即在产卵场通过人工管理就地孵化鳖卵的方法。此法适于小规模的养鳖场。主要技术有：①保护卵穴。每天早晨在有鳖卵穴处用铁丝网笼罩起来，以防天敌伤害。注明产卵日期，以便掌握采集稚鳖的时间。②保持适宜温度、湿度。每5 d向卵穴及其周围泼洒水一次。使其保持潮湿。夏季炎热，应设遮阴物。在多雨季节注意排水，以防渍水淹卵。③适时收集稚鳖。孵化期一般为55～80 d，在临近稚鳖出壳期间，在产卵场周围筑起高约20 cm的挡板，并在产卵场低处埋设敞口容器，装1/3水。由于出壳稚鳖具有趋水性，会爬入盛水的容器，从而实现收集稚鳖。

（2）室内人工孵化　采用室内孵化池和孵化箱控温孵化是室内人工孵化常用的方法。人工孵化排除了外界不利因素的干扰，人为创造适宜的环境，孵化率高。①鳖卵的采集。由于当天产的卵子胚胎尚未固定，受精与否也不易判断，通常是发现卵穴后先做标记，1 d后采集进室内孵化。采卵时，在收卵箱（可兼作孵化箱）底部铺2～5 cm厚的细沙。按1 cm间隔摆放鳖卵。一般来说，在产后10～12 h，受精卵壳顶有一清晰的白色小圆点（即为动物极），若48 h后仍未出现白点，则可判定为非受精卵，应予以剔除。摆放时，动物极朝上。②室内孵化池孵化。孵化室采用塑料大棚或玻璃温室。室内修建若干个池子，池深50 cm左右。池中铺厚30 cm左右的细沙，沙中埋设电热线，沙表埋设盛水容器，容器边缘与沙面持平或稍低于沙面。刚孵化出的稚鳖有趋水习性，会自己爬入水盆中。③室内孵化箱孵化。在孵化室内建孵化架，框架根据孵化室高度可设4～5层，架中放置孵化箱，孵化箱可用30 cm×25 cm×20 cm的木箱。也可在架下建稚鳖池，稚鳖池可三面环墙，注水30 cm，池中铺细沙10 cm，部分沙面与水面持平。孵化时注意将快出壳的移放到最下层，以便将稚鳖及时移入池中。④室内孵化的管理。温度调控通常采用加温的方法（蒸气、电加热、太阳能等），室内气温保持在33 ℃。沙温保持在30 ℃。如温度过高，应采取通风等降温措施，也可采取自动控温系统调控。室内空气湿度应保持在80%～85%，沙层湿度在5%～15%。在晴朗、温度较高的天气里，沙床的水分蒸发较快。如靠近卵的黄沙开始干燥，可用喷壶洒少量凉水。上层黄沙略带湿润即可，切不可在高温下大量洒水，以免降低沙层的通气性。每天通风 1 次，以保持室内有足够的氧气。夜晚和雨天要及时关窗保温。孵化室的门应严密，防止鼠、蛇、蚂蚁、蚊子、苍蝇等进入，如发现上述敌害生物，必须立即加以消灭，以免损害鳖卵。做好孵化记录，记录内容包括进卵数量、进卵日期；每天最高、最低室温；最高、最低沙温；空气的相对湿度；稚鳖的孵出日期、孵出数量，并计算孵化率。通过原始记录数据分析，改进孵化管理。如孵化管理得当，孵化率可达 90% 以上。⑤稚鳖的孵出。鳖卵孵化累计积温（日均温×孵化日数×24）需 36 000～38 000 ℃，当受精卵在平均温度为 32 ℃ 的孵化环境时，孵化时间需 47～50 d。具体推断稚鳖的出壳时间应依卵壳的颜色来断定。发现卵壳颜色由淡灰转为粉白色时，表明稚鳖即将出壳。此时应将该孵化箱抽出，放在出壳池上。出壳池内放 3 cm 厚的消毒过的细沙，加水 3～5 cm。

三、鳖的人工养殖

（一）稚幼鳖的饲养

在养殖上，把体重 50 g 以下的鳖称为稚鳖，从当年出壳到翌年 6—7 月为稚鳖养殖阶段；体重 50～250 g 的鳖为幼鳖，养殖时间一般从翌年的 8—9 月开始到第三年的夏季。

稚幼鳖皮肤细嫩，各个器官功能尚不健全，抗病性弱，适应性差，对外界环境反应敏感，加之具有相互撕咬的习性，得病致伤感染概率和死亡率较高，是较困难的饲养阶段。

1. 稚鳖的暂养

稚鳖出壳时带有卵黄和一些胚胎附属物，此时的营养供给依靠卵黄，故出壳后 1～2 d 内不需投饵。可放在盆内或孵化池（器）内暂养。当卵黄被全部吸收、胚外组织脱落后，将稚鳖放入 10 mg/L 土霉素水中消毒 15 min，然后放入另一暂养容器投喂开口饵料。常用的开口饵料以活水蚤和丝蚯蚓最佳，可直接投入水中。3～5 d 后，根据稚鳖个体大小分别放入稚鳖池中饲养。

2. 稚幼鳖的饲养

（1）稚幼鳖的养殖方式　稚幼鳖养殖方式有常温养殖、温室加温养殖和两头加温养殖等。

常温养殖条件下，稚幼鳖阶段生长较慢，在长江流域长到 200 g 左右需 3 年时间，成活率低。一般初孵稚鳖体重 3～5 g，当年 10 月进入越冬期（体重 10～20 g），翌年 4 月冬眠结束，5 月进入摄食生长期，至 9 月底长至 100 g 左右，10 月再次进入越冬期，第三年 9 月底长到 200 g 左右。

加温（水温控制在 30 ℃ 左右）养殖改变了稚幼鳖冬眠的习性，到翌年 5 月，鳖可以长到 150～200 g，7 个月达到了常温下 3 年的生长量，稚幼鳖在短时间内度过了生命危险期（50 g 以下），成活率达 80%～90%。

两头加温养殖法适用于长江流域，稚鳖孵出后，水温高于 25 ℃ 时，在自然条件下养殖。至水温低于 15 ℃ 的 9 月中旬，开始加温，使室温达 28～31 ℃。至 11 月上旬停止加温，水温自然下降，使幼鳖进入休眠越冬期。翌年 4 月中旬水温回升到 15 ℃ 以上时，再慢慢加温至 28～31 ℃，到 6 月上旬，自然水温稳定在 25 ℃ 以上时停止加温，将鳖移到室外养殖池。

（2）稚幼鳖池的准备　室外稚幼鳖池面积以 10～15 m² 为宜，水深 30～40 cm，底沙 20 cm，食台和晒台应能满足一定规模鳖的需求。

加温稚幼鳖池面积以 10～50 m² 为宜，池壁最好用空心砖砌成，也可以用混凝土浇筑而成。池底用三七灰土处理后加一层隔热材料，隔热材料上面用混凝土浇筑 10 cm，水泥抹面，可防止热量向地下耗散（图 18 - 9）。养殖池可以设计成双排池，中间为通道，便于作业。

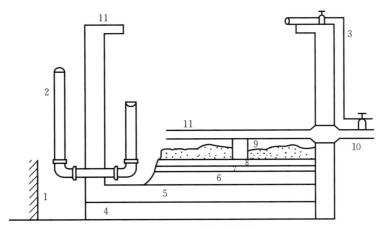

图 18 - 9　加温池剖面图

1. 排水渠　2. 排水管　3. 进水管　4. 土层　5. 砾石层　6. 混凝土层　7. 保温层　8. 水泥层　9. 沙层　10. 热水管　11. 防逃檐

（3）稚幼鳖的放养　常温养殖生长期长，密度宜小些。体重 3～5 g，放养密度为 60～80 只/m^2；体重 10 g，密度为 40～50 只/m^2；体重 50 g，密度为 20～25 只/m^2；体重 100 g，密度为 5～8 只 m^2。

由于加温养殖技术水平、设施保障能力等方面的条件不同，稚幼鳖的放养密度差别很大。一般稚鳖下池的密度以 80～100 只/m^2 为好；第一次放养为 40～50 只/m^2，当鳖体重达 50 g 左右时再分养 1 次，密度控制在 20～25 只/m^2。

（4）稚幼鳖的饲喂　在水温适宜的条件下（30～31 ℃），稚幼鳖食欲旺盛。稚幼鳖的饲料分鲜活饲料和配合饲料。鲜活饲料包括水蚤、鱼、虾、蚌等。在进行大规模专业化养鳖时，应以配合饲料为主，鲜活饲料为辅。投饲时应做到"四定"。鲜活饲料的日投喂量为鳖总体重的 10%～20%；配合饲料在投喂时要添加 3%～5% 的植物油及适量的蔬菜。每天投饲 2 次。

（5）稚幼鳖的分养　稚鳖初放养时个体小，密度大。随着鳖的生长，生存空间相对缩小。而且经一段时间的饲养后，也会出现大小分化。因此，在饲养过程中要及时进行分养。一般来说，在 10 月上中旬加温养殖前进行第一次大小分级。11 月下旬至 12 月上旬，当鳖个体达到 50 g 左右时进行第二次分级饲养。其间，可用浓度为 100 mg/L 的高锰酸钾对鳖体进行药浴消毒（15 min）。

（6）养鳖环境管理　①空气管理。鳖在生长期是用肺呼吸的，因此，温室必须定期通风，更换室内污浊空气，保持空气新鲜。冬季应在晴天午后气温最高时通风换气。生态型温室应充分利用每一个晴天，在午后开窗，进行气体交换，以提高温室空气中的氧气含量，降低相对湿度。②水质管理。在高密度、高水温的工厂化养鳖过程中，鳖池的排污量多，容易引起水质败坏。因此，改善和控制温室的水质成为温室养鳖技术的关键。

加温养殖中无论在哪一个阶段，都必须保持温度稳定，适宜水温为 $[30\pm(1～2)]$℃，升温与降温都应循序渐进，使鳖有一个适应的过程。突然升温或降温都会引起鳖体代谢紊乱，以致死亡。稚鳖池的水深一般为 10～30 cm，幼鳖池为 50～80 cm。定期换水，是改善水质的主要措施。静水温室应每周换水 2～4 次；循环微流水温室，则要每昼夜更换新水 1 次以上。每隔 10～15 d 用生石灰（10～15 mg/L）和漂白粉（2～3 mg/L）交替泼洒；另外，可在稚幼鳖池种植一些水生植物（如浮萍等），以改善水质。

（二）成鳖养殖

1. 成鳖的养殖方式

（1）成鳖温室集约化养殖　成鳖养殖阶段主要在夏季。故一般在北方或能源便宜的地区采用温室集约化养鳖。如有些地区利用温泉和工厂余热进行养鳖。温室加温养鳖所要求的饲养管理水平较高。

（2）塑料棚保温养殖　保温养殖是在养鳖池上加盖塑料大棚，用来保温，但不加温。通过加盖塑料大棚保温，就可以使春末夏初的养殖时间延长 2 个月以上，让鳖从孵出到养成，有较长时间处于适温范围内，达到快速养殖的目的。成鳖保温养殖是比较理想的饲养方式。

（3）常温露天池养殖　常温露天池养殖鳖多采用土池，可单养也可混养。①单养。即只养鳖，不混养鱼类和其他水生动物。②鳖鱼混养。鳖鱼混养符合生态原理，是一种综合的养殖方式。鳖鱼混养实践证明，鱼、鳖不仅可以共存，而且还有互利的一面。鳖平时生活在底层，天热时每 3～5 min 出水面呼吸 1 次，这样在水体中的往返运动起到了搅水机的作用，能保持水体上、下层溶解氧均衡，加速物质的转化。鳖鱼混养池中，鳖所吃掉的鱼往往是一些游动迟缓的病鱼，客观上起到了防止病原体传播和减少鱼病流行的作用。所以以鱼、鳖混养池中，鱼的成活率较高。

鳖鱼混养的配鱼一般是鲢、鳙和其他以浮游动物为食的鱼类，也可混养少量的其他摄食性鱼类。鳖的残饵，尤其是鳖、鱼的排泄物内含有大量的氮、磷、钾，为浮游生物的生长提供了充足的营养，使得鱼类滤食的浮游植物（隐藻类等）繁殖旺盛，抑制了其他不易被鱼类消化吸收藻类的生长，这是其他养鱼池中少见的。

2. 成鳖的放养

（1）养鳖池的准备　除了不设产卵场外，成鳖池的结构与亲鳖池大体一致。水深 1.2 m，一般每 200 只鳖设 90 cm×45 cm 食台一个，食台兼做晒台时，可适当加大尺寸。加温成鳖池与加温稚幼鳖池结构基本一致。面积、水深和沙层应满足成鳖的生活需求。在鳖放养前用生石灰或漂白粉清塘，以杀灭池水和底泥中的有害生物、野杂鱼和病原体，为鳖的生存、生长创造一个良好的生态环境。

（2）放养方法　①放养时间。虽然长江流域在 5 月下旬的水温已升至 25 ℃左右，但此后为梅雨季节，气温不稳，易染病。所以，放养时间最好在 6 月下旬。②鳖体消毒。鳖种的健康对于鳖的养殖至关重要。实践证明，健康鳖也会携带病原体，因此，鳖在放养前或分养前要进行消毒。消毒时，应针对不同的病原体采用不同的药物。常见方法有：食盐溶液（2%～4%）浸浴稚鳖 10～20 min，可杀死寄生于鳖体表的钟形虫、累枝虫、水蛭等；高锰酸钾（0.1%～0.2%）浸浴稚、幼鳖 15～30 min，可杀死鳖体表的寄生虫和部分病原菌；食盐（0.5%）和小苏打（0.5%）合剂浸浴稚、幼鳖 10 h，可预防毛霉病和水霉病。③放养密度。一般一次养足，饲养过程中不分养。由于各地养殖技术水平和养殖条件等有差异，放养密度也不尽相同。一般标准为 6～8 只/m²。表 18-4 为不同放养方式的密度参考值。

表 18 - 4 不同养殖方式下成鳖的放养密度（王武，2000）

养殖方式	规格（g）	放养密度（只/m²）
加温养殖		6～8
塑料棚保温养殖	＞150	
常温露天池养殖		3～5
常温鱼鳖混殖	10～30	5～10
	50～100	2～4
	150～200	1～2
	200～500	0.5～0.75
庭院养殖		10～15
	＜10	5～10
		3～5

3. 成鳖的饲喂

投喂的饲料应采用动物性饲料或人工配合饲料搭喂少量蔬菜、瓜果等植物性饲料，以提高饲料的利用效率。使用配合饲料时，应加投 1%～2% 的蔬菜和 3%～5% 的植物油，在低值鲜鱼易得的地方，还可在每千克配合饲料中添加 3.5～4 kg 的碎鲜鱼，能提高鳖的摄食量和增重率。

鳖的投饲量，应根据鳖的大小和水温高低以及投饲时的摄食情况等来掌握，一般较小的鳖日投饲量较高。在水温接近 30 ℃时，日投饲量高。据观察，700 g 以下的鳖，鲜活饲料的饲料系数为 6～8，配合饲料为 2 左右。

4. 成鳖池水的管理

水质良好和稳定，是集约化养鳖稳产、高产的基本保障。

油绿色或深绿色的水色，透明度低，对鳖有隐蔽作用。这就要求水中有丰富的浮游植物，这些藻类繁衍使池水呈绿色，并能通过其光合作用补充溶解氧，实现鳖池水质的肥、活、爽。但同时要防止浮游植物过度繁殖，其大量死亡后引起水质败坏。如果水色变更（过浓、变浅），须及时换水。在高温季节 2 d 换 1 次水，每次换水 20～30 cm。水温 25～28 ℃的季节，每周换 1 次水，其他季节少换水或不换水。养鳖池的透明度以 25～35 cm 为宜。

高密度集约化养鳖，池水容易缺氧，应采用充分增氧措施。鳖喜静怕闹，生产上多采用空气泵或鼓风机充氧，溶解氧量应保持在 4 mg/L 以上。

在加温养殖时，鳖已经习惯于高温、恒温的环境，对温度的波动特别敏感，哪怕是变动 1 ℃，鳖也会发生敏感的反应，随着个体的长大，其敏感性也随之增强。所以说，即使是常温露天池养殖，也要依照季节的变化及时控制水位，以调节水温。早春、晚秋季节气温不稳定时，适当加深水位，防止水温的频繁、急剧变化；初夏季节水温 25 ℃时，应适当降低水位，使水温尽快升达适温范围；盛夏季节水温达 35 ℃左右时，应及时加深水位到 1.5 m 左右，以利于消暑降温。

定期对池水全池泼洒消毒是控制、消灭病原体的主要措施。一般每隔 15～20 d 交替撒入生石灰和漂白粉。每 667 m²（水深 1 m）用生石灰 30～40 kg，漂白粉 20～30 kg。如池内不养鱼，浓度可增加 1 倍。

要经常清除鳖池周围杂草、污物，清除残食，打扫食场，进行食场消毒，保持池塘环境卫生，监测水质、水温、水位变化。晚上应巡视鳖池四周，了解鳖的活动、吃食、生长情况，对独自爬上食台、岸边或钻入草丛、行动迟缓的鳖要及时隔离饲养或剔除。每天巡池应做记录，建立档案备查。

5. 成鳖的越冬管理

长江流域，在 11 月水温降至 12 ℃时，鳖即潜入池底泥沙中，不吃不动，进入冬眠状态，以此度过长达半年之久的冬季。一直到第二年的 4 月，水温上升到 15 ℃左右时鳖才开始复苏。这时的体重已减轻 10%～15%。如果鳖冬眠前体质差，冬眠期间就会死亡，勉强度过冬眠期的不久也会染病而死。

越冬前的强化培育，是帮助鳖加强体质一个有效措施。越冬前的 1～2 个月投喂的饲料应增加一些动物性饲料，配合饲料也应添加 3%～5% 的植物油和 2%～3% 的复合维生素等，促使鳖体存贮一定量的脂肪，满足越冬期间的能量需要。

越冬场所要选择阳光充足、避风、环境安静的池塘，池底铺 20～30 cm 的软泥。适宜越冬的水温在 4～8 ℃。

第四节　乌龟的养殖

龟是一类较为特别的、古老的爬行动物，有的生活于陆地，有的生活于水中，用肺呼吸，卵生；有的体色艳丽，有的朴实无华，有的小巧玲珑，有的硕大笨拙，有的温和害羞，有的凶猛善斗，并且对环境有很强的适应能力。龟在动物分类上，隶属于爬行纲、龟鳖目。

据研究报道，目前全世界龟类共有 12 科 75 属，约 243 种。我国现存龟类有 33 种，分属 5 科 18 属。我国除西藏、内蒙古、宁夏、青海等地区暂无记录外，其余各省、自治区、直辖市均有它们的踪迹，其中又以长江以南地区分布为多。淡水龟科中以乌龟、黄喉拟水龟分布较为广泛；陆龟科的缅甸陆龟主要分布于广西地区，凹甲陆龟分布于云南、海南、广西、湖南等地区，而四爪陆龟则仅分布于新疆地区；海龟科和棱皮龟科的种类分布于沿海地区。

图 18-10　乌　龟

乌龟（*Chinemys reevesii*），俗称泥龟、中华草龟等（图 18-10），是我国分布最广、最为常见的一种龟类。以长江中下游各省的产量较高；广西各地也有出产，尤以桂东南、桂南等地数量较多。国外主要分布于日本和朝鲜。

一、乌龟的生物学特性

（一）外部形态特征

乌龟体为长椭圆形，背腹甲固定而不可活动，背甲略扁平，长 10～12 cm、宽约 15 cm，有 3 条纵棱，脊棱明显。腹甲平坦，后端具缺刻。头顶黑橄榄色，前部皮肤光滑，后部有细鳞。四肢略扁平，指间和趾间均具全蹼，除后肢第五枚外，指趾末端皆有爪。头和颈侧面有黄色线状斑纹，颈部、四肢及裸露皮肤部分为灰黑色或黑橄榄色。雄性体型较小，尾长，有臭味。雌性背甲由浅褐色到深褐色，腹甲棕黑色，尾较短，体无异味。

（二）栖息习性

乌龟一般生活在河、湖、沼泽、水库和山涧中，有时也上岸活动，用肺呼吸，体表又有角质发达的甲片，能减少水分蒸发。因此其对环境的适应性强，对水质条件要求比较低，对不良水质有较大的耐受性。乌龟喜集群穴居，有时因群居过多，背甲磨光滑、四肢磨破皮但仍不分散。气温在 15 ℃以下时，乌龟潜入池底淤泥中或静卧于覆盖有稻草的松土中冬眠。气温高于 35 ℃，乌龟食欲开始减退，进入夏眠阶段（短时间的午休）。

（三）摄食与生长

乌龟属杂食性动物，食性较广，可食稻谷、麦麸、小麦、豌豆、小鱼、虾、昆虫、蜗牛、螺蛳、蚌、蚬蛤、蚯蚓以及动物尸体及内脏、腐肉等。乌龟的耐饥能力较强，即使断食数月也不易被饿死，无同类相残的现象。

乌龟的生长较为缓慢，在常规条件下，雌龟生长速度为：1 龄龟体重多在 15 g 左右，2 龄龟 50 g，3 龄龟 100 g，4 龄龟 200 g，5 龄龟 250～250 g，6 龄龟 400 g 左右。龟类的寿命很长，有的可达 300 多年。

（四）繁殖习性

乌龟一般要到 5 龄以上性腺开始成熟，7 龄成熟良好。乌龟的产卵期各地有所不同，平原水域地区一般 5 月底开始，7、8 月为产卵高峰期，9 月结束。一只雌亲龟年产卵 3～4 次，每次一穴，每穴 2～7 枚。乌龟的产卵过程可分为四个阶段：第一阶段选择穴位，到处爬行，选择土质疏松有利于预防敌害的树根旁或杂草中，土壤的含水量为 5%～20%；第二阶段挖穴，卵穴口径 3～4 cm，穴身稍有倾斜，深 8～9 cm；第三阶段产卵，把卵产在穴中，每产完一个卵，即用后肢在穴内排好，每间隔 2～5 min 产一个，产完一批卵需要 30 min 左右；第四阶段盖穴，用两后肢轮番作业，把穴外的泥土一点一点地扒往穴内，且每放一次土，就用后肢压一下。把土盖满卵穴时，再用整个身体后半部腹板压实。乌龟没有守穴护卵的习性。自然孵化，50～70 d 即孵出幼龟。

二、乌龟的养殖设施建造

（一）养龟场的设计

养龟场的设计应考虑所选场址的实际情况、养殖规模、不同规格龟的生长特点，要便于管理。一个完整的养殖场应有稚龟池、幼龟池、成龟池、亲龟池、蓄水池等设施。稚龟池、幼龟池、成龟池、亲龟池在龟池总面积中的比例可依次为 5%、25%、50% 和 20%。龟不仅能在水中生活，而且能上岸在陆地上爬行，因此养龟场必须有很好的防逃设施。龟池防逃墙的高度为 40～50 cm，顶部向内出檐 10～15 cm，若龟池内壁光滑、四角圆钝，也可不出檐。另外，在养龟池的进、排水口也应安装防逃设施。

（二）龟池的建造

1. 稚龟池的建造

稚龟是指刚孵化出壳至当年越冬期的龟。因其娇弱，对周围环境的适应能力差，且易受病害和敌害的侵袭，因此在室内建池饲养。室内稚龟池以水泥池为佳，建于地面以上，面积 2～8 m²，池深 50 cm，池底铺 5～8 cm 厚的细沙，蓄水深 15～30 cm。在池内向阳一侧的水平面处架设一块大小适中的水泥板或木板作为休息台和食台，也可在建池时在池的向阳侧修建 25°～30°的斜坡，斜坡顶部留出 30～40 cm 的平台，作为龟的休息台和食台。在池底一角留一出水孔，以便更换池水。稚龟池若建在室外，面积可大一些，并且应选择背风向阳、光照充足的地方修建。池口应罩上铁丝网，以防鼠、蛇等敌害侵入。

2. 幼龟池的建造

自然越冬后的稚龟至 3 龄以内的乌龟，均称为幼龟。幼龟池可建在室内，也可建在室外。室内幼龟池为水泥砖石结构，内壁光滑，面积 10～20 m²，池深 80～100 cm，池底铺细沙，厚 10～15 cm，水深 50～60 cm，池中建有 30°斜坡，坡顶为平台，排水口用钢网拦盖。室外幼龟池一般为土池，也可为水泥池。池深 1～1.3 m，水深 60～100 cm，池底向排水口处有 2%的倾斜，硬底铺沙，厚 10～15 cm，池北岸做成 30°的坡，并留出 1/3 的陆地，供龟上岸活动，在水陆交界处设 40 cm 宽的食台，也可用木板或水泥板在池中搭设。岸上陆地最好搭建一个遮阴篷，以防暑降温。

3. 成龟池的建造

成龟一般指 3 龄至性成熟的龟。成龟池多建在室外，形状为东西向长方形，面积 300～1 000 m²，池深 1.5～2 m，水深 1～1.5 m，池坡坡度比为 1∶(2～2.5)。在池子两个长边上用水泥抹成 2 个光面的食台，食台的倾斜度要小于堤坡的倾斜度。食台周围应有 4 cm 高的边框，以防饲料流失。食台也可用竹木做成或水泥板叠成。池四周建有防逃墙，墙高 50 cm。进、排水系统要独立，水口安装防逃拦栅。建在室内的成龟池结构与室内稚、幼龟池基本相同，只是面积可大一些，水可深一些，在池的三面设置可拆斜坡，以供龟出水休息。在排水口的一边设置食台。

4. 亲龟池的建造

亲龟为繁殖用的成龟。亲龟池面积可为 100～200 m²，东西向长，南北向短，池深 1.5～2 m，水深 1～1.5 m。池四周有 1∶(2～2.5)的斜坡，坡岸上有 2.5 m 宽的空地，供龟上岸活动。在池岸东南部或北部设产卵场。池周用砖、水泥砌成 50 cm 高的防逃墙，墙壁顶向内出槽。亲龟池也可东西向短，南北向长。水池的东、西、南三面池壁以砖石或水泥板护坡，并垂直于池底，只在池北面以斜坡与产卵场陆地相接，以利于亲龟上岸产卵，或北面的池壁也与池底垂直，水池通过搭设的食台兼休息台与产卵场或产卵房相接。产卵场土质以沙壤土为好，面积以每只雌龟占地 0.1 m² 为宜。产卵场沙壤土厚 30～40 cm，并在地面上种些花草、作物等，给亲龟创造一个隐蔽、凉爽的产卵环境。为防止下雨浸泡产卵场，可在产卵场上方搭设简易棚或建简易产卵房（图 18-11）。亲龟池要有完整的进、排水系统，进、排水口均应安装防逃设施。

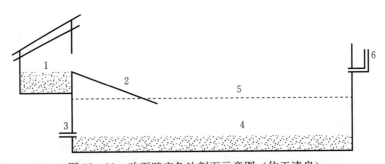

图 18-11　砖石壁亲龟池剖面示意图（仿于清泉）

1. 产卵房　2. 休息台兼食台　3. 排水口　4. 池底细沙层　5. 水面　6. 进水口

5. 温室的建造 温度对乌龟生长有较大的影响。许多地区一年中适合龟生长的时间只有几个月，因此根据当地条件建造各种类型的温室，延长龟的生长期或消除冬眠期，使龟在一年中大部分时间或全年都处于适宜生长的条件下。

（1）保温温室的建造 早春、晚秋自然水温低于 20 ℃时，此时若在龟池上架设塑料大棚，通过合理采光，可使棚内温度达到 25 ℃，可比常温条件下延长生长期 2 个月左右。塑料棚保温温室一般为长方形，最好用两层，两层间距离 3～5 cm。东西向或南北向均可。单坡面温室以东西向为宜，坡面可朝南偏西 5°～10°；双拱面透光温室，以南北向偏东 5°为好。

（2）加温温室的建造 加温温室的主要类型有塑料棚加温温室、玻璃房温室、全封闭温室等。塑料棚加温温室的结构与塑料棚保温温室基本相同。玻璃房温室多为东西向单面结构，南面与屋顶为玻璃。全封闭温室为钢筋混凝土结构。屋顶、四周和池底填有隔热保温材料，在温室的东西两侧各开一排小窗，以调节温度并便于室内通风。

加温温室的热源主要有地热水、工厂余热水、燃料或电加温等。供热系统一般由供热管、散热设备两大部分组成。供热管可呈"弓"字形铺设于池底，实现池水加热；暖气散热片主要用来对室内空气加热。

三、乌龟的人工繁殖

（一）亲龟的雌、雄鉴别与选择

1. 亲龟的雌、雄鉴别

龟的性别在稚、幼龟期间较难区别，而到性成熟时副性征比较明显（表 18-5）。

表 18-5 龟的雌、雄鉴别

项目	雌龟	雄龟
个体外形	个体较大，躯干短而厚	个体较小，躯干长而薄
甲壳颜色	棕褐色、棕黄色或棕色	多为黑色
尾	较粗短	较细长
底板	末端较平直，内面浅圆	末端较尖翘，内面深凹
气味	无异味	臭味
交配器	无	有*

注：* 龟腹朝上，用手指插入龟的前腿窝内，向后挤压，雄龟交配器从泄殖孔中伸出。

2. 亲龟的选择

乌龟的性成熟一般在 5～6 龄。选择亲龟时，要求雌龟在 6 龄以上，体重 350 g 以上，雄龟则要求达到性成熟年龄即可。雌、雄的选留比可为 （2～3）：1。

亲龟应体质健壮、体色鲜艳、无病无伤、动作灵活、眼睛明亮。若将其放于地上，用细棒触其头部，其头和四肢会很快缩入甲壳内；若将其腹面朝上放置，它会很快把头伸出，迅速有力地翻过身来。钓来的龟、患病的龟以及畸形龟，不能选作亲龟。

（二）亲龟的培育

亲龟池在放养前要经过清理和消毒。放龟时，龟体要在 3% 食盐水或 15 mg/L 高锰酸钾溶液中浸浴 20～30 min。亲龟的放养密度以 4～5 只/m² 为宜。在亲龟的饲养管理中，要注意供给充足的、富含蛋白质的饲料，如小鱼、小虾、蚯蚓、黄粉虫、螺蚌肉、蚕蛹和畜禽内脏等，也要适量喂些谷物类饲料和果蔬类饲料。动物性饲料与植物性饲料的投喂比可为7∶3或8∶2。

产卵前后，应在饲料中添加一些酵母，添加量为每日每只龟1~2片。特别是产卵前期，还应在饲料中添加3%的骨粉。

饲料投喂做到"四定"，即定时、定位、定质、定量。当水温上升到15℃以上时开始投喂，此时龟摄食量较少，可每2d投喂1次；水温上升到18℃以上时，可每日投喂1次；5—9月每日投喂2次；秋末后温度降低，可每日投喂1次。每次投喂的食物要放在固定的位置，使龟养成定点摄食的习惯。投喂的饲料一定要新鲜、可口，并达到一定的营养标准。投喂量应根据温度、天气的变化而进行调整。温度高、龟摄食强度大时应多投喂，温度低、阴雨天、闷热天气应少喂。每次投喂量以在2h内基本吃完而略有剩余为度。

亲龟培育期间应经常清扫食台和清除池中的污物；并适时加注新水，改善水质；当池水过于清瘦时，要适当施肥。冬季来临，亲龟进入冬眠期池水应保持水深1m以上、池底有厚20cm以上的淤泥。

（三）产卵与采卵

每年5—9月为乌龟的产卵季节。亲龟产卵时间多在黄昏至黎明时，因此夜间不要进入产卵场，以免惊动亲龟。8:00以后亲龟都已离去，可进入产卵场进行检查，若发现有新土堆的痕迹，可小心扒开泥土，当见有龟卵时不要马上就采，待48h以后能分辨出其动、植物极时再采。受精卵卵壳上一般有一清晰、不透明的乳白色圆斑，这是胚胎发育的动物极，随着天数的增加，白色圆斑会继续扩大。未受精卵不出现圆形的白色斑块。

采卵前应准备好采卵箱。箱底部铺一层3~5cm厚的细沙。临采卵时，手和采卵用具要用2%碘酊消毒。卵按间距2cm排放在采卵箱中，动物极朝上。未受精卵，可暂时收放，几天后若出现受精迹象可按受精卵处理，若再无变化即按废卵处理。畸形卵、壳上有黑斑的卵、破壳卵应予以剔除。

（四）人工孵化

1. 孵化的环境条件

研究表明，温度、湿度及孵化基质的含水量是影响龟胚胎发育的三大要素；任何一方不足都会导致龟的胚胎发育不正常，甚至中途夭亡。温度是关系到胚胎发育是否正常、孵化时间长短的重要因素。乌龟卵的孵化温度为20~35℃，最适温度为30~34℃。在适宜温度范围内，温度越高胚胎发育越快，孵化期越短；在温度为32~34℃时孵化期仅为52d。温度低于20℃时胚胎发育较慢，甚至停止，温度高于37℃时会导致胚胎中途死亡。龟卵孵化适宜的空气相对湿度为80%~85%。湿度过大或过小都会使龟的胚胎发育受到不良的影响。适宜的龟卵孵化基质为粒径0.5~0.6mm的细沙。1mm以上的粗沙，虽然通气性好，但保水性差；0.1mm以下细沙，虽然保水性能好，但通气性差，且容易板结。

2. 孵化方法

常见龟卵的孵化方法有室外孵化池孵化和室内孵化箱孵化等。

（1）室外孵化池孵化　孵化池建在地势高、排水方便的地方。池子一般为长方形，东西走向，面积3~10m²，墙体用砖砌筑，墙高1m左右，在墙基四周及墙壁分别开排水孔和通气孔，墙外周设宽、深各10cm的小水沟，以防蚂蚁进入。池底从高到低有5°~10°的倾斜。池底先铺一层厚10~15cm的粗沙，以增加沙床的滤水性，再在粗沙的上面铺10cm厚的细沙。摆卵时，将卵的动物极朝上，卵间距 2 cm。卵摆完后在其上再盖一层厚 3～5 cm 的细沙。孵化床的最低处埋一小水缸，缸口面与沙平面一致，内盛清水，以便孵出的稚龟爬入其中。池顶覆盖塑料薄膜或安装玻璃，以便利用太阳能来提高孵化池内的温度，还可在池内安装 1 个或数个大功率灯泡，以便阴雨天或夜间提高温度。炎夏池内温度过高时，应掀开塑料薄膜通风降温。平时可每 2～3 d 洒水 1 次，调节空气的相对湿度和沙子的含水量。

（2）室内孵化箱孵化　孵化箱可选用不易腐烂的木材，箱长 50～70 cm，深 10～15 cm，箱底钻有滤水小孔。箱底铺一层 5～8 cm 厚的细沙，龟卵按 2 cm 左右的间隔摆放，动物极朝上，龟卵上覆盖一层 3 cm 厚的细沙，将箱放于孵化架上。孵化期间室内空气温度控制在 33～35 ℃。应适时洒水，使沙子的含水量和空气相对湿度处在适宜的范围内。

四、稚龟、幼龟和成龟的饲养

（一）稚龟的饲养

刚孵出的稚龟，身体较为嫩弱，有的腹面尚残留少量卵黄囊；为防止稚龟皮肤被擦破而引起感染，可先让其在壁和底面比较光滑的暂养容器中静静地休息 2～3 d。暂养期间不投喂。2～3 d 后可转入稚龟池饲养。

稚龟放养前，培育池应用生石灰或漂白粉消毒。将稚龟用 2%～2.5% 食盐水或 10～15 mg/L 高锰酸钾溶液浸浴 10～15 min。早期密度以 80～100 只/m² 为宜，以后随着龟体的生长而逐渐疏稀，最后密度可保持在 40～50 只/m²。

稚龟的饲料要求嫩、细、精、软、鲜。开始投喂时，可喂以蛋黄、水蚤、水蚯蚓等，以后逐步喂以捣碎的小鱼虾、螺蚌肉、猪肝等，并辅以芜萍、浮萍等植物性饲料；30 d 后可以投喂配合饲料。起初每日投喂数次，炎热天气每日上、下午各投喂 1 次，入秋后每日下午投喂 1 次。饲料应投放在食台上。日投喂量可为龟体重的 5%～12%，并根据天气、水温等情况灵活掌握。

天气炎热，在室外饲养的要注意搭棚遮阴，并适当加注地下水、在池水面上放置一些水生植物。室内饲养的，可在白天适时开窗通风。饲养期间，及时清除龟的排泄物和少量残饵，并根据水质情况适时换水。一般每 4～6 d 换水 1 次，每次换水量为水体总量的 25%～40%，换入水与换出水的温差不要超过 3 ℃。

冬季将临时，将箱中的稚龟转入越冬池中越冬。室外越冬时，需要在稚龟池上搭设一个棚架，上面盖以 25 cm 左右厚的杂萍，在棚架周围的池底或陆地，添加 15 cm 厚的沙土或在陆地上铺 35 cm 左右厚的稻草棚使稚龟能安全越冬。室内越冬时，室内池应预先铺上一层 20 cm 厚的泥沙，还可在泥沙上面盖一些稻草。

（二）幼龟的饲养

1. 自然常温饲养

幼龟的饲养一般在春季水温上升到 15 ℃ 以上时进行。放养前，对培育池和龟体进行消毒或药浴。大、小龟要分开饲养。经 1 次自然越冬的幼龟，放养密度以 25～35 只/m² 为宜，经 2 次自然越冬的幼龟，则以 15～25 只/m² 为宜。室外大池，还可在 6 月中下旬按 6～7 尾/m² 密度套养鲢、鳙夏花鱼种，以便利用残饵和调节水质等。

幼龟的饲料中动、植物性饲料的比例可为 8:2。养殖前期和后期温度较低，一般每日投喂 1 次，天气较热的生长旺季，每日上、下午各投喂 1 次，每次投喂量以投喂后 2～3 h

内基本吃完为度。

平时应根据水质情况进行换水，一般每5~10 d换水1次。一次换水量以不超过水体总量的30％为宜。注意换入水与换出水的温差不要过大。每20 d左右用浓度为20 mg/L的生石灰泼洒全池。高温季节，应注意在池上方搭棚遮阴，并且在池中适当放养一些凤眼莲、水花生等。

2. 加温饲养

幼龟温室饲养成本虽较高，但缩短了龟的养殖周期，并具有较好的经济效益。加温饲养的参考放养密度见表18-6。

表18-6　不同规格幼龟温室养殖放养密度

规格（g）	放养密度（只/m²）
8~25	30~50
50~100	20~30
>100	10~15

加温饲养的主要管理工作有：①调控好温度。一般水温以30 ℃左右最为适宜。②加强投喂。幼龟在加温的条件下，食欲较为旺盛，生长也较快，要投喂高蛋白质、营养全面、适口性好的饲料，以满足其生长的需要。可投喂蚯蚓、黄粉虫、蝇蛆、小鱼虾、螺蚌肉、蚕蛹等，较大的畜禽类内脏应少喂，以免污染水质，同时还应适量投喂一些植物性饲料。规模较大的专业化养龟场，也可以配合饲料为主。每日可投喂2~3次，每次投喂量以投喂后2~3 h内吃完为度。饲料应投放在食台上．不可随意丢在水中。③搞好水质管理。加温饲养时，龟摄食量大，排泄物多。应及时捞出池中的残饵，并适时换水。可每10 d换水1次，每次换水量不超过总水体的30％。每20 d左右用生石灰全池泼洒1次。④及时分养。随着龟体的增大，要注意及时疏稀分养。⑤注意疾病的防治。应注意食台的卫生和食物的新鲜、干净。

（三）成龟的饲养

1. 池塘养龟

池塘饲养成龟，可单养，也可与鱼、鳖、螺等混养。可常温饲养，也可常温饲养与保温饲养相结合，以延长生长期和缩短养成时间。

（1）单养　用于成龟养殖的龟种个体规格以100 g左右为宜。水温在15~20 ℃时，即可进行室外池塘中饲养。放养前，池塘应进行常规检修和消毒，将龟体进行药浴。乌龟的放养密度，以4~6只/m²为宜。成龟饲料要做到动物性和植物性饲料合理搭配，动物性饲料和植物性饲料比可为7∶3或6∶4，也可投喂营养全面的配合饲料。在水温15~24 ℃时，每日投喂1次，鲜活饲料的日投喂量为龟体重的5％~6％，投喂配合饲料可为1％~3％；24~32 ℃时，每日上、下午各投喂1次，鲜活饲料的日投喂量为龟体重的10％左右，配合饲料可为3％~5％；32 ℃以上时投喂量酌减，并于下午投喂。饲料投放在固定的食台上。

成龟池的水深一般要在1 m以上，水的透明度以20 cm左右为宜。池水过于清瘦时，应适当施肥。成龟池每10~20 d换水1次，每20 d用生石灰泼洒1次。

应经常观察龟的活动和摄食情况，及时捞除残饵、污物，还要防逃、防病和防止敌害侵入。炎夏气温高，应适当加深池水，并可采取遮阴防暑措施。春末、晚秋温度低时，有条件的要在池上方搭盖塑料薄膜棚，以提高水温。

越冬前应多投喂蛋白质和脂肪含量高的动物性饲料，如黄粉虫、蚕蛹、鱼虾、畜禽内脏等，使龟体内积累足够的营养。越冬池池水水质要好，水深应在 1.2 m 以上，池底泥沙厚 20~25 cm，以便龟潜伏。

（2）混养　以龟鱼混养为例。龟鱼混养能够充分利用水体。乌龟一般栖息于水底，但因晒背、呼吸等活动经常往返于水底和水面，故水体时常处于空闲状态，表层水和深层水的溶解氧量也因其往返活动得到交流。在龟池中混养鱼，不仅能提高水体利用率，有利于鱼的代谢、生长，同时，龟可以吃掉因病、伤而游泳缓慢的鱼，减少了鱼病传染或鱼死后对水体的污染。

与龟混养的鱼类一般为鲢、鳙等滤食性鱼类，也可放养些鲤、鲫、罗非鱼等杂食性鱼类及草鱼、团头鲂等草食性鱼类。以龟为主的龟鱼混养，龟的放养密度要比单养龟时小一些，可为 3~5 只/m²。鱼的放养量可为每 667 m² 300~500 尾，其中鲢、鳙占 70%，杂食性鱼类占 10%~20%，草食性鱼类占 10%~20%。为了使鱼能当年出塘，放养的鱼种规格宜大些，鲢、鳙规格可在 15 cm 左右，其他鱼类也应在 12 cm 以上。以鱼为主的鱼龟混养，鱼的放养量按常规养鱼安排，龟的放养量可为每 3~4 m² 1 只。一般是在春节前放养鱼种，当水温上升到 15 ℃时放养龟。

2. 稻田养龟

稻田养龟是一种稻、龟互利共生的养殖方法。利用稻田养龟，龟的生活环境宽敞，活动、摄食范围大，生长速度快，同时龟能摄食田中的螺、蚌及稻禾的害虫和部分杂草，有利于水稻生长。

养龟田块的选择与工程设施可参阅第二篇第一章稻田养鱼的相关内容。

水稻一般选择耐肥力强、茎秆坚硬、抗倒伏、抗病虫害、穗大粒多、优质高产、生长期较长的品种。田埂周围、龟沟两旁可适当密植，以充分发挥边行优势。

龟种在每年春耕后放养入田。规格为 100 g 左右的幼龟，放养密度为 0.5~1 只/m²，150 g 以上的龟，密度可为每 2~3 m² 1 只。龟种放养前，要做好田沟的消毒工作，并施基肥，培养基础饲料，龟种用高锰酸钾溶液或食盐水浸浴。稻田中还可放养些鱼种，密度为每 667 m² 150~250 尾。鱼种可在春节前放养。

龟放入稻田后，即可进行定点、定时驯喂。龟的食台设置在水沟水下接近水面处。对鱼，特别是对吃食性鱼类，要适当投喂，鱼的食台一般设在水面下 35 cm 处。投喂饲料时，应先喂鱼，后喂龟，投喂的时间要错开。龟应以投喂动物性饲料为主，每日投喂 1~2 次，日投喂量为龟体重的 3%~8%。鱼的投喂依主养鱼品种不同而异。

稻田水深一般在 15~20 cm，高温季节在不影响水稻生长的情况下，水位尽可能深一些，并经常换水。坚持每日巡田，观察龟、鱼的摄食、生长情况，并及时清理食台，检修防逃设施，堵塞漏洞，铲除田边杂草，清除进入田中的敌害，查看有无疾病发生等。田间尽量不施农药。

3. 工厂化控温养龟

工厂化控温养龟，是利用温泉水、工厂余热水或锅炉燃煤加温等形式供热来进行龟的集约化、规模化生产的一种方式。此法生产效率高、批量大、产品质量稳定、生产成本也比较低，不仅适用于稚、幼龟养殖，而且也适用于成龟养殖。

工厂化控温养殖，有阶段性控温养殖和全程控温养殖两种。阶段性控温养殖一般在气温下降到24℃以下时进行，当气温上升到24℃以上时即可停止加热，进入自然温度养殖。

放养龟种的规格通常在50 g以上，据试验，龟种在150 g以上的，控温养殖效益更明显。同池中放养的龟种规格要基本一致。

在饲养管理上主要抓好以下几方面工作。①投喂。工厂化控温养龟，应以投喂鲜活动物性饲料为主，如投喂蚯蚓、黄粉虫、蝇蛆、小鱼虾等，并辅以少量的植物性饲料，也可投喂配合饲料。一般每日喂2次，每次投喂量以投放后2 h基本吃完为度。②控温。温室内的水温宜控制在30℃左右，气温高于水温3～5℃。③水质调控。定期更换池水，换水时先将底部带有龟的排泄物和残饵的污水排出，然后再加入与池水温度基本一致的新水。应用地下水、温泉水养龟，水在使用前应充分曝气，以除去水中易挥发的有害气体，并进行调温。养龟池每月用生石灰水泼洒1次。有阳光的龟池，可泼洒适量光合细菌或接种些藻类生物，以改良水质。④防病。工厂化养龟的放养密度一般比池塘养龟要大些，龟病的发生和传染机会也相对增大。池水要定期用药物消毒，投喂的饲料要新鲜、干净，对一些鲜活饲料最好用土霉素溶液浸泡后再投喂，可每20 d投喂药饵1次，有条件的在龟放养前注射一些抗病类生物制品。

思考题

1. 简述我国常见经济蛙类的生物学特点，蝌蚪、幼蛙和成蛙饲养管理技术特点。
2. 简述大鲵人工繁殖的主要技术，稚鲵、幼鲵和成鲵饲养管理技术特点。
3. 简述鳖的繁殖生物学特点，鳖人工孵化的主要技术，成鳖的养殖方式及其技术特点。
4. 简述乌龟人工繁殖及其养殖的主要技术。

参 考 文 献

卞伟，1998. 我国龟鳖类分布与保护种类［J］. 内陆水产（7）：29.

蔡英亚，张英，魏若飞，1978. 贝类学概论［M］. 上海：上海科学技术出版社.

曹克驹，李明云，刘楚吾，2004. 名特水产动物养殖学［M］. 北京：中国农业出版社.

常亚青，2007. 贝类增养殖学［M］. 北京：中国农业出版社.

常亚青，王子臣，孙培海，等，1999. 虾夷马粪海胆海区渡夏、室内中间培育及工厂化养成［J］. 中国农业科学，6（2）：66-69.

陈达森，1996. 渔业水域环境保护［M］. 北京：海洋出版社.

陈金桂，1979. 网箱养鱼［M］. 济南：山东科学技术出版社.

陈金桂，1992. 大水面增养殖［M］. 北京：高等教育出版社.

陈石林，吴旭干，成永旭，2007. 三疣梭子蟹胚胎发育过程中主要生化组成的变化及其能量来源［J］. 中国水产科学，14（2）：229-235.

陈云祥，2009. 大鲵实用养殖技术［M］. 北京：金盾出版社.

陈志，陈启春，黄健，等，2019. 福建沿海菲律宾蛤仔工厂化人工育苗技术［J］. 福建农业科技，7：25-28.

成永旭，王武，李应森，2007. 中华绒螯蟹养殖及蟹文化（二）中华绒螯蟹的人工繁殖和育苗技术［J］. 水产科技情报，34（2）：73-75.

丛季珠，1997. 海水鱼虾贝人工育苗［M］. 北京：中国农业出版社.

大连水产学院，1980. 贝类养殖学［M］. 北京：中国农业出版社.

丁天宝，孔德明，姚志刚，2003. 配合饲料饲养梭子蟹效果好［J］. 科学养鱼（9）：58.

董聿茂，诸葛阳，黄美华，1991. 浙江动物志（甲壳类）［M］. 杭州：浙江科学技术出版社.

董正之，1991. 世界海洋经济头足类生物学［M］. 济南：山东科学技术出版社，197-207.

方志云，1988. 水资源保护工作手册［M］. 南京：河海大学出版社.

富惠光，李豫红，袁春营，2003. 贝类标准化生产技术［M］. 北京：中国农业大学出版社.

高绪生，常亚青，1999. 中国经济海胆及其增养殖［M］. 北京：中国农业出版社.

戈贤平，张根芳，周燕侠，2002. 淡水珍珠养殖新技术［M］. 上海：上海科学技术出版社.

葛国昌，1991. 海水鱼类增养殖学［M］. 青岛：青岛海洋大学出版社.

国俭文，徐忠伟，于雪江，等，2003. 三疣梭子蟹不同期幼体变态难的原因与对策［J］. 科学养鱼（9）：30-31.

韩名竹，2002. 龟、鳖规模养殖关键技术［M］. 南京：江苏科学技术出版社.

何莉，1999. 鱼类麻醉运输的现状及发展前景［J］. 水利渔业，19（3）：48-49.

侯宇光，1990. 水环境保护（水资源保护）［M］. 成都：成都科技大学出版社.

胡保同，刘柱军，2000. 综合养鱼200问［M］. 北京：中国农业出版社.

湖北省水产局，1987. 湖泊水库养鱼［M］. 北京：中国农业出版社.

湖北省水生生物研究所鱼类研究室，1976. 长江鱼类［M］. 北京：科学出版社.

华中农业大学水产系，1993. 实用水库渔业技术［M］. 北京：金盾出版社.

黄家庆，王东杰，李永法，2001. 青虾池塘养殖高产高效技术［J］. 科学养鱼（11）：30-31.

黄权，王艳国，2005. 经济蛙类养殖技术［M］. 北京：中国农业出版社.

黄世明，陈献稿，石建高，等，2016. 水产养殖尾水处理技术现状及其开发与应用 [J]. 渔业信息与战略，31 (4)：278 - 285.

黄永涛，罗继伦，黄畛，2006. 中华鳖养殖实用新技术 [M]. 武汉：湖北科学技术出版社.

吉宏武，2003. 水产品活运原理与方法 [J]. 齐鲁渔业，20 (9)：28 - 31.

江河，汪留全，2002. 克氏原螯虾生物学和人工养殖技术 [J]. 齐鲁渔业，19 (12)：13 - 16.

江尧森，1996. 海洋贝类加工技术 [M]. 北京：中国农业出版社.

姜仁良，谭玉钧，罗清荣，等，1994. 淡水白鲳人工繁殖的调控 [J]. 水产学报，18 (4)：278 - 283.

蒋高中，惠富平，2007. 我国综合养鱼生态模式及其发展思路 [J]. 家畜生态学报，28 (1)：102 - 104.

蒋霞敏，彭瑞冰，韩庆喜，等，2019. 虎斑乌贼的生物学及养殖技术 [M]. 北京：海洋出版社.

金岚，1998. 环境生态学 [M]. 北京：高等教育出版社.

金启增，1992. 珍珠贝种苗生物学 [M]. 北京：海洋出版社.

金相灿，1990. 中国湖泊富营养化 [M]. 北京：中国环境科学出版社.

乐可鑫，汪元，彭瑞冰，等，2016，饥饿和再投喂对虎斑乌贼幼体存活、生长和消化酶活力的影响 [J]. 应用生态学报，27 (6)：2002 - 2008.

雷慧僧，1981. 池塘养鱼学 [M]. 上海：上海科学技术出版社.

雷慧僧，薛镇宇，王武，1997. 池塘养鱼新技术 [M]. 北京：金盾出版社.

雷霁霖，2005. 海水鱼类养殖理论与技术 [M]. 北京：中国农业出版社.

雷铭泰，李荣福，陈浩如，1992. 虾类养殖实用技术 [J]. 广州：广东科技出版社：204 - 245.

冷向军，陈道才，陶金华，2006. 虾蛄蛋白浆在三疣梭子蟹土池育苗中的应用试验 [J]. 水产科技情报，33 (1)：23 - 24.

李德尚，1993. 水产养殖手册 [M]. 北京：中国农业出版社.

李建平，蒋霞敏，赵晨曦，等，2019. 虎斑乌贼室内规模化养殖技术研究 [J]. 生物学杂志，36 (2)：68 - 72.

李来国，王春琳，张晓梅，2009. 长蛸的水泥池暂养技术 [J]. 科学养鱼 (6)：25 - 26.

李龙雄，1995. 水产养殖学 [M]. 高雄：前程出版社.

李明云，1994. 池养脊尾白虾的繁殖、生长及其最大持续轮捕量的初步探讨 [J]. 水产学报，18 (2)：85 - 92.

李明云，2009. 香鱼健康养殖实用新技术 [M]. 北京：海洋出版社：69 - 83.

李明云，刘祖强，1991. 对虾塘综合养殖高产技术 [M]. 杭州：浙江科学技术出版社：41 - 67.

李明云，苗亮，俞淳，等，2019. 大黄鱼大型座底式围栏养殖的不同形式和管理的效果 [J]. 宁波大学学报（理工版），32 (6)：30 - 34.

李明云，薛学朗，冯坚，等，1989. 象山港黄墩支港菲律宾蛤仔的种群动态及其繁殖保护措施的探讨 [J]. 生态学报，9 (4)：297 - 304.

李士虎，郑伟，许星鸿，2008. 长蛸人工育苗技术 [J]. 水产养殖 (5)：15 - 16.

李思发，1988. 鱼类麻醉剂 [J]. 淡水渔业 (1)：22 - 23.

李松荣，1997. 淡水珍珠培育技术 [M]. 北京：金盾出版社.

李太武，苏秀榕，丁明进，1984. 鲍的生物学 [M]. 北京：科学出版社.

李应森，1998. 名特水产品稻田养殖技术 [M]. 北京：中国农业出版社.

李玉松，蒋火金，1991. 综合养鱼实用技术 [M]. 北京：人民军医出版社.

李增崇，1987. 罗氏沼虾生物学及人工养殖 [J]. 动物学杂志，22 (2)：5 - 8.

李增崇，2000. 罗氏沼虾养殖技术规范 [J]. 科学养鱼 (4)：22.

梁象秋，方纪祖，杨和荃，1996. 水生生物学 [M]. 北京：中国农业出版社：267 - 273.

廖国荣，1990. 海洋动植物发生学图集 [M]. 青岛：青岛海洋大学出版社.

廖翔华，林鼎，1989. 养殖鱼类营养需求研究进展 [J]. 水生生物学报，13 (2)：170 - 186.

廖洋，2009. "五次浪潮"下一步我们要做些什么——访山东省科技厅副厅长、青岛国家海洋科学研究中心主任李乃胜［N］. 科学时报，2009-03-17（A3）.

林乐峰，1999. 中华绒螯蟹养殖与经营［M］. 北京：中国农业出版社.

凌煦和，2001. 淡水健康养殖技术手册［M］. 北京：中国农业出版社.

刘长琳，何力，陈四清，等，2007. 鱼类麻醉研究综述［J］. 渔业现代化，34（5）：21-25.

刘德经，曹家录，谢开恩，1998. 海水贝类养殖技术［M］. 北京：中国农业出版社.

刘焕亮，2004. 中国养殖的两栖动物生物学研究进展［J］. 大连水产学院学报，19（2）：120-125.

刘建康，1999. 高级水生生物学［M］. 北京：科学出版社.

刘建康，何碧梧，1992. 中国淡水鱼类养殖学［M］. 3版. 北京：科学出版社.

刘筠，1993. 中国养殖鱼类繁殖生理学［M］. 北京：中国农业出版社.

刘筠，陈淑群，王义铣，等，1978. 草鱼产卵类型的研究［J］. 水生生物学集刊，6（3）：247-262.

刘凌云，郑光美，2001. 普通生物学［M］. 3版. 北京：高等教育出版社：222-228.

刘冉，2017. 南美白对虾养殖水质调控技术［J］. 养殖技术（6）：1.

刘瑞义，2006. 长蛸装瓶养殖试验［J］. 齐鲁渔业，23（10）：14.

刘世禄，杨爱国，2005. 中国主要海产贝类健康养殖技术［M］. 北京：海洋出版社.

刘松祥，2001. 青虾苗繁育技术［J］. 科学养鱼（9）：41.

陆忠康，2001. 简明中国水产养殖百科全书［M］. 北京：中国农业出版社.

罗继伦，黄永涛，易狮，2005. 乌龟、鳖健康养殖新技术［M］. 北京：海洋出版社.

罗有声，1983. 贻贝养殖技术［M］. 上海：上海科学技术出版社.

毛雪英，徐彩虹，2004. 无沙培育抱卵期三疣梭子蟹效果好［J］. 齐鲁渔业，21（5）：35.

蒙钊美，1996. 珍珠养殖理论与技术［M］. 北京：科学出版社.

孟庆显，1996. 海水养殖动物病害学［M］. 北京：中国农业出版社.

潘红平，2008. 牛蛙高效养殖技术一本通［M］. 北京：化学工业出版社.

潘小红，陈国贤，许学峰，2008. 微生态制剂及其在水产健康养殖中的应用［J］. 科学养鱼，25（2）：52.

彭昌迪，郑建明，彭文国，等，2002. 南美白对虾的胚胎发育以及温度与盐度对胚胎发育的影响［J］. 上海海洋大学学报，11（4）：310-316.

齐钟彦，1998. 中国经济软体动物［M］. 北京：中国农业出版社.

齐钟彦，马绣同，王祯瑞，1989. 黄渤海的软体动物［M］. 北京：中国农业出版社：255-261.

任洁，黄永涛，黄二春，等，1998. MS-222用于几种活鱼运输的效果［J］. 淡水渔业，28（1）：24-26.

上海汉宝生物工程有限公司，2006. 三疣梭子蟹土池育苗技术（上）［J］. 科学养鱼（10）：82-83.

上海水产学院，1982. 鱼类学与海水鱼类养殖［M］. 北京：农业出版社.

申玉春，2008. 鱼类增养殖学［M］. 北京：中国农业出版社.

沈红保，2005. 池塘养鱼新技术［M］. 西安：西北农林科技大学出版社.

史为良，1996. 内陆水域鱼类增殖与养殖学［M］. 北京：中国农业出版社.

宋盛宪，郑石轩，2001. 南美白对虾健康养殖［M］. 北京：海洋出版社.

孙传敏，2005. 梭子蟹不同生长阶段划分及主要养殖技术简介［J］. 科学养鱼（10）：32-33.

孙同秋，曾海祥，柴晓贞，等，2008. 长蛸的生物学特性和室内暂养技术［J］. 齐鲁渔业，25（4）：33-34.

孙艳辉，2019. 水产养殖尾水排放危害及其处理技术研究［J］. 河南水产（3）：3-4.

孙振兴，1995. 海水贝类养殖［M］. 北京：中国农业出版社.

谭玉钧，王武，1987. 池塘养鱼学［M］. 北京：农业出版社.

田景波，李健，2000. 对虾梭子蟹养殖技术问答［M］. 北京：中国盲文出版社.

田息根，王荣林，2016. 池塘工程化养殖不同密度青鱼试验［J］. 科学养鱼（11）：18-19.

王春琳，邵力，王一农，2003. 海水名特优水产品苗种培育手册［M］. 上海：上海科学技术出版社.

王春梅，2003. 综合养鱼技术大全［M］. 延吉：延边人民出版社.

王桂学，沈志刚，高远明，2009. 中华鳖成鳖养殖模式探讨 [J]. 中国水产 (12)：49-50.

王宏康，1991. 水体污染及防治概论 [M]. 北京：北京农业大学出版社.

王吉桥，赵兴文，2000. 鱼类增养殖学 [M]. 大连：大连理工大学出版社.

王克行，1997. 虾蟹类增养殖学 [M]. 北京：中国农业出版社.

王美珍，陈汉春，陈贤龙，2006. 文蛤生态养殖 [M]. 北京：中国农业出版社.

王鹏帅，蒋霞敏，韩庆喜，等，2017. 温度和盐度对虎斑乌贼幼体的耗氧率、排氨率和窒息点的影响 [J]. 水生生物学报，41 (5)：1027-1035.

王荣奎，1996. 稻田养殖罗氏沼虾高产技术 [J]. 淡水渔业，26 (5)：38-39.

王如才，王克行，1980. 贝类养殖学 [M]. 北京：农业出版社.

王如才，王昭萍，张建中，2002. 海水贝类养殖学 [M]. 青岛：青岛海洋大学出版社.

王武，2000. 鱼类增养殖学 [M]. 北京：中国农业出版社.

王亚维，2006. 提高三疣梭子蟹人工育苗产量的技术措施 [J]. 水产科学，25 (5)：256-257.

王一农，尤仲杰，王美珍，2004. 浙江效益农业百科全书——泥螺 [M]. 北京：中国农业科学技术出版社.

王一农，张永靖，2007. 浙江海滨生物200种 [M]. 杭州：浙江科学技术出版社.

王玉堂，2004. 池塘养鱼高产新技术 [M]. 北京：农村读物出版社.

王在文，2017. 红螯螯虾土池人工育苗与养殖技术 [J]. 科学养鱼 (2)：33-34.

魏利平，于连君，李碧全，1995. 贝类养殖学 [M]. 北京：中国农业出版社.

魏锁成，2005. 用于鱼类的麻醉剂及麻醉管理 [J]. 西北民族大学学报，26 (1)：43-45.

温建明，温彩燕，2001. 暖水性鱼类鱼种越冬技术 [J]. 韶关学院学报 (自然科学版)，22 (9)：127-130.

吴宝铃，1999. 贝类繁殖附着变态生物学 [M]. 济南：山东科学技术出版社.

吴常文，吕永林，1995. 浙江北部沿海长蛸生态分布初步研究 [J]. 浙江水产学院学报，14 (2)：148-150.

吴际萍，等，2008. 淡水活鱼运输现状及发展前景 [J]. 农技服务，25 (3)：72-73.

吴清洋，王春琳，王欢，等，2020. "青蟹-海水稻"共作技术探析 [J]. 科学养鱼 (10)：3.

吴旭干，傅荣兵，成永旭，2006. 饥饿对三疣梭子蟹初孵幼体存活及主要生化成分的影响 [J]. 动物学杂志，41 (6)：7-13.

吴旭干，姚桂桂，杨筱珍，2007. 东海三疣梭子蟹第一次卵巢发育规律的研究 [J]. 海洋学报，29 (4)：120-127.

吴宗文，吴小平，2000. 稻田养鱼和小网箱养鱼 [M]. 北京：科学技术文献出版社.

肖友翔，巫旗生，祁剑飞，等，2020. 菲律宾蛤仔垦区三联育苗技术 [J]. 应用海洋学学报，39 (2)：266-272.

谢骏，1997. 我国龟鳖类的分类、分布和养殖概况 [J]. 科学养鱼 (8)：39-40.

谢忠明，1999. 欧洲鳗鲡饲养技术 [M]. 北京：中国农业出版社.

谢忠明，2003. 海水经济贝类养殖技术 [M]. 北京：中国农业出版社.

谢忠明，陈四清，张岩，等，2004. 鲽鲆鱼类养殖技术 [M]. 北京：金盾出版社：204-209.

徐恭昭，郑澄伟，1987. 海产鱼类养殖与增殖 [M]. 济南：山东科学技术出版社.

徐君卓，1999. 海水网箱养鱼 [M]. 北京：中国农业出版社.

徐如卫，2008. 中华绒螯蟹大眼幼体土池淡化管理技术的初步研究 [J]. 浙江海洋学院学报，27 (1)：43-45.

徐如卫，周锡瑞，余建来，2007. 中华绒螯蟹土池育苗中Z₅幼体骤死的原因及预防技术 [J]. 宁波大学学报 (理工版)，20 (1)：27-30.

徐如卫，周锡瑞，余建来，2008. 中华绒螯蟹育苗池塘水质管理技术的初步研究 [J]. 宁波大学学报 (理工版)，21 (3)：323-326.

徐志进，袁久尧，2015. 南美白对虾钢梁大棚养殖池建设技术要点 [J]. 科学养鱼 (8)：21.

薛俊增，吴惠仙，方李宏，2003. 三疣梭子蟹胚胎发育过程中生殖腺的形态 [J]. 动物学研究，24 (4)：319-320.

薛清儒，刘光胜，陈文教，等，2002. 日本虾夷马粪海胆养殖技术简介 [J]. 齐鲁渔业，19（3）：8.

薛正锐，1991. 对虾养殖工程与装备 [M]. 北京：海洋出版社.

阎太平，刘亚东，2006. 提高活鱼运输成活率的方法与措施 [J]. 现代农业（5）：54-55.

阳爱生，卞伟，刘运清，1983. 大鲵胚胎发育的初步研究 [J]. 动物学报（1）：45-46.

阳爱生，刘国均，刘运清，1979. 大鲵人工繁殖的初步研究 [J]. 淡水渔业，9（2）：1-5.

杨保国，2001. 罗氏沼虾的亲虾选择和运输技术 [J]. 内陆水产，26（1）：13-14.

杨辉，鄂春宇，2006. 梭子蟹的生物学特性与人工养殖潜力 [J]. 中国水产（2）：24-25.

杨纪明，2001. 渤海无脊椎动物的食性和营养级研究 [J]. 现代渔业信息，16（9）：8-16.

杨纪明，谭雪静，2000. 渤海3种头足类食性分析 [J]. 海洋科学，24（4）：53-55.

杨庆满，封阿龙，2006. 三疣梭子蟹土池育苗高产技术研究 [J]. 渔业致富指南（13）：57-58.

杨晓璐，石纯，2000. 中华绒螯蟹养殖 [M].2版.北京：科学技术文献出版社.

尹海富，韩英，范兆廷，2004. 北方地区鱼类安全越冬技术 [J]. 中国水产（1）：38-41.

尹向辉，程宝华，刘维宾，2002. 日本对虾养殖技术讲座（一、二、三、四、五、六、七、八）[J]. 农村养殖技术（9）：18；（10）：18；（11）：16；（12）：15；（13）：16；（14）：15；（15）：15；（16）：15.

尤仲杰，施祥元，1998. 泥螺养殖技术 [M]. 杭州：浙江科学技术出版社.

于清泉，2009. 养龟技术 [M].2版.北京：金盾出版社.

于瑞海，王如才，邢克敏，1993. 海产贝类的苗种生产 [M]. 青岛：青岛海洋大学出版社.

曾中平，1999. 牛蛙养殖技术 [M]. 修订版.北京：金盾出版社.

张根玉，2006. 淡水养鱼高产新技术 [M]. 第2次修订版.北京：金盾出版社.

张晋芳，杨文武，马永兵，2002. 澳洲淡水龙虾饲养试验 [J]. 水产科技情报，29（2）：20-22.

张炯，1965. 曼氏无针乌贼繁殖习性的初步观察 [J]. 水产学报，2（2）：35-43.

张觉民，何志辉，1995. 内陆水域渔业自然资源调查手册 [M]. 北京：中国农业出版社.

张列士，1993. 网箱养鱼与围栏养鱼 [M]. 北京：金盾出版社.

张美昭，杨雨虹，董云伟，2006. 海水鱼类健康养殖技术 [M]. 青岛：中国海洋大学出版社.

张年国，张根玉，朱建明，2008. 鱼类的主要越冬技术 [J]. 水产科技情报，35（6）：286-290.

张玺，齐钟彦，1961. 贝类学纲要 [M]. 北京：科学出版社：289-357.

张艳萍，2009. 污水深度处理与回用 [M]. 北京：化学工业出版社.

张扬宗，谭玉钧，欧阳海，1989. 中国池塘养鱼学 [M]. 北京：科学出版社.

张幼敏，2002. 长江鱼类资源的现状及其增殖保护 [J]. 科学养鱼（12）：4-5.

浙江省海洋与渔业局，2006. 海水养殖 [M]. 杭州：浙江科学技术出版社.

郑志坚，2006. 长蛸网箱养殖技术 [J]. 中国水产（6）：49-50.

农业部水产司养殖增殖处，中国水产学会科普工作委员会，1992. 中国水产综合养殖理论与实践 [M]. 北京：科学普及出版社.

中山大学生物系动物学教研室，1978. 草鱼人工繁殖中一年多次产卵的生物学基础 [J]. 水生生物学集刊，6（3）：261-272.

钟功甫，1980. 珠江三角洲的"桑基鱼塘" [J]. 地理学报，35（3）：200-209.

周炳元，董松生，1984. 缢蛏养殖 [M]. 杭州：浙江科学技术出版社.

周科勤，2000. 海水养殖适用新技术 [M]. 北京：中国农业科学技术出版社.

周爽男，陈奇成，江茂旺，等，2019，光照强度对虎斑乌贼生长、存活、代谢及相关酶活性的影响 [J]. 应用生态学报，30（6）：2072-2078.

周爽男，吕腾腾，陈奇成，等，2018，光照强度与光周期对虎斑乌贼胚胎发育的影响 [J]. 应用生态学报，29（6）：2059-2067.

周文博，石建高，余雯雯，等，2018. 中国海水围网养殖现状与发展趋势探析 [J]. 渔业信息与战略，33

(4)：259 - 265.

周竹君，宋智修，周振红，1999. 应用 MS - 222 运输海水鱼初探 [J]. 水利渔业 (4)：52 - 53.

朱学宝，施正峰，1995. 中国鱼池生态学研究 [M]. 上海：上海科学技术出版社.

祝世军，2005. 三疣梭子蟹亲蟹培育及提高其受精卵孵化率的研究 [J]. 河北渔业 (4)：9 - 10.

Chantal Cahu, Jose Zambonino Infante, 2001. Substitution of live food by formulated diets in marine fish larvae [J]. Aquaculture, 200 (1 - 2)：161 - 180.

Chen S, Migaud H, Shi C, et el., 2021. Light intensity impacts on growth, molting and oxidative stress of juvenile mud crab *Scylla paramamosain* [J]. Aquaculture, 737159.

Dohea P, Rombaut G, Suantika G, et al., 2001. Advancement of rotifer culture and manipulation techniques in Europe [J]. Aquaculture, 200 (1 - 2)：129 - 146.

Hiroshi Fushimi, 2001. Production of juvenile marine finfish for stock enhancement in Japan [J]. Aquaculture, 200 (1 - 2)：33 - 53.

Jiang Maowang, Chen Qicheng, Zhou Shuangnan, et al., 2021. Optimum weaning method for pharaoh cuttlefish, *Sepia pharaonis* Ehrenberg, 1831, in small - and large - scale aquaculture [J]. Aquaculture Research, 52 (3)：1078 - 1087.

Jiang Maowang, Han Ziru, Sheng Peng, et al., 2020. Effects of different weaning protocols on survival, growth and nutritional composition of pharaoh cuttlefish (*Sepia pharaonis*) juvenile [J]. Journal of Ocean University of China, 19 (6)：1421 - 1429.

Jiang MW, Peng RB, Wang SJ, et al., 2018. Growth performance and nutritional composition of *Sepia pharaonis* under artificial culturing conditions [J]. Aquaculture Research, 49：2788 - 2798.

Jr Tucker J W, 1994. Spawning by captive serranid fishes: a review [J]. Journal of the World Aquaculture Society, 25 (3)：345 - 359.

Li J P, Jiang M W, Peng RB, et al., 2020. Effects of γ - aminobutyric acid supplementation on the growth performance, serum biochemical indices and antioxidant status of pharaoh cuttlefish, *Sepia pharaonis* [J]. Aquaculture Nutrition, 26 (4)：1353 - 5773.

Li N, Zhou J, Wang H, et el., 2020. Effects of light intensity on growth performance, biochemical composition, fatty acid composition and energy metabolism of *Scylla paramamosain* during indoor overwintering [J]. Aquaculture Reports (18)：100443.

Liao I Chiu, Su Huei Meei, Chang Emily Y, 2001. Techniques in finfish larvieulture in Taiwan [J]. Aquaculture, 200 (1 - 2)：1 - 31.

Marcel Huet, 1979. Textbook of Fish Culture (Breeding and Cultivation of Fish) [M]. Norwich：Page Bros (Norwich) Ltd.

Peng RB, Jiang MW, Huang C, et al., 2019. Toxic effects of ammonia on the embryonic development of the cuttlefish *Sepia pharaonis* [J]. Aquaculture Research, 50 (2)：505 - 512.

Peng RB, Jiang XM, Jiang MW, et al., 2019. Effect of light intensity on embryonic development of the cuttlefish Sepia pharaonis [J]. Aquaculture International, 27 (3)：807 - 816.

Peng RB, Wang, PS, Jiang, MW, et al., 2016. Effect of salinity on embryonic development of the cuttlefish *Sepia pharaonis* [J]. Journal of the World Aquaculture Society, 48：666 - 675.

Peng Ruibing, Jiang Maowang, Huang Chen, et al., 2019. Toxic effects of ammonia on the embryonic development of the cuttlefish *Sepia pharaonis* [J]. Aquaculture Research, 50 (2)：505 - 512.

Peng Ruibing, Le Kexin, Jiang Xiamin, et al., 2015. Effects of different diets on the growth, survival, and nutritional composition of juvenile cuttlefish, *Sepia pharaonis* [J]. Journal of the World Aquaculture Society, 46 (6)：650 - 664.

Shields R J，2001. Larvicuhure of marine finfish in Europe [J]. Aquaculture，200（1－2）：55－88.

Sorgeloos P，Dhert P，Candreva P，2001. Use of the brine shrimp，*Artemia* spp.，in marine fish larvieuhure [J]. Aquaculture，200（1－2）：147－159.

Yu K，Shi C，Liu X，et el.，2021. Tank bottom area influences the growth，molting，stress response，and antioxidant capacity of juvenile mud crab *Scylla paramamosain* [J]. Aquaculture，737705.

图书在版编目（CIP）数据

水产经济动物增养殖学／李明云主编．—修订版
．—北京：中国农业出版社，2024.6
ISBN 978-7-109-31936-3

Ⅰ.①水…　Ⅱ.①李…　Ⅲ.①水生生物－经济动物－
水产养殖　Ⅳ.①S96

中国国家版本馆 CIP 数据核字（2024）第 089395 号

水产经济动物增养殖学（修订版）
SHUICHAN JINGJI DONGWU ZENGYANGZHI XUE（XIUDINGBAN）

中国农业出版社出版
地址：北京市朝阳区麦子店街 18 号楼
邮编：100125
责任编辑：杨晓改　文字编辑：蔺雅婷
版式设计：书雅文化　责任校对：张雯婷
印刷：中农印务有限公司
版次：2024 年 6 月第 1 版
印次：2024 年 6 月北京第 1 次印刷
发行：新华书店北京发行所
开本：787mm×1092mm　1/16
印张：31.25
字数：780 千字
定价：178.00 元